Politik und Religion

Herausgegeben von
A. Liedhegener, Luzern, Schweiz
I.-J. Werkner, Kiel, Deutschland

T0280428

In allen Gesellschaften spielte der Zusammenhang von Politik und Religion eine wichtige, häufig eine zentrale Rolle. Auch die Entwicklung der modernen westlichen Gesellschaften ist ohne die politische Auseinandersetzung mit den traditionellen religiösen Ordnungskonzepten und Wertvorstellungen nicht denkbar. Heute gewinnen im Westen – und weltweit – religiöse Orientierungen und Differenzen erneut einen zunehmenden gesellschaftlichen und politischen Einfluss zurück. Die Buchreihe „Politik und Religion" trägt dieser aktuellen Tendenz Rechnung. Sie stellt für die Sozialwissenschaften in Deutschland, insbesondere aber für die Politikwissenschaft, ein Publikationsforum bereit, um relevante Forschungsergebnisse zum Zusammenhang von Politik und Religion der wissenschaftlichen Öffentlichkeit vorzustellen und weitere Forschungsarbeiten auf diesem Gebiet anzuregen. Sie ist deshalb offen für verschiedene disziplinäre und interdisziplinäre, theoretisch-methodologische und interkulturell-vergleichende Ansätze und fördert Arbeiten, die sich systematisch und umfassend mit politikwissenschaftlich ergiebigen Fragestellungen zum Verhältnis von Politik und Religion befassen. Die wissenschaftliche Auseinandersetzung mit „Politik und Religion" soll damit in ihrer ganzen Breite dokumentiert werden, ohne dass die Herausgeber dabei mit den jeweilig bezogenen Positionen übereinstimmen müssen.

Herausgegeben von
Antonius Liedhegener
Luzern, Schweiz

Ines-Jacqueline Werkner
Kiel, Deutschland

Christine Brunn

Religion im Fokus der Integrationspolitik

Ein Vergleich zwischen Deutschland, Frankreich und dem Vereinigten Königreich

Christine Brunn
Heidelberg, Deutschland

Dissertation Ruprecht-Karls-Universität Heidelberg, Dezember 2011, u.d. Titel: Die Entdeckung der Religion durch die Integrationspolitik. Deutsche, französische und britische Politik im Spiegel einer vergleichenden Institutionenanalyse

ISBN 978-3-531-19730-2   ISBN 978-3-531-19731-9 (eBook)
DOI 10.1007/978-3-531-19731-9

Die Deutsche Nationalbibliothek verzeichnet diese Publikation in der Deutschen Nationalbibliografie; detaillierte bibliografische Daten sind im Internet über http://dnb.d-nb.de abrufbar.

Springer VS
© Springer Fachmedien Wiesbaden 2012

Gedruckt auf säurefreiem und chlorfrei gebleichtem Papier

Springer VS ist eine Marke von Springer DE. Springer DE ist Teil der Fachverlagsgruppe Springer Science+Business Media.
www.springer-vs.de

Danksagung

Das vorliegende Buch stellt eine geringfügig überarbeitete Fassung meiner Dissertationsschrift dar. Mit dem Titel „Die Entdeckung der Religion durch die Integrationspolitik. Deutsche, französische und britische Politik im Spiegel einer vergleichenden Institutionenanalyse" wurde diese im Dezember 2011 von der Fakultät für Wirtschafts- und Sozialwissenschaften der Universität Heidelberg angenommen.

Das Buch wäre nicht entstanden ohne die Unterstützung durch verschiedene Personen und Institutionen. Einige möchte ich an dieser Stelle nennen. Mein Dank gilt zuerst meinem wissenschaftlichen Betreuer Prof. Dr. Karlheinz Schneider, der mein Dissertationsprojekt vom ersten Moment an mit unermüdlichem Zuspruch und Interesse begleitet hat. Menschlich und fachlich habe ich sehr von den von Professor Schneider geleiteten Oberseminaren profitiert, die reichlich Raum zur offenen Diskussion boten. Den TeilnehmerInnen möchte ich hierfür meinen Dank aussprechen, ganz besonders Beate Sachsenweger für die intensive Lektüre und Kritik meiner Texte über Jahre hinweg.

Wichtige Anregungen habe ich auch durch die Rückmeldungen zu meinen Vorträge im Doktorandenkolloquium des Max-Weber-Instituts für Soziologie erhalten. Meine Teilnahme an den Seminaren, Workshops und Foren der Heidelberger Graduiertenschule für Geistes- und Sozialwissenschaften (HGGS) machte mir eine interdisziplinäre Perspektive auf mein Thema zugänglich. Die Graduiertenakademie der Universität Heidelberg hat mein Vorhaben in der Abschlussphase durch ein Stipendium aus Mitteln der Exzellenzinitiative gefördert. Ich danke Prof. Dr. Thomas Schwinn für die Bereitschaft, das Zweitgutachten zu übernehmen und Prof. Dr. Sebastian Harnisch für die Teilnahme an der Disputation sowie beiden für wichtige Anregungen. Für die Aufnahme dieser Untersuchung in ihre Schriftenreihe danke ich den Herausgebern, PD Dr. Ines-Jacqueline Werkner und Prof. Dr. Antonius Liedhegener.

Prof. Dr. Agathe Bienfait verdanke ich entscheidende Impulse zur Wahl des Themas. Dr. Dagmar Höppel hat das Vorhaben in seinen Anfängen nachdrücklich unterstützt. Iris Aupperle danke ich für das anhaltende Interesse an meiner Arbeit und die regelmäßigen Gespräche darüber, Tanja und Dr. Constantin Sander für die vielen nachmittäglichen Arbeitsstunden, die sie mir durch die zuverlässige Beherbergung meines Ältesten bescherten und für die kurzfristige technische Unterstützung vor der Abgabe der Arbeit. Suna Ölmez danke ich für kompetenten Rat bei schwierigen französischen Textpassagen. Meiner Mutter, Margarete Vollmer-Ries, danke ich insbesondere für die Hilfe bei der Betreuung meiner Kinder in arbeitsintensiven Phasen sowie für das Korrekturlesen der Arbeit.

Schließlich möchte ich meinen Kindern, Johannes, Charlotte und Luise danken, die in verschiedene Arbeitsphasen des Dissertationsprojekts hineingeboren wurden und, jeweils auf ihre Weise, einen entscheidenden Beitrag dazu geleistet haben. Mein Mann, PD Dr. Frank Martin Brunn, hat mein Vorhaben von Anfang an mitgetragen und mir in zahlreichen Gesprächen geholfen, meine Gedanken zu ordnen. Dafür bin ich ihm sehr dankbar.

Inhalt

Dritter Teil: Ergebnisse und Schlussbetrachtungen

Tabellen- und Abbildungsverzeichnis

Abkürzungsverzeichnis

ANAEM	l'Agence Nationale de l'Accueil des Étrangers et des Migrations
ARI	Arbeitsgemeinschaft Religion und Integration
BAMF	Bundesamt für Migration und Flüchtlinge
BfV	Bundesamt für Verfassungsschutz
Bpb	Bundeszentrale für politische Bildung
BVerfG	Bundesverfassungsgericht
BVerwG	Bundesverwaltungsgericht
CDU	Christlich Demokratische Union
CFCM	Conseil Français du Culte Musulman
CORIF	Conseil de Réflexion sur l'Islam en France
CRCM	Conseils Régionaux du Culte Musulman
CRE	Commission for Racial Equality
CSU	Christlich Soziale Union
DAIC	Direction de l'Accueil, de l'Intégration et de la Citoyenneté
DCLG	Department for Communities and Local Government
DIK	Deutsche Islam Konferenz
DITIB	Türkisch-Islamische Union der Anstalt für Religion e. V.
ECHR	European Convention on Human Rights
EGMR	Europäischer Gerichtshof für Menschenrechte
EHRC	Equality and Human Rights Commission
EKD	Evangelische Kirche in Deutschland
EMRK	Europäische Menschenrechtskonvention
FAS	Fonds d'Action Sociale pour les travailleurs musulmans d'Algérie en Métropole et pour leurs familles
FAZ	Frankfurter Allgemeine Zeitung
FCCC	Faith Communities Consultative Council
FIS	Front Islamique du Salut
FR	Frankfurter Rundschau
GG	Grundgesetz
HALDE	Haute Autorité de Lutte contre les Discriminations et pour l'Égalité
HCI	Haut Conseil à l'Intégration
HRA	Human Rights Act
ICRC	Inner Cities Religious Council
IGS	Islamische Gemeinde Saarland
LAAs	Local Area Agreements
L'ACSÉ	L'Agence Nationale pour la Cohésion Sociale et l'Égalité des Chances
LGA	Local Government Association
MCB	Muslim Council of Britain
MSF	Muslim Safety Forum

OFII	l'Office Français de l'Immigration et de l'Intégration
OVG	Oberverwaltungsgericht
REMID	Religionswissenschaftlicher Medien- und Informationsdienst e. V.
SACRE	Standing Advisory Committee for Religious Education
SPD	Sozialdemokratische Partei Deutschlands
StAG	Staatsangehörigkeitsgesetz
SZ	Süddeutsche Zeitung
taz	die tageszeitung
UMP	Union pour un mouvement populaire
WRV	Weimarer Reichsverfassung
ZMD	Zentralrat der Muslime in Deutschland e. V.
ZUS	Zones urbaines sensibles

Einleitung

„Imame für Integration", so lautet ein Projekt, welches das Goethe-Institut, das Bundesamt für Migration und Flüchtlinge (BAMF) und die Türkisch-Islamische Union im Dezember 2009 gestartet haben. Nicht nur in Deutschland, sondern auch im Vereinigten Königreich[1] und in Frankreich gibt es in den letzten Jahren zahlreiche Hinweise dafür, dass Religion, religiöse Repräsentanten und Religionsgemeinschaften nach Vorstellung staatlicher Politik eine tragende Rolle bei der Integration von MigrantInnen übernehmen sollen. Zum einen werden seit einigen Jahren religionspolitische Aktivitäten verfolgt, die sich beispielsweise im Versuch zeigen, von staatlicher Seite Gesprächspartner aus dem religiösen Spektrum zu identifizieren oder herauszubilden, mit denen auch integrationsspezifische Themen verhandelt werden können. Zum anderen wird angesichts einer als defizitär beschriebenen Integration von ZuwanderInnen der Versuch unternommen, die nationale, regionale und kommunale Integrationspolitik dadurch effektiver zu gestalten, dass über die vorhandene Infrastruktur von Religionsgemeinschaften integrationspolitische Maßnahmen verankert werden. Indem der jeweilige Nationalstaat – auf unterschiedliche Art und Weise – religiöse Akteure direkt einzubeziehen versucht und Religion als relevanten Lebensbereich gerade von Personen mit sogenannten Integrationsdefiziten thematisiert, zielt staatliche Politik darauf ab, neue und zusätzliche Möglichkeiten der Interaktion mit Personen mit Migrationshintergrund zu nutzen. Beide Entwicklungen scheinen auf einen Bedeutungswandel von Religion, religiöser Zugehörigkeit und vor allem religiöser Organisationen für staatliche Politik hinzudeuten. Dieser vollzieht sich im *Schnittstellenbereich von Religions- und Integrationspolitik* und betrifft Nationalstaaten, die bislang in diesen Feldern paradigmatisch verschieden agiert haben.

Unter dem Themenkomplex ‚Migration – Integration – Religion' zeichnet sich ein neuer Trend ab, der die überkommene Zurückhaltung des Staates in religiösen Angelegenheiten von MigrantInnen abzulösen scheint: Es wird eine Kooperation zwischen Staat und religiösen Vereinigungen von EinwanderInnen angestrebt, die sich in der Ausgestaltung und Zielsetzung nicht immer auf die Verhandlung religiöser Angelegenheiten beschränkt. Dies hat eine, zumindest vordergründig politische Aufwertung religiöser Zugehörigkeit von EinwanderInnen zur Folge, die mit dem Bemühen um eine Institutionalisierung von vergleichsweise schwach etablierten Religionen einerseits, mit integrationspolitischen und sicherheitspolitischen Motiven andererseits zusammenfällt. Das zeigt sich insbesondere beim Thema Islam[2]: Es werden verstärkt Maßnahmen zur Integration, aber auch zur Kon-

---

1   Das Vereinigte Königreich umfasst die Teilstaaten England, Wales, Schottland (Großbritannien) und Nordirland; s. auch u. 116 Anm. 152.

2   Zwar lässt sich beobachten, dass die Zielgruppe der Muslime im Rahmen dieser neuen Integrationspolitiken eine große Rolle spielt, insbesondere aber für das Vereinigte Königreich gilt, dass sich integrationspolitische Strategien, die Religion und Religionsgemeinschaften systematisch einbeziehen, nicht auf muslimische Ziel-

trolle und identitätspolitischen Einhegung ‚des Islam' in nationale Semantiken initiiert, die direkt und ausschließlich zwischen staatlichen Akteuren und muslimischen Minderheiten respektive deren Repräsentanten verhandelt werden.

Mit der ‚Entdeckung' von religiösen Institutionen als Plattform und Vehikel für staatliche Integrationsmaßnahmen geraten Religion und religiöse Lebensführung von MigrantInnen zunehmend ins Augenmerk politischer und staatlicher Akteure. Wurde die Religion von MigrantInnen bislang, wenn überhaupt, eher als Problem wahrgenommen und meist mit desintegrativer und segregationsfördernder Wirkung verbunden, wird sie seit einigen Jahren zunehmend als ernstzunehmender Faktor im Selbstverständnis von MigrantInnen oder gar als Chance für Politik und Gesellschaft betrachtet, da sie Anknüpfungspunkte für Dialog und Integration bietet. Diese Wirkung wird besonders dort erwartet, wo Religion institutionalisiert ist oder institutionalisierungsfähig erscheint und somit Individuen als Mitglieder einer mehr oder weniger fest umrissene Gruppe verortbar und ansprechbar macht (Tezcan 2011, 130). Die Religion von ZuwanderInnen bietet sich also offensichtlich – wie ein Blick in das tagespolitische Geschehen der letzten Jahre deutlich macht (s. u. Kap. 3) – als Anknüpfungspunkt für staatliche Integrations-, aber auch Sicherheitspolitik an.

Diese Entdeckung von Religion durch deutsche, britische und französische Integrationspolitik fordert zwei sozialwissenschaftliche Narrative heraus: zum einen die verschiedenen Positionen zur Säkularisierungsthese, denen trotz ihrer inhaltlichen, methodischen und theoretischen Spannbreite gemein ist, dass sie von einem fortwährenden Funktionsverlust institutionalisierter Religion in der zweiten Hälfte des 20. Jahrhunderts in säkularen, europäischen Gesellschaften ausgehen. Zum anderen erscheinen die offensichtlichen Parallelen, die in Deutschland, Frankreich und dem Vereinigten Königreich in Bezug auf dieses Phänomen zu beobachten sind, als Herausforderung für die häufig vorgenommene Zuordnung der drei Länder zu unterschiedlichen Staat-Kirche-Typen und unterschiedlichen Integrationsmodellen. Beide Aspekte werden zentrale Ausgangspunkte für die Hypothesengenerierung der vorliegenden Untersuchung darstellen.

Forschungsstand und Forschungsfrage

Während zahlreiche Forschungsarbeiten der letzten Jahre den Zusammenhang von Religion und Integration – häufig unter Rückgriff auf das Konzept des Sozialkapitals – thematisieren und prüfen, ob ein *positiver Einfluss von Religion auf Integration* grundsätzlich nachweisbar ist,[3] liegen bislang kaum Analysen vor, die die *politischen Erwartungen* an einen möglichen Beitrag von Religion und Religionsgemeinschaften zu sozialer Integration und gesellschaftlichem Zusammenhalt rekonstruieren und zu erklären suchen. Lediglich ein

---

gruppen beschränken. Daher kann sich auch die vorliegende Untersuchung nicht auf die Betrachtung von Islampolitik beschränken, setzt aber schwerpunktmäßig hier an.

3   Vgl. etwa die Untersuchungen von Nagel 2007 oder Traunmüller 2009. Traunmüller 2011 setzt den Zusammenhang von Religion und Sozialkapital darüber hinaus in Beziehung zu variierenden Staat-Kirche-Verhältnissen. Zur Ambivalenz der internationalen Forschungsergebnisse zum Thema ‚Religion und Sozialkapital' vgl. Liedhegender/Werkner 2011, 17ff. Baumann 2000, Martikainen 2005, Rink 2005 oder – speziell für die Frage der Integration der Muslime in Deutschland – Öztürk 2007 und Uslucan 2011 thematisieren und überprüfen teilweise – wenn auch ohne die dezidierte Bezugnahme auf Sozialkapital – den Zusammenhang zwischen Religion und (Sozial-) Integration.

Aufsatz ist mir bekannt, der das Phänonem der Einbeziehung religiöser Zusammenhänge in nationale integrationspolitische Konzepte unter einer ländervergleichenden Perspektive – nicht jedoch systematisch – behandelt: Levent Tezcan geht davon aus, dass Religion als „Mittel der Integrations- und Sicherheitspolitik gouvernementalisiert" (Tezcan 2007, 71) werde, da sie kontrollierende und kanalisierende Funktionen erfülle. Er beschreibt solche Gouvernementalisierungsstrategien für verschiedene europäische Nationalstaaten, darunter für Deutschland und das Vereinigte Königreich.[4] Mit besonderem Blick auf die deutsche Islamdebatte ist im Jahr 2010 ein Sammelband erschienen, in dem der Islam in Deutschland sowie die deutsche Islampolitik im Verhältnis zur Integrationsthematik beleuchtet werden (Ucar 2010). Jüngstens hat erneut Tezcan eine Untersuchung der bundesdeutschen Islampolitik am Beispiel der Deutschen Islam Konferenz veröffentlicht. Darin deutet er zentrale Elemente des aktuellen deutschen integrations- und sicherheitspolitischen Diskurses als *Dispositive* zur „Konstruktion des muslimischen Subjekts" (Tezcan 2012, 141). Die britische wissenschaftliche Debatte um eine ‚Neuentdeckung' von Religion im Rahmen der *Community Cohesion Agenda*[5] zeigt sich vergleichsweise vital. Dabei werden, mit deutlich empirischer Ausrichtung und häufig in politikberatender Absicht, die Bezugnahmen insbesondere seitens lokaler Regierungen auf Glaube und Religionsgemeinschaften zugunsten von gesellschaftlichem Zusammenhalt und Integration untersucht (Dinham/Lowndes 2009, 6). Auch in der britischen Diskussion wird häufig der positive Zusammenhang zwischen Religion und Sozialkapital (z. B. Furbey et al. 2006) als theoretische Basis wird zugrunde gelegt. Ein konsequent vergleichender Zugang und ein Blick auf institutionelle Weichenstellungen bleibt in all diesen Beiträgen jedoch weitestgehend aus.

Die hier vorgelegte Untersuchung möchte diese Forschungslücke schließen. Im Vergleich zwischen Deutschland, Frankreich und dem Vereinigten Königreich sollen die Entwicklungen der Religions- und Integrationspolitik der letzten Jahre in den Blick genommen und die rechtlichen und institutionellen Voraussetzungen des Staat-Kirche-Verhältnisses sowie zentrale rechtliche und institutionelle Grundlagen für Integrationspolitik reflektiert werden. Dabei stehen *zwei* inhaltlich und methodisch zusammenhängende und *komplementäre Forschungsinteressen* im Mittelpunkt, die sich an die Beobachtung einer Interferenz von Religions- und Integrationspolitik anschließen, die aber *gegeneinander abgestuft* sind: *Erstens* und vor allem interessiert es nachzuvollziehen, wie sich der angenommene Bedeutungswandel von Religion und Religionsgemeinschaften im Einzelnen im Zuge aktueller,

---

4   Sein Fazit lautet: „Schließlich wird die Religion der Migranten als Mittel der Integrations- und Sicherheitspolitik gouvernementalisiert, wobei die Migranten als religiöse Subjekte neu ausgerichtet werden. Dabei kommt die Religion als privilegiertes Medium von Ordnungspolitik ins Spiel, um die multikulturelle Gesellschaft als einen neuen Typus menschlichen Zusammenlebens dadurch regierbar zu machen, dass das Einwanderermilieu mit muslimischem Glaubenshintergrund durch verschiedenartige Eingriffe eine identifizierbare Gestalt annehme" (Tezcan 2007, 70f.); vgl. auch Tezcan 2006, 2008, 2009 und 2012.

5   Von der britischen *Community Cohesion Agenda* spricht man im Zusammenhang mit den politischen Reaktionen auf gewalttätige *Riots* in einigen englischen Städten im Jahr 2001. Diese *Riots* wurden zwischen verschiedenen Gruppen ausgetragen, wobei deren unterschiedlichen ethnischen oder religiösen Zugehörigkeitsmerkmale für die Konflikte nicht unerheblich waren. Als Reaktion auf die Unruhen wurde das *Community Cohesion Review Team* unter Leitung von Ted Cantle gegründet, von dem der sogenannte *Cantle--Report* (Home Office 2001b) noch im selben Jahr herausgegeben wurde. In der Folge wurde *Community Cohesion* als zentrales Konzept der britischen Regierung stetig weiterentwickelt. So wurde beispielsweise im Jahr 2006 eine *Commission on Integration and Cohesion* berufen, die im folgenden Jahr ihren Abschlussbericht vorlegte (Commission on Integration and Cohesion 2007b).

interferierender Integrations- und Religionspolitik empirisch und nationalstaatenvergleichend beschreiben und erklären lässt [F1]. Damit eng zusammenhängend soll *zweitens* überprüft werden, ob die offensichtlich größere Aufmerksamkeit, die Religion, religiöser Zugehörigkeit und religiösen Organisationen durch die neuere Integrationspolitik in allen drei
Nationalstaaten gezollt wird auch die paradigmatischen Unterschiede im Hinblick auf das
Staat-Kirche-Verhältnis und die Integrationskultur[6] zu irritieren vermag. Die Frage lautet
also, ob und gegebenenfalls inwiefern diese Entwicklungen auf Annäherungen zwischen
den drei Nationalstaaten hindeuten oder nicht [F2].

Theoretische Vorannahmen und Untersuchungsdesign

Theoretisch und methodisch knüpft die vorliegende Untersuchung an ein ‚weberianisches
Forschungsprogramm' (Schluchter 2005, 3) an und orientiert sich dabei an einer ‚weberianischen Institutionentheorie' (Stachura et al. 2009; vgl. Weber 1986, 252). Eine solche
geht davon aus, dass Akteur und Struktur sich gegenseitig bedingen und konstituieren und
diese Vermittlung durch Institutionen geleistet wird (Gimmler 2009, 238). „Eine
handlungs- und strukturtheoretisch angeleitete vergleichende Institutionenanalyse vermag
die Handlungsräume für institutionelle Trägergruppen aufzuzeigen" (Schwinn 2009, 67).
Dadurch eignet sie sich sowohl dafür, Institutionalisierungsprozesse zu ergründen, als auch
dafür, institutionell geprägtes Handeln zu erklären. Die vorliegende Untersuchung stellt
letzteren Anspruch in den Fokus. Methodisch ist die Untersuchung nationalstaatenvergleichend ausgerichtet, um die „*Eigenart* von Kulturerscheinungen" (Weber 1985, 202)
identifizieren und erklären zu können. Entsprechend ist der empirische Teil der Untersuchung durchweg komparativ angelegt und kumuliert in der qualitativen Inhaltsanalyse
von 48 Dokumenten, die eine Rekonstruktion der Handlungs- und Deutungsweisen von
(staats-)politischen Akteuren in Bezug auf thematisch einschlägige Sachverhalte erlaubt.

Untersuchungsdesign und Hypothesen sind so konstruiert, dass die Interferenz von
Religions- und Integrationspolitik als unabhängige Variable betrachtet wird. Dieser unabhängigen Variable stehen zwei abhängige Variablen gegenüber: erstens der angenommene
Bedeutungswandel von Religion für staatliche Politik und zweitens der Umgang staatlicher
Politik mit Religion und Integration in Deutschland, Frankreich und dem Vereinigten Königreich im Verhältnis untereinander. Es wird außerdem davon ausgegangen, dass die Wirkung der unabhängigen Variable auf die beiden abhängigen Variablen von Moderatorvariablen bestimmt wird: den jeweiligen nationalen institutionellen Grundlagen für Religi-
ons- und Integrationspolitik. Das Verhältnis zwischen unabhängiger Variable und der ersten abhängigen Variable ist kausal konstruiert und spiegelt das primäre Forschungsinteresse
[F1] wider, das Verhältnis zwischen unabhängiger Variable und der zweiten abhängigen
Variable ist diagnostisch angelegt und deskriptiv konstruiert und spiegelt das sekundäre
Forschungsinteresse [F2] wider.

Die beiden Forschungsinteressen berufen sich auf unterschiedliche theoretische Ausgangspunkte.[7] Um die erste Forschungsfrage [F1] zu behandeln, wird die soziologische

---

6   Zum Begriff ‚Integrationskultur' s. u. 32 Anm. 21.
7   Diese theoretischen Ausgangspunkte bilden nicht das theoretische Rahmenmodell der Gesamtuntersuchung,
      sondern dienen lediglich der Hypothesenkonstruktion.

Debatte um das Säkularisierungstheorem und die in den 1990er Jahren daran aufkommende Kritik zugrunde gelegt. Für die Hypothesenkonstruktion [H1] werden zwei unterschiedliche Perspektiven auf das Säkularisierungstheorem fruchtbar gemacht: erstens die Perspektive auf eine ‚postsäkulare Gesellschaft' nach Jürgen Habermas (2001 und 2005) und zweitens die Perspektive auf die Ausdifferenzierung und Peripherisierung von Religion, wie sie Niklas Luhmann (1977 und 2000b) und Rezipienten (Pollack 2003; Höhn 2007) angeregt haben. Daraus werden eine *Anerkennungshypothese* [H1a] und eine *Instrumentalisierungshypothese* [H1b] entwickelt. Um die zweite Forschungsfrage [F2] zu behandeln, wird die ‚klassische' Einteilung von nationalstaatlichen *Settings* in verschiedene Gruppierungen entlang von Staat-Kirche-Arrangements und Integrationskulturen zugrunde gelegt und darauf basierend eine *Konvergenzhypothese* [H2a] sowie eine *Pfadabhängigkeitshypothese* [H2b] formuliert (mehr dazu s. u. 61 ff.).

Aufbau der Arbeit

Die Klärung dieser zwei grundlegenden Forschungsfragen werde ich folgendermaßen angehen: Der *einleitend* entwickelten Fragestellung folgt im *ersten Kapitel* einer Darlegung des handlungs- und strukturtheoretischen Rahmenmodells der Untersuchung sowie eine Erläuterung und Begründung der sich daraus ergebenden Forschungsmethoden. Darauf folgen zu Beginn des *zweiten Kapitels* gemäß dem doppelten Forschungsinteresse zwei theoretische Ausführungen, die die Hypothesenbildung vorbereiten sollen: Zum einen wird der Versuch unternommen, den Forschungsgegenstand vor dem Hintergrund einer Diskussion der soziologischen Säkularisierungsproblematik präziser zu fassen; zum anderen wird eine Auseinandersetzung mit verschiedenen, insbesondere in Politik- und Rechtswissenschaft diskutierten Typen spezifischer Staat-Kirche-Regimen und Integrationskulturen geführt, um zu zeigen, wie sich die drei Nationalstaaten diesbezüglich zueinander verhalten. Aus diesen beiden Theoriesträngen lassen sich eine genauere Skizzierung des Untersuchungsmodells und die Ausbildung der forschungsleitenden Hypothesen herleiten.

Im *dritten Kapitel* wird die aktuelle Religions- und Integrationspolitik in komparativer Absicht dargestellt. Dabei konzentriere ich mich auf die *Policy-* und *Politics*-Seite im Sinne von Politikgestaltung und konkreter -umsetzung in den drei Staaten. Dieser Darstellung folgt im *vierten Kapitel* eine Rekonstruktion der institutionellen Grundlagen für Religions- und Integrationspolitik für jeden der drei Staaten und, jeweils anschließend, in vergleichender Perspektive. Hierbei ist – gewissermaßen als Pendant zum dritten Kapitel – jeweils für den Bereich ‚Religion' als auch für den Bereich ‚Integration' besonders auf die *Polity*-Seite im Sinne von „Verfahrensregeln und Ordnungsformen von Politik" (Forndran 1991, 19) einzugehen. Dieses vierte Kapitel übernimmt zwei zentrale Funktionen im Rahmen der Forschungssystematik: Erstens dient es in deskriptiver Hinsicht und mit Bezug auf die zweite Forschungsfrage [F2] dazu, die jeweilige nationale Ausgangsbasis für Religions- und Integrationspolitik herauszuarbeiten, um die aktuellen Politiken der drei Nationalstaaten im Zuge der Dokumentenanalyse auf mögliche Konvergenzen oder Pfadabhängigkeiten überprüfen zu können. Die wichtigere Funktion des vierten Kapitels liegt jedoch zweitens darin, Vorarbeiten zu leisten, um in kausal-analytischer Absicht mit Bezug zur ersten Forschungsfrage [F1] aufzeigen zu können, welche institutionellen Grundlagen auf welche Art und Weise Interaktionseffekte auf einen spezifisch ausgeprägten Bedeutungswandel von Religion erwirken. Mit dem *fünften Kapitel* erfolgt das Kernstück der empirischen Analyse, das auf der qualitativen Inhaltsanalyse (nach Mayring 2007) von insgesamt 48 ausgesuchten Regierungsdokumenten aus dem Schnittstellenbereich von Integrations- und Religionspolitik der drei Nationalstaaten beruht und dem eine Beschreibung der Vorgehensweise, die Kategorienbildung sowie eine begründete Auswahl des Textkorpus vorangestellt wird.

Im *sechsten Kapitel* werden die Befunde der empirischen Analyse mit Blick auf die Hypothesen ausgewertet, die so gewonnenen Ergebnisse in beschreibender und erklärender Absicht zusammengeführt und ein Fazit im Lichte einer weberiansichen Institutionenanalyse gezogen. Daraufhin werden institutionelle Konflikte insbesondere mit Blick auf normative Implikationen der gewonnenen Resulate beleuchtet. Am Ende steht eine Zusammenfassung der Untersuchung.

Begriffsklärungen

Die vorliegende Untersuchung zielt auf die vergleichende Analyse staatspolitischer Aussagen in Form von Regierungsdokumenten zu integrations- und religionspolitischen Strategien und setzt sich zum Ziel, zu klären, ob und wie ein Bedeutungswandel von Religion sich abzeichnet und wie sich aktuelle nationalstaatliche Politiken zueinander verhalten. Ein solcher Ansatz impliziert vier Begriffe, die äußerst voraussetzungsreich sind: das sind die Begriffe ‚Staat' und ‚Politik' sowie der Religions- und der Integrationsbegriff. Einige Begriffsklärungen in pragmatischer Absicht sollen deshalb den weiteren Ausführungen vorausgeschickt werden.

Der Begriff ‚staatliche Politik' wird in der vorliegenden Untersuchung für „den Bereich des Staates und dessen Entscheidungspraxis" (Wohlrab-Sahr 2003, 359) verwendet. Das Politische, das darüber hinausgehend und allgemeiner Macht in gesellschaftlichen Verhältnissen meint, ist damit nicht gemeint, ebenso wenig soll der Begriff ausgedehnt werden auf alle möglichen politischen Tätigkeiten, wie sie etwa von außerstaatlichen Verbänden betrieben werden. Staat wird bewusst in einem klassischen Sinn verstanden und kann mit Max Weber definiert werden als „diejenige menschliche Gemeinschaft, welche innerhalb eines bestimmten Gebietes – dies: das ‚Gebiet', gehört zum Merkmal – das Monopol legitimer physischer Gewaltsamkeit für sich (mit Erfolg) beansprucht" (Weber 1988, 506). Der Begriff ‚Staat' soll zugleich nicht verstanden werden als „unitarischer Akteur, sondern [als] ein differenziertes Geflecht nur teilweise hierarchisch miteinander verbundener Akteure (Behörden, Ämter usw.)" (Mayntz 2005, 15; vgl. auch Schultze 1994, 443f.). Der hier verwendete Politikbegriff mit dem Adjektiv staatlich ist in einem regierungszentrierten oder gouvernementalen Sinn zu verstehen (Alemann 1994, 140). Sofern Regierungen staatliche Politik leiten und koordinieren,[8] ist es sinnvoll, diese empirisch

---

8   Aufgrund der Heterogenität realiter existierender Regierungssysteme und aufgrund der Komplexität eines profunden Regierungsbegriffs beschränke ich mich hier auf ein minimales Verständnis von (politischem) Regieren. Die Regierungssysteme der hier zu untersuchenden Nationalstaaten unterscheiden sich deutlich in Bezug auf Aspekte wie parlamentarisches vs. präsidentiales System, Zentralismus vs. Föderalismus, Monarchie vs. Republik, das Verhältnis zwischen Regierung und Gewaltenteilung, die Kompetenzverteilung zwischen Staatsoberhaupt und Regierung oder zwischen Regierung und Parlament (vgl. den Überblick bei Steffani 1992; für einen Vergleich verschiedener Regierungssysteme, u. a. auch des britischen, französischen

durch die Analyse von Regierungsdokumenten zu erfassen (dazu s. u. 33ff.). Zusammenfassend ist also festzuhalten: ‚Politik' und ‚Staat', aber auch ‚Regierung', sind überaus
komplexe Begriffe. In der hier vorliegenden Untersuchung werden diese Begriffe aber
bewusst eingeengt und aufeinander bezogen. Auch deshalb, weil explizit Regierungshan-
deln im Mittelpunkt der empirischen Analyse steht, erscheint es für meine Zwecke nicht
notwendig, den Begriff des Staates zu ersetzen durch den Begriff des politischen Systems,
wie er sich in der zweiten Hälfte des 20. Jahrhunderts zunächst von der britischen Politikwissenschaft ausgehend etabliert hatte, um aufzuzeigen, dass Staat und Gesellschaft nicht
voneinander isoliert zu denken sind (Rohe 1994, 125; Murswieck 1995, 535).

Sowohl der Religions- als auch der Integrationsbegriff nehmen in der vorliegenden
Untersuchung für die theoretischen und empirischen Bezüge eine Schlüsselstellung ein.
Beide vor dem Hintergrund der umfangreichen sozial- und kulturwissenschaftlichen Bei-
träge[9] aufzuarbeiten, wäre ein Unterfangen, das sich ob der Menge, Komplexität und
Kontroverse der vorliegenden Literatur schwerlich eingrenzen ließe und für das hier be-
trachtete empirische Problem im Übrigen nicht hilfreich wäre. Sowohl der Religions- als
auch der Integrationsbegriff sind für die Soziologie ebenso fundamental wie ungeklärt.
Während die Religionssoziologie Webers eine abschließende definitorische Klärung von
Religion bewusst ausspart (Weber 1980, 245),[10] nähert sich Durkheim dem Religionsbegriff über die Unterscheidung von heilig und profan an; er betrachtet Religion als Ausdruck
des Sozialen und als stetes Abbild der gesellschaftlichen Wirklichkeit (Durkheim 1981).
Georg Simmel sieht die Religion dagegen erst über die Gottesvorstellung des *Individuums*
in sozialen Beziehungen verankert (Simmel 1922; vgl. auch Haring 2008, 119f.). Beide Soziologen eint aber die Grundlegung eines funktionalistischen Religionsbegriffs, der von
einem substantialistischen (Aldridge 2007, 34ff.) unterschieden werden kann. Trennscharf
können diese Unterscheidungen freilich nicht vorgenommen werden. Luhmanns religionssoziologischer Ansatz etwa äußert sich im Versuch, die Frage nach der Funktion von
Religion für Gesellschaft mit der Frage nach der Substanz von Religion zu verbinden, ja,
seine These ist: Gerade „weil Religion substantiell anders ist als andere Symbolsysteme,
kann sie eine besondere soziale Funktion erfüllen" (Schöfthaler 1983, 139; vgl. auch
Luhmann 1977; Pollack 2007, 77f.). Obwohl sich die verschiedenen Ansätze also nicht
zwingend ausschließen müssen, ist es nicht von der Hand zu weisen, dass funktionalistische
Deutungen in der Soziologie den häufigeren Zugang zum Begriffsfeld ‚Religion' ausmachen (Kaufmann 1989, 82ff.; Feil 2000, 14ff.). Gerade in staatstheoretischer Hinsicht
liegt es nahe, auch nach der Funktion von Religion für Politik oder für den Staat zu fragen.
Als Konsequenz daraus ergibt sich das Problem einer theoretischen Verbindung von Religion und sozialer Ordnung und damit auch von Religion und Integration.

---

und deutschen Regierungssystem vgl. Abromeit/Stoiber 2006, 78ff.). Gleichzeitig liegt kein konsensfähiger
Regierungsbegriff in der Politikwissenschaft vor: „Während die institutionelle Bestimmung von Regierung
(Träger der Herrschaftsgewalt) in Bezug auf eine historisch-konkrete politische Ordnung i.d.R. kaum Probleme bereitet, läßt sich eine materiell-funktionale Bestimmung dessen, was Regieren ausmacht (soweit es
nicht um technisch-instrumentelle Fragen geht), ohne Rückgriff auf politische Theorien und damit auf ideen-
geschichtlich verankerte normative Konzeptionen von Regierung kaum erreichen" (Murswieck 1995, 533).
9   Vgl. hier nur Harrison 2006 oder Friedrichs/Jagodzinski 1999 stellvertretend für viele.
10   Religion kann aber über den Handlungsbegriff eingegrenzt werden und wird dann bei Schluchter – Weber
     folgend – verstanden „als ein Bereich der Kultur, der mehr oder weniger institutionell verfaßt ist und in dem
     eine bestimmte Art des Handelns stattfindet. Es ist ein Handeln bezogen auf das ganz Andere, das Heilige,
     motiviert durch die Erfahrung schlechthinniger Abhängigkeit (Schleiermacher)" (Schluchter 2003, 37).

In den Sozialwissenschaften werden in der Regel zwei Arten von Integration unterschieden: Erstens kann Integration eine „Einbeziehung von etwas in eine umfassendere
andere Einheit" (Rottleuthner 2006, 400) meinen und zweitens kann Integration die „Charakterisierung von sozialen Systemen mit unterschiedlichen Aggregationsniveaus (Gruppen, Organisationen, sozialen Subsystemen, Gesamtgesellschaft) hinsichtlich ihres Zusammenhalts, ihrer Kohäsion" (ebd.) ansprechen. In beiden Fällen kann mit Integration sowohl
ein Prozess als auch ein Ergebnis oder ein Zustand gemeint sein. Für die Thematisierung
von Integration im Migrationskontext erscheint Hartmut Essers Definition brauchbar:

> „Integration bedeutet allgemein die Existenz von systematischen Beziehungen von Teilen
> zueinander und in Abgrenzung zu einer Umgebung, woraus diese Beziehungen auch immer be-
> stehen. Dabei sind im Zusammenhang des Problems der Integration von Migranten und ethni-
> schen Minderheiten zwei Perspektiven zu unterscheiden (...): der Bezug auf die Individuen und
> ihre Beziehungen zu einem bestehenden gesellschaftlichen Kontext, darunter auch die Bezie-
> hungen zu anderen Individuen, und der Bezug auf ein soziales System und dessen Zusammen-
> halt als kollektive Einheit insgesamt. Der erste Aspekt wird als Sozialintegration bezeichnet, der
> zweite als Systemintegration" (Esser 2009, 84).[11]

Sozial- und Systemintegration[12] stehen in Zusammenhang zueinander: „Die Integration von
Elementen in ein Integrat kann Voraussetzung sein für einen hohen Grad an Integration des
Integrats selbst" (Rottleuthner 2006, 402). Gelingende Systemintegration kann abhängig
sein von oder unterstützt werden durch bestimmte Formen gelingender Sozialintegration.[13]
Beide Integrationsformen sind auch logisch miteinander verbunden, denn „jede Form der
systemischen Integration sozialer Systeme ist ein *aggregiertes* Ergebnis des – wie auch
immer motivierten – Handelns von Akteuren" (Esser 2000, 279). Über diese zweifache
Definition hinaus kann – im Falle der Integration von MigrantInnen und ethnischen Minderheiten – erstens nach den Mechanismen von Integration gefragt werden (z. B. religiöse,
moralische, rechtliche Regeln) und zweitens nach den Teilbereichen oder -systemen, die bei
der Herstellung von Integration besonders relevant sein können (z. B. Kirche, Familie,
Schule, Staat). Es stellt sich aber auch die Frage nach den Bedeutungsnuancen und Hinter-
grundannahmen des Begriffs selbst und damit etwa nach den Implikationen, die mit der
Erwartung von Integration einhergehen: Geht es lediglich um die Frage einer rein formalen
Mitgliedschaft oder wird eine explizite Zugehörigkeit verlangt, beispielsweise in Form
eines aktiven Bekenntnisses (Wismann 2007, 11ff.)? Ob und welche Integrationsmaßnahmen ein Staat ergreift, welche Wirkungen von diesen erwartet werden und welche
Zielgruppen diese ansprechen sollen oder welche politischen und rechtlichen Begründungs-
muster zu ihrer Rechtfertigung oder Kritik angeführt werden, ist eng verbunden mit
staatstheoretischen und -philosophischen Traditionen, sich wandelnden nationalen aber

---

11   Innerhalb der Sozialintegration unterscheidet Esser vier Grundprozesse: die Kulturation, die Platzierung, die
     Interaktion und die Identifikation (Esser 2009, 86; dazu ausführlich Esser 2000, 270ff.).
12   Diese Unterscheidung trifft zuerst Lockwood mit der Formulierung: „Während beim Problem der sozialen
     Integration die geordneten oder konfliktgeladenen Beziehungen der *Handelnden* eines sozialen Systems zur
     Debatte stehen, dreht es sich beim Problem der Systemintegration um die geordneten oder konfliktgeladenen
     Beziehungen zwischen den *Teilen* eines sozialen Systems" (Lockwood 1979, 125).
13   Habermas weist am Beispiel des systemintegrativ wirkenden Mediums Geld in der Europäischen Union
     darauf hin, dass Systemintegration auch in Konkurrenz zu einer „über Werte, Normen und Verständigung
     laufenden (...) *Sozialintegration*" (Habermas 1998, 643) treten kann.

auch transnational orientierten politischen und gesellschaftlichen Interessen sowie mit historischen und demographischen Faktoren, die die Einwanderungssituation in einem Land
kennzeichnen. „Sämtliche Konzepte zur Integration von Immigranten sind umstritten: Assimilation, kultureller Pluralismus oder gar Multikulturalismus und Transstaatlichkeit bzw.
Diaspora" (Faist 2004, 79).[14]

Grundsätzlich ist in der vorliegenden Untersuchung sowohl Sozial- als auch Systemintegration von Relevanz. In den konkreten staatspolitischen Stellungnahmen, Empfehlungen und Maßnahmen, die im empirischen Teil herangezogen werden, geht es etwa dann
um Sozialintegration, wenn Mechanismen diskutiert werden, wie einzelne MigrantInnen in
die jeweilige *Host Society* eingegliedert werden können; es geht aber bisweilen ebenso um
Fragen der gesellschaftlichen Kohäsion oder der nationalen Einheit. Dabei scheint im Fall
der Integration in gesellschaftliche Teilbereiche, also der Sozialintegration, eine negative
Definition des Begriffs gerade für politische Integrationskonzepte fruchtbar zu sein: „auf
Integration wird geschlossen, wenn bestimmte Problemanzeigen nicht vorliegen" (Sackmann 2004, 45). Im Umkehrschluss werden Integrationsmaßnahmen nur entworfen, wenn
entsprechende Problemlagen vorliegen.

Die knappen Erläuterungen haben gezeigt, dass sowohl ‚Religion' als auch ‚Integration' keine eindeutig definierbaren Begriffe sind. Die wissenschaftliche Literatur zu
beiden Aspekten ist kaum zu überblicken. Für die Zwecke der vorliegenden Untersuchung
erscheint es ausreichend, die Begriffe als „Tatbestände" zu behandeln, die nicht eindeutig
definitorisch erschlossen werden können, sondern „die sich im gesellschaftlichen Diskurs
konstituieren" (Matthes 1992, 129). Dieses Vorgehen stimmt überein mit dem Ziel der
Untersuchung, welches nicht in der Auseinandersetzung mit den Begriffen liegt, sondern
darin, die empirische Wirklichkeit zu rekonstruieren, die wiederum geprägt ist von Hand-
lungs- und Deutungsweisen der Akteure, die sich beider Begriffe sinnhaft bedienen. Selten
jedoch werden im vorliegenden Primärmaterial solche Deutungen expliziert oder gar
Definitionen der beiden Begriffe vorgenommen. Entsprechend sollen, soweit möglich, die
Begriffe im empirischen Teil sukzessive aus dem zu untersuchenden Material hergeleitet
werden. Dafür werden der Religions- und Integrationsbegriff jeweils als eigenständige Kategorien in den Blick genommen (s. u. Kap. 5.2), es wird also stets auch überprüft, was im
Rahmen von konkreten religions- und integrationspolitischen Strategien unter ‚Religion'
oder ‚Integration' – implizit oder explizit – verstanden wird.

---

14   In der Forschung setzt die Kritik neuerdings grundsätzlicher an und betrifft die Brauchbarkeit des Inte-
     grationsbegriffs als solchen. Die kritischen Stimmen argumentieren auf unterschiedlichen Ebenen: So wird
     die Verwendung des Integrationsbegriffs im politischen Diskurs kritisiert, da Integration hier meist normativ
     geprägt sei und ideologisch eingesetzt werde (Wieviorka 2004, 10; Sellmann 2007, 77, 87f.). Es wird aber
     auch die Verwendung des Integrationsbegriffs als wissenschaftliches Analyseinstrument der Realität auf-
     grund der ungenügenden definitorischen Schärfe des Begriffs selbst in Frage gestellt (Sellmann 2007, 85ff).
     Bei einer auf Integration beschränkten Analyse würden „Konflikte und soziale Kämpfe, durch die eine
     Gesellschaft sich selbst erzeugt, nicht berücksichtigt" (Wieviorka 2004, 10). Eine Fixierung auf Fragen nach
     der Integration von MigrantInnen würde andere Fragen, z. B. die nach den „Voraussetzungen für die Reali-
     sierung von Demokratie und Menschenrechten" (Koenig 2003, 226) ausblenden. In der neueren Migrations-
     forschung setzt sich das Netzwerk ‚Kritische Migrations- und Grenzregimeforschung' mit einer Initiative
     unter dem Titel „Demokratie statt Integration" für einen Paradigmenwechsel von Integration zu Partizipation
     ein (Internetquelle 1). Allerdings kann die m. E. nicht unberechtigte Kritik am Integrationsbegriff beim hier
     verfolgten Forschungsinteresse nicht bedeuten, den Begriff ‚Integration' fallen zu lassen, ist er doch konsti-
     tutiv für integrationspolitische Weichenstellungen und politisches Handeln und damit unabdingbar für
     Rekonstruktion und Verständnis des Forschungsgegenstands.

Erster Teil: Theorie, Methoden und Hypothesen

1 Theoretischer Rahmen und Methoden

Die Untersuchung bewegt sich im Rahmen einer vergleichenden Institutionenanalyse im Anschluss an Max Weber. Die damit einher gehenden theoretischen und methodologischen Vorannahmen sowie daraus abgeleitete Implikationen für das vorliegende Forschungsunternehmen sollen nachfolgend dargelegt werden.

1.1 Vergleichende Institutionenanalyse

Im Fokus des empirischen Teils der Untersuchung steht das soziale Handeln (staats-) politischer Akteure, welches eingebettet ist in institutionell geprägte Handlungskontexte. Um im Weber'schen Sinn dieses Handeln „deutend verstehen und dadurch in seinem Ablauf und seinen Wirkungen ursächlich erklären" (Weber 1980, 1) zu können, ist ein besonderer Blick auf Institutionen notwendig. Institutionen können nach Weber als „Handlungsermöglichungsräume für mehrdimensionale Handlungsebenen" (Gimmler 1998, 132; Gimmler 2009, 241) begriffen werden. In Anknüpfung an Weber müssen drei Handlungsebenen unterschieden werden: die Handlungsorientierung auf der Ebene des individuellen Handelns, die Handlungskoordination, die eine soziale Beziehung voraussetzt und zu einer Ordnung oder einem Verband auswachsen kann, und der überindividuelle Sinnzusammenhang oder auch die ‚Kultur' (Schluchter 2009a, 29). Mit den Handlungsebenen korrespondieren – in dieser Reihenfolge – die Begriffe ‚Interesse', ‚Institution' und ‚Idee' (ebd.). Auf allen drei Handlungsebenen können sich jeweils zwei Rationalitätsdimensionen des Handelns – eine ideelle und/oder eine materielle (Stachura 2009a, 32) – artikulieren. Als „Wertverwirklichungsanleitungen" (Stachura 2009a, 14) vermitteln Institutionen zwischen Ideen und Interessen; gleichzeitig stehen Ideen und Interessen in einem Wechselverhältnis zueinander.

> „Institutionen sind auf Leitideen bezogen, durch die sie gedeutet und legitimiert werden, wobei sie diese Leitideen aber erst konkretisieren. Institutionen beschränken Interessen, wobei sie deren legitime Verfolgung aber erst ermöglichen, seien diese Interessen materieller oder ideeller, äußerer oder innerer, individueller oder kollektiver Natur. Institutionen vermitteln also zwischen Ideen und Interessen, indem sie legitimierte Handlungsräume schaffen, in die Interessen einströmen können, die dadurch in Grenzen homogenisiert, jedenfalls ausgerichtet werden" (Schluchter 2009a, 18).

Ein solcher „Dreiklang" (ebd.) von Ideen, Institutionen und Interessen wird in der hier durchgeführten Untersuchung durch Bezüge zu *Ideen* (z. B. Religionsfreiheit), durch die Eingebettetheit dieser ideellen Bezüge in *institutionelle Arrangements* (z. B. Staatskirchenrecht) und durch die Handlungsorientierungen (staats-)politischer Akteure an die*ellen und/ oder materiellen *Interessen* (Anerkennung von Religion *als* Religion/Instrumentalisierung von Religion für integrationspolitische Zwecke) hergestellt. Diese Konstellation spiegelt sich wider in der Hypothesenformulierung [H1] (Kap. 2.1) und dem Untersuchungsdesign (Kap. 2.3).

Aus diesen Bezugnahmen ergibt sich folgender dreifacher Anspruch an das Forschungsunternehmen: Es bedarf einer Identifikation thematisch einschlägiger Ideen, es bedarf einer Erfassung relevanter institutioneller Arrangements und es bedarf einer Offenlegung der Interessen der Handelnden. Um diesen dreifachen Anspruch zu erfüllen, wird im Zuge einer qualitativen Inhaltsanalyse von Dokumenten eine Rekonstruktion des Handelns politischer Akteure vorgenommen, die den subjektiv gemeinten Handlungssinn einschließlich der Rationalitätskriterien, die dem Handeln zugrunde liegen, so gut wie möglich zugänglich macht (Kap. 3). Dabei werden zwei zentrale Annahmen gemacht:

Erstens werden die untersuchten Formulierungen (staats-)politischer Akteure als soziales Handeln aufgefasst, welches in seinem subjektiv gemeinten Sinn aus einer Beobachterperspektive grundsätzlich nachvollziehbar ist, da es hinreichend rational ist. Gemäß dem methodologischen Individualismus Webers (Schluchter 2005, 24) wird angenommen, dass sich die politischen Artikulationen theoretisch auf das subjektiv sinnhafte Handeln *einzelner* Menschen zurückführen lassen (Weber 1980, 6). Das soll nicht darüber hinwegtäuschen, dass in den zu untersuchenden öffentlichen Dokumenten individuelle Handlungen auf aggregierte Stufen in einer Weise transformiert sind, dass die Zurechnung der Urheberschaft zu Individuen nur in Ausnahmefällen – etwa bei Interviews und Reden, und selbst dann nur bedingt – möglich ist. In der Regel verbirgt sich hinter den VerfasserInnen eines Dokuments eine Mehrzahl von „institutionell gebundenen oder organisierten Individuen" (Stachura 2008, 148) und der Abfassungskontext ist durch vielschichtige redaktionelle Überarbeitungen geprägt. Da das solchermaßen aggregierte Handeln in einem dezidiert (staats-)politischen Kontext zu verorten ist, wird erwartet, dass die Ergebnisse der Analyse der Handlungsorientierungen besagter Akteure auch Aussagen erlauben über die „Sinnbezogenheit" (Schluchter 2009b, 268) der jeweiligen nationalen staatlich-politischen Ordnung, als dessen Repräsentanten die VerfasserInnen der Dokumente gelten können. Unmittelbar analytisch zugänglich ist demnach zwar lediglich die Ebene der Handlungsorientierungen, ein Erkenntisgewinn wird jedoch darüber hinaus auch für Ebene der Handlungskoordination erwartet, konkret, für den Weber'schen Typus der „politischen Anstalt", zu dem der Staat zu zählen ist (Weber 1980, 29; Schluchter 2009b, 269).[15] Folgerichtig wird im Rahmen der dokumentenübergreifenden Zusammenfassungen und Strukturierungen im Analyse- und Ergebnisteil (Kap. 5 und 6) ein solcher Ebenenwechsel vollzogen.[16]

Zweitens wird angenommen, dass das zu betrachtende Handeln als Handeln unter ganz bestimmten institutionellen Bedingungen verstehbar und erklärbar ist. Als relevante Handlungskontexte werden die institutionellen Grundlagen für Religions- und Integrationspolitik veranschlagt. Daraus folgt, dass im Vorfeld der Dokumentenanalyse eine Identifizierung

---

15   Weber benennt den Typus des ‚politischen Handelns' oder auch ‚Verbandshandelns' explizit (Weber 1980, 26, 30). Er ordnet ihn u. a. in die Kategorienfolge ‚Herrschaftsverband' – ‚politischer Verband' – ‚politischer Anstaltsbetrieb' – ‚Staat' (Weber 1980, 29) ein, sieht ihn also für die Ebene der Handlungskoordination vor (Schluchter 2009b, 268f.).

16   Wird ein solcher Ebenenwechsel vollzogen, muss davon ausgegangen werden, dass die individuellen Handlungen, in dem Moment, da sie koordiniert werden, mindestens auch zu schwachen Institutionalisierungen des Phänomens der Interferenz von Religions- und Integrationspolitik führen. Inwiefern daraus langfristige stabile Institutionen erwachsen, ist jedoch aufgrund der Aktualität des Themas nicht abzusehen und kann allenfalls als Prognose am Ende der Untersuchung stehen (s. u. 287).

und Entfaltung zentraler institutioneller Grundlagen für Religions- und Integrationspolitik und der in sie eingewobenen Ideen notwendig ist (Kap. 4). Der Begriff der Idee markiert gewissermaßen den Scheitelpunkt zwischen (noch) nicht institutionalisierten ‚Werten', die aber durchaus Handlungsorientierungen durch Internalisierungsprozesse prägen können, und solchen ‚Sinnzusammenhängen' (Weber 1980, 4) sozialen Handelns, die in Folge von Interpretations- und Institutionalisierungsprozessen bereits einen Regelcharakter angenommen haben (Schwinn 2009, 46f.). Entsprechend müssen im vierten Kapitel Ideen, Institutionalisierungsvorgänge und Institutionen in ihren wechselseitigen Interdependenzen und mit ihren situativ-, perspektivisch- wie prozedual-veränderlichen Charakteristika in den Blick genommen werden.[17] Der Rechtsordnung mit ihrem vergleichsweise starken Institutionalisierungsgrad (ebd.) kommt dabei eine besondere Bedeutung zu. Hier sind es vor allem relevante politische Gesetzgebungsverfahren oder juristische Diskurse[18], die Institutionalisierungsprozesse anstoßen. In Wolfgang Schluchters Rekonstruktion der Rechts- und Herrschaftssoziologie Webers wird das Recht beschrieben als „die ‚herrschaftliche' Verkörperung jener kulturellen Überlieferungen, die in den Weltbildstrukturen einerseits, in den Kompetenzstrukturen sprach- und handlungsfähiger Subjekte andererseits verankert sind" (Schluchter 1998, 187). Damit kommt dem Recht eine herausragende vermittelnde Funktion zwischen Struktur und Akteur zu. Es wird in Anwendung auf den hier zu untersuchenden Forschungsgegenstand aber auch deutlich, dass sich die Rekonstruktion der institutionellen Grundlagen für den Umgang staatlicher Politik mit kultureller und religiöser Pluralität nicht in der Analyse von Rechts- und Verfassungsordnungen und deren Wirkung[19] erschöpfen kann, transzendieren doch die kulturellen Überlieferungen diese Ordnungen fortwährend. Konsequent erscheint es daher, die Rechtsordnung zwar bevorzugt in den Blick zu nehmen, bei Bedarf aber durch vergleichsweise schwächer institutionalisierte, außerrechtliche – wenn auch nicht unbedingt vom Recht unabhängige – Aspekte zu ergänzen und dann auch nicht unmittelbar rechtlich relevante kulturelle Deutungsmuster, typische Interpretationsgewohnheiten sozialer Sachverhalte, erprobte Konfliktlösungsmechanismen, bewährte Politikstile, Routinen oder Ordnungsvorstellungen (March/Olsen 1984, 743f.), gegebenenfalls in Verbindung mit sozialstrukturellen und demographischen Aspek-

---

17 Dieses Vorgehen stellt in Rechnung, dass auch institutionelle Bedingungen einem stetigen Wandel unterworfen sind. Zwar liegt der Fokus der vorliegenden Untersuchung auf der Erfassung der Wirkung von Institutionen auf politische Präferenzen und politisches Handeln. Allerdings müssen u. U. gerade für eine solche präzise Erfassung auch die Entstehungszusammenhänge von Institutionen beleuchtet werden. Dies ist beispielsweise der Fall bei der Implementierung der Europäischen Menschenrechtskonvention in britisches Recht, die mit Art. 9 zwar zunächst eine nachdrückliche Institutionalisierung der Idee der Religionsfreiheit darstellt, sich aber auch deshalb weniger effektiv auf aktuelle Politik auswirkt, weil einerseits die parlamentarische Souveränität nicht durch die neue Verfassung berührt wird und weil andererseits ohnehin andere Institutionen (Antidiskriminierungsgesetze) die Wirksamkeit einer verfassungsrechtlich geschützten Religionsfreiheit überbieten (s. u. 120f.).
18 Die juristischen Diskurse finden auf zwei Ebenen statt: Zum einen in den Verfahren der Rechtsprechung, zum anderen in der juristischen Literatur. Beide Ebenen beziehen sich häufig aufeinander. Von diesen beiden Diskursen noch einmal zu trennen ist das kodifizierte Recht. Doch auch hier gilt: Natürlich findet das kodifizierte Recht in den Gerichtsverfahren Anwendung und kann von der gesetzgebenden Kraft geändert werden. Andererseits ist das kodifizierte Recht Gegenstand des juristisch-wissenschaftlichen Diskurses und dieser kann auf die Gesetzgebung zurückwirken.
19 Es darf beispielsweise nicht nur die Verfassung als Gesamtheit bestehender rechtlicher Normen, sondern es muss auch die „‚Verfassungswirklichkeit' (...) als empirisch analysierbare Wirkung dieser rechtlichen Normen" (Scholl 2006, 35) berücksichtigt werden.

ten[20], unter dem Begriff ‚institutionelle Arrangements' zu veranschlagen.[21] Dieses Vorgehen stellt in Rechnung, dass es der Heterogenität verschiedener politischer und rechtlicher Ordnungen, aber auch sich verändernden Problemkonstellationen geschuldet ist, welche Ideen und Institutionen sich beim staatlichen Umgang mit (religiösen) Minderheiten zu welchem Zeitpunkt und in welchem Kontext als handlungsprägend erweisen. So haben Muslime in Deutschland ihre Anerkennungsforderungen häufig mit kodifizierten Grundrechten begründet und diese folgerichtig über das Rechtssystem eingeklagt (Koenig 2003, 203; Amir-Moazami 2007, 150f.); die staatlichen Reaktionen darauf orientieren sich ebenfalls eng entlang der rechtlichen Rahmenbedingungen, wobei dann durchaus politische Möglichkeiten gesucht und gefunden werden, diese flexibilisiert anzuwenden. Dagegen funktionieren „pluralistische Inkorporationsmuster (…) in Großbritannien weniger über das Rechtssystem, als vielmehr durch politische Konfliktlösungsmechanismen auf zivilgesellschaftlicher Ebene und unter maßgeblicher Beteiligung der muslimischen Akteure" (Koenig 2003, 184). Dennoch ist es nicht von der Hand zu weisen, dass die ‚Meilensteine' auch der britischen Politik im Umgang mit (religiösen) Minderheiten sich ebenfalls in Gesetzen und damit in der Rechtsordnung niederschlagen und somit einen mehr oder weniger stark institutionalisierten Charakter erhalten. Die Wirkungsweise von Ideen und Institutionen auf Handlungsorientierungen und Handlungskoordination variiert also insbesondere auch kontextspezifisch. Diese Varianz und die gegenseitigen Interdependenzen und Konkurrenzen zwischen den verschiedenen Institutionen und sie begründenden Ideen müssen bei der Darstellung der institutionellen Grundlagen für Religions- und Integrationspolitik mit berücksichtigt werden.

Die vorliegende Untersuchung teilt nicht nur handlungs- und strukturtheoretische Vorannahmen, die an eine weberianische Institutionenanalyse angelehnt sind, sie wird auch methodisch in den Kontext eines ‚weberianischen Forschungsprogramms' (Schluchter 2005, 3) gestellt, da sie vergleichende und entwicklungsgeschichtliche Zugänge kombiniert. Schluchter rekonstruiert die innere Logik von Webers *Gesammelten Aufsätze zur Religionssoziologie* folgendermaßen:

> „Wir haben also das übergreifende Problem [des Weber'schen Gesamtwerks, insbesondere aber seiner Religionssoziologie; C. B.] in zwei Arten von Fragen zergliedert: 1. in die Fragen nach der Eigenart einer Kulturerscheinung und nach ihrer Erklärung (Identifikations- und Zurechnungsproblem), 2. in die Frage, ob eine Kulturerscheinung in erster Linie vergleichend oder entwicklungsgeschichtlich betrachtet wird. Beide Arten von Fragen hängen natürlich zusammen. Denn um die Eigenart eines Phänomens zu erkennen, muss man vergleichen, um diese Eigenart zu erklären, muss man die entwicklungsgeschichtliche Betrachtung wählen und im Dienste der kausalen Zurechnung wiederum vergleichen" (Schluchter 2009a, 27).

---

20 Solche Aspekte schließen etwa den Grad der Konfrontation eines Staates mit religiöser und kultureller Diversität oder symbolische sowie organisatorische Exklusions- oder Vereinnahmungsstrategien von (religiösen) Minderheiten im Rahmen einer nationalen Semantik ein (Mückl 2005, 406f.).

21 Solche „auf Dauer gestellte" allgemeine Wertmuster oder Leitideen (Sigmund 2008, 86) spielen insbesondere bei der Darstellung der jeweiligen Integrationskulturen eine Rolle. Von ‚Integrationskultur' spreche ich, um im Unterschied zu den Termini ‚Integrationsmodell', ‚Integrationsmodus' oder ‚Integrationsphilosophie' darauf hinzuweisen, dass die institutionelle Seite von Integrationspolitik immer dynamisch und prozedural zu verstehen ist, da sie einerseits von spezifischen kulturell geprägten Voraussetzungen abhängt, andererseits Integrationspolitik ihrerseits auf die institutionellen Grundlagen für Integrationspolitik zurückwirkt.

Im Sinne dieser Doppelfrage zielt die vorliegende Untersuchung darauf herauszufinden, wie sich ein vermeintlicher Bedeutungswandel von (organisierter) Religion in den hier beschriebenen politischen Kontexten im Einzelnen vollzieht und wie er erklärt werden kann. Hierfür kombiniere ich Einzelfallanalysen der drei Nationalstaaten mit Vergleichen zwischen ihnen. Die Vergleiche dienen zum einen der prägnanten Herausarbeitung der nationalstaatlichen Besonderheiten, zum anderen erleichtern sie die kausale Zurechnung von konkreten Ausprägungen eines vermeintlichen Bedeutungswandels von Religion zu spezifischen nationalstaatlichen Konstellationen. Freilich ohne einen mit Webers Fragestellung vergleichbaren Anspruch auf Erkenntnis über eine universalhistorische Entwicklung und im Unterschied zu Webers asymmetrischer Betrachtung, bei der die okzidentale Entwicklung in den Mittelpunkt gestellt wird (Schluchter 2009a, 26), lege ich eine deutlich eingegrenzte Fragestellung zugrunde und ziele auf einen möglichst symmetrischen Vergleich zwischen den drei Nationalstaaten.

1.2 Vergleichende Rekonstruktion des Handelns und der Handlungskontexte

Aus dem handlungs- und strukturtheoretischen Rahmenmodell und der Kombination von Einzelfallanalysen und vergleichender Analyse ergeben sich zwei Implikationen für die methodische Vorgehensweise: Erstens muss das empirische Material so ausgewählt und aufgearbeitet werden, dass es eine Rekonstruktion des sinnhaften Handelns (staats-)politischer Akteure erlaubt. Hierzu wird die Methode der qualitativen Inhaltsanalyse von Dokumenten gewählt. Zweitens müssen das Handeln und vor allem die Handlungskontexte der Akteure durchgehend komparativ erschlossen werden, was einen internationalen Staatenvergleich nahelegt, der sich auf wenige typische Fälle beschränkt. Nachfolgend soll die Anwendung dieser beiden methodischen Instrumente erläutert und begründet werden.

1.2.1 Dokumentenanalyse

Der Kern des empirischen Teils der Untersuchung besteht aus einer deduktiv ausgerichteten, qualitativen Inhaltsanalyse von Dokumenten nach Philipp Mayring (2007; vgl. auch Krippendorff 2004; Früh 2007). Im Folgenden soll knapp begründet werden, (1) warum die Untersuchung qualitativ ist, (2) warum sie deduktiv vorgeht und (3) warum sie sich auf eine Dokumentenanalyse konzentriert.

Ad (1): Die Entscheidung für eine *qualitative* Ausrichtung der Forschung beruht auf drei Sachverhalten: (a) Das Phänomen, welches erforscht werden soll, ist ein relativ aktuelles und wissenschaftlich bislang unterbeleuchtet. Eine Sekundäranalyse ist ausgeschlossen, das Primärmaterial muss zunächst qualitativ aufgearbeitet werden. (b) Die Untersuchung verlangt eine Berücksichtigung unterschiedlicher Perspektiven und Sachverhalte. Die jeweiligen nationalen institutionellen Kontexte sind ebenso zu reflektieren wie Interaktionen zwischen den Staaten etwa durch bilaterale Kooperationen, zwischenstaatliche Konflikte und Abgrenzungsrhetorik oder auch Europäisierungsprozesse. Doch nicht nur im Hinblick auf den Staatenvergleich müssen unterschiedliche Perspektiven eingenommen werden, auch das zu untersuchende Material ist in formaler wie inhaltlicher Hinsicht relativ heterogen und wenig vorstrukturiert. Die 48 Dokumente, die für die Inhaltsanalyse zur

Verfügung stehen, unterscheiden sich in Bezug auf die Verfasser, die Textgattung, die thematische Schwerpunktsetzung oder Intention, den Umfang und die Sprache. Die Quellen, die Auskunft über innenpolitische Strategien und Argumentationsmuster geben, stehen im Spannungsfeld zwischen persönlichen Stellungnahmen und Interessen der VerfasserInnen, der Darstellung einer staatlichen Politik, der es immer auch um die Legitimation, Handlungsrechtfertigung und Bestandserhaltung geht, und der sachlichen, häufig akademisch abgesicherten Information über Kontexte, Zusammenhänge oder Ziele, an denen sich individuelles und/oder staatliches Handeln orientiert. (c) Der Untersuchungsgegenstand kann nicht ohne weiteres, wie bei einem rein quantitativen Verfahren, in einzelne Variablen zerlegt werden, sondern muss in seiner Ganzheit erhalten bleiben (Flick 2002, 17). Mein Versuch, dennoch ein Untersuchungsmodell mit einzelnen Variablen zu konstruieren, schließt die Möglichkeit multipler Beziehungen zwischen diesen ein und muss aufgrund der qualitativen Ausrichtung als stets vorläufig betrachtet werden. „Zumindest ‚hermeneutisch' wird ein ‚Ganzes' (…) im Blick behalten" (Patzelt 2005, 21).

Ad (2): Aufgrund des Untersuchungsdesigns und des Forschungsinteresses macht es Sinn, theoretisch hergeleitete Hypothesen zu formulieren und diese an das empirische Material heranzutragen, anstatt der Analyse des empirischen Materials die Theoriebildung folgen zu lassen. Das Ziel der deduktiv ausgerichteten qualitativen Inhaltsanalyse ist vorwiegend die Theorie- und Hypothesenprüfung, in Abgrenzung von möglichen Alternativen wie der Hypothesenfindung und Theoriebildung oder der Vertiefung bereits abgeschlossener Studien (Mayring 2007, 21ff.). Zwar ist auf diese Weise, im Gegensatz zu einem induktiven Vorgehen, der Forschungsprozess weniger offen,[22] das Vorgehen erlaubt aber eine gezieltere und kontrolliertere Auseinandersetzung mit dem vorliegenden Material. Da das für die einzelnen Staaten ausgewählte empirische Material so aufbereitet werden muss, dass es hinreichend vergleichbar ist, ist eine starke Systematisierung innerhalb der Untersuchungsmethode notwendig.

Ad (3): Die qualitative Inhaltsanalyse[23] von Dokumenten erweist sich für die vorliegende Untersuchung aus verschiedenen Gründen als angemessen: Inhaltlich besteht das Forschungsinteresse darin, die Schnittstellen der aktuellen nationalstaatlichen Religions- und Integrationspolitik zu rekonstruieren und Unterschiede und Ähnlichkeiten in der Vorgehensweise der drei Nationalstaaten im Lichte einer weberianischen Institutionenanalyse zu erklären. Als Primärmaterial bietet sich hierfür gerade die der Öffentlichkeit zugängliche Selbstdarstellung dieser Politik von Seiten der verantwortlichen staatlichen Akteure an. Diese findet sich in Form von veröffentlichten Strategiepapieren, Stellungnahmen zu neuen Gesetzen oder etwa Presseberichten (ausführlicher dazu s. u. Kap. 1.1). Solche Schriftstücke markieren entweder politische Entscheidungen und dokumentieren deren Ausführung oder es handelt sich dabei um Zwischen- und Abschlussevaluationen, in denen häufig auch (ausbleibende) kurz- oder langfristige Erfolge der Programme oder Strategien ausgewiesen werden. Sie dienen in den meisten Fällen neben der Darstellung auch der Begrün-

---

22   Die besondere Konstruktion der Hypothesen mit nur einer unabhängigen Variablen und der Verlagerung der weiteren unabhängigen Variablen in die Kategorie ‚Moderatorvariable' ermöglicht dennoch eine gewisse Offenheit.

23   Im Unterschied zu einer Diskursanalyse, die die zu analysierenden Texte in den Kontext der Diskursentwicklung einbettet, in ihrer jeweiligen diskursspezifischen Dynamik betrachtet und auf ihre Wirkung hin untersucht, besteht eine Inhaltsanalyse im Wesentlichen in „der Rekonstruktion der Bedeutung des Gesagten" (Scholl 2006, 79).

dung, Verteidigung oder Legitimierung politischer Entscheidungen und Handlungsweisen. Es gibt auch formale Gründe für die Durchführung einer Dokumentenanalyse. So macht der internationale Vergleich einen möglichst ausgewogenen Zugang zu empirischen Daten in den drei Staaten notwendig. Die Analyse erlaubt, sofern die Dokumente für jeden der Nationalstaaten nach systematischen, konstant gehaltenen Kriterien begründet ausgewählt werden, einen hinreichenden Grad an Vergleichbarkeit. Neben solchen formalen und den erwähnten inhaltlichen Gründen – ich möchte die öffentlich[24] artikulierten Legitimierungsstrategien der staatlichen Akteure vergleichen – sind auch aus Gründen begrenzt zur Verfügung stehender finanzieller und zeitlicher Ressourcen Methoden der Befragung nicht durchführbar oder nicht angemessen. Trotz den somit beschränkten Zugangsmöglichkeiten zum Gegenstand liegt einschlägiges Material vor, welches Aufschluss gibt über Handlungsorientierungen von Individuen, die sich in einem dezidiert (staats-) politischen Handlungskontext bewegen. Dieses Material ist in unterschiedlichem Umfang für jeden der Nationalstaaten zumeist in Form von elektronischen Dokumenten ohne Beschränkungen online zugänglich. Es wird eine Vollerhebung aller relevanten Dokumente angestrebt (s. u. 182).

1.2.2 Internationaler Vergleich und Fallauswahl

Sowohl die Festlegung auf eine nationalstaatenvergleichende Methode als auch die Auswahl der Staaten Deutschland, Frankreich und das Vereinigte Königreich ist nicht in erster Linie methodisch begründet, sondern unmittelbar phänomengeleitet[25]: Ausgangspunkt der der Untersuchung ist die Beobachtung, dass es seit einigen Jahren zunehmend zu Interferenzen zwischen Religions- und Integrationspolitik in den drei Nationalstaaten mit ihren typischerweise sehr unterschiedlichen Voraussetzungen für Religions- und Integrationspolitik kommt. Vor diesem Hintergrund gibt es zu einem Staatenvergleich und zur Fallauswahl keine Alternative. Doch auch methodische Gründe sprechen für eine international vergleichende Vorgehensweise und die vorgenommeme Länderauswahl.

Der internationale Vergleich ist ein sowohl in der Politologie als auch in der Soziologie seit dem 20. Jahrhundert viel verwendeter Forschungsansatz (Lippl 2003, 102; Jahn 2005, 55; Abromeit/Stoiber 2006, 18). Wie oben ausgeführt (s. o. 32f.), kann bereits mit Weber ein prominenter Befürworter des internationalen Vergleichs ausgemacht werden. Gegenstand der international vergleichenden Forschung ist ganz allgemein gesprochen der „Vergleich verschiedener Länder mit dem Ziel, Ähnlichkeiten und Verschiedenheiten herauszufinden" (Lippl 2003, 103). Nach dem Forschungsziel richtet sich dann auch die Fallauswahl der Länder: Hier können grundsätzlich zwei Wege beschritten werden: Entweder

---

24 Für eine Arbeitsdefinition von ‚Öffentlichkeit' lehne ich mich an Habermas an: „Öffentlichkeit ist zwar ein ebenso elementares gesellschaftliches Phänomen wie Handlung, Aktor, Gruppe oder Kollektiv; aber es entzieht sich den herkömmlichen Begriffen für soziale Ordnung. Öffentlichkeit lässt sich nicht als Institution und gewiß nicht als Organisation begreifen; sie ist selbst kein Normengefüge mit Kompetenz- und Rollendifferenzierung, Mitgliedschaftsregelung usw. Ebensowenig stellt sie ein System dar; sie erlaubt zwar interne Grenzziehungen, ist aber nach außen hin durch offene, durchlässige und verschiebbare Horizonte gekennzeichnet. Die Öffentlichkeit lässt sich am ehesten als ein Netzwerk für die Kommunikation von Inhalten und Stellungnahmen, also von Meinungen beschreiben" (Habermas 1998, 435f.).

25 Wenn ich von ‚phänomengeleitet' oder ‚phänomenorientiert' spreche, so möchte ich verdeutlichen, dass nicht ein theoretisches Problem den Ausgangspunkt meiner Untersuchung darstellt, sondern ein konkretes empirisch vorfindbares Phänomen.

die Fälle werden so ausgewählt, dass möglichst unterschiedliche soziale Einheiten betrachtet werden, „um die Wirkung unterschiedlicher Aspekte und Merkmale der ausgewählten Einheiten zu untersuchen" (Lippl 2003, 17). Ziel der Nationalstaatenanalyse ist es, über möglichst verschiedene nationale *Settings* hinweg Gemeinsamkeiten in Bezug auf den Untersuchungsgegenstand zu erhalten (Abromeit/Stoiber 2006, 32). Alternativ können die Fälle so ausgewählt werden, dass möglichst ähnliche soziale Einheiten verglichen werden, um zu prüfen, weshalb trotz der Ähnlichkeiten eine als abhängige Variable ausgewählte Komponente variiert (ebd.). Diese Unterscheidung in Bezug auf Forschungsziel und daraus abgeleiteter Fallauswahl kann auch mit den Schlagworten Konkordanzanalyse oder „most similar systems disign" versus Differenzanalyse oder „most different systems design" umschrieben werden (Patzelt 2005, 38f.; Abromeit/Stoiber 2006, 31f.), bei der im einen Fall „möglichst ähnliche", im anderen Fall „möglichst verschiedene" Fälle zum Vergleich ausgewählt werden (Berg-Schlosser 2005, 192ff.). Bei der Fallauswahl für ein komparatives Vorgehen ist ebenfalls anhand des Forschungsziels zu entscheiden, wie viele zu untersuchende Fälle in die Analyse einbezogen werden (Van Evera 1997, 29).

Bei der hier gewählten Forschungsperspektive, die ein spezifisches Phänomen auf Varianzen unter anderem in Abhängigkeit von institutionellen Ausgangsbedingungen überprüfen möchte, bietet sich eine Differenzanalyse an. Aufgrund der qualitativen Ausrichtung der Forschungsfrage und der Komplexität der zu berücksichtigenden Konstellationen, die für jedes Land einbezogen werden müssen, bevorzuge ich eine Analyse von wenigen Fällen vor einer quantitativ orientierten *Large-n*-Analyse (Van Evera 1997, 30). Entsprechend werden drei unterschiedliche institutionelle Ausgangssituationen auf ein ähnliches Problem hin befragt. Dabei wird angenommen, dass die Betrachtung des zu untersuchenden Phänomens – die gewandelte Bedeutung von Religion für Innenpolitik – in Abhängigkeit von den verschiedenen Ausgangsbedingungen in den drei Nationalstaaten deutlichere Erkenntnisse liefern kann. Mit Blick auf den Untersuchungsgegenstand ist die Fallauswahl der drei Nationalstaaten *zugleich* gezeichnet durch Ähnlichkeiten und Parallelen zwischen den drei Staaten. Das betrifft vor allem die ähnliche Problemlage, die sich den Nationalstaaten durch den Zuzug von Menschen mit religiösem, nicht-christlichem Hintergrund darbietet. In allen drei Ländern stellt der Islam nach dem Christentum anteilsmäßig die stärkste Religionsgemeinschaft dar. Die Frage, wie die überkommenen religionsrechtlichen Regelungen auf neu hinzukommende Religionsgemeinschaften reagieren, sowie die Frage, welchen besonderen Integrationsanforderungen sich Staat und Bevölkerung angesichts der wachsenden Zahl von MigrantInnen stellen müssen, betrifft ebenfalls alle drei Nationalstaaten.

Zusammenfassend lässt sich argumentieren, dass sich die Entscheidung für einen Nationalstaatenvergleich und die zunächst phänomengeleitet und damit intuitiv vorgenommene Fallauswahl auch aufgrund der handlungs- und strukturtheoretischen Einbettung und der inhaltlichen Ausrichtung der Untersuchung plausibilisieren lässt. Vor dem Hintergrund der *unterschiedlichen* Ausgangsbedingungen und einer somit hergestellten Varianz unterschiedlicher institutioneller Handlungskontexte, der aktuell sich *ähnlich* darbietenden Problemlage (religiöse Vielfalt und Integrationsdefizite) sowie der offensichtlich allen drei Staaten *gemeinsamen* Interferenz von integrationspolitischen Zielsetzungen und religionspolitischen Mitteln bietet sich der Nationalstaatenvergleich als durchgehende methodische Herangehensweise an. Mit der Beschränkung der Fallzahl auf drei Nationalstaaten kann die vorliegende Untersuchung als Fallstudie charakterisiert werden, bei der eine geringe Anzahl an Ländern intensiv untersucht wird, indem „typische, unter theoretischen Annahmen beste oder dafür repräsentative Fälle" (Lippl 2003, 104) herangezogen werden. Ein solch gründlicher Vergleich, der institutionell-rechtliche Voraussetzungen systematisch einbezieht, bietet die methodische Chance, die Forschungsergebnisse zu verdichten, aber auch anhand unterschiedlicher nationaler *Settings* zu relativieren und damit deren Validität[26] zu erhöhen.

---

26 Finden sich identische Ergebnisse in allen drei Staaten, steigert das die argumentative Gewichtung der Ergebnisse und mitunter die externe Validität, d. h. die Ergebnisse können als umso zutreffender bezeichnet werden und auch generalisierbarer sein (Bortz 2010, 504). Finden sich variierende oder gar divergierende Ergebnisse in den drei Staaten, vermindert das zwar die externe Validität – die Ergebnisse sind also weniger übertragbar, sondern hängen stark von den jeweiligen nationalen Rahmenbedingungen ab –, es vermindert aber nicht die interne Validität, die besagt, dass „sich Veränderungen der abhängigen Variablen mit hoher Wahrscheinlichkeit ursächlich auf die unabhängigen Variablen zurückführen lassen" (Bortz 2010, 61).

2 Hypothesengenerierung

Das offensichtliche Bezugnahme deutscher, französischer und britischer Integrationspolitik auf Religion ist aus sozialwissenschaftlicher Sicht vor allem aus zwei Gründen bemerkenswert: Zum einen scheint sie sowohl die jahrzehntelang in verschiedenen Varianten formulierte Säkularisierungsthese als auch die mehrfachen Revisionen dieser These zumindest herauszufordern, zum anderen scheint sie die klassische' Zuordnung von Deutschland, Frankreich und dem Vereinigten Königreich zu Typen unterschiedlicher Staat-Kirche-Verhältnisse und unterschiedlicher Integrationsmodelle zu irritieren. Beide Aspekte werden in diesem Kapitel aus einer theoretischen Perspektive aufgearbeitet und sind Grundlage für die Entwicklung des Untersuchungsdesigns und die Formulierung der empirisch überprüfbaren Hypothesen.

2.1 Die soziologische Auseinandersetzung um das Säkularisierungstheorem

Im Folgenden wird die Frage behandelt, ob und wie der Trend eines offensichtlichen Bedeutungswandels von Religion für aktuelle Integrationspolitik in der zeitgenössischen soziologischen Debatte zum Verhältnis von Staat, Gesellschaft und Religion, die gemeinhin unter dem schillernden Stichwort ‚Säkularisierung'[27] geführt wird, verortet werden kann. Dabei interessiert vor allem, inwieweit vorhandene theoretische Ansätze für die *Beschreibung* des hier zu erforschenden Problems von Relevanz sind. Die Überlegungen fließen folgerichtig in die *Hypothesenbildung* ein. Hingegen kann es weder Ziel dieser Untersuchung sein, eine neue Variante einer Säkularisierungsthese zu entwickeln, noch eine vorhandene systematisch zu überprüfen. Schließlich kann als Ergebnis der Untersuchung lediglich festgestellt werden, auf welche Art und Weise die staatlich-politischen Akteure Religion und Religionsgemeinschaften in ihre Maßnahmen, Strategien und Ziele einzubinden suchen, *nicht* jedoch, inwieweit dies dann auch Konsequenzen für Glaube oder Nicht-Glaube, religiöse Praxis oder die Abwendung von Religion und Kirchlichkeit oder für eine Re- oder Deinstitutionalisierung des Religiösen insgesamt hat.

Während die ‚klassischen' Säkularisierungstheoretiker aus einer Perspektive einer gesellschaftlichen Umbruchstimmung und einem Zeitalter des Übergangs Säkularisierung mit gesellschaftlicher Modernisierung, nicht aber zwangsläufig mit einem endgültigen Verlust religiöser Sinnstiftung überhaupt zusammenbringen (Durkheim 1977 und 1981; Weber 1986), vermeinen die Säkularisierungskritiker der 1960er und 70er Jahre die schwindende Bedeutung religiöser Institutionen bei einer zwar qualitativ veränderten, aber weiterhin bestehen bleibenden Bedeutung privater Religiosität festzustellen (Luckmann 1991) oder eine

---

27 Zur Problematik des Säkularisierungskonzepts vgl. z. B. Casanova, der m. E. überzeugend argumentiert, dass das Konzept zwar widersprüchlich, schillernd und problematisch in der empirischen Anwendung sei, seine Verbannung jedoch noch größere Probleme mit sich brächte (Casanova 1994, 12).

Verlagerung in eine ‚Zivilreligion' zu erkennen (Bellah 1967). Auf einer anderen Argumentationsebene sind die systemtheoretischen Ansätze einer Ausdifferenzierung des religiösen Funktionssystems mit der Folge eines umfassenden Bedeutungs- und Funktions-
verlusts religiöser Inhalte für andere gesellschaftliche Subsysteme anzusiedeln (Luhmann
2000a und 2000b; Pollack 2003). Seit einigen Jahren kommt unter dem Stichwort der ‚De-
privatisierung der Religion' (Casanova 2004), der ‚neuen Sichtbarkeit von Religiosität'
(Eder 2006) oder der ‚postsäkularen Gesellschaft' (Habermas/Ratzinger 2006, Habermas
2008) Kritik an der These eines linearen Bedeutungsverlusts von Religion und Religiosität
auf.

Die Diagnose einer *Säkularisierung* meint verschiedenes: Entweder ist eine historische
Entwicklung damit angesprochen, die eng mit der Säkularisation verbunden ist und sich als
rechtlicher Übergang kirchlicher Güter und als politische Übergabe kirchlicher Funktionen
an den Staat darbietet – also eine Säkularisierung der rechtlichen und politischen Ordnung;
oder es ist ein institutionell-kultureller Prozess gemeint, der zum einen den Rückgang
institutioneller, in der Regel kirchlicher Bindung meint, zum anderen „die Umwandlung
religiöser Anschauungen in kulturelle Selbstverständlichkeiten" (Kippenberg 1998, 20);
letzteres handelt also von einer Säkularisierung der kulturellen und gesellschaftlichen Ordnung. Das soziologische Konzept einer Säkularisierung der Gesellschaft, wie es auf den
Darlegungen von Weber gründet, schließt beide Ebenen ein. Der Begriff ‚Säkularisierung'
bezeichnet dann „den umfassenden Vorgang einer ‚Entzauberung der Welt', einer Ver-
weltlichung bzw. Verdiesseitigung von Weltbildern und Glaubensinhalten als Teil des uni-
versalhistorischen Rationalisierungsprozesses. Säkularisierung wird hier als gerichteter Pro-
zeß verstanden, der sämtliche Aggregierungsebenen von Lebenspraxis berührt, von der
politischen Herrschaft über Organisationen bis zur Familie und zum Individuum" (Franzmann et al. 2006, 13). Davon abweichend wird der Begriff ‚Säkularisierung' aber auch regelmäßig in einer weniger komplexen Bedeutung verwendet; dann ist Säkularisierung beispielsweise lediglich im Sinne einer Schwächung religiös begründeter Autoritäten gemeint
(Franzmann et al. 2006, 14).

2.1.1 Das ‚klassische' soziologische Säkularisierungstheorem

Das Säkularisierungstheorem wird klassischerweise von Max Webers Studien aus entwickelt, auch wenn dieses selbst kein tragendes Element des Weber'schen Forschungsprogramms darstellt. Weber ging es vielmehr darum, die besondere okzidentale Entwicklung
hin zum modernen Welt- und Menschenbild zu erklären, die seiner Deutung nach stark
geprägt wurde vom ‚Geist des Kapitalismus', der seinerseits auf der Grundlage der protestantischen Ethik und dort insbesondere der calvinistischen Prädestinationslehre besonders
gedeihen konnte. Die „'Entzauberung' der Welt" (Weber 1986, 113, 564) verweist auf den
Prozess einer zunehmenden Spannung zwischen Modernität und Religiosität, nicht aber auf
einen gegenseitigen kategorischen Ausschluss. Weber hat der Religion in historischer
Perspektive für die Konstitution der modernen Gesellschaft große Bedeutung zugemessen,
für die Zukunft drückt sich mit seinem berühmt gewordenen Zitat in der Protestantischen
Ethik vor allem eine Unbestimmtheit aus:

„Niemand weiß noch, wer künftig in jenem Gehäuse [gemeint ist der Kapitalismus; C. B.] wohnen wird und ob am Ende dieser ungeheuren Entwicklung ganz neue Propheten oder eine mächtige Wiedergeburt alter Gedanken und Ideale stehen werden (...)" (Weber 1986, 204).[28]

Die Veränderung der Relevanz von Religion für die moderne Gesellschaft wird also bei Weber durch die Vorstellung entwickelt, dass die jüdisch-christliche Tradition selbst die Grundlagen für den modernen Rationalismus schafft, der die Religion zunehmend verzichtbar macht, dass Religion also „sowohl Wegbereiter wie prominentes Opfer dieser Entwicklung ist" (Zachhuber 2007, 15). Weber beschreibt vor allem eine Säkularisierung der kollektiven Weltbilder und der Institutionen; im ersten Fall „komme es zu einer *Ausfaltung* von Alternativen, die prinzipiell nicht mehr in ein religiöses Weltbild integriert werden könnten; bei den Institutionen zu einer *Ausdifferenzierung* der Lebensordnungen, für deren Koordination die verfaßte Religion untauglich sei" (Schluchter 2003, 27).

Anders als für Weber galt für Émile Durkheim nicht der Rationalismus als Motor der Säkularisierung, sondern der Prozess der Individualisierung. Durkheims Theorie der Individualisierung schlägt sich gleichermaßen in seiner Konzeption einer zunehmend differenzierten und arbeitsteiligen Gesellschaft (Durkheim 1977) und in seiner Religionssoziologie nieder. In den „Elementaren Formen des religiösen Lebens" hat Durkheim die Entwicklung der Religion in einfachen, „segmentären Gesellschaften" (Durkheim 1981) untersucht und die kollektive Genese religiöser Begriffe, religiöser Riten und religiösen Denkens aufgezeigt, um seine so gewonnenen Ergebnisse auf moderne Formen der Religion und auf moderne Gesellschaften anzuwenden. Indem Durkheim das Kollektivbewusstsein und später Kollektivsymbole als zutiefst religiöse Erscheinungen beschreibt, die durch die gegenseitigen Abhängigkeiten und sozialen Bindungen zwischen Individuen innerhalb eines Kollektivs fortwährend aktualisiert werden, sucht er zu zeigen, dass sich eine gesellschaftsintegrierende und solidaritätsstiftende Kraft auch jenseits von konkreter und inhaltlich festgelegter Religion finde.[29] Religion, in vormodernen Gesellschaften das soziale Bindeglied schlechthin, könne in modernen Gesellschaften durch andere Bindeglieder und Denkformen ersetzt werden, etwa durch die Wissenschaft (Durkheim 1981, 575). Doch auch Durkheim prognostiziert kein Ende der Religion, sondern verortet seine Zeit in einer „Phase des Übergangs und der moralischen Mittelmäßigkeit" (Durkheim 1981, 571). Er rechnet zwar mit einem allmählichen Niedergang des Christentums und einer prinzipiellen Sterblichkeit bestimmter religiöser Inhalte, nicht jedoch mit einem Niedergang religiöser Ideen überhaupt.

---

28 In seiner Rede „Wissenschaft als Beruf" formuliert Weber Bezug nehmend auf die gesteigerte Subjektivität der Alltagsethik aufgrund des Wegfalls konsensfähiger Ordnungsmodelle in der modernen Lebenswelt ähnlich schillernd: „Die alten vielen Götter, entzaubert und daher in Gestalt unpersönlicher Mächte, entsteigen ihren Gräbern, streben nach Gewalt über unser Leben und beginnen untereinander wieder ihren ewigen Kampf" (Weber 1985, 605).

29 Luhmann wird später bestreiten, dass eine funktional ausdifferenzierte Gesellschaft überhaupt einer vergleichbaren normativ begründeten, positiven Integration bedürfe (Luhmann 2000b, 125; 304; vgl. auch Casanova 1994, 37).

2.1.2   Privatisierung, Ausdifferenzierung und Pluralisierung von Religion

Privatisierung von Religion

Die in den 1960ern aufkommenden Kritiken oder Modifizierungen des Konzepts einer unabdingbaren und unaufhaltbaren Säkularisierung, wie es im Kern bei Weber und Durkheim angelegt und bei vielen ihrer Zeitgenossen häufig als selbstverständlich vorausgesetzt war und daher unausgesprochen blieb (Zachhuber 2007, 15f.), bestreiten weder den Verlust des einstigen Deutungs- und Weisungsmonopols der Religion noch die Rationalisierungseffekte der Moderne mit ihren schwerwiegenden Konsequenzen, wie sie am stärksten durch die Faktoren Bürokratie, Kapitalismus, Technologie, Informationsmedien und Demokratisierung (Barth 1998, 624ff.) transportiert wurden. Vielmehr gestaltet sich die Kritik an der Säkularisierungstheorie anhand einer Modifizierung ihrer Prämissen und einer Präzisierung ihrer einzelnen Teilaspekte, teilweise aber auch anhand einer Umdeutung, häufig Verkürzung des Begriffs der ,Säkularisierung' (Franzmann et al. 2006, 13f.).

In den 1960ern und 1970ern versuchten Peter L. Berger und Thomas Luckmann zu zeigen, dass zwar die institutionelle Komponente von Religiosität in Gestalt einer Entkirchlichung tatsächlich und radikal an Bedeutung verliere, ja, auch nicht mehr gebraucht würde, jedoch zugleich ein Formwandel und eine Individualisierung von Religion zu beobachten seien, die dafür sprächen, dass Religion in vielstimmiger und undogmatischer Form im Privaten eine bleibende Rolle spiele (Berger 1973; Luckmann 1967). Hierfür prägte Luckmann den Begriff ,invisible religion' (Luckmann 1967). Die Vertreter dieser ,Privatisierungsthese' unterscheiden, ganz im Sinne Durkheims, zwischen Religion und Kirche, variieren aber dessen Diktum „Religion [ist] im wesentlichen kollektive Angelegenheit" (Durkheim 1981, 75) zu: ,Religion ist im Wesentlichen individuelle Angelegenheit'. Komplementär mit dem schwindenden Einfluss der Bedeutung offizieller religiöser Institutionen bleibe die Bedeutung der privaten, individuellen Religiosität fortbestehen. Die Argumentation ist allerdings an einen sehr weiten, unspezifischen und rein funktionalen Religionsbegriff angelehnt. Einem solchen folgend erfülle Religion ein allgemeines menschliches Bedürfnis nach „Sinngebung" (Hahn et al. 1993, 7) und sei daher unvermeidlich verknüpft mit „der Sozialisierung und Personwerdung des Menschen" (Pollack 2003, 6). Angeleitet vom beobachteten Rückgang institutionalisierter Religiosität etwa in Gestalt der Kirchen entwickelt Luckmann die Vorstellung, dass sich die Sozialform, „nicht aber die Grundfunktion der Religion" (Sellmann 2009, 23) verändere.

Ausdifferenzierung von Religion

Eine Kritik am Begriff der Säkularisierung (Luhmann 1977, 225ff.; Luhmann 2000b, 278ff.), die die Beobachtung einer Privatisierung und Individualisierung von Religion aufnimmt, allerdings im Detail völlig anders ausgearbeitet ist als bei Luckmann, indem sie insbesondere dessen anthropologische Grundannahmen nicht teilt, zeigt sich auch bei Luhmann. Für ihn ist Säkularisierung eine unvermeidliche Konsequenz der funktional ausdifferenzierten Gesellschaft:

> „Säkularisierung ist eine der Konsequenzen des Umbaus der Gesellschaft in Richtung auf ein
> primär funktional differenziertes System, in dem jeder Funktionsbereich höhere Eigenständig-

keit und Autonomie gewinnt, aber auch abhängiger wird davon, daß und wie die anderen Funktionen erfüllt werden" (Luhmann 1977, 255).

Aber ebenso wie Luckmann und Berger nimmt Luhmann eine „Individualisierung der Religionsentscheidung" (Luhmann 2000b, 298) oder eine *„gesellschaftsstrukturelle* Relevanz der *Privatisierung* religiösen Entscheidens" (Luhmann 1977, 232) wahr, die darauf beruht, dass eine Teilnahme am religiösen Bekenntnis gesellschaftlich nicht mehr erwartet wird (Luhmann 2000b, 289ff.; Pollack 2003, 67). Religion, die ihr zentrales Deutungs- und Weisungsmonopol verloren habe,[30] differenziere sich zu einem eigenen Subsystem aus, bis „das Religionssystem der Gesellschaft so weit ausdifferenziert ist, daß das Medium der Religion nur noch für religionsspezifische Formenbildungen benutzt werden kann" (Luhmann 2000a, 52). Damit einher geht für Luhmann eine Erschöpfung der Möglichkeit religiöser Kommunikation für außerreligiöse Kontexte, die mit der Isolierung und Abkoppelung des religiösen Teilsystems von anderen gesellschaftlichen Funktionssystemen zusammenfalle (Luhmann 2000a und 2000b).

> „Die Unwahrscheinlichkeit religiöser Formenbildung kommt darin zum Ausdruck, daß religiöse Kommunikation nicht mehr verlangt wird und Teilnahme an Religion nicht mehr zur Voraussetzung der Teilnahme an anderen Funktionssystemen gemacht werden kann" (Luhmann 2000a, 53).

Religion ist für Luhmann „nicht mehr unmittelbar systemrelevant" (Schieder 1987, 15), den Kirchen als spezifische religiöse Organisationen[31] gelinge es nicht, „auf den Übergang zu einer primär funktional differenzierten Gesellschaftsordnung" (Luhmann 1977, 260) angemessen zu reagieren.

Obwohl Luhmann funktionale Äquivalente für Religion aufzeigt, die letztere als ersetzbar erscheinen lassen (Pollack 2003, 67), ist bei Luhmann nicht eindeutig, ob Religion damit insgesamt in ihrer Funktion für die Gesellschaft[32] obsolet wird. Detlef Pollack sucht, anknüpfend an Luhmann, zu zeigen, dass dem so ist, da die Funktion von Religion, die in der „Reformulierung unbestimmter Komplexität" oder in der Möglichkeit zur „Bestimmbarkeit der Welt" (Luhmann 1977, 79) liegt, aus drei Gründen unnötig oder gar unmöglich wird: aufgrund der „Privatisierung des religiösen Entscheidens" (Pollack 2003,

---

30 Im Detail schreibt Luhmann: „Die eigenen Strukturen des Religionssystems sind dann nicht mehr durch gesamtgesellschaftliche Selbstverständlichkeiten oder Isomorphien gedeckt. Sie können nicht mehr als Ausdruck gesamtgesellschaftlicher Integriertheit fungieren, wie Durkheim annahm, denn sie tragen die Integration gar nicht. Sie können weder auf der Ebene der normativen Grundlagen des Glaubens noch auf der Ebene des Rituals Fraglosigkeit der Geltung in Anspruch nehmen. Es ist im gesellschaftlichen Leben möglich, sie zu negieren, ohne für andere Handlungskontexte die Erwartungs- und Verhaltensgrundlagen zu verlieren" (Luhmann 1977, 248).

31 Zum Begriff der religiösen Organisation in Luhmanns Religionssoziologie vgl. Luhmann 2000b, 226ff.

32 Luhmann differenziert beim Religionssystem wie bei jedem anderen Teilsystem zwischen Funktion, Leistung und Reflexion. Funktionen entfalten sich für das Gesamtsystem, Leistungen für andere gesellschaftliche Teilsysteme und die Reflexion oder auch die Eigenreflexivität wird als Beziehung des Teilsystems zu sich selbst verstanden. Daraus ergibt sich für das Religionssystem: Die Funktion von Religion wird bei Luhmann als Möglichkeit der Weltinterpretation und Kontingenzbewältigung begriffen und wird z. B. von den Kirchen erfüllt. Die Leistungen des Religionssystems für andere Teilsysteme bezeichnet Luhmann in einem sehr weiten Sinn als Diakonie und die Leistungen des Religionssystems für das personale System als Seelsorge (Luhmann 1977, 58). Als Reflexion erscheint bei Luhmann die Theologie (Schöfthaler 1983, 141f.).

67), aufgrund des Rückgangs der „Möglichkeit gesellschaftlicher Integration durch Einrichtung allgemeingültiger Strukturen, Werte und Erwartungen" (ebd.) sowie aufgrund der „ernormen Erweiterung der gesellschaftlichen Verfügbarkeitsräume" (Pollack 2003, 68).[33] In Anlehnung an einen so verstandenen Luhmann stellt Pollack die eigenen Untersuchungen als Widerlegung der These Luckmanns vor, nämlich dass „es sich bei der Deinstitutionalisierung der kirchlichen Religion und der Individualisierung des Religiösen um zwei komplementäre und einander vielleicht sogar ausgleichende Prozesse handelt" (Pollack 2003, 181; Pollack/Pickel 2003, 470). So gehe sowohl die Kirchlichkeit als auch die Religiosität in Deutschland zurück, wie er anhand empirischer Untersuchungen für Deutschland zu zeigen versucht. Sein Fazit lautet:

> „Religion und Kirche erwiesen sich nicht mehr als fähig, der Gesellschaft eine umgreifende Wertebasis zur Verfügung zu stellen. Vielmehr mussten nun die gesellschaftlichen und individuellen Problemlösungen kontextspezifisch gefunden werden. Religion und Kirche sind in der modernen Gesellschaft nur ein Teilbereich unter vielen" (Pollack 2003, 267).

Pluralisierung von Religion

Ebenfalls eine kritische Distanz zum Säkularisierungstheorem, aber aus völlig unterschiedlichen empirischen Beobachtungen heraus und mit teilweise ganz anderen Konsequenzen nehmen solche Ansätze ein, die unter dem Stichwort ‚Pluralisierung von Religion' zu zeigen versuchen, dass sich die Erscheinungsformen von Religiosität immer stärker ausdifferenzieren und auch quantitativ stark anwachsen. Für diese Beobachtung werden, vor allem unter globaler Perspektive und besonders im Hinblick auf den US-amerikanischen Kontext, ein zahlenmäßiges Anwachsen der Konfessionen (z. B. Berger 1980; Stark/Bainbridge 1985, 41ff.; Wolf 1999) und die Bildung neuer religiöser Bewegungen (z. B. Wallis 1984; Barker 1993; Barker 1998) angeführt. Insbesondere im US-amerikanischen Kontext wird dieses Phänomen häufig mit einem markt-affinen Modell eines ob der zunehmenden Pluralität gesteigerten Konkurrenzkampfes zwischen Kirchen, Religionsgemeinschaften und religiösen Bewegungen beschrieben, aus welchem aber durchaus unterschiedliche, ja gegensätzliche Schlussfolgerungen abgeleitet werden: Während die eine Seite (Stark/Bainbridge 1985; Finke 1992 und 1997; Iannaccone 1997; Stark 1997) davon ausgeht, dass durch die Konkurrenzsituation die Anziehungskraft von Religion gestärkt werde,[34] geht die

---

33   An anderer Stelle argumentiert Pollack modernisierungstheoretisch mit dem Rückgang des Bedürfnisses nach religiöser Kontingenzbewältigung aufgrund des steigendes Wohlstandsniveaus und der Verbesserung der medizinischen Möglichkeiten (Pollack 2006, 45).

34   Stark und Finkes Argumente können, in aller Kürze, folgendermaßen wiedergegeben werden: In Folge der verstärkten Konkurrenz zwischen religiösen Gruppierungen würden religiöse Angebote genauer auf die Bedürfnisse des Einzelnen zugeschnitten, religiöse Institutionen würden davor bewahrt, einen Elite begünstigenden Charakter auszubilden und wären so weiterhin in der Lage, auch die unteren Schichten anzusprechen. Das Leistungsspektrum der Religionsgemeinschaften werde zu einer ständigen Optimierung gedrängt, um wettbewerbsfähig zu bleiben. An diese grundsätzliche Ansicht, mehr Pluralität der religiösen Landschaft führe zu Konkurrenz und Angebotsoptimierung, aus der Religion gestärkt hervorgehe, schließen sich auch Untersuchungen an, die prüfen, inwiefern das jeweilige Staat-Kirche-Regime diese Tendenz fördert oder behindert. Caplow etwa geht davon aus, dass die Trennung zwischen Kirche und Staat, wie sie in den USA ausgebildet ist, diesen Prozess begünstige, da religiöse Traditionen mit größerer Unabhängigkeit vom Staat besser als staatsnahe Kirchen in der Lage seien, ihre Interessen im Einklang mit den Erwartungen

andere Seite (Berger 1980, 32; Bruce 1992) davon aus, dass die Pluralisierung zu einer faktischen Schwächung von Religion führe.

2.1.3 Zivilreligion, die neue Öffentlichkeit von Religion und die postsäkulare Gesellschaft

Zivilreligion

Bereits mit der in den 1960er Jahren aufkommenden Diskussion des Konzepts der Zivilreligion wird die Privatisierungsthese relativiert und zugunsten der Frage nach der gesamtgesellschaftlichen Relevanz des Religiösen hin geöffnet. Robert Bellah wandte in den späten 1960er Jahren den geistesgeschichtlich von Jacques Rousseau geprägten Begriff ‚religion civile' auf den US-amerikanischen Kontext an, wo er anhand von Analysen der politischen Kultur, insbesondere anhand der Analyse ausgewählter Passagen der Antrittsreden des US-Präsidenten John F. Kennedy, religiöse Imprägnierungen politischer Aussagen nachzuweisen suchte (Bellah 1967). Bei Hermann Lübbe (1986 und 2004) gewinnt das Konzept der Zivilreligion einen universaleren Anspruch. Lübbe sucht nachzuweisen, dass sich fortwährend zivilreligiöse Elemente in Politik und Recht zeigten und dies mit gutem Grund, wird doch Zivilreligion als „Kontingenzbewältigung" (Lübbe 1986, 160ff.) und mithin als Garant für das Funktionieren des liberalen Gemeinwesens gedeutet. Deshalb sei eine Stärkung der Kirchen und Religionsgemeinschaften durch den Staat von Nöten.

Ohne auf weitere Facetten der Zivilreligionstheorien einzugehen, sei darauf hingewiesen, dass bereits der Begriff ‚Zivilreligion' selbst unterschiedlich gefasst wird, den meisten Ansätzen aber gemein ist, dass er als Institutionen transzendierende, überkonfessionelle und inhaltlich veränderliche Größe verstanden wird. Mit ‚Zivilreligion' wird gemeinhin die Anwendung religiöser Semantiken in politischen Zusammenhängen ausgedrückt oder eine Institutionen übergreifende, „der Gesellschaft als ganzer zuzuordnenden Religion" (Schieder 1987, 18) mit weitestgehend generalisierten Werten und einer maximalen Inklusionskraft. In der Regel wird auch davon ausgegangen, Zivilreligion sei zu einem bestimmten Zeitpunkt und für einen bestimmten gesellschaftlichen Kontext inhaltlich formulierbar[35] und mit ihr sei dementsprechend ein „gerade auf liberale Demokratien zugeschnittenes und mit ihnen verträgliches, weil nichtkonfessionelles Wert- und Orientierungsmuster darzustellen, das als gemeinsame und geteilte soziomoralische Grundlage eines Gemeinwesens fungieren kann" (Minkenberg/Willems 2002, 9). Zwar steht der Annahme, dass religiöse Kommunikationsformen in die Politik zurückkehrten, die Bewertung nahe, dass Religion wieder öffentlicher werde und entsprechend zumindest eine Engführung einer säkularisierungstheoretischen Privatisierungsthese nicht zutreffe (Schieder 1987, 299); dennoch werden mit dieser Diagnose keine Einwände gegen die Feststellung eines faktischen und, mit Ausnahme bei Lübbe, auch theoretischen Bedeutungsverlusts der *institutionellen* Komponente von Religion artikuliert.

---

insbesondere der Religionsanhänger aus der sozialen Unterschicht auch gegen den Staat und die Eliten zu vertreten (Caplow 1985, 106; dazu auch Bruce 1992, 170f. und Casanova 1994, 214).

35 Dem entsprechen auch die Versuche, für verschiedene Nationalstaaten verschiedene Zivilreligionsarten zu eruieren (z. B. Kleger/Müller 2004).

Die neue Öffentlichkeit von Religion

In den 1990ern leitete José Casanovas einen neuerlichen theoretischen Richtungswechsel ein, mit dem der Versuch unternommen wird, die Thesen einer Privatisierung, vor allem aber einer Unsichtbarkeit von Religion durch die Diagnose einer neuen Öffentlichkeit von Religion kritisch einzuholen. Prominent wurde insbesondere Casanovas Differenzierung des Begriffs ‚Säkularisierung' in drei analytisch zu trennende Aspekte: (1) der „secularization as differentiation" in Form der institutionellen und konstitutionellen Differenzierung von Staat und Religion, (2) dem „decline of religious beliefs and practices" und (3) der „privatization". Casanova versucht zu zeigen, dass nur der erste Aspekt tatsächlich ein „general modern structural trend" (Casanova 1994, 212ff.) darstellt,[36] während die anderen beiden Aspekte sich zwar durchaus als empirisch dominante Trends in vielen, insbesondere in den europäischen Gesellschaften erweisen, nicht jedoch in Form eines „unausweichlich mit der Modernisierung verknüpften teleologischen Prozess[es]" (Casanova 2004, 3) zwingend seien oder generalisierbar wären. Empirisch versucht Casanova nachzuweisen, dass die gesellschaftliche Ausdifferenzierung von säkularer Sphäre und religiösen Institutionen und Normen gerade nicht dazu führen muss, dass Religion zunehmend ins Private verdrängt wird und Religion allgemein an Bedeutung verliert (Casanova 1994, 211). Casanova beschreibt Europa als Sonderfall: Hier habe sich die neue Öffentlichkeit von Religion weniger durch steigende Religiosität der Bürger oder durch eine steigende Bedeutung von Kirchen und Religionsgemeinschaften herausgebildet, sondern indirekt gerade durch die verstärkte Debatte um den säkularen Charakter Europas und dessen vermeintliche Gefährdung durch religiöse Kräfte. Die Rede ist also von einem „Glaubenskampf zwischen den säkularen europäischen Eliten und seinen religiösen Bürgern" (Casanova 2004, 1; dazu auch Casanova 2006), der das Thema ‚Religion' zum Problem und damit erst wieder zum Gegenstand öffentlichen Interesses macht.[37] Religion erfahre im europäischen Kontext gewissermaßen performativ durch ihre scheinbar problematische Rolle (Casanova 2009, 7) eine neue Öffentlichkeit und Sichtbarkeit.[38]

---

36   Dass auch diese vermeintlich letzte Bastion säkularisierungstheoretischer Gewissheiten nicht mehr zu halten ist, versucht Koenig zu zeigen. Er verweist darauf, dass die differenzierungstheoretische Perspektive auf zwei Voraussetzungen fußt, die heute fraglich sind: Zum einen auf der Nationalstaatlichkeit, die derzeit in einem Formwandel begriffen ist, zum anderen auf der Verwendung eines unreflektierten Religionsbegriffs. Der Differenzierungstheorie „fehlten gewissermaßen die Kategorien für die Identifikation dessen, was Religion vor ihrer Ausdifferenzierung war, was selbst nachher aber noch die Handlungsorientierungen in nicht-religiösen Ordnungen prägt" (Koenig 2008a, 106).

37   Entscheidend ist also, dass Casanova den Säkularisierungsdiskurs gerade dafür verantwortlich macht, dass sich eine neue Öffentlichkeit und Sichtbarkeit von Religion herausbildet. Die Spannung zwischen säkularem Selbstverständnis und Selbstbehauptung von Religion entlade sich in zahlreichen Konflikten, deren Semantik häufig von binären Codes geprägt sei (Moderne vs. Rückständigkeit, Aufklärung vs. traditionelle Religiosität etc.). Eder führt diesen Gedanken weiter: „Die Rückkehr religiöser Ausdrucksformen in die Öffentlichkeit der europäischen Gesellschaft weist über die Individualisierungsthese hinaus. Religion ist nicht mehr nur eine Sache privaten Erlebens, sondern auch ein Medium der Darstellung sozialer Differenzen und des Austragens sozialer Konflikte. Die Präsenz anderer Religiosität in Europa macht die unsichtbare Religion als Teil eines makrostrukturellen Zusammenhangs sichtbar. Religion wird zu einem sichtbaren gesellschaftlichen Phänomen" (Eder 2006, 7).

38   Neben Casanova gibt es aus den verschiedensten Disziplinen zahlreiche andere wissenschaftliche AutorInnen, die, oft ganz unterschiedlichen Argumentationen folgend, eine Wiederkehr des Religiösen oder eine „Resakralisierung des öffentlichen Raumes" (Meyer 2006) konstatieren, prognostizieren und kritisieren. Für einen Überblick vgl. Mörschel 2006.

Die postsäkulare Gesellschaft

Als eine Art Antikritik der kursorisch skizzierten Richtungen kritischer Positionierungen gegenüber der Säkularisierungsthese stellt sich Habermas' Beschreibung der „postsäkularen Gesellschaft" (Habermas 2001, 2) dar. Habermas hat bei seiner Rede anlässlich der Verleihung des Friedenspreises des Deutschen Buchhandels in der Frankfurter Paulskirche im Jahr 2001 einigermaßen überraschend, aber auf große Resonanz stoßend, den Begriff der postsäkularen Gesellschaft geprägt, in der religiöse Weltbilder und religiöse Sprache eine neue Relevanz für öffentliche Diskussionen erhielten (Habermas 2001, 2005 und 2008; Habermas/Ratzinger 2006). Damit steht Habermas dem Argumentationsgang der Weberschen Tradition, dem zufolge die Religion selbst die Bedingungen geschaffen habe, die sie heute verzichtbar mache, zwar immer noch nahe. Er bestreitet auch nicht die „funktionale Spezifizierung des Religionssystems" und die „Individualisierung der Religionspraxis" (Habermas 2008, 36). Allerdings aktualisiert er die Bedeutung des religiösen, insbesondere jüdisch-christlichen heilsgeschichtlichen Denkens für säkulare Zusammenhänge (Habermas 1992, 23). Habermas' Begriff „einer postsäkularen Gesellschaft, die sich auf das Fortbestehen religiöser Gemeinschaften in einer sich fortwährend säkularisierenden Umgebung einstellt" (Habermas 2001, 13) nimmt die Kritik an einer einseitigen Säkularisierungsthese auf und plädiert dafür, religiöse Kommunikation zur Begründung von Ethik und Moral (wieder) zuzulassen. Profanisierte ehemals religiöse Gründe für einen „demokratisch aufgeklärte[n] Commonsense" (Habermas 2001, 5) dürften und sollten an ihre religiöse Semantik rückgekoppelt werden. Dieser Prozess könne als „eine kooperative Aufgabe verstanden werden, die von beiden Seiten [gemeint sind überzeugt säkular argumentierende und überzeugt religiös argumentierende Bürger; C. B.] fordert, auch die Perspektive der jeweils anderen einzunehmen" (ebd.).

Es brauche also eine wechselseitige „Übersetzungsarbeit" (Habermas 2005, 137) und „kooperative Übersetzungsleistungen" (Habermas 2005, 138), die es erlaubten, religiöse Sprache für säkulare Bezüge zu öffnen und säkulare Argumente religiösen Bürger zugänglich zu machen. Habermas nennt sowohl empirische und normative als auch funktionale und inhaltliche Argumente (Losansky 2010, 52ff.) für sein Plädoyer zugunsten einer Öffnung gegenüber religiösen Beiträgen: Einerseits könnten sich religiöse Bürger bisweilen nur in religiöser Sprache an den Diskursen einer politischen Öffentlichkeit beteiligen (empirisches Argument) und sollen dies daher grundsätzlich auch dürfen, ohne diskreditiert zu werden (normatives Argument), andererseits solle der Staat das Potential für Sinn- und Identitätsstiftung, welches religiöse Traditionen überzeugend darbieten können (inhaltliches Argument), nicht unterschätzen (funktionales Argument) (ebd.; vgl. auch Habermas 2008, 46).

2.1.4 Reflexionen zum Zweck der Hypothesenbildung [H1]

Im Folgenden geht es darum, den Forschungsgegenstand – nämlich die Beobachtungen eines neuen Interesses der Politik an Religion im Kontext von Integrationsstrategien – vor dem Hintergrund der beschriebenen soziologischen Theorien und mit Hilfe dort verwendeter Begriffe zu konstruieren. Die vorgestellten theoretischen Ansätze sind somit als Stichwortgeber für die Hypothesengenerierung zu verstehen. In diesem Sinn soll nachfolgend abgewogen werden, welche Gedanken für eine solche Beschreibung weiterführend sind:

Das ‚klassische' Säkularisierungstheorem

Dass sich Politik für Religion und dabei schwerpunktmäßig für deren institutionalisierte Formen und den Dialog interessiert sowie die Zusammenarbeit mit Religionsgemeinschaften sucht, steht weder in einem Widerspruch zur klassischen Vorstellung einer Säkularisierung des Weltbildes und der Institutionen, noch bezeugt es diese. Auch erscheint damit natürlich keineswegs die Individualisierungsthese Durkheims oder die Weber'sche Rekonstruktion des okzidentalen Rationalisierungsprozesses berührt. Die Vorstöße der Politik, Religionsgemeinschaften zu Integrationsagenturen[39] zu machen, erinnern zwar an Durkheims Zuschreibungen eines Integrationspotentials von Religion in ‚segmentären' Gesellschaften, es handelt sich aber hier um wesentlich kleinteiligere, punktuell ansetzende und pragmatisch orientierte Integrationsstrategien.

Privatisierung, Ausdifferenzierung und Pluralisierung der Religion

Die skizzierten Revisionen der Säkularisierungsthese in Richtung einer Privatisierung und Deinstitutionalisierung von Religion, wie sie etwa Luckmann diagnostiziert hat, sind für das hier zu beobachtende Phänomen ganz offensichtlich nicht erklärungskräftig. Ihnen muss deshalb nicht widersprochen werden, allein dürfen sie nicht davon ablenken, dass zugleich im beschriebenen Kontext eine Aufwertung der institutionellen Träger von Religion und der institutionalisierten Interaktion zwischen Staat und Religionsgemeinschaften zu beobachten ist, die durch aktuelle politische Strategien angeregt wird.

Luhmanns religionssoziologische Überlegungen erscheinen beim Versuch einer Anwendung auf das hier zu untersuchende Phänomen in zwei gegensätzliche Richtungen interpretierbar. Seine Konzeption der Ausdifferenzierung der Religion, die eine Erschöpfung der religiösen Sprache für nicht religiöse Kontexte und eine Nichtverwertbarkeit religiöser Teilhabe für andere Funktionssysteme sieht, scheint dem beschriebenen Trend zunächst zu widersprechen. Die hier zugrunde liegenden empirischen Beobachtungen verdeutlichen ja gerade, dass Religionszugehörigkeit im Migrationskontext für den Einzelnen oder für Gruppen eine mitunter entscheidende Rolle spielt, die sich auch für andere Funktionssysteme aktivieren lässt, beispielsweise für das der Wirtschaft. Andererseits – und auch hier zeigt sich *gegen* Luhmann die fortwährende Relevanz religiöser Zugehörigkeit für nicht religiöse Bereiche – kann Religionszugehörigkeit auch ausschließend wirken, etwa dann, wenn mit ihr direkte und indirekte Diskriminierungen verbunden sind, die negative Folgen beispielsweise für Arbeitsmarktchancen mit sich bringen. Schwerwiegender für das hier zu ergründende Phänomen ist aber, dass auch staatliche Stellen die Religion der EinwanderInnen explizit in die Konzeption einschlägiger Integrationsstrategien einbeziehen und dadurch zunächst einmal, zumindest in funktionaler Hinsicht, aufwerten. Dieses Vorgehen führt dazu, dass Teilnahme an Religion oder Mitgliedschaft in einer Religionsgemeinschaft

---

39   Der Begriff ‚Integrationsagentur' wird beispielsweise von Tezcan 2007, 65 verwendet.

– wenn auch nur in bestimmten Kontexten und mit eingeschränkter Reichweite – die erfolgreiche Teilnahme in Bereichen anderer Funktionssysteme erleichtern.[40]

Soweit wäre Luhmanns Ansatz hier allenfalls als Negativfolie für das zu beobachtende Phänomen zu gebrauchen. Doch auch eine andere Deutung ist möglich, die sich insbesondere dann auftut, wenn man kritische Rezeptionen zu Luhmann einbezieht:[41] Dann kann die gezielte Einbindung von Religionsgemeinschaften in politische Programme und zur Verwirklichung politischer Ziele auch als *Instrumentalisierung* von Religion und mithin *nicht* als Aufwertung derselben interpretiert werden. Eine solche Position vertritt der katholische Theologe Hans-Joachim Höhn, der in Anlehnung an Richard Münch eine Perspektive auf die Interdependenzen und Durchdringungen zwischen den bei Luhmann als autopoietische Subsysteme konstruierten Sphären eröffnet.[42] Höhn vollzieht diese Überlegungen auch am Beispiel des Umgangs des politischen Systems mit Religion. Die Politik interessiere sich nicht für „Religion *als* Religion" (Höhn 2007, 32),[43] sondern „für Religion, sofern sie kommunitäre Bindungskräfte besitzt, die man als soziomoralische Ressourcen einer Gemeinwohlorientierung gegen die Fliehkräfte eines liberalistischen Individualismus und gegen die Logik der Nutzenegozentrik anbieten kann" (Höhn 2008, 46).

Überlegungen in Richtung einer Funktionalisierung von Religion stellt auch Pollack an, der in seiner empirischen Analyse von Religion und Religiosität in Ostdeutschland eine umfassende Säkularisierungsthese, nämlich die einer allmählichen Abschwächung sowohl der individuellen Religiosität als auch der institutionellen Religion, bestätigt sieht. Konzeptionell knüpft er deutlich und explizit an Luhmann an:

> „Wenn es jedoch richtig sein sollte, dass Religion und Kirche mit den Prinzipien der funktionalen Differenzierung nur schwer vereinbar sind, dann hieße das, dass sie sich dann am besten entfalten können, wenn sie in der Lage sind, ihre funktionale Spezialisierung aufzuheben und sich mit anderen Funktionen zu verbinden. Es scheint, dass eine solche funktionale Konjunktion der Religion deswegen relativ gut gelingt, da es ihr in der modernen Gesellschaft an funktionaler Eindeutigkeit und Bestimmtheit mangelt. Natürlich können Religion und Kirche, auch wenn sie sich an nichtreligiöse Funktionssysteme anlagern, noch immer behaupten, dass sie für diese schlechthin unentbehrlich seien, dass es keine überzeugende Moral gebe ohne Religion, kein integriertes Gemeinwesen ohne religiöse Fundierung, kein Recht ohne Legitimation durch die Autorität Gottes. Doch das, was sich hier als schlechterdings notwendig darstellt, ist doch nur notwendig für anderes, das es selbst nicht ist, und kann daher, wenn dieses andere sich auf sich selbst stellt, auch überflüssig werden. Die konsequente Funktionalisierung der Religion trägt die Tendenz zu ihrer Selbstauflösung in sich. So notwendig Religion für die Erfüllung anderer

---

40   So etwa im Erziehungs-, Rechts- oder Gesundheitssystem, wie Beispiele aus Deutschland zeigen, wo gezielt Moscheeangehörige von Behörden angesprochen und weitergebildet werden, z. B. indem Projekte zu den Themen ‚Gesundheit', ‚deutsches Sozialsystem', ‚Drogenprävention' etc. angeboten werden (s. u. 73f.).

41   Den Hinweis auf diese zweite Deutung verdanke ich Henriette Rösch.

42   Diese Interdependenzen beschreibt Höhn als „Unterwerfungen, Eingliederungen anderer teilsystemischer Bereiche unter die Regie jeweils eines Funktionssystems. Auch wenn dabei Religiöses in diesen Teilsystemen vorkommt, so bleibt es dabei, dass die funktionalen Teilsysteme nach jeweils eigener Logik agieren und einen möglichen religiösen Input nur nach Maßgabe dieser Logik (d.h. nicht-religiös) verarbeiten können" (Höhn 2007, 29; Höhn 2008, 45).

43   Höhn stellt bei seinen Überlegungen die sogenannte Dispersionstheorie der Religion ins Zentrum, der zufolge die Religion in ihren kirchlich-institutionell gebundenen Formen und Inhalten sich verflüssige und zwar einerseits in Richtung einer „Dekonstruktion" und „Deformatierung" von Religion in säkularen Zusammenhängen (Höhn 2007, 35ff.) und andererseits in Richtung einer Neuzusammensetzung religiöser Elemente durch den Einzelnen auf der Suche nach religiösen Erlebnissen (Höhn 2007, 41ff.).

Funktionen ist, so sehr profitiert sie doch von anderem. Wenn man aber von anderem profitiert, dann ist man von anderem auch abhängig. Die funktionale Unterspezifizierung des Religiösen ist also das Kernproblem der Religion in der modernen Gesellschaft. Nur wenn dieses Problem gelöst werden könnte, wäre Religion mit den Prinzipien der funktionalen Differenzierung kompatibel" (Pollack 2003, 267).

Das zu analysierende Phänomen kann also im Anschluss an Luhmann in zwei Richtungen beschrieben werden: Zum einen scheint das Funktionssystem Religion angesichts der empirischen Beobachtungen, die hier eine Rolle spielen – *anders* als Luhmann argumentiert – als ‚Türöffner' an Bedeutung für die Teilnahme an anderen Funktionssystemen *zu gewinnen*. Zum anderen kann – und dieser Aspekt erscheint für die Hypothesenbildung fruchtbarer – unter Einbezug von kritischen Weiterführungen der Luhmann'schen Konzeption eine Funktionalisierung oder Instrumentalisierung von religiösen Institutionen zu politischen Zwecken auch eine Konsequenz der funktionalen Differenzierung und mithin der fortschreitenden Ausdifferenzierung des Subsystems Religion sein. Damit aber muss ein kurz- oder mittelfristiger Zugewinn an funktionaler Mehrdeutigkeit gerade nicht als Indiz für eine Bedeutungssteigerung von Religion gelten, sondern kann ein Beleg für deren Peripherisierung und Schwächung sein. Religion wird, so betrachtet, nicht mehr *als* Religion benötigt oder wertgeschätzt, sondern nunmehr *auf ihre Funktion für andere, nicht-religiöse Bereiche reduziert.*[44]

Zivilreligion, neue Öffentlichkeit von Religion und postsäkulare Gesellschaft

Ein anderes Anwendungsspektrum für das hier zu ergründende Problem leitet sich von solchen Theorien ab, die Religion im weitesten Sinn eine neue Öffentlichkeit zusprechen. Die am Konzept der Zivilreligion orientierten Ansätze legen einen sehr breiten, mitunter unspezifischen Religionsbegriff zugrunde, der vom Religionsverständnis der institutionellen Träger von Religion weit entfernt ist, ja sein soll, geht es doch gerade um eine überinstitutionelle, sich jedem Bürger unmittelbar erschließende ‚Religiosität', die keine Mitgliedschaft verlangt. In der Regel interessiert sich die vorliegende Untersuchung aber vorwiegend für jene institutionellen Träger von Religion, da nur diese für den Staat auch direkt ‚ansprechbar' sind. Allenfalls soweit die einschlägigen theoretischen Ansätze zugleich im Rückgriff der staatlichen Politik auf Zivilreligion den Versuch sehen, einen Beitrag zur

---

44   Dieser Gedanke ist nicht neu. Bereits Schleiermacher hat sinngemäß die Frage gestellt, was geschieht, wenn das religiöse Feld, originär ein Bereich, der sich jenseits von ökonomischer oder politischer Handlungsmotivation als Sinnsuche und Selbstzweck begreift, durch Kräfte gefördert wird, die politische Motive in den Vordergrund stellen und Religion als Mittel zum Zweck begreifen. Auf diesen Gedanken Schleiermachers (Schleiermacher 1821, 34ff.) bezieht sich auch Grigat in einem Artikel zu den Empfehlungen des Wissenschaftsrats „zur Weiterentwicklung von Theologien und religionsbezogenen Wissenschaften an deutschen Hochschulen" (Wissenschaftsrat 2010): „Die Religion soll wie im 18. Jahrhundert als Moralverstärker dienen und wird deshalb gerne als Kitt der Gesellschaft akzeptiert. Aber schon damals war Kritikern eines reinen Moralglaubens klar, dass diese Funktionalisierung der Religion ‚die größte Verachtung' gegen sie bewies, nämlich ‚sie in ein anderes Gebiet verpflanzen zu wollen, daß sie da diene und arbeite'. Dass Religion um ihrer selbst willen interessant sei, dass sie keine Funktionen erfüllt außer der, den Menschen wahrhaft zu sich selbst zu bringen, komme so nicht in den Blick. Was aber ‚nur um eines außer ihm liegenden Vorteils willen geliebt und geschätzt wird, das mag wohl not tun, aber es ist nicht in sich notwendig' (Schleiermacher)" (Grigat 2010, 160).

Legitimation staatlichen Handelns und zur Integration der Gesellschaft zu leisten, könnte das empirische Material auf diese Komponenten hin untersucht werden: Inwiefern lassen sich auch im empirischen Material Aspekte finden, die einen zivilreligiösen Charakterzug tragen – im Sinne einer überkonfessionellen und -institutionellen, (quasi-) religiösen Signatur der politischen Kultur – und die entsprechenden Legitimierungs- und Integrationsfunktionen übernehmen sollen?

Casanovas Beobachtung, dass trotz fortschreitender gesellschaftlicher Differenzierung sich nicht zwangsläufig auch ein gesellschaftlicher Bedeutungsrückgang und eine Privatisierung von Religion vollziehen müssen, wäre teilweise durchaus anschlussfähig für das zu untersuchende Phänomen. So kann in einer grundsätzlichen Absicht gefragt werden, ob sich nicht durch die staatliche Aktivierung religiöser Bezüge ein Gegengewicht zu einer fortschreitenden Privatisierung darbietet und damit auch der unvermeidliche Bedeutungsrückgang von Religion zumindest partiell aufgehalten wird. Weiterhin wäre vor dem Hintergrund von Casanovas Sicht auf Europa zu prüfen, inwiefern in diesem neuen Dialog zwischen Staat und Religionsgemeinschaften von politischer Seite aus die vermeintliche Opposition zwischen säkularem Selbstverständnis und rückständiger Religiosität aufgelöst oder aber reproduziert wird. Die regelmäßig im deutschen Diskurs geäußerte Aufforderung an die Muslime, sich zu den säkularen Werten zu bekennen, lassen letztere Option wahrscheinlicher machen.

Habermas' Argumentation für eine Aktualisierung religiöser Sprache im demokratisch aufgeklärten *Commonsense* schließlich enthält nicht nur Implikationen für die wissensphilosophische oder -soziologische Diskussion des ‚Spannungsfelds' Wissen - Glauben, sondern auch für die politische Frage nach den Verfahrensweisen zur Begründung eines normativen Konsenses in einer pluralen Gesellschaft. Habermas wendet dieses von ihm formal behandelte Problem *nicht* auf neu zugewanderte Religionsgemeinschaften und auf diejenigen religiösen Bürger an, die nicht an eine längere Tradition im politischen System ihrer neuen Heimat anknüpfen können. Wagt man einen Versuch in diese Richtung, so müssten zwei Defizite schwach etablierter religiöser Organisationen in den Blick genommen werden: erstens ein Defizit auf institutionell-organisatorischer und rechtlicher Seite und zweitens ein Defizit in Bezug auf die Position und Artikulationsfähigkeit solcher Organisationen in der Zivilgesellschaft.

Das organisatorische Defizit resultiert daraus, dass es den etablierten Kirchen und religiösen Gruppen leichter als den weniger etablierten gelingen wird, religiöse Positionen für den gesamtgesellschaftlichen *Commonsense* wirksam zu artikulieren und deren Übersetzung in säkulare Sprache erfolgreich zu vollziehen. Konkret stellt sich also die Frage nach denjenigen Instanzen, die religiöse Ideen in säkulare Sprache übersetzen und denjenigen, die säkulare Ideen für religiöse Lebensbezüge fruchtbar machen. Insoweit bedarf es eines Wandels auf der Organisations- und gegebenenfalls der Strukturebene, um eine Institutionalisierung der noch wenig integrierten religiösen Gruppen dahingehend zu erleichtern, dass sie in die Lage versetzt werden, die Bedingungen für die Teilhabe am gesamtgesellschaftlichen Dialog zu erfüllen. Es bedarf zudem der Möglichkeit des Rückgriffs auf Expertenwissen, um den Transfer von religiöser Sprache in säkulare und allgemeinverständliche Sprache und „notfalls mehrstufige Übersetzungen" (Habermas 1998, 451) zu leisten, ohne darauf zu verzichten, die eigenen Anhänger adäquat anzusprechen. Sie sind damit vor allem auf die Möglichkeit einer rechtlichen Gleichstellung und einer Ausbildung relevanter Institutionen angewiesen, zum Beispiel auf eine in der Bezugsgesellschaft etablierte, ausgebildete Theologie oder auf äquivalente Einrichtungen, die es vermögen, die theologische „Rekonstruktionsarbeit (…) für die Selbstaufklärung des religiösen Glaubens in der Moderne" (Habermas 2005, 150) zu erbringen. Sie bräuchten zudem mehr oder weniger repräsentative Organe mit Weisungs- und Entscheidungsbefugnis zur Vertretung der Interessen ihrer Mitglieder.

Das zivilgesellschaftliche Defizit resultiert daraus, dass schwächer etablierte Religionen und Religionsgemeinschaften weniger im öffentlichen Raum präsent sind, weniger zur öffentlichen Meinungsbildung beitragen, weniger im sozialen Bereich engagiert, weniger mit kulturellen Codes und Spielregeln vertraut sind und gesellschaftspolitisch weniger Einflussmöglichkeiten haben als etablierte Religionsgemeinschaften. Um diesen Problemen zu begegnen, müssten die betroffenen Religionsgemeinschaften verbesserte Chancen erhalten, um als relevante zivilgesellschaftliche Kräfte in Erscheinung zu treten. Dafür müssen sie vor allem in der Lage sein, „mit ihren informellen, vielfach differenzierten und vernetzten Kommunikationsströmen" (Habermas 1998, 431) an der öffentlichen Meinungsbildung mitzuwirken.

Diesen beiden im Anschluss an Habermas formulierten Defiziten von schwach etablierten Religionsgemeinschaften könnte, so soll hier hypothetisch angenommen werden, entgegnet werden durch staatliche Unterstützung der betroffenen Religionsgemeinschaften bei deren Institutionalisierung und rechtlichen Gleichstellung mit etablierten Kirchen und Religionsgemeinschaften und bei deren Etablierung als vernehmbare Stimmen der Zivilgesellschaft. Die Entdeckung der Religion durch nationale Integrationspolitiken könnte so als *Anerkennung* von Religion und Religionsgemeinschaften verstanden werden.

Zusammenfassung

Die dargestellten Varianten des Säkularisierungstheorems und der Kritik daran erweisen sich für den hier zu beschreibenden Fall als ebenso problematisch wie inspirierend. Zwar stellen weder die klassische Säkularisierungsthese, die von einer allmählichen Abschwächung kollektiver und individueller religiöser Bezüge ausgeht, noch die Kritik Luckmanns und anderer daran, die eine Privatisierung oder Individualisierung von Religiosität bei gleichzeitigem Bedeutungsverlust traditionaler Kirchlichkeit feststellen, für sich genommen einen brauchbaren theoretischen Ansatz dar, um das hier zu untersuchende Phänomen zu erschließen. Das gleiche gilt für die Zivilreligions-Theorien und die Ansätze einer neuen Öffentlichkeit und Sichtbarkeit von Religion. Insbesondere solche Ansätze, die von einer ungebrochenen und zunehmenden Deinstitutionalisierung des Religiösen ausgehen und solche, die postulieren, dass die Gesamtgesellschaft keine Religion mehr benötige, um sich selbst zu integrieren, führen zunächst nicht weiter; nicht weil sie im Zuge der Untersuchung widerlegt werden können oder sollen, sondern weil sie keine passenden Beschreibungskategorien für die Formulierung des hier zu untersuchenden Problems und zugehöriger Hypothesen anbieten. Bei diesem ist ja gerade augenfällig, dass der Staat seit kurzem in der Auseinandersetzung mit dem Islam auf eine Institutionalisierung im engeren wie weiteren Sinn geradezu drängt und dies in vielen Fällen vor dem Hintergrund einer erneuerten Integrationspolitik, die stets auch die Problematik gesamtgesellschaftlicher Integration thematisiert. Es wird also ganz offensichtlich durch die Zusammenarbeit mit institutionalisierten Religionsgemeinschaften ein Zugewinn in Bezug auf soziale Integration und gesellschaftlichen Zusammenhalt erwartet. Allerdings beruht die Institutionalisierungsforderung primär auf der extrinsischen Motivlage der staatlichen Politik und wird nicht aus einem religiösen Bedürfnis von Teilen der Bevölkerung heraus erzeugt. Die Zivilreligionstheorien sind aufgrund ihres dezidiert nicht-institutionellen Religionsbegriffs für das hier zu ergründende Problem wenig interessant, Casanovas Beitrag bietet sich kaum dazu an, Hypothesen zu formulieren, deren Prüfung eine Rekonstruktion von Politikformulierungen erlaubt.

Es erscheint gleichwohl hilfreich, zwei der vorgestellten Ansätze in kreativer Weise zur Hypothesenformulierung zu verwenden. Zum einen kann an Luhmanns differenzierungstheoretische Position angeknüpft werden. Dieser folgend kann das Phänomen zum einen als *Funktionalisierung oder Instrumentalisierung von Religion durch staatliche Politik für integrationspolitische Zwecke* erachtet werden. Es stellt sich dann als Begleiterscheinung eines letztlich ungebrochenen und umfassenden Säkularisierungsprozesses (sowohl Bedeutungsverlust als auch Ausdifferenzierung von Religion) heraus und ist ein Indiz für einen fortwährenden Bedeutungsverlust und eine kontinuierliche Marginalisierung von Religion. Zum anderen lassen sich dieselben staatlichen Interventionen mit Rückgriff auf Habermas' Konzeption einer postsäkularen Gesellschaft als Anschübe hin *zu einer Anerkennung von Religion ‚als' Religion*[45] und mithin als Unterstützung bei einer erfolgreichen Partizipation auch vergleichsweise weniger etablierter Religionen und Religionsgemeinschaften am gesamtgesellschaftlichen Dialog und an der Herausbildung eines *Common-sense* beschreiben (Habermas 2005, 136). Gleicht man diese beiden hypothetischen Positionen mit einer handlungstheoretischen Perspektive im Anschluss an Weber ab, so kann im ersten Fall das zu analysierende politische Handeln in seiner rationalen Orientierung als überwiegend von materiellen Interessen, im zweiten Fall als überwiegend von ideellen Interessen geleitet verstanden werden.

---

45 Die Gegenüberstellung einer Funktionalisierung vs. einer Anerkennung von Religion ist freilich gewagt, ist es doch gerade auch Habermas, der deutliche funktionale Argumente vorbringt, denen zufolge Religion von bleibender Relevanz sei: So kommt die Religion in Habermas' Konzept „als ein Reservoir in den Blick, das zugleich auf Anerkennung, wie durch dessen rettende Aneignung durch die Philosophie hin angelegt ist (…). Mit dieser Sicht ist jedoch eine tendenzielle Revision der These von der Eigenständigkeit der Religion verbunden" (Danz 2007, 30f.). Auch Höhn kritisiert bei Habermas verbleibende funktionale Reduktionen von Religion: „In der wohlmeinenden Absicht, der Religion zu attestieren, wie viel ethische Rationalität in ihr enthalten sei, legt sie in die religiöse Semantik etwas hinein, was das Religiöse dieser Semantik noch gar nicht erfasst. Damit bleibt ein entscheidendes Moment, das Religion als Religion konstituiert, außen vor" (Höhn 2007, 22). Und Esterbauer zieht zwischen Habermas und Luhmann implizit eine noch stärkere Parallele, wenn er kritisiert: „Habermas' Ziel ist die sprachliche Aufhebung religiöser und kirchlicher Fremdheit unter der Bedingung, dass das Entgleisen der Modernität gestoppt werden soll, und mit der optimistischen Maxime, dass dies nicht mehr sein soll als eine Hilfeleistung für die im Kern intakte Selbstregenerationskraft des liberalen Verfassungsstaates. Das kreative Potential der Fremdheit religiösen Lebens und Denkens ist also nur als domestiziertes geheuer und erlangt bloß eingeschränkt, nämlich auf einen säkularen Zweck hin, Interesse" (Esterbauer 2007, 321). Die möglicherweise positive Entscheidung der Kirchen, sich auf Habermas' kooperatives Übersetzungsprojekt einzulassen, deutet Esterbauer als „derzeit eine ihrer letzten Chancen, nicht in die gesellschaftliche Bedeutungslosigkeit zu versinken" (ebd.). Wie bei Luhmann wäre aus dieser Sicht die funktionale Aneignung von Religion für nicht-religiöse Kontexte nur mehr eine weitere Bestätigung des kontinuierlichen, allenfalls mühsam verzögerten Bedeutungsverlustes von Religion in der sich fortwährend säkularisierenden Moderne. Trotz dieser gewissen Ambivalenz in Habermas' Positionierung erscheint es für meine Zwecke hinreichend, Habermas' normativ verortete Anerkennungsforderung gegenüber Religion stark zu machen. Denn selbst wenn am Ende eine vollständige Transformation von Religion in Philosophie stünde, so bedarf es zunächst – laut Habermas – verschiedener Anerkennungsprozeduren; und genau diese werden hier in den Blick genommen.

2.2 Staat-Kirche-Modelle, Integrationsmodelle und die Konvergenzfrage

Ein zweiter zentraler Bezugspunkt für den theoretischen Rahmen der Untersuchung bildet die Einteilung von nationalstaatlichen Konstellationen in unterschiedliche Staat-Kirche-Modelle und unterschiedliche Modelle für die Integration von ZuwanderInnen. Dieser wird zur Hypothesengenerierung mit einem Interesse an Konvergenzfragen kombiniert. Auch hier sollen vorhandene theoretische Ansätze zur Hypothesenformulierung herangezogen werden. Dagegen ist es *nicht* Ziel der Arbeit, die Trefflichkeit einer Einteilung von nationalstaatlichen Konstellationen in unterschiedliche Staat-Kirche-Modelle und unterschiedliche Integrationskulturen *grundsätzlich* zu *bewerten*.

2.2.1 Staat-Kirche-Modelle in Europa

Bei der Betrachtung des Verhältnisses von Staat und Religion in europäischen Ländern wird oftmals eine Gruppierung nach zwei grundlegenden Kriterien vorgenommen: Erstens kann das institutionelle Verhältnis zwischen Staat und Religion einem Nationalstaatenvergleich unterzogen werden. Im Fokus stehen dann die verfassungsmäßigen oder rechtlichen Grundlagen wie etwa das Recht auf Religionsfreiheit und die besonderen rechtlichen Bestimmungen bezüglich einer eventuellen Kooperation zwischen religiösen Organisationen und Staat. Solche religionsrechtlichen Voraussetzungen sind für das hier zu betrachtende Thema auch deshalb so entscheidend, da sie für religiöse ,Newcomer' die rechtlichen Rahmenbedingungen vorgeben, in die diese sich einfügen können oder müssen. Zweitens sind die Auslegung dieser rechtlichen und verfassungsrechtlichen Grundlagen und die tatsächliche politische Praxis im Umgang mit Religion von Interesse. Dabei stellt sich etwa die Frage, in welchem Maße bestehende legale Bestimmungen die politische Praxis prägen und wie Religionspolitik gestaltet wird. Erst wenn beide Aspekte zusammen betrachtet werden, können Fragen eruiert werden, wie die, ob und in welcher Hinsicht bestimmte Regime förderlich oder aber diskriminierend auf neu hinzukommende Religionsgemeinschaften wirken.

Beide Ebenen – die verfassungsmäßigen und rechtlichen Grundlagen und deren Auslegung im Sinne einer historisch gewachsenen, das Recht prägende und am Recht orientierten politischen Praxis – sind in ihrer Entwicklung und ihrer aktuellen Form zu betrachten und vermischen sich in der ,klassischen' Typisierung der Nationalstaaten zunächst. Sowohl verfassungsmäßige und rechtliche Grundlagen als auch politische Praxis interferieren zudem mit weiteren Kriterien, welche quer zu dieser Unterscheidung liegen. Solche Kriterien sind etwa die Art und Verteilung von Religionszugehörigkeit und der Grad an religiöser Pluralität in Geschichte und Gegenwart, die Frage nach einer föderalistischen oder zentralistischen Charakteristik der Staatsverwaltung oder nach Art und Grad staatlicher Finanzierung von Kirchen und Religionsgemeinschaften. Je mehr Kriterien Beachtung finden, desto genauer und differenzierter, aber auch komplexer und weniger operationalisierbar wird eine entsprechende Typologisierung.

Komplexität der Gruppierung in Staat-Kirche-Modelle

Die Typisierungen und Gruppierungen nach bestimmten Staat-Kirche-Regimen sind grundsätzlich mit Vorsicht vorzunehmen: Dass es gravierende Unterschiede in Bezug auf das Verhältnis von Staat und Religion innerhalb Europas gibt, wird kaum bestritten und ist umfassend rezipiert. Umstritten hingegen ist die grundsätzliche Berechtigung einer Typisierung, deren Ausprägung, Tragweite und Erklärungskraft für politische und gesellschaftliche Realität sowie deren normative Bewertung. Kritisiert wird zum Beispiel eine vorschnelle Schlussfolgerung von der Verfassung und ihrer Implikationen auf das tatsächlich praktizierte Verhältnis von Religion und Staat (Ibán 2005, 158). Die häufig vorgenommene Stilisierung von Staatskirche-Regimen, Laizität und einer Mischvariante setze zu einseitig auf verfassungsrechtliche Grundlagen und vernachlässige die politische Seite. Sie impliziere durch die Ableitung von der Säkularisierungsthese eine „funktionale Logik eines makrosoziologischen Prozesses der institutionellen Ausdifferenzierung" (Minkenberg 2002, 118). Dabei bleibe bei jeder Typologisierung das Problem, dass weder eine unbedingte Kohärenz des Staat-Kirche-Verhältnisses innerhalb eines Staates gegeben sein müsse, noch sich die Bedingungen und Merkmale zwischen Staaten systemisch voneinander abgrenzen ließen. Entsprechend ließen sich auch keine Gruppierungen von Staaten unumstößlich finden, die einem bestimmten System zuzuordnen wären (Mückl 2005, 387ff.). Die starke Typologisierung vermöge es auch nicht, alle empirisch vorfindlichen Varianten der Beziehungen zwischen Staat und Kirchen zu erfassen (Koenig 2003, 84; Reuter 2005, 16) und vernachlässige „die historisch kontingenten Aushandlungsprozesse und die Mechanismen institutioneller Stabilisierung" (Koenig 2008b, 153). Eine kritische Perspektive wird in der einschlägigen Literatur auch eingenommen, wenn es darum geht, die Voraussetzungen der jeweiligen Systeme für rechtlich noch wenig etablierte Religionsgemeinschaften zu betrachten. Die unterschiedlichen rechtlichen Reaktionen auf ‚andere' Religionsgemeinschaften verlaufen laut Stefan Mückl „weniger entlang der staatskirchenrechtlichen Systemgrenzen", sondern sind „vielmehr Ausdruck der die Rechtsordnung insgesamt prägenden kulturellen Überzeugungen und Wertmaßstäbe", wobei etwa auch Erfahrung mit religiös-kultureller Andersheit eine Rolle spiele (Mückl 2005, 406f.).

Deutschland, Frankreich und das Vereinigte Königreich als Prototypen dreier klassischer Staat-Kirche-Modelle

Diese Komplexität zunächst vernachlässigend[46] knüpfe ich an eine mit Blick auf das Verhältnis von Staat und Religion dreigliedrige Typisierung von Nationalstaaten an, die

---

46   Vorerst erscheint eine vereinfachte Einteilung von drei Gruppen von Staat-Kirche-Modellen und – wie später zu entwickeln sein wird (s. u. Kap. 2.2.2) – Integrationsmodellen aus vier Gründen gerechtfertigt: Inhaltlich kann die Kritik an einer solchen Klassifizierung dadurch abgemildert werden, dass im Verlauf der Arbeit die nationalen Settings noch im Detail betrachtet und die Unterschiede und Gemeinsamkeiten zwischen den Ländern über die Beschreibung eines vereinfachten rechtlichen Ist-Zustandes hinaus eigens herausgearbeitet werden. Mit Verweis auf die Bezugseinheit erscheint die Gruppierung aber auch gerechtfertigt, da der Vergleich sich auf drei Einheiten beschränkt, die hinreichend verschieden sind. Erst vor einer globaleren Perspektive und dem daraus folgenden höheren Grad an empirischer Komplexität wächst der Druck, die Gruppierungen durch die Hereinnahme zusätzlicher Kriterien aufzufächern. Drittens

insbesondere in der Politik- (Monsma/Soper 1997; Minkenberg/Willems 2002; Willems 2004) und Rechtswissenschaft (Listl 1983; Robbers 2002b und 2005a; Walter 2006) verbreitet ist. In der Regel wird dort unterschieden zwischen laizistischen Nationalstaaten, Nationalstaaten mit einer anerkannten Staatskirche und Nationalstaaten, die kooperative Strukturen zwischen Kirchen und religiösen Organisationen und der öffentlich-staatlichen Verwaltung billigen oder fördern. Diese Gruppierung wird für einen Teil der europäischen Nationalstaaten in etwa folgendermaßen vorgenommen: England (das Staat-Kirche-Verhältnis in Wales, Schottland und Nordirland gestaltet sich anders; s. u. 126) kann neben Dänemark, Griechenland, Malta und Finnland als Staatskirchentyp bezeichnet werden, Frankreich (mit Ausnahme der drei östlichen Departements Elsass-Mosel) neben der Niederlande und Irland[47] als System, welches zwischen Staat und Kirche trennt. Deutschland kann, ähnlich wie Belgien, Polen, Portugal, Spanien, Italien, Ungarn, Österreich und die baltischen Staaten, einem Typ zugerechnet werden, bei dem Staat und Kirche zwar getrennt sind, vielfältige Formen der Kooperation jedoch stattfinden (Robert 2004, 27; vgl. auch Robbers 2005b, 631). In Portugal, Spanien und Italien, allesamt Nationalstaaten mit einer starken katholischen Mehrheit, existieren Konkordate mit der katholischen Kirche (Nielsen 1999, 113; Ferrari 2005; Canas 2005, 491; Ibán 2005, 156), teilweise aber auch Verträge mit nicht-katholischen Religionsgemeinschaften (Bloss 2008, 139ff.).

Wirft man einen Blick auf die für die vorliegende Untersuchung ausgewählten drei Nationalstaaten, ist nicht zu übersehen, dass jeder der Nationalstaaten einen Prototyp für je eine der drei Gruppen bildet. Deutschland wird oftmals als „Mischtyp" (Minkenberg 2002, 116) oder „Kooperationsmodell" (Mückl 2005) bezeichnet, bei dem religiöse Organisationen ausdrücklich in die Verfasstheit und Verwaltung des Gemeinwesens kooperativ einbezogen werden (de Galembert 2003, 48). Herauszuheben sind dabei die staatskirchenrechtlichen Bestimmungen, die solche religiösen Organisationen bevorteilen, die den Status der Körperschaft des öffentlichen Rechts innehaben[48]. Die als Vereine oder Verbände organisierten religiösen Gruppen, bei denen zahlenmäßig vor allem die islamischen überwiegen, werden demgegenüber – so ein häufiger Vorwurf (Willems 2004, 310; Rottleuthner 2006, 40) – benachteiligt. Andererseits steht der Körperschaftsstatus prinzipiell allen religiösen Vereinigungen offen, die eine angemessene Verfasstheit vorweisen können (Kunig 2006, 173f.; dazu mehr s. u. Kap. 4.1.1.2). Die Verhandlungen über die Zuerkennung des öffentlich-rechtlichen Status sowie die Anwendung der meisten religionsrechtlichen Bestimmungen sind im deutschen Föderalismus Ländersache.

---

erscheint die Konstruktion auch deshalb wenig problematisch, da es sich dabei lediglich um einen Bestandteil einer hypothetischen Annahme handelt und somit im Zuge der Untersuchung und vor allem der Hypothesenprüfung eine allzu starre Klassifizierung relativiert wird. Gerade ein weberianischer Zugang kann davor bewahren, Modelle, besser: „Idealtypen", als Wirklichkeitsausschnitte aufzufassen (Weber 1985, 190ff.; Schluchter 2005, 18ff.). Und zuletzt ist hinzuzufügen, dass die Institutionenanalyse die Wirkung von Institutionen auf menschliches Handeln gerade hinterfragt und daher dem Vorwurf einer Isolierung der verfassungsrechtlichen Voraussetzungen von der politischen Praxis entgeht.

47   In Irland besteht eine Trennung seit 1871, die jedoch hinsichtlich des Schulwesens eine Ausnahme zulässt. Außerdem bezieht sich die Präambel der irischen Verfassung ausdrücklich auf die Dreifaltigkeit; in Artikel 44 der Verfassung wird die Anerkennung, Achtung und Ehrung der Religion durch den Staat betont. Trotz des hohen Anteils an nominellen Katholiken – über 88 % – bestand und besteht kein Konkordat mit der katholischen Kirche (Casey 2005, 206ff.).

48   Zur juristischen Debatte darüber vgl. Jurina 2003, Link 2004, Weber 2003, Kunig 2006, Hillgruber 2007, Morlok 2007; zu den Privilegien des Rechtsstatus s. u. 108 Anm. 138.

Der Zentralismus Frankreichs und die offizielle Trennung von Staat und Religion gepaart mit einer strikten Trennung zwischen dem Bereich des Privaten und dem Bereich des Öffentlichen sowie mit der Gewährleistung eines unmittelbaren Verhältnisses zwischen Staat und Bürger prägen das französische System. Die französische Laizität[49] weist aber geographische Unterschiede auf. Die heutigen östlichen Départements Bas-Rhin, Haut-Rhin und Moselle sind von einer staatskirchenrechtlichen Sonderstellung mit einer gegenwärtigen Gültigkeit des Konkordatssystems des frühen 19. Jahrhunderts geprägt, das einerseits deutliche Vergünstigungen für vier anerkannte Religionsgemeinschaften zur Verfügung stellt, andererseits dem Staat größere Einflussnahmen und Kontrollmöglichkeiten einräumt (Bloss 2008, 107f.).

Doch auch im Laufe des 20. Jahrhunderts hat sich die Ausprägung der Laizität im übrigen Frankreich tendenziell verschoben; sie entwickelte sich von einer eher „negativen Neutralität" (Metz 1983, 1126) in der ersten Hälfte des 20. Jahrhunderts hin zu einer stärker wohlwollenden Haltung seit den späten 1950ern. Zwar gibt es auch in Frankreich eine spezielle Organisationsform für die katholische Kirche sowie analoge Organisationsformen für religiöse Gemeinschaften; mit diesen ist allerdings keine direkte finanzielle Förderung durch den Staat verbunden. Die Tatsache, dass muslimische Gemeinschaften meist als gewöhnliche Vereine organisiert sind, zeigt einerseits auf, dass die Einfügung in vorgegebene religionsrechtliche Strukturen gewisse Zugangsbarrieren bereithält, andererseits aber auch, dass die Attraktivität der entsprechenden Rechtsform begrenzt ist (Machelon 2006, 37ff.).

In England und Schottland haben sich Staatskirchen erhalten, die in unterschiedlicher Beziehung zum Staat stehen. In England genießt die Anglikanische Kirche einen Sonderstatus mit Privilegien insbesondere im politischen Bereich „in Bezug auf Gesetzgebung, Öffentlichkeit, den politischen Diskurs in den Institutionen Englands und damit letztlich für das gesamte Vereinigte Königreich" (Robbers 2007, 9). Die presbyterianisch-calvinistische *Church of Scotland* ist keine etablierte Staatskirche, als Nationalkirche hat aber die Monarchin oder der Monarch Anspruch auf einen Sitz in den Generalversammlungen (Bonney 2010, 3). Wiewohl das britische System gewöhnlich dem Staatskirchentyp zugerechnet wird, ist beispielsweise eine Finanzierung oder Finanzhilfe zugunsten der Kirchen durch den Staat ausgeschlossen. Auch die vergleichsweise große religiöse Pluralität, die starke Orientierung am Prinzip der Toleranz oder das ausgeprägte und inklusiv auftretende *Charity*-Wesen verhindert eine allzu starke Begünstigung der christlichen Kirchen, obwohl etwa im Schulbereich dem christlichen Glauben durchaus eine herausragende kulturelle Prägekraft zugesprochen wird.

2.2.2 Integrationsmodelle in Europa

Eine mit dem Staat-Kirche-Verhältnis vergleichbare klassische Übereinkunft über eine systematische Einteilung von Integrationskonzepten oder -kulturen findet sich in der wissenschaftlichen Literatur nicht. Gleichwohl liegt hinreichend Literatur vor, auf der ba-

---

49   Im Folgenden wird der Begriff ‚Laizität' in Anlehnung an das französische ‚laïcité' verwendet, um die negative Konnotation in der deutschen Übersetzung mit ‚Laizismus' zu vermeiden (Willaime 1991, 343). Mangels einer Übersetzungsmöglichkeit des französischen ‚laïque' wird diese adjektivische Form nachfolgend mit ‚laizistisch' wiedergegeben, ohne damit diese negative Konnotation ausdrücken zu wollen.

sierend national-typische Umgangsformen mit der Integrationsthematik voneinander unterschieden werden können. Dabei ist es wiederum angebracht, sowohl rechtliche Aspekte als auch deren Auswirkungen in der politischen Praxis zu betrachten.

Komplexität europäischer Integrationsmodelle

Ähnlich wie beim aussichtslosen Unterfangen, Länder nach Staat-Kirche-Regimen voneinander *eindeutig* zu unterscheiden, muss auch im Falle der Unterscheidung nach Integrationsmodi die Komplexität der Einzelfälle und damit verbundenen die Schwierigkeit der Zuordnung zu typologischen Schemata in Rechnung gestellt werden. Auch hier gilt: Je deutlicher die Unterscheidung zwischen rechtlichen Voraussetzungen für Integration und der politischen Ausgestaltung selbst berücksichtigt wird, desto komplexer oder uneindeutiger wird eine solche Zuordnung. Darüber hinaus beeinflussen weitere Kriterien eine vermeintliche Systematik, wie etwa die Fragen, ob ein föderalistisches oder ein einheitsstaatliches Staatssystem vorliegt (Bauböck 2001), wie hoch der Grad an staatlichem Interventionismus in Richtung der Integration von ZuwanderInnen ausfällt (Lynch/Simon 2003, 220), inwieweit ZuwanderInnen in die sozialen Sicherungssysteme des jeweiligen Staates integriert werden (Rosenow 2007) oder inwieweit das Staatsbürgerschaftsmodell und das Nationenkonzept Formen der politischen Partizipation von ZuwanderInnen ermöglichen (Diner 1994, 24ff.; Heckmann/Schnapper 2003, 255; Rosenow 2007, 11f.). Als Kriterium kann, in enger Anlehnung an die jeweilige Einwanderungspolitik und Naturalisierungspraxis, auch herangezogen werden, ob es sich um selbsterklärte Einwanderungsländer handelt wie die USA, Kanada und Australien, um „Ambivalent Nations" (Lynch/Simon 2003, 223ff.) wie Frankreich und das Vereinigte Königreich oder um selbsterklärte ‚Nicht-Einwanderungsländer', zu denen Deutschland bis 1999 gezählt werden kann. Allerdings ist auch diesbezüglich die Zuordnung kaum eindeutig vorzunehmen.[50] Auch dieser Komplexität soll im vierten Kapitel Rechnung getragen werden, wo das Verhältnis zwischen Rechtsgrundlagen und außerrechtlichen Aspekten deutlicher aufgearbeitet wird. Für die Darstellung des sekundären theoretischen Bezugspunkts der Untersuchung und für die daraus abgeleitete Hypothesenbildung soll aber auch hier eine vereinfachte Gruppierung vorerst genügen.[51]

Frankreich, das Vereinigte Königreich und Deutschland als Prototypen unterschiedlicher Integrationsmodelle

Skizzenhaft kann zwischen drei Integrationsmodellen unterschieden werden: Zuerst ist ein Integrationsmodell zu nennen, welches soziale und politische Defizite von MigrantInnen als Ausgangspunkt nimmt und diese abzuschwächen sucht, indem Integration ausschließ-

---

50   Die Unterscheidung in „Immigrant Nations", „Ambivalent Nations" und „Nonimmigrant Nations" nehmen
      Lynch und Simon vor. Sie zählen Frankreich und das Vereinigte Königreich zu den „Ambivalent Nations",
      weil sie nicht eindeutig einem der Schemata ‚Einwanderungsland' oder ‚Nicht-Einwanderungsland' zuzu-
      ordnen seien. Dennoch charakterisieren sie die Einwanderungspolitik beider Nationalstaaten als gegen-
      sätzlich (Lynch/Simon 2003, 223ff.).
51   Für die Begründung dieser vereinfachten gruppierenden Vorgehensweise s. o. 52 Anm. 46.

lich über Eingliederung in Bildungssystem und Arbeitsmarkt, aber auch über politische Teilhabe angestrebt wird und jegliche Aussage über kulturelle und ethnische Unterschiede vermieden wird. Gemeinhin ist Frankreich als Staat bekannt, dessen Integrationsmodus gemäß der republikanisch-universalistischen Grundausrichtung ausschließlich auf die politische Partizipation seiner Bürger setzt und dabei das Prinzip der Gleichheit in den Mittelpunkt stellt. Integration erfolgt hier idealerweise über Einbürgerung, während eine Förderung von kulturellen Gruppen nicht vorgesehen ist, spezifische Programme zu Chancengleichheit und Antidiskriminierung mit vergleichsweise starker Verspätung in die Integrationspolitik Eingang gefunden haben und eine gemeinsame kulturelle Basis jenseits der republikanischen Kultur nicht eigens gefordert wird. Die Integrationspolitik soll vielmehr ‚farbenblind' sein und ihren Schwerpunkt auf gleiche Bürgerrechte legen (Loch 1994, 155). Das französische Integrationsmodell gilt als eines, welches auf die Assimilation von ZuwanderInnen setzt (Sturm-Martin 2001, 206; Rosenow 2007, 12).

Dem kann ein Integrationsmodell diametral gegenübergestellt werden, das die Anerkennung oder gar Stärkung der kulturellen und religiösen Identität der ZuwanderInnen und ihrer Nachkommen und damit auch Selbstorganisation und *Empowerment* der Bürger und zivilgesellschaftlichen Akteure ins Zentrum rückt (Rink 2005). Das Vereinigte Königreich steht in einer solchen liberalen und pluralistischen oder auch multikulturalistischen Tradition, die die Förderung von kulturellen Gruppen einschließt und einen Großteil der Integrationsarbeit auf lokaler Ebene und unter Zuhilfenahme dieser Gruppen ansiedelt (Rosenow 2007, 13). Auf nationaler Ebene fehlen analoge Integrationsstrategien weitgehend (Lynch/Simon 2003, 218); Politik setzt hier auf den rechtlichen Antidiskriminierungsschutz und *Civil Rights*. Als Integrationsmodus fungiert die kulturelle Vielfalt selbst, die als genuiner Teil britischer Identität begriffen wird.

Geprägt von dem lange vorherrschenden Selbstverständnis Deutschlands als ethnische Nation (Rosenow 2007, 13) oder Kulturnation, hat sich hier ein Integrationsmodus vor einem partikularistisch ausgerichteten kulturellen Horizont entwickelt. Die stets – wenn auch teilweise unter anderen Begriffen – wiederkehrende Diskussion um eine deutsche Leitkultur[52] zeigt das eindrücklich. Daneben besteht in manchen Bereichen die Tendenz der Förderung von kulturellen oder religiösen Gruppen, etwa durch das bevorzugt institutionell und kollektiv ausgelegte Recht auf Religionsfreiheit (Lepsius 2006, 348) oder durch die große Bereitschaft der Zusammenarbeit mit Verbänden in der Integrationspolitik. Der Beschränkung der Möglichkeit einer Naturalisierung bis 1999 für nicht deutschstämmige EinwandererInnen und damit verbunden deren begrenzten oder gar nicht vorhandenen politischen Partizipationsmöglichkeiten standen vergleichsweise weitgehende sozialstaatliche

---

52 Wenn ich hier und im Folgenden den Begriff ‚Leitkultur' verwende, beziehe ich mich auf die politischen Debatten über ein normativ aufgeladenes Konzept einer spezifisch deutschen Leitkultur, die im Zuge der Diskussion über die Änderung des Einwanderungsrechts im Jahr 2000/2001 entbrannt sind. „Deutsche Leitkultur bezeichnete nach den Vorstellungen des christdemokratischen Politikers Friedrich Merz die in Deutschland gewachsenen kulturellen Grundmuster, die (...) über die politisch-universellen Werte des Grundgesetzes hinausgehen" (Stein 2008, 40f.). Nach Auffassung einer Reihe von konservativen PolitikerInnen müssten diese kulturellen Grundmuster auch von ZuwandererInnen gelernt und verinnerlicht werden. An einer so verstandenen Leitkultur kann die darin implizierte „Vor- und Nachrangigkeit" (Stein 2008, 42) bestimmter kultureller Inhalte sowie eine „Assimilierungsforderung" (Stein 2008, 41) problematisiert werden. Auch wenn in der Folge der kritischen Diskussion der Begriff ‚Leitkultur' nach der Jahrtausendwende zumeist vermieden wurde, blieb die Suche nach dominierenden kulturellen Mustern ein prägender Zug der deutschen Integrationsdebatte (Pautz 2005, 47).

Leistungen für ZuwanderInnen gegenüber (Rosenow 2007, 13). Eine zunächst vor allem rechtlich wirksame, einschneidende Veränderung brachte das erneuerte Zuwanderungs-gesetz im Jahr 2000, das den Weg für die rechtliche Relevanz von Aspekten eines *ius soli* neben dem *ius sanguinis* ebnete (s. u. 153).

2.2.3 Konvergenzen und Pfadabhängigkeiten

Die politikwissenschaftliche Konvergenzforschung interessiert sich dafür, ob, inwieweit und vor allem warum sich nationale Kulturen, Politiken und Institutionen einander angleichen. Als Gründe für Konvergenzen werden in der Regel fünf Möglichkeiten diskutiert: (1) gleiche Problemlagen erfordern ähnliche Reaktionen, (2) erfolgreiche Poli-tiken werden von anderen Ländern imitiert, (3) rechtliche Verpflichtungen aufgrund von internationalen Politiken müssen umgesetzt werden, (4) Länder können von anderen Staaten zu bestimmten Politiken gezwungen werden und (5) ökonomische Anpassungs-zwänge führen zu ähnlichen politischen Reaktionen, Entscheidungen und Handlungsweisen (Holzinger et al. 2007b, 12; vgl. auch Lütz 2007). Konvergenzstudien interessieren sich weniger für die Prozesse und Mechanismen von Politikübernahmen oder -angleichungen – wie das die Transfer- oder die Diffusionsforschung macht – sondern vor allem für die Er-gebnisse, „d. h. das Ausmaß, um das nationale Politiken einander im Zeitverlauf ähnlicher werden" (Holzinger et al. 2007b, 16). Konvergenz meint also „die Zunahme der Ähnlich-keit des Untersuchungsgegenstandes in einer Gruppe von Staaten über die Zeit" (Holzinger et al. 2007b, 17), Divergenz eine Abnahme von Ähnlichkeiten. Persistenz verweist auf ein Gleichbleiben der „deskriptiven Indikatoren" (Holzinger et al. 2007b, 23) des Untersu-chungsgegenstandes. Wenn im Rahmen der Globalisierungsforschung von Pfadabhängig-keiten gesprochen wird, dann stellt sich dies meist als Gegenthese zur Erwartung von Kon-vergenzen dar (Pfau-Effinger et al. 2009, 8f.). Der ursprünglich den Wirtschaftswissen-schaften entstammende Begriff wurde seit den frühen 1990er Jahren auch zunehmend auf sozialwissenschaftliche Kontexte angewandt. In einer allgemeinen Formulierung bezeich-net Pfadabhängigkeit „einen Kausalprozess (…), der relativ deterministisch einen Verlaufs-pfad vorschreibt, dessen frühe Phasen besonders wichtig, jedoch gleichzeitig kontingent sind" (Werle 2007, 129).

2.2.4 Reflexionen zum Zweck der Hypothesenbildung [H2]

Sowohl bezogen auf das Staat-Kirche-Verhältnis als auch auf die Integrationskultur können Deutschland, Frankreich und das Vereinigte Königreich – trotz kritischer Vorbehalte ob einer zu schematischen Unterscheidung (s. o. 55 Anm. 46) – jeweils prototypisch einem verschiedenen Modell zugerechnet werden. Die Beobachtung, dass es in den letzten Jahren in allen drei Nationalstaaten zu einem ähnlichen Phänomen einer Interferenz von Religions- und Integrationspolitik kommt, wirft daher unweigerlich die Frage nach Konvergenzen auf und damit die Frage, ob und inwiefern Politikgrundlagen, -inhalte, -ziele und -stile sich auf-einander zu bewegen.

Die Konvergenzfrage thematisiert immer auch die Möglichkeit eines Institutionenwan-dels, denn langfristige Veränderungen politischer Maßnahmen und Ziele sind nicht denkbar, ohne dass sich auch die institutionellen Grundlagen der jeweiligen Politik anpassen. Die Reihenfolge dieser Anpassungsprozesse indes kann variieren: Sind es zuerst die Institutionen, die sich wandeln und daraufhin neue politische Handlungsräume eröffnen oder sind es neue politische Impulse auf der Handlungsebene, die den Druck auf überkommene Institutionen erhöhen und diese zu Veränderungen anregen? Die vorliegende Untersuchung setzt methodisch bei den Handlungsorientierungen politischer Akteure und der Handlungskoordination politischer Trägergruppen an. Daneben rekonstruiert sie institutionelle Grundlagen für aktuelle Politik. Sie ist somit in der Lage, Diskrepanzen oder Übereinstimmungen zwischen institutionellen Grundlagen und Handlungsorientierungen respektive der Handlungskoordination nachzuvollziehen, nicht aber, diese auch zu begründen und ebenso wenig, deren Konsequenzen für überkommene institutionelle Arrangements zu eruieren. Aus diesen methodisch begründeten Beschränkungen folgen zwei Implikationen für das Vorgehen: Erstens steht im Vordergrund der hier aufgeworfenen Konvergenzthematik die *Beschreibung* der Entwicklungen, nicht deren Begründung; kurz, das ‚ob' und ‚wie' und nicht das ‚warum'. Zweitens kann nur geprüft werden, ob und wie sich Konvergenzen in den institutionellen Grundlagen und im konkreten Handeln der hier im Fokus stehenden Akteure abzeichnen, nicht, wie solche Konvergenzen dann wiederum auf institutionelle Arrangements zurückwirken; eine Aufgabe, die sich im Übrigen auch mit einem anderen methodischen Zugang ob der Aktualität des Themas und der Trägheit von Institutionen (Stachura 2009b, 181) wohl kaum realisieren ließe. Diese Einschränkungen vorweggeschickt, ergeben sich auch hier, analog wie bei der säkularisierungstheoretisch inspirierten Hypothesenbildung, zwei hypothetische Varianten: Zum einen die einer *Angleichung oder Konvergenz von einschlägigen Politiken der drei Nationalstaaten* und zum anderen die einer bleibenden oder gesteigerten Betonung der nationalen Pfadabhängigkeiten und mithin einer *Persistenz oder gar Divergenz zwischen den nationalstaatlichen Politiken.*

2.3 Untersuchungsdesign und Hypothesen

Aufgabe dieses Abschnitts ist es, Hypothesen anhand eines forschungsleitenden Modells zu entwickeln sowie die Komplementarität und Abstufung der beiden zentralen Forschungsinteressen vor dem Hintergrund des Untersuchungsdesigns zu explizieren. Das Modell[53] (Abb. 1) geht im Sinne eines *Axioms* davon aus, dass in allen drei Nationalstaaten ein annähernd linearer Zusammenhang zwischen einem ähnlich gelagerten und vergleichbar stark ausgeprägten Problemdruck in Bezug auf tatsächliche oder vermeintliche Integrationsdefizite einer relevanten Bevölkerungsgruppe mit Migrationshintergrund und dem Phänomen einer Interferenz von Religions- und Integrationspolitik besteht. Diesen Zusammenhang prüfe ich jedoch nicht eigens, sondern nehme ihn an. Indes ist mit dieser Annahme weder behauptet, dass der Problemdruck so unausweichlich ist, dass er institutionell prägend ausfallen muss, noch dass sich der Zusammenhang in allen drei Ländern so ähnlich darstellt, dass er zu Konvergenzen zwischen den Nationalstaaten führen muss.

---

53 Bei der Modellbildung habe ich auf einige wissenschaftstheoretische Anmerkungen zu politikwissenschaftlichen Vergleichen von Patzelt 2005 zurückgegriffen. Die Graphik ist optisch angelehnt an Scholl 2006, 78.

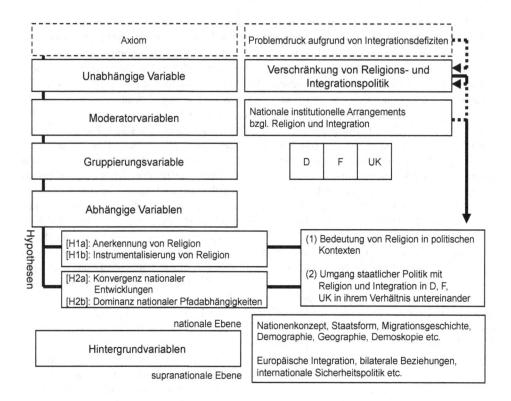

Abbildung 1:   Komplexes Modell des Untersuchungsdesigns

Die Operationalisierung des Erkenntnisinteresses ist geprägt von einer triadischen Struktur: Es liegen eine unabhängige[54] und zwei abhängige Variablen zugrunde. Die unabhängige Variable knüpft an die Beobachtung an, dass sich Integrationspolitik seit einigen Jahren zunehmend auch für Religion und Religionszugehörigkeit von Personen und Gruppen mit Migrationskontext interessiert und zugleich Religionspolitik die Integration von solchen Personen und Gruppen in ihre Ziele einbezieht. Der unabhängigen Variable stehen zwei abhängige Variablen gegenüber: Die erste abhängige Variable betrifft den angenommenen Bedeutungswandel von Religion, der in zwei Ausprägungen operationalisiert wird (Anerkennung und Instrumentalisierung von Religion). Die dazugehörige (*kausal* konstruierte) Doppelhypothese ([H1a] und [H1b]) lautet:

---

54   Die politikwissenschaftliche Konvergenzforschung würde ein allen drei Nationalstaaten gemeinsames Problem (Holzinger et al. 2007b, 25) und/oder internationale oder supranationale Konstellationen, von denen eine einschlägige Wirkung auf alle zu untersuchenden Nationalstaaten erwartet wird, als unabhängige Variable auswählen (Holzinger et al. 2007b, 26). Im vorliegenden Fall könnte dementsprechend der gemeinsame Problemdruck aufgrund von vermeintlichen oder tatsächlichen Integrationsdefiziten und/oder die Europäischen Integrationsprozesse als mögliche unabhängige Variable betrachtet werden. Bewusst habe ich mich gegen diese Vorgehensweise entschieden, da meine Untersuchung phänomengeleitet ansetzt und sich somit primär interessiert für die Interferenz von Religions- und Integrationspolitik in ihrer dreifachen Varianz.

[H1] Wenn Integrations- und Religionspolitik sich zunehmend aufeinander beziehen, dann kommt es zu einem Bedeutungswandel von Religion und betroffenen Religionsgemeinschaften in politischen Zusammenhängen. Dieser Bedeutungswandel gestaltet sich [H1a] in Richtung einer Anerkennung von Religion *als* Religion in einer postsäkularen Gesellschaft (im Anschluss an Habermas); und/oder [H1b] in Richtung einer Instrumentalisierung von Religion, wobei Religion in einer fortwährend säkularisierten Gesellschaft nur mehr in ihrer Funktion für nicht-religiöse Zwecke als brauchbar erscheint (im Anschluss an Luhmann).

Die zweite abhängige Variable betrifft *das Verhältnis zwischen* Deutschland, Frankreich und dem Vereinigten Königreich in Bezug auf die rechtlich-institutionell geprägte Religionspolitik und die Integrationskultur. Dabei wird angenommen, dass sich dieses Verhältnis angesichts der aktuellen Entwicklungen in zwei Ausprägungen (Konvergenz und Pfadabhängigkeit) darstellen kann. Die entsprechende (*deskriptiv* konstruierte) Doppelhypothese ([H2a] und [H2b]) lautet:

[H2] Integrations- und Religionspolitik beziehen sich in den genannten drei Nationalstaaten zunehmend aufeinander. Das legt es nahe, eine Neubestimmung des *Verhältnisses* der drei Nationalstaaten *untereinander* in Bezug auf den Umgang staatlicher Politik mit Religion und Integration vorzunehmen. Bei einer solchen Neubestimmung kann [H2a] eine Annäherung oder Konvergenz und/oder [H2b] eine persistierende oder noch stärkere Betonung der nationalen Besonderheiten oder Pfadabhängigkeiten festgestellt werden.

Es wird vermutet, dass die Ausgestaltung des Zusammenhangs zwischen unabhängiger Variable und den beiden abhängigen Variablen von Moderatorvariablen[55] abhängt, die Interaktionseffekte erwirken. Diese werden, wie im Modell ersichtlich, durch die jeweiligen institutionellen Grundlagen für Religionspolitik und die jeweiligen institutionellen Grundlagen für Integrationspolitik dargestellt.

Zusätzlich wird vermutet, dass unabhängige wie abhängige Variablen von weiteren Sachverhalten geprägt werden, die im Zuge der Untersuchung *nicht im Zentrum* des Interesses stehen. Das können auf nationaler Ebene Faktoren sein wie die Staatsform, das jeweilige Nationenkonzept, die Migrationsgeschichte und aktuelle Migrationssituation in einem Land, das Selbstverständnis als Einwanderungsland oder Nicht-Einwanderungsland, demographische und geographische Merkmale wie die konfessionelle Verteilung, die Wohnsituation von MigrantInnen im Verhältnis zur Gesamtbevölkerung oder demoskopische Merkmale wie die Einstellung der Bevölkerung gegenüber MigrantInnen. Als prägende, jedoch in der Untersuchung ebenfalls nur peripher behandelte Sachverhalte, werden zudem Faktoren auf supranationaler Ebene angenommen, etwa die Prozesse der Europäischen Integration, bilaterale Beziehungen oder die internationale Sicherheitspolitik auf-

---

55 Die Bezeichnung ‚Moderatorvariable' ist in der qualitativen Sozialforschung unüblich, findet sich aber regelmäßig in regressionsanalytischen Untersuchungsdesigns. Sie weist darauf hin, dass sich der Zusammenhang zwischen unabhängiger und abhängiger Variable je nach Ausprägung eines weiteren Merkmals – des Moderators – verschieden gestaltet (Faller/Lang 2006, 51f.). Diese, ebenso wie die Bezeichnung ‚intervenierende Variable', stellen Hilfskonstruktionen dar (Friedrichs 1980, 95). Methodologisch sind sie als „Erweiterung der Antezedenzbedingungen, der Wenn-Komponente" (ebd.) einzuordnen. Forschungspragmatisch macht es aber Sinn, diese Variablen nicht in die Kategorie der unabhängigen Variablen aufgehen zu lassen. Das hätte nämlich zur Folge, dass die Hypothesen wesentlich differenzierter und voraussetzungsvoller formuliert werden müssten. Dies würde der qualitativen Ausrichtung der Forschung und der notwendigen Offenheit des Forschungsprozesses – auch aufgrund fehlender Vorstudien – nicht gerecht.

grund der Bedrohung durch Terrorismus. Diese Aspekte werden im hier zugrunde gelegten Untersuchungsdesign als Hintergrundvariablen angesehen, eine Beeinflussung der Hauptvariablen durch sie wird also nicht ausgeschlossent, jedoch wird diese nicht eigens ‚gemessen' und systematisch überprüft.[56]

Aus dem Untersuchungsmodell ergibt sich eine deskriptive Vorgehensweise, die mit einem erklärenden Anspruch verbunden ist. Sowohl die Konstruktion der unabhängigen Variable als auch die Hypothesenprüfung erfordern zunächst eine deskriptive Herangehensweise. Es muss erarbeitet werden, wie sich die Interferenz von Religions- und Integrationspolitik in den drei Nationalstaaten im Einzelnen darstellt und ob die jeweilige Ausgestaltung der Interferenz auf Anerkennungs- und/oder Instrumentalisierungstendenzen hindeutet. In einem weiteren Schritt – nun unter systematischer Einbeziehung der Ausprägungen der Moderatorvariablen – können kausale Zurechnungen vorgenommen werden. Es ist dann zu zeigen, auf welche Ursachenkonstellationen die Ergebnisse der Hypothesenbewertung zurückzuführen sind. Bei den kausalen Zurechnungen beschränkt sich die Analyse auf das erste Hypothesenpaar [H1] (z. B. *Warum kommt es gerade unter den institutionellen Voraussetzungen von Land A ggf. zu einer Anerkennung von Religion?*). Ein stark vereinfachtes Untersuchungsmodell, welches lediglich die erste, kausal konstruierte Doppelhypothese [H1] abbildet und damit die primäre Forschungsfrage [F1] in den Blick nimmt, kann folgendermaßen veranschaulicht werden (s. Abb. 2):

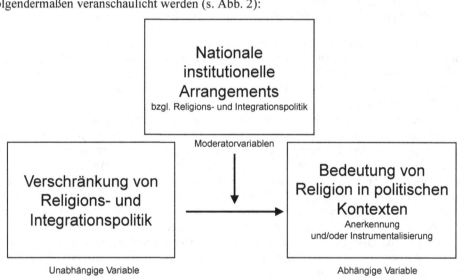

Abbildung 2:   Vereinfachtes Modell des Untersuchungsdesigns

---

56   Schließlich geht die Untersuchung phänomenorientiert (s. o. 35 Anm. 25) vor, interessiert sich also nicht primär für Wirkungsweisen von makrostrukturellen Mechanismen, wie sie etwa mit dem Europäisierungsprozess gegeben sind. Dies hätte auch Inadäquanzen der beiden zentralen thematischen Foki zur Folge: Während sich nationalstaatliche Integrationspolitiken durchaus angleichen, gibt es keine vergleichbaren Entwicklungen auf religionsrechtlicher Seite. Ein europäisches Staatskirchenrecht ist nicht in Sicht (Bloss 2008); nur vereinzelt weist die Literatur auf Annäherungen hin, so z. B. Robbers 2002b, 147 oder Müller 2003, 74.

Verhältnis der beiden Forschungsinteressen zueinander

Das zweite Hypothesenpaar [H2] ist ohne explikativen Anspruch formuliert. Die Konvergenzthematik ist also als diagnostische und beschreibende Studienkomponente zu verstehen (Friedrichs 1990, 108), während die Anerkennungs- respektive Instrumentalisierungsthematik auch erklärt werden soll. Das drückt sich in einer Hypothesenformulierung aus, die hier Tatbestände konstatiert, dort bedingungsanalytisch vorgeht, also Zusammenhänge überprüft. Daraus folgt, dass die beiden Forschungsinteressen nicht nur in einem komplementären Verhältnis zueinander stehen, sondern sich auch in einem abgestuften Verhältnis gegeneinander bewegen. Das primäre Forschungsinteresse betrifft den Bedeutungswandel von Religion in politischen Zusammenhängen, das sekundäre die Frage, ob und inwieweit sich die Nationalstaaten aufgrund der Verbindung der Religions- und Integrationsthematik aufeinander zubewegen oder nicht. Allerdings lässt sich allein aus dem primären Forschungsinteresse heraus *nicht mit unmittelbarer Notwendigkeit* ableiten, auch nach *Konvergenzen* respektive *Pfadabhängigkeiten* der Entwicklungen im Verhältnis der Nationalstaaten untereinander zu fragen. Für das Untersuchungsdesign jedoch erscheint dieser sekundäre Zugang aus drei Gründen naheliegend und hilfreich:

Erstens ergibt sich die Frage nach einer Konvergenz nationalstaatlicher Entwicklungen aus dem Phänomen selbst und beruht insoweit auf einer *intuitiven Herangehensweise*: Die Beobachtung einer in allen drei Nationalstaaten erfolgenden Verschränkung von Religions- und Integrationspolitik bietet sich dazu an zu prüfen, ob und inwieweit sich die aktuellen Entwicklungen einander – trotz paradigmatisch unterschiedlicher Ausgestaltung der jeweiligen rechtlichen Voraussetzungen – tatsächlich annähern oder aber weiterhin variieren. Zweitens stellt sich der Nationalstaatenvergleich als schlüssige *Methode* dar, um die erste Forschungsfrage zu klären. Ein solcher Vergleich beinhaltet aber, konsequent durchgeführt, nicht nur die Überprüfung von Parallelen und Unterschieden, sondern auch von möglicherweise konvergierenden, persistierenden oder divergierenden Entwicklungen im Verhältnis der Nationalstaaten zueinander. Insofern kann durch die Einbeziehung der zweiten Forschungsfrage ein *Mitnahmeeffekt* genutzt werden, der durch die methodische Bearbeitung des ersten Forschungsinteresses bereits vorbereitet wird. Drittens und vor allem dient die Überprüfung der Konvergenz- respektive Pfadabhängigkeitshypothese als *heuristisches Instrument*, welches es erlaubt, das primäre Forschungsinteresse – die Frage nach der gewandelten Bedeutung von Religion für die Innenpolitik – zu kontrollieren und kausale Zurechnungen zu erleichtern. In diesem Sinne bietet sich das sekundäre Forschungsinteresse als zusätzliches reflexives Element an. So ist es wahrscheinlich, dass, wenn eine deutliche Pfadabhängigkeit der jeweiligen Länder zu verzeichnen ist, sich auch der Bedeutungswandel von Religion für staatliche Innenpolitik unterschiedlich darstellt. Zugleich gilt: Je deutlicher sich institutionelle Prägekräfte herauskristallisieren, desto stärker ist das Erklärungspotential der vergleichenden Institutionenanalyse für die Hypothesenprüfung [H1]. Andersherum ist es wahrscheinlich, dass, wenn sich Konvergenzerscheinungen im Verhältnis der Länder untereinander ergeben, auch der Bedeutungswandel von Religion in eine ähnliche Richtung verläuft. Zwar verliert auch in diesem Fall die Institutionenanalyse nicht ihre Berechtigung, es muss jedoch damit gerechnet werden, dass sich entweder institutionelle Arrangements bereits hinreichend verändert und zwischen den Nationalstaaten angeglichen haben – das müsste dann im vierten Kapitel anhand des Nachweises eines kurz- oder mittelfristigen Institutionenwandels in mindestens zwei der Länder aufzuzeigen sein – und/

oder, dass der Problemdruck, auf den die politischen Trägergruppen in den drei National-staaten reagieren, so gravierend und richtungsweisend ist, dass er institutionell distinkte Weichenstellungen einstweilen überbietet – das müsste bereits in der Darstellung der ak-tuellen politischen Entwicklungen im dritten Kapitel, spätestens aber im Zuge der Doku-mentenanalyse im fünften Kapitel nachweisbar sein. Im letzteren Fall ist anzunehmen, dass, wenn ein hinreichend attraktives „alternatives Deutungs- und Institutionalisierungsangebot" (Stachura 2009b, 188) existiert, solche Neuorientierungen auf der Handlungsebene Vorboten eines *zukünftigen* Institutionenwandels sein können. Allerdings handelt es sich bei den beiden skizzierten Szenarien – bei der logischen Nähe von institutionellen Pfadab-hängigkeiten und einem unterschiedlich ausfallendem Bedeutungswandel von Religion und bei der logischen Nähe von Konvergenzen und einem ähnlich ausfallenden Bedeutungs-wandel – nur um theoretisch wahrscheinlichere *Möglichkeiten*; Alternativen dazu müssen in Betracht gezogen werden.

Aus den vorangegangenen Ausführungen ergibt sich für das Untersuchungsdesign und dessen Operationalisierung, dass die Frage nach dem Bedeutungswandel von Religion vor-rangig ist, die Frage nach Konvergenzen dagegen nachrangig und aus intuitiven, metho-disch-pragmatischen und heuristischen Motiven an die erste zentrale Forschungsfrage ange-lagert ist. Das Forschungsinteresse zweiter Ordnung hat damit keinen eigenständigen Stel-lenwert. Das ist auch der Grund dafür, dass sowohl das empirisch zu analysierende Material als auch das Untersuchungsdesign nicht primär vor dem Hintergrund ausgewählt und ent-wickelt werden, um mögliche Konvergenzerscheinungen zu untersuchen. Vielmehr steht im Mittelpunkt die Frage nach einem vermeintlichen Bedeutungswandel von Religion im hier interessierenden Kontext. Das erklärt, dass das Material beschränkt ist auf Dokumente, in denen staatliche Strategien oder Stellungnahmen zum Umgang mit Religion mit solchen zum Thema Integration verbunden werden (dazu auch u. Kap. 1.1). Es erklärt außerdem, dass in den untersuchungsleitenden Annahmen nicht Europäisierungsprozesse oder ähn-liche Wirkmechanismen, sondern die Interferenz von Religions- und Integrationspolitik in allen drei Nationalstaaten als unabhängige Variable betrachtet wird, während die Konver-genzfrage in die Schranken des empirischen Materials verwiesen bleibt, das sich für das erste Forschungsinteresse – die Frage nach der Anerkennung respektive Funktionalisierung von Religion – gewinnbringend darbietet.

Operationalisierung der Hypothesen

Die Operationalisierung der beiden Doppelhypothesen findet ihren Niederschlag in der Kategorienformulierung zur Aufbereitung des empirischen Materials (s. u. Kap. 5.2). Die Kategorien des ersten Hypothesenpaares [H1] werden so formuliert, dass mögliche Aner-kennungs- und/oder Instrumentalisierungstendenzen von Politik gegenüber Religion und Religionsgemeinschaften eruiert werden können. Die Kategorien des zweiten Hypothesen-paares [H2] werden so formuliert, dass erkennbar wird, wie aktuelle staatliche Politik ihre Ziele und Mittel bestimmt und begründet und ob, wie und auf welche nationalen oder auch supranationalen institutionellen Grundlagen sie sich dabei bezieht.

Zweiter Teil: Komparative empirische Betrachtungen

3 Aktuelle Entwicklungen der Religions- und Integrationspolitik

Das vorliegende Kapitel dient der Einführung in die aktuellen politischen Entwicklungen der deutschen, französischen und britischen Religions- und Integrationspolitik. Darüber hinaus soll es im Vorgriff auf die Analyse ausgesuchter Dokumente im fünften Kapitel die Plausibilisierung der Auswahl des dort zu analysierenden Materials unterstützen.

3.1 Aktuelle Entwicklungen der Religions- und Islampolitik

Im Folgenden werde ich einen Blick auf die neuere staatliche Religionspolitik in den Nationalstaaten Deutschland, Frankreich und dem Vereinigten Königreich werfen. Ich werde die Darstellung dabei bewusst auf Islampolitik zuschneiden, um die Vergleichbarkeit zu erleichtern und die Darstellungsbreite zu begrenzen.[57] Dabei kommt es mir auf Entwicklungen nach der Jahrtausendwende an. Der 11. September 2001 kann als Schlüsselereignis gelten, welches zu einer Um- oder Neuorientierung staatlicher Politik insbesondere gegenüber islamischen Minderheiten geführt hat (Koenig 2003, 8).

3.1.1 Die deutsche Islampolitik zwischen Dialog und Paternalismus

Die aktuellen Entwicklungen der Religions- und Islampolitik in Deutschland sind durch drei Aspekte besonders geprägt. Neben der Diskussion um (1) eine *rechtliche Einbindung* des Islam spielen Fragen der (2) *gesamtgesellschaftlichen Integration* von Muslimen eine Rolle sowie (3) *sicherheitspolitische Aspekte* im Zusammenhang mit dem Islam.

3.1.1.1 Die Suche des Staates nach einem muslimischen Ansprechpartner

In den aktuellen Diskussionen um die Anerkennung und Umsetzung rechtlich relevanter Forderungen von Muslimen und muslimischen Organisationen lassen sich verschiedene Problembereiche ausmachen. Dazu gehören etwa Fragen nach den rechtlichen Rahmenbe-

---

57 Bereits zu Beginn wurde gesagt, dass die Untersuchung nicht von vornherein auf den staatlichen Umgang mit muslimischen Minderheiten begrenzt ist, da ein solches Vorgehen insbesondere der britischen *Community Cohesion Agenda* nicht gerecht würde, die stärker als in Deutschland und Frankreich alle oder zumindest die bedeutenderen Religionsgemeinschaften – als solche gelten im britischen Kontext meist Muslime, Juden, Hindus, Sikhs und Buddhisten (s. u. 128 Anm. 180 und 249 Anm. 315) – einbezieht. Im Rahmen dieses Kapitels erscheint aber eine exemplarische Eingrenzung der staatlichen Politik auf den Umgang mit Muslimen als zweckmäßig.

dingungen einer Einführung des bekenntnisorientierten islamischen Religionsunterrichts als ordentliches Schulfach, nach den Möglichkeiten islamischer Bestattung auf kommunalen Friedhöfen oder nach städtebaulichen und baurechtlichen Fragen rund um die Errichtung von Moscheen. Die Frage des Kopftuchtragens muslimischer Lehrerinnen an öffentlichen Schulen hat das Bundesverfassungsgericht (BVerfG) im Jahr 2003 an die Landesgesetzgeber verwiesen (BVerfG, 2 BvR 1436/02 vom 03.06.2003) und bleibt auf Landesebene weiterhin ein Diskussionspunkt, der über den politischen und den gerichtlichen Weg ausgetragen wird. Zweifellos dominant und die genannten Problembereiche überlagernd erscheint in der politischen Diskussion um die rechtliche Einbindung des Islam die Frage nach der Rechtsform islamischer Gruppierungen und nach einem möglichen repräsentativen Organ des Islam in Deutschland (Chbib 2011; Rosenow/Kortmann 2011). Zwar gibt es Konsens darüber, dass die Anerkennung des Islam als Religionsgemeinschaft im Sinne des Grundgesetzes eine Voraussetzung für verschiedene andere Rechtsansprüche darstellt. Wie, wann und von wem diese Anerkennung jedoch erreicht werden kann, ist weiterhin ungeklärt (s. u. 114).

Die Auseinandersetzung staatlicher Politik mit den genannten Themen findet auf verschiedenen Ebenen und in unterschiedlichen Kontexten statt. Neben den juristischen Akteuren, die im Falle von konkreten Rechtsstreitigkeiten Entscheidungen treffen, nehmen die Kommunen, die Länder und der Bund eine wichtige Stellung ein, um gesellschaftliche Konflikte aufzugreifen, Vorschläge zu erarbeiten und auf Lösungen zu umstrittenen Themen hinzuwirken. Auf Bundesebene stellt die 2006 vom damaligen Bundesinnenminister Wolfgang Schäuble eingerichtete Deutsche Islam Konferenz (DIK) einen Meilenstein im Dialog zwischen Staat und organisierten wie nicht organisierten Muslimen dar (zur DIK vgl. Busch/Goltz 2011; Tezcan 2012). Eine von drei Arbeitsgruppen der DIK 2006 bis 2009 befasste sich speziell mit rechtlichen Fragen zu islamischem Leben in Deutschland und legte hier einen Fokus auf das Thema „verfassungsrechtliche Rahmenbedingungen eines islamischen Religionsunterrichts an öffentlichen Schulen"[58] Auch in der zweiten Phase der DIK nach 2009 blieb das Thema Religionsunterricht auf der Agenda, wobei „praktische Entwicklungen und konkrete Fortschritte" im Zentrum standen (DIK/BAMF 2011, 4). Im Zuge einer Antwort der Bundesregierung auf eine Große Anfrage von Grünen-Abgeordneten zum „Stand der rechtlichen Gleichstellung des Islam in Deutschland" hat die Bundesregierung im Jahr 2007 zu Fragen nach der Rechtsform des Islam, nach islamischem Religionsunterricht oder nach Lehrstühlen für islamische Theologie an Hochschulen Stellung genommen (Bundesregierung 2007a). Auf einer Fachtagung der Beauftragten der Bundesregierung für Migration, Flüchtlinge und Integration im April 2005 mit dem Titel „Islam einbürgern – Auf dem Weg zur Anerkennung muslimischer Vertretungen in Deutschland" wurden ebenfalls rechtliche Aspekte und Voraussetzungen für die Partizipation muslimischer Organisationen im öffentlichen Leben erörtert und ein Schwerpunkt auf die Frage nach „verlässlichen und legitimierten Ansprechpartnern" (Integrationsbeauftragte 2005, 5) für Politik und Behörden sowie auf die Einführung des islamischen Religionsunterrichts als ordentliches Schulfach gelegt. Die konkrete Umsetzung beider Aspekte bleibt jedoch aufgrund der föderalen Struktur den Ländern in Kooperation mit den religiösen Vereinigungen überlassen, wo entsprechende Diskussionen auch regelmäßig

---

58 Im „Zwischen-Resümee der Arbeitsgruppen und des Gesprächskreises" wurden die bis dahin erzielten Ergebnisse publiziert (BMI 2008, 18ff.).

stattfinden.[59] Kennzeichen der deutschen Islampolitik ist einerseits die ausdrückliche Öffnung für einen Dialog mit Muslimen und muslimischen Verbänden, andererseits aber die relativ engen staatlichen Vorgaben an den Ablauf des Dialogs, die DialogteilnehmerInnen, die Inhalte und wünschenswerten Ziele der Zusammenarbeit. So wurden etwa die Auswahl der TeilnehmerInnen sowie ein Großteil der Themen der Deutschen Islam Konferenz einseitig vom Innenministerium vorgegeben (Maizière/SZ 12.03.2010).

3.1.1.2 Gesellschaftspolitische Integration über Islampolitik

Bundesdeutsche Islampolitik thematisiert häufig (auch) integrationspolitische Absichten. Bereits 2005 hat das BAMF eine Fachtagung mit dem Titel ‚Integration und Islam' veranstaltet und dokumentiert (BAMF 2006). Wolfgang Schäuble legte den thematischen Zusammenhang von Islam und Integration in der Regierungserklärung zur DIK offen, als er den Unterschied zwischen Integrationsgipfel und Islamkonferenz als einen graduellen Unterschied vor allem im Hinblick auf die Ziel*gruppe*, nicht auf die Ziel*vorgabe* formulierte (Schäuble 2006). Ziel der Islamkonferenz sei neben dem Dialog zur Klärung rechtlicher Fragen explizit auch die gesellschaftliche Integration der Muslime in Deutschland. Nach Schäuble wurde die DIK einberufen, „um mit Bund, Ländern und Kommunen im Dialog mit Vertreterinnen und Vertretern der Muslime in Deutschland Wege zu einer besseren religions- und gesellschaftspoltische [sic] Integration zu beschreiten" (BMI 2008, 1). Im Jahr 2010 wurde im Rahmen der DIK ein Integrationspreis ausgeschrieben.[60] Das Thema „Deutsche Gesellschaftsordnung und Wertekonsens", mit dem sich eine Arbeitsgruppe der DIK befasste, spiegelt die integrationspolitische Relevanz der Thematik auch im Sinne von Systemintegration (s. o. 24) deutlich wider.[61]

---

59 Einige Länder haben Modellversuche zu einem bekenntnisorientierten islamischen Religionsunterricht gestartet, so etwa Bayern, Baden-Württemberg oder Niedersachsen; Nordrhein-Westfalen hat zum Wintersemester 2004/2005 einen Lehrstuhl für islamische Religionspädagogik an der Universität Münster eingerichtet (Integrationsbeauftragte 2005, 42ff.), zum Wintersemester 2007/08 folgten Niedersachsen mit der Einrichtung eines Studiengangs für islamische ReligionslehrerInnen für Grund- und Hauptschulen sowie für Realschulen an der Universität Osnabrück. An der Universität Erlangen-Nürnberg existiert ein Interdisziplinäres Zentrum für Islamische Religionslehre (Bundesregierung 2007a, 77), welches ein „ergänzendes Studium zur Ausbildung islamischer Religionslehrer" anbietet (Bundesregierung 2007a, 80). Gespräche über die Möglichkeit einer repräsentativen islamischen Vertretung auf Landesebene haben häufig die Einrichtung von muslimischem Religionsunterricht als ordentliches Schulfach zum Ziel, so etwa in Nordrhein-Westfalen (Integrationsbeauftragte 2005, 68ff.). Viele Bundesländer haben sich bemüht, Wege zu diskutieren oder Kompromisse zu finden, um islamische Bestattungsriten mit der jeweiligen Friedhofsordnung in Einklang zu bringen (Bundesregierung 2007a, 23ff.).

60 Mit diesem werden „herausragende und innovative Projekte und Ideen ausgezeichnet, die das Anliegen der Deutschen Islam Konferenz unterstützen oder zu neuen Impulsen beitragen" und zwar indem sie mehr gesellschaftliche Partizipation, ein Empowerment von Muslimen in Deutschland und den Abbau von Vorurteilen und ein besseres gesellschaftliches Miteinander erwirken (Internetquelle 2).

61 Die konflikträchtige Diskussion über „eine gemeinsame Wertebasis und ein gemeinsames Verständnis von Integration" wurde mit dem Zwischenresümee 2008 beigelegt. Dort heißt es u. a.: „Integration als Prozess verändert grundsätzlich beide Seiten, die Mehrheitsgesellschaft wie auch die Zuwanderer. Sie verlangt Zuwanderern dabei ein höheres Maß an Anpassung ab, insbesondere an die auf Recht, Geschichte und Kultur Deutschlands beruhenden Orientierungen der Aufnahmegesellschaft. Das Bekenntnis zur deutschen Rechts- und Werteordnung und die Bereitschaft zum Erwerb und Gebrauch der deutschen Sprache bilden den Weg zum Verständnis und zur Teilhabe an ihr. Umso wichtiger ist es, dass Staat und Gesellschaft Zu-

Die Bundesregierung nennt in ihrer Antwort auf die Große Anfrage zum „Stand der rechtlichen Gleichstellung des Islam in Deutschland" bereits in der Vorbemerkung die Bedeutung des interkulturellen und interreligiösen Dialogs in einem Zug mit der Integration des Islam (Bundesregierung 2007a, 2f.). Auch andere Projekte, die auf bundespolitische Initiativen zurückgehen, thematisieren Islampolitik vor dem Hintergrund von Integrationsbemühungen. So wurde eine Studie unter dem Kurztitel „Muslime in Deutschland" in Auftrag gegeben, deren Ziel es war, „die Einstellungen der in Deutschland lebenden Muslime im Hinblick auf ihre soziale und politische Integration zu untersuchen" (Schäuble in Brettfeld/Wetzels 2007, Vorwort). Das Bundesamt für Migration und Flüchtlinge (BAMF) hat auf seinem Integrationsportal www.integration-in-deutschland.de den Bereich „Integration und Islam" eingerichtet,[62] auf dem der Dialog mit Muslimen als erster Schritt hin zu einer erfolgreichen Integration genannt wird. Die Organisationsstruktur des BAMF weist ein spezielles Referat für ‚religiöse, weltanschauliche und kulturelle Aspekte der Integration' aus.

Auf Länderebene treten staatlich getragene religionspolitische Initiativen meist als Teil einer übergreifenden Integrationspolitik auf und werden im Rahmen zur Verfügung stehender Strukturen der Integrationsförderung konzipiert. Viele Länderberichte zum Stand der Integration oder zu den Fortschritten der integrationspolitischen Arbeit enthalten eigens Abschnitte zum Thema ‚Integration und Religion', überwiegend mit deutlich ausgewiesenem Bezug zum Islam. Dabei wird häufig die Bedeutung des Dialogs in den Vordergrund gestellt und ein Zusammenhang zwischen Religionsausübung und Integration sowohl in einer möglichen positiven als auch negativen Richtung thematisiert (z. B. Innenministerium Baden-Württemberg 2004, 17; Bayerisches Staatsministerium für Arbeit und Sozialordnung, Familie und Frauen 2008, 74). Einige der Integrationsbeauftragten, die seit kurzem in vielen Bundesländern ihre Arbeit aufgenommen haben, haben konkrete Projekte entworfen, die einen Dialog mit Muslimen oder Informationsarbeit über muslimisches Leben in Deutschland[63] zum Inhalt haben. Das Niedersächsische Ministerium für Inneres, Sport und Integration hat den „Dialog mit dem Islam" zu einem wichtigen Handlungsfeld erklärt. Der Dialog und die Einbeziehung zugewanderter Religionsgemeinschaften werden als „wichtige Bausteine nachholender Integrationspolitik" (Niedersächsisches Ministerium für Inneres, Sport und Integration 2008, 55) bezeichnet. Auch haben sich auf Landesebene teilwiese Strukturen in Form von Dialogforen, beratenden Gremien oder Arbeitskreisen heraus-

---

wanderer dabei unterstützen, Teil der deutschen Gesellschaft zu sein und von ihr entsprechend anerkannt und als bereichernd empfunden zu werden" (BMI 2008, 4). Ist dieser Konsens noch unabhängig von der Religionszugehörigkeit von ZuwandererInnen wird kurz darauf präzisiert: „Der Rechtsstaat verlangt von den Angehörigen aller Religionen die unbedingte Einhaltung der Rechtsordnung. Die Entwicklung eines in Deutschland gelebten Islam kann sich nur innerhalb des durch den Rechtsstaat gesetzten Rahmens vollziehen" (BMI 2008, 5).

62   Vgl. die Internetquellen 3 und 4.
63   Beispielsweise hat das Land Niedersachsen die Wanderausstellung „Muslime in Niedersachsen" ausgerichtet (Niedersächsisches Ministerium für Inneres, Sport und Integration 2008, 54), der Integrationsbeauftragte der Landesregierung Nordrhein-Westfalen hat eine Handreichung zum Thema des Umgangs mit muslimischen Kindern, Jugendlichen und ihren Eltern in Bildungseinrichtungen herausgegeben (Integrationsbeauftragter NRW 2008).

gebildet, die Empfehlungen oder Stellungnahmen herausgeben oder Runde Tische zu religionspolitischen Themen und Integration veranstalten.[64]

Auf Länder- und Kommunenebene wurden verschiedene Projekte entworfen, die integrationspolitische Zielsetzungen über den Zugang zu Religionsgemeinschaften zu erreichen suchen. In Hessen etwa soll das „Aufklärungsprojekt für Imame und weibliche Mitglieder der Moscheen" diese als Multiplikatorinnen und Multiplikatoren zu den Themen Gesundheit, Bildung und deutsches Sozialsystem schulen. Die Kosten trägt unter anderem das Land (hr-online 09.02.2007). In einem Kooperationsprojekt zwischen dem Land Niedersachsen und ausgewählten Moscheegemeinden finden Imame besondere Berücksichtigung, deren „mögliche ‚Brückenfunktion' im Integrationsprozess" (Niedersächsisches Ministerium für Inneres, Sport und Integration 2008, 55) genutzt und gestärkt werden soll. Diese Funktion wurde in der Folge durch ähnliche Initiativen herausgestellt. So hat das Goethe-Institut, das BAMF sowie die Türkisch-Islamische Union (DITIB) im Dezember 2009 das Projekt „Imame für Integration" in Köln und Nürnberg initiiert, welches die landeskundliche Unterweisung von Imamen in Deutschland verfolgt: „Imame können als Brückenbauer und Vermittler zwischen Zugewanderten und der Mehrheitsgesellschaft eine wichtige integrationsfördernde Rolle spielen", wird der Präsident des BAMF, Albert Schmid, anlässlich des Projektstarts zitiert (BAMF 10.12.2009).[65] Im Jahr 2010 wurde in der Stadt Hattingen ein Projekt ins Leben gerufen, im Rahmen dessen Erste-Hilfe-Kurse speziell für Imame mit dem Ziel einer verbesserten Integration der muslimischen Bürger angeboten werden. Auch hier soll die Vermittlungs- und Vorbildfunktion von Imamen genutzt und verbunden werden mit integrations- und gesundheitspolitischen Zielen (Der Westen 14.09.2010). Diese Maßnahmen zeigen, ähnlich wie die nachfolgend darzustellenden sicherheitspolitisch versierten, einen deutlichen paternalistischen Zug deutscher Innenpolitik auf.[66]

---

64 In Nordrhein-Westfalen wurde ein Interreligiöser Beirat beim Integrationsbeauftragten eingerichtet. Eine weitere beratende Institution im Land stellt die Arbeitsgemeinschaft Religion und Integration (ARI) dar, die aus dem Beirat für religiöse Integrationsfragen beim ehemaligen Integrationsbeauftragen von Nordrhein-Westfalen hervorgegangen ist und sich als Gremium versteht, „das Impulse zum Integrationsprozess in die politische und gesellschaftliche Öffentlichkeit aus einer gemeinsamen Sicht der Religionen in NRW gibt" (ARI 2006, 1). In Berlin tagt seit 2005 etwa viermal im Jahr das Berliner Islamforum, welches ein Kooperationsprojekt zwischen dem Beauftragten des Senats von Berlin für Integration und Migration und der Muslimischen Akademie in Deutschland ist. Das Forum dient „auch der Verständigung über verbindliche integrationsrelevante Schritte im Berliner Stadtraum" (Internetquelle 5). Auch in Bayern wurde ein Islamforum von Seiten der Evangelisch-Lutherischen Kirche gegründet, an welchem auch Vertreter verschiedener Bayerischer Ministerien teilnehmen (Bayerisches Staatsministerium für Arbeit und Sozialordnung, Familie und Frauen 2008, 78).

65 Vgl. dazu auch den Bereich „Integration" auf der Homepage des Goethe-Instituts (Internetquelle 6). Dort heißt es unter dem Punkt „Fortbildung für Imame": „Das Projekt soll Imame in die Lage versetzen, die spezifischen Bedürfnisse und Probleme von Muslimen bei der Integration in Deutschland zu erkennen, Lösungen anzubieten und bei Bedarf Hilfsangebote zu vermitteln. Ziel ist auch, die Zusammenarbeit von Imamen der DITIB mit staatlichen und nichtstaatlichen Institutionen in Deutschland bei der Integration von Muslimen zu fördern".

66 Zum Begriff ‚Paternalismus' im Zusammenhang mit deutscher Politik vgl. Rommelspacher 2002, 164f.

3.1.1.3 Innere Sicherheit durch Islampolitik

Mit der DIK ist auch die Absicht verbunden, vor islamistischen und extremistischen Bedrohungen zu schützen.

> „Ziel der Konferenz ist eine verbesserte religions- und gesellschaftspolitische Integration der muslimischen Bevölkerung in Deutschland. Dies dient zum einen der Verhinderung von gewalttätigem Islamismus und Extremismus. Zum anderen wird der Segmentation von Muslimen in Deutschland entgegengewirkt" (BMI 27.09.06, 3).

Zu diesem Zweck wurde der Gesprächskreis „Sicherheit und Islamismus" eingerichtet, der sich mit islamistischen Bestrebungen, deren Prävention und Verfolgung beschäftigt. Die bereits zitierte Studie „Muslime in Deutschland" (Brettfeld/Wetzels 2007) setzt ebenfalls einen deutlichen Schwerpunkt auf das Gefahrenpotential islamistischer Bestrebungen. Im Vorwort zur Studie betont Schäuble „die existenzielle Bedeutung der Integration von Muslimen in Deutschland" aufgrund des wachsenden ‚*Homegrown* Terrorismus'.

Von der Verbindung zwischen Sicherheits- und Religionspolitik zeugen auch die vor wenigen Jahren initiierten Kooperationen und vertrauensbildenden Maßnahmen zwischen Polizeibehörden und ausgewählten Moscheegemeinden oder muslimischen Verbänden. Diese Maßnahmen werden auf kommunaler, Länder- und Bundesebene durchgeführt und koordiniert. Auf Bundesebene wurde 2005 von der Polizeilichen Kriminalprävention der Länder und des Bundes[67] in Zusammenarbeit mit der Bundeszentrale für politische Bildung (bpb) ein Leitfaden zur Förderung der Zusammenarbeit zwischen Polizei und Moscheevereinen herausgegeben. Ziel des Leitfadens ist unter anderem die Stärkung der interkulturellen Kompetenz der Polizeiarbeit insbesondere im Hinblick auf den Islam sowie die Einbindung der Moscheen in die Präventionsarbeit. Im Vorwort wird die enge Verbindung zwischen Sicherheitspolitik und gesamtgesellschaftlicher Integration der Muslime sehr deutlich: Mit der „Einbindung von Moscheevereinen in die polizeiliche Präventionsarbeit können muslimische Gemeinden einen unmittelbaren Beitrag zur Kriminalitätsvorbeugung leisten. Dies fördert die vertrauensvolle Zusammenarbeit zwischen Muslimen und den staatlichen Institutionen und damit die Integration muslimischer Mitbürgerinnen und Mitbürger" (Polizei/bpb 2005, 2).

Mit Beschluss auf der 3. Plenarsitzung der DIK am 13. März 2008 wurde die ‚Clearingstelle Präventionskooperation' beim BAMF eingerichtet, die sämtliche Kooperationsprojekte zwischen Sicherheitsbehörden und muslimischen Organisationen koordinieren soll.[68] Seit dem 01.01.2012 wurde dort zudem eine „Beratungsstelle Radikalisierung" eingerichtet. Auch das Bundesamt für Verfassungsschutz (BfV) geht von einem – wenn auch ausdrücklich nicht einfach kausalen (BfV 2007, 7) – Zusammenhang zwischen Integrationsdefiziten und Terrorismus aus, wie es in seinem Kurzbericht „Integration als Extremis-

---

67 Vgl. auch den Bereich „Polizei und Muslime" auf der Homepage der Polizeilichen Kriminalprävention der Länder und des Bundes (Internetquelle 7).

68 Die Clearingstelle soll den „Aufbau eines bundesweiten Netzes von Ansprechpartnern bei Sicherheitsbehörden und muslimischen Organisationen unterstützen, Experten für Dialogveranstaltungen bzw. zum Informationsaustausch vermitteln, Aus- und Fortbildungsprojekte der Sicherheitsbehörden und sicherheitsbehördliche Informationsangebote an Muslime unterstützen sowie Unterstützung bei der Erstellung von Informationsmaterialien leisten" (Internetquelle 8; im Original mit Spiegelstrichen abgetrennt).

mus- und Terrorismusprävention" im Jahr 2007 darlegt. Im Vorfeld der ersten DIK unter Leitung von Bundesinnenminister Hans-Peter Friedrich hat sich dieser für eine „Sicherheitspartnerschaft" zwischen Staat und muslimischen Verbänden ausgesprochen (SZ 29.03.2011).

Auch auf Länderebene werden bei der Begründung islampolitischer Aktivitäten Aspekte der inneren Sicherheit angeführt und meist beides im Rahmen von übergreifenden Integrationskonzepten verortet. Mit einer landesweiten Fachtagung „Gemeinsam für Vertrauen – gemeinsam gegen Extremismus und Gewalt" im April 2007 hat das Landeskriminalamt Nordrhein-Westfalen zusammen mit dem Zentralrat der Muslime in Deutschland e. V. (ZMD) und der DITIB zur Zusammenarbeit zwischen Muslimen und Polizei aufgerufen. Das Bayerische Staatsministerium stellt ebenfalls ein Projekt „Vertrauensbildende Maßnahmen" der Sicherheitsbehörden als Teil des bayerischen Integrationskonzepts vor. Eine Zusammenarbeit zwischen Behörden und ausgewählten muslimischen Vereinigungen soll, neben der Kriminalprävention und dem Staatsschutz, die interkulturelle Kompetenz der Polizei stärken, und „zu mehr Souveränität und Effizienz im Umgang mit Angehörigen ethnischer Minderheiten führen. Ein kulturgerechtes Verhalten gegenüber Minderheiten fördert nicht nur die polizeiliche Effizienz, sondern wirkt darüber hinaus integrativ" (Bayerisches Staatsministerium für Arbeit und Sozialordnung Familie und Frauen 2008, 76). Niedersachsens Integrationsministerium verweist ebenfalls auf den Dialog zwischen Muslimen und der Polizei als Teil des Integrationskonzepts des Landes.[69] Im Saarland bietet die Islamische Gemeinde Saarland (IGS) seit einiger Zeit in Zusammenarbeit mit der Saar-Polizei einen Selbstverteidigungskurs für muslimische Frauen an – auch dies ist ein Teil der vertrauensbildenden Maßnahmen zwischen Sicherheitsbehörden und Muslimen (islam.de 08.09.2008). Auf kommunaler Ebene finden ebenfalls Präventionsangebote direkt in Zusammenarbeit mit Moscheen statt. So hat der Präventionsrat der Stadt Gießen im Februar in einer ansässigen DITIB-Moschee getagt, um mit der Moscheegemeinde über Projekte unter anderem zur Prävention von Gewalt und Drogenkonsum zu beraten (Gießener Zeitung 05.03.2009).

3.1.2 Die britische Sozialpolitik einer kommunal orientierten Kooperation mit Muslimen

Das Vereinigte Königreich hat bislang keine dezidierte Islampolitik entwickelt. Dennoch wurde die Kooperation zwischen Staat und Muslimen im Rahmen der britischen *Community Cohesion Agenda* (s. o. 19 Anm. 5 und u. 91f.) nach der Jahrtausendwende in verschiedenen Bereichen verstärkt. Auch hier spielen neben der Frage der (1) *rechtlichen*, vor allem aber *politischen Einbindung* des Islam Aspekte der (2) *gesamtgesellschaftlichen Integration* von Muslimen eine Rolle sowie (3) *sicherheitspolitische Fragen* im Zusammenhang mit dem Islam.

---

69 Vorgesehen ist es „u. a., ‚Ansprechpartner zur Förderung des Vertrauens' von Seiten der Sicherheitsbehörden auf Landes- und örtlicher Ebene zu benennen. Sie haben die Aufgabe, den Kontakt insbesondere zu Vertretern von Moscheevereinen aufzunehmen bzw. zu halten. Die Aufklärung über das deutsche Rechtssystem und die Rolle der Polizei ist die Basis für polizeiliche Arbeit mit Menschen mit Migrationshintergrund, insbesondere aber für die Prävention" (Niedersächsisches Ministerium für Inneres, Sport und Integration 2008, 62).

3.1.2.1   Die politische Einbindung des Islam auf kommunaler Ebene

Die staatlichen Initiativen zur rechtlich-strukturellen Einbindung des Islam sind im Vereinigten Königreich auf nationaler Ebene relativ schwach ausgeprägt. So gab es hier kaum besondere Anstrengungen oder Anstöße des Staates, eine überregionale und repräsentative muslimische Organisation auszubilden,[70] das Fehlen einer solchen wurde aber auch nicht in der Weise wie in Deutschland und Frankreich von der Politik als Defizit betrachtet und eingefordert. Die muslimischen Vereine sind meist als *Charities* auf lokaler Ebene organisiert (Fetzer/Soper 2005, 50, 93; s. u. 123f.) und sind häufig relativ gut in kommunal-politische Strukturen eingebunden (Fetzer/Soper 2005, 51; Vertovec 2002, 29). Das hängt auch damit zusammen, dass zum einen lokale Akteure und dezentrale Strukturen im Vereinigten Königreich von entscheidender Bedeutung sind und zum anderen Religion und religiösen Gemeinschaften Mitgestaltungsmöglichkeiten im öffentlichen Raum überantwortet werden. Diese Konstellation scheint dafür zu sorgen, dass muslimische Gruppen ihre Interessen auf lokaler Ebene relativ erfolgreich bündeln und artikulieren können (Werbner 1994, 99).

Doch auch im Vereinigten Königreich wurde verstärkt die Einbindung des Islam in verschiedene gesellschaftliche Bereiche und in politische Prozesse gefordert. Gerade 9/11 und die politische Ursachenforschung im Anschluss an die *Riots* von 2001 haben einerseits das Misstrauen gegenüber Muslimen auch von Seiten der Politik gesteigert (McLoughlin 2005b, 57; Schönwälder 2007, 257), andererseits jedoch verstärkt dazu geführt, Defizite bei der Gleichstellung von ethnischen Minderheiten und besonders von muslimischen Minderheiten zu identifizieren und Strategien für eine verstärkte gesellschaftliche und politische Teilhabe zu erarbeiten.[71] Eine zentrale Rolle bei dieser politischen Neuausrichtung nimmt das Innenministerium und das *Department for Communities and Local Government* (DCLG)[72] wahr sowie die von diesem *Department* berufene *Commission on Integration and Cohesion*[73].

---

70   Jedoch war eine Empfehlung des damaligen konservativen Innenministers Michael Howard im Jahr 1994 durchaus ausschlaggebend für gezielte Anstrengungen zur Gründung einer repräsentativen muslimischen Vereinigung. Zunächst entstand ein *National Interim Committee on Muslim* Affairs, dem folgte der *Muslim Council of Britain* (MCB) im Jahr 1997. Der MCB war zwar innerlich in den Flügel der Reformisten und der Neotraditionalisten gespalten und konnte keine Repräsentativität im Sinne einer Anerkennung der Autorität durch einen Großteil der britischen Muslime beanspruchen, wurde aber zum beliebten Ansprechpartner für Medien und Politik (McLoughlin 2005b, 58ff.; McLoughlin 2010, 135ff.).

71   Eine Studie aus dem Jahr 2010 problematisiert die Fokussierung der *Community Cohesion Policy* auf Muslime und bezweifelt insbesondere die vielmals behaupteten Segregationstendenzen von Muslimen in Bradford, einer der Städte, in denen die *Riots* aus dem Jahr 2001 besonders heftig ausfielen (Samad 2010).

72   Das DCLG verantwortet seit seiner Gründung im Jahr 2006 (bis dahin unter dem Namen Office of the Deputy Prime Minister tätig) die Regierungspolitik auf lokaler Ebene und unterstützt und vertritt die Interessen der lokalen Regierungen, Kommunen und Nachbarschaften in England. Analoge *Departments* existieren für Schottland, Wales und Nordirland. Das DCLG kann als Meilenstein der Dezentralisierungsbemühungen der Regierung begriffen werden: „The Department sets policy on supporting local government; communities and neighbourhoods; regeneration; housing; planning, building and the environment; and fire. The Department is ending the era of top-down government by giving new powers to councils, communities, neighbours and individuals" (Internetquelle 9). Mit seiner Zuständigkeit in allen *Race Equality* and *Community Cohesion* Angelegenheiten für England ist das DCLG zugleich zentraler Akteur der britischen Integrationspolitik auf kommunaler Ebene.

73   Die unabhängige Kommission wurde im August 2006 vom DCLG einberufen und mit der Aufgabe betraut, Gründe für Spannungen und Konflikte zwischen verschiedenen gesellschaftlichen Gruppen zu erforschen,

3.1.2.2 Sozialpolitik, Islam und *Community Cohesion*

Im Rahmen der *Community Cohesion Policy* wird gezielt die Zusammenarbeit zwischen Regierung und Religionsgemeinschaften gefördert, etwa bei der Ausarbeitung von politischen Initiativen für mehr Toleranz und Respekt innerhalb von Kommunen oder bei der Stärkung von ehrenamtlichem und zivilgesellschaftlichem Engagement (Furbey 2008, 122f.).[74] Dabei sollen die gemeinschaftsstiftenden Bindekräfte, die über Religion entfaltet und über Religionsgemeinschaften vermittelt werden, auf kommunaler Ebene zum Einsatz kommen (Home Office Faith Communities Unit 2004). Zuständig für die Unterstützung und Einbindung von Glaubensgemeinschaften in die britische Sozial- und Kommunalpolitik ist vor allem das DCLG mit dem *Race, Faith and Cohesion Directorate*[75]. In dessen Selbstbeschreibung heißt es: „We recognise faith communities as an important part of the local community and value the experience, skills and diversity they bring to wider society"[76]. Im April 2006 wurde außerdem der unabhängige *Faith Communities Consultative Council* (FCCC) eingerichtet, als dessen übergreifendes Ziel genannt wird: „Giving faith communities a strong role and clear voice in improving cohesion, regeneration and renewal in local communities".[77] Das Beratungsorgan arbeitet auf eine bessere Zusammenarbeit und umfassendere Absprache zwischen Regierung und Glaubensgemeinschaften hin, möchte kommunal ansässigen religiösen Gemeinschaften mehr Gehör auch auf nationaler Ebene verschaffen und zielt gleichzeitig auf verbesserten Zusammenhalt und Integration. Um diese Ziele zu verstärken hat der britische Innenminister John Deham zustäzlich 13 *Faith Advisers* ernannt (DCLG 2010).

3.1.2.3 Die Einbeziehung der Muslime in die *Counter-Terrorism Strategy*

Im Vereinigten Königreich gewann die Zusammenarbeit mit Religionsgemeinschaften im Rahmen der Anti-Terror-Strategien der Regierung nach der Jahrtausendwende schrittweise an Bedeutung. Zunächst war die Kooperation mit religiösen Gemeinschaften Teil der politischen Maßnahmen, die als Reaktion auf die gewalttätigen Ausschreitungen vom Sommer 2001 entworfen wurden. Ein übergeordnetes Ziel dieser Maßnahmen war die Kriminalitätsbekämpfung und -prävention. Insbesondere muslimische Religionsgemeinschaften sollten einen Beitrag zur Konfliktbearbeitung leisten und eine konfliktschlichtende Funktion im

---

innovative Wege der Stärkung des gemeinschaftlichen Zusammenhalts auf kommunaler Ebene zu entwickeln und Extremismus zu bekämpfen (Internetquelle 10). Die Kommission legte im Juni 2007 ihren Abschlussbericht vor (Commission on Integration and Cohesion 2007b).

74 Beispielsweise finanziert das *Department of Health* „several faith-based community organisations and places of worship to develop their capability to undertake health and social welfare related activities for the local population" (Home Office Faith Communities Unit 2004, 73).

75 Das *Race, Faith and Cohesion Directorate* (vormals *Race, Cohesion, Equality and Faith Directorate*) formuliert seine Aufgabe folgendermaßen: „Our aim is to build thriving places where a fear of difference is replaced by a shared set of values and a sense of purpose and belonging. We want to make sure that everyone in each community benefits from diversity, and we recognise that this means promoting similar opportunities for all. Our challenge is to build these stronger communities in times of rapid change" (Internetquelle 11).

76 Internetquelle 12.

77 Internetquelle 13.

Hinblick auf die seit *Nine Eleven* noch verstärkten „community tensions" (Home Office 2001a, 20) ausüben.

> „The events of Sept 11 have led directly to a much more serious interest in testing the possibilities of cooperation between Islam and the West. Understanding Islam and differences within Islam, has become an imperative for political negotiators and community mediators alike" (Home Office 2001b, 62).

Allerdings hatten erst die Anschläge vom Juli 2005 in London eine gezieltere Zusammenarbeit zwischen Staat und Muslimen im Rahmen der *Counter-Terrorism* Strategie zur Folge.[78] Tony Blair präsentierte unmittelbar nach diesen Anschlägen auf einer Pressekonferenz verschiedene Maßnahmen, um eine stärkere Bindung von einbürgerungswilligen ZuwanderInnen an das Vereinigte Königreich zu erreichen und die Integration gerade von Muslimen zu verbessern:

> „We will establish with the Muslim community a commission to advise on how, consistent with peoples complete freedom to worship in the way they want and to follow their own religion and culture, there is better integration of those parts of the community presently inadequately integrated" (Blair 05.08.2005).

Im Rahmen des Programms „Preventing Extremism together"[79] hat das Innenministerium im Sommer 2005 Arbeitsgruppen organisiert, die sich aus Vertretern verschiedener muslimischer Gemeinschaften zusammensetzten. Als Ergebnis einer dreimonatigen Arbeit wurden Vorschläge zur Einschränkung des terroristischen Gefahrenpotentials unterbreitet, die vor allem eine stärkere Einbindung der muslimischen Gemeinschaften in die Prozesse der politischen Entscheidungsfindung und Gesetzgebung, aber auch in die kommunalpolitischen Vorgänge vor Ort vorsehen (Islam et al. 2005; dazu auch Tezcan 2007, 58f.). Diese Empfehlungen berücksichtigen daneben Forderungen nach einer stärkeren Anerkennung der britischen Muslime und der Gewährleistung ihrer Religionsausübung. Vor allem aber greifen die Vorschläge der Arbeitsgruppe immer wieder auch zentrale, typisch britische integrationspolitische Themen auf (Islam et al. 2005, 9), indem etwa Maßnahmen zur Bekämpfung von religiös motivierter Diskriminierung und zur Herstellung von Chancengleichheit (Islam et al. 2005, 36) sowie der Respekt vor Verschiedenheit gefordert werden:

---

78 Das Home Affairs Committee, ein vom House of Commons nominiertes Kontroll- und Beratungsorgan für britische Innenpolitik, empfahl in einem Bericht im Jahr 2005 die Verbindung zwischen *Community Cohesion* und Anti-Terror-Strategien deutlicher hervorzuheben und zu stärken: „We welcome the positive comments about the role of the Home Office, but we fear that the absence of a direct reference to community cohesion in their evidence to this inquiry suggests that the Home Office does not yet appreciate that the implementation of its community cohesion strategy is central to its ability to deal with the community impact of international terrorism. We recommend that the Home Office review the links between its work on community cohesion and anti-terrorism" (Home Affairs Committee 2005, 33).

79 Eine verstärkte Zusammenarbeit zwischen Regierung und Religionsgemeinschaften in England wurde bereits mit dem Programm „'Working Together': Co-operation between government and faith communities" im Jahr 2004 anvisiert (Home Office Faith Communities Unit 2004). Als Ziel wurde formuliert: „Faith communities should be able to work more closely with the Government to build strong active communities and foster community development and civil renewal" (Home Office 29.03.2004). Im Jahr 2005 wurde ein Fortschrittsbericht zur Umsetzung des Programms veröffentlicht (Home Office Faith Communities Unit 2005). Das Programm richtete sich aber nicht speziell an muslimische Gemeinschaften.

„Muslims (…) want to see Government policies that respect religious difference and fa-
cilitate true integration, based on a respect for fundamental religious beliefs and differences" (Islam et al. 2005, 47). Das Innenministerium nannte in einer offiziellen Stellungnahme die Vorschläge „a set of practical actions that represent the first step in a longer term
partnership between government and Muslim communities" (Home Office 2006, 1).

Im Jahr 2008 hat die britische Regierung mit der neuen Anti-Terror-Strategie
„CONTEST" verschiedene Maßnahmen gebündelt, die neben der Prävention von Terror
(Strategie „Prevent"), die Maßnahmen Verfolgung und Schutz vor Terrorismus und Vorbe-
reitung auf vermeintliche Terrorakte beinhaltet. Im Rahmen von „Prevent" spielen die
Kommunen eine wichtige Rolle, wobei die Anti-Terror-Maßnahmen wiederholt eng in die
übergeordnete integrationspolitische Leitlinie des *Department for Communities and Local
Government* eingebunden sind.[80] Bereits 2007 hat das DCLG den „Preventing Violent
Extremism: Winning Hearts and Minds" Aktionsplan gestartet (DCLG 2007d). Dieser sieht
unter anderem vor, durch kommunal verankerte Initiativen die Rolle von muslimischen
Organisationen und Imamen und deren Kompetenz im Umgang mit den Bedürfnissen insbesondere junger britischer Muslime zu stärken (DCLG 2007d, 10). Eine Auswertung der
im Rahmen des „Preventing Violent Extremism Pathfinder Fund" kommunal umgesetzten
Präventionsprojekte ergab, dass von insgesamt 261 Projekten 61% der Projekte direkt auf
die Zielgruppe muslimischer Gemeinden zugeschnitten waren und 19% der Projekte mit
Hilfe von Moscheegemeinden realisiert wurden. Die Projekte fokussierten auf die Themen
„promoting shared values" und „supporting and nurturing civic and theological leadership"
(DCLG 2008d, 8).

Im Jahr 2005 begann die Regierung auch damit, legislative Wege auszuloten, um
religiöse Gemeinschaften und deren Gebetsstätten im Rahmen der Terrorismusprävention
und -bekämpfung stärker in die Verantwortung zu nehmen. Ein besonderer Fokus wurde
dabei auf Moscheegemeinden gelegt.[81] Im *Consultation Paper* „Preventing Extremism Together. Places of Worship" wird auch eine Gesetzesänderung für die Möglichkeit eines
restriktiveren Vorgehens gegen bestimmte religiöse Stätten diskutiert, beispielsweise durch
eine Ausweitung der Befugnisse der Sicherheitsbehörden bei Terrorverdacht. Zur Begründung der Initiative wird unter anderem auf den Wunsch der muslimischen Gemeinschaften selbst verwiesen, Extremismus besser zu bekämpfen, um „the good reputation of
the mainstream Muslim community" (Home Office 2005b, 1) zu sichern. Ein Großteil der
Religionsgemeinschaften, die um Stellungnahmen zum *Consulation Paper* gebeten wurden,
wehrten sich hingegen vehement gegen eine stärkere Kontrolle der Gebetshäuser (Home
Office 2005c).

---

80 Nach Angaben des DCLG sind die folgenden vier Herangehensweisen zur Prävention und Bekämpfung des
    Terrors zentral: „Promoting shared values; Supporting local solutions; Building civic capacity and
    leadership, and Strengthening the role of faith institutions and leaders" (DCLG 2008d, 11; im Original mit
    Spiegelstrichen abgetrennt).

81 In der Einführung wird besonders auf die Gruppe der Muslime eingegangen. Aber auch in der Presse-
    konferenz, die der damalige Premierminister Tony Blair im August 2005 abhält, wird die Maßnahme zur
    besseren Überwachung von Gebetsstätten mit einem besonderen Bezug zu Muslimen vorgestellt: „we will
    consult on a new power to order closure of a place of worship which is used as a centre for fomenting extre-
    mism, and will consult with Muslim leaders in respect of those clerics who are not British citizens to draw
    up a list of those not suitable to preach and who will be excluded from our country in future" (Blair 05.
    08.2005).

Im Zuge der verschärften Migrationskontrollen, die 2004 eingeführt wurden, der kommunal angelegten Programme zur Stärkung des sozialen Zusammenhalts sowie der britischen *Counter-Terrorism* Strategie wurde auch die Rolle von Geistlichen, vor allem aber von Imamen (Birt 2005a, 193f.) überdacht. Bereits mit den geänderten *Immigration Rules* wurde zum Jahr 2004 die Einreise von Geistlichen an ein bestimmtes Sprachniveau geknüpft (Home Secretary 2004). Weitere Voraussetzungen für eine Verlängerung der Aufenthaltsgenehmigung für Geistliche aus dem Ausland nach Ablauf ihres ersten Jahres im Vereinigten Königreich sind geplant; neben einer Professionalisierung der Ausbildungsstandards von Imamen und anderen Geistlichen ist die zentrale Forderung, „that when Imams and priests have been here a year they should be able to show knowledge of, and engagement with, British civic life, including an understanding of other faiths" (Home Office 22.07.2004). Die geplanten Veränderungen sollen außerdem dazu beitragen, Imame mit radikalen und extremistischen Positionen nicht einreisen zu lassen oder rechtzeitig ausweisen zu können (Home Affairs Committee 2005, 52). Speziell die Forderung gegenüber Geistlichen, Kenntnisse der britischen Lebensweise vorweisen zu können, begründet die Regierung mit Hinweis auf die besondere Rolle und den großen Einflussbereich von Geistlichen:

> „The reason for this is the potential influence which ministers of religion can (...) exert among their congregation in favour of moral behaviour and good relations with neighbouring communities. The government believes that ministers of religion have an important role to play in strengthening community cohesion in our diverse society and that it is important that those whom we allow to remain in order to work in this profession should demonstrate a sufficient level of community engagement and understanding of our society" (Communities and Neighbourhoods 2005, 3).

Insbesondere soll durch die vorgeschlagenen Maßnahmen sichergestellt werden, dass die Geistlichen den gemeinschaftlichen Zusammenhalt stärken, sich in die „wider local community" einbinden, den Sinn für gegenseitigen Respekt, Verständnis, Unterstützung und Zugehörigkeit innerhalb und zwischen Glaubensgemeinschaften fördern und sich für die Wertschätzung von *Diversity* einsetzen (Communities and Neighbourhoods 2005, 4). Hier wird die enge Verbindung zwischen der Förderung von Integration und der Prävention von Terrorismus und Kriminalität besonders deutlich.

Neben den staatlichen Versuchen, eine Kooperation zwischen Sicherheitsbehörden und Muslimen zu fördern,[82] haben auch muslimische Akteure selbst Initiativen zur Zusammenarbeit unternommen. In der Folge der Anschläge des 11. Septembers 2001 wurde die Grundlage für das britische *Muslim Safety Forum* (MSF) gelegt. Mittlerweile bezeichnet sich das MSF selbst als „key advisory body for the Police Service (...). It has been advising the police on matters of safety and security from the Muslim perspective"[83]. Ziel des MSF ist neben dem Schutz von Muslimen etwa vor Islamophobie auch die Unterstützung der britischen Sicherheitsbehörden im Bereich der Terrorbekämpfung und -prävention (MSF 2007).

---

82 Im Rahmen eines Forschungsprojekts an der Universität Birmingham wurde die Zusammenarbeit zwischen Polizei und Muslimen ausgewertet (Spalek 2008).
83 Internetquelle 14.

3.1.3 Die französische Islampolitik auf dem Weg zu einer Nationalisierung des Islam

Bei der Betrachtung der aktuellen Entwicklungen der Islampolitik in Frankreich werde ich schwerpunktmäßig die Diskussion um (1) eine *rechtliche Einbindung* des Islam, (2) die politischen Maßnahmen zur *gesamtgesellschaftlichen Integration* von Muslimen und (3) aktuelle *sicherheitspolitische Fragen* im Zusammenhang mit dem Islam darstellen.

3.1.3.1 Die Einbindung des Islam nach den Regeln der *Laïcité*

Der französische Staat hat trotz des Paradigmas der Laizität eine nationale Islampolitik durchaus aktiv und mit großer Eigeninitiative betrieben, wie insbesondere die Bemühungen um die Herausbildung eines muslimischen Repräsentativorgans zeigen. Diese haben 2003 zu der Gründung des Französischen Muslimrats *Conseil Français du Culte Musulman* (CFCM) geführt,[84] der einerseits zentraler Ansprechpartner der Regierung für alle Fragen zum französischen Islam sein soll, andererseits aber auch den Islam gewissermaßen als Teil der französischen Republik, ja, als „islam officiel d'État"[85] (Frégosi 1996, 218) legitimieren soll. Die Entwicklung ist eine Folge der seit 1990 verstärkten Strategie des französischen Staates, den Islam nicht nur zu kontrollieren und somit das Verhältnis der zweitgrößten Religionsgemeinschaft zum Staat zu definieren, sondern ihn auch zu nationalisieren.

Auch bei der Etablierung einer französischen Imam-Ausbildung hat die Regierung die Initiative ergriffen. Bereits im Jahr 2000 erklärt es der Hohe Rat für Integration, *Haut Conseil à l'Intégration* (HCI), zum wünschenswerte Ziel „imams compétents, francophones et formés au contexte français"[86] auszubilden, um den Gläubigen eine Wahl zwischen Imamen aus dem Ausland, „mais dont l'intégration n'est pas nécessairement assurée"[87] (HCI 2000, 70) und gut ausgebildeten Imamen aus Frankreich zu ermöglichen. Im Jahr 2006 wurde im Rahmen einer Pilotphase durch eine Kooperation zwischen der *Grande Mosquée de Paris* und dem privaten *Institut Catholique de Paris* mit staatlichen Zuschüssen eine erste strukturierte Imam-Ausbildung geschaffen (NZZ 04.02.2008; Sarkozy 2007, 4). Die Einstellung von Imamen in das französische Militär wurde ebenfalls seit 2006 inten-

---

84 Die Weichenstellungen für eine offizielle Anerkennung islamischer Vertretungen wurden von staatlicher Seite gelegt: der *Conseil de Réflexion sur l'Islam en France* (CORIF) wurde 1990 vom damaligen Innenminister Pierre Joxe gegründet. Dem folgte der *Conseil Répresentatif des Musulmans de France* im Jahr 1995, 1999 die vom damaligen Innenminister Jean-Pierre Chevènement initiierte *Consultation* mit prominenten französischen Muslimen, die schließlich zur Bildung des CFCM führte (Kastoryano 2002, 195f.; Fetzer/Soper 2005, 92). In Kontrast zu den selbst organisierten muslimischen Vereinen im Vereinigten Königreich und auch im Unterschied zur selbst auferlegten Nichteinmischung der deutschen Regierung in die Organisationsform religiöser Gemeinschaften (Bundesregierung 2007a, 48; Morlok 2007, 201) übte der französische Staat einen starken Einfluss nicht nur auf die Bildung überregionaler muslimischer Vereinigungen, insbesondere den CFCM, sondern auch auf deren interne Strukturen, deren Führungspersonal und nicht zuletzt auf die – bislang allerdings nicht geglückte – Stabilisierung gegen interne muslimische Differenzen aus (Caeiro 2005). Diese staatlichen Interventionen blieben nicht ohne Kritik. Insbesondere wurde der Charakter einer primär religiösen Organisation in Frage gestellt; von einer Domestizierung und Kooptation des Islam für französische Politinteressen war die Rede, dem Staat wurde gar kommunitaristisches Agieren vorgeworfen (Caeiro 2005, 72, 73, 80).

85 [offizieller Islam des Staates]

86 [kompetente, französischsprachige und im französischen Kontext ausgebildete Imame]

87 [aber bei denen die Integration nicht notwendigerweise gesichert ist]

siv auf Initiative der französischen Regierung betrieben (SZ 23.01.2008; Bertossi 2007a, 211). Weitere rechtlich relevante, aber kontroverse Fragen sind auch in Frankreich der Bau von Moscheen (Machelon 2006, 19ff.), die Bestattung nach islamischen Regeln (HCI 2005, 138; Machelon 2006, 59ff.), das Angebot von nach religiösen Vorschriften zubereitetem Essen in Kantinen öffentlicher Einrichtungen (HCI 2000, 44), die Freistellung von Schule und Arbeit an religiösen Feiertagen (HCI 2000, 51f.), aber auch die Frage der staatlichen Subventionierung muslimischer Privatschulen (Fernando 2005, 5).

An den Versuchen einer rechtlich-strukturellen Einbindung des Islam sind und waren verschiedene nationalstaatliche Akteure und Einrichtungen beteiligt.[88] Das Innenministerium, das in Frankreich auch die wichtigste staatliche Behörde bei allen Fragen der Religion darstellt und dem das *Bureau Centrale des Cultes* angehört, ist zentraler Ansprechpartner für religiöse Vereinigungen und die Einhaltung des Prinzips der Laizität. Verschiedene Innenminister, denen die Zuständigkeit in Religionsangelegenheiten obliegt, insbesondere Pierre Joxe, Jean-Pierre Chevènement, Dominique de Villepin und Nicolas Sarkozy, spielten bei den Verhandlungen um ein muslimisches Repräsentativorgan eine bedeutende Rolle (s. o. 81 Anm. 84). Seit 2007 setzte sich Sarkozy als Präsident der Republik immer wieder für einen *französischen* Islam ein. Der HCI, der seit 1989 dem Premierminister und dem *Comité Interministériel à l'Intégration* als Ratgeber in Fragen der Integration von AusländerInnen zur Verfügung steht, hat zuletzt im November 2000 mit seinem Bericht „L'islam dans la république"[89] (HCI 2000) das Thema ‚Islam und Integration' ausführlich aufgegriffen. In neueren Stellungnahmen geht der HCI eher peripher auf die Gruppe der Muslime im Zusammenhang mit Integration ein (HCI 2003, 2005 und 2006). Der französische Rechnungshof hat dem Thema „La question de l'Islam en France"[90] in seinem 2004 veröffentlichten Bericht „L'accueil des immigrants et l'intégration des populations issues de l'immigration" einen eigenen Abschnitt gewidmet (Cour des comptes 2004, 62ff.). Die *Commission de réflexion sur l'application du principe de laïcité*, auch *Commission Stasi*[91] genannt, hat 2003 dem Premierminister einen Bericht vorgelegt, in dem es vor dem Hintergrund der Kopftuchaffäre um die Vereinbarkeit des Islam mit der französischen Laizität geht.

---

88   Anders als in Deutschland spielt in Frankreich die föderale Ebene (*Départements*) eine geringere Rolle bei der rechtlichen und strukturellen Einbindung des Islam, was mit der unterschiedlichen Verteilung von Kompetenzen zusammenhängt. Während in Deutschland die Bemühung um eine rechtliche Anerkennung einer muslimischen Religionsgemeinschaft Ländersache ist und auch das Schulwesen von den Ländern verantwortet wird, unterliegen in Frankreich beide Bereiche dem nationalstaatlichen Regiment. Die nationalstaatlichen Institutionen wie etwa *L'Agence Nationale pour la Cohésion Sociale et l'Égalité des Chances* (l'ACSÉ) verfügen zwar über Direktionen oder Delegationen auf Regional- und *Département*-Ebene, die Weisungen kommen aber aus der nationalen Direktion. Von eigenständiger Bedeutung sein können hingegen von Fall zu Fall kommunale Initiativen, wie etwa erfolgreiche Gründungen repräsentativer islamischer Organisationen oder größere Moscheegemeinden, die auch dazu beitragen, Forderungen zu artikulieren und ggf. durchzusetzen (HCI 2000, 67f.).

89   [der Islam in der Republik]

90   [die Frage des Islam in Frankreich]

91   Die sogenannte *Commission Stasi*, benannt nach deren Vorsitzendem Bernhard Stasi, wurde 2003 vom damaligen Präsidenten Jacques Chirac mit dem Ziel der Reflexion über die Anwendung des Laizitäts-Prinzips in der Republik einberufen. Ihre Arbeit wurde inhaltlich schnell und zu einem gewichtigen Teil von der Kopftuchaffäre bestimmt und hat das Verbot sogenannter ostentativer religiöser Zeichen an Schulen vorbereitet (Garay 2005, 44).

3.1.3.2 Die Integration der Muslime durch Institutionalisierung

In Frankreich ist die positive Sicht auf Religion und Religionsgemeinschaften für gelingende Integration – gerade im Vergleich mit Deutschland und dem Vereinigten Königreich – eher schwach ausgeprägt. Religiöse Strukturen werden von Seiten des Staates nicht aus sich heraus als potentiell gewinnbringend für die Integration von MigrantInnen erachtet, häufig werden sie sogar als Risiko angesehen. Der HCI warnte zum Beispiel davor, dass Muslime das Recht auf Religionsfreiheit mit unzuträglichen Folgen für die Integration von MigrantInnen instrumentalisieren könnten (HCI 2000, 58). Diese Distanz gegenüber Religionsgemeinschaften ist zweifellos auch der französischen *laïcité* geschuldet, die zwar staatlichen Respekt vor Religion zusichert, eine Anerkennung von Religionsgemeinschaften aber zurückweist (s. u. Kap. 4.1.3). Dennoch ist ein Zusammenhang zwischen der Religionsausübung von MigrantInnen und dem Grad an gesamtgesellschaftlicher Integration in die französische Gesellschaft erkennbar: Integration wird für umso realistischer gehalten, je weniger die Religionszugehörigkeit als ‚Problem' für die Öffentlichkeit erscheint. Letzteres wiederum ist umso mehr der Fall, je besser sich die jeweilige Religionsgemeinschaft in die vorhandenen Strukturen einpasst. Stärker als in Deutschland und dem Vereinigten Königreich ist darum in Frankreich die Akzeptanz des Islam an die Voraussetzung gebunden, dass dessen Vereinbarkeit mit dem laizistischen und republikanischen Prinzip unter Beweis gestellt wird. In der Konsequenz steht die *Institutionalisierung* des Islam gemäß den Vorgaben der Republik[92] an erster Stelle, über die sich im Erfolgsfall durchaus Integrationspotentiale ergeben können. Darin gründen auch die hohen Erwartungen, die an die Ausbildung eines muslimischen Repräsentativorgans gestellt wurden. Unmittelbar nach der Bildung des Muslimrates 2002 hat der damalige Innenminister Sarkozy es als Erfolg bezeichnet, dass die „fünf Millionen Muslime Frankreichs nun endlich volle Staatsbürger geworden sind"[93]. Abgesehen von der problematischen Pauschalisierung dieser Aussage wird daran deutlich, wie wichtig es für das republikanische Selbstverständnis ist, Religion(en) offiziell verorten zu können. Als Präsident bekräftigte Sarkozy im Jahr 2007 bei seiner Rede in der *Grande Mosquée de Paris*, „le CFCM est un facteur d'intégration et d'apaisement"[94] (Sarkozy 2007). Auch das 2004 eingeführte Verbot des Tragens ostentativer religiöser Zeichen in der Schule kann als Versuch interpretiert werden, „die Laizität als integrationsförderndes Prinzip in der Verfassungswirklichkeit zu sichern" (Wick 2007, 200).[95] Das Zuweisen eines Platzes für den Islam innerhalb der Ordnung der Republik wird zum spezifisch französischen Integrationsmodus, der teilweise mit Restriktionen im Bereich der freien Religionsausübung einhergeht.

Neben dieser Institutionalisierung sind auch die Ansätze einer *Französisierung* des Islam (von Krosigk 2000, 153) Teil der französischen Integrationspolitik. Der Islam in Frankreich soll zu einem französischen Islam werden; zu wichtigen Schritten in diese Richtung kann oben erwähnter Studiengang für angehende Imame gezählt werden, der „die

---

92 Und auch, wie Reuter zeigt, gemäß der Logik der „longue durée" (Reuter 2007, 392) der Republik: So hatte beispielsweise das jüdische Zentralkonsistorium (Consistoire de Paris) bei der Gründung des CFCM Model gestanden.

93 Zitiert nach Fernando 2005, 7; eigene Übersetzung.

94 [der CFCM ist ein Faktor der Integration und der Befriedung]

95 Im Jahr 2004 wurde mit einem Gesetz zur Anwendung des Prinzips der *laïcité* an öffentlichen Schulen (Loi n° 2004-228 du 15 mars 2004) diese Tendenz auch formalrechtlich zementiert.

Integration des Islam in die französische Gesellschaft fördern" (NZZ 04.02.2008) soll, was Sarkozy bekräftigt: „C'est un beau symbole, l'Institut catholique de Paris qui forme des imams aux valeurs de la République, aux valeurs de la laïcité, c'est un beau message"[96] (Sarkozy 2007, 5). Die Studieninhalte, die am *Institut Catholique* gelehrt werden, beinhalten auch praktische und analytische Kompetenzen im Bereich der „l'interculturalité et de l'intégration (…) et d'application des politiques publiques d'intégration"[97]. In Frankreich wird Religion nicht als Integrationsagentur betrachtet. Priorität hat vielmehr die symbolische Integration des Islam, welche sekundär aber durchaus auch positive integrationspolitische Implikationen mit sich bringen soll.

3.1.3.3   Wege zu einem moderaten, französischen Islam?

In Reaktion auf die Terroranschläge der 1980er und 1990er Jahre und auf die vorstädtischen Unruhen, zuletzt im Jahr 2005, wurden auch in Frankreich Wege gesucht, das mögliche Risiko islamistischer Strömungen für die innere Sicherheit über politische Maßnahmen zu kontrollieren. Nicht nur der *Homegrown* Terrorismus, auch eine steigende Zahl antisemitischer Vorfälle „typically assumed to have been committed by Muslims, led more of the French public to associate Muslims with insecurity" (Giry 2006, 92). In der Reaktion darauf hat der französische Staat einen Schwerpunkt gelegt einerseits auf autoritative Methoden etwa durch gesteigerte Polizeipräsenz vor allem in den Banlieues (International Crisis Group 2006, ii), verschärfte Einreisebedingungen und erhöhte Sicherheitsvorkehrungen im Innern,[98] andererseits auf den bereits erwähnten Versuch einer Französisierung des Islam. Letzterer war mit dem Wunsch verbunden, einen vom islamisch geprägten Ausland unabhängigen Islam zu etablieren (Fernando 2005, 9), nicht zuletzt um moderate islamische Kräfte zu stärken und damit den Nährboden für radikale Tendenzen zu verringern. Die Abwehr von Imamen aus dem Ausland, die extremistische Positionen vertreten (Peter 2003, 20), war ein zentrales Argument der staatlichen Förderung einer französischen Imam-Ausbildung. Die Bemühungen um die Gründung einer repräsentativen muslimischen Spitzenorganisation, die seit den 1990er von der französischen Regierung nachdrücklich verfolgt wurden, war ebenfalls vom Versuch geprägt, islamistischen Extremismus einzudämmen (Fernando 2005, 2).[99]

---

96   [das ist ein schönes Symbol, das katholische Institut von Paris, das Imame über die Werte der Republik, die Werte der Laizität unterweist, das ist eine schöne Botschaft]

97   [der Interkulturalität und der Integration (…) und der Anwendung der öffentlichen Integrationspolitik] (Internetquelle 15).

98   Vgl. hierzu das Loi n° 2006-64 du 23 janvier 2006 relative à la lutte contre le terrorisme et portant dispositions diverses relatives à la sécurité et aux contrôles frontaliers, welches u. a. Videoüberwachung im öffentlichen Nahverkehr und die Überwachung der telefonischen und elektronischen Kommunikation von Terrorverdächtigen erlaubt.

99   In einem Bericht der unabhängigen International Crisis Group werden solche Versuche der Befriedung über die Schaffung eines organisierten und staatlich kontrollierten Islam als nicht zielführend bezeichnet: „À ce titre, toute réponse organisée en termes de religion building cherchant à promouvoir un Islam modéré et contrôlable restera inopérante. La présence d'un Islam tranquille et sous contrôle ne fera pas, et n'a pas fait, barrage ni à la tentation radicale, ni à la dynamique émeutière" [Jeder Versuch, einen moderaten und kontrollierbaren Islam auszubilden, bleibt unwirksam. Die Anwesenheit eines ruhigen und kontrollierten Islam wird nicht und hat bislang nicht zur Abwehr von radikalen Antrieben oder aufrührerischer Dynamik beitragen können] (International Crisis Group 2006, 26). Begründet wird dies damit, dass die Orte der

Damit wird deutlich, dass die Interaktion zwischen Staat und muslimischer Bevölkerung zwar auch in Frankreich sicherheitspolitische Komponenten aufweist, diese aber weder von einem auffälligen strategischen Wandel nach 2001 geprägt sind, noch von einer derart starken Affinität zu nationalen Anti-Terror-Maßnahmen, wie das in Deutschland und vor allem im Vereinigten Königreich zu beobachten ist.[100] Ebenso wenig wurden kriminalpräventive Maßnahmen eigens für die Zielgruppe der Muslime entworfen. Die „prévention de la délinquance" der Nationalen Agentur für sozialen Zusammenhalt und Chancengleichheit, *L'Agence Nationale pour la Cohésion Cociale et l'Égalité des chances* (l' ACSÉ), orientiert sich an einer nach städtepolitischen Kriterien festgelegten Zielgruppe und erstreckt sich auf ausgewählte (sub-)urbane Bezirke.

3.1.4 Vergleich der aktuellen Entwicklungen der Religions- und Islampolitik

Der Vergleich der aktuellen Entwicklungen der Religions- und Islampolitik in Deutschland, Frankreich und dem Vereinigten Königreich soll strukturelle und inhaltliche Parallelen und Unterschiede hervorheben.

3.1.4.1 Versuche einer rechtlichen und politischen Einbindung des Islam

Während im Vereinigten Königreich staatliche Strategien einer Einbindung des Islam eher situativ auftauchen und deren Umsetzung meist auf die lokale Ebene beschränkt ist, sind sowohl in Deutschland als auch in Frankreich deutliche Anstrengungen in Richtung einer Ausbildung eines muslimischen Repräsentativorgans erfolgt. Dabei reicht die Suche nach einem repräsentativen Ansprechpartner für die Muslime in Frankreich weiter zurück, wird stärker von einer nationalen Ebene aus gesteuert und ist von nachdrücklicheren staatlichen Interventionen geprägt als in Deutschland. Auch liegen die Gründe für die staatlichen islampolitischen Initiativen in Frankreich vor allem im politischen Willen, den Islam zu nationalisieren und in das republikanisch-laizistische System einzubinden, während religionsrechtliche Bestimmungen und rechtlich orientierte Anerkennungsforderungen der Muslime in Deutschland eine formalisierte muslimische Religionsgemeinschaft nahelegen.

3.1.4.2 Islampolitik mit dem Ziel der Integration von Muslimen

Insbesondere in Deutschland und dem Vereinigten Königreich ist ein starker Bezug der staatlichen Religions- und Islampolitik zu integrationspolitischen Zielen zu erkennen. In

---

Radikalisierung immer weniger mit den Orten der Religionsausübung übereinstimmen. Ähnlich argumentiert auch der französische Politikwissenschaftler Roy, der nachzuweisen sucht, dass der islamische Fundamentalismus selbst ein Produkt der Verwestlichung sei und die junge Generation von in Frankreich aufwachsenden radikalen Muslimen kaum mehr traditionelle religiöse Bindungen vorweise (Roy 2006).

100 Im Gegensatz zum Vereinigten Königreich wurden in Frankreich nach dem 11. September 2001 keine islamistischen Terroranschläge verübt. Dagegen hat Frankreich bereits Jahrzehnte früher, insbesondere in den Jahren 1986, 1994, 1995, 1998 und 2000 verschiedene Erfahrungen mit islamistischem Terror gemacht (International Crisis Group 2006, 18).

Deutschland werden im Rahmen der nationalen, regionalen und lokalen Islampolitik regelmäßig integrationspolitische Motive aufgeführt. Im Vereinigten Königreich sind Religionsgemeinschaften – nicht nur, aber auch die muslimischen – zu einem neuen, viel versprechenden ‚Medium' bei der Herstellung von gemeinschaftlichem Zusammenhalt avanciert. Ein solcher Zusammenhang wird in Frankreich zwar nicht in dieser Form von staatlicher Seite aus hervorgehoben, jedoch wird auch hier darauf hingearbeitet, dass ein französischer Islam, der sich mit den republikanischen Prinzipien identifiziert und der eingebunden ist in etablierte rechtliche Strukturen, einen positiven Effekt auf eine gelingende gesellschaftliche Integration von Muslimen ausübt.

3.1.4.3   Die Verbindung von Sicherheits- und Islampolitik

Auch bei der Verbindung von Islam- und Sicherheitspolitik sind deutliche Parallelen zwischen Deutschland und dem Vereinigten Königreich zu verzeichnen. Es wird in beiden Staaten der Dialog zu Repräsentanten der muslimischen Gemeinschaft gesucht unter anderem mit dem Ziel, Extremismus und Gewalt entgegenzuwirken. In Frankreich sind es hingegen eher Maßnahmen wie die Bildung eines repräsentativen muslimischen Rates oder die französische Imam-Ausbildung, die indirekt einen Bezug zur inneren Sicherheit aufwiesen, etwa über die erhoffte Einflussnahme der Regierung zur Förderung eines moderaten Islam und durch die anvisierte Unabhängigkeit eines französischen Islam von den islamisch geprägten Herkunftsstaaten immigrierter Muslime.

3.2   Aktuelle Entwicklungen der Integrationspolitik

Im Folgenden werden die neuesten Entwicklungen der Integrationspolitik in Deutschland, Frankreich und dem Vereinigten Königreich in vergleichender Weise aufgezeigt. Ich werde mich dabei auf Geschehnisse nach der Jahrtausendwende konzentrieren, da seitdem, wenn auch zeitlich leicht versetzt, eine in allen drei Staaten anzutreffende Zäsur stattfand, im Zuge derer die bisherige Integrationspolitik kritisch überprüft und eine weitgehende Neuausrichtung gefordert und entwickelt wurde.

3.2.1   Die deutsche Integrationspolitik als ‚nachholende Integrationsförderung'

In Deutschland wurde eine systematische Integrationspolitik erst nach der Jahrtausendwende begründet. Drei Aspekte lassen sich im Rahmen dieses ‚verspäteten' staatlichen Engagements unterscheiden: (1) die binäre Konzeption einer Integrationspolitik, die sich zwischen einer *Forderung* von Integration durch den Staat und einer staatlichen *Förderung* von Integration bewegt; (2) der (späte) Beginn einer *bundesweit ausgerichteten Integrationspolitik* und (3) die strukturell-behördliche *Überlagerung* von sicherheitspolitischen Momenten mit integrationspolitischen Zielen.

3.2.1.1 Integrationspolitik zwischen Fördern und Fordern

In Deutschland setzte eine dezidierte Integrationspolitik erst um die Jahrtausendwende ein. Erst ab dem Jahr 2005 kann man von einer staatlich gesteuerten oder verantworteten Integrationspolitik sprechen (s. u. Kap. 4.2.1.1), was etwa die Einrichtung der Integrationskurse[101] oder auch die Rubrik „Förderung der Integration" im neu eingeführten Aufenthaltsgesetz im Zuwanderungsgesetz belegen. Aufgrund des späten Zeitpunktes der Einsicht in die Notwendigkeit verstärkten staatlichen Handelns kann auch von einer „nachholenden Integrationsförderung" (Bade 2007, 309) gesprochen werden, die unter anderem mit der Leugnung des Einwanderungscharakters Deutschlands bis 1998 (Bade 2007, 307) zusammenhängende Versäumnisse aufzuholen versuchte. Die gesteigerte staatliche Handlungsbereitschaft muss aber vor allem als politische Kommunikationsstrategie verstanden werden, mit der der Staat zu signalisieren versuchte, dass er „die vielfach problematisch wahrgenommene Integration von ZuwanderInnen erfolgreich steuert" (Michalowski 2007, 132). In diesem Sinne haben vor allem Bundesinitiativen wie die Deutschen Integrationsgipfel, die seit 2006 regelmäßig stattfinden, aber auch das Zuwanderungsgesetz von 2005 zunächst Symbolwert (Bommes 2006, 75ff.; Bade 2007, 311; Michalowski 2007, 135).

Mit der im Jahr 2007 erfolgten Novellierung des Zuwanderungsgesetzes durch das Gesetz zur Umsetzung aufenthalts- und asylrechtlicher Richtlinien der Europäischen Union kann von einer weiteren Phase der Integrationspolitik gesprochen werden, in der sich „eine Akzentverschiebung zum fordernden Verständnis von Integration" (Groß 2007, 316) abzeichnet. Die Integrationsleistung wird also (wieder) der Zuwanderin und dem Zuwander abverlangt, deren Erfolg aber weiterhin vom Staat kontrolliert. Aus der Integrations*förderung* wird eine zunehmend restriktiv gehandhabte Integrations*forderung* (Groß 2007, 318f.).[102] Diese Verschiebung mag auch auf die Intention des Staates hindeuten, den Druck, den er sich mit der alleinigen Verantwortung für gelingende Integration auferlegt hat (Michalowski 2007, 136), wieder ein Stück weit an die ZuwanderInnen abzugeben. Mit der Forderung nach Integration einher geht häufig die Erwartung an die ZuwanderInnen, bestimmte Grundwerte anzuerkennen. Im Gespräch sind dabei ein mehr oder weniger abstrakt gehaltener Wertekatalog (Schäuble 2006), eine deutsche Leitkultur (s. o. 59 Anm. 52) oder die Inhalte des Grundgesetzes und die deutsche Rechtsordnung (Integrations–beauftragte 2006b, 5).

---

101 Die Integrationskurse (Zuwanderungsgesetz 2004 Kap. 3 § 43) bestehen aus einem ausgeprägten sprachvermittelnden Teil und einem weniger umfangreichen gesellschaftskundlichen Teil, dem sogenannten Orientierungskurs mit dem Ziel einer „umfangreiche[n] Information der Zuwanderer über deutsche Politik, Geschichte und Kultur" (Michalowski 2007, 113). Die 6- bis 10-monatigen Kurse sind für bestimmte Zuwanderergruppen verpflichtend, insbesondere wenn die Deutschkenntnisse ungenügend sind oder, nach Maßgabe der Ausländerbehörden, wenn Sozialhilfe bezogen wird. Die Teilnahme am Kurs sowie das Bestehen des abschließenden Tests sind relevant für die dauerhafte Aufenthaltserlaubnis (Michalowski 2007, 102ff.). Der Staat verfügt außerdem über die Möglichkeit, bei Nichtteilnahme finanzielle Sanktionen zu verhängen. Für eine kritische Perspektive auf die Integrationskurse, mit denen „eurozentrische Ordnungsmodelle und koloniale Hierarchien" (Ha 2010, 421) reproduziert würden, vgl. Ha 2010.
102 Der u. a. durch europäisches Recht begünstigte „Trend zur Vorverlagerung und Verschärfung der Anforderungen" (Groß 2007, 319), wie er sich im deutschen Migrationsrecht seit der Entdeckung des Themas ‚Integration' beobachten lässt, hat sein Pendant in anderen Mitgliedstaaten der Europäischen Union, am restriktivsten wird er in den Niederlanden umgesetzt. Groenendijk spricht gar von einer „gefährliche[n] Verlagerung von Aufenthalt oder Beteiligung zu Identität oder Loyalität" (Groenendijk 2007, 324).

3.2.1.2 Integrationspolitik zwischen nationalstaatlicher Steuerung und Dialog

Trotz der deutlich restriktiveren gesetzlichen Vorgaben und der teilweise zu beobachtenden „Privatisierung der Integrationsförderung" (Michalowski 2007, 204) wäre es verkürzt, davon zu sprechen, dass die fördernde Komponente der Integrationsarbeit zum Erliegen gekommen wäre. So deuten beispielsweise die sehr hohen staatlichen Kosten für die Integrationskurse (Michalowski 2007, 118ff.) auf eine gewisse Kontinuität des fördernden Aspekts staatlicher Integrationspolitik hin. Der dritte Integrationsgipfel des Bundes vom November 2008 setzt vor allem auf Dialog und scheint damit die Kooperation mit zivilgesellschaftlichen und privaten Akteuren wieder in den Vordergrund zu stellen. Diese Linie soll auch vom vierten Integrationsgipfel der Bundesregierung, der im November 2010 stattfand, weitergeführt werden. Die Regierung setze weiterhin auf „intensiven Dialog mit den Migrantinnen und Migranten" (Regierung online 29.10.2010) und auf Kooperation zwischen staatlichen und privaten Akteuren.

Der von der Integrationsbeauftragten koordinierte „Nationale Integrationsplan" hat den Anspruch, die Absicht umzusetzen, „ein nationales Handlungskonzept" (Integrationsbeauftragte 2006a, 2) für eine deutsche Integrationspolitik zu formulieren. Er setzt neben dem Konzept einer zentralen Steuerung auf „pragmatische Lösungen" (Integrationsbeauftragte 2006a, 3). Dabei stehen Selbstverpflichtungen zur Durchführung integrationsfördernder Maßnahmen von Bund, Ländern und Kommunen, aber auch von nicht-staatlichen Akteuren wie Migrantenverbänden, Gewerkschaften, Unternehmen, Medien, Sportverbänden und Bürgergesellschaften im Mittelpunkt. Der Integrationsplan betont auch die Notwendigkeit „Migrantinnen, Migranten und ihre Organisationen stärker in Planung und Gestaltung von Integrationsmaßnahmen ein[zu]beziehen" (Bundesregierung 2007b, 13).

Für die Fokussierung des Bundes auf das Thema ‚Integration' spricht bereits die Zuordnung der Integrationsbeauftragten der Bundesregierung zum Bundeskanzleramt seit November 2005. Zuvor war dieser Posten im Familienministerium und davor im Bundesministerium für Arbeit und Sozialordnung angesiedelt.[103] Zuletzt hat die Gründung eines Bundesbeirats für Integration durch die Integrationsbeauftragte der Bundesregierung im Januar 2011 den Versuch einer deutlichen Priorisierung staatlicher Integrationsförderung aufgezeigt (Integrationsbeauftragte 13.01.2011). Bereits im Vorfeld haben viele Länder Integrationsbeauftragte ernannt und/oder diese mit mehr Kompetenzen ausgestattet.

3.2.1.3 Verflechtungen zwischen Integrations- und Sicherheitspolitik

Trotz des Zugeständnisses, Deutschland sei ein Einwanderungs-, ja sogar „Integrationsland" (Böhmer 29.02.2008), setzt staatliche Politik seit dem Regierungswechsel 2005 weiterhin einen Fokus auf die Begrenzung und Kontrolle von Zuwanderung. Dies schlägt sich auch auf die Integrationspolitik nieder, in die seitdem verstärkt sicherheitspolitische Gesichtspunkte Eingang gefunden haben. Dieser Weg wurde bereits im Koalitionsvertrag von CDU/CSU und SPD angesteuert, wo das Kapitel „Migration steuern – Integration fördern" unter dem Abschnitt „Sicherheit für die Bürger" platziert ist (Koalition 11.11.

---

103   Mit dieser neuen Zuordnung des Amtes soll deutlich werden, „wie wichtig das Thema Integration für die Bundesregierung ist" (Internetquelle 16).

2005, 117ff.).[104] Die Steuerung und Begrenzung von Migration werden zugleich als Voraussetzung für gelingende Integration erachtet (ebd.). Der Boykott des „Zweiten Integrationsgipfels" durch türkische Verbände, die damit auf die Verschärfungen des Zuwanderungsgesetzes im Jahr 2007 reagierten, kann als Antwort auf die Verknüpfung von Migrationskontrolle und Integrationspolitik gelten (Die ZEIT 11.07.2007).

Diese inhaltlichen Weichenstellungen einer Verbindung zwischen Integrationspolitik und Migrationskontrolle haben sich auch in behördlichen Strukturen niedergeschlagen. Als Folge neuer zuwanderungsrechtlicher Schritte wurden die Verwaltungseinheiten im Bereich der Integrationspolitik eng mit dem sicherheitspolitischen Bereich der Migration und Grenzkontrolle verbunden. Mit der Verabschiedung des erneuerten Zuwanderungsgesetzes im Jahr 2004 wurde das Bundesamt für Migration und Flüchtlinge (BAMF) gebildet. Es verfügt über die Abteilung „Integration", die für Grundsatzfragen und die Förderung von Integration zuständig ist, aber auch mit Konzeption, Bewertung und Verfahren der Integrationskurse befasst ist. Das BAMF ist dem Innenministerium unterstellt und gründet auf der ehemaligen Behördenstruktur des Bundesamts für die Anerkennung ausländischer Flüchtlinge, dessen Aufgaben es weiterhin wahrnimmt. Auf kommunaler Ebene wurden den Ausländerbehörden Zuständigkeiten im Bereich der Feststellung des Integrationsbedarfs im Vorfeld der Integrationskurse übertragen (Bayerisches Staatsministerium für Arbeit und Sozialordnung, Familie und Frauen 2008, 67; s. o. 87 Anm. 101). Auch diese kommunalen Behörden nehmen üblicherweise vor allem kontroll- und ordnungspolitische Kompetenzen wahr (Michalowski 2007, 27f.). Polizeibehörden werden ebenfalls zunehmend in die Integrationsthematik einbezogen (Polizei/bpb 2005).

Neben der Verknüpfung der Migrationskontrolle mit Integrationspolitik wurden auch kriminalpräventive Maßnahmen in die Integrationskonzepte auf kommunaler, Länder- und Bundesebene einbezogen. Das Innenministerium Baden-Württemberg argumentiert in seinem Bericht zur „Integration in Baden-Württemberg", dass eine sicherheitspolitische Ausrichtung der Integrationspolitik notwendig sei, um die Bereitschaft der Aufnahmegesellschaft zu unterstützen, „Integration zuzulassen". Es solle aber auch – etwa durch Vermeidung rassistischer Gewalttaten – die Bereitschaft der ZuwanderInnen gefördert werden, „sich in eine fremde Gesellschaft zu integrieren" (Innenministerium Baden-Württemberg 2004, 102). Sicherheit wird also zur Voraussetzung für Integration erklärt. Zugleich wird gelungene Integration als der inneren Sicherheit zuträglich beschrieben (Innenministerium Baden-Württemberg 2004, 107). Der „Nationale Integrationsplan" legt auf Bundesebene einen Schwerpunkt auf das Delikt der Zwangsverheiratung sowie auf häusliche Gewalt gegen Frauen;[105] dieser Schwerpunkt findet sich auch in den Integrations-

---

104 Das zeigt später dann beispielsweise auch die deutliche Forderung der CDU/CSU nach einer Beschränkung von Zuwanderung mit dem expliziten Ziel, Integration zu ermöglichen. So heißt es im „Positionspapier der CDU/CSU-Bundestagsfraktion zum Nationalen Integrationsplan": „Die entscheidende Voraussetzung für den notwendigen Konsens ist, Zuwanderung zu begrenzen und zu steuern. Die Integrationskraft des Bildungswesens, des Arbeitsmarkts und der Zivilgesellschaft in Deutschland müssen gestärkt und ihre Grenzen respektiert werden. Zuwanderung in die Sozialsysteme lehnen wir ab und wollen sie so weit als möglich ausschließen" (CDU/CSU 2007, 2).

105 Im „Nationalen Integrationsplan" von 2007 wird die Bedeutung des Schutzes vor häuslicher Gewalt gegen Frauen betont und entsprechende Maßnahmen des Bundes angekündigt (Bundesregierung 2007a, 14, 18f.). Zum Thema „Schutz vor Gewalt im persönlichen Umfeld im Allgemeinen und vor Zwangsverheiratung im Besonderen" wurde die Arbeitsgruppe „Integration durch Recht" eingerichtet (Bundesregierung 2007a, 88).

maßnahmen einiger Bundesländer.[106] Das Bayerische Staatsministerium bezieht den Programmpunkt der Prävention und Bekämpfung von Kinder- und Jugendgewalt mit ein (Bayerisches Staatsministerium 2008, 70). Das Landeskriminalamt Niedersachsen hat verschiedene Kampagnen und Projekte vorwiegend mit dem Ziel der Gewaltprävention unter dem Thema „Polizeiliche Präventionsmaßnahmen bei Personen mit Migrationshintergrund" gebündelt (Niedersächsisches Ministerium für Inneres, Sport und Integration 2008, 61f.). Auf Bundesebene spielen kriminalpräventive Strategien in der Integrationspolitik eine eher geringe Rolle.[107] Entweder wird von Seiten des Bundes auf die Zuständigkeit der Länder und Kommunen verwiesen – beispielsweise im Rahmen von lokaler Quartiersarbeit oder dem Städtebau (Bundesregierung 2007b, 114) – oder auf die Programme zur Zusammenarbeit zwischen Staat und muslimischen Organisationen (s. o. 74).

3.2.2   Die britische Integrationspolitik als Stärkung des gemeinschaftlichen Zusammenhalts

Mit der Regierungsübernahme durch *New Labour* im Jahr 1997 kann von einer Wende britischer Integrationspolitik gesprochen werden. Drei jeweils eng miteinander zusammenhängende Komponenten einer erneuerten Integrationspolitik können identifiziert werden: (1) Die Entwicklung einer kommunal verankerten Politik des gemeinschaftlichen Zusammenhalts (*Community Cohesion*) verbunden mit der Suche nach *übergreifenden Prinzipien* als integrative Basis der britischen Gesellschaft; (2) der Umbau der Antidiskriminierungspolitik hin zu einer einheitlichen und umfassenden *Gleichstellungsprogrammatik* und (3) die Verbindung von *integrationspolitischen Maßnahmen* mit *sicherheitspolitischen Motiven*.

3.2.2.1   *Community Cohesion* und *New Britishness*

Zentrale Komponente der britischen integrationspolitischen Neuausrichtung ist die Schwerpunktsetzung auf eine Stärkung des gemeinschaftlichen Zusammenhalts auf kommunaler Ebene. Sie ist angeleitet vom Versuch, Einheit trotz Verschiedenheit herzustellen oder Einheit gar in der Verschiedenheit zu gründen (Wetherell 2007, 13). Diese Strategie, die die britische Integrationspolitik der nachfolgenden Jahre durchgängig prägte, ist nur vor dem Hintergrund der politischen Reaktionen auf die *Riots* in den englischen Städten Bradford, Oldham and Burnley im Sommer 2001 zu verstehen (Jayaweera/Choudhury 2008, 1). Im Zuge der Ursachenforschung zu diesen Ausschreitungen hat das Staatsekretariat für Inneres

---

106   Im „20-Punkte-Aktionsplan Integration" des Landes Nordrhein-Westfalen wurde die Ausarbeitung eines Konzepts zum Schutz vor Zwangsverheiratung und eine Unterarbeitsgruppe zum Thema „Zwangsheirat" angekündigt (Landesregierung NRW 2006, 8f.), im „Integrationsbericht 2008" wurde das Thema wieder aufgenommen (Integrationsministerium NRW 2008, 62f.). Die Ausländerbeauftragte der Landesregierung veranstaltete bereits 2003 eine Tagung mit dem Titel „Zwangsheirat - Maßnahmen gegen eine unehrenhafte Tradition".

107   Gerade im Vergleich mit Frankreich (s. u. 98f.) fällt auf, dass ein zentrales Konzept und entsprechende Infrastruktur zur Kriminalitätsprävention im Rahmen der nationalen Integrationspolitik nicht ausgearbeitet bzw. gebildet wurden.

eine *Ministerial Group on Public Order and Community Cohesion* ins Leben gerufen, die 2001 unter der Leitung von John Denham den Bericht „Building Cohesive Communities: A Report of the Ministerial Group on Public Order and Community Cohesion" (Home Office 2001a) veröffentlichte, der unter dem Begriff *Denham-Report* bekannt wurde. Parallel nahm ein unabhängiges *Review Team* unter der Leitung von Ted Cantle seine Arbeit auf und legte ebenfalls noch im selben Jahr den Bericht „Community Cohesion: A Report of the Independent Review Team" vor (Home Office 2001b), der auch als *Cantle-Report* bezeichnet wird (s. o. 19 Anm. 5).[108] Unter dem Stichwort der ‚Community Cohesion' wurde damit eine neue, pragmatische Variante britischer Integrationspolitik ausbuchstabiert, die auf eine qualitative Wende in der Integrationspolitik hinweist (Runnymede Trust 2002 und 2003; Wetherell 2007).

Nach einer Definition der *Local Government Association* (LGA)[109] aus dem Jahr 2002 wird *Community Cohesion* durch vier Hauptelemente bestimmt:

> „there is a common vision and a sense of belonging for all communities; the diversity of people's different backgrounds and circumstances is appreciated and positively valued; those from different backgrounds have similar life opportunities; and strong and positive relationships are being developed between people from different backgrounds and circumstances in the workplace, in schools and within neighbourhoods" (LGA 2002b, 6).[110]

Die systematische Umsetzung einer Politik der *Community Cohesion* kann auf das Jahr 2005 datiert werden, als die Regierung ihre Strategie „Improving Opportunity, Strengthening Society" (Home Office 2005a) veröffentlichte. Sie zielt auf die Betonung gemeinsamer Werte und dessen, „what binds us together" (Home Office 2005a, 5), setzt aber zugleich einen starken Fokus auf die Umsetzung von Chancengleichheit.[111] Zwei Fortschrittsberichte zu dieser Strategie wurden in den Jahren 2006 und 2007 herausgegeben.

---

108 Eine weitere Untersuchung der Ereignisse in Bradford wurde von der Interessensgemeinschaft *Bradford Vision* unter der Leitung von Sir Herman Ouseley im Jahr 2001 vorgelegt (Ouseley 2001), David Ritchie leitete die „Oldham Independent Review", die die Ereignisse in Oldham überprüfte (Ritchie 2001).

109 Die LGA ist eine „voluntary lobbying organisation", die als Stimme des Sektors der Lokalregierungen von England und Wales auftritt und dessen Belange vertritt (Internetquelle 17).

110 Im Jahr 2008 wird diese Definition leicht abgeändert und folgendermaßen formuliert: „Community Cohesion is what must happen in all communities to enable different groups of people to get on well together" (DCLG 2008c, 10). Es werden zwei Aspekte genannt, in denen die neue Definition sich von der alten unterscheidet: „First, it reflects a greater emphasis on the importance of citizenship and community empowerment to building cohesion – ranging from rights and responsibility to a shared future vision. Second, in its recognition of the increasing importance of integration to cohesion – how important a sense of having things in common is to building trust and positive relationships between new and existing residents" (ebd.). Zum Begriff ‚Community Cohesion' s. auch u. 217.

111 Strukturell zeichnet sich jedoch mit der Herauslösung des *Community Cohesion Unit* im Jahr 2006 aus dem *Race Equality Unit* eine institutionelle Trennung zwischen den Bereichen Chancengleichheit und *Community Cohesion* ab (Jayaweera/Choudhury 2008, 4, 127). Das *Community Cohesion Unit* war ursprünglich im *Race Equality Unit* des Innenministeriums angesiedelt. Es wurde später umbenannt in *Faith and Cohesion Unit* und dann, im Zuge eines Umbaus der Regierungsinstitutionen im Jahr 2006, in das im selben Jahr neu gegründete *Department of Communities and Local Government* eingegliedert. Mittlerweile existiert anstelle des *Faith and Cohesion Unit* das *Cohesion Directorate* im DCLG welches sich u. a. zum Ziel setzt, Ungleichheiten zu bekämpfen, auf stärkeren gemeinschaftlichen Zusammenhalt hinzuwirken, gegen Extremismus vorzugehen, interreligiöse Aktivitäten zu unterstützen und sich für einen „shared sense of belonging" einzusetzen (Internetquelle 18). Im Zuge der Umstrukturierungen übertrug das Innenministerium dem DCLG auch die Verantwortung für die „Improving Opportunity, Strengthening Society"-Strategie.

Herausgeber beider Fortschrittsberichte ist das 2006 gebildete *Department for Communities and Local Government*, das noch im selben Jahr die *Commission on Integration and Cohesion* mit dem Ziel einsetzte, die Kommunen im Umgang mit zunehmender Diversität zu unterstützen und damit zusammenhängende Konflikte zu vermeiden oder zu bearbeiten. In der Folge veröffentlichte diese Kommission verschiedene Stellungnahmen, unter anderem den Bericht „Our shared future" (Commission on Integration and Cohesion 2007b), in dem Vorschläge für eine neue Integrationspolitik aufgezeigt werden. Parallel dazu hat die Kommission eine Dokumentation mit dem Titel „Integration and cohesion. Case studies" (Commission on Integration and Cohesion 2007a) herausgegeben, in der lokal verankerte *Good Practice* Projekte zur Verwirklichung des gemeinschaftlichen Zusammenhalts vorgestellt werden.

Etwa zeitgleich mit den Anfängen einer *Community Cohesion Policy* sollte gesellschaftlicher Fragmentierung durch die Stärkung oder Ausbildung eines Zusammengehörigkeitsgefühls entgegnet werden. Parallel zu den gewalttätigen Ausschreitungen von 2001, die einen entscheidenden Faktor für die Neuausrichtung der Integrationspolitik darstellten, wurde *New Labour* in der Regierung bestätigt. Der neue britische Innenminister, David Blunkett, betonte im selben Jahr nachdrücklich die „Notwendigkeit eines gesicherten Heimats- und Identitätsgefühls" (Kockel 2004, 69; vgl. auch Home Office 2001c, Foreword). Ziel war es, zentrale britische Werte zu identifizieren, den Patriotismus zu erwecken und eine Art *Britishness* herauszuarbeiten (Tam 2006, 19). Damit einher ging jedoch weiterhin, zumindest auf einer rhetorischen Ebene,[112] eine positive Bewertung ethnischer und kultureller Vielfalt und ein Bekenntnis zu einem multikulturellen Großbritannien (Schönwälder 2007, 247f.). Diese Verbindung zwischen gemeinsamen Prinzipien und einer Wertschätzung kultureller Vielfalt bewegte sich im Einklang mit den Ergebnissen und Vorschlägen des *Denham-* und des *Cantle-Reports*. Während ersterer den „lack of a strong civic identity or shared social values to unite diverse communities" (Home Office 2001a, 11) als Hauptproblem identifizierte, forderte das *Review Team* um Ted Cantle:

> „It is (…) essential to establish a greater sense of citizenship, based on (a few) common principles which are shared and observed by all sections of the community. This concept of citizenship would also place a higher value on cultural differences" (Home Office 2001b, 10).

Die britische Diskussion um geteilte Prinzipien bindet also die positive Perspektive auf die multikulturelle Gesellschaft direkt ein.[113] Diese Linie führt die *Commission on Integration*

---

112 Der Kurs von *New Labour* nach der Jahrtausendwende wird aber von akademischer Seite auch als Rückschritt in eine assimilatorische Politik und als verdeckt monokulturalistisch kritisiert (Squire 2005, Kockel 2004, 79). Squire versucht, die Diskurse im Vorfeld der Verschärfung der Asylregelungen durch den 2002 *Nationality, Immigration and Asylum Act* und die 2003 *Asylum and Immigration (Treatment of Claimants, etc.) Bill* zu dekonstruieren und kommt zu dem Schluss: „Maintaining an essentialist conception of the nation, New Labour's ‚integration with diversity' leans away from a multiculturalist approach toward a monoculturalist one through articulating diversity in non-diverse terms" (Squire 2005, 69f.). Im Vergleich zum akademischen Diskurs mit seinen eher fließenden Identitätskonzepten setze die Regierung, so eine weitere Kritik, an einem relativ statischen Identitätsbegriff und einer statischen Vorstellung von ‚Community' an (Khan 2006, 41f.).

113 Ambivalent zeigt sich allerdings die Forderung nach einer britischen Identität, wie sie etwa im Bericht „Secure Borders, Safe Haven" (Home Office 2001c, 9) angesprochen wird. Diese Forderung steht in Spannung zum ebenfalls dort als „source of pride" (Home Office 2001c, 10) bezeichneten Bekenntnis zu einer multikulturellen Gesellschaft. Die Unklarheit am Regierungskonzept der „shared ‚British' identity"

and Cohesion seit 2005 weiter, indem die Verwirklichung einer *gemeinsamen* Zukunft der pluralen Gesellschaft, die verbindenden Elemente und eine „shared national vision" in den Vordergrund gestellt werden (Commission on Integration and Cohesion 2007b, 10).

3.2.2.2 Die Bündelung der Antidiskriminierungsmaßnahmen als Instrument der Integration

Ein weiteres Anzeichen für einen Wandel der britischen Integrationspolitik war die Bündelung der verschiedenen Antidiskriminierungsmaßnahmen verbunden mit der Umstellung auf eine umfassendere und vereinheitlichte Gleichstellungspolitik (Bertossi 2007b, 35f.; vgl. auch DCLG 2007a und The Equalities Review 2007, 5). Im Zuge neuer EU-Richtlinien (Geddes/Guiraudon 2007) wurde die Antidiskriminierungsgesetzgebung ausgeweitet.[114] Seit 2003 wird erstmals auch Diskriminierung aufgrund der Religion am Arbeitsplatz, seit 2007 auch in anderen Lebensbezügen verboten; dieser Schritt gilt als ein Element in einer Entwicklung, die häufig mit dem Schlagwort *From Race to Faith* umrissen wird (McLoughlin 2005b, 56f.). Da seit den 1960er Jahren Integration als *Chancengleichheit* begriffen wurde (Koenig 2003, 164) und Gesetze gegen Diskriminierung als entscheidendes Mittel zu deren Verwirklichung galten und gelten, war und ist diese Neuerung bedeutsam für religiöse Minderheiten. Der effektive britische Integrationsmodus öffnete sich damit gegenüber dem Kriterium der Religionszugehörigkeit (s. u. 121ff.).

Der inhaltliche Wandel hin zu einer einheitlichen und umfassenderen Antidiskriminierungspolitik wurde begleitet von einem institutionellen Umbau. Die *Commission for Racial Equality*, die *Equal Opportunities Commission* und die *Disability Rights Commission* wurden im Zuge des *Equality Act* 2006 in die regierungsunabhängige *Equality and Human Rights Commission* (EHRC) überführt. Dieser wurde auch die Zuständigkeit für den Schutz vor Diskriminierung aufgrund des Alters, der sexuellen Orientierung und der Religionszugehörigkeit übertragen sowie die Verantwortung für die Überwachung der Einhaltung der Menschenrechte. Die von der Regierung 2005 ins Leben gerufene *Equality Review* hatte die Aufgabe, die bisherigen Antidiskriminierungsmaßnahmen zu überprüfen und Vorschläge für deren Verbesserung und Modernisierung vor dem Hintergrund einer Vereinheitlichung der Maßnahmen zu unterbreiten. Diese Arbeit wurde mit dem Bericht „Fairness and Freedom" (The Equalities Review 2007) im Februar 2007 abgeschlossen. Parallel dazu arbeitete seit 2005 auch die *Discrimination Law Review,* die beim DCLG angesiedelt ist, an einer Überprüfung der Antidiskriminierungsmaßnahmen mit dem Ziel, einen Single Equality Bill zu entwickeln.

---

wird auch im Bericht des *Runnymede Trust* „Developing Community Cohesion. Understanding the Issues, Delivering Solutions" kritisiert (Runnymede Trust 2003, 2). Stattdessen wird ein „agreed set of moral values and principles – a commitment to democracy, equality and so on" gefordert. Spätere Regierungsdokumente gehen dann aber durchaus in diese Richtung und es dominiert die Rede von „shared civic values" (Home Office 2007, 65) oder einem „small set of shared values" (Home Office 2003, 12).

114 Diesen Entwicklungen voraus ging auch eine vom Innenministerium in Auftrag gegebene Studie zu religiös motivierter Diskriminierung in England und Wales (O'Beirne 2004), sowie, bereits 2001, eine ebenfalls vom Innenministerium beauftragte Studie, die die Möglichkeiten der Politik bei der Bekämpfung von religiöser Diskriminierung auslotete und entsprechende Vorschläge unterbreitete (Hepple/Choudhury 2001).

3.2.2.3 Die Verschränkung von Sicherheits- und Integrationspolitik

Neben der *Community Cohesion Policy*, der Suche nach einer neuen *Britishness* und der Vereinheitlichung der Antidiskriminierungsmaßnahmen bezeugt ein weiteres Element eine Wende in der britischen Integrationspolitik: Sicherheitspolitische Zielsetzungen wurden und werden zunehmend mit integrationspolitischen Strategien verbunden (Jayaweera/Choudhury 2008, 128). Dieser Schritt ist zunächst einmal eine Konsequenz aus der Ursachenforschung zu den *Riots* von 2001. Da als Hauptursache für die Ausschreitungen ein unzureichender gesellschaftlicher Zusammenhalt festgestellt wurde, wurden politische Bemühungen zur Verbesserung des sozialen Zusammenhalts angestrebt, mit der Erwartung, dass gelingende Integration positive Auswirkungen auf die öffentliche Ordnung und Sicherheit habe (Home Office 2001b). Analog wurde auch der umgekehrte Argumentationsgang verfolgt. Die als Konsequenz der *Community Cohesion Policy* gebildete *Commission on Integration and Cohesion* etwa stellt einen negativen Zusammenhang fest zwischen „deprived areas and those with high crime rates" und gemeinschaftlichem Zusammenhalt (Commission on Integration and Cohesion 2007b, 23). Eine erhöhte Kriminalitätsrate wirke sich, neben anderen Faktoren, erschwerend auf gemeinschaftlichen Zusammenhalt aus. Auf kommunaler Ebene sind verschiedene Programme gestartet worden, die auch die Bekämpfung von Kriminalität oder *Anti-Social Behaviour* zum Ziel haben (Commission on Integration and Cohesion 2007c, 9).

Neben der Kriminalitätsprävention und -bekämpfung deutet die Debatte über eine neue *British Citizenship* und über die stärkere Kontrolle der Grenzen des Vereinigten Königreichs auf weitere Verzahnungen zwischen Integrations- und Sicherheitspolitik hin. Zentral für diese Debatte ist das *White Paper* des Innenministeriums „Secure Borders, Safe Haven" (Home Office 2001c), das im Februar 2002 dem Parlament vorgelegt wurde. Die dort vorgeschlagene und wenig später daraus hervorgegangene Verschärfung des Zuwanderungs- und vor allem des Asylrechts wurde vom damaligen Innenminister David Blunkett mit dem Hinweis auf die Notwendigkeit der Herstellung von Sicherheit und der Garantie der öffentlichen Ordnung gerechtfertigt (Home Office 2001c, Foreword). Gleichzeitig stellte Blunkett einen expliziten Bezug zwischen diesen Maßnahmen und gelingender Integration her: Nur wenn Sicherheit garantiert werde und die Nation Vertrauen in die öffentliche Ordnung habe, könne Integration von ZuwandererInnen überhaupt stattfinden. Auch hier wird Integration verbunden mit der Anerkennung der Verschiedenheit, wie bereits der Titel der Vorlage verlauten lässt: „Integration with Diversity". Allerdings impliziert diese Strategie zugleich eine Begrenzung von *Diversity* (Squire 2005) und die Betonung eines „sense of belonging and identity" (Home Office 2001c, Foreword). Die Vorschläge, die in der Gesetzesvorlage eingebracht wurden und die auch den Naturalisierungsprozess selbst betrafen, wurden größtenteils im *Nationality, Immigration and Asylum Act* 2002 verbrieft und schrittweise innerhalb der folgenden Jahre angewandt. Im Jahr 2005 wurden Staatsbürgerschaftstests eingeführt, sogenannte „Life in the UK Tests" oder, bei geringeren Englisch-Kenntnissen, eine Kombination aus Sprach- und Staatsbürgerschaftskursen. Diese müssen unter bestimmten Bedingungen der permanenten Aufenthaltsberechtigung oder der Einbürgerung vorausgehen. Um den Einbürgerungsakt symbolisch zu unterstreichen, wurden zudem spezielle „introducing citizenship ceremonies" entworfen. Die zentrale Koordination der Tests und Kurse sowie des Einbürgerungsakts liegt bei der *UK Border Agency*, die auch die Verantwortung für Grenzsicherheit und Migrationskontrolle sowie Asylanträge und Anträge auf Staatsbürgerschaft trägt. Die strukturellen Verbindungen zwischen dem Anliegen der Integration von AusländerInnen[115] und nationaler Sicherheits- und Migrationspolitik finden sich also auch in den britischen Entwicklungen wieder.

Ein weiterer Punkt, der die Verbindung einer Politik der inneren Sicherheit und britischer Integrationspolitik aufzeigt, ist die Extremismusprävention und -bekämpfung. Die Verbindung beider Aspekte wird zwar unter den Vorbehalt gestellt: „Addressing political extremism must be distinguished from addressing issues relating to integration and cohesion – and requires an additional and concerted approach" (Commission on Integration and Cohesion 2007b, 15); allerdings wird die Notwendigkeit verstärkter integrationspolitischer Investitionen auf kommunaler Ebene durchaus mit Blick auf die Terroranschläge von 2005 gerechtfertigt. Die jüngeren Maßnahmen der Regierung zur Bekämpfung des islamistischen Terrorismus, die gleichfalls eine Antwort auf die Terroranschläge vom Juli 2005 darstellen, finden ausschließlich im Dialog mit muslimischen Akteuren statt (s. o. 78).

3.2.3 *Integration* à la française *als Staatsprogramm*

In Frankreich lässt sich mit der Jahrtausendwende ebenfalls ein Wandel der Integrationspolitik feststellen. Zwar bleibt die Eingliederung des Individuums nach republikanischem Verständnis – trotz einiger Kritik daran – weiterhin der prägende Integrationsmodus. Jedoch wurden die Voraussetzungen gelingender Integration vom Staat aktiver formuliert und der Erfolg systematischer durch den Staat kontrolliert. Diese Entwicklung ist begleitet (1) vom Versuch, eine *nationale Identität*, die auf republikanischen Prinzipien beruht, mit einer zentral gesteuerten *Integration* von Zugewanderten zu verbinden, (2) von einer größeren Sensibilität für *Diversité,* die den Umbau der Städtepolitik, Antidiskriminierungspolitik und nationalen Integrationspolitik mit beeinflusst hat und (3) von der *Verbindung* der *Integrationspolitik* mit *sicherheitspolitischen* Strukturen und Inhalten.

3.2.3.1 Die Verbindung von nationaler Identität und Integration – *La Cohésion nationale*

Angestoßen von einer kritischen Debatte über den Umgang mit Migration und Integration in Frankreich gegen Ende der 1990er Jahre (Michalowski 2007, 65ff.) wurden von Regierungsseite aus und unter Mitarbeit des *Haut Conseil à l'Intégration* Strategien entwickelt, die die Integration von ZuwanderInnen stärker zu begleiten, zu steuern und zu kontrollieren suchten. Zugleich wurden Anstrengungen unternommen, den nationalen Zu-

---

115 Zwar laufen die Tests und Kurse im Unterschied zu Deutschland und Frankreich nicht unter dem Label ‚Integration', die Inhalte kommen den französischen und deutschen Versionen jedoch nahe. Neben Fragen zum britischen Recht und den demokratischen Strukturen werden auch Fragen zu britischen Traditionen gestellt sowie zu „practical issues key to integration such as employment, healthcare, education and using public services like libraries" (BCC 01.11.2005). Im White Paper ‚Secure Boders, Safe Hafen' wird ein enger Zusammenhang zwischen dem Wissen über das britische Leben und die Sprache und der Integration in die britische Gesellschaft hergestellt (Home Office 2001c, 32). Ein wichtiger Unterschied zu den französischen und deutschen Tests ist jedoch, dass es sich bei den britischen Maßnahmen nicht um eine Steuerung der Erstintegration handelt, sondern diese gezielt für Personen konzipiert sind, die bereits längere Zeit im Land leben und nun eine unbegrenzte Aufenthaltserlaubnis oder die britische Staatsbürgerschaft erlangen möchten.

sammenhalt zu festigen. Ein zentraler Schritt in diese Richtung stellt das Konzept eines Integrationsvertrags dar. Zur Verbesserung der Erstintegration hat der französische Staat ein Vertragswerk ausarbeiten lassen, mittels dessen die Bedingungen für das Verhältnis zwischen ZuwanderInnen und Staat klarer formuliert und die Einhaltung überprüfbar gemacht werden sollte. Bereits im Jahr 1999 wurde eine freiwillige *Plate-forme d'acceuil*[116] eingerichtet, die kaum öffentlich thematisiert wurde (Michalowski 2007, 132f.). Sie sollte die Integration erleichtern, ein Kennenlernen der französischen Lebensweise ermöglichen und eine erste Orientierung für die besonderen Belange von Familien bieten.[117] Der Erfolg der Plattform wurde jedoch als gering eingestuft (Michalowski 2007, 98). Große öffentliche Resonanz erfuhr erst der *Contract d'acceuil et d'intégration*[118], den seit 2003 ZuwanderInnen mit dem Staat abschließen können. Dieser Vertrag bekam mit dem Gesetz zu Einwanderung und Integration im Jahr 2006 einen quasi verpflichtenden Charakter. Seitdem ist die Vergabe einer ersten Aufenthaltsgenehmigung an den Abschluss eines solchen Vertrags gebunden. Dahinter steht laut Gesetzestext die Absicht, die republikanische Integration der Ausländerin und des Ausländers in die französische Gesellschaft und die Akzeptanz der fundamentalen Werte der französischen Republik zu sichern.[119] Die Zuwanderin oder der Zuwanderer bekennt sich mit Unterzeichnung des Vertrags unter anderem zur Achtung der französischen Lebensweise und Übernahme der republikanischen Werte und verpflichtet sich zu einer Teilnahme an einem Integrationsprogramm, dessen Bestandteile Französischkurse und Staatsbürger- sowie Gesellschaftskundekurse sind (Bizeul 2004, 152). Im Gegenzug bietet der Staat seine Hilfe bei der sozialen Eingliederung der MigrantInnen an. Bei dem Vertragswerk werden somit fördernde Aspekte mit fordernden eng verbunden (Michalowski 2007, 99). Durch die starke Intervention des Staates und die inhaltliche Schwerpunktsetzung der Integrationskurse auf nationale Werte und die französische Sprache wird deutlich, wie eng Integrationsziele an national definierte Ziele angelehnt werden. Diese Tendenz bestätigt sich mit der Gründung des Ministeriums für Integration, Immigration, nationale Identität und Entwicklungszusammenarbeit (*Ministère de l'Immigration, de l'Intégration, de l'Identité nationale et du Développement solidaire*)[120] im Jahr 2007. Der im Januar 2009 in dieses Ministerium neu berufene Minister Eric Besson betonte in einem Presseinterview die Verbindung zwischen Integration und nationaler Identität:

---

116 [Empfangsplattform für NeuzuwanderInnen]

117 Internetquelle 19.

118 [Empfangs- und Integrationsvertrag]

119 Im Gesetz heißt es u. a.: „une première carte de résident est subordonnée à l'intégration républicaine de l'étranger dans la société française, appréciée en particulier au regard de son engagement personnel à respecter les principes qui régissent la République française" [eine erste Aufenthaltsgenehmigung hängt ab von der republikanischen Integration des Ausländers in die französische Gesellschaft, die anhand seines persönlichen Engagements in Bezug auf den Respekt vor den Prinzipien der französischen Republik beurteilt wird] (Loi n°2006-911 du 24 juillet 2006 relative à l'immigration et l'intégration, Art. 7 Satz 1). Zu den fundamentalen Werten der Republik werden gezählt: „la démocratie, la liberté, l'égalité, la fraternité, la sûreté et la laïcité" [Die Demokratie, die Freiheit, die Gleichheit, die Brüderlichkeit, die Sicherheit und die Laizität] (ANAEM 2008, 13).

120 Das Ministerium wurde im November 2010 abgeschafft, an seine Stelle ist die Abteilung des Innenministeriums *L'immigration, l'intégration, l'asile et le developpement solidaire* getreten (Le Monde 17.11.2010).

„J'ai un beau portefeuille qui comprend l'Identité nationale et l'Intégration. Ce sont deux idées que j'ai l'intention de conjuguer. C'est en tout cas le sens que j'ai l'intention de donner à ma mission. L'une ne va pas sans l'autre. Et je vais rapidement le prouver"[121] (Eric Besson zit. nach leJdd.fr 18.01.2009).

3.2.3.2 Chancengleichheit, Städtepolitik und *Cohésion sociale*

Im Bericht des HCI „Le bilan de la politique d'intégration 2002-2005" wird zwar ein explizites Bekenntnis zum republikanischen Modell ausgesprochen (HCI 2005, 43), allerdings wird auch auf Versäumnisse der französischen Integrationspolitik hingewiesen, die kulturelle Pluralität bislang vernachlässigt habe. Die Maßnahmen gegen Diskriminierung und Segregation sollen zukünftig auf der Grundlage eines „droit à la diversité" sensibler gestaltet werden (ebd.). Auch der 2004 veröffentlichte Bericht des französischen Rechnungshofes, des *Cour des comptes*, mit dem Titel „L'accueil des immigrants et l'intégration des populations issues de l'immigration" bezeichnet die bisherige Integrationspolitik als unzureichend, ungerichtet und unsensibel für kulturelle und ethnische Differenzen innerhalb der Zielgruppe (Cour des comptes 2004, 100; vgl. auch Michalowski 2007, 71). Dieser Kritik folgte eine vorsichtige Öffnung des Integrationsdiskurses gegenüber kultureller Verschiedenheit (*Diversité*) im Bereich der ‚erneuerten' Antidiskriminierungspolitik, eng damit zusammenhängend im Bereich der Städtepolitik und im Bereich der nationalen Integrationspolitik.

Die Öffnung gegenüber kultureller Pluralität hatte insbesondere Konsequenzen für die französischen Bemühungen um eine Bekämpfung von Diskriminierung. Wurde der Begriff der Chancengleichheit noch in den 1990er Jahren nur mit Vorsicht verwendet (Bertossi 2003, 37), schien er doch das strikte und abstrakte Gleichheitsprinzip (Bertossi 2007d, 11) zu gefährden,[122] änderte sich das im Jahr 2004 mit der Gründung der Hohen Behörde für die Bekämpfung von Diskriminierungen und für Chancengleichheit, *Haute Autorité de Lutte contre les Discriminations et pour l'Égalité* (HALDE). Diskriminierung, auch aufgrund von Rasse, Herkunft und religiöser Überzeugung wurde explizit in die Richtlinien der Antidiskriminierungspolitik einbezogen (Geddes/Guiraudon 2007, 138; Sackmann 2004, 107).[123]

Eine Öffnung gegenüber kultureller Pluralität kann aber auch in der französischen Städtepolitik nachgewiesen werden. Mit der im Jahr 2006 von der französischen Regierung ins Leben gerufenen l'ASCÉ sollten verstärkt staatliche Maßnahmen in den sogenannten

---

121 [Ich habe ein schönes Ministerium, welches Integration und nationale Identität erfasst. Das sind zwei Ideen, die ich verbinden möchte. In jedem Fall möchte ich dies zu meiner Aufgabe machen. Das eine geht nicht ohne das andere. Und das werde ich bald unter Beweis stellen.]

122 Im Bericht des HCI mit dem Titel „Lutte contre les discriminations: faire respecter le principe d'égalité" wird versucht, das Gleichgewicht zwischen Antidiskriminierungsmaßnahmen und dem Gleichheitsprinzip zu halten. So wird z. B. eingeräumt, dass das Anbieten von Speisen in Kantinen, die religiösen Vorschriften entsprechen, ein sinnvolles Mittel gegen Diskriminierung sein kann, die Reservierung von Zeiträumen für die Nutzung von öffentlichen Schwimmbädern speziell für Frauen aus religiösen Gründen hingegen gegen das Gleichheitsgebot verstoße (HCI 1998, 61).

123 Die gesetzliche Grundlage hierfür wurde mit dem Gesetz gegen Diskriminierung im Jahr 2001 (Loi n°2001-1066 du 16 novembre 2001 relative à la lutte contre les discriminations; vgl. auch Castel 2006, 791) gelegt, welches u. a. auch Diskriminierung aufgrund des Nachnamens einschließt.

städtischen sensiblen Zonen, *Zones urbaines sensibles* (ZUS), verankert werden. Von diesen Regionen wird angenommen, dass die Bewohner hier überdurchschnittlich Schwierigkeiten mit der sozialen und beruflichen Integration haben. Es werden spezielle Programme entwickelt, die sich an Jugendliche mit Migrationshintergrund richten, die in benachteiligten Stadtvierteln wohnen (HCI 2003, 10ff.). Zwar sind Ansätze einer positiven Diskriminierung, die über die Städtepolitik verankert werden, nicht neu, sondern werden bereits seit 1981 angewandt (Loch 1994, 157ff.; Neumann 2006, 7); neu ist hingegen der explizite Bezug zur *Diversité culturelle*,[124] die institutionelle Bündelung der Maßnahmen und der Abbau von Vorbehalten gegenüber positiver Diskriminierung auch auf höchster Regierungsebene (Bizeul 2004, 157). Von letzterem zeugen etwa die Versuche, die Zahl von Personen mit Migrationshintergrund unter den französischen Eliten zu erhöhen. Erst im Dezember 2008 hat der vormalige Staatspräsident Sarkozy einen Kommissar für Diversité und Chancengleichheit, den *Commissaire à la Diversité et à l'Égalité des Chances*, berufen. Zugleich hat er eine Reihe von Maßnahmen angekündigt, um die Anzahl von Angehörigen von Minderheiten in den Vorbereitungsklassen für die Elitehochschulen, in größeren Firmen, aber auch in der Staatsverwaltung und dem öffentlichen Rundfunk zu erhöhen; dabei sind auch Quotenregelungen im Gespräch (Premier Ministre 17.12.2008). Auch das *Ministère de l'Immigration, de l'Intégration, de l'Identité nationale et du Développement solidaire* verfügte über eine Abteilung, die für kulturelle Pluralität zuständig war, die *Mission diversité*.

3.2.3.3   Die Verbindung von Sicherheitspolitik und Integration

Auch in Frankreich wurden nach der Jahrtausendwende sicherheitspolitische Aspekte zu einem relevanten Bestandteil der Integrationspolitik. Dabei wird ein Schwerpunkt auf Kriminalitätsprävention im Innern und Migrationsbegrenzung deutlich. Die programmatisch und institutionell verankerte Zielsetzung, Kriminalität durch die neu geordnete Integrationspolitik einzudämmen, zeigt sich etwa im Rahmen der Maßnahmen zu einer kommunal verankerten Chancengleichheit, die auch die „Prévention de la délinquance" vorsieht. Als zentrales Ziel der Städtepolitik für das Jahr 2007 wurde zum Beispiel die Förderung der Staatsbürgerschaft explizit mit einer dadurch beabsichtigten Kriminalitätsprävention verbunden.[125]

Sowohl auf inhaltlicher als auch auf institutioneller Ebene ist außerdem eine verstärkte Kooperation zwischen Integrations- und Sicherheitspolitik augenfällig. Mit dem verpflichtenden Charakter des Integrationsvertrags zum Jahr 2006 erhält der französische Staat Sanktionsmöglichkeiten, die das Aufenthaltsrecht direkt betreffen (Michalowski 2007,

---

124 Dieser wird auch auf dem Banner der Homepage der l'ACSÉ (www.lacse.fr) deutlich. Im Banner werden im dynamischen Wechsel die Worte ,égalité', ,citoyenneté' und ,diversité' eingeblendet.

125 Auf der Homepage der l'ACSÉ wird als sechstes Ziel für das Jahr 2007 formuliert: „de promouvoir la citoyenneté et de contribuer ainsi à la prévention de la délinquance" [die Staatsbürgerschaft zu befördern und dadurch zu Kriminalitätsprävention beizutragen] (Internetquelle 20). Das *Département Cohésion Sociale et Territoriale* [Abteilung für sozialen und territorialen Zusammenhalt], welches Teil der l'ACSÉ ist, verfügt über die Unterabteilung *Service prévention de la délinquance et citoyenneté* [Kriminalprävention und Staatsbürgerschaft]. Auch der Internetauftritt von l'ACSÉ enthält eine Rubrik mit dem Titel „Prévention de la délinquance".

116). Der Integrationsvertrag wird damit zum „Teil einer einschließenden Politik des sozialen Zusammenhalts und zugleich Teil einer ausschließenden Migrationspolitik" (Saas 2006, 143). Diese sicherheitspolitisch motivierte Integrationspolitik wird auch anhand der behördlich-institutionellen Umstrukturierungen der französischen Integrationslandschaft deutlich. So wurde die für die Aufnahme von ZuwanderInnen zuständige Nationale Agentur für den Empfang von Ausländern und für Migration, *l'Agence Nationale de l'Accueil des Étrangers et des Migrations* (ANAEM)[126], mit der Planung und Durchführung der Integrationsverträge betraut (Michalowski 2007, 123f.). Zugleich verloren die Sozialarbeit und deren behördliche Strukturen für die Erstintegration an Bedeutung. Bei der Abwicklung von integrationsrelevanten Maßnahmen traten an Stelle von Akteuren aus dem Bereich der Sozialarbeit Akteure aus dem Bereich der Migrationskontrolle und des Polizei- und Ordnungsrechts.

Das Innenministerium verstärkte spätestens mit der Gründung des *Ministère de l'Immigration, de l'Intégration, de l'Identité nationale et du Développement solidaire* im Jahr 2007 seinen Einfluss auf Fragen der Integration. Dieses Ministerium unterstand dem Innenministerium (Michalowski 2007, 126) und vereinte die Verwaltungsstrukturen mit Zuständigkeit für Migration (*Direction de l'Immigration*) und Asyl (*Service de l'Asile*) sowie die Empfangs-, Integrations- und Staatsbürgerschaftsdirektion (*Direction de l'Accueil, de l'Intégration et de la Citoyenneté,* DAIC). Damit wurde nicht nur eine Verbindung hergestellt zwischen Einwanderung und Erstintegration, sondern auch zwischen Einwanderung, längerfristiger Integration und Einbürgerung. Die massiven behördlichen Umstrukturierungen weisen neben der Verzahnung von Migrationskontrolle und Integration auch auf eine „Zentralisierung der Kompetenzen im Bereich der Integrationsförderung" (Michalowski 2007, 123) hin. Sie sind außerdem verbunden mit einem restriktiveren Vorgehen gegen NeuzuwandererInnen, die zur Gruppe der „erlittenen Einwanderer" (Saas 2006, 146) zählen – also EinwanderInnen sind, die nicht in die Rubrik der hochqualifizierten, von Frankreich gewünschten EinwanderInnen fallen – und gegen AusländerInnen, die sich ohne Aufenthaltsgenehmigung im Land aufhalten, den sogenannten *Sans papiers*. Neu ist vor allem auch der Wandel weg von der Vorstellung, Integration stelle sich mit der Zusicherung eines Aufenthaltstitels automatisch ein, hin zu der Erwartung des Staates, AusländerInnen müssen sich erst aktiv integrieren, ehe ein längerfristiger Aufenthaltstitel in Aussicht gestellt wird (Saas 2006, 146).[127]

---

126 Konsequenterweise erhält das ANAEM im März 2009 einen neuen Namen: *l'Office Français de l'Immigration et de l'Intégration* (OFII) [französisches Immigrations- und Integrationsbüro].

127 Im Jahr 2003 wurde das französische Einwanderungsgesetz verschärft, insbesondere um illegale, aber auch um nicht gewollte Einwanderung besser kontrollieren zu können. Bereits die zehnjährige Aufenthaltsgenehmigung wurde an die Bedingungen einer „republikanischen Integration" (Saas 2006, 146) gekoppelt. Die Naturalisierung wurde an die Voraussetzung gebunden, dass Einbürgerungswillige ihre Assimilation in die französische Gesellschaft durch Französischkenntnisse und Kenntnisse der mit der französischen Staatsbürgerschaft zusammenhängenden Rechte und Pflichten anzeigen müssen (Loi n° 2003-1119 du 26 novembre 2003 relative à la maîtrise de l'immigration, au séjour des étrangers en France et à la nationalité, Art. 68). Auch das *Ministère de l'Immigration, de l'Intégration, de l'Identité nationale et du Développement solidaire* machte es sich seit seiner Gründung zur Aufgabe, illegale und missbräuchliche Migration zu bekämpfen (vgl. etwa die Pressemitteilung des Ministeriums: Ministère de l'Immigration 05.02.2009).

3.2.4 Vergleich der aktuellen Entwicklungen der Integrationspolitik

Der Vergleich der aktuellen Entwicklungen der Integrationspolitik in Deutschland, Frankreich und dem Vereinigten Königreich soll strukturelle und inhaltliche Parallelen und Unterschiede der letzten Jahre hervorheben. Insbesondere die Tendenz, Integration als Staatsauftrag zu konzipieren und zugleich die Erwartungen an die Eigenleistungen der ZuwanderInnen zu konkretisieren als auch die Verknüpfung von Integrations- und Sicherheitspolitik dominieren die Politik der drei Nationalstaaten. Es werden aber auch jeweils unterschiedliche Akzente gesetzt.

3.2.4.1 Integration als Staatsprogramm und die Erwartung der Selbstintegration

In Deutschland, Frankreich und dem Vereinigten Königreich wird seit der Jahrtausendwende die Integration von ZuwanderInnen zunehmend als staatliche Aufgabe definiert und entsprechend durch die Entwicklung verschiedener, vom Staat konzipierter Programme gefördert. Zugleich sind in den drei Nationalstaaten die aktuellen Integrationsdebatten begleitet von der Aufforderung an die ZuwanderInnen, eigene Anstrengungen zur Integration zu unternehmen, insbesondere in Frankreich und Deutschland wird letzteres vom Staat kontrolliert und soll durch direkte und indirekte Sanktionen garantiert werden. Zudem kommt es in den drei Staaten zunehmend zur Forderung an die EinwanderInnen und deren Nachkommen, sich zu einer gemeinsamen Wertebasis oder zu verbindenden Prinzipien zu bekennen. Die deutsche Debatte ist dabei stark geprägt von einer kontroversen Suche nach einer solchen Wertebasis. Als Grundtenor kristallisiert sich dabei immer wieder das Grundgesetz heraus, inwiefern darüber hinausgehende Werte verbindlich sein können, bleibt umstritten. Dagegen positioniert sich der französische Staat – unter deutlicher Abgrenzung von einer Politik des Kommunitarismus – mit Verweis auf die Prinzipien der Republik und auf allgemeingültige Werte: Demokratie, Freiheit, Gleichheit, Brüderlichkeit, Sicherheit und Laizität. Im Vereinigten Königreich schließlich wird neben den Werten der Pluralität und Chancengleichheit auch immer stärker die Zusammengehörigkeit und damit die Einheit in der Vielheit als eigener Wert herausgestellt.

3.2.4.2 Nationale Akzente und transnationale Annäherungen der Integrationspolitiken

Die drei Nationalstaaten setzen seit einigen Jahren in der Integrationspolitik jeweils besondere Akzente: Während Deutschland im Zuge einer starken nationalstaatlichen Steuerung der Integrationspolitik den Dialog mit und die Einbeziehung von MigrantInnen betont, unterzieht das Vereinigte Königreich sein traditionelles Instrument der Integration – den Diskriminierungsschutz – einer systematischen Neuordnung und Vereinheitlichung. Dabei wird auch erstmals das Kriterium der Religionszugehörigkeit einbezogen. Frankreich öffnet sich gegenüber kultureller Diversität, indem es Chancengleichheitsprogramme auf breiter Front institutionalisiert und die Städtepolitik neu ausrichtet. Diese drei unterschiedlichen nationalen Schwerpunkte zeugen aber zugleich von einer gewissen Annäherung der Integrationspolitiken zwischen den Staaten. Insbesondere das späte französische Bekenntnis zur kulturellen Verschiedenheit als eigenständiger Wert markiert eine implizite Wende weg von der starken Distanz gegenüber dem britischen, multikulturellen Modell. Aber auch der deutsche Fokus auf Dialog und Einbeziehung von MigrantInnen erinnert an zentrale Maßnahmen der britischen Politik der *Communtiy Cohesion*.

3.2.4.3 Die Verknüpfung von Integration und Sicherheit

Starke Parallelen weisen die drei Nationalstaaten im Hinblick auf die Verknüpfung von Integrations- und Sicherheitspolitik auf. Dabei wird zum einen – vor allem auch auf der behördlichen Ebene – der Bereich der Migration mit dem der Integration verbunden, zum anderen werden kriminalpräventive Maßnahmen in die Integrationsarbeit eingeflochten. Während ersteres in allen drei Ländern einhergeht mit einer stärkeren Beschränkung von Einwanderung aus Nicht-EU-Ländern bei gleichzeitiger gezielter staatlicher Förderung und Forderung der Integration von bereits zugezogenen MigrantInnen, muss letzteres in Frankreich und dem Vereinigten Königreich auch im Kontext der politischen Aufarbeitung von gewalttätigen Ausschreitungen betrachtet werden.

4 Institutionelle Grundlagen für Religions- und Integrationspolitik

Mit diesem Kapitel wird die *Polity*-Seite der Religions- und Integrationspolitik in Deutschland, Frankreich und dem Vereinigten Königreich in typologischer und systematischer Absicht herausgearbeitet. Diese institutionellen Arrangements stellen gemäß einer weberianischen Institutionentheorie eine entscheidende Grundlage für Handlungsorientierungen dar und bilden gemäß dem Untersuchungsmodell (s. o. 61) die Werte der Moderatorvariablen ab. Entsprechend wird angenommen, dass eben diese institutionellen Grundlagen die Art und Weise beeinflussen, wie das Verhältnis zwischen der unabhängigen Variable (Interferenz von Religions- und Integrationspolitik) und den beiden abhängigen Variablen (Bedeutungswandel von Religion und Verhältnis der Nationalstaaten zueinander) sich gestaltet.

4.1 Institutionelle Grundlagen für Religionspolitik

Im Folgenden werden die institutionellen Grundlagen für Religionspolitik in Deutschland, Frankreich und dem Vereinigten Königreich zuerst getrennt voneinander und dann vergleichend dargestellt. Bei dieser Darstellung liegt der Schwerpunkt auf einer Beschreibung (verfassungs-)rechtlicher Voraussetzungen für Religionspolitik, die – wo es notwendig erscheint – durch die Darstellung der politisch geprägten Dimension der Rechtsanwendung und der Verfassungswirklichkeit ergänzt wird.

4.1.1 *Grundgesetzlich verbürgte Freiheit – Institutionelle Grundlagen für Religionspolitik in Deutschland*

„Den Kern des deutschen Religionsrechts bildet ein zwischen den individuell orientierten grundrechtlichen Gewährleistungen und dem kollektiv ausgerichteten institutionellen Staatskirchenrecht entspanntes Regelungsgefüge. Zusammenspiel und Verhältnis dieser beiden – nur selten trennscharf gegeneinander abzugrenzenden – Elemente sind vielschichtig und schwer greifbar. Der Kern (positiver) Gewährleistungen wird durch einen Wall (negativer) Schutznormen umfriedet, bestehend aus Diskriminierungsverboten, dem Trennungsprinzip und dem Neutralitätsgebot. Die deutsche Religionsverfassung ist systematisch zwischen staatskirchlichen und laizistischen Rechtsordnungen anzusiedeln, da sie dem Religiösen trotz grundsätzlicher Trennung von Staat und Kirche mit der Religionsfreiheit und deren infrastruktureller Absicherung einen prominenten Platz im öffentlichen Raum zuweist" (Towfigh 2006b, 24).

4.1.1.1 Religionsfreiheit und verfassungsrechtliche Dimension

Die religiös-weltanschauliche Neutralität des heutigen deutschen Staates geht zurück auf den Westfälischen Frieden im Jahr 1648, der nach jahrzehntelangen Konfessionskriegen den Beginn eines langen Prozesses auf dem Weg zu einer „staatlichen Selbstbeschränkung" und der Gewähr einer umfassenden Religionsfreiheit markierte (Link 2002, 33ff.; vgl. auch Kaufmann 2001). Die grundlegenden Bestimmungen zum Recht auf Freiheit der Religion und der Weltanschauung[128] finden sich heute im Grundgesetz (GG) der Bundesrepublik Deutschland in zwei Teilen: Art. 4 GG stellt den *religionsfreiheitlichen* Teil dar, Art. 140 GG i.V.m. Art. 137, 138, 139 und 141 WRV den *staatskirchenrechtlichen* Teil. Bei letzterem handelt es sich um Bestimmungen, die 1949 zu einem großen Teil aus der Weimarer Reichsverfassung (WRV) von 1919 in das Grundgesetz inkorporiert wurden.[129]

Diese grundgesetzlichen Bestimmungen umfassen drei religiöse Lebensbereiche – Glaube, Bekenntnis, Religionsausübung (Uhle 2007, 301) – und drei Dimensionen – die individuelle, die kollektive und die institutionelle – in jeweils zwei Ausprägungen, dem Recht auf negative und positive Religionsfreiheit.[130] Hinzu kommt der Bereich der Gewissensfreiheit, der ebenfalls mit Art. 4 Abs. 1 und 3 GG abgedeckt wird, jedoch nicht zwingend „in deutlichem Zusammenhang mit den Lehren einer Religion oder einer Weltanschauung" (Walter 2006, 504) stehen muss. Inwiefern die institutionell oder die individuell zu deutenden Bestimmungen zur Religionsfreiheit als dominierend gewertet werden sollten, ist Gegenstand einer teils heftig ausgefochtenen rechtswissenschaftlichen Auseinandersetzung (Heinig/Walter 2007), die gerne unter dem Begriffspaar ‚Staatskirchenrecht' versus ‚Religionsverfassungsrecht' (s. u. 110ff.) ausgetragen wird.

Das Grundrecht auf Religionsfreiheit ist in Deutschland ein vorbehaltlos gewährtes Grundrecht, welches lediglich durch Rekurs auf sogenannte grundrechtsimmanente Schranken und kollidierendes Verfassungsrecht eingeschränkt werden kann (Lepsius 2006,

---

128 Das deutsche Grundgesetz stellt die Weltanschauung rechtlich der Religion gleich. Wenn das Kriterium der Weltanschauung nachfolgend nicht immer ausdrücklich erwähnt wird, geschieht das um der besseren Lesbarkeit Willen.

129 Zum historischen Kontext vgl. Scheffler 1973, 95ff.

130 Es wird allerdings darüber gestritten, ob eine Unterscheidung zwischen individueller, kollektiver und institutioneller Religionsfreiheit (Lepsius 2006, 322f.; Uhle 2007, 301) oder zwischen Glaubens-, Gewissens-, Bekenntnis- und Religionsausübungsfreiheit (Muckel 1997, 127ff.) sinnvoll ist (vgl. z. B. Muckel 1997, 126ff. vs. Walter 2006, 500ff.). Da Zweck und Aufgabe von Religionsgemeinschaften „die Pflege und Förderung eines religiösen Bekenntnisses oder die Verkündung des Glaubens ihrer Mitglieder" (Scheffler 1973, 145) ist, ist sowohl die individuelle Religionsfreiheit eng mit der kollektiven als auch die Glaubens- und Bekenntnisfreiheit eng mit der Religionsausübungsfreiheit verbunden. Von einem praktischen Standpunkt aus muss die Trennung der Dimensionen individuell, korporativ und institutionell daher als problematisch angesehen werden. Bereits Art. 4 Abs. 1 und 2 GG beinhaltet sowohl individuelle als auch korporative Aspekte, was sich nicht nur aus den historischen Entwicklungen der rechtlichen Bestimmungen herleiten lässt (Hense 2007; Huber 2007, 168), sondern sich auch aus der Tatsache ergibt, dass individuelle Religionsfreiheit kaum ohne die korporative Religionsfreiheit der Religionsgemeinschaft selbst – und sei diese auch noch so schwach organisiert – sinnvoll denkbar ist. Hingegen besteht weitgehend Einigkeit darüber, dass die Religionsfreiheit sowohl historisch (Staps 1990) als auch dogmatisch (Bayer 1997, 39) von der Meinungsfreiheit nach Art. 5 GG zu unterscheiden und abzugrenzen ist, ebenso von der allgemeinen Handlungsfreiheit nach Art. 2 GG (Walter 2006, 509f.).

325).[131] Damit überbietet es die Bestimmungen zur Religionsfreiheit, wie sie in der Europäischen Menschenrechtskonvention formuliert sind (Koenig 2003, 205). Religion wird auch keinesfalls von Gesetz wegen auf den Bereich des Privaten beschränkt:

> „Religion ist nicht Freizeithobby, sondern Teil individueller Persönlichkeitsentfaltung mit Auswirkungen auf die öffentliche Meinung, die öffentliche Kultur und das öffentliche Leben. Müßte der einzelne Grundrechtsberechtigte seine Religiosität in der Öffentlichkeit verbergen oder dürfte er sein Leben nicht mehr religiös gestalten, sobald es auch die Sphäre des Staates berührt, so wäre seine Religionsfreiheit wesentlich zurückgenommen, die unreligiöse vor der religiösen Weltanschauung privilegiert" (Kirchhof 2001, 164).

Allerdings ist, wie im Fall der Verbote des Kopftuchtragens auf Landesebene deutlich wird, umstritten, ob die Grenzen persönlicher Religionsausübung nicht doch unter Umständen beim Eindringen in die staatliche Sphäre erreicht werden.

Voraussetzung für die tatsächliche Reichweite der Religionsfreiheit ist eine angemessene Bestimmung der Begriffe ‚Religion' und ‚Weltanschauung' (Muckel 1997, 131ff.),[132] wobei der Staat hier keine abschließenden definitorischen Vorgaben macht (Walter 2006, 213ff.), sondern weitgehend auf das Selbstverständnis der potentiellen Grundrechtsträger und damit der religiösen Vereinigungen rekurriert. Allerdings wird der religiöse Charakter im Zweifelsfall von den Gerichten anhand von Kriterien überprüft, die sich an den Kennzeichen bestehender Religionsgemeinschaften orientieren (Walter 2006, 217; vgl. auch Lepsius 2006, 239); ob am Ende das religiöse Selbstverständnis (Walter 2006, 507) oder das staatliche Letztentscheidungsrecht (Muckel 1997) Priorität hat, ist umstritten (s. u. 110ff.).

4.1.1.2 Rechtsformen für religiöse Vereinigungen

Entscheidend für die Ausgestaltung des Rechts auf Religionsfreiheit ist die Frage nach dem Träger dieses Rechts, dessen Verfasstheit und dessen Rechtsform. Diese Aspekte richten sich in Deutschland nach der verfassungsrechtlichen Ausprägung der relevanten Bestimmungen zur Rechtsstellung religiöser Vereinigungen. Hinzu kommen die Bestimmungen zu den möglichen Rechtsformen religiöser Vereinigungen, wie sie sich aus einfachrechtlichen Rechtsquellen ergeben. Missverständlich können dabei zwei vor allem begriffliche Inkongruenzen sein: Erstens entspricht der ‚religiöse Verein', wie er im Grundgesetz in den inkorporierten Artikeln der Weimarer Reichsverfassung verwendet wird, nicht dem ‚Verein' nach bürgerlichem Recht, unter dem sich aber religiöse Minderheiten heute häufig organisieren. Zweitens wird der Begriff ‚Religionsgemeinschaft' üblicherweise als Um-

---

131 Als Möglichkeit bleibt dem Gesetzgeber darüber hinaus nur die Verfassung zu ändern. So wurden etwa 2002 in Art. 20a GG die Worte „und die Tiere" eingefügt; für den Zusammenhang dieser Änderung mit der erfolgreichen Klage eines muslimischen Metzgers auf das Recht zu Schächten vgl. Krugmann 2004, 282, 307.

132 Diesem Problem zugrunde liegt die Frage, was unter ‚Religion' aus Perspektive des Verfassungsrechts zu verstehen ist (vgl. dazu etwa Droege 2008, 164ff.). Droege argumentiert dafür, dass der Begriff als „Mantelbegriff auf seine inhaltlich-materielle Ausfüllung durch die Grundrechtsberechtigten und deren Selbstverständnis angewiesen" (Droege 2008, 173) sei und daher staatlicherseits offen gehalten werden müsse.

schreibung einer religiösen Vereinigung verwendet[133], ohne dass damit bereits die tatsächliche rechtlich relevante ‚Anerkennung' als Religionsgemeinschaft verbunden sein muss. In Anlehnung an die inkorporierten Bestimmungen aus der Weimarer Reichsverfassung beschränkt der Begriff sich aber auf religiöse Vereinigungen, die ganz bestimmten Kriterien genügen müssen.

Das Grundgesetz nennt drei Kategorien von religiösen Vereinigungen: die Kirche oder Religionsgesellschaft als Körperschaft des öffentlichen Rechts, die Religionsgesellschaft oder -gemeinschaft nach bürgerlichem Recht und den religiösen Verein. Damit weist die deutsche Verfassung auf die zentrale Unterscheidung zwischen öffentlich-rechtlichen und privaten Organisationsformen hin. Alle drei Kategorien sind Grundrechtsträger von Art. 4 GG sowie Art. 9 Abs. 1 GG[134] (Schleithoff 1992, 80). Eine Religionsgemeinschaft, die nach privatem oder nach öffentlichem Recht organisiert ist, kann sich auf das Selbstbestimmungsrecht nach Art. 140 GG i.V.m. Art. 137 WRV Abs. 3 berufen. Um die Religionsgemeinschaft respektive -gesellschaft im grundgesetzlichen Sinn vor anderen Organisationsformen hervorzuheben, bezieht sich die rechtswissenschaftliche Literatur und auch die Rechtsprechung fast durchgängig auf die alte Definition nach Gerhard Anschütz, der zufolge eine Religionsgesellschaft „ein die Angehörigen eines und desselben Glaubensbekenntnisses – oder mehrerer verwandter Glaubensbekenntnisse (…) – für ein Gebiet (…) zusammenfassender Verband zu allseitiger Erfüllung der durch das gemeinsame Bekenntnis gestellten Aufgaben" (Anschütz 1933, 633) bezeichnet. Religiöse Vereine nach dem Grundgesetz dagegen verfolgen eine personell oder sachlich weniger umfassende religiöse Zielsetzung als Religionsgemeinschaften. Außerdem können sie neben Angehörigen desselben Bekenntnisses auch Angehörige anderer Bekenntnisse zu ihren Mitgliedern zählen. So kann eine Person zwar nur einer Religionsgemeinschaft, aber mehreren religiösen Vereinen angehören. Ein religiöser Verein kann institutionell mit einer Religionsgemeinschaft verflochten sein.

Die Frage, nach der Rechtsstellung religiöser Zusammenschlüsse ist eine Herausforderung für ein Staatskirchen- respektive Religionsverfassungsrecht, welches sich den Grundsätzen der Neutralität verpflichtet sieht. Einerseits müssen die Prinzipien der religiösen Vereinigungsfreiheit und des Selbstbestimmungsrechts der Religionsgemeinschaften beachtet werden (Hillgruber 2007, 217; Huber 2007, 167), andererseits muss der Staat aber Grenzen ziehen, um nicht jeder beliebigen Vereinigung weitreichende Rechte zusprechen zu müssen. Da die religiösen Zusammenschlüsse frei von staatlicher Bevormundung oder Aufsicht sind, darf der Staat zwar keine Korporationsform für religiöse Vereinigungen *vorschreiben*. Andererseits kann die Zuordnung eines religiösen Zusammenschlusses zu einer bestimmten rechtlichen Gestalt (im Sinne der oben genannten Kategorien aus dem Grundgesetz) nicht *allein* dem Selbstverständnis der Vereinigung überlassen bleiben. Sie erfolgt in der Regel durch Prüfung der nach innen und nach außen gerichteten Verfasstheit

---

133 So verwende auch ich, wenn nicht anders gekennzeichnet, in der vorliegenden Untersuchung den Begriff ‚Religionsgemeinschaft'.

134 „Alle Deutschen haben das Recht, Vereine und Gesellschaften zu bilden". Die Beschränkung des Rechts zur Vereinsgründung auf Deutsche durch Art. 9 Abs. 1 GG wird häufig mittels Ergänzung durch Art. 19 Abs. 3 GG relativiert: „Die Grundrechte gelten auch für inländische juristische Personen (…)". Dabei kann die Bezeichnung ‚juristische Personen' auch auf eine Vereinigung angewandt werden, die lediglich ein „Mindestmaß an Organisation aufweist" (Schleithoff 1992, 75), ohne zwangsläufig vollrechtsfähige juristische Person sein zu müssen.

der religiösen Vereinigung unter Einbezug von deren Selbstverständnis und ist im Zweifelsfall durch eine Plausibilitätskontrolle im Rahmen eines Gerichtsverfahrens zu klären (Schleithoff 1992, 105; Towfigh 2006b, 125).[135] Mit einer bestimmten Rechtsstellung sind rechtliche Konsequenzen – Rechte wie Pflichten für den Rechtsträger und den Staat – verbunden.

Auf einer anderen Ebene angesiedelt – und im Prinzip unabhängig von den drei Korporationsformen, die das Grundgesetz nennt – ist die Frage, wie sich religiöse Vereinigungen in den verschiedensten Rechtsformen der Zivilrechtsordnung organisieren können. Möglich ist hier eine Organisation als eingetragener Verein, als Verband, als Gesellschaft bürgerlichen Rechts, im Grenzfall sogar als Stiftung oder GmbH, oder eben, außerhalb der Zivilordnung und in Übereinstimmung mit den grundgesetzlichen Bestimmungen, als Körperschaft des öffentlichen Rechts. Sind religiöse Zusammenschlüsse als Vereine organisiert, unterliegen sie zwar dem Vereinsrecht, unterscheiden sich aber von sonstigen Vereinen durch die von gesetzlichen Regelungen freie Gestaltung ihrer Binnenstruktur „entsprechend zwingenden religiösen Vorschriften" (Towfigh 2006b, 158). Das Religionsprivileg in §2 Vereinsgesetz, nach dem ein religiöser Verein nicht verboten werden darf, ist im Gefolge der Anschläge vom 11. September 2001 aufgehoben worden (Walter 2006, 498f.). Grundsätzlich können religiöse Vereinigungen auch jenseits jeder Rechtsform und damit ohne Rechtsfähigkeit existieren: als lokale Gemeinde, als Personenvereinigung ohne Satzung oder als nicht eingetragener Verein. Praktisch lässt sich beobachten, dass die meisten religiösen Vereinigungen, die keinen Körperschaftsstatus des öffentlichen Rechts innehaben, entweder gar keine rechtsfähige Form vorweisen und damit amtlich nicht registriert sind oder im Rahmen von teils sehr verästelten Vereinsstrukturen organisiert sind und aus einer Vielzahl von unterschiedlich verfassten, rechtsfähigen und nichtrechtsfähigen Vereinen und lokal angesiedelten Mitgliedsgemeinden oder auch anstaltlich betriebenen Einrichtungen bestehen. Am stärksten ist dies sicherlich am Beispiel der islamischen Dachverbände ausgeprägt.

Der Rechtscharakter einer Religionsgemeinschaft, die Körperschaft des öffentlichen Rechts ist, wie er in Art. 140 i.V.m. Art. 137, Abs. 5 vorgesehen ist, ist eine Ausnahmeerscheinung des deutschen Verfassungsrechts und zeichnet das deutsche Staat-Kirche-Verhältnis aus (von Campenhausen 1973, 97; Scheffler 1973, 216ff.; Stempel 1986, 296ff.; Bayer 1997, 188ff.). Die Existenz eines öffentlich-rechtlichen Körperschaftsstatus in Verbindung mit dem Trennungsgedanken zwischen Kirche und Staat ist nur solange ein Widerspruch, wie die öffentlich-rechtliche Sphäre mit der staatlich-organisatorischen Sphäre gleichgesetzt wird. Der Körperschaftsstatus der Kirchen und Religionsgemeinschaften ist jedoch nicht im Sinne des Staatsverwaltungsrechts zu verstehen.[136] Vielmehr wird damit

---

135 Beispielhaft ist das Verfahren um die Anerkennung der Zeugen Jehovas als Körperschaft des öffentlichen Rechts. Nachdem das Bundesverwaltungsgericht 1997 (BVerwG 26. Juni 1997 - 7 C 11.96) den Anspruch der Zeugen Jehovas auf den Korporationsstatus mit der Begründung der fehlenden Loyalität der Gemeinschaft zum Staat zurückgewiesen hat, hat die Gemeinschaft 2000 erfolgreich beim Bundesverfassungsgericht (19. September 2000 - 2 BvR 1500/97) geklagt. 2005 hat das Oberverwaltungsgericht Berlin (OVG Berlin) den Zeugen Jehovas den Status der Körperschaft des öffentlichen Rechts zugesprochen (OVG Berlin, Urteil vom 24. März 2005 (OVG 5 B 12.01) zu Zeugen Jehovas).

136 Die Unabhängigkeit der Kirchen bzw. Religionsgemeinschaften vom Staat, die den Status der Körperschaft des öffentlichen Rechts einnehmen, wird häufig als Voraussetzung für deren gesellschaftsstabilisierende Funktion als „moralische Instanz" (Hillgruber 2007, 222) gewertet. In diesem Zusammenhang wird auch

der öffentlichen Bedeutung von Kirchen und Religionsgemeinschaften Achtung gezollt, ihnen wird aber keine staatliche Hoheitsgewalt übertragen (Scheffler 1973, 224; v. Campenhausen 1973, 95f.; kritisch dazu Fischer 1984, 206ff.). Nichtsdestotrotz bleibt eine gewisse Spannung zwischen der staatlich nicht reglementierten Binnenstruktur von Kirchen und Religionsgemeinschaften und ihrer Außenstruktur, die weitgehende Kooperation und Kommunikation mit anderen Körperschaften und dem Staat ermöglichen muss und somit gewissen Zwängen unterliegt (Hillgruber 2007, 217). Grundsätzlich aber sind die korporierten Gemeinschaften staatsunabhängig, die Rechtsform der Körperschaft des öffentlichen Rechts ist außerdem freiwillig. Voraussetzung, um als Körperschaft des öffentlichen Rechts anerkannt zu werden, ist laut Grundgesetz Art. 140 GG i.V.m. Art. 137 Abs. 5 GG nur, dass die Religionsgemeinschaften „durch ihre Verfassung und die Zahl ihrer Mitglieder die Gewähr der Dauer bieten".[137]

Das besondere Kooperationsverhältnis zwischen Staat und Kirchen beziehungsweise Religionsgemeinschaften, die als Körperschaften des öffentlichen Rechts anerkannt sind, wird häufig damit gerechtfertigt, dass diese eine wichtige öffentliche Aufgabe wahrnehmen, gemeinnützig und gemeinwohlorientiert sind und eine „Staat und Gesellschaft zugute kommende Kulturleistung" (Hillgruber 2007, 217) erbringen. Die mit der Rechtsform der öffentlich-rechtlichen Körperschaft verbundenen Privilegien können als Wertschätzung des Staates gegenüber der kulturellen und sozialen Leistung von Kirchen und Religionsgemeinschaften gedeutet werden (Huber 2007, 179) oder als „Anerkennung ihrer Bereitschaft zur Kooperation und damit auch zur Mitgestaltung der Erfüllung des staatlichen Kultur- und Sozialauftrags" (Kalb et al. 2003, 75). Kritische Stimmen warnen dagegen vor einem „Staat im Staate" (Fischer 1984, 324; vgl. auch Krüger 1966 und Quaritsch 1962).

Der Status der Körperschaft des öffentlichen Rechts bringt ein Privilegienbündel[138] mit sich, welches sich positivrechtlich zum Beispiel in etlichen Kirchenverträgen mit den evangelischen Kirchen und in Konkordaten mit der katholischen Kirche – dem sogenannten Staatskirchenvertragsrecht (von Campenhausen 1973, 93) – niederschlägt. Die Staatskir-

---

immer wieder das sogenannte Böckenförde-Diktum zitiert: „Der freiheitliche, säkularisierte Staat lebt von Voraussetzungen, die er selbst nicht garantieren kann" (z. B. bei Hollerbach 1998, 32 oder Schneider 2007, 114; s. dazu auch u. 261 Anm. 326).

137   Zu weiteren, umstrittenen Voraussetzungen aber s. u. 114.

138   Das Bundesverfassungsgericht zählt die Privilegien folgendermaßen auf: „Der Status einer Körperschaft des öffentlichen Rechts vermittelt den korporierten Religionsgesellschaften bestimmte spezifische öffentlich-rechtliche Befugnisse. Er verleiht insbesondere das Recht, von den Mitgliedern Steuern zu erheben. Weiterhin gehört dazu die Organisationsgewalt, d.h. die Befugnis zur Bildung öffentlich-rechtlicher Unter-gliederungen und weiterer Institutionen mit Rechtsfähigkeit, wie etwa Anstalten und Stiftungen. Zudem können Körperschaften Beamte beschäftigen und Dienstverhältnisse öffentlich-rechtlicher Natur begründen (Dienstherrenfähigkeit). Sie können eigenes Recht setzen (Autonomie) und durch Widmung kirchliche und öffentliche Sachen schaffen (Widmungsbefugnis). Das Parochialrecht bewirkt, dass die Zugehörigkeit zu einer Kirchengemeinde schlicht durch Wohnsitznahme, etwa durch Zuzug, und nicht durch ausdrücklichen Beitritt des Konfessionsmitglieds begründet wird. Zusätzlich existiert eine Vielzahl an die Kooperationsstatus anknüpfender Einzelbegünstigungen (‚Privilegienbündel'). Hierzu gehören u.a. ein besonderer Vollstreckungsschutz, die besondere konkursrechtliche Rangordnung, die Anerkennung als freier Träger nach dem Kinder- und Jugendhilfegesetz und im Sozialhilferecht; hinzu treten Befreiungen und Ver-günstigungen im Kosten- und Gebührenrecht sowie hinsichtlich der Steuerpflicht. Einige korporierten [sic] Religionsgemeinschaften wirken in bestimmten Entscheidungsgremien mit (Bundesprüfstelle, Rundfunk-bzw. Medienräte)" (BVerfG, 2 BvR 1500/97 vom 19.12.2000).

chenverträge werden auf Länderebene mit den Kirchen beziehungsweise Religionsgemeinschaften geschlossen und betreffen Regelungen in Bezug auf den Religionsunterricht, die theologischen Fakultäten, die konfessionellen Schulen, die Hochschulen, die
Friedhöfe, die Diakonie und sonstige kirchliche Einrichtungen, das Kirchensteuereinzugsverfahren und die Militär- und Anstaltsseelsorge, um nur einige zu nennen. Als einzige
nichtchristliche Religionsgemeinschaften verfügen der Zentralrat der Juden ebenso wie die
jüdischen Landesverbände und die einzelnen Kultusgemeinden jeweils über den öffentlich-
rechtlichen Status (Schleithoff 1992, 188f.).

4.1.1.3   Das Verhältnis von Kirche und Staat

Der deutsche Staat versteht sich als weltanschaulich neutral. Er ist zur Gleichbehandlung
aller Religionen und Weltanschauungen verpflichtet, darf keine Religion oder Weltanschauung privilegieren und darf sich nicht selbst zu einer bestimmten religiösen oder
weltanschaulichen Richtung bekennen.[139] Die Besonderheit des deutschen Staatskirchenrechts liegt jedoch in der historisch gewachsenen staatskirchenrechtlichen Ordnung, die
eine Kooperation zwischen Staat und Religions- und Weltanschauungsgemeinschaften
begründet. Dieser Rahmen eines „schiedlich-friedlichen Ausgleichs einer vielschichtigen
Interessens- und Rechtslage" (von Campenhausen 1973, 200) macht zusammen mit den
Prinzipien der Religionsfreiheit, Neutralität, Parität und Nicht-Identifikation die Besonderheit des deutschen Religionsrechts aus. ‚Nicht-Identifikation'[140] kann als „grundlegende
Absage an eine inhaltliche Festlegung des Staates auf konfessionelle oder weltanschauliche
Sätze" (von Campenhausen 1973, 198) beschrieben werden. ‚Neutralität' beinhalte die
Pflicht des Staates, „sich in weltanschaulichen Fragen des Urteils und der Parteinahme zu
enthalten", sei jedoch nicht deckungsgleich mit ‚Indifferenz' (von Campenhausen 1973,
199).[141] Der ‚Parität' im Sinne der Gleichbehandlung der Bekenntnisse und Bekenntnisge-
meinschaften ist der Staat schließlich verpflichtet, wiewohl er „sachlich begründete
Differenzierungen" (Langenfeld 2001, 421) vornehmen kann.
    Das Verhältnis von Kirchen beziehungsweise Religionsgemeinschaften und Staat ist
aber zugleich von der unvermeidlichen Problematik gekennzeichnet, dass einerseits eine
institutionelle Trennung zwischen Religionsgemeinschaft und Staat Religionsfreiheit erst
ermöglicht, dass andererseits die Freiheitsrechte von Religionsgemeinschaften sich nur in
einem vom Staat gewährleisteten Aktionsradius innerhalb der Öffentlichkeit voll entfalten

---

139 Hingegen „kann es dem Staat nicht verwehrt werden, die Auffassung eines religiösen Bekenntnisses seinen
      Maßnahmen zugrunde zu legen" (Stempel 1986, 302).
140 Scheffler schildert das Problem, inwieweit sich der Staat mit den Besonderheiten der Bürger identifizieren
      muss und darf, um bei einer größtmöglichen Zahl von Bürgern eine Identifikation mit dem Staat zu
      erreichen. Er argumentiert, dass der Staat zwar eine Nicht-Identifikation anstreben müsse, sich aber Identi-
      fikationen nicht völlig entziehen kann, was zu einer Ambivalenz führe. „Diese Ambivalenz [zwischen der
      Identifikation der Bürger mit dem Staat und der Nicht-Identifikation des Staates mit den Besonderheiten
      seiner Bürger; C. B.] macht die staatliche Nicht-Identifikation zu einem Grenzwert, der immer anzustreben
      ist, jedoch nie erreicht wird und auch nie erreicht werden darf" (Scheffler 1973, 143). Grundrechte und
      institutionelle Sicherungen, die als „Ersatz-Identifikation" fungieren, seien notwendig. Eine solche Inter-
      pretation kehrt die Bedeutung der Grundrechte als Minderheitenschutz hervor (ebd.; Anm. 126).
141 Ähnlich argumentieren Scheffler (ebd.) und Hollerbach 1998, 32ff.; dagegen argumentiert Fischer 1984, 166
      für ein Verständnis von Indifferenz als ‚Neutralität'.

können. Die Unterscheidung zwischen Staatlichkeit, Öffentlichkeit und Privatheit vermag diese Dichotomie nur im Ansatz aufzulösen. Zwar kann argumentiert werden, dass die Religionsgemeinschaften öffentliche Aufgaben wahrnehmen und nicht staatliche. Jedoch kann seinerseits als staatliche Aufgaben gewertet werden, die Religionsgemeinschaften in der Wahrnehmung ihrer öffentlichen Aufgaben zu unterstützen. Damit liegt es aber beim Staat, zu entscheiden, welchen Religionsgemeinschaften Unterstützung gewährt werden soll und welchen nicht. Wie eine solche Entscheidung mit der gebotenen Neutralität des Staates zu vereinbaren ist, bleibt ein Problem für die Staatstheorie, vor allem aber auch für die Verfassungstheorie und -praxis. Dieses Problem ist umso schwieriger zu lösen, je stärkere Differenzierungen zwischen einzelnen Religionsgemeinschaften hinsichtlich ihrer Rechtsstellung bestehen. Das deutsche Verfassungsrecht nimmt solche Differenzierungen vor: „Das Grundproblem des deutschen Kooperationsmodells liegt in seiner Orientierung an einer begrenzten Zahl von relativ homogenen Religionsgemeinschaften" (Walter 2006, 186), weswegen religiöse Pluralität eine Herausforderung darstellt. Einer besonderen Bewährungsprobe ist das deutsche Kooperationsmodell mit dem Anspruch nicht-christlicher religiöser Vereinigungen auf Körperschaftsrechte ausgesetzt.

4.1.1.4 Die Kontroverse der neueren Staatsrechtslehre und ihre Konsequenzen für religiöse Minderheiten

In der bisherigen Darstellung sind zwei Themen nur am Rande aufgetaucht, die in der neueren Staatsrechtslehre sehr kontrovers diskutiert werden: Die Frage nach dem Schrankenvorbehalt[142] der grundgesetzlichen Regelungen zur Religionsfreiheit und die Frage nach der Schutzbereichsaufteilung des Rechts auf Religionsfreiheit in individuelle, kollektive und institutionelle Segmente sowie in Glaubens-, Bekenntnis- und Religionsausübungsfreiheit (s. o. 104f.). Beide Aspekte hängen zusammen, wenn man sie auf ihre Folgen für religiöse Minderheiten hin betrachtet. Die Debatte, die von den konkurrierenden Termini ‚Staatskirchenrecht' versus ‚Religionsverfassungsrecht' geprägt wird, entstand in den 1990er Jahren angesichts einer wachsenden Pluralität religiösen Lebens in Deutschland (Hollerbach 1998, 23; Walter 2006, 494), welche das Problem der Integration bislang nicht etablierter Religionen in das deutsche Religionsrecht mit sich brachte. So unbestritten dieses Problem ist, so vielstimmig sind die Antworten darauf: Die einen fordern die Interpretation der grundrechtlichen Bestimmungen im Sinne eines Religionsverfassungsrechts, welches einer pluraler werdenden Religionslandschaft gerecht würde (z. B. Walter 2001 und 2006; Heinig 2003; Weber 2005 und 2007; Kunig 2006; Morlok 2007), die anderen betonen die Leistungs- und Integrationsfähigkeit der bewährten Gesetzgebung, häufig verbunden mit einer Hervorhebung der Relevanz des staatskirchenrechtlichen Teils aus der Weimarer Reichsverfassung, dessen Schrankenvorbehalt aus Art. 140 GG i.V.m. Art. 136 Abs. 1 WRV sie gerne auf Art. 4 GG ausgeweitet sehen würden (z. B. Muckel 1997;

---

142 Der Begriff ‚Schrankenvorbehalt' bezeichnet die Möglichkeit des Gesetzgebers, Rechte nicht uneingeschränkt, sondern mit Einschränkungen zuzugestehen. Auch Grundrechte können mit einfachrechtlichen Schranken versehen sein. „Aus abstrakter Sicht sind Grundrechte ohne Schrankenvorbehalt stärker geschützt als solche mit Schrankenvorbehalt" (Heinrich 2000, 479). Alternativ wird auch von ‚Gesetzesvorbehalt' gesprochen.

Hollerbach 1998; Neureither 2002; Kirchhof 2005; Hillgruber 2007; Uhle 2007). Mit diesen Positionen einher geht auf Seiten der ‚Religionsverfassungsrechtler' die Bereitschaft, die wichtige Rolle von Art. 4 Abs. 1 und 2 GG zu betonen, eine extensive Auslegung der individuellen Religionsfreiheit zu betreiben sowie ein Religionsverfassungsrecht zu formulieren, welches das Problem einer multireligiösen Gesellschaft aus der Perspektive einer einheitlich und umfassend verstandenen Religionsfreiheit angeht (Walter 2006, 456ff.). Kritiker, die den Begriff des Staatskirchenrechts dem des Religionsverfassungsrechts vorziehen, unterstellen den ‚Religionsverfassungsrechtlern' dagegen Tendenzen, „das gesamte Staatskirchenrecht grundrechtlich umzudeuten bzw. zu reformulieren" (Hillgruber 2007, 226). Der Öffnung für die Pluralität der Religionslandschaft setzen sie die Sorge vor einem konturenlos werdenden Rechtsbegriff (Muckel 1997, 61), die Gefahr des Missbrauchs des Grundrechts der Religionsfreiheit (Giegerich 2001, 307), die Gefahr einer Störung „der staatlichen Friedensordnung" (Giegerich 2001, 299) und eine Aushöhlung staatlicher Souveränität (Muckel 1997, 106ff.) entgegen.[143] Die Position des Bundesverfassungsgerichts tendiert bislang stärker zur Position der ‚Religionsverfassungsrechtler' (Bayer 1997, 63; Towfigh 2006b, 26; BVerfG, 2 BvR 1500/97 vom 19.12.2000; BVerfG, 1 BvR 1783/99 vom 15.01.2002).

Welcher Weg sich in der Rechtsprechung durchsetzen wird, bleibt abzuwarten. Die Frage, die hier von Relevanz ist, lautet: Welche Konsequenzen hat die Entwicklung für religiöse Minderheiten und ihre Anerkennungsforderungen in Deutschland? Auf diese Frage findet sich in der juristischen Literatur keine eindeutige Antwort. Der überwiegende Teil derer, die sich für ein Religionsverfassungsrecht stark machen, warnt vor einer Hereinnahme des Schrankenvorbehalts aus Art. 136 Abs. 1 WRV in Art. 4 Abs. 2 GG (z. B. Walter 2006; Krugmann 2004). Damit würde – so wird häufig argumentiert – die verfassungsrechtlich geschützte religiöse Freiheit zugunsten einfachrechtlicher Regelungen zumindest relativiert und Minderheiten ein geringerer Schutz zukommen (Krugmann 2004, 307); deren Religionsausübung würde verstärkt als störend oder nicht gemeinschaftsverträglich empfunden.

Um allerdings das deutsche Rechtsverständnis als vergleichsweise minderheitenfeindlich zu charakterisieren, braucht es den argumentativen Umweg über die Einbeziehung der einfachrechtlichen Schrankenregelung aus der Weimarer Reichsverfassung scheinbar noch nicht einmal. Oliver Lepsius fordert sogar einen „qualifizierten Gesetzesvorbehalt" (Lepsius 2006, 332) *zugunsten* religiöser Minderheiten. Er argumentiert dabei folgendermaßen: Die Gefahr, dass durch den gegenwärtig vorbehaltlos gewährten grundrechtlichen Schutz der Religionsfreiheit „nahezu jedwedes Verhalten dem Schutz des Art. 4 GG" unterstellt ist, habe in der Rechtsprechung des Bundesverfassungsgerichts einen „Kunstgriff" (Lepsius 2006, 326) notwendig gemacht: Der individuelle Anspruch auf Religionsfreiheit bedürfe der Vermittlungsleistung durch eine Religionsgemeinschaft oder Kirche, die das vermeintlich religiöse Verhalten ihrer Mitglieder legitimiere und damit plausibel mache,

---

143 Auf einer anderen Argumentationsebene liegt die terminologisch gewendete Kritik am Staatskirchenrecht aufgrund der semantischen Einengung auf den Begriff der Kirche (z. B. Morlok 2007, 210), die der Mannigfaltigkeit der Religionslandschaft in einer pluralen Gesellschaft und dem inhaltlichen Anliegen des Verfassungstextes widerspreche, der sich nicht nur auf Kirchen beschränkt. Die staatskirchenrechtlichen Regelungen der inkorporierten Artikel der Weimarer Verfassung sind zwar der historischen Sonderrolle der christlichen Kirchen geschuldet, dem Gesetzeslaut nach aber auch auf andere Religionsgemeinschaften prinzipiell anwendbar.

dass es tatsächlich in den Schutzbereich der Religions(ausübungs)freiheit fällt.[144] Dies er-
höhe den Einfluss von institutionell verfestigten Religionsgemeinschaften, allen voraus der
Kirchen, während nicht nach christlichem Vorbild organisierte Minderheiten und „religiös
motiviertes Individualverhalten" (Lepsius 2006, 332) das Nachsehen hätten. Die Religionsfreiheit der deutschen Rechtsprechung sei damit darauf ausgerichtet, die Mehrheit vor dem
Staat zu schützen (Lepsius 2006, 340). Die Einführung eines Gesetzesvorbehalts würde
dazu führen, dass strittige Themen wie etwa das Kopftuch bei Lehrerinnen, das Kruzifix in
Klassenräumen oder das Schächten mit kollidierenden einfachrechtlichen Gütern ab-
geglichen werden müssten; oder aber, dass sie gar nicht erst unter dem – dann nämlich
weniger weit reichenden – Schutzbereich der Religionsfreiheit verhandelt und stattdessen
zum Beispiel als kulturelle Eigenart oder politische Meinungsäußerung gewertet würden.

Auch wenn der problematisierte Zusammenhang zwischen individueller Religionsausübung und deren Angewiesenheit auf ein sie legitimierendes Kollektiv plausibel erscheint, ist es fraglich, ob eine Novellierung des Grundgesetzes, wie sie Lepsius vorschlägt,
tatsächlich einen Gewinn für Minderheiten bedeutet. Einige Rechtsprechungen der letzten
Jahre lassen eher das Gegenteil vermuten: Der sogenannte Kruxifix-Beschluss des Bundesverfassungsgerichts von 1995 wird gemeinhin als minderheitenfreundlich eingestuft.[145] Das
Recht auf das Tragen eines Kopftuchs bei Lehrerinnen wäre, würde es unter die politische
Meinungsfreiheit fallen, noch rigoroser verboten worden. Schließlich wäre dann zum einen
die besondere Rolle der Religionsfreiheit der Lehrerin nicht tragend, noch wäre einsichtig,
warum die Lehrerin das Kopftuch nicht im Unterricht problemlos ablegen könne. Das
Schächten schließlich wäre zweifellos bereits an den Tierschutzbestimmungen des einfachen Rechts gescheitert, spätestens jedoch am mittlerweile verfassungsrechtlich gesicherten Schutz der Tiere nach Art. 20a GG.

Unabhängig davon, wie man zu den verschiedenen Dimensionen der Kontroverse
steht; die Problematik macht deutlich: Die staats- und verfassungstheoretischen Reflexionen zur Religionsfreiheit und zum Verhältnis von Religionsgemeinschaften und Staat
werfen unvermeidlich die Frage nach der Stellung von religiösen Minderheiten, deren
Schutzbedürftigkeit und deren Rechtsansprüchen auf. Diese Frage ist umso virulenter, je
komplexer das religionsrechtliche ‚System' einerseits und je differenzierter und hetero-
gener die Religionslandschaft in der Praxis andererseits ist. Die besondere Herausforderung
für Gesetzgeber und Gerichte besteht dabei darin, die Gemeinschaftsverträglichkeit der religiösen Bekenntnisformen und Handlungen mit einem angemessenen Freiheitsgrad der
Religionsausübung von Minderheiten zu verbinden (Krugmann 2004, 292).

---

144 Dagegen kann argumentiert werden, dass die Plausibilisierung von (vermeintlich) religiösem Verhalten nicht
     der Einhegung des individuellen Verhaltens in eine einheitliche Position einer ganzen Religionsgemeinschaft
     bedarf, sondern dass es genüge, wenn eine „hinreichend bestimmbare Gruppe innerhalb einer Religions-
     oder Weltanschauungsgemeinschaft eine Glaubensregel für sich als verbindlich ansieht" (Walter 2006, 523).

145 Das Kruzifix wurde vom Bundesverfassungsgericht als religiöses, nicht als kulturelles Symbol gewertet,
     weswegen die negative Religionsfreiheit der klagenden Schüler und Eltern in Betracht kam. Das „An-
     bringung eines Kreuzes oder Kruzifixes in den Unterrichtsräumen einer staatlichen Pflichtschule" (BVerfG,
     16.05.1995 - 1 BvR 1087/91), wie in der Bayrischen Schulordnung verordnet, verstoße gegen die Ver-
     fassung, entschied das Gericht. Bayern modifizierte daraufhin seine Schulordnung – allerdings faktisch ohne
     die Pflicht zum Anbringen eines Kreuzes zurückzunehmen (zum Urteil aus der Perspektive des Minder-
     heitenschutz vgl. Bayer 1997, 206f; kritisch Hollerbach 1998, 20f.).

Das Grundgesetz der Bundesrepublik Deutschland bietet mit dem dort verbürgten Recht auf Religionsfreiheit nach Art. 4 GG, dem Verbot von Diskriminierung unter anderem aufgrund des Glaubens nach Art. 3 Abs. 3 GG und dem grundgesetzlich verbürgten Recht auf freie Entfaltung der Persönlichkeit nach Art. 2 GG eine prinzipiell viel versprechende Rechtsbasis für religiöse Minderheiten. Allerdings werden diese drei Potentiale durch verschiedene Hemmschwellen gebremst. Das Diskriminierungsverbot nach Art. 3 Abs. 3 hat – trotz seiner zentralen Stellung – „bislang keine besondere praktische Relevanz erhalten" (Krugmann 2004, 40). Zudem lässt es dem Gesetzgeber einen großen Spielraum, wenn es darum geht, das Recht durch entsprechende Gesetze und Maßnahmen einzulösen (Krugmann 2004, 396).[146] Das Recht auf Religionsfreiheit kennt im Gegensatz zur allgemeinen Handlungsfreiheit aus Art. 2 GG keine Schrankenregelung. Darum beinhaltet es im Vergleich einen höheren Wirkungsgrad für eindeutig religiös motiviertes Handeln und dessen Träger (Krugmann 2004, 301). Jedoch liegt auch eine engere Schutzbestimmung vor, denn nicht jedes Handeln kann als religiöses Handeln gelten: Ein individueller Rechtsanspruch auf Religionsfreiheit wird nur qua Vermittlungsleistung durch eine Religionsgemeinschaft oder Kirche zugesprochen, da erst sie das vermeintlich religiöse Verhalten ihrer Mitglieder legitimieren und damit plausibel machen kann. Daraus allerdings ergibt sich eine rechtlich-institutionell geprägte Bevorzugung ,gut' verfasster und bewährter religiöser Kollektive.

4.1.1.5 Die rechtliche Integration des Islam

Das Recht auf Religionsfreiheit ist die relevante grundgesetzliche Rechtsbasis auch für muslimische Minderheiten. Allerdings muss trotz einer extensiv angelegten und ausgelegten Religionsfreiheit (Krugmann 2004, 283) beachtet werden, dass Art. 4 GG zwar die individuelle und kollektive Religionsfreiheit beinhaltet, nicht jedoch die institutionelle, was der relativ pragmatischen Übernahme der Regelungen aus der Weimarer Reichsverfassung im Jahr 1949 geschuldet ist. Diese Entwicklungen führen dazu, dass die Religionsfreiheit in Deutschland „auf die Bedürfnisse der christlichen Kirchen ausgerichtet" ist (Lepsius 2006, 311), eine Tatsache, die ohne Einbezug der Rechtsgeschichte nicht bewertet werden kann (z. B. Krugmann 2004, 23ff.; Walter 2006, 96ff.) und deren akute Problematik der Dynamik der Entwicklungen zu einer multireligiösen Gesellschaft geschuldet ist, die bislang noch nicht von Gesetzgebung und Rechtsprechung eingeholt wurde, wie die „lebhafte Debatte um die Dogmatik der Religionsfreiheit" (Walter 2006, 494) in der deutschen staatskirchenrechtlichen Literatur zeigt (s. o. 110ff.).

Die relevanten historisch geprägten und gesellschaftlich herausgeforderten grundgesetzlichen Bestimmungen garantieren zwar individuelle Freiheiten etwa in Bezug auf Religionsausübung, aber „grundsätzlich keine glaubensgerechte[n] Lebensverhältnisse auch für religiöse Minderheiten. Diese Feststellung stellt insbesondere die Integration des Islam vor erhebliche Schwierigkeiten: Eine Grundrechtsordnung, die geprägt ist von der Tren-

---

146 Spezielle Gesetze oder Sanktionen gegen Diskriminierung existierten in Deutschland im Übrigen lange nicht (Mahlmann 2002, 11; European Union Agency for Fundamental Rights 2008, 7). Im August 2006 trat dann das Allgemeine Gleichbehandlungsgesetz in Kraft, dessen Wirkungen auf die Rechte von Minderheiten im Einzelnen derzeit noch schwer absehbar sind (Lewicki i. E.).

nung von geistlicher und weltlicher Sphäre, bedeutet im Ergebnis eine spürbare Einschränkung für die Verwirklichung der religiösen Bedürfnisse von Gruppierungen, deren religiöse Überzeugungen nahezu jede Lebensäußerung betreffen" (Langenfeld 2001, 359). Der Anspruch auf die grundgesetzlich verbürgte Religionsfreiheit nach Art. 4 GG und Art. 7 Abs. 3 GG (Recht auf Erteilung von Religionsunterricht an staatlichen Schulen), aber auch nach den inkorporierten Artikeln der Weimarer Reichsverfassung besteht zwar *unabhängig* von der Zuordnung zu einer Religionsgemeinschaft im Sinne der Rechtsform der Körperschaft des öffentlichen Rechts. Allerdings muss es sich bei der fraglichen religiösen Vereinigung dann um eine Religionsgemeinschaft im grundrechtlichen Sinne handeln, wenn sie ihren Rechtsanspruch nach Art. 140 GG i.V.m. 137 Abs. 3 WRV (Selbstbestimmungsrecht) sowie nach Art. 7 Abs. 3 GG geltend machen möchte. Das kollektive Recht auf Religionsfreiheit nach Art. 4 GG steht hingegen jeder religiösen Vereinigung zu. Die aus dem Grundgesetz erwachsenden individuellen und kollektiven Rechtsansprüche gelten damit zweifelsfrei auch für Muslime und Vereinigungen muslimischer Religionsangehöriger. Wie gezeigt wurde, ist aber die individuelle und kollektive Religionsfreiheit nur schwer von der institutionellen zu trennen. Solange muslimische Zusammenschlüsse nicht als Religionsgesellschaften oder -gemeinschaften anerkannt werden, sind deren Rechte nach Art. 4 GG und Art. 9 GG, gegebenenfalls in Verbindung mit Art. 19 Abs. 3 beschränkt.

Momentan gilt keine islamische Gemeinschaft als Körperschaft des öffentlichen Rechts. Es werden aber regelmäßig entsprechende Forderungen laut, die seit den späten 1970er Jahren auch immer wieder zur Angelegenheit von Gerichten wurden (Koenig 2003, 204). Dabei wäre der erste Schritt zunächst einmal die Anerkennung als Religionsgemeinschaft im grundgesetzlichen Sinn durch die Rechtsprechung. Allerdings findet sich in der juristischen Literatur wenig (Towfigh 2006b, 123ff.) über die Voraussetzungen, nach denen muslimische Vereinigungen als Religionsgemeinschaft anerkannt werden könnten, hingegen wird regelmäßig die Diskussion um den öffentlich-rechtlichen Körperschaftsstatus geführt (Jurina 2003; Weber 2003 und 2007; Magen 2004; Hillgruber 2007), meist mit einer eher kritischen Prognose. Zwar ist die einzige grundgesetzlich verbriefte Voraussetzung für Religionsgemeinschaften, um als Körperschaft des öffentlichen Rechts anerkannt zu werden, „dass sie die Prognose eines dauerhaften Bestandes rechtfertigen" (Towfigh 2006b, 166). Zu den ‚ungeschriebenen' Voraussetzungen, die zudem erfüllt sein müssen, wird aber gemeinhin auch die Rechtstreue gezählt, als grundsätzliche Bereitschaft der „Religionsgemeinschaft (…) Recht und Gesetz zu achten und sich in eine verfassungsmäßige Ordnung einzufügen" sowie die Gewähr der Religionsgemeinschaft, dass „ihr künftiges Verhalten die in Art. 79 Abs. 3 GG umschriebenen fundamentalen Verfassungsprinzipien, die staatlichem Schutz anvertrauten Grundrechte Dritter sowie die Grundprinzipien des freiheitlichen Religions- und Staatskirchenrechts des GG nicht gefährdet" (BVerfG, 2 BvR 1500/97 vom 19.12.2000).

Eine darüber hinausgehende Loyalität gegenüber dem Staat kann nach Ansicht des Bundesverfassungsgerichts dagegen nicht verlangt werden.[147] Von vielen Juristen werden

---

147 So hat das Bundesverfassungsgericht im Falle des Antrags der Zeugen Jehovas dem Urteil des Bundesverwaltungsgerichts widersprochen, nach dem eine nicht näher bestimmte Loyalität gegenüber dem Staat Voraussetzung für den öffentlich-rechtlichen Status sei (BverfG, 2 BvR 1500/97 vom 19.12.2000; BVerfG 2000; Krugmann 2004, 317ff.).

aber weitergehende formelle und materielle Voraussetzungen genannt, die allerdings umstritten sind. Auf formeller Ebene wird häufig „eine hinreichende Organisationsfestigkeit" (Krugmann 2004, 314) und durchorganisierte Strukturen gefordert, die im Falle von islamischen Organisationen nicht in ausreichendem Maße vorhanden seien (Stempel 1986, 305ff.). „Die prinzipiell denkbare Inanspruchnahme der institutionellen Garantien, die vor allem aus dem Körperschaftsstatus resultieren, sind dem Islam wegen dessen Organisationsstruktur praktisch verschlossen" (Heun 2007, 341). Oftmals wird auch die Organisationsform der islamischen Dachverbände kritisch bewertet, die sich seinerseits aus religiösen, aber auch kulturellen Vereinen zusammenfügen und zum einen nicht ohne weiteres auf natürliche Personen zurückführbar seien,[148] zum anderen sich nicht allein der Pflege des religiösen Lebens der Angehörigen widmeten.[149] Zu den materiellen Voraussetzungen wird üblicherweise die ‚ungeschriebene' (Krugmann 2004, 315) Voraussetzung der Rechtstreue gezählt. Zwar stünde die Rechtsform der Körperschaft des öffentlichen Rechts islamischen Religionsgemeinschaften grundsätzlich offen, jedoch fehle bislang noch die vorbehaltlose, tatsächliche und nachhaltige Bestärkung der verfassungsstaatlichen Grundsätze und damit verbunden eine klare Absage an das islamische Recht der Scharia (z. B. Uhle 2007, 320). Die Anerkennung einer stringenten Trennung von Staat und Religion werde außerdem häufig vermisst (Heun 2007, 341; Uhle 2007, 328). Allerdings ist der genaue Umgang mit diesen ungeschrieben Voraussetzungen auch unter JuristInnen und zwischen den zuständigen Gerichten umstritten.

Auf der Grundlage der dargelegten rechtstheoretischen Überlegungen kann geschlussfolgert werden, dass das starke deutsche Recht auf Religionsfreiheit zum Beispiel im Vergleich zu einem relativ schwach praktizierten Anti-Diskriminierungsrecht ohne konkrete umfassende gesetzliche Ausbuchstabierung (Hailbronner 2001, 254) und einem mit Schrankenvorbehalt versehenen Recht auf freie Meinungsäußerung ein gewisses Potential für die Durchsetzung muslimischer Interessen bietet. Das deutsche Religionsverfassungs- respektive Staatskirchenrecht ist formell gegenüber den Anerkennungsansprüchen musli-

---

148 Lange Zeit wurde argumentiert, dass die von Muslimen in Deutschland oft praktizierte Verbandsstruktur eine Verfassung als Religionsgemeinschaft im grundrechtlichen Sinne ausschlösse, da den Verbänden keine natürlichen Personen zugrunde liegen. Ein Urteil des Bundesverwaltungsgerichts hat im Jahr 2005 diesbezüglich Klarheit geschaffen. In Anknüpfung an ein Urteil des Bundesverfassungsgerichts zugunsten der Anerkennung der Bahai als Religionsgemeinschaft hat das Bundesverwaltungsgericht die Entscheidung des Oberverwaltungsgerichts Münster aufgehoben, die seinerseits zu Ungunsten zweier islamischer Dachverbände ausgefallen war (BVerwG, 23.02.2005 - 6 C 2.04). Diese hatten gegen das negative Urteil des Verwaltungsgerichts Düsseldorf, welches ihnen den Status einer Religionsgemeinschaft und damit das Recht, Religionsunterricht zu erteilen, verweigerte, Berufung eingelegt (Towfigh 2006a und 2006b). Die Begründung des Bundesverwaltungsgerichts sah vor, dass eine Religionsgemeinschaft zwar aus natürlichen Personen zu bestehen habe, diese Tatsache aber auch dann gegeben sei, wenn sich mehrere Vereine – als juristische Personen – zu einem Verband zusammenschlössen, sofern dieser neben repräsentativen Aufgaben auch ein spezifisches religiöses Profil und eine institutionelle Identität vorweisen könne. Wie der Rechtsstreit für die beiden gegen das Land Nordrhein-Westfalen klagenden Vereinigungen, den Islamrat für die Bundesrepublik Deutschland und der Zentralrat der Muslime in Deutschland ausgeht, wird das Oberverwaltungsgericht Münster zu klären haben; das dort anhängige Verfahren ruht derzeit.

149 Dagegen betonte Stempel schon in den 1980er Jahren, dass weder die Organisiertheit in Dachverbänden, noch die Tatsache, dass religiöse Vereine sich nur partiell der Pflege des religiösen Lebens widmen, als Gründe gelten könnten, den öffentlich-rechtlichen Körperschaftsstatus zu verwehren (Stempel 1986, 313).

mischer Minderheiten aufgeschlossen,[150] allerdings zeigen sich in der Praxis erhebliche Probleme und Einwände bei der tatsächlichen rechtlichen Integration des Islam. Die Kooperationsmöglichkeiten zwischen Staat und Religionsgemeinschaften sind – wie vor allem das Vorbild der Kirchen zeigt – sehr weitläufig. Bislang sind muslimische Vereinigungen jedoch nicht in der Lage, auch nur ansatzweise diese Möglichkeiten wahrzunehmen. Die Erwartung des Staates an einen oder mehrere autorisierte muslimische Ansprechpartner (Bundesregierung 2007a, 48) steht in einer gewissen Spannung zum Recht auf Selbstbestimmung in religiösen Angelegenheiten. Die staatskirchenrechtlichen Regelungen und deren Auslegung sind bislang nur schwer mit dem Selbstverständnis muslimischer Glaubensgemeinschaften vereinbar. Bei der rechtlichen Integration der Muslime in Deutschland kann es nicht einfach um „muslimische Selbstintegration" (Uhle 2007, 315) in die prinzipiell offenen und viel versprechenden Strukturen des deutschen Staatskirchenrechts gehen. Von entscheidender Bedeutung dürfte auch der politische Wille sein, eine solche Integration zu fördern – zum einen durch wegweisende Entscheidungen des Bundesverfassungsgerichts, zum anderen durch entsprechendes Agieren der Länderregierungen und der Bundesregierung.

Es hängt mithin also von der weiteren Entwicklung auf Rechts- und Politikebene ab, ob Muslime von dem besonderen Kooperationsverhältnis mit dem Staat profitieren können, ob der Status quo weiterhin erhalten bleibt oder ob sich das Kooperationsverhältnis zwischen Staat und Kirche beziehungsweise Religionsgemeinschaften insgesamt substantiell verändert. In der Politik herrscht derzeit die Tendenz vor, der verzögerten Fortentwicklung des Religionsrechts vorzugreifen und bereits zu politischen Übergangslösungen zu gelangen, noch ehe einschlägige rechtliche Fragen etwa nach den Bedingungen zur Erlangung des öffentlich-rechtlichen Körperschaftsstatus durch muslimische Gemeinschaften geklärt sind.[151]

4.1.2 Britische Toleranz und Gemeinnützigkeit von Religion – Institutionelle Grundlagen für Religionspolitik im Vereinigten Königreich

„ (…) law can have an extensive impact upon the religious interests of individuals, and (…) religious claims and perspectives can in turn impact upon the broader body of law" (Edge 2002, 435). Letzteres ist wohl in einer besonderen Weise zutreffend, wenn ein Rechtssystem keine einheitliche, schriftlich fixierte Verfassung hat, wie das im britischen[152] der Fall ist.

---

150 Towfigh bezeichnet das deutsche Religionsverfassungsrecht sogar als „flexibel und adaptionsfähig" und deshalb „besonders deutungsoffen, da es zu wesentlichen und sehr grundsätzlichen Aspekten eine nur geringe Regelungsdichte aufweist" (Towfigh 2010, 476).

151 Ein Beispiel hierfür ist der Versuch einiger Bundesländer, flächendeckenden Religionsunterricht für muslimische SchülerInnen einzuführen (Altiner 2005; Bundesregierung 2007a, 4; s. o. S. 71 Anm. 59).

152 Die Ausführungen beziehen sich auf den Staat United Kingdom (Vereinigtes Königreich). Das Adjektiv britisch bezieht sich auf die Einwohner des gesamten Vereinigten Königreichs und nicht nur diejenigen Großbritanniens (England, Wales und Schottland). Vor allem aus pragmatischen Gründen, aber auch um eine politisch, rechtlich und sozialstrukturell nicht zu heterogene Einheit zu bemühen, wird in der vorliegenden Untersuchung, insbesondere aber in diesem Kapitel bei einzelnen Betrachtungen ein Schwerpunkt auf England gelegt, auch ohne das jedes Mal gesondert zu betonen. Das hat bspw. zur Folge, dass Gesetze, die nur für England oder für England und Wales gelten, nicht unbedingt auch analog für Schottland und

Die Besonderheiten des britischen Religionsrechts und der britischen Religionspolitik stehen in engem Zusammenhang zur Rechtspraxis des *Common Law* bei gleichzeitig relativ liberalem Umgang mit religiösen Partikularinteressen einerseits und mit einer multi-kulturalistisch oder pluralistisch[153] geprägten Politik andererseits. Aufgrund des Fehlens einer einheitlichen und eindeutig bestimmbaren Verfassung kennt das Vereinigte König-reich auch kein umfassendes Recht auf Religionsfreiheit, welches Verfassungsrang besäße. Die britische Rechtsdogmatik unterscheidet sich schließlich markant von der kontinentalen. Eine „systematische rechtliche Durchdringung sämtlicher Lebensbereiche" (von Ungern-Sternberg 2007, 147) wird gerade abgelehnt. Damit einher geht eine weitreichende Sou-veränität des Parlaments, die nicht durch Regeln mit Verfassungsrang beschnitten werden kann (Edge 2002, 81; Shapiro 2002, 186; Arden 2004, 166).[154] Die Inkorporation der Euro-päischen Menschenrechtskonvention in britisches Recht im Jahr 2000 erscheint als Wende, im Zuge derer auch die Religionsfreiheit sukzessive mit Verfassungsrang ausgestattet wird.

Ein besonders wichtiges Instrument des britischen Rechts und der britischen Politik, welches sich unter Umständen auch für die Forderungen religiöser Minderheiten als effek-tiv erweist, ist die jahrzehntelange starke Fokussierung auf das Prinzip der Antidiskrimi-nierung.[155] Auch die damit zusammenhängende Politik des Multikulturalismus hat einen großen Einfluss auf die faktischen Rechte von religiösen Minderheiten. Das britische Ideal des ‚guten Bürgers' verlangt nicht eine Abstraktion von ethnischen oder kulturellen Diffe-

Nordirland dargestellt werden. Dieses Vorgehen erscheint auch dadurch gerechtfertigt, dass der Anteil der muslimischen Bevölkerung in England laut Ergebnissen des Zensus von 2001 mit Abstand am größten ist: Dort gab mehr als drei Prozent der Bevölkerung an, Muslime zu sein, wohingegen in Wales nur knapp ein Prozent der Bevölkerung dies angab; in Schottland waren es weniger als ein Prozent (National Statistics 2006, 9), noch geringer ist der Anteil in Nordirland.

153 Manche Autoren sprechen, je nach zugrunde liegender Rezeption der politischen Theorie oder Philosophie, statt von ‚Multikulturalismus' auch von ‚kulturellem Pluralismus' (z. B. Poulter 1998, 20ff.) oder gar von einer Mischung aus einem „laissez faire libertarianism and anti-formalism" und einer „rather radical willingness to countenance the idea of Britain as a multicultural society" (Favell 2001, 135). Ein Grund für einen zurückhaltenden Umgang mit dem Begriff ‚Multikulturalismus' kann jedoch auch in der Unschärfe der Begriffsverwendung selbst liegen. ‚Multikulturalismus' ist nämlich doppelt besetzt, einmal als deskriptive Beschreibung einer Vielheit von Kulturen, dann wieder als normatives Konzept, welches eine positive Wertung von Multikulturalität impliziert und mit der Einforderung einer moralischen Anerkennung von Kollektiven einhergeht; letzteres wird häufig als Affront gegen die liberale Tradition gewertet (Malik 2006, 263). Darüber hinaus kann ‚Multikulturalismus' entweder einen systematisch rechtlich verwirklichten Multikulturalismus wie etwa in Kanada oder Australien meinen, der konkreten Gruppen einen Rechtsan-spruch auf Kollektivrechte zusichert oder aber einen eher politisch-rhetorischen, der einzelne Kollektive nicht unbedingt systematisch rechtlich, aber doch durch bestimmte symbolische Handlungen anerkennt. Letzteres dürfte den britischen Multikulturalismus am ehesten charakterisieren.

154 Damit ist das dezentrale britische verfassungsrechtliche System einigermaßen konträr zum französischen, in dem eine nationale politische Identität mit moralischer Autorität ausgestattet über kulturelle Partikularitäten gestellt wird (Favell 2001, 138). Während die Trennung von öffentlicher und privater Sphäre in Frankreich zentrales Anliegen der politischen Philosophie ist, bleibt sie im Vereinigten Königreich vage und politisch wenig relevant.

155 Kritisch dazu Edge: „There is, however, a danger if we place all the interactions between law and religion into a framework where the sole goal is non-discrimination. When we regard differential treatment as not only treating similarly sited individuals differently, but also treating differently sited individuals the same, a single focus on discrimination may serve to obscure more complex issues of just treatment. Even the idea of religious rights can take us so far. The right of a religious community, as such, to take a place in a demo-cratic legislature may seem an improbable one, yet in the United Kingdom we have just such a position" (Edge 2002, 435).

renzen, sondern eine gegenseitige Anerkennung, die auch die Anerkennung von solchen Unterschieden einbeziehen darf und soll (Favell 2001, 134f., 143).

4.1.2.1 Religionsfreiheit und verfassungsrechtliche Dimension

Die Besonderheiten des britischen Rechtssystems

Die Darstellung der Spezifika der britischen Regelungen rund um die Freiheit der Religionsausübung bedarf eines genaueren Blicks auf die Grundlagen des britischen Rechtssystems. Das englische Recht[156] stützt sich – statt auf eine Verfassung in Form eines spezifischen Rechtsdokuments – auf zwei bedeutende Rechtsquellen: das Richterrecht oder auch Gewohnheitsrecht (das *Common Law* im engen Sinn) und das Gesetzesrecht (das *Statutory Law*). Das Richterrecht stellt eine Sammlung von Rechtsprechungen und Urteilen zu individuellen Fällen dar (*Case Law* oder Präzedenzfallsammlung), dessen Korpus über Jahrhunderte gebildet wurde (Poulter 1998, 38ff.). Als *Doctrine*[157] des *Common Law* (Edge 2002, 76) kann dieses, ebenso wie das Gesetzesrecht, Verfassungsrang[158] erlangen. Das Gesetzesrecht beruht auf Gesetzen, die als *Acts of Parliament* erlassen worden sind[159] und von den Gerichten auf bestimmte Fälle hin ausgelegt werden. Da der Unterschied zwischen den beiden Rechtsquellen für die Rechtsprechung keine Rolle spielt, wird der Begriff des *Common Law* auch häufig für beide Rechtsquellen benutzt (Vogenauer 2001, 667) und zeichnet dann das spezifische englische oder britische Rechtssystem im Gegensatz zum kontinentalen aus. Gemäß dem negativen Freiheitskonzept der britischen Rechtslogik ist alles, was nicht durch *Common Law* (und Gesetzesrecht) verboten ist, erlaubt (von Ungern-Sternberg 2007, 146).

---

156 *English Law* gilt in England und Wales. In Schottland dagegen gilt *Scots Law* mit seinem Ursprung im römischen Recht und bestehend aus verschiedenen Rechtssystematiken und Rechtsquellen. Auch hier steht neben dem Gewohnheitsrecht das entweder durch das Schottische Parlament, das Parlament des Vereinigten Königreichs oder die EU erlassene Gesetzesrecht. Dieser Abschnitt konzentriert sich aus pragmatischen Gründen auf das English Law und die Legislative des Parlaments des Vereinigten Königreichs (s. o. 116 Anm. 152).

157 Im Rahmen von Rechtssystemen, die durch *Common Law* geprägt sind, meint eine Doctrine ein Rechtsprinzip, welches sich anhand vieler Einzelfallentscheidungen herauskristallisiert (Edge 2002, 446).

158 Auch wenn es kein schriftliches Verfassungsdokument gibt, verfügt das Vereinigte Königreich über verfassungsrechtliche Prinzipien und Verfassungsrecht, welches allerdings schwer von anderen Rechtsordnungen abzugrenzen ist (Sydow 2005, 4; Feldman 2009).

159 Bei dieser Form der parlamentarischen Gesetzgebung (*Primary Legislation*) wird zunächst ein Gesetzesentwurf (*Bill*) von einem Parlamentsmitglied des *House of Lords* oder *House of Commons* vorgeschlagen, der nach einem relativ komplexen Prozess, u. a. vermittelt durch drei parlamentarische *Readings*, abgelehnt oder (modifiziert) angenommen werden kann und als *Act of Parliament* in das *Statutory Law* eingehen kann (Edge 2002, 444). Das Parlament, bestehend aus dem Souverän (Monarch), dem *House of Lords* und *House of Commons*, kann mit einem *Act of Parliament* theoretisch „changing any existing law, implementing any political policy, or disregarding any norm of behaviour" (Edge 2002, 165). Die *Acts of Parliament* können sich, je nach Spezifizierung, auf einzelne oder mehrere *Countries* beziehen oder für das gesamte Vereinigte Königreich Gültigkeit besitzen. Die Ausarbeitung der *Bills* wird zu einem großen Teil durch Staatsbeamte (Civil Servant) vollzogen, die darum faktisch sehr große Einflussmöglichkeiten auf die Gesetzgebung haben können (Page 2003).

„This arose from the traditional methods of rights protection used within the United Kingdom, which emphasised a general, negative liberty, to be restricted and supplemented by particular laws dealing with particular issues" (Edge 2002, 98).

Religionsfreiheit durch die Inkorporation der Europäischen Menschenrechtskonventionen
Die tatsächliche[160] Einbeziehung europäischer Rechtskonventionen (Edge 2002, 39ff.) brachte für das Vereinigte Königreich eine inhaltlich, vor allem aber formal entscheidende Wende der Rechtsgrundlage auch für die Freiheit der Religionsausübung mit sich (Amiraux 2007, 152). Nachdem im Jahr 1998 der *Human Rights Act* (HRA) vom Parlament des Vereinigten Königreichs verabschiedet wurde, wurden im Jahr 2000 die wichtigsten Konventionsrechte der *European Convention on Human Rights* (ECHR) von 1950 durch den HRA in britisches Recht inkorporiert (Nye 2001, 224ff.; McLoughlin 2005b, 58; Malik 2006, 251; Koenig 2007, 362; von Ungern-Sternberg 2007, 146; Hill u. a. 2011, 25). Damit wurden diese Konventionsrechte für Judikative und Exekutive – nicht jedoch für die Legislative mit ihrer parlamentarischen Souveränität (Edge 2002, 81) – bindend.

Das britische Recht kennt seitdem erstmals einen Grundrechtekatalog, dessen Bestandteil durch die Hereinnahme von Art. 9 der Europäischen Menschenrechtskonvention (EMRK) auch das Recht auf Religionsfreiheit ist. Das auf diesem Weg in britisches Recht implementierte Grundrecht sieht die unbeschränkte individuelle Gedanken-, Gewissens- und Religions(ausübungs)freiheit sowie die Bekenntnisfreiheit vor; letztere allerdings mit einem Gesetzesvorbehalt zugunsten „der öffentliche[n] Sicherheit, zum Schutz der öffentlichen Ordnung, Gesundheit oder Moral oder zum Schutz der Rechte und Freiheiten anderer" (Art. 9 Satz 2 EMRK). Die Freiheitsrechte von Art. 9 Satz 1 beziehen sich, mit Ausnahme der Bekenntnisfreiheit[161], auf die rein private Sphäre. Das Grundrecht auf Religionsfreiheit nach dem Vorbild der EMRK „is relatively sterile, constituting little more than the right to hold views in the privacy of one's own mind" (Edge 2002, 52). Doch selbst bei der Bekenntnisfreiheit ist in erster Linie das Bekenntnis des *Einzelnen* geschützt.[162] Allerdings wird durch Art. 13 Satz 1 des HRA mit dem Schutz der Autonomie religiöser Organisationen der kollektiven Religionsausübungsfreiheit eine besondere Bedeutung zugesprochen (Edge 2002, 85f.; Giegerich 2001, 256). Mit Art. 14 der EMRK wird außerdem festgestellt, dass alle Rechte und Freiheiten der Konvention ohne Diskriminierung auch aufgrund der Religion zu gewähren sind. Art. 11 der EMRK garantiert Versammlungsfreiheit, die in Satz

---

160 Bereits seit 1951 waren die europäischen Rechtskonventionen Teil des britischen Rechts, wurden jedoch von Seiten der Judikative lediglich als Orientierungshilfe angesehen. Eine solche orientierende Funktion konnte generell von ausländischem Recht ausgehen. Europäisches Recht hatte hier keine Sonderstellung. Im Einzelfall blieb zwar die Möglichkeit der Klage über den Europäischen Gerichtshof für Menschenrechte (EGMR), dieser Weg war jedoch sehr langwierig und kostspielig, weswegen es nur in wenigen Fällen – und meistens erfolglos – dazu kam (Nye 2001, 224f.).

161 Bekenntnisfreiheit („the freedom to manifest one's religion or belief", Edge 2002, 45) kann sehr viele Praktiken beinhalten: Gottesdienst, Unterricht, Mitgliedschaft in religiösen Institutionen, Missionierung, Essvorschriften etc. (Edge 2002, 52).

162 Weiterhin spielt eine Rolle, welchen Religionsbegriff die ECHR zugrunde legt. Aufgrund der bislang erfolgten Urteile der Kommission argumentiert Edge: „In summary, Article 9(1) does not, nomenclature apart, protect manifestation of one's religion and belief. Rather, it protects religious or conscientious manifestations of a certain kind. The distinction would seem indirectly to discriminate against religions without an established cultural base in European states. Those religions that are established within their state, either by virtue of constitutional position or simple number of adherents, are likely to have their core doctrines recognised as manifestations" (Edge 2002, 54).

2 mit einem Gesetzesvorbehalt versehen ist. Das Grundrecht der Versammlungsfreiheit kann in Rechtssystemen mit einem relativ schwachen Recht auf kollektive Religions(aus-übungs)freiheit für die Rechtsansprüche von Religionsgemeinschaften an Bedeutung ge-winnen.

Ohne Zweifel beinhaltet der HRA „a more rights orientated approach to the law and religion debates in the English jurisdiction" (Edge 2002, 98). Ob die grundrechtliche Syste-matisierung des Rechts auf Religionsfreiheit durch die Umsetzung der EMRK aber *in der Sache* zu bahnbrechenden Veränderungen für die Rechtsträger geführt hat oder führen wird, ist umstritten (Poulter 1998, 388; Arden 2004, 177ff.). Die historisch einmalige grund-rechtliche Verbindlichkeit von Religionsfreiheit steht der vergleichsweise schmalen Basis gegenüber, die das Recht auf Religionsfreiheit der EMRK beinhaltet: Durch die im Zwei-felsfall implizit am Christentum orientierte Auslegung der Konventionsrechte (Nye 2001, 252), die Abhängigkeit von der Einzelfallentscheidung, die Schwerpunktsetzung auf indivi-duelle Religionsfreiheit und vor allem durch den Gesetzesvorbehalt[163] sei die EMRK nicht sehr weitgehend (Edge 2002, 62; Nye 2001, 227f.; Brems 2003, 3). Hinzu kommt die weiterhin bestehende Souveränität des Parlaments, welches nicht zwingend die EMRK in der Gesetzgebung reflektieren muss (Page 2004, 340; Edge 2002, 87), ja theoretisch sogar gegen Konventionsrechte Gesetze erlassen kann (Arden 2004, 167). Ohnehin aber gilt, dass der vor der Einbeziehung der EMRK fehlende Grundrechtsstatus nicht unbedingt auch ei-nen unzureichenden Schutz der Freiheit von Religion und Religionsausübung bedeuten muss.

Britische Toleranz und die Akzeptanz religiöser Diversität

Trotz des lange Zeit fehlenden Grundrechtekatalogs kennt das Vereinigte Königreich tra-ditionell *Civil Liberties*, die als Menschenrechte verstanden werden können und etwa die persönliche Freiheit oder die Meinungs- und Versammlungsfreiheit einschließen (Davy/Çı-nar 2001, 846). Seit dem 19. Jahrhundert, in den Kolonien bereits zuvor, herrschte ein Kli-ma einer „pragmatic acceptance" (Addison 2007, 12) von religiöser Diversität, die sich auf der britischen Insel zunächst als eine Art Toleranz[164] gegenüber nicht-protestantischen Reli-

---

163 Besonders markant ist eine Entscheidung des EGMR aus dem Jahr 1978 (EGMR N 7992/77; X vs. The United Kingdom, 12.07.1978), in der die Klage eines Sikh gegen das Vereinigte Königreich auf Erlass der Strafe für das Nichttragen eines Motorradhelms in 20 Fällen zwischen 1973 und 1976 abgewiesen worden war. Der EGMR begründete die Entscheidung mit der im Gesundheitsschutz gründenden Helmpflicht und verwies auf den Gesetzesvorbehalt in Artikel 9 Abs. 2 der EMRK (Poulter 1998, 324). Das britische Parla-ment dagegen hatte zwischenzeitlich mit dem *Motor-Cycle Crash-Helmets (Religious Exemption) Act* 1976 (Poulter 1998, 292ff.) die Helmpflicht für Sikhs grundsätzlich aufgehoben (Poulter 1998, 259) – jedoch nicht auf der Grundlage eines Grundrechts der Religionsfreiheit. Daran wird deutlich, dass parlamentarische Entscheidungen im Vereinigten Königreich auch ohne auf einem Grundrecht der Religionsfreiheit zu basie-ren, liberalere Rechtsfolgen haben können als grundrechtsbasierte Entscheidungen. Dieses Phänomen wird auch durch die parlamentarischen Debatten bestätigt, die der Ausnahmeregelung für Sikhs bei der Helm-pflicht auf Baustellen vorangingen und die die gerade vom Europarat veröffentlichten Direktiven für aus-nahmslos verpflichtende Sicherheitsstandards auf Baustellen rundweg außer Acht ließen (Poulter 1998, 319).

164 Bereits 1689 wurde mit dem *Toleration Act* die Grundlage für jenes Prinzip der Toleranz gelegt, welches „religiöse Minderheiten (...) durch die Garantie von Ausnahmeregelungen inkorporiert, (...) sich allerdings nicht auf korporative Einheiten, sondern nur auf Individuen bezogen" (Koenig 2003, 91) hatte und welches

gionen äußerte, welche seit 1828 in der Reform der *Test and Corporation Acts* aus dem 17. Jahrhundert rechtlich ihren Ausdruck fand (Jenkins 1880, 116; Koenig 2003, 93). Erste Formen eines institutionalisierten Rechts auf Religionsfreiheit kann mit durch die britische Regierung verabschiedeten Gesetzen wie dem *Jewish Disabilities Removal Act* in den Jahren 1858 und 1860, der Abschaffung von Pflichtabgaben an Kirchen 1868 oder der verpflichtenden Religionstests an Universitäten 1871 (Jenkins 1880, 119) festgemacht werden.

Wiewohl die Anglikanische Kirche, die seit der Reformation Staatskirche in England ist, teilweise bis heute den Diskurs darüber, *wie* und *was* Religion ist, bestimmt (Nye 2001, 200, 240; Edge 2002, 5ff., 436), wird für das Vereinigte Königreich größtenteils[165] von einem wenig restriktiven Verhalten gegenüber religiösen Minderheiten ausgegangen (Robbers 2002a, 15; Koenig 2005a, 37). Dieses sei geprägt von einem „liberal spirit of tolerance coupled with an appreciation of diversity" (Poulter 1998, 389). Die Begriffe der Toleranz und des Respekts gegenüber anderen Religionen und Kulturen prägen bis heute nicht selten parlamentarische Debatten (Poulter 1998, 316f.) oder werden in Regierungsäußerungen als britisches Selbstverständnis rezitiert (Doe/Nicholson 2002, 72f.). Die britischen Grundwerte können auch ohne die Existenz von Grundrechten relativ zuverlässig mit „tolerance, liberty, pluralism, justice, equality, and respect" umschrieben werden (Poulter 1998, 390). Religiöser Zugehörigkeit wird eine zentrale Rolle für die politische Artikulation von (Gruppen-) Interessen zugesprochen (Modood 1998, 390) und der offene und anerkennende Umgang mit religiöser Vielfalt gilt manchen als positives Gegenbeispiel zur französischen Laizität (Fetzer/Soper 2005 und 2007).

Die britische tendenziell offene Haltung gegenüber ethnischer und religiöser Vielfalt zusammen mit den schwach ausgebildeten rechtlichen Rahmenbedingungen für die Durchsetzung religiöser Interessen dürften mit ein Grund dafür sein, dass bisher in religiösen Fragen der Rechtsweg eher selten eingeschlagen wurde. Stattdessen fanden Entscheidungen, die (auch) religiöse Interessen tangierten, meist auf politischer und behördlicher Ebene statt (Nye 2001, 241), häufig in kommunalen Zusammenhängen (Bastenier 1991, 134f.). Wenn rechtliche Instanzen angerufen wurden, so vermehrt im Rahmen der Antidiskriminierungsgesetze. Über diese Instrumente konnten unter bestimmten Bedingungen auch religiöse Angelegenheiten verhandelt werden, ohne dass es eines dezidierten Grundrechts auf Religionsfreiheit bedurfte.

Die Wirkung von Antidiskriminierungsgesetzen auf Religionsfreiheit

Die seit den 1960er Jahren gegenüber einer multireligiös und multikulturell zusammengesetzten Gesellschaft grundsätzlich aufgeschlossene britische Politik (Poulter 1998, 15f.; Nye 2001, 266) schlug sich im ersten *Race Relations Act* 1965 und in den folgenden in den Jahren 1968 und 1976 sowie im *Race Relations Amendment Act* 2000 auch in der Rechtsprechung nieder. Das Gesetz von 1965 sah die Gründung einer *Community Relations Commission* vor, das Gesetz von 1968 führte zur Gründung der *Commission for Racial Equality* (CRE). Die *Race Relations Policy* basierte auf dem Rechtsprinzip des Schutzes

---

zu diesem Zeitpunkt auch noch auf wenige Bereiche außerhalb von bürgerlichen und politischen Rechten beschränkt war (ebd.; vgl. auch Hill et al. 2011, 24f.).

165 Für eine graduelle Ausnahme vgl. z. B. Rath et al. 1999, 65f. und Edge 2002, 351ff., 422ff.

vor individueller und kollektiver Diskriminierung und bezog seit dem Race Relations Act 1976 neben direkter auch indirekte Diskriminierungen mit ein, zum Beispiel Kleiderordnungen am Arbeitsplatz, die Angehörige einer bestimmten *Racial Group*[166] benachteiligen könnten (Edge 2002, 253ff.). Sogenannte ‚rassische' Diskriminierung deckt „Diskriminierung aufgrund der Hautfarbe, der Rasse, der Staatsangehörigkeit oder der ethnischen oder nationalen Herkunft" (Davy/Çınar 2001, 849) ab. Der *Race Relations Amendment Act* von 2000 legte dann auch allen öffentlichen Behörden die Pflicht auf, ethnische Gleichheit zu fördern und effektive Maßnahmen gegen Diskriminierung zu unternehmen.

Den legislativen Beschlüssen zur Bekämpfung von Antidiskriminierung verdankt die britische Rechtsprechung ihre relativ offene Haltung gegenüber religiöser Vielfalt, wie zahlreiche Urteile belegen[167] (von Ungern-Sternberg 2007, 150ff.). Allerdings lag der Schwerpunkt der Bestimmungen nicht auf Religion, sondern auf *Race*. In der Praxis waren daher solche religiöse Gruppierungen, die nicht gleichzeitig einen bestimmten ‚rassischen' Hintergrund vorweisen konnten, von diesen sehr effektiven gesetzlichen Bestimmungen ausgeschlossen (Edge 2002, 248ff.). Religiöse Merkmale von Individuen oder Gruppen wurden also nur mittelbar einbezogen; dann nämlich, wenn zugleich auch ein kollektiver ethnischer Hintergrund zugeschrieben wurde, was regelmäßig nur bei Juden oder Sikhs erfolgte (Edge 2002, 249ff.; Amiraux 2007, 152f.). Dagegen wurden namentlich *Rastafarians* und Muslime[168] in angestoßenen Gerichtsverfahren von den Bestimmungen ausgenommen, da sie keiner entsprechend homogenen *Racial Group* zugeordnet werden konnten (Baringhorst/Schönwälder 1992; Vertovec 1996, 177; Poulter 1998, 350f.; Favell 2001, 218; Nye 2001, 7; Fetzer/Soper 2005, 30f.; McLoughlin 2005b, 56; Koenig 2005a, 41; Bloul 2008, 12). Als die CRE das Manko identifizierte und 1990 eine Überarbeitung des Gesetzes gefordert hatte, wurde nach Einschätzung von Adrian Favell diese Forderung von der Regierung ignoriert, „because of the fundamental reform it would entail in the legislation's overall normative structure. The problem centres on the anomalous place of religion in anti-discriminatory law in Britain" (Favell 2001, 218).[169] Erst 2003 wurde aus-

---

166 Der *Race Relations Act* 1976 definiert *Racial Group* als „a group of persons defined by reference to colour, race, nationality or ethnic or national origins, and references to a person's racial group refer to any racial group into which he falls".

167 Solche Urteile sind z. B. mit Bezugnahme zum *Race Relations Act*: die Entscheidung, dass Kleidervorschriften, die das Tragen eines Turbans nicht ermöglichen, etwa in einem Club oder am Arbeitsplatz (Poulter 1998, 307ff.) eine diskriminierende Wirkung auf Sikhs haben können; ebenso werden Schuluniformen, die Kopfbedeckung zwingend vorschreiben und/oder mit der Pflicht eines Kurzhaarschnitts verbunden sind und so den Turban oder lange Haare nicht ermöglichen, vom Antidiskriminierungsgesetz erfasst (Poulter 1998, 305). Urteile im Rahmen spezieller Kampagnen, die zu gesetzlichen Ausnahmen führten, sind bspw. die ausnahmsweise Erlaubnis für Sikhs aus religiösen Gründen Waffen in der Öffentlichkeit zu tragen im Rahmen des *Criminal Justice Act* 1988 (Poulter 1998, 50), das Verbot von Diskriminierung von Sikhs am Arbeitsplatz, wenn sie aus religiösen Gründen keinen Schutzhelm auf Baustellen tragen im Rahmen des *Employment Act* 1989 (Poulter 1998, 50, 313ff.) oder die ausnahmsweise Befreiung von Sikhs von der Motorradhelmpflicht im Rahmen des *Motor-Cycle Crash-Helmets (Religious Exemption) Act* 1976 (Poulter 1998, 292ff.; s. o. 120 Anm. 163).

168 Hingegen hatte eine Bangladeshi, die eine Entlassung aufgrund des Kopftuchtragens als Diskriminierung anzeigte, Erfolg, da, obwohl es sich beim Kopftuchtragen um eine anerkanntermaßen religiöse Praxis handelte, eine dieser religiösen Praxis zugrunde liegende nationale und geschlechtliche Ursache der Diskriminierung erkannt wurde. Die Diskriminierung wurde nämlich durch den Bezug des strittigen Sachverhalts zur Herkunft der Klägerin begründet, wo die dominierende Religion der Islam war (Edge 2002, 253).

169 Zu den Gründen und Umständen für die fehlende Anerkennung religiöser Diskriminierung vor britischen Gerichten vgl. Edge 2002, 256ff.

gehend von 'Europäischen Direktiven (Edge 2002, 256; DCLG 2007a, 28) und im Rahmen einer weit reichenden Neukonzeption der britischen Antidiskriminierungspolitik[170] der Schutz vor Diskriminierung am Arbeits- und Ausbildungsplatz aus Gründen der Religion oder des Glaubens durch die *Employment Equality (Religion or Belief) Regulations* eingeführt (Addison 2007, 61ff. und 98ff.). Seit Inkrafttreten des *Equality Act* 2006 besteht auch Schutz vor „discrimination on grounds of religion or belief" im Bereich der „provisions of goods, facilities and services, premises, education in schools and in the work of public authorities" (DCLG 2007a, 10; Addison 2007, 38ff. und 92ff.; s. o. 93).

Trotz dieser späten Beachtung der religiösen Dimension in die Antidiskriminierungspolitik wurden bestimmte Konflikte im Vereinigten Königreich nicht in der Schärfe ausgefochten wie auf dem europäischen Festland. So war das Kopftuch bei muslimischen Lehrerinnen, geschweige denn bei Schülerinnen, kaum ein Thema (Liederman 2000; Amer 2004), bei offiziellen Uniformen etwa der Polizei oder innerhalb von Schulen wurden in den meisten Fällen für TrägerInnen von Kopftuch, Turban oder langen Hosen entsprechende Möglichkeiten geschaffen: „Uniforms that clash with religious codes are, however, unlikely to upheld in most cases" (Edge 2002, 254).

Auf rechtlichem Gebiet lassen sich also zwei entscheidende Neuerungen beobachten, die zu einer besonderen Anerkennung von Religion und religiöser Zugehörigkeit führen, deren Reichweite aber noch schwer abzuschätzen ist: Die Wende von einer über lange Jahre auf kulturell oder ethnisch geprägte Kollektive konzentrierte Antidiskriminierungspolitik und -gesetzgebung hin zu einer breiteren, explizit auch religiöse Zugehörigkeit einschließenden Gleichstellungspolitik und -gesetzgebung und die Schaffung eines grundrechtlich verbürgten Rechts auf individuelle Religionsfreiheit (Malik 2006, 259). Trotz dieser späten rechtlichen Implementierung der Religionsfreiheit wurde aber faktisch bereits zuvor ein liberales Modell „individueller religiöser Orientierung in der ‚öffentlichen' Sphäre induziert" (Koenig 2004, 90).

4.1.2.2 Rechtsformen für religiöse Vereinigungen

Eine religiöse Vereinigung organisiert sich in der Regel im Rahmen der rechtlichen Möglichkeiten eines Nationalstaates in einer ihrer Zielsetzung, ihrer Mitgliederstruktur und ihres Vermögens möglichst angemessenen Form. Das englische Recht erlaubt vielfältige Organisationsmöglichkeiten für Religionsgemeinschaften, ohne eine staatliche Anerkennungsprozedur des religiösen Charakters einer Vereinigung zu kennen (Edge 2002, 123; Hill u. a. 2011, 107ff.).[171] Religiöse Vereinigungen sind nichtreligiösen Vereinigungen

---

170 Ziel dieser Neukonzeption ist einerseits eine grundlegende Neuorientierung von einem negativ konzipierten Schutz vor Diskriminierung hin zu einer positiven, umfassenden Gleichstellung, die auf dem Menschenrechtsgedanken aufbaut: „ (…) promoting equality goes wider than preventing discrimination" (DCLG 2007a, Vorwort, 6). Andererseits ist das Ziel der Neukonzeption eine Vereinheitlichung der verschiedenen Antidiskriminierungsrichtlinien der letzten vier Jahrzehnte. Langfristig soll eine „single Equality Bill" (DCLG 2007a) verabschiedet werden, mittelfristig sind aber auch *Amendments* von verschiedenen bereits existierenden *Acts* geplant.

171 Dennoch kam es im Rahmen von einzelnen Rechtsentscheidungen auf der Grundlage der EMRK zu der Frage, ob bestimmte Organisationen als religiöse anzusehen sind und diese entsprechend Grundrechtsträger von Art. 9 EMRK sind oder nicht (Nye 2001, 206ff.). Auch spielt z. B. im Rahmen der Zuweisung des Gemeinnützigkeitsstatus eine Rolle, ob die beantragende Organisation als religiöse angesehen werden kann oder nicht (Nye 2001, 205; Edge 2002, 121ff.).

rechtlich gleichgestellt (McClean 2005, 613; Edge 2002, 115); ein Umstand, der sowohl als der Religionsfreiheit förderlich oder auch ihr hinderlich ausgelegt werden kann.[172]

Es gibt eine Reihe verschiedener privatrechtlicher Formen, in denen sich Religionsgemeinschaften in England und Wales auf freiwilliger Basis bilden können. Im Regelfall sind die religiösen Zusammenschlüsse in mehren Rechtsformen organisiert, die unterschiedliche Funktionen wahrnehmen. Die Palette reicht „from the relative informality of an unincorporated association to the relatively formal, relatively closely regulated limited company. With the exception of bodies whose organisation has received specific recognition by law, such as the Church of England, these forms are not limited to religious organisations" (Edge 2002, 132). Die einfachste Rechtsform ist der nicht eingetragene Verein, die *Unincorporated Association* (Edge 2002, 111), die keine Rechtsfähigkeit hat und kein eigenes Vermögen besitzen darf. Neben dem nicht eingetragenen Verein existiert die Möglichkeit, sich als *Trust* (Treuhandgesellschaft) zu organisieren. Der *Trust* hat zwar keine Rechtspersönlichkeit, ist jedoch hinsichtlich seiner Vermögensverwaltung „much more clearly defined by general law" (Edge 2002, 114). Ein *Trust* besteht aus verschiedenen natürlichen Personen, die Eigentum und Vermögen anderer für bestimmte, zuvor festgelegte Zwecke verwalten. Eine Religionsgemeinschaft kann sich prinzipiell auch als *Private Company Limited by Guarantee* organisieren. Dadurch erhält sie Rechtspersönlichkeit und kann eigenes Vermögen haben. Damit einher gehen relativ demokratische Strukturen, allerdings entstehen auch Verwaltungskosten (Edge 2002, 114).

All diese Rechtsformen sind als *Voluntary Associations* im Unterschied zu den Organisationsformen der *Church of England* in ihrer Zielsetzung, ihren Strukturen und Regeln frei und freiwillig. *Voluntary Associations* können den Status der Gemeinnützigkeit erwerben (Edge 2002, 112), in der Regel sind sie auch nur dann für religiöse Organisationen eine sinnvolle Rechtsform; der gemeinnützige *Trust* stellt die meist genutzte Rechtsform für religiöse Vereinigungen dar (Doe/Nicholson 2002, 62). Gemeinnützige Vereine genießen einige Vorteile. Besonders interessant für Religionsgemeinschaften sind die weitgehenden Steuererleichterungen. Zudem können Schenkungen leichter von gemeinnützigen Organisationen angenommen werden.[173] Darüber hinaus geht mit der Anerkennung der Gemeinnützigkeit einer Organisation eine gewisse gesellschaftliche Legitimierung einher (Edge 2002, 131). Die Anerkennung als gemeinnützige Organisation erfolgt in England und Wales mit einigen Ausnahmen (dazu Edge 2002, 143) durch Aufnahme in das Register der *Charity Commission*.

Für die Anerkennung einer Organisation als gemeinnützig kamen bis zum *Charities Act* 2006 vier Gründe in Frage: (1) die Bekämpfung von Armut, (2) die Förderung der Bildung, (3) die Förderung („Advancement") von Religion und (4) andere Zwecke zum Wohle der Gesellschaft (Edge 2002, 145). Seit 2006 sind weitere konkrete Gründe hinzugekommen. Außerdem definiert der *Charities Act* Religion ausdrücklich breit: „'religion' includes (i) a religion which involves belief in more than one god, and (ii) a religion which

---

172 Während Edge befindet, „the general structures that allow the formation of voluntary associations and organisation are supportive for religious organisations" (Edge 2002, 118; 125ff.), vermisst Nye die fehlende Bevorzugung religiöser *Charities* vor nicht religiösen (Nye 2001, 204).

173 Gerade in Bezug auf die Schenkungssteuer, aber auch in Bezug auf Kommunalsteuern genießen religiöse Vereine u. U. weitergehende Steuervorteile als nicht-religiöse Vereine. Dies ist aber auch die einzige finanzielle Besserstellung, die religiöse Gemeinschaften gegenüber nicht-religiösen, gemeinnützigen Vereinen auszeichnet (Bloss 2008, 93).

does not involve belief in a god" (Charities Act 2006). Anders als vormals können so in das neue Gesetz beispielsweise auch atheistische Weltanschauungsgemeinschaften einbezogen werden. Bei der Anerkennung der Gemeinnützigkeit eines Vereins können seit 2006 allerdings nicht mehr genuin religiöse Zwecke und Ziele *als solche* eine Rolle spielen,[174] sondern die *Charity,* die religiöse Zwecke verfolgt, muss „be for the public benefit" (Charities Act 2006) und zwar in Bezug auf die gesamte oder einen hinreichend großen Teil der Gesellschaft (Charity Commission 2008a, 5). Mit diesen Bedingungen einher gehen die schwierigen Fragen, was als Religion zu gelten hat, was als Förderung von Religion zu gelten hat und wann die religiöse Organisation von öffentlichem Nutzen ist (Charity Commission 2008a und 2008b). Bemerkenswert ist die – auch von Legislative und Judikative – postulierte oder gar erwartete – enge Verbindung von Religion und Gemeinnützigkeit[175] (Doe/Nicholson 2002, 75f.), die vor der Gesetzesänderung als weitgehend[176] selbstverständlich vorausgesetzt, seit der Gesetzesänderung aber im Einzelfall unter Beweis gestellt werden muss.

Zusammenfassend kann trotz einigen Unschärfen in der Anerkennungspraxis[177] gesagt werden: „The law of charity is one area of English law where religious interests and organizations are expressly considered" (Edge 2002, 159). Gerade die Tatsache, dass in der Praxis sehr viele Religionsgemeinschaften und ihnen untergeordnete Vereinigungen als *Charities* aner_kannt sind, verbunden mit der Anerkennungsvoraussetzung des *Public Benefit,* macht deutlich, dass im Vereinigten Königreich Religion und Religiosität als Bereiche des öffentlichen Lebens nicht nur geachtet, sondern auch gefördert werden.

---

174 So aber noch zuvor (vgl. Edge 2002, 141).

175 Diese Verbindung wurde noch vor dem *Charities Act* 2006 folgendermaßen begründet: „Kurz gesagt werden Vereinigungen zur Förderung der Religion als wohltätig eingestuft, weil der Staat davon ausgeht, daß ihre Gemeinnützigkeit der Gesellschaft in ihrer Gesamtheit zugute kommt: Bezeichnenderweise sind Gerichte dazu ‚berechtigt, anzunehmen, daß der Allgemeinheit ein gewisser Nutzen dadurch zuteil wird, daß an religiösen Orten solche Personen aufgesucht werden, die dort leben und mit ihren Mitbürgern verkehren'. Das Gesetz ‚geht davon aus, daß wahrscheinlich jedwede Religion zumindest besser ist als überhaupt keine'" (Doe/Nicholson 2002, 76).

176 Bereits vor der Gesetzesänderung waren jedoch einzelne religiöse Gemeinschaftsformen in bestimmten Situationen vom Attribut der Gemeinnützigkeit ausgeschlossen. Das House of Lords etwa hat im Fall einer Schenkung an ein römisch-katholisches Priorat (Konvent) zu entscheiden gehabt, ob diese als gemeinnützig anerkannt werden kann. Bei der Argumentation wurde in erster Linie als Voraussetzung für eine Anerkennung herausgestellt, dass die Schenkung für die Öffentlichkeit von Nutzen sein muss („for the public benefit") und also die Zuwendung nicht im Privaten verbleiben dürfe. Dabei genüge es, dass etwa die religiöse Lebensweise einzelner Religionsanhänger „could extend their example of religious living to the public at large" (Edge 2002, 157). Diese Vorbildfunktion wird nur als gegeben angesehen, sofern die Religionsanhänger Kontakt mit der Außenwelt hätten, was im Falle der im Konvent praktizierenden Nonnen letztlich als nicht zutreffend erachtet wurde, im Falle eines ähnlich gelagerten Falls in Bezug auf eine Synagoge, deren Mitglieder am öffentlichen Leben partizipieren, hingegen schon (ebd.; Charity Commission 2008a, 16f.).

177 „Despite, more than a century of jurisprudence in a plural religious context, it [gemeint ist das Charity law; C. B.] remains unclear in a number of key areas. Although this lack of clarity is unlikely to impact seriously on the overwhelming majority of religious organizations seeking charitable status, where the bodies are unpopular or particularly poorly understood by the Charity Commission, the lack of clarity reduces the power of these bodies to negotiate by reference to clearly defined rights" (Edge 2002, 159). Beispiele für Religionsgemeinschaften, die von der *Charity Commission* als nicht religiös eingestuft wurden, sind paganistische, also (neu-)heidnische Gruppen und Scientology (Nye 2001, 205f.).

4.1.2.3   Das Verhältnis von Kirche und Staat

Das britische Verhältnis von Kirche und Staat kann als das eines „moderate secularism"
bezeichnet werden und weist auf einer formalen Ebene eine relativ starke Verflechtung
zwischen Staat und Kirche auf (Minkenberg 2002, 122f.), die bestimmt ist von der Existenz
einer Staatskirche, dem „religious establishment" (Fetzer/Soper 2007, 936). Zu den
Besonderheiten der Stellung der *Church of England* gehören die *Constitutional Laws*, die
unter anderem die Regelungen zur Ernennung der Bischöfe durch die Regierung, zur Stellung des Monarchen (*Sovereign*) als *Supreme Governor* der Kirche, zu den Bischofssitzen
im *House of Lords* und zur staatlichen Kontrolle über die Gesetzgebung der Kirche
beinhalten. Der Premierminister hat das Recht, zusammen mit einer königlichen Ernen-
nungskommission, das Oberhaupt der *Church of England*, den Erzbischof von Canterbury,
zu ernennen sowie weiteres Führungspersonal der Kirche. Daneben existieren besondere
Bestimmungen im Bereich des Zivilrechts, des Strafrechts und des Finanz- und Eigentums-
rechts (Edge 2002, 129). Auch darf der Premierminister weder römisch-katholischen noch
jüdischen Glauben haben; eine mittlerweile stark umstrittene Regelung (Edge 2002, 173ff.).
Der Monarch oder die Monarchin ist zugleich weltliches Oberhaupt der Kirche und muss
die anglikanische Religionszugehörigkeit haben (Schönwälder 2004, 351f.).

Neben der englischen Staatskirche haben sich auch in Wales und Schottland jeweils
Kirchen mit einer Sonderstellung erhalten, die jedoch in unterschiedlicher Beziehung zum
Staat stehen. In Wales besteht, genauso wie in Nordirland, eine Trennung zwischen Kirche
und Staat, obwohl es in manchen Bereichen auch zu Kooperationen kommt (Doe/Nicholson
2002, 63f.). Die presbyterianische Kirche Schottlands ist seit 1926 nicht mehr Staatskirche,
sondern Nationalkirche mit einigen Sonderrechten (Nielsen 1999, 114). Für die baptistische
und die methodistische Kirche in England wurden parlamentarische Gesetze erlassen, die
eine Anerkennung der jeweiligen Kirchenverfassungen beinhalten (Doe/Nicholson 2002,
65). Die *Church of England* selbst wird nur sehr begrenzt direkt vom Staat subventioniert.
Eine Enteignung von kirchlichen Gebäuden oder Landbesitz fand nicht statt, weswegen die
Church of England über ausgedehnte Besitztümer verfügt, die allerdings nicht nur Gewinne
einbringen, sondern auch aufwändig unterhalten werden müssen (Robbers 2002b, 147). Zur
Erhaltung historischer Gebäude leistet der Staat geringfügige Zuschüsse (McClean 2005,
624). Die Rechtsformen der *Church of England* unterscheiden sich von denen anderer Reli-
gionsgemeinschaften (Edge 2002, 112). Sie sind nicht frei wählbar, sondern werden vom
Kirchenrecht bestimmt, welches Teil des englischen Rechts ist (Edge 2002, 115).

Die Privilegien der Anglikanischen Kirche in England und ihre Nähe zum Staat gehen
einher mit einer prinzipiellen Anerkennung der positiven Rolle von Religion für Gesellschaft, von der auch religiöse Minderheiten profitieren können (Fetzer/Soper 2007, 936;
McLoughlin 2005b, 57), bringen aber auch die Gefahr der (symbolischen) Exklusion nicht-
christlicher und nicht-protestantischer Religionen und deren Angehöriger mit sich (Edge
2002, 189). Anders als etwa im Falle des deutschen öffentlich-rechtlichen Körperschaftsstatus bleibt der Status einer Staatskirche für andere Religionsgemeinschaften auch theoretisch unerreichbar. England ist durch Multikonfessionalität (Anglikanische und Katholische Kirche) und eine steigende religiöse Pluralität, bei einer gleichzeitig stark zurück-
gehenden Mitgliederzahl der christlichen Kirchen seit den 1960er Jahren geprägt. Allerdings verzeichnet die subjektive Zugehörigkeit zum christlichen Glauben (noch) einen
positiveren Wert (Schönwälder 2004, 345); ein Phänomen, welches gerne mit der Phrase

„believing without belonging" (Davie 1994) bezeichnet wird. Neuere britische Untersuchungen plädieren jedoch mit der Formel „neither believing nor belonging" (Voas/
Crockett 2005) dafür, den Rückgang nicht nur der kirchlichen Bindung, sondern auch des
Glaubens in Rechnung zu stellen. Insbesondere im Bereich der schulischen Bildung genießt
das Christentum aber nach wie vor eine herausgehobene Stellung. Allerdings ist derzeit ein
Wandel hin zur Berücksichtigung von mehr religiöser Pluralität an staatlich geförderten
konfessionellen Schulen (Parker-Jenkins 2002) und in der religiösen Unterweisung an
öffentlichen Schulen zu beobachten (s. u. 128f.).

4.1.2.4 Rechte für religiöse Minderheiten?

Trotz der Privilegien der Anglikanischen Kirche wird dem britischen Religionsrecht eine
„bedürfnisorientierte Vielfalt" (Robbers 2002b, 145) attestiert. Das recht junge und zudem
vergleichsweise schwache Grundrecht auf Religionsfreiheit ist kein Indiz dafür, dass
religiöse Minderheiten in ihrer Religionsausübungsfreiheit über die Maßen beschnitten
werden. Im Gegenteil wird gerade das Vereinigte Königreich im direkten Vergleich mit
anderen europäischen Ländern als besonders liberal gegenüber religiösen Minderheiten
bezeichnet (Casanova 2004; Fetzer/Soper 2005 und 2007, 936). Religionsgemeinschaften
arbeiten oftmals direkt mit den lokalen Autoritäten und Schulbehörden zusammen. „Insgesamt scheint man in der britischen Gesetzgebung und Rechtsprechung religiöse Vielfalt und
ihre Ausdrucksformen als solche zu akzeptieren und als Bereicherung zu empfinden" (von
Ungern-Sternberg 2007, 159).

   Die jahrzehntelang praktizierte *Race Relations Policy* verdeutlicht aber auf der anderen Seite, dass religiöse Minderheiten in der rechtlichen und politischen Praxis nicht gleich,
sondern unterschiedlich behandelt wurden. Primäres Zuschreibungskriterium eines Individuums zu einer schützenswerten Minderheit war die Zugehörigkeit zu einer *Racial
Group*, nicht die zu einer religiösen Gruppe. Die Neukonzeption der Antidiskriminierungsgesetze hin zu einem umfassenden und einheitlichen *Equality Act*, in dem der Faktor Religion neben anderen Faktoren für potentielle Ungleichheit explizit einbezogen wird, ist bisher in seinen Konsequenzen für die Position von religiösen Minderheiten noch schwer
abzusehen. Vermutlich wird aufgrund des Bezugs zur EMRK durch die gesetzgebende
Autorität des Parlaments eine stärkere Aufwertung des Grundrechts auf Religionsfreiheit
erfolgen. Außerdem wird es für Angehörige einer Religion ohne ethnisch homogene
Zugehörigkeit leichter werden, den Schutz unter dem neuen Gesetz einzuklagen. Und letztlich wird sich der bereits vor der Implementierung der Menschenrechtskonvention abzeich-
nende Wandel von einer „race relations industry" hin zu einer „faith relations industry"
(McLoughlin 2005b, 56ff.) auch durch zahlreiche parlamentarische Entscheidungen durch-
ziehen und sich politisch insbesondere für religiöse Minderheiten voraussichtlich positiv
auswirken. Bereits 1992 wurde der *Inner Cities Religious Council* (ICRC)[178] gegründet,
welcher ein Forum für multireligiöse Belange auf nationaler Ebene darstellt (McLoughlin
2005b, 57). 1997, mit der Regierungsübernahme durch *New Labour*, wurde religiöser

---

178 Später wurde aus dem ICRC der FCCC (s. o. 77).

Glaube auch mit dem Ziel der Stärkung der sozialen Infrastruktur auf kommunaler Ebene aufgewertet. Seit 2001 existiert das Kriterium ‚Religion' in der Volkszählung.

Jenseits der sicherlich kaum zu unterschätzenden Rechtslage im Bereich der Antidiskriminierung, der Gleichstellung und der Grundrechtsentwicklung im Vereinigten Königreich lässt sich auch anhand einer Perspektive auf den Bereich der schulischen Ausbildung die Position von religiösen Minderheiten bewerten. Der *Education Act* 1944 schreibt religiöse Unterweisung und den täglichen *Act of Collective Worship* für staatliche Schulen vor; beides muss in der Schule und während der Schulzeiten stattfinden und ist für alle Kinder in der Regel verpflichtend (Edge 2002, 304). Seit dem Education Reform Act 1988 sind die Schulbehörden in England und Wales für den Religionskundeunterricht verantwortlich (Stoodt 1998, 43) und muss der *Act of Collective Worship* „wholly or mainly of a broadly Christian character"[179] sein. Der Lehrplan „shall reflect the fact that the religious traditions in Great Britain are in the main Christian whilst taking account of the teaching and practices of the other principal religions represented in Great Britain" (Education Reform Act 1988 Teil I Kap. 1 Artikel 8 Satz 3).[180] Allerdings kann eine Schule, wenn plausible Gründe vorliegen, vom *Standing Advisory Committee for Religious Education* (SACRE)[181] von dem christlichen Charakter des *Act of Collective Worship* ausgenommen werden und darf dann auch eine Zeremonie nach Maßgabe einer anderen Religion vornehmen oder verschiedene Zeremonien anbieten. Durch Mitgliedschaft in den SACREs können alle lokal ansässigen Glaubensgemeinschaften Einfluss ausüben, was dazu führt, dass je nach konfessioneller Zusammensetzung der jeweiligen Regionen auch nicht-christliche Religionen den Lehrplan mitbestimmen können (Robbers 2007, 10). Bislang ist jedoch, trotz dieser Flexibilisierung und dem Recht der Eltern, ihre Kinder von der religiösen Zeremonie sowie vom Religionsunterricht befreien zu lassen, eine Privilegierung der christlichen Religion nicht von der Hand zu weisen. Eine von diesen staatlichen Vorgaben unabhängigere Religionsausbildung an Schulen findet im Bereich der konfessionellen öffentlichen Schulen[182] statt, die in England eine große Bedeutung haben (Edge 2002, 307).

---

179 Dies wird in einem gemeinsamen Positionspapier der Kirchen (Churches' Joint Education Policy Committee 2006) so ausgelegt, dass in mindestens der Hälfte der Fälle christlicher *Act of Collective Worship* stattfinden muss, in allen übrigen ein *Act of Collective Worship* einer anderen Religion stattfinden kann. Auch wird vom *Secretary of State* erwähnt, dass außerdem einige nicht-christliche Elemente in den christlichen *Act of Collective Worship* einfließen können (Edge 2002, 305).

180 In diesem Zusammenhang ist auf die spezifisch britische Diskussion um die Definition von Religion zu verweisen, für die etwa auch der im Rahmen eines *Amendment* zur HRA im Jahr 1998 geäußerte Vorschlag einer Zweistufung des Religionsbegriffs in „principal" und „non-principal (crank)" typisch ist (Nye 2001, 206ff.). Als „principal religious traditions" werden an anderer Stelle (SACRE 2008, 2) offiziell der Buddhismus, der Hinduismus, der Islam, das Judentum und der Sikhismus bezeichnet. Ob diese Unterscheidung so aufrechterhalten werden kann und welche rechtlichen und praktischen Konsequenzen daraus zu ziehen sind, bleibt offen.

181 Das *Standing Advisory Council on Religious Education* (SACRE) ist, regional organisiert, für die Religionslehre und den *Act of Worship* an staatlichen Schulen zuständig und steht Vertretern aller größeren, regional ansässigen religiösen Gruppen offen.

182 Das englische System der öffentlichen Schulen unterscheidet seit 1998 *Community Schools, Foundations Schools, Voluntary Aided Schools* und *Voluntary Controlled Schools* (School Standards and Framework Act 1998 Chapter 33). Bei allen diesen Schultypen werden die Betriebskosten zum größten Teil vom Staat übernommen und der nationale Lehrplan muss eingehalten werden. Die letzten beiden Schultypen sind i. d. R. religiös geprägte öffentliche Schulen. *Voluntary Aided Schools* sind häufig konfessionelle Schulen mit entsprechenden Einflussmöglichkeiten durch einen konfessionell geprägten *Governing Body*, der das Personal einstellt und Verwaltungsangelegenheiten regelt. Die *Voluntary Controlled Schools* sind fast immer

Zunehmend haben auch andere als christliche Religionsgemeinschaften ihre Interessen an der Gründung solcher staatlichen konfessionellen Schulen teilweise erfolgreich artikuliert und den Status einer *Voluntary Aided School* erhalten, darunter auch mehrere islamische Schulen.[183]

4.1.2.5 Die rechtliche Integration des Islam

Aus den bisherigen Ausführungen zum britischen Religionsrecht lässt sich für die Position von muslimischen Minderheiten folgendes Bild zeichnen: Die sich zunächst für muslimische Minderheiten in ihrer Wirkung als weitgehend unzureichend erweisenden rechtlichen Bestimmungen im Rahmen der *Race Relations Policy* werden derzeit durch verschiedene jüngere Entwicklungen stark modifiziert. Die von der Implementierung der EMRK und anderer EU-Direktiven beeinflusste Wende hin zu einem einheitlichen, übergreifenden *Equality Act*, der explizit die Faktoren Religion und Glauben einbezieht sowie das Grundrecht auf Religionsfreiheit reflektiert, scheint Muslimen weitgehende, neue Chancen hinsichtlich ihrer Rechtsposition einzuräumen. Die konkreten Wirkungen dieser neuen Politik und Legislative sind jedoch momentan noch kaum absehbar und hängen letztlich von der genauen Umsetzung des Gesetzes ab, von der Möglichkeit und Fähigkeit potentieller muslimischer (Grund-) Rechtsträger und Kläger in konkreten Rechtsangelegenheiten sowie von der Auslegung der Gesetze und Anwendung der Grundrechte durch die Gerichte.

Die privilegierte Stellung der *Church of England* bringt für muslimische Religionsgemeinschaften, trotz der in der Existenz einer Staatskirche implizierten Ungleichheit, auch Vorteile mit sich. Diese liegen unter anderem im allgemein nicht angezweifelten Platz von Religion und religiösen Symbolen in der Öffentlichkeit (Koenig 2005a, 41), in der Wertschätzuvermag dieng von religiösen Werten für die schulische Bildung, im Vorhandensein von kirchlich geprägten Strukturen, die sich auch muslimische Minderheiten zum Teil zu eigen machen können[184] (Fetzer/Soper 2005, 60; Fetzer/Soper 2007, 936) sowie in verschiedenen Stellungnahmen der *Church of England* selbst, in denen häufig eine offene und positive Haltung gegenüber religiöser Diversität[185] sowie Einfühlungsvermögen gegenüber

---

kirchliche Schulen. Allerdings wird das Personal hier durch die staatliche *Local Education Authority* eingestellt. In beiden Fällen gehören Grundstücke und Schulgebäude meist einer gemeinnützigen Stiftung.

183 Aus einer französischen Perspektive beschreibt Breuillard den britischen Umgang mit Religion in der Schule, welcher „s'oppose radicalement à la France" [sich radikal von dem in Frankreich unterscheidet] (Breuillard 2005, 130).

184 Z. B. können religiöse Minderheiten auf bereits bestehende Privilegien der Anglikanischen Kirche hinweisen. Ein Beispiel hierfür ist das Blasphemie-Gesetz, auf das sich lange Zeit nur die *Church of England* berufen konnte (Addison 2007, 121). Insbesondere im Zuge der Unruhen bzgl. der Satanischen Verse von Rushdie wurde nicht nur von Muslimen gefordert, das Gesetz abzuschaffen oder auch für andere Religionen zu öffnen (Poulter 1998, 48; Modood 1998, 390; Nye 2001, 241; Giegerich 2001, 286; Edge 2002, 201ff.; Addison 2007, 122.). Mit dem *Racial and Religious Hatred Act* 2006, der 2007 in Kraft trat, wurden „provisions about offences involving stirring up hatred against persons on religious or racial grounds" getroffen (Racial and Religious Hatred Act 2006; Addison 2007, 139ff.). Das Blasphemie-Gesetz zugunsten der Anglikanischen Kirche wurde kurz darauf, im Juli 2008, aufgehoben, eine Forderung, die im Vorfeld auch von Seiten europäischer Instanzen, etwa des Europarats, vehement geäußert wurde (Koenig 2003, 212).

185 Stellvertretend für andere Beispiele sei hier nur auf die Aussagen des Erzbischofs von Canterbury, zugleich Oberhaupt der Anglikanischen Kirche, hingewiesen, der sich in einer höchst kontrovers diskutierten Rede zu

den Bedürfnissen von anderen Religionen zum Ausdruck gebracht werden (Schönwälder 2004). Anhand der Gesetze, die den schulischen *Act of Collective Worship* und den Religionsunterricht an staatlichen Schulen betreffen, wird die Absicht der Gesetzgeber deutlich, trotz und neben der Betonung des christlichen Charakters des Landes auch explizit die größeren nicht-christlichen Konfessionen zu berücksichtigen, namentlich auch den Islam. Diese Tendenz schlägt sich seit kurzem in einem – wenn auch nicht konfliktfrei verlaufenden – Prozess einer zunehmenden Anerkennung von muslimischen Schulen als *Voluntary Aided Schools* nieder (Parker-Jenkins 2002; Department for Education and Skills 2005, 29).

Das Beispiel behördlicher Planungsverfahren für die Errichtung und/oder Nutzung religiöser Gebäude dagegen legt eine gewisse Hierarchie bezüglich der Chancen auf freiheitliche Religionsausübung nahe. Während die *Church of England* kaum Probleme bei der Realisierung ihrer Vorhaben hat, haben muslimische Religionsgemeinschaften in vielen Fällen etwas größere Schwierigkeiten (Edge 2002, 436ff.; Gale 2005; McLoughlin 2005a). Im Vergleich zu Deutschland und Frankreich ist dennoch festzustellen, dass die Konflikte um die Errichtung von Moscheen um ein Vielfaches geringer sind[186] und die Anzahl an Moscheen in Relation zu den praktizierenden Muslimen im Vereinigten Königreich deutlich höher ist als in Deutschland oder Frankreich (Fetzer/Soper 2005, 46ff.).

Insgesamt lässt sich also, vor allem mit Blick auf die jüngste rechtliche und politische Aufwertung von Religion und religiöser Zugehörigkeit, eine relativ günstige rechtliche Ausgangsposition für muslimische Minderheiten im Vereinigten Königreich feststellen. Die Art und Weise der Wahrnehmung der Rechte und Anwendung der Gesetze im konkreten Fall sowie die weiteren Gesetzgebungsprozesse durch das Parlament werden mit verantwortlich dafür sein, ob diese Voraussetzungen auch den Vorstellungen der islamischen Gemeinschaft(en) im Vereinigten Königreich entgegenkommen. Außerdem wird sich zeigen, ob und wie die Diskussion um den britischen Multikulturalismus, der gegenwärtig unter dem Schlagwort der neuen *Britishness* eine Neuausrichtung erfährt, aus der „gradual recognition of Muslim difference in the public" (Birt 2005b, 8) eine vollwertige Anerkennung und Einbeziehung des Islam als Teil des Vereinigten Königreichs macht.

4.1.3   Laïcité *und verfassungsmäßig verbürgte Gleichheit – Institutionelle Grundlagen für Religionspolitik in Frankreich*

Das Streben nach nationaler Einheit und die besondere Form der französischen[187] Laizität, gepaart mit einer strikten Trennung zwischen dem Bereich des Privaten und dem Bereich

---

Beginn des Jahres 2008 für ein Überdenken des Verhältnisses zwischen religiösem und weltlichem Recht ausgesprochen hat und in diesem Zuge auch den Wunsch nach einer größeren Anerkennung der Autorität des bestehenden *Islamic Shari'a Council* geäußert hat (The Archbishop of Canterbury 07.02.2008). Auch andere Interviews und Beiträge des Erzbischofs spiegeln eine relativ offene Haltung gegenüber dem Islam wider (z. B. The Archbishop of Canterbury 01.12.2007 und 29.01.2008).

186 Das macht ein Vergleich zwischen einschlägiger Literatur deutlich, der hier allerdings nicht ausgeführt werden kann. Für Deutschland vgl. Büchner 2000, Schmitt 2003, Hüttermann 2006, Brunn 2006; für England und das Vereinigte Königreich vgl. McLoughlin 2005a, Gale 2005 und für Frankreich vgl. von Krosigk 2000, 50, Papi 2004, Fetzer/Soper 2005, 88, de Galembert 2005.

187 Aus historischen Gründen (vgl. hierzu von Campenhausen 1962, 60f.; Messner 1996, 283ff.) hat sich die strikte Trennung zwischen Kirche und Staat nicht in ganz Frankreich durchgesetzt. Die östlichen *Départements Bas-Rhin, Haut-Rhin* in der Region *Alsace und Moselle* in der Region *Lorraine* sind bis heute von

des Öffentlichen sowie mit der Gewährleistung eines unmittelbaren Verhältnisses zwischen Staat und Individuum prägen das französische Religionsrecht. Die Gesetzgebung und das Recht wird in Frankreich seit der französischen Revolution als Ausdruck des Gemeinwillens, der *Volonté générale*[188], verstanden. Diesem Verständnis zufolge sollen die Gesetze die Freiheiten aller ausgestalten – nicht, wie in Deutschland, den Einzelnen vor dem Staat und damit, in radikaldemokratischem Verständnis, vor sich selbst schützen. Deshalb kommt es bei der französischen Gesetzgebung seit der Erklärung der Menschen- und Bürgerrechte darauf an, die *Gleichheit* der Bürger, erst sekundär auch deren *Freiheit*[189], zu gewährleisten (Giegerich 2001, 291; Walter 2001, 219ff.; Lepsius 2006, 337f.).

4.1.3.1 Religionsfreiheit und verfassungsrechtliche Dimension

Das Prinzip der Laizität im historischen Rückblick

Die Bestimmungen zur Religionsfreiheit in Frankreich stehen in einem engen – teils spannungsreichen[190] – Zusammenhang mit dem Prinzip der Laizität.

---

einer staatskirchenrechtlichen Sonderstellung mit einer gegenwärtigen Gültigkeit des Konkordatssystems des frühen 19. Jahrhunderts geprägt, die einerseits deutliche Vergünstigungen für anerkannte Religionsgemeinschaften vorsieht, andererseits dem Staat starke Einfluss- und Kontrollmöglichkeiten einräumt. Die unter der Bezeichnung ,Cultes reconnues' anerkannten Religionsgemeinschaften sind die katholischen Diözesen von Straßburg und Metz, die Reformierte Kirche von Elsass und Lothringen, die Kirche des Augsburger Bekenntnisses von Elsass und Lothringen (Lutheraner) und die israelitische Religionsgemeinschaften. Diese genießen prinzipiell eine Reihe von Privilegien. Zu ihnen gehören die staatliche Besoldung ihrer Amtsträger, die Rechtsform der Anstalt des öffentlichen Rechts, die Erteilung des Religionsunterrichts an den staatlichen, konfessionellen Schulen (von Campenhausen 1962, 64ff.) und die Finanzierung theologischer Fakultäten. Hingegen hat der Staat das Recht, kirchliche Amtsträger zu ernennen und zu entlassen, die Verwaltung des Kirchenvermögens zu kontrollieren und die Eröffnung neuer kirchlicher Gebäude und die Einberufung von bestimmten kirchlichen Versammlungen zu kontrollieren (Metz 1983, 1121ff.). Die nicht anerkannten Religionsgemeinschaften in diesen *Départements* haben sich gemäß den Vorschriften des privaten Rechts z. B. als eingetragene Vereine mit religiösem Ziel zu organisieren. Damit erhalten sie immerhin Steuererleichterungen und können sogar u. U. von den lokalen Gemeinden subventioniert werden (Messner 1996, 276f.). Insgesamt werden die rechtlichen Bedingungen für muslimische Religionsausübung in den östlichen *Départements* etwas positiver bewertet als im Rest Frankreichs (Messner 1996, 288; Woehrling 1996, 303f.). Das gesamtfranzösische Trennungsgesetz von 1905 und auch das Vereinsgesetz von 1901 (dazu s. u. 137ff.) gelten hingegen nicht in diesen drei *Départements* (Messner 1996, 272). Das islamische Leben im Elsass unterscheidet sich auch in demographischer Hinsicht vom Rest Frankreichs durch seinen hohen Anteil an Muslimen mit türkischem Hintergrund (Reeber 1996).

188 „La Loi est l'expression de la volonté générale" [Das Gesetz ist der Ausdruck des Gemeinwillens] (Déclaration des Droits de l'Homme et du citoyen de 1789, Art. 6).

189 Zwar kommt bereits im Slogan der französischen Revolution *Liberté, égalité, fraternité* der Freiheit eine zentrale Rolle zu, auch wird bisweilen die Laizität selbst als verbunden mit „une conception radical de la liberté" [eine radikale Freiheitskonzeption] (Pena-Ruiz 2006, 14) begriffen; allerdings bleibt dieses Freiheitsverständnis relativ abstrakt, da es dem Individuum überlassen bleibt, sich seine Freiheit selbst zu definieren (ebd.).

190 Aus einer systematischen Perspektive ist das Verhältnis von Freiheit und Gleichheit immer gleichzeitig eines, welches von Kooperation und Konkurrenz gleichermaßen geprägt ist (Giegerich 2001). Eine rechtsvergleichende Perspektive auf verschiedene „Grundmodelle zur Regelung des Verhältnisses zwischen Staat und Religion" erlaubt vor dem Bewusstsein eines solchen unvermeidbaren Antagonismus zwischen beiden Rechtsgütern eine relativ normfreie Sicht auf die je „spezifischen Stärken und Schwächen" in Bezug auf Freiheit und Gleichheit (Giegerich 2001, 288ff.). Häufig geht die vorliegende wissenschaftliche Literatur

„Liberté de conscience, égalité stricte des divers croyants et des humanistes athées ou agnos-
tiques, autonomie de jugement cultivée en chacun grâce à une école laïque dépositaire de la culture universelle, constituent en effet les valeurs majeures de la laïcité"[191] (Pena-Ruiz 2006, 15).

Die Besonderheiten der französischen Laizität wiederum sind nur schwer ohne Bezugnahme zu deren historischen Entwicklung verständlich. Das Konzept der Laizität wurde im
Jahr 1804 mit der Verkündung des *Code civil* unter Napoléon Bonaparte formal eingeführt
(Willms 2005, 335f.). Das Recht auf Gewissens-, Bekenntnis- und Religionsausübungsfreiheit war aber bereits seit 1789 an verschiedenen Stellen (verfassungs-)rechtlich
verbürgt. Die *Déclaration des droits de l'homme et du citoyen* (Erklärung der Menschen-
und Bürgerrechte) aus dem Revolutionsjahr 1789 gewährt in Art. 10[192] „Bekenntnisfreiheit

---

zum Verhältnis von Laizität und Religionsfreiheit jedoch von einem bestimmten, grundsätzlich favorisierten
Modell aus und ist dann nicht ganz frei von normativen Anklängen. Gerade von nicht-französischer Seite her
wird häufig scharfe Kritik geäußert an einem laizistischen System, welches die Religionsfreiheit stets zu beschränken drohe. Für den deutschen Verfassungsrechtler Heun etwa bildet die Laizität eine Art „Gegen-
prinzip" (Heun 2004, 283) zur Religionsfreiheit. Die Laizität wird bisweilen auch aus deutscher Sicht gerne
in Kontrast zu dem in einer „geradezu imponierenden Vollkommenheit entwickelte[n] Staatskirchenrecht der
Bundesrepublik Deutschland" (Listl 1983, 1071) gesetzt. Häufig stellt sich die französische Perspektive auf
die Laizität dagegen wesentlich positiver dar. Für den französischen Historiker und Soziologen Poulat etwa
bleibt „notre laïcité française (...) une solution élégante au problème d'une société irrémédiablement
divisée" [unsere französische Laizität (...) eine elegante Lösung, um mit dem Problem einer hoffnungslos
fragmentierten Gesellschaft umzugehen] (Poulat 2003, 411) und der Philosoph Pena-Ruiz, der auch Mitglied
der *Commission Stasi* ist, bestärkt die Emanzipations- und Integrationskraft der Laizität: „L'idéal laïque unit
tous les hommes par ce que les élève au-dessus de tout enfermement" [das laizistische Ideal vereinigt alle
Menschen, weil es sie über jede Einengung stellt] (Pena-Ruiz 2006, 8). Die französischen Juristen Blanc und
Moneger erklären die Laizität zur (einzigen) rechtlichen Verwirklichung von Gewissensfreiheit: „La laïcité
est donc un principe de tolérance, d'égalité et de respect. Elle est la forme juridique de la liberté de conscience" [Die Laizität ist also ein Prinzip der Toleranz, der Gleichheit und des Respekts. Sie ist die
juridische Form der Gewissensfreiheit] (Blanc/Moneger 1992, 9). Eine in dieser Debatte als zurückhaltend
zu bezeichnende Sichtweise hingegen kennzeichnet das Verhältnis von Laizität und (Religions-) Freiheit als
eines der „absence d'adéquation entre la liberté et la laïcité" [Nicht-Übereinstimmung zwischen Freiheit und
Laizität] (Drago 1993, 223): (Religions-) Freiheit kann es in dieser Deutungsweise sowohl ohne strikte
Laizität als auch in einem laizistischen System geben. Allerdings ist ein laizistisches System allein noch kein
Garant für (Religions-) Freiheit. Eine Opposition zu den positiven Konnotationen der französischen Laizität
nimmt der französische Erzbischof und Kirchengeschichtler Roland Minnerath ein: „Die radikale Ideologie
der antireligiösen laïcité entlarvt sich als unzureichend mit einem wahren Verständnis von Menschenrechten
und Rechtsgrundsätzen" (Minnerath 2002, 56).

191   [Gewissensfreiheit, strikte Gleichheit verschiedener Glaubensanhänger und atheistischer wie agnostischer
      Humanisten, Selbstbestimmung im Urteilen dank einer laizistischen Schule, die eine universelle Kultur
      pflegt, stellen in der Tat die hauptsächlichen Werte der Laizität dar.]
192   Dort heißt es: „Nul ne doit être inquiété pour ses opinions, même religieuses, pourvu que leur manifestation
      ne trouble pas l'ordre public établi par la Loi" [Niemand darf aufgrund seiner Meinungen, auch religiöser
      Art, angefochten werden, außer wenn diese die öffentliche Ordnung stören]. Die Passage legt nahe, dass das
      Recht auf Meinungsäußerung mit dem der Bekenntnisfreiheit in einer direkten Verbindung steht. Dazu
      lassen sich unterschiedliche Auffassungen in der wissenschaftlichen Literatur finden. Während Staps (1990)
      die Verbindung aus einer historischen Perspektive eher verneint, argumentiert Lepsius aus einer juristischen
      und rechtsvergleichenden Perspektive dafür. Schon das französische „Modellgrundrecht" (Lepsius 2006,
      343), die Gleichheit, lege eine solche Auslegung nahe. Die revolutionäre Perspektive, das Volk sei der Staat
      und die Gesetzgebung gehe vom Volk aus, erübrige die Notwendigkeit von Abwehrrechten gegen den Staat,
      sondern verlange, neben der Garantie der Gleichheit aller, lediglich die Zuerkennung der politischen Rechte
      für das Volk: Meinungs-, Presse- und Versammlungsfreiheit. In diesem Kontext erscheint die Religions-
      freiheit als ein Aspekt der Meinungsfreiheit. Auch die politisch-rechtliche Debatte um die Kopftuchfrage an

unter Berücksichtigung der Wahrung der öffentlichen Ordnung im Rahmen des Gesetzes" (Staps 1990, 31).[193] Die „Déclaration" wurde zwei Jahre später, 1791, in die erste Verfassung Frankreichs aufgenommen und ist – in einer modifizierten Form – ebenso der Verfassung der ersten Republik 1793 vorangestellt. Auch in den nachfolgenden Verfassungen finden entsprechende Erklärungen Erwähnung – allerdings immer versehen mit einem Gesetzesvorbehalt, der bisweilen so restriktiv gehandhabt wird, dass zeitweise faktisch keine Bekenntnisfreiheit bestand (Staps 1990, 33). Für die tatsächliche Umsetzung der Bestimmungen zur Religionsfreiheit spielten in der Vergangenheit die Interessen der jeweils Herrschenden eine große Rolle. Typisch für Frankreich war der wechselnde Einfluss zwischen gallikanisch-katholischen Kräften und antiklerikal eingestellten revolutionären Kräften. Für beide Gruppen hatte die Religionsfreiheit, wenn überhaupt, eher deklaratorischen Wert. Unter Napoléon Bonaparte war das Recht auf Religionsfreiheit den Bemühungen um die Einheit des Staates nachgeordnet. Zwar war mit dem 1801 geschlossenen Konkordat mit Rom die strikte Trennung von Kirche und Staat einstweilen aufgehoben und in Art. 1 des Konkordats die Religionsausübungsfreiheit festgesetzt, allerdings auch hier unter dem Vorbehalt, „daß die von der Regierung erlassenen Polizeivorschriften zur Wahrung der öffentlichen Ordnung beachtet würden" (ebd.; Drago 1993, 223), was in der Konsequenz zu einer sehr restriktiven Behandlung der Religionsfreiheit führte.

Das Trennungsgesetz von 1905

Bis zum Trennungsgesetz von 1905[194] blieb der rechtsprägende Charakter der Religionsfreiheit insgesamt von eher untergeordneter Bedeutung. Das Trennungsgesetz von 1905, welches bis heute Gültigkeit hat,[195] entstand in einem „kulturkämpferischen Klima" (Walter 2006, 164) am Ende einer langen parlamentarischen Debatte um das Verhältnis von Kirche und Staat in der Dritten Republik.[196] Bei dieser Debatte ging es in der Sache „weni-

---

staatlichen Schulen in Frankreich ist u. a. vor dem Hintergrund der Meinungsäußerungsfreiheit zu verstehen (Rädler 1996, 374f.).

193 Staps übersetzt religiöse Meinungsfreiheit mit dem Begriff ‚Bekenntnisfreiheit'; eine allgemeine Garantie der Glaubensfreiheit ist in Art. 10 nicht vorgesehen, denn eine „darüber hinausgehende Verankerung der Religionsfreiheit war seinerzeit am Widerstand der katholischen Kirche gescheitert" (Heun 2004, 275).

194 Im Trennungsgesetz wird festgehalten: „La République assure la liberté de conscience. Elle garantit le libre exercice des s sous les seules restrictions édictées ci-après dans l'intérêt de l'ordre public" [Die Republik versichert die Gewissensfreiheit. Sie garantiert die freie Kultusausübung, die allein im Interesse der öffentlichen Ordnung begrenzt werden kann] (Loi du 9 décembre 1905 concernant la séparation des Eglises et de l'État, Art. 1).

195 Derzeit ist noch nicht abzusehen, ob das Gesetz von 1905 reformiert wird (Saunders 2009, 77). Auf die diesbezüglichen Stellungnahmen von André Rossinot (2006) und Jean-Pierre Machelon (2006) hin hat die Regierung unter Premierminister Dominique de Villepin 2007 ein Dekret zur Bildung eines Observatoire de la laïcité (Beobachtungsstelle für Laizität) verabschiedet (Décret n° 2007-425 du 25 mars 2007 créant un observatoire de la laïcité). Dieses Observatoire hat jedoch weniger eine reformorientierte Mission, sondern vielmehr die Aufgabe: „assiste le Gouvernement dans son action visant au respect du principe de laïcité dans les services publics" [der Regierung in ihrer Funktion der Durchsetzung des Prinzips der Laizität zu assistieren] (ebd.). Bislang wurde das Observatoire nicht gebildet (Le Monde 08.01.2011).

196 Bereits vor der Einführung des Trennungsgesetzes im Jahr 1905 wurden zu Beginn der Dritten Republik (1871 bis 1940) einige Entwicklungen vorweggenommen, namentlich im Bereich der Laizisierung des Schulsystems (von Campenhausen 1962, 86ff.). Für die politischen Entwicklungen, die zum Trennungs-

ger um die Bekenntnisfreiheit des Einzelnen, sondern vorwiegend um die Position der Kirche" (Staps 1990, 40). Bis heute ist für die Ausgestaltung des Verhältnisses zwischen Staat und Religionsgemeinschaften dieses Trennungsgesetz, dem formell kein Verfassungsrang zukommt[197], grundlegend. Dort werden im ersten Artikel Gewissensfreiheit und Religionsausübungsfreiheit versichert, allerdings mit einem Gesetzesvorbehalt, der besagt, dass die Grenzen der Religionsfreiheit dort liegen, wo „l'intérêt général" (Gouttes 2004, 85) gestört werden könnte. Damit ist die Rechtsprechung im Einzelfall angehalten, eine Abwägung zwischen der Religionsfreiheit auf der einen Seite und der Aufrechterhaltung der öffentlichen Ordnung auf der anderen Seite vorzunehmen (Rädler 1996, 359f.).

Das Recht auf Religionsfreiheit gemäß der aktuellen Verfassungslage

Neben dem Trennungsgesetz enthalten heute verschiedene andere Dokumente mit Verfassungsrang Bestimmungen, die für das Recht auf Religionsfreiheit *relevant* sind – ohne dass allerdings ein solches Recht konkret ausbuchstabiert und unmittelbar als Verfassungsrecht verbrieft wäre: „La liberté religieuse n'est pas expressément consacrée par un texte constitutionel précis, mais son caractère constitutionel ne fait aucun doute"[198] (Drago 1993, 221). Zu den Dokumenten mit Verfassungsrang gehören die Verfassung von 1958 selbst, die *Déclaration des droits de l'homme et du citoyen* von 1789 und die Präambel der Verfassung von 1946. Sie alle spielen eine jeweils unterschiedliche, sich aber ergänzende Rolle bei den grundlegenden Bestimmungen zur Religionsfreiheit. Die Verfassung von 1958 versichert in Artikel 1 unter anderem die Gleichheit vor dem Gesetz unabhängig von der Religionszugehörigkeit und spricht allen Glaubensrichtungen Respekt aus.[199] Artikel 10 der *Déclaration des droits de l'homme et du citoyen* von 1789 sieht religiöse Meinungsfreiheit vor und die Präambel zur Verfassung von 1946 beinhaltet eine Art Diskriminierungsverbot unter anderem aufgrund des Glaubens.[200] Neben diesen drei genuinen Verfassungsdokumenten besteht mit dem Instrument der sogenannten *Principes fondamentaux reconnus par les lois de la République*[201] für den Verfassungsrat, den *Conseil Constitutionnel,* die Möglichkeit, einfaches Recht mit Verfassungsrang auszustatten. Mit Bezug zu Artikel 10 und zur Präambel von 1946 wurde die Gewissensfreiheit auf diesem Weg zum *Principe fonda-*

---

gesetz geführt hatten, spielt die Dreyfus-Affäre von 1894-1906 eine entscheidende Rolle (Gadille 1973, 528). Für eine ausführliche Darstellung der Affäre vgl. Duclert 1994.

197   Heun allerdings argumentiert bezugnehmend auf die Rechtsprechung des *Conseil Constitutionnel,* dass sie „in Teilelementen zum Verfassungsrang erstarkt" (Heun 2004, 275) sei.

198   [Die Religionsfreiheit ist nicht ausdrücklich in einem präzisen Verfassungstext verankert, aber an ihrem verfassungsrechtlichen Charakter besteht kein Zweifel.]

199   „La France est une République indivisible, laïque, démocratique et sociale. Elle assure l'égalité devant la loi de tous les citoyens sans distinction d'origine, de race ou de religion. Elle respecte toutes les croyances" [Frankreich ist eine unteilbare, laizistische, demokratische und soziale Republik. Sie garantiert allen Bürgern unbesehen ihrer Herkunft, Rasse oder Religion Gleichheit vor dem Gesetz] (La Constitution du 4 Octobre 1958 Art. 1 Satz 1-3).

200   „ (…) le peuple français proclame à nouveau que tout être humain, sans distinction de race, de religion ni de croyance, possède des droits inaliénables et sacrés" [das französische Volk bekennt sich von neuem dazu, dass alle Menschen, ohne Ansehen der Rasse, der Religion oder des Glaubens unveräußerliche und unantastbare Rechte besitzen] (Préambule de la Constitution de 1946).

201   [fundamentalen, durch die Gesetze der Republik anerkannten Prinzipien]

mental reconnu par les lois de la République (Heun 2004, 274f).[202] Außerdem kommt der Ratifizierung der Europäischen Menschenrechtskonvention (Convention de sauvegarde des droits de l'homme et des libertés fondamentales) mit seinem Recht der Gedanken-, Gewissens- und Religionsfreiheit[203] durch Frankreich im Jahr 1974 eine wichtige Bedeutung zu (Drago 1993, 222), wiewohl hiermit keinesfalls ein vergleichbar starker Systemwandel wie im Vereinigten Königreich (s. o. 120) verbunden war. Schließlich korrelieren die europäischen Bestimmungen zur Religionsfreiheit mit den französischen besonders hinsichtlich des in beiden Gesetzeswerken enthaltenen Vorbehalts der Beschränkung der Religionsausübungsfreiheit angesichts einer vermeintlichen Störung der öffentlichen Ordnung. Die Ausarbeitung des Verbots des Tragens ‚ostentativer' religiöser Zeichen in Schulgebäuden orientierte sich sogar an der Europäischen Menschenrechtskonvention (Wick 2007, 194; dazu auch Flauss 2004).

Religionsfreiheit als individuelles Recht

Das Recht auf Religionsausübungsfreiheit wird also im Trennungsgesetz durch den einfachrechtlichen Gesetzesvorbehalt beschränkt, die Aussage des ersten Artikels der Verfassung von 1957, der Staat respektiere jeden Glauben, lässt eine relativ beliebige Auslegung zu. Die Betonung der Gewissensfreiheit im selben Artikel könnte zwar die individuelle Religionsfreiheit stärken; allerdings kann ein Gewissen auch ohne jede religiöse Neigung gebildet werden.[204] Überhaupt ist der offensichtlich hohe Stellenwert der Gewissensfreiheit im französischen Recht auffallend (Heun 2004, 275). Von einem rechtsdogmatischen Standpunkt aus hat die Gewissensfreiheit überwiegend die Bedeutung eines individuellen Rechts.[205] Dieses zu schützen, dürfte den laizistischen Staat weniger herausfordern, als die Religionsausübungsfreiheit von Religionsgemeinschaften in einem positiven Sinn zu garantieren. Die eher knappen Formulierungen zur Religionsfreiheit im Trennungsgesetz und in der Verfassung lassen andererseits nicht auf eine Differenzierung in

---

202 Diese Flexibilität der französischen Rechtssetzung unterscheidet sich vom deutschen Verfassungsrecht, welches mit dem Grundgesetz eher geringe Möglichkeiten hat, Verfassungsgesetze zu ändern.

203 Zum Inhalt der Religionsfreiheit in der Konvention vgl. Goy 1993 und s. o. 119f.

204 Beim Zusammentreffen mit dem vormaligen französischen Staatspräsidenten Nicolas Sarkozy sprach sich Papst Benedikt XVI im Rahmen einer Begrüßungszeremonie im Pariser Elisée am 12. September 2008 jedoch dafür aus, sich „der unersetzlichen Funktion der Religion für die Gewissensbildung bewußt zu werden und des Beitrags, den die Religion gemeinsam mit anderen zur Bildung eines ethischen Grundkonsenses innerhalb der Gesellschaft erbringen kann" (Benedikt XVI 12.09.2008).

205 Gemeinhin wird nicht widersprochen, die Gewissensfreiheit als Individualrecht aufzufassen (Bayer 1997, 40). Die Frage, inwieweit die Gewissensfreiheit gegenüber der Religionsausübungsfreiheit ein eigenständiges Recht ist, spielt auch in der deutschen rechtswissenschaftlichen Diskussion eine Rolle. Muckel argumentiert, dass die dem Toleranzgedanken entsprungene Gewissensfreiheit vor allem als individuelles Abwehrrecht in Betracht kommt, nicht hingegen als Recht, welches bestimmte Handlungsfreiräume eröffnet: „Die Gewissensfreiheit gibt nur ein Recht zur Verweigerung (staatlicher) Befehle" (Muckel 1997, 160). Dagegen argumentiert Bayer gegen eine Aushöhlung eines solchermaßen verstandenen Grundrechts für die Einbeziehung des der Gewissensentscheidung folgenden Tuns oder Unterlassens (Bayer 1997, 34). Walter spricht sich gegen eine substantielle Absonderung des Rechts auf Gewissensfreiheit von der Religionsfreiheit aus: Die Gewissensfreiheit habe vielmehr eine „Auffangfunktion (…), die immer dann eingreift, wenn fraglich ist, ob bei einer (individuellen!) Überzeugung eine hinreichende Verbindung zu einer Religion oder Weltanschauung besteht" (Walter 2006, 504).

individuelle, kollektive oder institutionelle Aspekte der Religionsfreiheit schließen. Faktisch haben die Bestimmungen zur Religionsfreiheit in Frankreich hauptsächlich die individuelle oder private Religionsfreiheit im Blick (Rädler 1996, 356) – ohne dass damit jedoch Religion tatsächlich vom Staat konsequent als private Angelegenheit behandelt würde (Drago 1993, 222). Zwar ist der explizite Anspruch, „sich zu einer Religionsgemeinschaft zusammenzuschließen (...) dem französischen Recht fremd" (Heun 2004, 279), dennoch herrscht bis heute die Tendenz vor, Religionen als Organisationen in das Staatssystem zu inkorporieren (Drago 1993, 224).

Da einerseits der Staat keine Religionsgemeinschaft anerkennen oder finanzieren darf, die Religionsgemeinschaften, sofern sie sich nach den dafür vorgesehenen Rechtsformen organisieren (s. u. 137f.), andererseits aber der Kontrolle durch die staatliche Verwaltung und einer staatlich vorgegeben Organisationsform unterworfen sind, sind sie in Frankreich in ihren Freiheitsrechten eingeschränkt. Die Ausnahme, die das Trennungsgesetz beim absoluten Subventionsverbot von Religionsgemeinschaften vorsieht, fügt sich in eine Rechtstradition, die der individuellen Religionsfreiheit eine dominierende Rolle zuschreibt: Um die Gewissensfreiheit zu gewährleisten werden Seelsorger in öffentlichen Einrichtungen wie Schulen, Hochschulen, Pflegeheimen, Heimen und Gefängnissen vom Staat bezahlt (von Campenhausen 1962, 39; Loi du 9 décembre 1905 concernant la séparation des Eglises et de l'État, Art. 2, Satz 3). Die Frage der Angemessenheit einer eher individuell ausgerichteten und auf den privaten Raum beschränkten Religionsfreiheit des französischen Systems wird auch heute noch kontrovers diskutiert.[206]

Antidiskriminierungsgesetze

Zusätzlich zur Religionsfreiheit können auch Diskriminierungsverbote für die Forderungen religiöser Individuen oder Gruppen von Relevanz sein. Während das Prinzip der Laizität für sich genommen kein Garant für eine Verhinderung von Diskriminierung auch aufgrund der Religion ist (Redor-Fichot 2005, 90ff.), wurden in Frankreich in Auseinandersetzung mit den Europäischen Direktiven zur Bekämpfung von ethnischer Diskriminierung und jeder Form der Diskriminierung am Arbeitsplatz entsprechende Gesetze verabschiedet (Bertossi 2007c, 8). So ist im Jahr 2001 unter anderem auch das Verbot von religiöser Diskriminierung am Arbeitsplatz und in der Ausbildung gemäß der europäischen Employment Framework Directive in französisches Recht inkorporiert worden (Geddes/Guiraudon 2007,

---

206 Kruip etwa argumentiert, dass die staatliche Förderung der Privatisierung der Religion gerade die selbst geforderte Neutralität des Staates unterlaufe (Kruip 2006, 122). Bielefeldt unterwirft das Prinzip der Laizität der prinzipiellen Kritik, dass neben der rechtsstaatlichen Garantie der privaten Ausübung der Religion auch die „freie und öffentliche Ausübung des Glaubens durch religiöse Gemeinschaften" (Bielefeldt 1998, 188) gewährleistet werden müsse. Ohne explizite Bezugnahme zu Frankreich warnt Bielefeldt vor einer „Abdrängung der Religionsgemeinschaften aus der Öffentlichkeit" (Bielefeldt 2001, 71). Die Realitätsferne des Trennungsgesetzes in seiner frühen Form (von Campenhausen 1962) und die der Laizität inhärente innere Widersprüchlichkeit werden immer wieder kritisiert (z. B. Maschler 2004). In diesem Sinne thematisiert auch Asad die grundsätzliche Problematik, dass der neutrale Staat zu einer nicht-neutralen Stellungnahme gezwungen sei, um überhaupt entscheiden zu können, was als Religion in den Bereich des Privaten verbannt werden muss und was nicht: „Because religion is of such capital importance to the lay Republic, the latter is the final authority that determines whether the meaning of given signs is ‚religious'. One might object that this applies only to the meaning of symbols in public places, but since the legal distinction between public and private space is itself a governmental construct, it is always a part of the Republic's reach" (Asad 2005, 2).

137). Allerdings ist die Reichweite, die dieses Diskriminierungsverbot in der Rechtsprechung hat, im Vergleich zum Vereinigten Königreich etwa, relativ begrenzt (Amiraux 2007, 155) und hat zudem die lebhafte Debatte zwischen Frankreich mit seinen Vorbehalten gegenüber einem Minderheitenbegriff und der Europäischen Union mit ihrer positiven Haltung zum Minderheitenschutz verstärkt. Bereits im Jahr 1997 hat der *Conseil d' État* davor gewarnt, dass die Glaubwürdigkeit des Gleichheitsprinzips, sofern es als Chancengleichheit verstanden wird, auf dem Spiel steht (Bertossi 2003, 37). Immerhin hat Frankreich dann im Jahr 2004, ebenfalls im Rahmen der Umsetzung einer europäischen Richtlinie die HALDE gegründet, die seitdem mit allen Aufgaben der Bekämpfung von Diskriminierung, einschließlich aufgrund von ,Rasse', Herkunft und „convictions religieuses" (Geddes/Guiraudon 2007, 138) befasst ist.

4.1.3.2 Rechtsformen für religiöse Vereinigungen

In Frankreich genießt keine Religionsgemeinschaft eine öffentlich-rechtliche Stellung. Es besteht auch keine Möglichkeit zur Anerkennung einer Religionsgemeinschaft durch den Staat. Es stehen statt dessen vier verschiedene privatrechtliche Formen für religiöse Vereinigungen zur Verfügung: Der Kultverein (*Association cultuelle*) nach dem Trennungsgesetz von 1905, die einfachen Vereine (*Association déclarée, association non-déclarée* und *association reconnue d' utilé publique*[207]) nach dem Gesetz von 1901 in Verbindung mit dem Gesetz von 1907[208], die Diözesanvereine (*Association diocésaines*) nach dem Musterstatut des Papstes von 1924 und die Kongregationen für Ordensgemeinschaften (*Congrégations*) nach dem Gesetz von 1901. Alle Religionsgemeinschaften haben sich, sofern sie Rechtsfähigkeit erwerben möchten, nach einer dieser vereinsrechtlichen Formen zu organisieren (Basdevant-Gaudemet 2005, 177ff.; Mückl 2005, 162ff.).

Die Rechtsform des Kultvereins wurde im Trennungsgesetz von 1905 eingeführt und ist dem einfachen Verein nach dem Gesetz von 1901 nachgebildet. Anfangs war sie ihm völlig gleichgestellt; mittlerweile genießen Kultvereine vor allem steuerliche Vorteile und dürfen Spenden und Erbschaften annehmen. Kultvereine werden nicht direkt vom Staat subventioniert, auch nicht, wenn sie neben religiösen Aktivitäten zugleich gemeinnützigen Zwecken dienen. Kultvereine unterliegen aufgrund ihres religiösen Charakters einer starken Kontrolle durch die staatliche Verwaltung und müssen strengeren Vorgaben gerecht werden als die einfachen Vereine. So müssen bestimmte Kriterien wie die Dauerhaftigkeit der Religionsgemeinschaft, eine zahlenmäßige Bedeutung und feste Organisationsstrukturen vorhanden sein (Heun 2004, 281). Der Kultverein steht außerdem ausschließlich solchen Zusammenschlüssen zur Verfügung, die rein religiöse Zwecke verfolgen, eine Tatsache, die einen relativ restriktiven Religionsbegriff impliziert (Bloss 2008, 102). Die innere Organisationsform der Kultvereine wird vom Staat vorgeschrieben. Kultvereine müssen demnach demokratisch organisiert und vom Mehrheitsprinzip beherrscht sein; dies war ein Grund für die Weigerung der hierarchisch geordneten katholischen Kirche, diese Organisationsform einzunehmen (von Campenhausen 1962, 8).

---

207 [eingetragener Verein, nicht eingetragener Verein und gemeinnütziger Verein]
208 Das Gesetz von 1901 regelt die Bildung von einfachen Vereinen (*Associations*). Mit dem Gesetz von 1907 wird es auch für Vereine mit religiösen Zielen möglich, sich als einfache Vereine zu organisieren.

Verfolgt ein Verein neben religiösen auch kulturelle, karitative oder soziale Zwecke und möchte hierfür staatliche Förderung erhalten (Walter 2006, 224ff.; Frégosi 1996, 224), bleibt ihm nur die Rechtsform des einfachen Vereins nach dem Gesetz von 1901 in Verbindung mit dem Gesetz von 1907. Während staatliche Zuwendungen für Kultvereine nicht möglich sind, können Vereine nach dem Vereinsgesetz von 1901, sofern sie „kulturelle, erzieherische, soziale und wohltätige Zwecke enthalten" (Mückl 2005, 175), staatlich bezuschusst werden (Bloss 2008, 104). Beispielsweise kann der Bau von Gebäuden vom Staat subventioniert werden, auch dann, wenn neben den nicht religiösen zusätzlich religiöse Zwecke verfolgt werden. Viele Religionsgemeinschaften, darunter zahlreiche muslimische Vereinigungen, wählen die Vereinsform des einfachen, eingetragenen Vereins nach dem Gesetz von 1901 mit einer geringeren Kontrolle durch die Verwaltung (Walter 2006, 221; Coq 2006, 39).

Die Organisationsform des Diözesanvereins wurde speziell für die katholische Kirche entworfen. Mit dem Diözesanverein konnte sie an ihrer hierarchischen Struktur festhalten: Die Diözese hat volle Autonomie in allen Glaubensfragen. Der Diözesanverein ist nur dazu da, „die Kosten zu tragen, die bei der Ausübung des röm.kath. Kultes entstehen" und kann jederzeit vom Bischof aufgelöst werden (von Campenhausen 1962, 81; Walter 2006, 222). Die *Congrégation* für Ordensgemeinschaften schließlich beruht auf dem Vereinsgesetz von 1901 und sieht seit einer Änderung 1942 vor, dass Orden sich frei gründen können, eine rechtlich wirksame Registrierung jedoch nur durch den *Conseil d'État* möglich ist.

Die vier Rechtsformen für Religionsgemeinschaften und deren Handhabung zeigen einige Widersprüchlichkeiten des französischen Religionsrechts auf, sowohl im Hinblick auf das Trennungsprinzip als auch im Hinblick auf die Neutralität des Staates und die Gleichbehandlung aller Religionen. Mit der Schaffung der Rechtsform des Diözesanvereins für die katholische Kirche gesteht der französische Staat eine Abkehr von der Durchführung des Trennungssystems zu (von Campenhausen 1962, 85) und modifiziert das Gebot der strengen Gleichbehandlung aller Religionsgemeinschaften. Eine weitere Ungleichbehandlung von Religionsgemeinschaften durch den französischen Staat wird beispielsweise dort diagnostiziert, wo neuere Religionsgemeinschaften bei der Erteilung der Rechtsform des Kultvereins stärker auf ihre religiösen Ziele und die Beachtung der öffentlichen Ordnung hin geprüft werden, als das bei traditionellen Religionsgemeinschaften der Fall ist (Walter 2006, 225ff.). Zudem wird eine gewisse Bevorteilung der katholischen Kirche durch das kostenlose Nutzungsrecht und die staatlich getragene Instandhaltung der 1905 enteigneten Kultusgebäude vermutet (von Campenhausen 1962, 40f.). Die Rechtsform des Vereins nach 1901 beinhaltet neben dem eingetragenen und dem nicht eingetragenen Verein auch den wohltätigen Verein. Diese Kategorie dürfte eigentlich einem religiösen Verein nicht zur Verfügung stehen, da der Staat dann auch religiöse Inhalte bewerten müsste. Tatsächlich werden jedoch einige Religionsgemeinschaften als gemeinnützige Vereine anerkannt, was als Problem für die staatliche Neutralität erscheint (Walter 2006, 221).

4.1.3.3   Das Verhältnis von Kirche und Staat

Anders als das deutsche Grundgesetz macht die französische Verfassung, außer im ersten Artikel, „La France est une République indivisible, laïque, démocratique et sociale", keine

Aussage zum Verhältnis von Kirche und Staat. Die näheren Bestimmungen ergeben sich aus dem einfachrechtlichen Trennungsgesetz von 1905 und vor allem aus der fortlaufenden Rechtsprechung (Basdevant-Gaudemet 2005,176). Das verfassungsmäßig verbürgte Prinzip der Laizität beinhaltet die Trennung von Kirche und Staat. Das bedeutet im Wesentlichen: keine Anerkennung einer Religionsgemeinschaft durch den Staat und damit verbunden keine öffentlich-rechtliche Organisationsform für Religionsgemeinschaften, keine Gehalts-zahlungen oder Subventionierung[209] von Religionsgemeinschaften durch den Staat (von Campenhausen 1962, 39f.), die Begrenzung der Religionsausübung im öffentlichen Bereich zum Zwecke der Aufrechterhaltung der öffentlichen Ordnung[210], kein Religionsunterricht an staatlichen Schulen, keine theologischen Fakultäten an staatlichen Hochschulen und eine Kontrolle der Religionsgemeinschaften durch die staatliche Verwaltung. Allerdings haben die konfessionellen – in der überwiegenden Mehrzahl römisch-katholischen – Privatschulen einen wichtigen Stellenwert in Frankreich. Sie werden überwiegend vom Staat finanziert; dennoch genießen sie verfassungsrechtlich verbürgte Lehrfreiheit und können Religions-unterricht anbieten (Basdevant-Gaudemet 2005, 185ff.). Seit 2008 hat erstmals eine musli-mische Privatschule einen Staatsvertrag abgeschlossen, der ihr die staatliche Finanzierung der Lehrergehälter zusichert (Agence France Presse 17.06.2008). Die staatsabhängigen Radio- und Fernsehanstalten sind zudem verpflichtet, Sendezeiten für Kirchen und Reli-gionsgemeinschaften anzubieten (Basdevant-Gaudemet 2005, 189).

Im Trennungsgesetz von 1905 kulminierte der vorwiegend im Verlauf des 19. Jahr-hunderts ausgetragene Kampf zwischen klerikal-freundlichen und kirchenfeindlich einge-stellten Kräften. Das Trennungsgesetz selbst wird im Rückblick teilweise als Kompromiss oder Gleichgewichtsakt zwischen den Interessen der Kirche und denen des Staates eingestuft (Poulat 2003, 13), teilweise aber auch als klares Bekenntnis zu einer Opposition gegen die katholische Kirche und vor allem gegen ein katholisch dominiertes Schulsystem (Willaime 1991, 37). Zwar wurden die konkreten Ausgestaltungen der Laizität durch die als liberal und kirchenfreundlich geltende Rechtsprechung des *Conseil d'État* (von Campenhausen 1962, 35; Wick 2007, 200) bereits in der ersten Hälfte des 20. Jahrhunderts faktisch immer wieder modifiziert; eine Reihe von Gesetzen und Novellierungen (Metz 1983, 1118f.)[211] zugunsten einer Öffnung des Staates gegenüber Religionsgemeinschaften folgten; das Trennungsgesetz von 1905 hat jedoch noch heute Gültigkeit. Das Prinzip der Laizität wurde und wird aber einer regelmäßigen Neubewertung unterworfen. Noch in den frühen 1980er Jahren wurde die Laizität in keinem politischen Parteiprogramm in Frage gestellt oder als reformbedürftig gekennzeichnet (Birner 1981, 261). In den letzten Jahrzehnten, seit vermehrt auch muslimische und andere religiöse Minderheiten ihre For-derungen gegenüber dem Staat artikulieren, ist zu beobachten, dass die staatlichen und poli-

---

209 Eine Ausnahme von diesem Subventionsverbot wurde mit einem Gesetz von 1930 geschaffen, welches Kommunen die Möglichkeit anbietet, Religionsgemeinschaften für die Errichtung von religiösen Gebäuden das Grundstück zu einem äußert geringen, symbolischen Preis für lange Zeit zu verpachten (Frégosi 1996, 224).

210 Dazu gehört z. B. die Regelung, die das Anbringung von religiösen Emblemen an öffentlichen Gebäuden untersagt (von Campenhausen 1962, 38f.) oder die die Entscheidung über die Zulässigkeit von christlichem Glockengeläut den Bürgermeistern überlässt (von Campenhausen 1962, 36ff.).

211 Auf gesetzlicher Ebene kann als Schlüsselereignis für diesen Wandel die Verabschiedung des Loi Debré im Jahr 1959 gelten, das die bisher finanziell auf sich selbst gestellten konfessionellen Privatschulen auch staat-licher Förderung zugänglich machte (Metz 1983, 1118f.).

tischen Reaktionen schwanken zwischen der Überlegung, die religionsrechtlichen Regelungen anzupassen, religionsfreundlicher zu gestalten und für religiöse Pluralität zu öffnen (Koenig 2003, 195; Massignon 2010) und dem Unterfangen, den Grundsatz der Laizität in einer eher dogmatischen Weise zu erhalten (Bizeul 2004, 161f.). Diese gegensätzlichen Positionierungen lassen sich auch mit den Schlagworten der *laïcité de reconnaissance* (Laizität der Anerkennung) und der *laïcité de combat* (kämpferischen Laizität) bezeichnen (ebd.).[212] Dazwischen positionieren sich moderate und vermittelnde Stimmen, die eine Reform des Trennungsgesetzes fordern, ohne dass damit eine Aufgabe des Prinzips der Laizität verbunden sein müsse (Baubérot 1990, Willaime 1991, 42; Coq 2006; Mongin/Schlegel 2006). Besonders im Zuge der Kopftuchaffäre kann eine zu solchen Reformstimmen entgegengesetzte Bewegung beobachtet werden. So hat der damalige Präsident, Jacques Chirac, im Rahmen der Einrichtung der *Commission Stasi* die Laizität bekräftigt und gar zum Garant der Einheit Frankreichs angesichts religiöser Pluralität erklärt:

„Après avoir divisé la France, cette grande loi la rassemble aujourd'hui car elle a su s'adapter aux évolutions de la société française en respectant les particularités de chaque religion. Elle recueille l'adhésion de toutes les confessions et de tous les grands courants de pensée"[213] (Chirac zit. nach Ernenwein 2004, 19).

Dass die Laizität nicht nur verfassungsrechtliches Prinzip sei, sondern zu einem eigenständigen *Wert* der Republik stilisiert werde, an dem dringend festgehalten werden müsse (Lamine 2004, 246),[214] wird von akademischer Seite bisweilen als Überzeichnung der Laizität, ja, als „Sakralisierung des Säkularen" (Amir-Moazami 2007, 43)[215] kritisiert.

---

212 Historiker und Juristen sprechen auch vom Wandel von einer „laïcité combattante" [kämpferischen Laizität] (Wick 2007, 199) hin zu einer „religionsfreundlichen akonfessionellen Laizität" (Campenhausen 1973, 190; vgl. auch von Campenhausen 1962, 158f.), einer positiven Neutralität (von Campenhausen 1962, 156), einer „offenen Neutralität und Toleranz" (Heun 2004, 283), einer „offenen Laizität" (Müller 2003, 75), einer „integrierenden Laizität" (Wick 2007, 199), einer „empirische[n] ‚laïcité'" (Willaime 2005, 353), einer „wohltemperierten Trennung" (Müller 2003, 76) oder auch einer einverständlichen Trennung (Metz 1983, 1125). Koenig referiert weitere Begriffe aus der französischen Religionssoziologie, die den Wandel des Laizitäts-Gedankens anzeigen sollen. Die Rede ist von der „laïcité plurielle" [pluralistischen Laizität], der „laïcité redefinie" [neudefinierten Laizität] oder der „laïcisation de la laïcité" [Laizisierung der Laizität] (Koenig 2003, 193).
213 [Nachdem es Frankreich gespalten hatte, hat dieses große Gesetz Frankreich nun dadurch wiedervereinigt, dass es durch den Respekt vor den Eigenheiten jeder Religion in der Lage ist, sich den Entwicklungen der französischen Gesellschaft anzupassen. Es kann die Bekenntnisse aller Konfessionen und aller großen Denkströmungen auffangen.]
214 Oder, positiv gewendet, wie es Hervieu-Léger formuliert: „Der Laizismus ist (…) der zentrale Anknüpfungspunkt für die kollektive Identität und die symbolische Untermauerung der französischen Vorstellung von Staatsbürgerschaft, wie die Geschichte sie geformt hat" (Hervieu-Léger 1997, 149).
215 Dazu z. B. auch Willaime 1991a, 346, Hervieu-Léger 1997, 120 und insbesondere Pornschlegel, der argumentiert, dass die Laizität in Frankreich selbst die Funktion einer genuin politisch verstandenen Religion übernimmt, sich „als demokratisierende Eroberung des theologisch-politischen Raums" (Pornschlegel 2008, 86) begreift und mithin als „Herrschaftslegitimation und Herrschaftstechnik, als lien social, das ‚soziale Band' gemeinsamer Überzeugungen und gemeinsamer sozialer Praktiken" (Pornschlegel 2008, 87).

4.1.3.4 Religionsfreiheit als Minderheitenrecht?

Die der französischen Gesetzgebungstradition zugrunde liegende abstrakte Vorstellung eines homogenen Volkes führt dazu, dass Anerkennungsforderungen von Minderheiten in Frankreich einem inhärenten Rechtfertigungsdruck unterliegen. Offiziell erkennt Frankreich keine ethnischen, sprachlichen oder religiösen Gruppen an, sondern nur „citoyens, libres et égaux en droit et en dignité"[216] (Lamchichi 1999, 133),[217] was auch teilweise die französischen Probleme mit der Anerkennung von europäischen und internationalen Abkommen erklärt, die das Konzept der Minderheit enthalten (Koenig 2003, 186f.; Amiraux 2007, 154). Das Gleichheitsprinzip bleibt aber ein abstraktes Prinzip. Anders als etwa der britische Maßnahmenkatalog zur Chancengleichheit bringt es weder einen konkreten Rechtsanspruch für ethnische oder religiöse Gruppen mit sich, noch eine bestimmte Rechtspflicht für staatliche Stellen gegenüber solchen Gruppen (Bertossi 2007d, 11). Aus diesem Grund wird das französische Recht auf Religionsfreiheit auch als „Gewährung privater Gewissens- und Religionsausübungsfreiheit" (Rädler 1996, 356) bezeichnet. Doch auch hier kann aus rechtsdogmatischer Perspektive argumentiert werden, dass eine private Religionsausübungsfreiheit nicht ohne gewisse Freiheitsrechte seitens religiöser Trägerinstitutionen denkbar ist.

Diese Freiheitsrechte sind aus Sicht der französischen Verfassung nur in Verbindung mit einer grundsätzlichen Gleichbehandlung aller Religionsgemeinschaften denkbar. Inwiefern eine solche Gleichbehandlung mit den einschlägigen Gesetzen, insbesondere mit dem Trennungsgesetz und dessen Umsetzung vereinbar ist, ist umstritten. Während insbesondere die ersten Jahrzehnte nach dessen Inkrafttreten von einer starken Benachteiligung der katholischen Kirche die Rede war (von Campenhausen 1962), wurde im Verlauf der zunehmenden religiösen Pluralisierung innerhalb der französischen Gesellschaft auch eine gewisse Bevorzugung der katholischen Kirche gegenüber neu hinzugekommenen Religionen, insbesondere dem Islam, festgestellt.[218] Die französische Laizität hat also unterschiedliche, teils sogar gegensätzliche Effekte auf religiöse Minderheiten. So wie sich eine Mehrheit von Protestanten und Juden mit dem Trennungsgesetz von 1905 abgefunden oder es gar begrüßt hatte (Ernenwein 2004, 18; Scot 2006, 17ff.), so dürfte auch den religiösen Minderheiten, die vor 1905 nicht den Status einer anerkannten Religionsgemeinschaft (*Cultes non-reconnus*) innehatten, die formelle Gleichstellung mit der katholischen Kirche entgegen kommen.

Auch partikulare Interessen religiöser Minderheiten können mit dem laizistischen Staatsmodell und der begrenzten Religionsfreiheit kollidieren. Das deutlichste Beispiel ist hier sicherlich die lang anhaltende Debatte um das Kopftuch von Schülerinnen an staat-

---

216 [Bürger, frei und gleich in Bezug auf ihre Rechte und ihre Würde]

217 Allerdings sah die Praxis bereits in den 1970er Jahren in Einzelfällen anders aus (von Krosigk 2000, 188); auch seit den 1990ern gab es immer wieder Hinweise darauf, dass staatliche Stellen die religiöse Vergemeinschaftung als Mittel zur Konfliktbearbeitung förderten (Loch 1996, 191).

218 Angeführt werden etwa der christlich dominierte Schulkalender (Willaime 1991, 39), die gesetzlichen katholischen Feiertage (von Krosigk 2000, 197) oder die Sonderrechte, die der katholischen Kirche trotz dem Trennungsgesetz von 1905 eingeräumt wurden (Robbers 2002b, 142f.); besonders bedeutend erscheint der staatliche Unterhalt der Pfarrhäuser und Kirchen, die vor 1905 gebaut wurden und zum großen Teil als nationales Kulturerbe („patrimoine national") vom Staat restauriert und verwaltet werden (Auduc 2006).

lichen Schulen. Die Rechtsprechung des Staatsrates, des *Conseil d'État*[219], der erst eine moderate Laizität vertrat (Rädler 1996, 357ff.), zuletzt dann aber mit dem 2004 verabschiedeten generellen Verbot von ,ostentativen' Zeichen religiöser Zugehörigkeit[220] (Garay 2005) doch eine strikte Trennung von Religionsgemeinschaften und Staat bestätigte (Lepsius 2006, 339f.), bedeutet zweifellos auch eine Beschränkung der positiven individuellen Religionsfreiheit von Angehörigen aller Religionsgemeinschaften (Hodge 2006, 437) – neben dem Kopftuch ist auch das Tragen der jüdischen Kippa, des Turbans der Sikh oder eines großen christlichen Kreuzes verboten. Zusammenfassend kann gesagt werden, dass Religionsfreiheit sich in Frankreich nicht als Minderheitenrecht eignet. Vielmehr ist es als Mehrheitsrecht und Schutz *vor* Religion konzipiert, welches im Sinne eines „Regelungsanspruchs des Staates, der über das allgemeine Gesetz die Gleichheit verbürgt" (Lepsius 2006, 340), verstanden werden kann.

4.1.3.5   Die rechtliche Integration des Islam

In Frankreich wird gerade der Islam häufig als besondere Herausforderung und zugleich als Prüfstein gelingender Laizität betrachtet. Dies hat verschiedene Gründe, zu denen unter anderem die vermeintliche Unfähigkeit des Islam gehört, zwischen Politik und Religion zu trennen.[221] Aber auch die ununterbrochene Tradition der kolonialistisch-orientalistischen Diskurse, in denen der Islam vielfach als Alterität konstruiert wird (Stegmann i. E.; Maussen 2010), spielt eine Rolle. Das aus einer rechtlichen, aber auch aus einer politischen Perspektive entscheidende Problem des französischen Gebots der Gleichbehandlung aller Religionen liegt jedoch im Konzept der ,Religion' selbst, welches als einzige Referenz in einer kaum reflektierten Weise das Christentum vor Augen hat (Ardant 2004, 149; Redor-Fichot 2005, 92). Der Religionsbegriff wird – so geschehen im Jahr 1997 durch ein Urteil des *Conseil d'État* zu einer Klage der Zeugen Jehovas – relativ restriktiv definiert: „Une association ne peut être regardée comme une association cultuelle au sens de la loi du 9

---

219 Der *Conseil d'État* hat eine sehr einflussreiche Funktion im französischen Rechts- und Regierungssystem (Shapiro 2002, 193). Er ist zum einen oberstes Verwaltungsgericht und zum anderen Beratungsgremium der Regierung für Rechtsfragen. In der ersten Funktion ist der *Conseil d'État* mit dem deutschen Bundesverwaltungsgericht vergleichbar, in der zweiten mit dem deutschen Justizministerium, welches die Gesetze prüft, bevor sie dem Kabinett vorgelegt werden. Deshalb hat der *Conseil d'État* auch einen relativ großen Einfluss auf die Entwürfe von Gesetzen und die darauf folgende Gesetzgebung (Shapiro 2002, 192).

220 „Dans les écoles, les collèges et les lycées publics, le port de signes ou tenues par lesquels les élèves manifestent ostensiblement une appartenance religieuse est interdit" [In den öffentlichen Schulen ist das Tragen von Zeichen, durch die die SchülerInnen auf ostensive Weise ihre religiöse Zugehörigkeit anzeigen, verboten] (Loi n° 2004-228 du 15 mars 2004).

221 Von einer kategorischen Unvereinbarkeit des Islam mit der Laizität gehen Blanc und Moneger (1992) aus. Aufgrund der Durchdringung der öffentlichen Ordnung mit den Geboten der Scharia in den muslimischen Herkunftsländern des größten Teils der muslimischen Bevölkerung in Frankreich sei „le plein exercice de l'Islam (...) infractionnel en France" [die volle Ausübung des Islam (...) in Frankreich ordnungswidrig] (Blanc/Moneger 1992, 12). Gegen das Argument der Unvereinbarkeit von Laizität und Islam wendet sich aus einer dogmatischen Perspektive Bencheikh, der die Lehren des Koran als „d'ordre général" [von allgemeiner Art] bezeichnet, die „n'établissent aucune norme politique et encore moins une théorie de l'État" [keine politische Norm und noch weniger eine Staatstheorie zu sein beanspruchen] (Bencheikh 2006, 62).

décembre 1905 que si elle a pour objet exclusif l'exercice d'un culte"[222] (Conseil d'État: Avis Assemblée, du 24 octobre 1997, N° 187122, Résumé, 10-02, 21-005).

Im Abschlussbericht der *Commission Stasi*[223] im Jahr 2003 kommt die definitorische Unvereinbarkeit der Laizität mit einer Religion zum Ausdruck, die in das soziale und politische System ,hinein regiert':

> „De même, le spirituel et le religieux doivent s'interdire toute emprise sur l'État et renoncer à leur dimension politique. La laïcité est incompatible avec toute conception de la religion qui souhaiterait régenter, au nom des principes supposés de celle-ci, le système social ou l'ordre politique"[224] (Commission Stasi 2003, 13).

Diese Aussage verdeutlicht die Problematik die aufkommt, wenn es darum geht, das Gleichgewicht zu wahren zwischen staatlicher Neutralität einerseits und der Deutungshoheit über das, was eine mit der Laizität kompatible Religion ist, andererseits. Letzteres verlangt in der Argumentationslogik der *Commission Stasi* offensichtlich eine Auseinandersetzung mit dogmatischen Inhalten und der internen theologischen Rezeption einer Religion, welche das Postulat der staatlichen Neutralität in Frage zu stellen droht.[225]

Insgesamt bietet die französische Laizität gepaart mit dem Prinzip des Republikanismus rechtlich eine eher problematische Ausgangsposition für die Religionsausübung muslimischer Minderheiten in individueller wie kollektiver Hinsicht. Zwar bestehen formell keine Nachteile gegenüber anderen religiösen Gruppen. Allerdings lassen sich trotz der verfassungsmäßig verbürgten Gleichheitsterminologie faktisch unterschiedliche Bedingungen für verschiedene Religionsgemeinschaften nicht leugnen.[226] Zwei Beispiele seien zur Verdeutlichung angeführt:

---

222 [Ein Verein kann nur als Kultverein im Sinne des Gesetzes von 1905 gelten, wenn er ausschließlich der Kultusausübung dient.]

223 Die *Commission Stasi* nimmt, ebenfalls wie der *Conseil d'État* (s. o. 142 Anm. 219), eine beratende Funktion für die Regierung wahr. Insofern sind die Entscheidungen und Analysen dieser Gremien durchaus von Gewicht, allerdings handelt es sich bei ihnen nicht um Aussagen, denen unmittelbar Verfassungsrang zukommt. Die Verfassungsdokumente selbst dagegen sehen keine derart strikte Definition von Religion vor. Auch im Gesetz von 1905 wird Religion nicht definiert (Basdevant-Gaudemet 2005, 181; Coq 2006, 36).

224 [Zugleich dürfen das Spirituelle und das Religiöse keinerlei Einfluss auf den Staat ausüben und müssen auf jede politische Dimension verzichten. Die Laizität ist inkompatibel mit jeder Religionskonzeption, die im Namen ihrer vermeintlichen Prinzipien in das soziale System oder die politische Ordnung hinein regieren möchte.] Dass hier offensichtlich der Islam gemeint sein könnte, wird etwas später relativiert, indem auch dem Islam die Fähigkeit, zwischen Politik und Religion zu trennen, prinzipiell zugesprochen wird: „La culture musulman peut trouver dans son histoire les ressources lui permettant de s'accommoder d'un cadre laïque" [die muslimische Kultur kann in seiner Geschichte Ressourcen finden, die es ihr erlauben, sich in eine laizistische Umgebung einzufügen] (Commission Stasi 2003, 16).

225 In aller Deutlichkeit tritt die Gratwanderung, die diese religionsrechtlichen Bedingungen für französische Politik mit sich bringen, bei den Bemühungen von Nicolas Sarkozy als Innenminister hervor: Sein nachdrückliches Bestreben, ein muslimisches Repräsentativorgan für Frankreich herauszubilden, ging soweit, dass er damit gar Einflüsse auf die Koranrezeption weltweit erwartete: „Mit der Schaffung des CFCM (...) kann Frankreich ein Beispiel für die ganze islamische Welt sein. Frankreich kann richtungsweisend für die Modernisierung des Islam und für eine eher wissenschaftlich denn am Wort orientierte Auslegung des Koran sein (...). Frankreich kann dazu beitragen, dass die grundlegenden und universellen Werte des Islam über dessen rückschrittliche Rezeption siegen, die ein Relikt aus der Vergangenheit und der Geschichte sind" (Sarkozy 2008b, 83f.).

226 Dazu auch Kuru (2008), der im europäischen Vergleich aufzeigt, dass in Frankreich ein restriktiveres Vorgehen gegen Muslime offensichtlich wird.

Zum einen ist die Anzahl von Moscheen in Frankreich sehr gering: es existieren insgesamt wenig mehr als 1000 Moscheen (Fetzer/Soper 2005, 87), von denen es sich wiederum nur bei einer einstelligen Zahl um repräsentative, also sichtbaren Moscheen („Mosquées-cathédrales") handelt (Frégosi 1996, 223; Hunter/Remy 2002, 12; Cesari 2005, 1028)[227]. Dies lässt zusammen mit einem Blick auf Konflikte um Moscheen in Frankreich[228] darauf schließen, dass muslimische Vorhaben zum Bau und zur Nutzung von Gebäuden für religiöse Zwecke auf politische, aber auch behördliche Widerstände stoßen. Zum anderen haben sich bislang vor allem die Kirchen und Religionsgemeinschaften, die vor dem Trennungsgesetz vom Staat anerkannt waren (neben der katholischen Kirche sind das die reformierte und lutherische Kirche und das Judentum), im Rahmen der staatlich kontrollierten Kultvereine oder Diözesanvereine formiert. Die islamischen Vereinigungen sowie andere Religionsgemeinschaften, die vor 1905 nicht anerkannt waren, haben sich mehrheitlich als gewöhnliche Vereine nach dem Gesetz von 1901 organisiert[229] (Cohen 1991, 53; Heun 2004, 282; Wick 2007, 199). Der Grund dafür wird speziell mit Blick auf die muslimischen Gemeinschaften auch darauf zurückgeführt, dass eine Unterscheidung zwischen einem exklusiv verstandenen kultischen Zweck (*cultuelle*) und einem umfassenderen kulturellen Zweck (*culturelle*), wie sie eine Voraussetzung für eine Zuordnung zu einer entsprechenden Rechtsform wäre, für den Islam schwierig ist (Machelon 2006, 44).

Dagegen kann seit einigen Jahren, etwa anhand von ministeriellen Rundschreiben (*Circulaires ministérielles*) durchaus eine allmähliche Anerkennung muslimischer Interessen nachgezeichnet werden, die etwa die Berücksichtigung muslimischer Essvorschriften in öffentlichen Gebäuden, die Berücksichtigung islamischer Feiertage am Arbeitsplatz oder die Ausweisung von muslimischen Bereichen auf kommunalen Friedhöfen beinhaltet (Frégosi 1996, 225f.). Der Einbeziehung von muslimischen Geistlichen in die Gefängnis-, Krankenhaus- und Militärseelsorge steht gesetzlich nichts im Wege; besonders letztere wurde seit 2006 stark ausgebaut (SZ 23.01.2008).

Abschließend kann aus einer typologisch-vergleichenden Perspektive resümiert werden, dass, anders als im Falle des deutschen Ringens um das Gleichgewicht zwischen der staatlichen Neutralität und der öffentlich-rechtlichen Anerkennung des Islam, die religiöse Pluralität ein geringeres Problem für das französische Religionsrecht darstellt. Vielmehr ist es hier die tatsächliche Gewährung von Religionsfreiheit, welche zur Herausforderung für den Staat wird (Walter 2006, 162ff.). Ein öffentlich-rechtlicher Charakter steht für Religionsgemeinschaften in Frankreich ohnehin nicht zur Disposition, würde sie doch der Gleichbehandlung aller Religionsgemeinschaften zuwider laufen. Um die Rechtsform, in der sich Religionsgemeinschaften organisieren können, gibt es vergleichsweise wenige Kontroversen. Sieht man von dem grundsätzlichen Streit ab, ob die Laizität noch die angemessene Antwort auf eine pluraler werdende Gesellschaft ist (s. o. 139), stellt sich das Problem der Integration des Islam in das französische System weniger als rechtliches, sondern

---

227 Davon abweichende Zahlen werden allerdings bei Maussen genannt. Er zitiert eine Quelle, nach der die Zahl der Moscheen in Frankreich im Jahr 2006 auf mehr als 2000 geschätzt wird (Maussen 2010, 148).
228 Vgl. dazu Schnapper et al. 2003, Cesari 2005, Fetzer/Soper 2005, 89ff., de Galembert 2005.
229 Mitte der 1990er Jahre waren nur 46 muslimische Organisationen als *Associations cultuelles* organisiert, während mehr als 1000 als einfache Vereine nach dem Gesetz von 1901 organisiert waren (Frégosi 1996, 228).

als politisches dar. Das heißt allerdings nicht, dass im Detail Rechtsfragen keine Rolle spielen.

4.1.4 Vergleich der rechtlichen Grundlagen für Religionspolitik

Beim Vergleich der religionsrechtlichen Grundlagen interessiert vor allem ein Blick auf die jeweilige Ausgangssituation muslimischer Minderheiten und die Voraussetzungen für eine rechtliche Integration des Islam. So stellt sich etwa die Frage nach dem Grad der Strukturierung der vorgegebenen legalen Religionslandschaft, ob adäquate Rechtsformen für neue Religionsgemeinschaften grundsätzlich zur Verfügung stehen oder nicht und welche Bedingungen und Konsequenzen damit verbunden sind. Hier ist auch die Frage relevant, welche Chancen auf Gleichstellung mit bereits länger etablierten Religionsgemeinschaften bestehen. Das Antidiskriminierungsreglement eines Staates und dessen Auswirkungen auf die rechtliche und politische Gleichstellung religiöser Minderheiten mit etablierten Religionsgemeinschaften können ebenso von Bedeutung sein wie etwa das Schulsystem und dessen Auswirkungen auf konfessionelle Freiräume in der Erziehung.

4.1.4.1 Religionsfreiheit und verfassungsrechtliche Dimension

Durch die starke grundrechtliche Stellung der Religionsfreiheit einschließlich der ins deutsche Grundgesetz übernommenen staatskirchenrechtlichen Bestimmungen aus der Weimarer Reichsverfassung implizieren die verfassungsrechtlichen Bedingungen für eine individuelle, kollektive wie institutionelle freie Ausübung von Religion in Deutschland einen formell sehr weiten Schutzbereich für Religionsgemeinschaften und praktizierende Religionsanhänger. Die Verhältnisbestimmung von Staat und Kirche wird durch das Verbot einer Staatskirche bei gleichzeitiger Möglichkeit eines öffentlich-rechtlichen Status' für Religionsgemeinschaften geprägt.

Im Vereinigten Königreich fehlten Regelungen zur Religionsfreiheit mit Verfassungsrang bis zur Implementierung der Europäischen Menschenrechtskonvention im Jahr 2001 völlig, was auch dem besonderen Rechtssystem des *Common Law* geschuldet ist. Die britische liberale Grunddisposition des Rechtsverständnisses sorgt jedoch zunächst dafür, dass Freiheiten – auch Religionsfreiheit – durchaus auch ohne spezifische kodifizierte Rechte häufig nicht verwehrt werden. Zudem trägt eine traditionell tolerante und pragmatische Grundeinstellung gepaart mit einer dezentralen Verwaltung dazu bei, dass religiöse Angelegenheiten kaum politisiert werden. Die *Church of England* ist Staatskirche und hat damit zwar kaum finanzielle Vorteile, dafür aber relativ weitgehende politische Mitspracherechte.

In Frankreich gilt vor allem die *Gewissensfreiheit* als verfassungsrechtlich geschützt. Damit überwiegt eine individuelle Komponente von Freiheitlichkeit mit hohem Verfassungsrang, die aber vom Prinzip der Gleichheit partiell überlagert wird. Eine vergleichbar dem deutschen Grundgesetz in systematischer Einheitlichkeit angelegte Religionsfreiheit ist dagegen nicht vorhanden. Das französische Prinzip der Laizität, welches gleich im ersten Artikel der Verfassung von 1958 festgehalten wird, beschränkt die Kooperation zwischen Religionsgemeinschaften und Staat auf ein Minimum. Von Seiten der Regierung ist die Kontrolle von Kirchen und Religionsgemeinschaften zentral, was zu deren verordneten Selbstbeschränkung auf rein religiöse Angelegenheiten führt. Der Gestaltungsspielraum und Einfluss von Kirchen und Religionsgemeinschaften auf die (politische) Öffentlichkeit in Frankreich ist damit marginal angelegt.

4.1.4.2   Rechtsformen für religiöse Vereinigungen

In Deutschland ist es Religionsgemeinschaften prinzipiell möglich, einen öffentlich-rechtlichen Status zu erlangen, mit dem neben einer Reihe von Vergünstigungen eine „positive Wahrnehmung in der Öffentlichkeit" (Towfigh 2006b, 228) verbunden wird. Die privilegierte Rechtsform der Körperschaft des öffentlichen Rechts gilt für die meisten Religionsgemeinschaften als erstrebenswert[230] (Towfigh 2006b). Sie steht theoretisch allen Religionsgemeinschaften offen, allerdings erweist sich die Erlangung dieses Status in der Praxis oftmals als schwierig. Auch als Körperschaft des öffentlichen Rechts genießen Religionsgemeinschaften ein Selbstbestimmungsrecht, insbesondere was ihre Organisation nach innen, aber auch was ihre Haltung zum Staat angeht (BVerfG 2000). Neben dieser öffentlich-rechtlichen Form stehen verschiedene privatrechtliche Rechtsformen zur Verfügung, die sich nicht speziell an Religionsgemeinschaften richten. Von ihnen stellen der eingetragene Verein sowie der nicht rechtsfähige Verein, häufig in Verbänden organisiert, die gängigsten Organisationsformen für Religionsgemeinschaften dar (Towfigh 2006b, 145).

Im Vereinigten Königreich gibt es keine besonders ausgezeichneten Rechtsformen für Religionsgemeinschaften, sieht man einmal von den spezifischen Strukturen ab, die nur der Anglikanischen Kirche offen stehen. Religionsgemeinschaften organisieren sich häufig als gemeinnützige *Trusts* und genießen so vor allem steuerliche Privilegien und eine gewisse öffentliche Anerkennung. Der *Charities Act* kommt religiösen Vereinigungen entgegen und legt seit 2006 einen relativ weiten Religionsbegriff zugrunde. Die meist unproblematische Anerkennung der Gemeinnützigkeit von religiösen Vereinigungen zeigt die prinzipiell positive Rolle, die der Gesetzgeber im Vereinigten Königreich, speziell in England und Wales, Religion beimisst.

In Frankreich widerspricht eine vergleichbare Zuerkennung von Gemeinnützigkeit gegenüber religiösen Vereinigungen dem laizistischen Prinzip (Walter 2006, 221). Es besteht aber seit dem Trennungsgesetz von 1905 eine besondere Rechtsform für religiöse Zusammenschlüsse (*Association cultuelle*) mit steuerlichen Vorteilen. Die Erlangung dieser Rechtsform ist jedoch an enge Voraussetzungen, einen engen Religionsbegriff und restriktive Kontrollen geknüpft. Der Grad der Selbstbestimmung solcher religiöser Vereinigungen ist vergleichsweise gering. Die Mehrheit der vor 1905 nicht anerkannten Religionsgemeinschaften organisiert sich deshalb als gewöhnliche Vereine nach dem Gesetz von 1901. Seit 1905 wird keine Religion vom Staat anerkannt, ein öffentlich-rechtlicher Status ist ausgeschlossen.

---

230 Es gibt allerdings auch kritische Stimmen in diesem Zusammenhang, etwa von Seiten mancher Muslime, die z. B. vor der vorbehaltlosen Übernahme kirchlich geprägter Strukturen warnen (Klinkhammer 2002, 196f.).

4.1.4.3   Das Verhältnis von Kirche und Staat

Mit der Bereitstellung des öffentlich-rechtlichen Status und verbunden mit einer relativ ausgeprägten kollektiven und institutionellen Religionsfreiheit kann Deutschland als Staat mit einer *kooperativen Beziehung* zu Kirchen und Religionsgemeinschaften bezeichnet werden, der sich dennoch weltanschaulicher Neutralität verpflichtet sieht. Der Religionsunterricht an staatlichen Schulen sowie die Existenz theologischer Fakultäten an staatlichen Universitäten eröffnen weitere Einflussmöglichkeiten für solche Kirchen und Religionsgemeinschaften, die entsprechende vertragliche Abkommen mit dem Staat abgeschlossen haben. Durch das Kirchensteuereinzugsverfahren sind auch in finanzieller Hinsicht deutliche Vorteile für partizipierende Kirchen gegeben. Eine Staatskirche besteht, anders als in England, nicht.

Die Anglikanische Kirche ist in England *Staatskirche* und durch verschiedene Mechanismen *in politische Strukturen eingebunden*. Direkte staatliche Subventionen hingegen werden nicht gewährt. Das staatliche britische Schulsystem eröffnet prinzipiell allen größeren Religionsgemeinschaften die Möglichkeit einer vielfältigen Einflussnahme auf Lehre und Erziehung, allerdings kommt dem Christentum beim täglichen *Act of Collective Worship* nach wie vor eine Sonderstellung zu.

In Frankreich ist durch die laizistische Grundausrichtung der Einfluss der Kirchen und Religionsgemeinschaften im öffentlichen Raum sehr begrenzt. Das *Prinzip der Trennung* von Staat und Religion ist vorherrschend, was sich im direkten staatlichen Subventionsverbot für Religionsgemeinschaften niederschlägt, aber beispielsweise auch im Verbot des Tragens religiöser Zeichen in öffentlichen Schulen. Allerdings werden neben der staatlichen Förderung vieler konfessioneller Privatschulen auch Steuererleichterungen für *Associations cultuelles* gewährt sowie Seelsorger in Krankenhäusern und der Armee finanziert.

4.1.4.4   Religionsfreiheit für jüngere, noch wenig etablierte (religiöse) Minderheiten

In Deutschland liegen die Schranken des Rechts auf Religionsfreiheit, anders als des Rechts auf Meinungsfreiheit (Art. 5 GG) oder des allgemeinen Handlungsrechts (Art. 2 GG) nur in ebenbürtigen, gegebenenfalls kollidierenden Verfassungsgütern. Insofern wird bisweilen argumentiert, dass sich die Religionsfreiheit als Minderheitenrecht eignet, da Minderheiten ihre auch nicht-religiösen Forderungen über Art. 4 GG effektiv durchsetzen könnten. Das verdeckt allerdings, dass im Rechtsstreit durchaus geprüft wird, ob eine Forderung tatsächlich religiös begründet ist und ob eine Religionsgemeinschaft zu identifizieren ist, die nach eigenem Selbstverständnis entsprechende Handlungsweisen als aus religiösen Gründen notwendig definiert. Die Tatsache, dass manche Kirchen und Religionsgemeinschaften einen öffentlich-rechtlichen Status innehaben und anderen dieser bislang verwehrt bleibt, erzeugt allerdings eine Ungleichheit, da vor allem religiöse Minderheiten, die keine dem Christentum vergleichbaren organisatorischen Strukturen vorweisen können, potentiell benachteiligt werden. Die volle kollektive und institutionelle Religionsfreiheit entfaltet sich in Deutschland erst mit der Anerkennung einer Religionsgemeinschaft als Körperschaft des öffentlichen Rechts. Die Konfrontation mit religiöser Pluralität erscheint als Herausforderung für das deutsche Rechtssystem.

Im Vereinigten Königreich sind Ausnahmerechte für Minderheiten seit den 1960er Jahren sehr stark mit der Antidiskriminierungspolitik und -gesetzgebung des Parlaments verbunden. Entsprechend deutlich haben sich die rechtlichen Ausgangsbedingungen für religiöse Minderheiten mit der allmählichen Einführung des Aspekts der Diskriminierung aufgrund religiöser Merkmale und Zugehörigkeiten seit 2003 verbessert. Allerdings kann bereits *vor* der Einführung des Schutzes vor Diskriminierung aufgrund der Religion eine bisweilen liberale Einstellung in der Rechtsprechung auch gegenüber religiösen Minderheiten beobachtet werden. In der politischen Rhetorik des Multikulturalismus spiegelt sich außerdem eine offene Haltung gegenüber der gesellschaftsintegrierenden Kraft von Minderheiten wider, die auch als „symbolische Anerkennung der (…) Minderheiten" (Koenig 2003, 92) bezeichnet werden kann. Diese politischen und rechtlichen Weichenstellungen lassen, anders als die Existenz einer privilegierten Staatskirche zunächst suggeriert, auf eher geringe Probleme mit dem Faktor zunehmender religiöser Pluralität schließen.

Anders ist dies im französischen Fall, wo die *Volonté générale* politisch und rechtlich keinen Raum für Minderheiten vorsieht (Amiraux 2007, 154). Religionsfreiheit ist hier eher auf einer individuellen Ebene und aufgrund des Gesetzesvorbehalts nur begrenzt einklagbar. Auf einer kollektiven Ebene kann die Zuerkennung von Religionsfreiheit mit dem eingeschränkten Selbstbestimmungsrecht von Religionsgemeinschaften kollidieren. Der Umgang mit religiöser Pluralität dagegen ist, begründet durch das Prinzip der Gleichheit und der strikten Neutralität, zumindest formell wenig problematisch.

4.1.4.5 Die rechtliche Integration des Islam

In Deutschland steht das historisch gewachsene, besondere Kooperationsverhältnis zwischen Kirchen und Staat, welches eine gleichförmige Integration des Islam bislang faktisch, nicht jedoch grundsätzlich ausschließt, einem starken Recht auf Religionsfreiheit gegenüber, das zweifellos auch die islamische Religionsausübung einschließt. Eine volle rechtliche Integration des Islam nach dem Vorbild der christlichen Kirchen ist momentan nicht absehbar. Individuelle Freiheiten muslimischer Glaubensanhänger können anerkannt oder – im Falle des Kopftuchs von Lehrerinnen im Staatsdienst – unter bestimmten Voraussetzungen beschnitten werden. Kollektive Freiheiten der Religionsausübung werden von Fall zu Fall zugebilligt. Die Versuche etwa zur Einrichtung von islamischem Religionsunterricht in manchen Bundesländern oder von Islamzentren an einigen Universitäten zeigen aber den politischen Willen, zentrale positive Rechte, die das deutsche Staatskirchen- respektive Religionsverfassungsrechts vorsieht, sukzessive auch Anhängern islamischen Glaubens zu ermöglichen.

Im britischen Fall, in dem eine rechtliche Gleichstellung mit der Anglikanischen Staatskirche faktisch und formell ausgeschlossen ist, organisieren sich die meisten muslimischen Gemeinschaften als wohltätige Vereine (*Charities*) und unterscheiden sich darin kaum von anderen religiösen Vereinigungen, hinsichtlich der Organisationsform aber auch nicht von nicht-religiösen wohltätigen Vereinen. Im konfessionellen Schulsystem wächst die Zahl der muslimischen Träger. Bestimmte individuelle und kollektive Rechte wie Anerkennung religiöser Kleiderordnung, Schächten oder Moscheebau wurden und werden im Vereinigten Königreich häufig konfliktarm zugestanden. Hier haben die britische liberale Grundposition zusammen mit einer häufig praktizierten Toleranz gegenüber religiöser Diversität sowie aber auch die Implikationen der Antidiskriminierungsmaßnahmen Wirkung gezeigt. Im europäischen Vergleich kann die „politique britannique d'insertion pragmatique de l'Islam"[231] (Bastenier 1991, 135) als einmalig bezeichnet werden.

In Frankreich gestaltet sich die rechtliche Integration des Islam in das laizistische System als Herausforderung. Der eigentlich für religiöse Vereinigungen vorgesehene Kult-verein wird kaum von muslimischen Gemeinschaften genutzt, stattdessen überwiegt die Tendenz, sich in gewöhnliche Vereinsstrukturen einzufinden. Die Einforderung von individuellen wie kollektiven religiösen Rechten weist für muslimische Akteure eher Schwierigkeiten auf, allerdings werden seit wenigen Jahren auch Erfolge erzielt. So hat im Sommer 2008 die erste muslimische Privatschule einen Staatsvertrag abgeschlossen, mit dem die staatliche Bezahlung der Lehrergehälter zusichert wird.

4.1.4.6 Schematischer Vergleich der rechtlichen Grundlagen für Religionspolitik

Die folgende Tabelle (Tab. 1) stellt einen schematischen Vergleich der drei Länder im Hinblick auf die dargestellten religionsrechtlichen Voraussetzungen für Religionspolitik dar.

	D	VK	F
Religionsfreiheit und verfassungsrechtliche Dimension			
Grad des formellen Schutzbereichs des Rechts auf Religionsfreiheit	hoch	niedrig/ mittel*	mittel
Grad der faktischen Freiheitlichkeit der Religionsausübung	mittel	hoch	niedrig
Grad der formellen Verankerung des Staat-Kirche-Verhältnis' in Verfassung	hoch	niedrig	hoch
Grad der Gleichheitsproblematik	hoch	mittel	niedrig
Grad der Freiheitsproblematik	niedrig	niedrig	hoch
Rechtsformen für religiöse Vereinigungen			
Verfügbarkeit einer speziellen privatrechtlichen Rechtsform	nein	nein	ja
Grad an Selbstbestimmung innerhalb dieser spezifischen Rechtsform	-	-	niedrig
Verfügbarkeit einer speziellen öffentlich-rechtlichen Rechtsform	ja	nein	nein
Grad an Selbstbestimmung innerhalb dieser spezifischen Rechtsform	hoch	-	-
Das Verhältnis von Kirche und Staat			
Grad der Kooperation zwischen Kirche/Religionsgemeinschaft und Staat	hoch	hoch	niedrig

---

231 [britische Politik einer pragmatischen Einbindung des Islam]

Grad finanzieller Vorteile für Kirchen/Religionsgemeinschaften	hoch	mittel	mittel
Religionsfreiheit für jüngere, noch wenig etablierte (religiöse) Minderheiten			
Grad des Widerstands der rechtlichen Strukturen angesichts religiöser Pluralität	hoch	niedrig	mittel
Grad der formellen kollektiven/institutionellen Religionsfreiheit für Minderheiten	hoch	niedrig	niedrig
Grad der faktischen kollektiven/institutionellen Religionsfreiheit von Minderheiten	mittel	mittel	niedrig
Förderung einer Minderheitenpolitik	nein	ja	nein
Förderung von Minderheitenrechten	nein	eingeschr.	nein
Rechtliche Integration des Islam			
Grad der faktischen Gleichstellung islamischer mit etablierten Gemeinschaften	mittel	mittel	mittel
Grad der faktischen Religionsausübungsfreiheit islamischer Gemeinschaften	mittel	hoch	niedrig

*seit Implementiertung der EMRK

Tabelle 1:   Schematischer Vergleich der rechtlichen Grundlagen für Religionspolitik

Die Problematik einer schematischen Einteilung und Gewichtung der Kriterien im Staatenvergleich liegt vor allem darin, dass sich eine positive oder negative Indikation eines Kriteriums nicht automatisch auch positiv oder negativ auf ein anderes Kriterium auswirken muss. So ist zum Beispiel ein formell eher niedriger Schutzbereichsgrad bezüglich des Rechts auf Religionsfreiheit nicht gleichbedeutend damit, dass Religionsausübung tatsächlich wenig geschützt ist.

4.2 Institutionellen Grundlagen für Integrationspolitik

Die rechtlichen und kulturellen Voraussetzungen von Integration (*Polity*) sind nicht ohne weiteres zu trennen von der politischen Umsetzung spezifischer Integrationsstrategien (*Policy* und *Politics*), wie sie im dritten Kapitel dargelegt wurden. Erschwerend kommt außerdem hinzu, dass es, anders als im Falle des Religionsrechts, kein spezifisches ‚Integrationsrecht' gibt, sondern sich die Voraussetzungen für Integrationspolitik aus verschiedenen historisch gewachsenen Entwicklungen der jeweiligen politischen Kultur speisen. Je nach Intention, Ziel, Deutungsweise, gesellschaftlichen Erwartungen oder juristischen und kulturellen Kompetenzen können politische Akteure ihr Handeln an unterschiedlichen rechtlichen und außerrechtlichen Aspekten ausrichten. Um neben den rechtlichen auch die historischen, kulturellen und gesellschaftspolitischen Rahmenbedingungen für integrationspolitisches Handeln einzubeziehen, wird im Folgenden den länderspezifischen Rekonstruktionen der Voraussetzungen für Integrationspolitik jeweils eine Auseinandersetzung mit

‚Integrationskonzepten im Wandel' vorangestellt und werden typische ‚nationale Diskurse über Integration' identifiziert. Auch hier erfolgt die Darstellung vor allem in typologischer und komparativer Absicht und ohne Anspruch auf eine vollständige Erfassung aller Sachverhalte.

4.2.1 Deutschland: Zwischen grundgesetzlicher Entfaltungsfreiheit und der Kulturalisierung des Integrationsdiskurses

Die Voraussetzungen für Integrationspolitik in Deutschland changieren zwischen einer grundrechtlichen Perspektive, die die Entfaltungsfreiheit des Individuums ausdrücklich anerkennt und der Erwartung, dass sich MigrantInnen mit der Zeit auch einer spezifisch deutschen Kultur anpassen sollten.

4.2.1.1 Integrationskonzepte im Wandel – ein Überblick

Seit der zweiten Hälfte des 20. Jahrhunderts ist die deutsche Integrationspolitik stark mit den verschiedenen Migrationswellen und den damit verbundenen politischen und gesellschaftlichen Erwartungen an MigrantInnen verknüpft. Eine erste Welle beachtlicher Migration nach Deutschland hing mit den Anwerbebemühungen der Bundesregierung der 1950er und 1960er Jahre zusammen, die den Arbeitskräftemangel während der Zeit des wirtschaftlichen Aufschwungs abfedern sollten. Mit dem sogenannten Anwerbestopp von 1973 sollte die Migration beendet werden, im Jahr 1983 wurde im Rahmen eines Maßnahmenpakets – mit mäßigem Erfolg – für die Rückkehr der ‚Gastarbeiter' in ihre Heimatländer geworben. Seit den 1985er Jahre kristallisierte sich eine neue Migrationswelle heraus, die besonders von asylsuchenden Flüchtlingen aus dem Iran und Afghanistan, in den 1990er Jahren aus Bosnien und Zentralasien geprägt war (Goldberg 2002, 31f.). Nach der hohen Zuwanderung der frühen 1990er Jahre entwickeln sich die Einwanderungszahlen seit einigen Jahren leicht rückläufig (Statistisches Bundesamt 2007).

Während bis zum Anwerbestopp im Jahr 1973 noch keine dezidierte Integrationspolitik entwickelt wurde, da die Erwartung vorherrschte, die angeworbenen AusländerInnen würden vermehrt in ihre Heimatländer zurückkehren, änderte sich das im Verlauf der 1970er und 1980er Jahre erst allmählich (Langenfeld 2001, 33ff.), als sich im Zuge der Familienzusammenführung und der Bleibeabsicht die Aufenthaltsperspektive vieler EinwanderInnen verstetigte. Eine deutsche Integrationspolitik, die tatsächlich auf die Einbeziehung und Eingliederung von EinwanderInnen abzielte, ohne die Integrationsleistung an die Wohlfahrtsverbände zu delegieren (Bade 2007, 309), entwickelte sich erst relativ spät (Koenig 2003, 200). Mit dem geänderten Ausländergesetz im Jahr 1991 veränderte sich der Status von in Deutschland aufgewachsenen oder lange Zeit in Deutschland lebenden AusländerInnen, indem zwar die Möglichkeit der Einbürgerung einerseits, aber auch Abschiebungen andererseits erleichtert wurden (Reißlandt 2004).

Trotz einiger vorhergehender kommunaler, meist pragmatisch konzipierter, aber kaum systematisierter Integrationsmaßnahmen, kann der Beginn einer Integrations*politik* erst auf das Jahr 2001 datiert werden, nachdem das Staatsangehörigkeitsrecht zum Jahr 2000 novelliert wurde. Im selben Jahr wurde die Unabhängige Kommission ‚Zuwanderung' vom damaligen Bundesinnenminister Otto Schilly eingesetzt (Michalowski 2007, 99). Die CDU mit dem Bericht „Zuwanderung und Integration" (CDU 2001) und die SPD-Bundestags-fraktion in ihren Eckpunkten „Steuerung, Integration, innerer Friede" (SPD-Bundestags-fraktion 2001) forderten weitgehend übereinstimmend eine Neuausrichtung und Intensi-vierung der Integrationspolitik (John 2001, 211). Diese Zeit kann jedoch aus einer am Ausländerrecht[232] orientierten Rückschau noch immer einer Phase zugeordnet werden, in der Integration, statt explizit als staatlicher Auftrag verstanden und konzipiert zu werden, den ZuwanderInnen in Eigenverantwortung abverlangt wurde und eher lose Strukturen zu dessen Unterstützung vorhanden waren (Groß 2007, 316). So spielte auch der Begriff ‚Integration' im Ausländerrecht noch keine Rolle. Eine staatlich *verantwortete* Integra-tionspolitik lässt sich dann, mit dem Inkrafttreten des Aufenthaltsgesetzes, auf das Jahr 2005 datieren, als Integration zunehmend nicht mehr nur als Aufgabe der Einwanderin oder des Einwanderers, sondern im Sinne einer „gesellschaftspolitischen Querschnittsaufgabe" (Bade 2007, 310) als zentrale staatliche Aufgabe verstanden wurde.

4.2.1.2   Integration als verfassungsrechtlich gebotener Staatsauftrag?

Inwieweit resultiert ein staatlicher Integrationsauftrag aus einer verfassungsrechtlich be-gründeten Pflicht? Mit anderen Worten: Muss der Staat EinwanderInnen bei der Integration in das Aufnahmeland unterstützen und wo liegen die Grenzen eines solchermaßen begrün-deten staatlichen Auftrags? Für diese Fragen sollen zunächst rechtliche Aspekte eines Inte-grationsauftrags erörtert werden, die dann unter Bezugnahme auf staatsbürgerschaftliche, soziale und kulturelle Besonderheiten für einen nationalen Integrationsauftrag konkretisiert werden.

Rechtliche Aspekte des staatlichen Integrationsauftrags – Menschenwürde und andere Grundrechte

Der erste Artikel des Grundgesetzes verpflichtet die staatliche Gewalt im ersten Absatz zu Achtung und Schutz der Menschenwürde; der zweite Absatz betrifft das Bekenntnis zu unverletzlichen und unveräußerlichen Menschenrechten. Beide Rechtsansprüche werden universal verstanden und kommen jedem Menschen individuell zu, unabhängig von parti-kularen Zuschreibungen. Das Bundesverfassungsgericht stützt sich in seinen Entschei-dungstexten in hohem Maße auf den „Code der ‚Menschenwürde'" (Jetzkowitz 2002, 59). Dabei wird vor allem die Selbstbestimmung des Rechtsträgers anerkannt, indem die Würde des Menschen als geschützt erachtet wird, „wie er sich selbst begreift und sich seiner selbst bewusst wird" (Langenfeld 2001, 351). In einem solchen, eher negativen Verständnis, kommt die Menschenwürde als libertäres Prinzip zum Ausdruck, welches „Individualität, Identität und Integrität" (Frankenberg 2003, 279) schützt. Aus einem sowohl positiven als

---

232   Bei einer am Recht orientierten Analyse muss beachtet werden, dass das Recht anderen Gesellschafts-
bereichen ‚hinterherhinkte'. So kann Deutschland aus einer sozialen und kulturellen Perspektive schon seit
den 1980er Jahren als Einwanderungsland bezeichnet werden, diese Realität wurde nach einer langen und
kontroversen Diskussion allerdings erst 20 Jahre später durch Rechtsreformen eingeholt (Reißlandt 2004).

auch negativen Verständnis heraus kann sie als egalitäres Prinzip verstanden werden und schützt dann „vor willkürlicher Ungleichbehandlung" (Frankenberg 2003, 279). In einem eher positiven Menschenwürdeverständnis kann sie schließlich als soziales Prinzip verstanden werden und bezieht sich damit auf den Schutz des Existenzminimums; ein Verständnis, welches zugleich einen „staatlichen Gestaltungsauftrag" (ebd.) impliziert.

Aus dem libertären Prinzip folgen mindestens zwei rechtliche Voraussetzungen für politische Integrationsarbeit: das unbedingte Primat der Achtung der Würde des einzelnen Menschen in seiner „personalen Identität" (Langenfeld 2001, 354) vor allen kulturellen Zuschreibungen und die Anerkennung der Selbstbestimmung des Menschen durch die staatliche Gewalt. Aus dem egalitären Prinzip folgt als Prämisse für Integrationsarbeit der Schutz vor Ungleichbehandlung und eventuell Maßnahmen zur Beseitigung von Ungleichheiten, aus dem sozialen Prinzip die Notwendigkeit der Bekämpfung von sozialer Ungerechtigkeit. Diese Prinzipien ergeben sich nicht nur aus dem Menschenwürdeartikel des Grundgesetzes, sondern finden sich auch durch andere universelle Grundrechte begründet.

Neben dem subjektiven Recht jedes Einzelnen auf den Schutz und die Garantie der Menschenwürde sind auch die unmittelbar darauf folgenden Grundrechte, insbesondere die Achtung der persönlichen Freiheitsrechte (Art. 2 GG) und die Gleichheit aller Menschen vor dem Gesetz einschließlich des Verbotes von Diskriminierung (Art. 3 GG) von Relevanz. Diese beiden Artikel implizieren bereits neben der personalen und individuellen ‚Identität' eine mögliche kollektive Komponente. Persönliche Freiheitsrechte können sich unter Umständen nur eingebettet in kollektive Zusammenhänge entfalten. Das Diskriminierungsverbot kann nur wirksam sein, wenn dem Einzelnen eine Eigenschaft zukommt, die ihn als zu einer Gruppe zugehörig ausweist.

Staatsbürgerschaftliche[233] Aspekte des staatlichen Integrationsauftrags und politische Integration

Das Recht auf politische Partizipation, welches im Demokratieprinzip (Art. 20 Abs. 1 GG) als Verfassungsziel verbürgt ist, kommt nur Personen mit deutscher Staatsangehörigkeit zu. Damit werden die Einbürgerungsbedingungen und die Einbürgerungsprozedur selbst zu zentralen integrationspolitischen Merkmalen.[234] Das das deutsche Staatsangehörigkeitsprin-

---

233 Der Unterschied zwischen Staatsangehörigkeit und Staatsbürgerschaft wird im Englischen und Französischen deutlicher: Staatsangehörigkeit wird mit *Nationality* bzw. *Nationalité* übersetzt, Staatsbürgerschaft mit *Citizenship* bzw. *citoyenneté*. Die Staatsangehörigkeit betrifft die rechtliche Zugehörigkeit zu einer Nation, die territorial abgegrenzt ist und umfasst die Rechte und Pflichten eines Angehörigen dieser Nation. Die Staatsbürgerschaft beruft sich auf eine souveräne politische Gemeinschaft und bezieht die sich daraus ergebenden wechselseitigen Verpflichtungen, aber auch bürgerliche Rechte mit ein (Faist 2004, 82ff.). I. d. R. ergeben sich aber aus der Staatsangehörigkeit die staatsbürgerlichen Rechte, so dass der Unterschied zwischen beiden Begriffen im rechtlichen Sinn weniger relevant ist.

234 Bei der Einbürgerung gilt ebenfalls das Primat der Grundrechte, welche der Staat zu schützen hat, allen voran die Unverletzlichkeit der Menschenwürde mit dem Selbstbestimmungsrecht des Einzelnen. Auch Einbürgerung kann also nicht verpflichtend mit einer Abkehr von der Herkunftskultur verbunden werden oder mit einer Verinnerlichung bestimmter ‚Werte'. Allerdings steht es den Staaten frei, die Bedingungen für Einbürgerung sowie die eigentliche Einbürgerungsprozedur nach eigenen Vorstellungen zu bestimmen und zu gestalten (Langenfeld 2001, 380f.). So hat der Staat das Recht, die Abgabe der bisherigen Staatsbürgerschaft zur Voraussetzung für den Erhalt der neuen Staatsbürgerschaft zu machen.

zip seit dem Reichs- und Staatsangehörigkeitsgesetz von 1913[235] – mit einer Modifizierung durch die Rassenideologie in der Zeit des Nationalsozialismus – bis in das Jahr 2000 ausschließlich bestimmende *ius sanguinis* (Abstammungsprinzip) (Brubaker 2000, 114ff.; Gosewinkel 2007, 110f.), führte nicht nur dazu, dass die tatsächliche Erfüllung von Integration, deren Höhepunkt (Koenig 2003, 201) und „juristisch letzte Zäsur" (Groß 2007, 316) nach deutschem Verständnis der Einbürgerungsakt ist, in die Zukunft verlegt wurde. Es führte auch dazu, dass ZuwanderInnen kaum eine Perspektive auf politische Partizipation geboten wurde. Der Vorschlag eines kommunalen Wahlrechts für AusländerInnen wird zwar immer wieder diskutiert (Davy 2001b, 961), bislang haben jedoch, gemäß der Umsetzung des Maastrichter Vertrags, nur in Deutschland lebende AusländerInnen aus EU-Staaten ein kommunales Wahlrecht.

Durch umfassende Änderungen des Staatsangehörigkeitsgesetzes (StAG) im Jahr 2000 wurden erstmals auch Aspekte eines *ius soli* (Terrirotialprinzip) eingeführt. Dadurch wurde in Deutschland geborenen AusländerInnen ein Rechtsanspruch auf die deutsche Staatsangehörigkeit zugesprochen, die Einbürgerung von lange in Deutschland lebenden AusländerInnen und ihren Kindern erleichtert und die Wartezeiten, die der Einbürgerung vorausgehen müssen (Faist 2004, 77), verkürzt. Mit dem Inkrafttreten des Aufenthaltsgesetzes im Jahr 2005 sowie mit dessen Novellierung in Jahr 2007 wurde auch das Staatsangehörigkeitsgesetz erneut geändert, indem es mit dem staatlichen Integrationskonzept eng verbunden wurde. In der Folge beinhaltet es auch Vorschriften, die sicherstellen sollen, dass ein Antragsteller sich zur freiheitlichen demokratischen Grundordnung des Grundgesetzes bekennt (StAG § 10 Abs. 1). Es belohnt zudem besondere „Integrationsleistungen" mit einer Fristenverkürzung der Wartezeiten auf die Einbürgerungsmöglichkeit (Michalowski 2007, 116; StAG § 10 Abs. 3). Die Einbürgerungstests, die ebenfalls auf dieser staatlichen Intention begründet sind und seit 2006 in Form von Gesprächsleitfaden auf Landesebene in Baden-Württemberg, Hessen und Bayern und seit 2008 in Form eines einheitlichen Tests auf Bundesebene durchgeführt werden[236], zeigen die Spannung an zwischen einer auf staatlicher Souveränität fußenden Selbstbestimmung bezüglich der Staatsangehörigkeitspraxis (Faist 2004, 82), verbunden mit dem staatlichen Interesse an gesamtgesellschaftlicher Integration und innerer Sicherheit einerseits und der Grundrechtsbeachtung sowie der Beachtung internationalen Rechts andererseits. Letztere Rechtsordnungen schließen jeweils das Verbot der Diskriminierung ein, welches vor allem in Bezug auf den sogenannten Gesinnungstest (Schiffauer 2007, 119; Tezcan 2012, 143ff.) als gefährdet angesehen wurde. Der Gesinnungstest wurde 2006 als Verwaltungsvorschrift für das Land Baden-Württemberg entwickelt und aufgrund breiter Kritik auch von juristischer Seite bald darauf modifiziert. Er enthielt in seiner ursprünglichen Version eine Reihe von Fragen, die speziell für Muslime konzipiert wurden (taz 05.01.2006). Der hessische Test prüft unter anderem historisches und kulturelles Wissen ab, ein Vorgehen, welches ebenfalls als verfassungsrechtlich problematisch eingestuft werden kann, da die Forderung nach einer kulturellen Integration als Voraussetzung für Einbürgerung gemeinhin als rechtlich

---

235 Staatsangehörigkeitsgesetz (StAG) (ausgefertigt unter dem Namen Reichs- und Staatsangehörigkeitsgesetz am 22. Juli 1913) in der im Bundesgesetzblatt Teil III, Gliederungsnummer 102-1, veröffentlichten bereinigten Fassung (umfassende Änderungen zum 1. Januar 2000 und zum 1. Januar 2005).

236 Mündliche und teils schriftliche Sprachtests als Voraussetzung für Einbürgerung existieren allerdings bereits seit den 1990er Jahren in verschiedenen Bundesländern (Renner 2002, 426).

unbegründet gewertet wird (Groß 2007, 319). Unbestritten ist dagegen, dass ein gewisser Kenntnisstand der deutschen Sprache sowie die Akzeptanz der deutschen Rechtsordnung Voraussetzung für den Erwerb der deutschen Staatsangehörigkeit sind.

Soziale Aspekte des staatlichen Integrationsauftrags: Chancengleichheit und Sozialstaatsprinzip

Um zu begründen, dass die „Integration des im Geltungsbereich des Grundgesetzes langfristig ansässigen Zuwanderers (…) verfassungsrechtlicher Auftrag" (Langenfeld 2001, 370) sei, können soziale Zielsetzungen des Staates angeführt werden. Dabei kann zum einen die verfassungsrechtlich gebotene Herstellung von Chancengleichheit genannt werden, deren Voraussetzung (und Folge) gelingende Integration ist, zum anderen kann mit dem Sozialstaatsprinzip argumentiert werden, welches sich im Grundgesetz in Art. 20 Abs. 1 niederschlägt („Die Bundesrepublik Deutschland ist ein demokratischer und sozialer Bundesstaat") und eine Fürsorgepflicht des Staates begründet. Der Staat hat die Möglichkeit, diesen doppelten Verfassungsauftrag zu wahren, indem für die entsprechende Zielgruppe Lebensbedingungen geschaffen werden, die Chancengleichheit ermöglichen und die einer sozialen Unterschichtung entgegenwirken. Dies schließt integrationsfördernde Maßnahmen ein, ohne dass der Staat die einzelnen ZuwanderInnen in ihrer Freiheit beschränken darf, sich auch gegen solche Maßnahmen zu entscheiden (Langenfeld 2001, 383f.). Integration wird damit zwar als verfassungsrechtlich gebotener Auftrag des Staates verstanden, kann sich jedoch in konkreten Maßnahmen nur als Angebot darbieten, welches auch sanktionsfrei ausgeschlagen werden darf.[237]

Kulturelle Aspekte des staatlichen Integrationsauftrags – Zwischen Grundgesetzbekenntnis und Leitkultur

Aus einer verfassungstheoretischen Sicht ist die verbindliche Forderung nach der Übernahme bestimmter moralischer, sozialer oder kultureller Normen problematisch. Das Grundgesetz sieht keine „für alle verbindlich definierte deutsche Kultur vor" (Oberndörfer 2004, 21), sondern ist offen gegenüber kultureller Pluralität. Welche Bestandteile die deutsche Kultur im Einzelnen umfasst, kann aufgrund der pluralen Ordnung der Verfassungsstaates ohnehin keine normative Vorgabe sein, sondern ist allenfalls ein sich wandelndes empirisches Faktum (Oberndörfer 2004, 22) und muss zudem vor dem Hintergrund der definitorischen Schwierigkeiten des Kulturbegriffs relativiert werden (Langenfeld 2001, 352ff.). Mit der Entfaltungsfreiheit des Einzelnen (Art. 2 Abs. 1 GG) schützt das Grundgesetz auch dessen kulturelle Entfaltungsfreiheit. Das grundrechtliche Primat der Achtung

---

237 In ähnlicher Weise können alle Freiheitsrechte des Grundgesetzes, neben deren Schutzfunktion des Einzelnen vor dem Staat, nur als Angebote des Staates an den Einzelnen verstanden werden. Werden diese Angebote systematisch nicht angenommen, droht der Staat allerdings zu scheitern (Kirchhof 2001, 166f.). Freiheiten haben damit i. d. R. zwei Ausprägungen: die negative Freiheit im Falle der Menschenwürde etwa als Freiheit von Fremdbestimmung, aber auch die positive Freiheit, die „in dem Würdeverständnis der Aufklärung auch demokratische Mitwirkung im Staat" garantiert (Kirchhof 2001, 170).

von Individualität eröffnet damit auch die Möglichkeit für eine Anerkennung von kulturellen Differenzen innerhalb einer Gesellschaft. Dies gilt auch für die „Anerkennung der spezifischen Bedürfnisse des Zuwanderers" (Langenfeld 2001, 355) und die „Gewährleistung umfassender kultureller Entfaltungsfreiheit" (Langenfeld 2001, 357). Aufgrund des grundrechtlich garantierten Schutzes des Einzelnen vor Eingriffen des Staates darf mit der Erwartung an die ZuwanderInnen an eine „Eingliederung in die äußere Ordnung der Bundesrepublik Deutschland" (BVerfG nach Langenfeld 2001, 357) also nicht die Erwartung oder gar Verpflichtung einhergehen, die eigene kulturelle Identität völlig aufzugeben. Andererseits besteht für den Staat keine Pflicht, an der Gestaltung der Lebensumstände von EinwanderInnen so mitzuwirken, dass deren kulturelle Entfaltung voll gewährleistet ist (Langenfeld 2001, 358).

Vor diesem Hintergrund erscheint die in Deutschland zu beobachtende Tendenz zu einer kulturalistischen Integrationspolitik spannungsreich. So können die Integrationsmaßnahmen des Aufenthaltsgesetzes, welches ein eigenes Kapitel zur „Förderung von Integration" (Kap. 3 AufenthG) enthält, teilweise als problematisch angesehen werden. Das Kapitel formuliert als Ziel die Förderung der „Integration von rechtmäßig auf Dauer im Bundesgebiet lebenden Ausländern in das wirtschaftliche, kulturelle und gesellschaftliche Leben der Bundesrepublik Deutschland" (Kap. 3 § 41 Abs. 1 AufenthG). Dieses Ziel soll über die für bestimmte AusländerInnen obligatorische Teilnahme an Integrationskursen und einem Abschlusstest verwirklicht werden. Die Integrationskurse sollen zwar vor allem Kenntnisse der deutschen Sprache vermitteln, aber auch der „historischen, kulturellen und rechtlichen Orientierung in unserer Gesellschaft"[238] dienen.

Die Forderung gegenüber EinwanderInnen nach einer Anerkennung der deutschen Rechtsordnung, wie sie ebenfalls im Zuge der Änderung des Zuwanderungsgesetzes im Jahr 2004 in das Staatsangehörigkeitsgesetz eingefügt wurde (StAG §10 Abs. 1), weist diese Problematik nicht auf. Das Grundgesetz wird im Gesetzestext *nicht* als Kultur- oder Werteordnung verstanden. Andersherum hingegen dürfte die regelmäßig artikulierte Forderung, das Grundgesetz zugleich als *Werte*ordnung zu begreifen, zu der sich ZuwanderInnen bekennen sollen,[239] aus einer verfassungsrechtlichen Sicht schwer zu begründen

---

238 Homepage des BMI ‚Zuwanderungsgesetz', Stichpunkt ‚Integration' (Internetquelle 24).

239 In den politischen Diskursen um Integration kommt immer wieder die Forderung auf, MigrantInnen müssten sich aktiv zu den Werten bzw. der Werteordnung der Bundesrepublik bekennen (z. B. Schäuble 2006, 2); manchmal wird dies auch als Bedingung formuliert, um in den Genuss der Rechte der Bundesrepublik zu gelangen (vgl. etwa den Integrationsvertrag zwischen der Stadt Wiesbaden und einigen muslimischen Gemeinschaften, in dem „sich die Gemeinden auf die Werte des Grundgesetzes [festlegen]. Die Stadt verpflichtet sich im Gegenzug, im Sinne der Religionsfreiheit den Islam als ‚gleichberechtigten Bestandteil der Gesellschaft zu betrachten'"; FR 28.09.2007). Indes, um welche Werte es sich genau handelt und auf welcher rechtlichen Basis ein Bekenntnis abverlangt werden kann, bleibt meist offen. Häufig ist auf Bundesebene aber von der „Rechts- und Werteordnung unseres Grundgesetzes" (Schäuble/FAZ 2008) die Rede: „In der Islamkonferenz ist ja darüber gestritten worden, ob es eine Werteordnung über das Grundgesetz hinaus gibt. Sie umfasst mehr als nur die Artikel des Grundgesetzes, ist aber dann auch für die Gestaltung durch die Religionen und die Menschen offen. Wenn die Muslime die Grundparameter des Grundgesetzes akzeptieren, dann können sie an der Ausgestaltung dieser Ordnung mitwirken." Die Werteproblematik wird dabei häufig auf den Islam bezogen: „Der Islam ist inzwischen Teil Deutschlands und Europas; also muss er auch die Grundregeln und Normen und Werte, die Europa konstituieren, akzeptieren" (Schäuble/SZ 2006). Die Arbeitsgruppe 1 der DIK 2006-2009 trug bezeichnenderweise den Titel „Deutsche Gesellschaftsordnung und Wertekonsens". Die häufig von PolitikerInnen artikulierten Erwartung-

sein. Ebenfalls eine problematische Komponente ist der Leitkultur-Debatte implizit, die sich im Zuge des Kopftuchstreits auch in diversen Landesgesetzen niederzuschlagen scheint (Häußler 2004, 13; vgl. auch Liedhegener 2005). So wird durch das im Jahr 2004 geänderte Schulgesetz in Baden-Württemberg sichergestellt, dass Lehrkräfte an öffentlichen Schulen keine religiösen Bekundungen abgeben dürfen, „entsprechende Darstellung christlicher und abendländischer Bildungs- und Kulturwerte oder Traditionen"[240] werden dort allerdings von diesem Verbot ausgenommen. Die Beispiele zeigen eine Diskrepanz zwischen den verfassungsrechtlichen Grundlagen für Integration und der latenten Kulturalisierung, die vielen integrationspolitischen Vorgängen und Aussagen inhärent ist.

4.2.1.3 Der Umgang mit Minderheiten

Minderheitenrechte werden durch das Grundgesetz nicht garantiert. Die internationalen völkerrechtlichen Bestimmungen etwa der Vereinten Nationen verlangen einen gewissen Minderheitenschutz von den Mitgliedstaaten. Der daraufhin auch von Deutschland inkorporierte Minderheitenbegriff wurde jedoch so eng definiert, dass nur alteingesessene (autochthone) Minderheiten als Minderheiten im rechtlichen Sinne gelten können (Langenfeld 2001, 361; vgl. auch Britz 2000, 198 und Koenig 2003, 201). Minderheitenschutz bleibt in Deutschland „individualrechtlich konzipiert" (Langenfeld 2001, 363). Nichtsdestotrotz existieren staatliche Programme, die Minderheiten faktisch als kulturelle oder religiöse Gruppen fördern. Von einer grundgesetzlich orientierten Perspektive aus müssen diese staatlichen Ansätze jedoch die Würde des Menschen und das Recht auf freie Persönlichkeitsentfaltung respektieren. Das schließt etwa einen Zwang zur Bewahrung einer bestimmten kulturellen Identität aus.[241] Das Grundgesetz lässt aber auch eine etwaige staatliche Strategie einer „gezielten Entfremdung von der Herkunftskultur" (Langenfeld 2001, 366) nicht zu.

4.2.1.4 Nationale integrationspolitische Diskursmuster

Der deutsche Integrationsdiskurs kann nicht eindeutig umrissen werden; eine offensichtliche Dominanz von kulturalistischen oder holistischen Konzepten ist allerdings augenscheinlich. Eine gewisse „Überbetonung der Kultur" (Bizeul 2004, 140), deren Ursachen unter anderem im späten Prozess der Bildung der Nation zu suchen sind (ebd.), kann deutlich in der von Friedrich Merz, damaliger Fraktionsvorsitzender der CDU im Bundestag, angefachten Leitkultur-Debatte wiederentdeckt werden (Bizeul 2004, 142; s. o. 59 Anm. 52). Auch wenn in den letzten Jahren versucht wurde, den Begriff ‚Leitkultur' zu meiden, bleibt eine „enge Vermischung von politischen und kulturalistischen Betrachtungen" bestehen (Bizeul 2004, 144). Mit der Abhängigkeit des Einwanderungsrechts vom Prinzip der

---

en an muslimische ZuwanderInnen, sich zur Rechtsordnung bzw. zum Grundgesetz als Werteordnung zu bekennen, implizieren das Verständnis, dass es sich bei den Grundrechten zumindest auch um Werte handelt.

240 Gesetz zur Änderung des Schulgesetzes vom 01.04.2004, GBl. S.178.

241 Damit wäre etwa das Konzept einer ‚Politik der Differenz', wie es Charles Taylor vorgelegt hat, keine rechtlich tragfähige Option (Langenfeld 2001, 364f.; vgl. dazu auch Bienfait 2006, 59ff.).

Abstammung bis 1999 sowie mit der differenzierten Behandlung der MigrantInnen je nach Herkunft, ging auch die Vorstellung einher, dass kulturelle Differenz nur schwer zu über-brücken sei und ein exklusiv interpretiertes ethnisch-kulturelles Moment auch für die politische Teilhabe vorwiegend prägend war (Gosewinkel 2007, 112). Dies führte zumindest im Idealfall zu einem Differenzmodell in Deutschland, das primär von einer Verfestigung kultureller Unterschiede bestimmt war (Amir-Moazami 2007, 138). Kulturelle, ethnische oder religiöse Partikularitäten wurden deshalb auch als potentielle Hindernisse auf dem Weg zu einer vollen Integration angesehen, und dies um mehr, je deutlicher diese Partikularitäten sich im Alltag manifestierten. Die Kulturbezogenheit bei der Frage nach Zugehörigkeit prägte und prägt auch das Selbstverständnis vieler MigrantInnen, die sich als Außenseiter wahrnehmen. Dieses Exklusionsphänomen kann sich auf soziale Bereiche ausweiten und die Tendenz einer sozialen Unterschichtung entlang kultureller Differenzen verstärken (Treibel 1999, 176ff.). Dabei können sich solche kulturellen Differenzen mit dem Zusammentreffen von religiösen Differenzen und unter Umständen dem Geschlecht noch steigern und die soziale Stigmatisierung vervielfachen (Faist 2004, 84ff.; Amir-Moazami 2007, 257ff.).

Die Modifizierung des Staatsangehörigkeitsrechts mit gewissen Erleichterungen der Einbürgerung von EinwanderInnen lässt den vorherrschenden, kulturalistisch geprägten Diskurs nicht plötzlich abbrechen, zumal etwa zeitgleich die Diskussion um einen ‚Grundwerte'-Katalog angestoßen wird, die wiederum auf die bekannten Muster einer Kulturalisierung oder Ethnisierung von Zugehörigkeit zuzugreifen scheint, wie sie bereits in der Leitkultur-Debatte zum Tragen kamen. Der erleichterte Zugang zu Staatsangehörigkeit wird weiterhin von der Erwartung begleitet, dass auch kulturelle Kompetenzen und die Verinnerlichung von Werten für Deutschsein erforderlich seien, die allerdings nun nicht mehr als quasi-ontologische Eigenschaften vorgestellt werden, sondern als erwerbbare.

4.2.1.5 Konsequenzen für die Integration der Muslime

Die beschriebenen verfassungsrechtlichen Grundlagen, ausländerrechtlichen Entwicklungen und integrationspolitischen Maßnahmen gelten in Abhängigkeit vom Aufenthaltsstatus aber unabhängig von der Konfession für die verschiedenen Einwanderergruppen und -generationen. Allerdings spielte und spielt der Islam im Rahmen der deutschen Diskurse um Einwanderung und Integration eine besondere Rolle. So vielfältig und komplex sowohl die Integrationsdiskurse selbst als auch die Zuschreibung von bestimmten Personen zur Kategorie ‚des' Islam sind, so fällt doch auf, dass Integration besonders dann problematisierend zur Sprache kommt, wenn es um Muslime geht. Gerade im Hinblick auf die kulturalistische Prägung des Integrationsdiskurses fungieren Anhänger des Islam häufig als Gegenfolie zur oft implizit erwarteten gelungenen kulturellen Integration. Deutlich schlägt sich diese Debatte in der Diskussion um das Kopftuchtragen nieder, welches immer wieder als „Demonstration der Unwilligkeit zur Integration" (Schieder 2001, 161) gedeutet wird. Auch politische und gesellschaftliche Diskurse um normativ besetzte Stichworte wie ‚Parallelgesellschaft'[242], oder ‚Bringschuld', in denen erörtert wird, welche Anstrengungen

---

242 Kritisch zu Begriff und These der ‚Parallelgesellschaft' vgl. Gestring 2011, 176ff.

und Anpassungsleistungen von Personen mit Migrationskontext erwartet werden, erfahren häufig vor dem Hintergrund der Zielgruppe der in Deutschland lebenden Muslime eine besondere Resonanz.[243] Die Debatten um die problembehaftete Integration von Muslimen in Deutschland erreichten ihren Höhepunkt kurz nach den Anschlägen vom 11. September 2001. Etwa zeitgleich fanden die politischen Diskussionen um die Erneuerung des Zuwanderungsgesetzes statt, in dessen Rahmen immer wieder auch eine Verstärkung der Integrationsbemühungen von Seiten des Staates und der EinwanderInnen sowie eine restriktivere Haltung gegenüber Zuwanderung gefordert wurden.

Die Ereignisse in New York sensibilisierten die Öffentlichkeit für die Existenz von Muslimen im Land, sie sensibilisierten aber auch praktizierende Muslime für die Fremdwahrnehmung ihrer Religion. Mehr oder weniger gezwungen durch den sich verschärfenden Druck der Öffentlichkeit, versuchten sie einerseits sich von islamistischen Bestrebungen zu distanzieren, artikulierten andererseits aber auch öffentlich Forderungen nach der Anerkennung ihrer Religion und der Ermöglichung religiöser Betätigung (Amir-Moazami 2007, 145). Diese Anerkennungsforderungen – insbesondere wenn sie Ausnahmeregelungen für Muslime verlangten, wie etwa die Möglichkeit zur Befreiung muslimischer Mädchen vom Sportunterricht – gerieten, so sie öffentlich wurden, selbst ins Zentrum der kontroversen Diskussion um vermeintliche Integrationsunwilligkeit und Abschottungstendenzen von Muslimen. Die Kontroversen schlugen sich etwas später auch in einer veränderten Integrationspolitik nieder, die in Teilen speziell für Muslime konzipiert wurde. Der Staat und staatliche Institutionen setzten vermehrt auf das Ausloten von muslimischen Partnern[244], mit denen spezifische Programme durchgeführt werden können, die integrationsrelevante und oft auch sicherheitspolitische Ziele enthielten. Während mit der Konzeption solcher Integrationsmaßnahmen auf Bundes-, Landes- und kommunaler Ebene etwa seit 2003 begonnen wurde, hat der damalige Bundesinnenminister Wolfgang Schäuble im Jahr 2006 die erste Islamkonferenz mit einer bundesweiten Perspektive ausgerichtet (s. o. Kap. 3.1.1.1).

---

243 Diese Haltung drückt sich besonders in der Rhetorik mancher christdemokratischer PolitikerInnen aus, wie etwa in der Aussage des hessischen Ministerpräsidenten Volker Bouffier im Interview mit der BILD-Zeitung: „BILD: Müssen wir den Zuwanderern umgekehrt nicht auch entgegen kommen? Bouffier: Integration ist keine Einbahnstraße. Kinder aus islamischen Familien müssen raus aus den Hinterhof-Moscheen. Deshalb bin ich ganz klar für die Einführung von Islam-Unterricht – in deutscher Sprache und von dafür speziell ausgebildeten Lehrern, die die Scharia nicht über unser Grundgesetz stellen!" (BILD 29.09.2010). Auch der 2006 in Baden-Württemberg kurzzeitig eingeführte sogenannte Gesinnungstest zeigt, dass muslimische Religionszugehörigkeit als Stigma angesehen wird (Schiffauer 2007, 119). Diskriminierung oder niederschwellige Ausgrenzungstendenzen sind insbesondere gegenüber Muslimen zu finden, wie empirische Studien belegen (z. B. European Union Agency for Fundamental Rights 2006; Stern 08.02.2006).

244 Viele dieser Partner, etwa religiöse und kulturelle Vereine und Verbände, haben sich im Laufe der jahrzehntelangen muslimischen Selbstorganisation herausgebildet, die ihrerseits der durch das Ausländerrecht hervorgehenden Begrenzung der politischen Beteiligungsmöglichkeiten von Nicht-Deutschen geschuldet ist. Politische Meinungsbildung und Selbstorganisation beschränkten sich auf Aktivitäten innerhalb solcher Vereine, in denen eine Bündelung von heterogenen Interessen und Forderungen bestimmter muslimischer Gruppierungen stattfand (Goldberg 2002, 40).

4.2.2 Vereinigtes Königreich: Zwischen Antidiskriminierungsgesetzen und pragmatisch-lokaler Integrationspolitik

Das Vereinigte Königreich kennt keine zentral konzipierte und gesteuerte Integrationspolitik. Statt dessen ist hier eine Perspektive durchgängig, die organisatorisch-institutionell auf das Zusammenwirken einer Vielzahl von Einrichtungen, Akteuren, Programmen und Strategien (DCLG 2008e, 7) und rechtlich-normativ auf *Civil Rights* setzt „as an approach to dealing with the accommodation of culturally dissimilar groups" (Lynch/Simon 2003, 218).

4.2.2.1 Integrationskonzepte im Wandel – ein Überblick

Im Vereinigten Königreich war Politik in Bezug auf kulturelle und religiöse Minderheiten und deren Integration von verschiedenen Leitlinien geprägt, die meist in Abhängigkeit von der Zuwanderungssituation variierten. Grob lässt sich die britische Integrationspolitik folgendermaßen unterteilen: In den 1960er Jahren verzeichnete das Land eine relativ starke Einwanderungswelle, die insbesondere durch die Anwerbung von Arbeitskräften aus ehemaligen britischen Kolonien für die florierende Textilindustrie bedingt war. Die britische Politik war zu dieser Zeit von einer „laissez-faire philosophy of assimilation" (Husband 1994, 93) geprägt. Unter dem Schlagwort ‚kultureller Pluralismus' wurde diese Politik gegen Ende der 1960er Jahre neu ausgerichtet. Kulturelle Pluralität und Chancengleichheit wurden als Werte formuliert und eine völlige Assimilierung als nicht mehr wünschenswert erachtet; allerdings bei gleichzeitig restriktiverer Gestaltung der Einreisebedingungen für ZuwanderInnen aus Afrika und Asien (Favell 2001, 106; Baringhorst 1994, 132ff.). Dieser Trend hin zu einer Intensivierung der Integrationspolitik wurde von der damaligen Labour-Regierung initiiert und konnte sich über die folgenden Jahrzehnte zwar weitgehend durchsetzen, allerdings standen die beiden Paradigmen, Assimilation und Pluralismus, stets in einem gewissen Spannungsgefüge zueinander (Baringhorst 1994, 138f.; Poulter 1998, 22). Die in den 1980er Jahren entfaltete Gleichstellungspolitik (Husband 1994, 93) im Gefolge der Verabschiedung der verschiedenen *Race Relations Acts* zeigte sich bis in die 1990er Jahre hinein in der Praxis – jenseits von Einzelfällen – mitunter wenig erfolgreich (Baringhorst 1994, 143). Die Integrationspolitik der 1990er Jahre war beeinflusst durch die *New Britain* Rhetorik von *New Labour* unter Premier Tony Blair, im Zuge derer aufkommende moralische Unsicherheiten, gesellschaftliche Desintegrationstendenzen und sozioökonomische Probleme durch die Stärkung von kleinräumlichen Gemeinschaften kompensiert werden sollten. Damit einher ging eine positive Bewertung ethnischer und kultureller Vielfalt und ein Bekenntnis zu einem multikulturellen Großbritannien (Schönwälder 2007, 247f.). Doch auch die häufig reklamierte Wende in der Integrationspolitik *From Race to Faith* (s. o. 93; McLoughlin 2005b, 56f.) wurde durch *New Labour* eingeleitet, später aber im Gefolge zunehmender tatsächlicher oder gefühlter Bedrohung durch radikale Islamisten wieder abgeschwächt. In der Gesetzgebung des Parlaments seit 2003 ist dieser Wandel aber durchaus klar nachvollziehbar, etwa indem Religionszugehörigkeit als mögliche Diskriminierungsursache explizit in die Antidiskriminierungsgesetze einbezogen wurde (s. o. 121).

4.2.2.2   Integration als verfassungsrechtlich gebotener Staatsauftrag?

Rechtliche Aspekte des staatlichen Integrationsauftrags

Dadurch, dass im Vereinigten Königreich keine kodifizierte Verfassung existiert und bis zur Einführung der Europäischen Menschenrechtskonvention[245] keine kodifizierten Grundrechte, sondern sich Rechtsprechung an Gewohnheitsrechten, vormaligen Präzedenzfällen und Parlamentsgesetzen orientiert, arbeitet die britische Judikative nach einem relativ flexiblen und dynamischen Muster, welches zugleich eng an der aktuellen *Public Policy* orientiert ist (Poulter 1998, 45). Eine systematische Linie entweder in Richtung pluralistischer oder assimilatorischer Rechtsprechung kann nicht behauptet werden. Die Vielzahl von Rechtsentscheidungen, die die verschiedenen Linien einschließlich vermittelnder Positionen widerspiegeln, legt die Rede von einem „moderate pluralism" oder einem „pluralism within limits" nahe (Poulter 1998, 66). Dies hat auch Folgen für die rechtlichen Aspekte der britischen Integrationspolitik. Sie ist unter anderem aufgrund des fehlenden expliziten Grundrechtsbezugs weniger prinzipiengeleitet, sondern erlaubt einen „pragmatism of *laissez faire* and paternalist race relations management" (Favell 2001, 95).

Die britische Integrationspolitik orientiert sich weder an unveräußerlichen Grundrechten wie in Deutschland, noch an republikanischen Prinzipien wie in Frankreich, sondern in einer eher pragmatischen und kaum formalisierten Weise an politischen Leitlinien, wie etwa dem Multikulturalismus, Antidiskriminierungsmaßnahmen sowie staatsbürgerschaftlichen Weichenstellungen (Favell 2001, 96). Die Bemühungen um Integration haben zudem auch weniger den Charakter einer systematischen nationalen Strategie, sondern realisieren sich eingebettet in kommunale Programme oder andere lokale Arrangements und unter Einbeziehung von kollektiven Akteuren aus der Zivilgesellschaft. Dieses Vorgehen werde von einer pragmatischen Politik des Ausgleichs gefördert, die sich vor allem dadurch auszeichne, dass sie in ihren Ausformulierungen vage bleibe, so die Diagnose von Adrian Favell:

> „The logic of enlightened legislation, rather, is dominated by the liberal centre's attempt to balance majority-minority relations, and to do so by removing the issue as far as possible from the centre of public political discussion" (Favell 2001, 124).

Staatsbürgerliche Aspekte des staatlichen Integrationsauftrags

Durch die bis in die 1960er Jahre hinein praktizierte Öffnung des Aufenthaltsrechts und des Staatsangehörigkeitsrechts für *Commonwealth* Bürger und Iren[246] sowie durch die Ab-

---

245   Die wichtigsten durch den HRA inkorporierten Grundrechte mit Relevanz für den staatlichen Integrationsauftrag sind das Recht auf Freiheit und Sicherheit, auf Versammlungsfreiheit, auf Bildung und auf den Schutz vor Diskriminierung.

246   Das britische Staatsangehörigkeitsrecht basierte bis in die 1960er Jahre ausschließlich auf dem Prinzip des ius soli. Aufgrund der Kolonialvergangenheit und dem Untertanen-Status ergeben sich besondere aufenthalts- und staatsbürgerschaftliche Bedingungen für Bürger der *Commonwealth*-Staaten, die als *British Subjects* (ob mit oder ohne Staatsangehörigkeit) galten und ein uneingeschränktes Einreise- und Aufenthaltsrecht im Vereinigten Königreich hatten sowie die britische Staatsangehörigkeit nach relativ kurzer Aufenthaltsdauer erwerben konnten (Davy/Çınar 2001, 863). Doch mit den *Commonwealth Immigration Acts* von

kopplung des Wahlrechts vom Staatsangehörigkeitsstatus, steht im Vereinigten Königreich das aktive und passive Wahlrecht für Wahlen des britischen Parlaments und der *Local Governments* allen *Commonwealth* Bürgern und Iren offen. Das Wahlrecht erreicht damit eine große Zahl der Bevölkerungsteile mit Migrationshintergrund (Davy/Çınar 2001, 852; Davy 2001, 961). Zu diesen zählt auch ein großen Teil der muslimischen Bevölkerung, die hauptsächlich aus *Commonwealth* Staaten in das Vereinigte Königreich eingewandert war (Koenig 2003, 163). Diejenigen, die vor 1983 einen britischen Pass erhalten hatten, sind automatisch eingebürgert worden und gelten heute als *British Citizen*[247].

Für die Einbürgerung selbst gelten bestimmte Bedingungen wie eine charakterliche Unbescholtenheit („Good Charakter"), Sprachkenntnisse und eine bestimmte rechtmäßige Aufenthaltsdauer. Doppelte Staatsbürgerschaft ist erlaubt. Die Entscheidung über die Einbürgerung liegt im Ermessen des Staatssekretariats und muss im positiven Fall von einem Treue- und Loyalitätsgelöbnis zum Vereinigten Königreich begleitet werden (Davy/Çınar 2001, 870). Zum Jahr 2005 wurden die Voraussetzungen für die Erlangung der britischen Staatsbürgerschaft[248] an ein Minimum an Englischkenntnissen sowie an die erfolgreiche Absolvierung eines sogenannten *Britishness Test*, offiziell „Life in the UK test" geknüpft, welcher unter anderem Fragen zum britischen Recht und den demokratischen Strukturen sowie zu britischen Traditionen beinhaltet. Insgesamt zeigt sich im britischen Staatsbürgerschaftsverständnis eine prinzipiell liberale Grundhaltung. Allerdings erzeugten die restriktiveren Einreisebedingungen seit Ende der 1970er Jahre neue Ausschlussmechanismen. Durch die Einführung der Einbürgerungstests wird außerdem deutlich, dass die lange Zeit behauptete strikte Ablehnung einer exklusiven britischen Nationalkultur (Favell 2001, 135) heute relativiert werden muss.

Soziale Ziele staatlicher Integrationsmaßnahmen: Chancengleichheit und Sozialstaatsprinzip

Das Sozialstaatsystem gliedert sich im Vereinigten Königreich in die verschiedenen Verwaltungseinheiten auf zentraler Regierungsebene, den nationalen Ebenen und der kommunalen Ebene auf. Soziale Rechte sind nicht grundrechtsbasiert begründet, sondern ergeben sich aus der jeweiligen *Welfare State Policy*. Seitdem nach dem Zweiten Weltkrieg die Grundlagen für einen modernen britischen Sozialstaat gelegt wurden, gehören soziale

---

1962 und 1968 sowie dem *Immigration Act* 1971 wurden die Einreisebedingungen für Einwanderer aus den New Commonwealth Staaten sukzessive erschwert, so dass auch für *Commonwealth* Bürger, die die britische Staatsangehörigkeit besaßen, das zuvor unbegrenzte Einreise- und Aufenthaltsrecht u. U. restriktiver gehandhabt wurde. Mit der Reform des Staatsangehörigkeitsrechts, dem *Nationality Act* 1981, wurde wiederholt der Staatsangehörigkeitsstatus geändert, indem vor allem das Prinzip des ius soli um die Kategorie des elterlichen Einwanderungsstatus ergänzt wurde; unter bestimmten Voraussetzungen konnte auch das Abstammungsprinzip geltend gemacht werden (Davy/Çınar 2001, 866f.).

247 Neben dem Status der ‚British Citizenship' existieren heute folgende weitere Staatsangehörigkeitsformen: ‚British Overseas Citizenship', ‚British Overseas Territories Citizenship', ‚British National (Overseas)', ‚British Protected Person' oder ‚British Subject'. Lediglich mit der britischen Staatsbürgerschaft (British Citizenship) ist die unbeschränkte Erlaubnis verbunden, einen britischen Pass zu haben und im Königreich zu leben und zu arbeiten (UK Border Agency 23.12.2008).

248 Seit 2007 muss dieser Test auch von Personen abgelegt werden, die eine dauerhafte Aufenthaltsgenehmigung beantragen.

Sicherheit, Bildung, Gesundheit, Wohnungs- und Städtepolitik, soziale Dienstleistungen im Bereich der Sozialarbeit sowie Arbeit zu den Standbeinen der britischen Sozialpolitik (Alcock 2003). Seit 1997 hat die Regierung das Vorgehen gegen soziale Benachteiligung verstärkt und zählt explizit auch ethnische Minderheiten zu den besonders verwundbaren gesellschaftlichen Gruppen, die zudem häufig „persistent disadvantage" (Social Exclusion Unit 2004, 5 und 19) erleiden. Zu den wichtigsten Maßnahmen, die die Regierung gegen die soziale Benachteiligung entwirft, gehört die Förderung von Gleichheit, vor allem von Chancengleichheit (Social Exclusion Unit 2004, 19).

Kulturelle Ziele rechtlich gebotener Integrationsmaßnahmen

Ein kulturalistisch geprägter Integrationsmodus ist in der britischen Innenpolitik kaum zu finden. Zwar wird kulturelle Differenz durchaus thematisiert, es überwiegt jedoch eine positive Sicht auf eine multikulturelle Gesellschaft, bisweilen verbunden mit einer Anerkennung oder gar Förderung kultureller Entfaltungsfreiheit.[249] Das britische Ideal eines ‚guten Bürgers' verlangt keine Überwindung von ethnischen oder kulturellen Differenzen, sondern eine gegenseitige Anerkennung, die auch die Anerkennung der Unterschiede einbeziehen soll. Ein ‚guter Bürger' ist auf lokaler Ebene sozial, politisch oder zugunsten partikularer ethnischer, kultureller oder religiöser Belange engagiert und gilt gerade deshalb als ‚britisch' (Favell 2001, 134f., 143). Allerdings trifft sich seit wenigen Jahren eine vermehrt aufkommende Kritik am Multikulturalismus mit der Warnung vor einem Auflösungsprozess der britischen Identität (Schierup 2006, 122f.). Gefordert wird eine *New Britishness*, die jedoch nicht mit der Aufgabe partikularer Identitäten einhergeht. Nach wie vor ist die Argumentation verbreitet, dass eine Identifikation mit nationalen Institutionen umso leichter ist, je besser sich auch Minderheiten in ihren partikularen kulturellen oder religiösen Identitäten vom Staat anerkannt fühlen (Open Society Institute 2004, 46).

4.2.2.3   Der Umgang mit Minderheiten

Von einem verfassungsrechtlich verankerten Multikulturalismus nach dem Vorbild von Kanada und Australien (Poulter 1998, 382f.; Schönwälder 2007, 256), aber auch von einer systematischen multikulturalistischen Politik im Sinne der Niederlande (Sunier 2005) kann im Vereinigten Königreich nicht gesprochen werden. Allerdings wurden singuläre Rechtsprechungen, die zugunsten von Minderheiten Sonderbehandlungen beschlossen, immer wieder getroffen (Poulter 1998, 48ff., 62ff.). Neben den richtungsweisenden Antidiskriminierungsgesetzen, die die Integrität ethnischer Gruppen betonten (Husband 1994, 85), ist das vielleicht bekannteste Beispiel die Ausnahmeregelung für Turban tragende Sikhs, auf einen Motorradhelm oder auf einen Schutzhelm auf der Baustelle verzichten zu dürfen

---

249   Allerdings diagnostiziert der britische Anthropologe Baumann eine permanente Kulturalisierung ethnischer Communities durch den öffentlichen und medialen Diskurs. Als Charakteristikum des britischen Umgangs mit Ethnizität beschreibt er: „the presence, and the social efficacy, of a dominant discourse that reifies culture and traces it to ethnicity, and that reifies ethnicity and postulates ‚communities' of ‚culture' based on purportedly ethnic categorizations" (Baumann 1996, 20).

(s. o. 120 Anm. 163). Aber auch zugunsten einer assimilatorischen Linie können beispielhaft Rechtsverfahren herangezogen werden. Neben den Beschränkungen des Einwanderungsrechts seit 1971 ist hier vor allem die Rückkehr von einem kommunitaristischen zu einem britischen Familienrecht ebenfalls in den 1970er Jahren maßgebend (Poulter 1998, 51ff.). Wenn auch kein konsequent rechtlich verankerter Multikulturalismus im Vereinigten Königreich praktiziert wird, so wird seit Mitte der 1980er Jahre doch der Multikulturalismus[250] vor allem rhetorisch immer wieder zur politischen Zielvorgabe erklärt (vgl. Nye 2000, 265ff., Fetzer/Soper 2005, 30; Schönwälder 2007, 255). Das Recht jedes Einzelnen auf Verschiedenheit und auf die je eigene kulturelle Identität werden nicht als Widerspruch zu einer gleichzeitigen Identifikation mit dem Vereinigten Königreich verstanden: „Although individuals remain the paramount unit for analysis of liberal politics, it is also crucial to recognise the reality and importance of groups" (Open Society Institute 2004, 49).

4.2.2.4   Nationale integrationspolitische Diskursmuster

Der britische Integrationsmodus kann vereinfacht mit den Stichworten ‚Paternalismus' und ‚Pragmatismus' umrissen werden (Favell 2001, 123). Er reagiert auf aufkommende Konflikte einerseits mit dem Versuch einer Dezentralisierung und Entpolitisierung der kritischen Faktoren. Andererseits werden durch verschiedene Gesetzgebungen wie insbesondere die Antidiskriminierungsgesetze die Handlungs- und Artikulationsfähigkeit von ethnischen, zunehmend auch religiösen Minderheiten gestärkt. Als typisch für den britischen Integrationsdiskurs kann die Schwerpunktsetzung der politischen und öffentlichen Debatten auf Themen wie interkulturelles Zusammenleben und gesellschaftlicher Zusammenhalt gelten. Die britische Integrationspolitik setzt einen Fokus auf ethnisch verfasste *Communities*, weniger auf Individuen, ein Vorgehen, das sich in die häufigen politischen Bekenntnisse zur Bereicherung des Landes durch ethnische Pluralität und Diversität einfügt. Konkrete Integrationsmaßnahmen sind vor allem über die Antidiskriminierungsgesetze, den liberalen Umgang mit ethnischen und zum Teil auch religiösen Organisationen sowie über die Förderung von politischen Aktivitäten durch MigrantInnen insbesondere auf kommunaler Ebene verwirklicht worden (Schönwälder 2007, 255f.).

4.2.2.5   Konsequenzen für die Integration der Muslime

Anders als in Deutschland und Frankreich kommen im Vereinigten Königreich Konflikte um muslimische Anerkennungsforderungen vergleichsweise selten auf und werden weniger heftig ausgetragen (s. o. 123). Eine „Islamdebatte" (Schönwälder 2007, 255), wie sie in anderen europäischen Ländern geführt wird, manifestiert sich im Vereinigten Königreich

---

250   Das Stichwort ‚Multikulturalismus' ist in seiner Geltung und Ausgestaltung für das Vereinigte Königreich umstritten. Während einige AutorInnen ganz klar von einer Politik des Multikulturalismus sprechen (z. B. Vertovec 1996; Modood 2000 und 2005; Nye 2001), betonen andere den liberalen Charakter der britischen Politik, der einen ausgeprägten Pluralismus begünstige, wiewohl ein „formal policy document where this approach is identified as constituting the general standpoint of the state" nicht vorhanden sei (Poulter 1998, 382). Wieder andere kritisieren die Vieldeutigkeit und Unklarheit des Konzepts (Schönwälder 2007, 256).

kaum. Der Umgang mit religiöser Differenz scheint ,gelassener' zu sein und die welt-anschauliche Neutralität des Staates ist kein Diskussionspunkt. Aus dieser vergleichsweise geringeren Konfliktintensivität folgt jedoch nicht, dass nicht auch im Vereinigten König-reich spezifische Integrationsdefizite bei Muslimen festgestellt werden und dass daraus abgeleitet Integrationsforderungen nicht auch gerade an Muslime gerichtet werden. Die Integrationsdefizite werden jedoch weniger auf einer kulturellen Linie identifiziert, etwa im Sinne einer kulturell oder religiös bedingten fehlenden Bereitschaft, bestimmte Werte zu verinnerlichen, sondern eher auf einer sozioökonomischen Ebene, in der nicht das Mus-limsein als solches problematisiert wird, sondern sozialstrukturelle Ungleichheiten, die auf-grund einer bestimmten Herkunft und einer Disposition zu bestimmten sozialen Milieus verstärkt Muslime betreffen. Integrationsforderungen auch der Politik gegenüber Muslimen kommen entsprechend weniger auf einer prinzipiellen Ebene auf, sondern werden perio-disch entlang bestimmter Ereignisse artikuliert. Dazu gehören etwa die Ausschreitungen um die Satanischen Verse von Salman Rushdie im Jahr 1989 (Vertovec 1996, 171; Khan 2000, 7), die *Riots* in Bradford, Oldham und Burnley, in die zu einem großen Teil auch Ju-gendliche pakistanischer Herkunft involviert waren und für die im Nachhinein auch religiös begründete Segregationstendenzen verantwortlich gemacht wurden (Home Office 2001b) oder die islamistisch motivierten Terroranschläge vom September 2001 und vom Juli 2005. Insbesondere die zunehmende Wahrnehmung islamistischer Terrorakte als Bedrohung der weltweiten Sicherheit hat zu einem „Nebeneinander unterschiedlicher Akzente" (Schön-wälder 2007, 257) geführt. Hierbei wird ethnische Pluralität zwar weiterhin als Bereiche-rung des Landes angesehen, daneben wird aber deutlicher die Forderung nach einer Integra-tion der muslimischen MigrantInnen in die britische Gesellschaft betont und vermeintlich desintegratives Verhalten kritisiert.

> „Muslim communities, in particular, are currently subject to unprecedent levels of interven-tion and regulation by the British State. In the face of new local-global crisis, there has been a deepening of the ,moral panic' about those allegedly ,in' but not ,of' the West" (McLoughlin 2005b, 57).

Anders als in Deutschland und Frankreich wurde im Vereinigten Königreich bislang keine spezifische Islampolitik entwickelt (s. o. 75). Im Rahmen der neueren Strategien zur Stär-kung der *Community Cohesion* sowie im Rahmen von Programmen zur inneren Sicherheit (Home Office 2005a) werden aber muslimische Akteure gezielt als Partner der meist kom-munalen Regierung(en) einbezogen.

4.2.3   Frankreich: Zwischen Freiheit, Brüderlichkeit und sozialer Ungleichheit

4.2.3.1   Integrationskonzepte im Wandel – ein Überblick

Frankreich gilt als Zuwanderungsland. Es erlebte immer wieder starke Migrationswellen, deren Höhepunkt die Jahrzehnte des wirtschaftlichen Aufschwungs nach 1950 darstellten. Der französische Integrationsmodus war und ist kontinuierlich geprägt vom Prinzip einer von „ethnischen, regionalen, sprachlichen oder religiösen Unterschieden unabhängigen" (Belhadj 2004, 34) politischen Einheit der unteilbaren Republik und der Integration des Individuums in diese Einheit. Auch wenn dieser Integrationsmodus – so abstrakt er ist –

relativ stabil war, können verschiedene Epochen von sich wandelnden Integrationskonzepten ausgemacht werden.

Während vor dem Beginn der Gastarbeiter-Anwerbung Integration vor allem als Assimilation verstanden wurde (Belhadj 2004, 36), wurde sie bis in die 1960er und 1970er Jahre hinein, ähnlich wie in Deutschland, durch die allseitige Erwartung einer Rückkehr der Gastarbeiter zeitweise überhaupt nicht mehr angestrebt;[251] die Rede ist auch hier von einer „Laissez-faire-Politik" (Sackmann 2004, 98). Das änderte sich unter dem Vorzeichen einer sich entwickelnden Bleibeabsicht der Gastarbeiter und im Gefolge der Unabhängigkeit des ehemaligen französischen *Département* Algerien im Jahr 1962, als Forderungen nach Akzeptanz von ethnischer und kultureller Differenz bei gleichzeitiger Schwerpunktsetzung auf aktive gesellschaftliche Beteiligung laut wurden (Belhadj 2004, 36). Das Recht auf Verschiedenheit wurde zunächst im Zuge erster Dezentralisierungsreformen[252] proklamiert und bald auch auf Migrantengruppen, insbesondere die große Gruppe nordafrikanischer EinwanderInnen bezogen. Parallel zu diesen Entwicklungen, bereits in den späten 1970er Jahren mit der Präsidentschaft Giscard d'Estaing und, spätestens mit dem Erstarken der *Front National* in den 1980ern, nahm der politische Einfluss von rechten Kräften zu. Damit wurde eine populistische Debatte über den Einfluss islamischer und nordafrikanischer Kultur initiiert (Favell 2001, 53), in deren Verlauf ein Bild von einem kulturell authentischen Frankreich und schwer assimilierbaren nordafrikanischen MigrantInnen gezeichnet wurde. Gegen diese rechte Linie formierten sich auf der einen Seite Proteste von links, so etwa studentische Proteste um die Gruppe „SOS Racisme" herum (Favell 2001, 54), auf der anderen Seite wurden Stimmen von Intellektuellen und auch Teilen der politischen Eliten laut, die für eine Rückbesinnung auf die republikanischen Prinzipien Frankreichs – *Citoyenneté, laïcité* und *égalité* – plädierten (Favell 2001, 58). Vor diesem Hintergrund hat sich eine Integrationspolitik in Frankreich entwickelt, aus der 1987 die *Commission de la Nationalité* hervorging und zwei Jahre später der bis heute fortbestehende *Haut Conseil à l'Intégration* (Sackmann 2004, 180f.). Aufgrund der Konflikte der 1980er Jahre und der Entwicklungen nach der Unabhängigkeit Algeriens wurde die Idee eines republikanischen Universalismus als Gegenkonzept zu anderen europäischen Integrationsmodellen, insbesondere zum britischen (Bertossi 2007b, 10) und deutschen, wiederbelebt. In dieser Zeit wurden die Weichen gestellt für einen ‚neu erfundenen' Republikanismus, der das Konzept der *Citoyenneté* in einer normativen Weise in den Mittelpunkt stellte und als Integrationsstrategie erneuerte (Wihtol de Wenden 2004, 108).

In den 1990er Jahren wurde diese Integrationsphilosophie weitergeführt und schlug sich 1993 kurzzeitig in einer neuen Rechtsprechung zur Einbürgerung von Ausländer nieder, einem reformierte *Code de la nationalité* (Favell 2001, 156ff.).[253] Diese Reform, die bereits 1998 von der sozialistischen Regierung in Teilen durch eine erneute Reform wieder

---

251 Die frühe staatliche Ausländer- bzw. Immigrationspolitik wurde deshalb u. a. von kulturellen Fördermaßnahmen geprägt, die vorwiegend das Ziel hatten, die Bindung der MigrantInnen an ihre Heimatländer aufrechtzuerhalten und eine Rückkehr wahrscheinlicher zu machen (von Krosigk 2000, 163ff.; Sackmann 2004, 108, 178). Von Integrationsmaßnahmen kann deshalb kaum die Rede sein.
252 Zu Beginn der 1980er Jahre wurden unter dem damaligen Präsidenten François Mitterand Dezentralisierungsreformen gestartet, die jedoch nicht zu einer Föderalisierung Frankreichs führten, sondern auf der politisch-administrativen Ebene griffen, ohne Gesetzgebungs- und Regierungskompetenzen an die regionalen und lokalen Verwaltungseinheiten abzugeben (Laubenthal 2007, 52).
253 Loi n°93-933 du 22 juillet 1993 réformant le droit de la nationalité, NOR: JUSX9300479L.

aufgehoben wurde (Feldblum 1999, 147ff.), verlangte, statt einer automatischen Vergabe der Staatsangehörigkeit an in Frankreich geborene Kinder von Zugewanderten, eine öffentliche Willenserklärung, „um den Charakter der Nation als Willensgemeinschaft hervorzuheben" (Bizeul 2004, 151). Zusammen mit strengeren Auflagen für ZuwanderInnen, verschärften Kontrollen an den Grenzen und einer Erschwerung der Familienzusammenführung bewegte sich die Reform von 1993 zwischen einer Proklamierung des autonomen Subjekts, welches als französischer Staatbürger volle Integration erlangen konnte und dem Ausschluss all jener Personen und Gruppen, die entweder nicht die französische Staatsbürgerschaft besaßen oder sie zwar besaßen, sich aber nicht als Franzosen anerkannt fühlten (Favell 2001, 154; Belhadj 2004, 40f.). Letzteres ging auch mit sozialer Ungleichheit, tatsächlicher Ausgrenzung oder gefühlter Diskriminierung einher (Belhadj 2004, 44).

Die französische Integrationspolitik zeigte sich ambivalent. Während Integration erstmals öffentlich breit thematisiert wurde, wurden die territorialen Grenzen undurchlässiger; während einerseits ein Modell der Öffnung gegenüber kulturellem Pluralismus proklamiert wurde, stieg andererseits die symbolische Bedeutung der einheitlichen französischen Nation. Die Wirkung von letzterer war davon abhängig, dass sich die EinwanderInnen tatsächlich mit der Nation identifizierten, was durch das neue Erstarken der Rechten um den Vorsitzenden der *Front National*, Jean-Marie Le Pen, erschwert wurde. Die realen Probleme, die etwa durch den Hungerstreik von ‚illegalen' EinwanderInnen oder durch die voranschreitenden Segregationstendenzen von EinwanderInnen in den *Banlieues*, durch wachsenden Islamismus und nicht zuletzt durch die emotionale Diskussion um das Kopftuch von Schülerinnen ans Licht gebracht wurden, konnten die integrationspolitischen Ansätze der 1990er Jahre nicht lösen (Favell 2001, 173).

Nach der Jahrtausendwende war der prägende Integrationsmodus weiterhin die Eingliederung des Individuums durch das republikanische Prinzip. Die Voraussetzungen, die an gelingende Integration gestellt wurden, wurden aber vom Staat aktiver formuliert; der Erfolg sollte systematischer durch den Staat kontrolliert werden. Bereits im Jahr 1999 wurde, beinahe ohne mediales Echo, eine Empfangsplattform für NeuzuwanderInnen, *Plate-forme d'acceuil,* eingerichtet (Michalowski 2007, 132f.). Große öffentliche Resonanz erfuhr dann der „Contract d'acceuil et d'intégration"[254], den seit 2003 eine Zuwanderin oder ein Zuwanderer mit dem Staat abschließen muss. In diesem Vertrag bekennt sie oder er sich unter anderem zur Achtung der französischen Lebensweise und zur Übernahme der „republikanischen Werte" (Bizeul 2004, 152) und verpflichtet sich zu einer Teilnahme an einem Integrationsprogramm, dessen Bestandteile Französischkurse und Kurse über staatsbürgerliche Rechte und Pflichten sind (Bizeul 2004, 152). Im Gegenzug bietet der Staat seine Hilfe bei der sozialen Eingliederung der MigrantInnen an. Mit der Schaffung des *Ministère de l'Immigration, de l'Intégration, de l'Identité nationale et du Développement solidaire* im Jahr 2007 werden die Integrationsstrategien administrativ-strukturell, vor allem aber auch symbolisch gebündelt und mit dem Staatsangehörigkeitskonzept verbunden. Auch diese Entwicklung ist begleitet von einem restriktiveren Vorgehen gegenüber NeuzuwanderInnen und sogenannten *Sans papiers*. Parallel wurden im Anschluss an die Verabschiedung des Gesetzes gegen Diskriminierung[255] aufgrund des Aussehens, der Herkunft und des Nachnamens im Jahr 2001 erstmals Antidiskriminierungsprogramme entworfen.

---

254 [Empfangs- und Integrationsvertrag]
255 Loi n°2001-1066 du 16 novembre 2001 relative à la lutte contre les discriminations.

Diese wurden auch speziell auf ZuwanderInnen zugeschnitten (Sackmann 2004, 107; Castel 2006, 791) und sollten seit 2004 mit Hilfe der HALDE zentral umgesetzt werden.

4.2.3.2   Integration als verfassungsrechtlich gebotener Staatsauftrag?

Rechtliche Aspekte des staatlichen Integrationsauftrags – Menschenrechte und die republikanische Verfassung

Die verfassungsrechtlichen Grundlagen für eine Integration von ZuwanderInnen in Frankreich sind geprägt von der *Déclaration des droits de l'homme et du citoyen de 1789*, die der bis heute gültigen Verfassung von 1958 vorangestellt ist, sowie von Artikel 1 dieser Verfassung, der die Gleichheit vor dem Gesetz aller *Citoyens* unabhängig von der Herkunft, der Rasse oder der Religion bekräftigt. Die nationale Einheit wird als Volkssouveränität verstanden, der Staat stellt die *Volonté générale* des Volkes dar, das Prinzip des Staates ist „gouvernement du peuple, par le peuple et pour le peuple"[256] (Verfassung von 1958, Art. 2 Satz 5). Das Individuum ist (symbolisch) unmittelbar Teilhaber an der staatlichen Souveränität, allerdings nur, sofern es dem *Peuple* zugehört. Integration bedarf gemäß der französischen Vorstellung also zumindest der Zielidee einer politischen Teilnahme, die an Staatsbürgerschaft (*Citoyenneté*) gekoppelt ist. Die politische Teilhabe ist deshalb auch unmittelbares Ziel französischer Integrationspolitik. Sie ist im Gegensatz zum britischen System zwar nicht ohne Naturalisierung erreichbar, die Hürden für eine Naturalisierung sind hingegen niedriger als in Deutschland.

Staatsbürgerschaftliche Aspekte des staatlichen Integrationsauftrags und politische Integration

Das Konzept der *Citoyenneté* (s. u. 172) hat für die republikanische Verfassung Frankreichs eine besondere Bedeutung, beinhaltet es doch ein universales „Inklusionsgebot" (Mackert/Müller 2000, 17), welches sich auf alle Bürger als freie und gleiche Staatsbürger bezieht. Der abstrakte universelle Integrationsmodus der Republik gibt der Frage nach dem Erlangen der französischen Staatsbürgerschaft eine besondere Bedeutung. Diese herausragende Bedeutung impliziert jedoch auch einen Mechanismus sozialer Schließung (Brubaker 2000) gegenüber all denjenigen, die den Status eines *Citoyen* noch nicht erworben oder auf ihn verzichtet haben.

Das französische Staatsbürgerschaftsrecht basiert zwar in Teilen auf dem *ius sanguinis* Prinzip, enthält aber seit Ende des 19. Jahrhunderts viele Elemente des *ius soli* (Brubaker 2000, 81 und 86ff.). Dadurch ist die Einbürgerung von in Frankreich geborenen Kindern nicht-französischer Eltern in der Regel unproblematisch, was dem Staatsziel einer raschen politischen Inklusion entspricht.

---

256   [Regierung des Volkes, durch das Volk und für das Volk]

„Die Universalität der republikanischen Werte soll gleichermaßen jedem Individuum ungeachtet seiner kulturellen Zugehörigkeiten und Herkunft nach dem Erwerb der Nationalität den
vollen Zugang zu den Bürgerrechten und -pflichten eröffnen" (Belhadj 2004, 35).

Die starken *ius soli*-Elemente des Staatsbürgerschaftsrechts wurden zwar immer wieder
kontrovers diskutiert, konnten sich aber bislang behaupten, auch wenn sie an einigen Stellen modifiziert wurden. So wurde mit dem Gesetz von 1998[257] das Moment der Freiwilligkeit hinsichtlich der Entscheidung auf Übernahme der Staatsbürgerschaft durch in
Frankreich geborene Jugendliche betont. Seitdem existiert die Möglichkeit, die Staatsbürgerschaft im Gespräch mit einem Staatsanwalt vor dem 18. Lebensjahr zu beantragen
oder sie nach dem 18. Lebensjahr abzulehnen; wer diese Möglichkeiten nicht wahrnimmt,
wird automatisch eingebürgert (Weil 2007, 88). Insgesamt stellt sich das französische
Staatsbürgerschaftsrecht als relativ offen und wenig restriktiv dar: Die doppelte Staatsangehörigkeit ist in Frankreich möglich, die Einbürgerung durch Eheschließung – sogar von
im Ausland wohnenden Paaren – ist trotz einer gewissen Erschwerung in den Jahren 2003
und 2006 noch relativ leicht und die Beibehaltung der französischen Staatsbürgerschaft bei
Wegzug oder Auswanderung aus Frankreich ist unproblematisch (Weil 2007, 91).

Der republikanische Integrationsmodus bleibt allerdings ein Ideal, welches in der
Realität nicht damit einhergeht, dass kulturelle Differenzen, gerade wenn sie (eingebürgerte) EinwanderInnen im Gegenüber zu Abstammungsfranzosen auszeichnen, für die
Partizipationschancen in den verschiedenen gesellschaftlichen Teilbereichen keine Rolle
spielten. Staatsbürgerschaft generiert erfolgreiche Integrationsleistungen nicht aus sich
heraus. Reale Ungleichheiten werden allein durch das Staatsbürger-Label (Mackert/Müller
2000, 28) nicht beseitigt, partikulare Lebensformen fordern auch in universal konzipierten
Gesellschaftsmodellen ihre Existenzberechtigung ein und alltägliche oder strukturelle
Diskriminierung verläuft auch in Frankreich häufig entlang kultureller (aber auch religiöser
oder ethnischer) Unterscheidungslinien (Wieviorka 2004, 4) jenseits der Frage nach der
Staatsbürgerschaft.

Soziale Aspekte des staatlichen Integrationsauftrags

Auch Frankreich versteht sich als Sozialstaat. Während in der Erklärung der Menschen-
rechte die Vermeidung sozialer Ungleichheiten noch im Rahmen einer Freiheitsterminolo-
gie gedacht war[258] (Auer 2005, 159), wird sie heute als Aufgabe des Staates verstanden.
Die bis heute gültige Präambel zur Verfassung von 1946 garantiert unter anderem ein
Bündel an wirtschaftlichen und sozialen Rechten, zu denen – als Prinzipien formuliert – das
Recht auf Asyl, auf Arbeit, auf Streik, der Schutz des Individuums und der Familie und das
Recht auf eine menschenwürdige Existenz zählen, wobei diese Rechte Jedermannsrechte
sind, die unabhängig von dem Besitz der französischen Staatsbürgerschaft gewährt werden
(Davy 2001a, 474). Auch wenn Staatsbürgerschaft, verstanden als „soziales und kulturelles

---

257 Loi n°98-170 du 16 mars 1998 relative à la nationalité.
258 „Les distinctions sociales ne peuvent être fondées que sur l'utilité commune" [Gesellschaftliche
     Unterschiede dürfen nur im allgemeinen Nutzen begründet sein] (Déclaration des Droits de l'Homme et du
     citoyen de 1789 Art. 1 Satz 2).

Faktum" (Brubaker 2000, 75), einen weitreichenden Einfluss auf Prozesse sozialer Klassenbildung (Lockwood 2000; Sackmann 2004, 104) haben kann, ist der Staat auch jenseits der reinen Bemühung um politische Integration schon aufgrund des Menschenwürdeprinzips auf seinen sozial begründeten Integrationsauftrag verwiesen. Das bedeutet, dass der Staat an der Herstellung von Verhältnissen mitwirken muss, die auch ZuwanderInnen, ob mit oder ohne Staatsbürgerstatus, Prinzipien wie ein würdiges Leben und freie Berufswahl ermöglichen. Auch hier stellt sich empirisch die Frage, inwieweit die Zuwanderungssituation selbst die Bedingungen für soziale Sicherung beeinträchtigt. Insbesondere die in Frankreich ausgeprägte sozialräumliche Segregation von ZuwanderInnen und deren Nachkommen in den sozialen Brennpunkten der Vorstädte, verbunden mit den Folgen einer weit reichenden und sich auch auf die soziale Existenzsicherung etwa durch den faktischen Ausschluss vom Erwerbsleben nachteilig auswirkenden Stigmatisierung[259] stellen Herausforderungen für die Erfüllung des sozialstaatlichen Auftrags dar (Wieviorka 2004, 4).[260]

Kulturelle Aspekte des staatlichen Integrationsauftrags

Die französische Verfassung legt, ebenso wenig wie das Grundgesetz, einheitliche kulturelle Inhalte zugrunde. Anders als in Deutschland und in manchen anderen europäischen Ländern wird mit der Entscheidung gegen einen Gottesbezug in der Verfassung auch jeglicher mögliche Bezug zu einer religiös oder gar christlich geprägten vorrechtlichen Ordnung vermieden. In Frankreich sind die Menschenrechte verfassungsrechtliche Grundlage, aus der heraus eine Erwartung gegenüber Individuen, bestimmte kulturelle Werte anzuerkennen oder gar zu verinnerlichen, abgewiesen werden muss.

Das französische Integrationskonzept vermeidet offiziell[261] jeden Bezug zu einer kulturelle Integration und stellt stattdessen die Zielidee der politischen Partizipation freier und gleicher Staatsbürger in den Vordergrund. Eine Leitkultur, die auch bestimmte kulturelle Inhalte zum Gegenstand hat, ist in Frankreich keine denkbare Forderung im Kontext von Integration. Hingegen wird ein Bekenntnis der EinwanderInnen zur französischen Rechtsordnung, die häufig auch als *Werte*ordnung und *universelle Kultur*[262] verstanden wird, durchaus als zentrale Voraussetzung für gelingende Integration verstanden. Zu dieser uni-

259   Insbesondere junge, in Frankreich geborene Menschen mit maghrebinischem Hintergrund sind von hoher Arbeitslosigkeit betroffen (Castel 2006, 793).
260   Auf der anderen Seite wird gerade für Frankreich immer wieder darauf hingewiesen, dass im Laufe der verstärkten Arbeitsmigration aufgrund der Anwerbung bis in die 1970er Jahre hinein die soziale Situation selbst auch integrationsfördernd wirkte, insofern sich die MigrantInnen durch Engagement im Rahmen von gewerkschaftlichen und politischen Bewegungen z. B. für bessere Arbeitsbedingungen organisiert haben: „Durch die sozialen Auseinandersetzungen kam es zur Eingliederung zugewanderter Arbeiter in das soziale und politische Leben. Diese beteiligten sich aktiv an den von den Gewerkschaften organisierten Streiks" (Wieviorka 2004, 3).
261   Ein Blick in die letzten Jahrzehnte zeigt jedoch, dass die französische Integrationspolitik nicht vollständig unempfänglich für Kriterien kultureller Zugehörigkeiten war, wurden doch immer wieder, wenn auch indirekt, z. B. vermittelt über die Städtepolitik, kulturelle, ethnische oder religiöse Merkmale durchaus als Kriterien für die Zielgruppe bestimmter Programme herangezogen (s. u. 171f.)
262   So schreibt Sarkozy in seiner Autobiographie: „Franzose zu sein wird wieder heißen, Liebe zu Frankreich, seinen ewigen Werten, seinem außergewöhnlichen Schicksal und seiner universellen Kultur zu empfinden" (Sarkozy 2007b, 279).

versellen Kultur gehören neben der Laizität (Bizeul 2004, 158) die Menschenrechte, aber auch eine moralisch gewendete Verpflichtung zur politischen Beteiligung (Bizeul 2004, 162) und zur Identifikation mit dem französischen Gemeinwesen, was die Eingliederung in einen „normativ vorgegebenen Rahmen" sowie den Verzicht auf einen Anspruch auf kulturelle oder religiöse Partikularismen im öffentlichen Raum einschließt (Amir-Moazami 2007, 140). Eine mögliche quasi-religiöse Überhöhung der Laizität und Stilisierung derselben zum Wert der Republik kann, ähnlich wie die Verordnung einer Leitkultur in Deutschland in Bezug auf die freiheitliche Verfassung beider Staaten als bedenklich eingestuft werden (Häußler 2004, 14; s. o. 155). So schließt das im Vergleich zu Deutschland weit rigorosere ‚Kopftuchverbot' auch für Schülerinnen an öffentlichen Schulen, wie es Frankreich im Jahr 2004 verabschiedet hat, zwar auch ‚ostentative' christliche Bekundungen aus, es erhebt aber, so die Kritik daran (s. u. 140 Anm. 215), die Laizität zur Universalkultur, der sich kaum jemand entziehen kann.

4.2.3.3   Der Umgang mit Minderheiten

Die Vorstellung einer unmittelbaren Beziehung zwischen Individuum und Staat und die Trennung zwischen dem nationalen öffentlichen Raum und dem privaten Bereich prägen den französischen Umgang mit Minderheiten. Die französische Innenpolitik kann als Paradebeispiel für eine Politik gelten, die sich, geleitet von einer republikanischen Tradition und dem Prinzip der „Staatsbürger-Nation" (Loch 1996, 179), zumindest offiziell und programmatisch gegen jegliche multikulturalistischen Ansätze verwehrt. Bereits fehlt die statistische und begriffliche Grundlage für multikulturalistische Politik, da der Zensus nur unterscheidet zwischen Franzosen und Nicht-Franzosen, hingegen keine religiösen (Hunter/Remy 2002, 6) oder ethnischen Kriterien einbezieht. Eine systematische Programmatik der *Affirmative Action*[263] existiert nicht (Bizeul 2004, 153).

Trotz dieser prinzipiellen Unterbindung von Minderheitenpolitik und Minderheitenrechten in Frankreich kam es faktisch zu kollektivem Engagement von Minderheiten, welches implizit vom Staat anerkannt wurde. Bereits im Jahr 1958 sollte durch die Gründung des *Fonds d'Action Sociale pour les travailleurs musulmans d'Algérie en Métropole et pour leurs familles*[264] (FAS) das politische Engagement der eingewanderten Algerier überwacht werden, aber auch innenpolitische Konflikte zwischen ‚Ursprungsfranzosen' und den automatisch eingebürgerten algerischen Franzosen geschlichtet werden (Sturm-Martin 2001, 288f.). Der FAS wurde bald auf alle Zuwanderergruppen ausgedehnt, dezentralisiert und in seinem Tätigkeitsbereich erweitert (Sackmann 2004, 179f.). Die ersten nachdrücklichen Forderungen der MaghrebinerInnen nach Anerkennung spezifischer religiöser und kultureller Bedürfnisse lassen sich auf die 1970er datieren, als etwa die Errichtung von Gebetsräumen gewünscht wurde. In den 1980er Jahren verlangten lokale Anti-Rassismus und Anti-Diskriminierungsbewegungen nach öffentlichem Gehör und in einer dritten Entwicklungslinie bildeten sich in den 1990er Jahren zunehmend laizistisch-islamische

---

263 *Affirmative Action* bezeichnet die Bemühungen einer Organisation, tatsächliche Gleichheit zwischen verschiedenen Personen herzustellen, wobei faktischen Benachteiligungen auch durch gezielte Bevorzugungen betroffener Personen begegnet werden soll (Tomasson et al. 1996, 11).

264 [Sozialfonds für muslimische Arbeiter aus Algerien in Frankreich und für ihre Familien]

Jugendgruppen heraus. Der Staat reagierte auf diese Bewegungen teilweise mit spezifischen Maßnahmen für die eingewanderten Gruppen. Seit Beginn der 1980er Jahre setzt er zunehmend auf eine integrative Städtepolitik (Sackmann 2004, 179; Castel 2006, 784), die zwar offiziell keine minderheitengerechten Maßstäbe verfolgte, sondern sozialpolitische, faktisch aber durch die lokalen Schwerpunktsetzung auf die Gebiete mit überwiegend maghrebinischer Bevölkerung sowie durch implizite Berücksichtigung der Herkunft durchaus ethnisch-kulturelle Kollektive anerkannte (Loch 1994, 158). Dieser Trend setzte sich in den späten 1990ern fort:

> „Ohne es offen auszusprechen, führte die Regierung ab 1998 eine Art positive Diskriminierung zugunsten der islamisch geprägten Gruppen durch die bevorzugte Rekrutierung für die staatlich subventionierten Jobs für Jugendliche (emplois-jeunes) ein – in der Hoffnung, sie über den öffentlichen Sektor in einem zweiten Schritt in den Arbeitsmarkt integrieren zu können" (Leveau 2003, 18).

Seit wenigen Jahren werden auch offiziell unter dem Schlagwort ‚Förderung der Diversität' („promotion de la diversité") Personen mit Migrationshintergrund gefördert, wie etwa die Gründung der Nationalen Agentur für sozialen Zusammenhalt und Chancengleichheit (*Agence Nationale pour la Cohésion Sociale et l'Égalité des Chances*, l'ACSÉ) im Jahr 2006 anzeigt. Auch eine im Jahr 2004 eingeführte systematische Antidiskriminierungspolitik bezieht sich direkt auf die Vermeidung von Benachteiligungen aufgrund der Herkunft, Kultur und Religion. Hinter dem staatlichen Versuch, in bestimmten Fällen auf die Stärkung von Gruppenidentitäten zu setzen, verbirgt sich auch ein pragmatisches Interesse, potentiellen gewalttätigen Konflikten präventiv zu begegnen und staatliche Kontrolle zurückzugewinnen – nicht zuletzt, um die Prinzipien der Staatsbürger-Nation zu sichern (Loch 1996, 191).

4.2.3.4 Nationale integrationspolitische Diskursmuster

Das republikanische Integrationsmodell basiert auf der Integration des Individuums, welches als Staatsbürger Anteil an der nationalen Souveränität nimmt. In seiner Funktion als Staatsbürger kann sich das Individuum in einem gemeinsamen öffentlichen Raum, in dem ethnische, kulturelle oder religiöse Unterschiede nicht relevant sind, frei bewegen. In seiner Funktion als Privatperson hingegen kann er eine beliebige Religion ausüben oder sich einer beliebigen ethnischen oder kulturellen Organisationsform anschließen (Bizeul 2004, 174). Mit dem Konzept der französischen *Citoyenneté* ist ein zentraler Integrationsmodus verbunden, der auch auf die staatliche Integrationspolitik gegenüber ZuwandererInnen Einfluss hat. *Citoyenneté* meint in Anbetracht der historischen Entwicklung mehr als nur die Tatsache der formalen Mitgliedschaft in einem Staat und deren rechtlicher Implikationen. Sie stellt vielmehr „eine philosophisch-politische Idee dar und verkörpert einen angesehenen sozialen Status" (Wihtol de Wenden 2004, 106). In diesem weiten Verständnis, welches über die Bedeutung der Staatsbürgerschaft hinausgeht, impliziert *Citoyenneté* ein „Gefühl der Zugehörigkeit bzw. Affiliation zu einer politischen Gemeinschaft" (Faist 2004, 83). In einem engeren Verständnis impliziert das Konzept bestimmte politische Rechte, später die Rechtsgleichheit aller Staatsbürger und kommt so dem Konzept der Staatsangehörigkeit sehr nahe. Die französische *Citoyenneté* bleibt aber in jedem Fall „eine juristische und politische Abstraktion" (Bizeul 2004, 150). Anders als Staatsangehörigkeit, die in der Regel qua Geburt zugeschrieben wird, muss *Citoyenneté* – sofern sie ein Gefühl der Zugehörigkeit und aktiven Teilnahme voraussetzt – erworben werden (Withol de Wenden 2004, 108). Hierfür wird die französische Sprache als unabdingbare Voraussetzung angesehen; als zentrale Integrationsinstanz, die staatsbürgerliche Werte vermittelt, gilt die Schule (Belhadj 2004, 38), lange Zeit war auch die Armee von Bedeutung (Bizeul 2004, 163). Die Integrationskraft der Schule wird jedoch gerade in den letzten Jahrzehnten immer wieder als brüchig bewertet, insbesondere weil es ihr nicht zu gelingen scheint, soziale Ungleichheiten, die häufig Kinder aus Migrantenfamilien treffen, zu verringern und Diskriminierungen auch aufgrund ethnischer Unterschiede vorzubeugen (ebd.).

4.2.3.5 Konsequenzen für die Integration der Muslime

Die Rede von der Integration von Muslimen aus einer politisch orientierten Perspektive heraus ist speziell in Frankreich nicht unproblematisch. Weder ist im französischen Integrationskonzept offiziell eine Bezugnahme auf die Kategorie der Religionszugehörigkeit denkbar, noch existieren entsprechende statistische Erhebungen, die eine solche Bezugnahme in einer systematischen Form überhaupt ermöglichen würden (Hunter/Remy 2002, 6). Das Prinzip der Gleichheit meint auch eine Gleichheit ohne Ansehen der Religion. „Respektlos wäre (…) anzunehmen, die französischen Muslime unterscheiden sich von den anderen Bürgern" (Sarkozy 2007, 119), formuliert Nicolas Sarkozy diesen Grundsatz. Jedoch nehmen Muslime im französischen Integrationsdiskurs durchaus eine Sonderstellung ein. Hierbei lassen sich verschiedene Ebenen herausstellen, die anhand der oben entwickelten Kriterien, den rechtlichen, politischen respektive staatsbürgerlichen, sozialen und kulturellen Aspekten von Integrationspolitik verdeutlicht werden können.

Die zivilen und/oder bürgerlichen Individualrechte sind formell völlig unabhängig von der Religionszugehörigkeit. Hingegen wirken sich faktisch gerade die grundlegenden religionsrechtlichen Rahmenbedingungen (s. o. 131ff.) und, damit verbunden, spezifische Rechtsentscheidungen oder Gesetzeserlasse durchaus stärker auf praktizierende Muslime aus als auf andere Gruppen. Das ist vor allem dadurch bedingt, dass die Religionsausübung von Muslimen in mancher Hinsicht in den öffentlichen Raum hineinragt, was wiederum von der Mehrheit häufig als Integrationsdefizit wahrgenommen wird. Dies betrifft zum Beispiel die Kopftuchdiskussion bei Schülerinnen, die zu einem Verbot geführt hat, welches vor allem Muslime tangiert (Sackmann 2004, 183).[265]

Aufgrund der kolonialen Vergangenheit Frankreichs in Algerien und besonderer bilateraler Verträge mit Marokko und Tunesien während der Zeit der Arbeitskräfteanwerbung sind ein Großteil der französischen Immigranten und deren Nachkommen Muslime (Schwab 1997, 24ff.). Gerade die Algerier haben durch den Status Algeriens als französisches *Département* bis 1962 vielfach die Möglichkeit gehabt, die französische Staatsbürgerschaft anzunehmen, vor allem deren Nachkommen sind dieser Option vermehrt ge-

---

265 Es betrifft aber auch bestimmte Forderungen von Muslimen, etwa nach dem Bau von Moscheen oder der Umnutzung von Gebäuden für religiöse Zwecke, nach der Freistellung von der Arbeit für Gebete oder muslimische Feiertage, nach der Befreiung von muslimischen Mädchen vom ko-edukativen Sport- und Schwimmunterricht etc.

folgt. Von insgesamt etwa vier Millionen Muslimen in Frankreich sind heute etwa drei Millionen französische Staatsbürger (Open Society Institute 2002, 74). Mit der weitgehenden Erfüllung der formalen Bedingungen des zentralen französischen Integrationsmodus ist jedoch noch nicht garantiert, dass auch die Idee der französischen *Citoyenneté* durchgehend realisiert wird (s. o. 153 und 172). So werden gerade auch eingebürgerte Nachkommen von EinwanderInnen aus dem Maghreb im Unterschied etwa zu spanisch- oder italienischstämmigen Französinnen und Franzosen noch heute oft als nicht-französisch wahrgenommen (Open Society Institute 2002, 76f.). Diese anhaltende Diskriminierung erschwert eine umfassende gesellschaftliche Teilhabe: „Les discriminations (…) sont la marque de ce déficit de citoyenneté"[266] (Castel 2006, 808).

Insbesondere strukturelle oder soziale Disparitäten unter anderem im Bereich der Schulbildung, des Arbeits- und Wohnungsmarkts sind in vielen Teilen Frankreichs ausgeprägt. Solche Disparitäten, begleitet von einer Kriminalisierung betroffener Gruppen und einer zunehmenden Ghettoisierung im Zuge der Ausschreitungen in den *Banlieues,* können die gefühlte oder tatsächliche Diskriminierung und Ausgrenzung aus der französischen Gesellschaft bedingen und verstärken. Diese sozialstrukturellen Disparitäten stehen häufig in Zusammenhang mit einem „facteur ethno-racial" (Castel 2006, 789), der durch die muslimische Religionszugehörigkeit eines Großteils der Betroffenen, zum Teil aber auch durch Re-Islamisierungstendenzen (Hunter/Remy 2002, 18f.; Hervieu-Léger 2003, 27; Castel 2006, 797) um eine religiöse Komponente erweitert wird. Die soziale Desintegration verläuft also offensichtlich entlang ethnisch-kulturell-religiöser Linien (Samers 2003, 361).

Hinzu kommt, dass in Frankreich ohnehin mehr oder weniger ausgeprägte Vorbehalte gegenüber dem Islam vorherrschen, die sich vor allem seit Beginn der Kopftuchaffäre 1989 herausgebildet haben.[267] Die Spannungen zwischen französischen Muslimen und der Mehrheitsbevölkerung oder dem Staat stehen aber auch im Zusammenhang mit der jungen Kolonialvergangenheit Frankreichs und wurden unter anderem durch ein Wiederaufleben der sogenannten Algerien-Frage[268] verstärkt. Die muslimische Religion wird zudem häufig als Gegensatz zur französischen Gesellschaft wahrgenommen (Sackmann 2004, 181; s. o. 142) und mit Fundamentalismus gleichgesetzt (House 1996, 231). Diese Tendenz verbindet sich mit einem als „Wertekonflikt" (von Krosigk 2000, 113) empfundenen Spannungsverhältnis zwischen der laizistischen Republik und dem Islam. Die vordergründigen Widersprüche zwischen Laizität und Islam führten jedoch keineswegs dazu, dass die französische Politik das ‚Problem' der Integration des Islam ignoriert hätte. Im Gegenteil wird bereits im Laufe der 1990er Jahre eine explizite Islampolitik betrieben, mit der eine „Gallikani-

---

266 [Die Diskriminierungen sind Zeichen dieses Defizits der Citoyenneté]
267 In einer Umfrage, die die französische Tageszeitung Le Monde im Jahr 1989 durchgeführt hat, sprachen sich 38% der Befragten gegen Moscheen aus, 46% gegen Minarette und 86% gegen den Muezzinruf, 63% gegen islamische Privatschulen und 54% gegen muslimische Anstaltsgeistliche (von Krosigk 2000, 86).
268 Die Algerien-Frage bezeichnet „die Frage, wie die Kolonialherrschaft Frankreichs [in Algerien; C. B.] zu bewerten ist und welche Auswirkungen sie immer noch in Algerien hat" (Klinker 2010, 104). Nachdem bei einem Anschlag in Algier im August 1994 fünf Franzosen getötet wurden und der französische Staat daraufhin die Abschiebung von Dutzenden Mitgliedern der Front Islamique du Salut (FIS) veranlasst hatte, ohne dass deren Schuld am Anschlag bewiesen war, kam es zu innenpolitischen Spannungen in Frankreich. Diese wurden angetrieben von der Empörung vieler Algerierinnen und Algerier und algerischstämmiger Französinnen und Franzosen, die sich durch die Gefangennahme von fast hundert Algeriern in Frankreich, durch eine Intensivierung polizeilicher Kontrollen besonders von NordafrikanerInnen und durch die vorausgegangene Verschärfung der Zuwanderungsbedingungen für AusländerInnen noch verstärkte.

sierung" und „Französisierung" (von Krosigk 2000, 153f.) des Islam oder auch eine „Strukturierung und Domestizierung des Islam" (Pesch 2008, 153) und damit die Schaffung eines spezifischen französischen Islam intendiert wird (s. o. 142ff.).

4.2.4 Vergleich der institutionellen Grundlagen für Integration

Beim Vergleich der institutionellen Grundlagen für Integration und Integrationspolitik in Deutschland, Frankreich und dem Vereinigten Königreich sollen Unterschiede und Parallelen herausgestellt werden. Dabei wird der Blick auch auf die Implikationen gerichtet, die staatliche Integrationskonzepte und -paradigmen für muslimische Minderheiten haben.

4.2.4.1 Integrationskonzepte

Die Ähnlichkeiten im Hinblick auf strukturell-demographisch bedingte Parallelen der neueren Migrationsentwicklung in den drei Nationalstaaten, die von den Bemühungen um die Anwerbung von Gastarbeitern in den 1950er Jahren, deren relativ abruptem Ende in den 1970er Jahren und nachfolgenden Familienzusammenführungen markiert werden, haben die prinzipiellen Unterschiede der integrationspolitischen Paradigmen nur wenig überlagern können. Weder ist der Zeitpunkt für den Beginn einer systematischen Integrationspolitik ähnlich,[269] noch haben sich die zugrunde liegenden Prinzipien angeglichen. Das französische und britische, jeweils durch die Kolonialgeschichte geprägte, weitgehend unangezweifelte Selbstverständnis als Einwanderungsland wird in Deutschland erst um die Jahrtausendwende eingeholt. Die britische ‚Integrationsphilosophie' unterscheidet sich aber auch in einer sehr grundsätzlichen Weise von der französischen, was auch dem jeweils unterschiedlichen Verständnis von der Rolle des Staates und dessen Verhältnis zum Bürger geschuldet ist sowie dem divergierenden Konzept von Staatsbürgerschaft.[270] Ein in die Zeit nach der Jahrtausendwende zu datierender *Wandel* des Gesamtkonzepts der staatlichen Integrationsförderung hingegen verbindet alle drei Nationalstaaten. Auch im Hinblick auf konkrete Integrationsmaßnahmen gibt es einige Parallelen: So wird etwa ein starker Fokus gesetzt auf die Verbesserung der Sprachbeherrschung der ZuwandererInnen. Auch die Einführung von Integrationskursen und -tests im Rahmen der Erstintegration (Deutschland, Frankreich) und/oder als Voraussetzung für Einbürgerung (Deutschland, Vereinigtes Königreich) ist den Integrationskonzepten der drei Staaten gemeinsam.

---

269 Für das Vereinigte Königreich kann der Beginn einer Integrationspolitik auf die späten 1960er Jahre datiert werden (Koenig 2003, 164; s. o. 160), für Frankreich auf das Ende der 1980er Jahre (s. o. 166) und für Deutschland erst auf die Jahrtausendwende (s. o. 151).

270 Dabei erscheint es für das Ergebnis nachrangig, ob die jeweilige Integrationspolitik Folge von „historisch gewachsene[n] Codes nationaler Identität" (Koenig 2003, 32) oder auf die „ideologische Konstruktion nationaler ‚Modelle' zurückzuführen" (Koenig 2003, 33) ist. Denn natürlich hat sich auch die Konstruktion nationaler Modelle in einem historischen Prozess entwickelt und ist nationale Identität ebenfalls eine ideologische Konstruktion. Beide Aspekte zu trennen, erscheint deshalb wenig plausibel.

4.2.4.2   (Verfassungs-)rechtliche Voraussetzungen für den staatlichen Integrationsauftrag

Die Unterschiede der nationalen Integrationsparadigmen haben auch einen Grund in der jeweiligen rechtlichen und verfassungsrechtlichen Wirklichkeit. Während das deutsche Grundgesetz den staatlichen Integrationsauftrag durch die verfassungsrechtlich gebotene Herstellung von Chancengleichheit und das Demokratieprinzip sichert, begrenzt es ihn gleichzeitig, indem es die Adressaten der Integrationsbemühungen durch das Menschenwürdeprinzip und das Grundrecht auf Entfaltungsfreiheit vor staatlicher Bevormundung schützt. Diese hohe grundrechtliche Priorität kennt das britische Rechtssystem nicht. Dagegen herrscht hier eine weniger systematische Rechtsgrundlage für einen staatlichen Integrationsauftrag, die sich in enger Anlehnung an parlamentarische Leitlinien und in pragmatischer Weise der jeweiligen Politik anzupassen vermag. Die eher liberalen Staatsbürgerschaftsregelungen und das davon teilweise entkoppelte, relativ leicht zugängliche Wahlrecht erhöhen einerseits die Möglichkeit, Integration über politische Teilhabe zu realisieren, führen aber andererseits dazu, dass der Staatsbürgerschaftsstatus kein markanter Prüfstein für einen Integrationserfolg darstellt. Umgekehrt ist der Fall in Frankreich, wo Wahlrecht eng an Staatsbürgerschaft gebunden ist und – gemäß der hohen Priorität der politischen Partizipation – die Erlangung der Staatsangehörigkeit zur *Voraussetzung* für Integration wird. Die in der französischen Verfassung verbürgte Gleichheit aller Bürger äußert sich erst seit wenigen Jahren auch in Maßnahmen zur Chancengleichheit, die der vorhandenen *Diversité* gerecht zu werden suchen.

4.2.4.3   Der Umgang mit Minderheiten

Auch bei der Frage des Umgangs mit Minderheiten unterscheiden sich die drei Staaten deutlich: Nach französischem Selbstverständnis ist der Minderheiten-Begriff nicht von Relevanz, da er als nicht vereinbar mit der Republik gleicher und freier Bürger und deren direkten, unvermittelten Beziehung zum Staat betrachtet wird. Gerade die Distanz zum britischen ‚Kommunitarismus' wird von französischer Seite häufig hervorgehoben (Bertossi 2007b, 57). Zwar verfolgt auch das Vereinigte Königreich keinen rechtlich konsistent umgesetzten Multikulturalismus, hingegen werden partikulare Gruppenidentitäten nicht als Hindernis für gesamtgesellschaftliche Integration betrachtet, sondern als wünschenswerte und förderungswürdige Bestandteile der britischen Gesellschaft. Bestimmte rechtliche Konstrukte wie etwa die *Race Relations Policy* tragen dem ebenso Rechnung wie eine entsprechende politische Rhetorik. Deutschland nimmt auch hier eine Zwischenposition ein, indem zwar alteingesessene, nationale Minderheiten offiziell anerkannt werden, nicht jedoch Minderheiten, die sich im Zusammenhang mit der jüngeren Migrationsentwicklung herausgebildet haben. Das ausschließlich negativ besetzte Schlagwort ‚Parallelgesellschaft' illustriert die distanzierte Haltung gegenüber kulturellen Kollektiven.

4.2.4.4   Nationale integrationspolitische Diskursmuster

Während im französischen Integrationsdiskurs kulturalistischen Zugängen und einer Anerkennung partikularer Identitäten ablehnend gegenübergetreten wird und Integration nach einem republikanischen Verständnis konzipiert wird, wird im deutschen Diskurs eine auch kulturell bestimmte, gemeinsame Integrationsbasis favorisiert. Das äußert sich im regelmäßigen Versuch, eine deutsche Leitkultur oder vergleichbares zu proklamieren. Während im deutschen Integrationsdiskurs die Kultur (über-)betont wird, kann im französischen Integrationsdiskurs kritisch eine „Überhöhung der substantiellen Volkssouveränität" (Bizeul 2004, 171) festgestellt werden, mit der die „Überhöhung der integrationsfördernden Rolle des Staates" (Bizeul 2004, 174) einhergeht. Die britische Politik orientiert sich dagegen am Leitbild eines kulturellen Pluralismus oder Multikulturalismus, gerade indem sie kulturellen Partikularitäten Geltung verschafft, Integration auch als Schutz vor Diskriminierung konzipiert und hierfür bis zu einem gewissen Grad bereit ist, hinreichend homogenen Gruppen Sonderrechte einzuräumen. Seit der Jahrtausendwende wird Integration vorwiegend als Maßnahme zur Herstellung eines gemeinschaftlichen oder gesellschaftlichen Zusammenhalts (*Community Cohesion*) entworfen, der sich kleinräumlich realisieren soll, was die starke kommunale Komponente britischer Integrationsarbeit erklärt. In allen drei Staaten hingegen wird relativ kontinuierlich ein Schwerpunkt auf die Integration in die Bildungseinrichtungen und in den Arbeitsmarkt gesetzt, nachdem seit den 1970er Jahren deutlich wurde, dass die sozioökonomische Distanz zwischen ausgewiesenen Migrantengruppen und der Mehrheitsbevölkerung beträchtlich ist.

4.2.4.5 Konsequenzen nationaler Integrationsmodi für die Integration der Muslime

In den drei Staaten richten sich Integrationsmaßnahmen im Allgemeinen nicht speziell an Muslime mit Migrationshintergrund. Allerdings wird vor dem Hintergrund der weltweiten terroristischen Bedrohung sowie verschiedener gesellschaftlicher Konflikte das Thema ‚Integration' regelmäßig auf Muslime bezogen. Daraus ist in den letzten Jahren eine in allen drei Staaten auf unterschiedliche Weise ausgestaltete Integrationspolitik erwachsen, die einen besonderen Schwerpunkt auf den Dialog mit Muslimen legt. Der republikanische Integrationsmodus, gepaart mit der französischen *laïcité*, trägt mit dazu bei, dass nur mit Vorsicht ein Zusammenhang zwischen Religionsausübung und gelingender oder misslingender gesellschaftlicher Integration hergestellt wird. Hingegen hat die Regierung mit Nachdruck daran gearbeitet, ein Repräsentativorgan des Islam herauszubilden, um ihn so verortbar, aber auch kontrollierbar zu machen. Im Rahmen des deutschen kulturalistisch geprägten Integrationsmodus wurde der Islam frühzeitig als kulturell fremd und damit als besondere Herausforderung für gelingende Integration betrachtet. Seit der Konzeption einer bundesdeutschen Islampolitik im Jahr 2006 wurde dem Dialog zwischen Staat und Islam besondere Aufmerksamkeit geschenkt, woraus Chancen für spezifisch muslimische Forderungen entstanden sind. Zwar hat sich im Vereinigten Königreich keine vergleichbar zentral gesteuerte Islampolitik entwickelt, jedoch intensiviert der Staat auch hier in verschiedenen Bereichen den Dialog mit Muslimen.

5 Politikformulierungen: Religion und Integration

Dieses Kapitel hat die Aufgabe, die Vorgehensweise der Dokumentenanalyse einschließlich der Kategorienbildung und Dokumentenauswahl begründend darzulegen. Darauf folgt die zusammenfassende typisierende Strukturierung anhand der beiden Forschungsfragen [F1 und F2] für jeden Nationalstaat sowie nationalstaatenvergleichend.

5.1 Vorgehensweise der Dokumentenanalyse

Die Dokumentenanalyse kommt ohne Datenerhebung aus. Umso entscheidender sind bei dieser Methode die Auswahl des geeigneten Materials sowie deren qualitative Interpretation. Für die Analyse wurden zunächst als geeignet erscheinende Dokumente bestimmt und gesammelt, deren Aussagekraft zunächst nach formalen und inhaltlichen Kriterien, anhand der Rahmenbedingungen der Textproduktion (Prior 2003, 26) und anhand der Entstehungssituation beurteilt (Mayring 2000, 3) und gegebenenfalls für die weitere Analyse ausgewählt. Der Sammlung der einschlägigen Dokumente, die zu späteren Zeitpunkten wiederholt ergänzt wurde, folgte die Bildung sinnvoller Kategorien, die „in einem Wechselverhältnis zwischen der Theorie (der Fragestellung) und dem konkreten Material entwickelt, durch Konstruktions- und Zuordnungsregeln definiert und während der Analyse überarbeitet und *rücküberprüft*" (Mayring 2007, 53; vgl. auch Mayring 2007, 82ff.) wurden. Das so gebildete Kategoriensystem wurde an das Material herangetragen.

Der folgende Interpretationsvorgang stützte sich auf drei Grundformen des Interpretierens: das Zusammenfassen, die Explikation (enge und weite Kontextanalyse) und die Strukturierung (formale, inhaltliche, typisierende oder skalierende Strukturierung). Bei der Zusammenfassung wird je nach angestrebtem Abstraktionsniveau der Text schrittweise immer stärker reduziert und auf generalisierte Kategorien abstrahiert (Mayring 2007, 59ff.). Die Explikation hat umgekehrt das Ziel, erläuterungsbedürftige Textstellen durch zusätzliches Material zu klären (Mayring 2007, 77ff.). Bei der Strukturierung schließlich geht es darum, „bestimmte Aspekte aus dem Material herauszufiltern, unter vorher festgelegten Ordnungskriterien einen Querschnitt durch das Material zu legen oder das Material aufgrund bestimmter Kriterien einzuschätzen" (Mayring 2007, 58). Im Rahmen der strukturierenden Inhaltsanalyse bot sich für meine Untersuchung insbesondere die inhaltliche Strukturierung an, bei der bestimmte Themen hervorgehoben und zusammengefasst werden, sowie die typisierende Strukturierung, bei der besonders markante Ausprägungen aus dem Material herausgefiltert werden. Ersteres führt zu einer Kompression und Zusammenfassung des Materials unter der theoriegeleiteten Bezugnahme auf bestimmte Themen, Inhalte und Aspekte. Letzteres birgt zwar das Risiko von Verzerrungen und Verallgemeinerungen, weist aber durch die Herausbildung von Prototypen, durch den starken Theoriebezug und den geringeren Aufwand entscheidende Vorteile auf. Gerade da der Dokumentenanalyse in der vorliegenden Untersuchung eine ausgeprägte theoretische und empirisch-komparative

Vorarbeit vorausgeht, das Forschungsinteresse sich auf vorher festgelegte, klar be-
stimmbare Analyseaspekte richtet und das Material sehr umfangreich und teilweise ausführlich ist, erscheint eine typisierende Strukturierung angemessen.

Der Interpretationsvorgang erfolgte in mehreren Schritten. Zunächst wurden die einzelnen Dokumente mit Hilfe der Kategorien durchgearbeitet. Dann wurden für die einzelnen Kategorien relevante Textstellen (Ausprägungen der Kategorien) zusammengefasst
und/oder typisiert herausgeschrieben und nach Dokumenten und Nationalstaaten geordnet
zusammengefügt. Dadurch entstand für jedes einzelne Dokument eine zusammenfassende
und typisierende Strukturierung. Sodann wurden alle Ausprägungen jeweils einer Kategorie
für einen Nationalstaat gebündelt. Die dadurch entstandenen Zwischenergebnisse wurden in
mehreren Schritten mittels zusammenfassender und typologisierender Strukturierungen
weiter verdichtet, in Einzelfällen auch mittels Explikation präzisiert. Daran schloss sich das
Unterfangen an, kategorienübergreifende Ergebnisse für jeweils einen Nationalstaat zu erhalten. Daraufhin wurden die Zwischenergebnisse für die drei Nationalstaaten verglichen,
um die typischen Merkmale jedes Nationalstaates noch deutlicher herausarbeiten zu können. Die daraus gewonnenen Einsichten wurden verschriftlicht.

5.2 Kategorien

Die Kategorien, die bei der Dokumentenanalyse angewandt werden, lassen sich gemäß der
doppelten Forschungsfrage ([F1] und [F2]) in zwei Blöcke aufteilen: Im *ersten* Kategorienblock geht es um die Rolle, die Religion und Religionsgemeinschaften im Rahmen staatlicher Politik und deren Integrationsauftrag zukommt. Im *zweiten* Kategorienblock geht es
um das Verhältnis der Nationalstaaten untereinander und dessen Bewertung in Rahmen
eines hypothetisch angenommenen Spannungsfelds zwischen nationalen Pfadabhängigkeiten und Konvergenzen der Nationalstaaten. Die Kategorien werden jeweils so formuliert, dass sie für den Ebenenwechsel von der Ebene der Handlungsorientierung auf die
Ebene der Handlungskoordination operationlisierbar bleiben – es wird also angenommen,
dass sich in den Dokumenten nicht nur individuelles, sondern auch staatliches Handeln aus-
drückt.

Für den *ersten* Kategorienblock wird zunächst in einer grundlegenden Absicht und um
die Vergleichbarkeit zwischen den einzelnen Dokumenten zu verbessern, den beiden
Blöcken eine Analyse des jeweiligen Integrations- und Religionsbegriffs eines Textes vorangestellt. Es wird danach gefragt, (1a) was Integration ist, (2a) was Integration braucht
(Voraussetzungen), (3a) wem oder was Integration dient und (4a) wie Integration gewährleistet wird (Mittel). Analog wird gefragt, (5a) was Religion ist, (6a) was Religion braucht
und (7a) wem oder was Religion dient. Sodann wird die Schnittmenge zwischen Integration
und Religion eruiert. Dabei interessiert, (8a) ob und inwiefern Religion als nützlich oder
schädlich für die Integration von MigrantInnen erachtet wird und (9a) ob und inwiefern
Religionsgemeinschaften von Seiten der staatlichen Politik ein Einsatz für Integration
zugetraut wird. In Anlehnung an die Instrumentalisierungshypothese [H1b] wird geprüft,
(10a) inwiefern Religionspolitik derart konzipiert wird, dass Religion und Religionsgemeinschaften bei der Integration von MigrantInnen unterstützend wirken und (11a) ob und
inwiefern Integrationspolitik so konzipiert wird, dass sie auch Religion und religiöse Themen explizit einschließt. In den zwei folgenden Kategorien wird, in Anlehnung an die

Anerkennungshypothese [H1a], geprüft, (12a) inwieweit die politischen Strategien in Bezug auf Religion und in Bezug auf Integration die Rolle von Religionsgemeinschaften in der Zivilgesellschaft zu stärken versuchen und (13a) inwieweit sie die rechtliche Gleichstellung und/oder Institutionalisierung wenig etablierter Religionsgemeinschaften fördern. Auf einer weiteren Ebene interessiert, (14a) ob und inwiefern staatspolitische Strategien zum Umgang mit Religion und (15a) staatspolitische Integrationsstrategien so entworfen werden, dass sie der inneren Sicherheit dienen. Die beiden letztgenannten Kategorien dienen auch der Kontrolle, welchen Stellenwert sicherheitspolitische Aspekte im Rahmen von religionspolitischen Strategien einnehmen. So lässt sich der Zusammenhang zwischen Religion, Integration und Sicherheit genauer abschätzen.

Im Rahmen des *zweiten* Kategorienblocks[271] wurden als Kriterien an den Text herangetragen, inwiefern staatspolitische Strategien zum Umgang mit Religion (1b) auf verfassungsrechtliche Dimensionen, (2b) auf das Verhältnis von Kirche und Staat und (3b) auf Rechte für religiöse Minderheiten als grundlegende religionsrechtliche Rahmenbedingungen des jeweiligen Nationalstaats zurückgreifen. In institutionenanalytischer Absicht und um die Voraussetzungen dafür zu schaffen, dass Pfadabhängigkeiten oder Konvergenzen der Innenpolitik der drei Staaten untersucht werden können, wurde geprüft, inwiefern Integrationspolitik und/oder Innenpolitik auf (4b) (verfassungs-)rechtliche Grundlagen für Integration, (5b) auf nationale integrationspolitische Diskursmuster oder (6b) auf den nationalen Umgang mit Minderheiten zurückgreifen. Außerdem wurde abgefragt, (7b) ob im Dokument ein aneignender oder aber abgrenzender Vergleich zu anderen Nationalstaaten hergestellt wird und gegebenenfalls welche Intention einem solchen zugrunde liegt. Abschließend wurde als Metakategorie[272] überprüft, (8b) wo sich kategorienübergreifend Ähn-

---

271 Konvergenzen lassen sich nur relational in einer zweifachen Hinsicht messen. Es sind immer mindestens zwei Länder und mindestens zwei Zeitpunkte nötig, zwischen denen Konvergenzen gemessen werden. In der Politikwissenschaft werden üblicherweise Messwerte verwendet, mit denen sich statistische Operationen durchführen lassen, etwa Wachstumsraten oder Staatseinnahmen (Holzinger et al. 2007b, 17ff.). In der vorliegenden Untersuchung kann ich weder auf zwei abgesteckte Zeitpunkte zurückgreifen, zwischen denen ich mögliche Konvergenzen messe, noch auf statistisch verwertbare Messwerte. Mein Vorgehen ist vielmehr qualitativ-typologisch, indem ich die Inhalte von vergleichbaren Dokumenten mittels einer typologisierenden Strukturierung anhand bestimmter theoretisch hergeleiteter Kriterien auswerte. Anstelle von zwei Messzeitpunkten wähle ich eine Zeitspanne von mehreren Jahren (2000-2009), die ich im Block analysiere. Indem ich Dokumenteninhalte und nicht Zahlen qualitativ auswerte, kann ich Kontinuitäten, Veränderungen, Brüche zu vorhergehender Politik und intendierte oder unintendierte Parallelen zu anderen nationalstaatlichen Politiken aus den Dokumenten direkt eruieren, ohne auf zwei Messzeitpunkte angewiesen zu sein. Das ist der Grund dafür, dass ich die Kategorien für den zweiten Hypothesenblock zunächst daraufhin untersuche, ob in den Dokumenten jeweils auf institutionelle Dimensionen Bezug genommen wird oder nicht und ob explizite Vergleiche zu anderen Staaten vorgenommen werden. Diese Werte sind als Vorarbeiten zu einer Konvergenzprüfung zu verstehen, die dann erst im Vergleich vorgenommen werden kann. Die sogenannte Metakategorie (s. u. 181 Anm. 272) wird dieser Arbeit vorgreifen.

272 Ich spreche von Metakategorie, da sich deren Ausprägungen, anders als die Ausprägungen der anderen Kategorien, nicht aus den einzelnen Dokumenten ableiten lassen, sondern sich erst beim Vergleich der drei Nationalstaaten ergeben. Die Auswertung der Metakategorie wurde operationalisiert, indem die kategorialen Ausprägungen zuerst für jedes einzelne Dokument kategorienübergreifend und dann dokumentenübergreifend für jeden einzelnen Nationalstaat zusammengefasst wurden. Die so komprimierten Merkmale wurden in einem letzten Schritt nationalstaatenvergleichend aufgearbeitet. Im Unterschied zu dem für die Einzelkategorien angewandten Verfahren mit ihrer zuerst horizontalen Auflösung entlang der einzelnen Kategorien, wird die Metakategorie zuerst vertikal – also kategorienübergreifend – aufgelöst.

lichkeiten und Unterschiede der Religions- und Integrationspolitik im Nationalstaatenvergleich ausmachen lassen.

5.3 Dokumentenauswahl

Das Ziel der Dokumentenauswahl ist es, eine ausreichend große Anzahl an schriftlich fixierten, thematisch einschlägigen, öffentlich zugänglichen Äußerungen von Akteuren und Akteursgruppen, die in staatspolitische Kontexte eingebunden sind, zu identifizieren. Bei der Auswahl der Dokumente wurde eine Erhebung[273] all derjenigen Dokumente angestrebt, die bestimmten formalen und inhaltlichen Kriterien genügen und für die Thematik relevant sind. Zur Auswahl der Dokumente wurden mehrere Rechercheschritte durchgeführt und verschiedene Recherchearten kombiniert: Zunächst wurden Publikationslisten solcher politischer Einrichtungen systematisch überprüft, die einen expliziten Bezug zu integrations- und religionspolitischen Strategien haben. Sodann wurden im Zuge der Rekonstruktion der aktuellen Entwicklungen der Religions- und Integrationspolitik, sowohl systematisch als auch nach dem Schneeballprinzip vorgehend, alle inhaltlich im weitesten Sinne relevanten Texte ausgewiesen. Zusätzlich wurden über einen Zeitraum von mehreren Jahren *Alerts*[274] abonniert, um Material aus dem online-Medienbereich mit einschlägigen Schlüsselbegriffen einsehen zu können. Des Weiteren wurden breite und über mehrere Jahre anhaltende Internetrecherchen durchgeführt. Diese Suchschritte haben zu einer Zwischenauswahl von relevanten Dokumenten geführt, die dann einer engeren Auswahl anhand der nachfolgend beschriebenen Bedingungen unterzogen wurden:

Inhaltlich müssen die Dokumente, die für die Inhaltsanalyse in Frage kommen, die Interferenz von Religions- und Integrationspolitik thematisieren. Hierfür kann es natürlich nicht genügen, dass beide Begriffe wiederholt in den Dokumenten vorkommen, sondern sie müssen in einer relevanten Relation zueinander stehen, etwa indem die Texte konkrete Aussagen dazu treffen, inwiefern integrationspolitische Strategien auf den Faktor der Religion oder Religionszugehörigkeit eingehen oder inwiefern religionspolitische Strategien den Faktor Integration tangieren. Die Auswahl der Dokumente ist weiterhin durch bestimmte *formale* Kriterien bedingt bezogen auf den Zeitpunkt der Textproduktion sowie die Verfasser- und Adressatenseite. In diesem Sinne müssen die ausgewählten Dokumente *eines* der folgenden Merkmale aufweisen: Es muss sich handeln um

a.   Dokumente, die von staatlichen Institutionen herausgegeben werden (Regierungen, Regierungsfraktionen oder Ministerien auf zentraler, föderaler und lokaler Ebene, Beauftragte der Regierung oder Hohe Räte, staatliche Behörden);

---

273   Der Anspruch auf eine Vollerhebung ist in der qualitativen Sozialforschung eher unüblich (Schnell 2005, 269). Aufgrund der überschaubaren Datenlage, der Aktualität des Themas und der Beschränkung auf bestimmte Dokumentarten ist eine repräsentative Stichprobe im statistischen Sinn aber nicht möglich und nicht sinnvoll.

274   Bei einem Alert handelt es sich um ein kommerzielles oder kostenloses Angebot einer Datenbank oder Suchmaschine, bei dem der Alert-Besteller täglich automatisiert per E-Mail über alle neuen im Internet veröffentlichten Webseiten, Zeitungen, Radio- und Videobeiträge, aber auch Blogs zu einem festgelegten Abfragekriterium informiert wird. Ich habe die Suche auf englisch-, deutsch- und französischsprachige Schlagwörter begrenzt und den kostenlosen Alert-Dienst von Google in Anspruch genommen.

b. Reden oder Interviews seitens PolitikerInnen, die eine Funktion in einer Regierung in-
    nehaben oder hatten und sich in dieser Funktion im besagten Dokument äußern;
c. Berichte, die von Beratungsgremien, Kommissionen, Komitees oder Arbeitsgruppen
    unmittelbar im Auftrag einer Regierung herausgegeben wurden.

Zudem wird als Bedingung an die Textauswahl gestellt, dass die Dokumente für die Öffentlichkeit oder neben anderen Adressaten *auch* für die Öffentlichkeit bestimmt sind und
zwischen den Jahren 2000 und 2009 herausgegeben worden sind. Der Beginn des Zeit-
raums wurde erst im Verlauf der Dokumentenauswahl festgelegt und zwar abhängig davon,
welche inhaltlich relevanten Dokumente sinnvollerweise in die Analyse einbezogen werden
sollten. Aus forschungspragmatischen Gründen endet der Zeitraum im Jahr 2009. Spätere
Dokumente wurden nicht im Analyseteil, sondern allenfalls ergänzend und separat ausgewiesen im Ergebnisteil berücksichtigt.

Sowohl beim Auswahlprozess anhand der inhaltlichen wie anhand der formalen
Kriterien ist klar, dass es sich bisweilen um eine Gratwanderung handelt.[275] Bei Grenzfällen
haben intuitive und forschungspragmatische Gründe den Ausschlag für die Auswahlent-
scheidung gegeben, die somit immer auch subjektiv ist.[276] Die von den genannten formalen
und inhaltlichen Kriterien geleitete Auswahl der Dokumente ergab eine Gesamtheit von 48
Dokumenten, die sich ungleich auf die drei Nationalstaaten verteilten: 15 wurden für
Deutschland, 12 für Frankreich und 21 für das Vereinigte Königreich ausgewählt. Die Adressaten sind entweder die Öffentlichkeit in einer unspezifischen (etwa bei Regierungser-
klärungen) oder spezifischen Form (etwa bei Tageszeitungen) und auf unterschiedlichen
Ebenen (kommunale, regionale oder nationale Öffentlichkeiten) sowie je nach Dokument
zusätzlich Behörden, Fachkräfte, Religionsgemeinschaften, andere nichtstaatliche Vereinigungen, die politische Opposition oder TeilnehmerInnen von Konferenzen. Der Zeitpunkt
der Textherausgabe liegt frühestens im Jahr 2000 und jüngstens im Jahr 2009. Zwei Drittel
der Dokumente verteilen sich auf die Jahre 2005 bis 2008 (Übersicht zur Verteilung s. u.
289ff., Anhang). Die insgesamt 48 Dokumente weisen eine Gesamtseitenanzahl[277] von
2482 in die Analyse einbezogenen Seiten auf, was eine durchschnittliche Seitenzahl von
knapp 52 Seiten je Dokument ergibt. Bis auf ein Dokument, welches als gedrucktes Buch
erschienen ist (Sarkozy 2004/2008b), liegen oder lagen alle Dokumente in elektronischer
Form vor, meist ist oder war zudem eine gedruckte Ausgabe beziehbar.

Es handelt sich bei den Dokumenten um relativ heterogenes Material, sowohl im
Hinblick auf die Textsorten, die Urheber der Texte, die Adressaten, den Zeitpunkt der He-
rausgabe sowie den Umfang der Texte. Die Textsorten reichen von Reden von regierenden

---

275 Im Grenzfall musste entschieden werden, ob ein Dokument (noch) inhaltlich relevant ist und ob die Heraus-
     geberInnen oder AutorInnen den genannten formalen Kriterien voll genügen.
276 Darüber hinaus kann nicht ausgeschlossen werden, dass trotz der Gründlichkeit der Recherche und der
     Kombination verschiedener Recherchemethoden, einzelne Dokumente, die inhaltlich und formal von Rele-
     vanz wären, nicht beachtet wurden, etwa aufgrund von Recherchefehlern oder auch, weil die entsprechenden
     Dokumente nicht (mehr) ausreichend zentral im Netz platziert sind.
277 Die Seitenanzahl kann nur als ungefährer Richtwert gelten, da die Formatierung der verschiedenen Doku-
     mente keinesfalls einheitlich ist. Auch weisen manche Dokumente umfangreiche Abbildungen, Anhänge
     oder Register auf, die für die eigentliche Analyse i. d. R. keine Relevanz haben. Html-Seiten wurden für die
     Berechnung der Gesamtseitenzahl und die Einzelnachweise von Seitenzahlen stets in pdf-Dokumente
     umgewandelt. Die Seitenzahlen ermitteln sich bei pdf-Versionen anhand aller vorhandener Seiten einschließ-
     lich ggf. Titelseite, Index-Seiten o. ä.

PolitikerInnen sowie Interviews mit solchen über Leitfäden und vertragliche Vereinbarungen von Städten und Behörden, Gesetzesanalysen von Ministerien oder regierungs-
nahen Stellen, Berichten von Beratungsgremien, Kommissionen, Komitees und Arbeitsgruppen im Auftrag der Regierung oder staatlicher Institutionen bis hin zu Dokumenten,
die direkt von lokalen wie nationalen Regierungen herausgegeben wurden (beispielsweise
Anhörungen im Rahmen von Gesetzgebungsverfahren, Weißbücher, Strategiepapiere, Posi-
tionspapiere oder Fortschrittsberichte). Es fällt auf, dass, insgesamt betrachtet, die Gruppe
(a) Regierungsdokumente mit 42% am stärksten vertreten ist, gefolgt von der Gruppe (c)
Kommissionberichte mit 31% und der Gruppe (b) Reden und Interviews mit PolitikerInnen
in Regierungsfunktionen mit 27%. Gleichzeitig verteilen sich die Dokumentsorten unterschiedlich in den jeweiligen Ländern. Für Deutschland überwiegen Dokumente aus der
Gruppe (b) mit 53%, gefolgt von Dokumenten aus der Gruppe (a) mit 27%. Schlusslicht
bilden Dokumente aus der Gruppe (c) mit 20%. Für Frankreich überwiegen Kommissions-
berichte, die 42% des Gesamtanteils ausmachen; danach rangieren Dokumente aus Gruppe
(a) mit 27% und aus Gruppe (b) mit 20%. Für das Vereinigte Königreich liegen
überwiegend Dokumente aus Gruppe (a) vor, nämlich 72% der ausgewählten Dokumente
wurden von Regierungsinstitutionen herausgegeben, darauf folgen Dokumente aus Gruppe
(c) mit 33% und nur ein Dokument aus der Gruppe (b) wurde einbezogen, das entspricht
5% der Gesamtheit der britischen Dokumente. Diese Differenzen verweisen auf die unterschiedliche Bedeutung, die die Thematik in den drei Ländern aufweist, aber auch auf die
verschiedenen Regierungssysteme und Administrationsformen. Während im Vereinigten
Königreich die Thematik insbesondere für die lokalen Regierungen durchaus Priorität hat,
wird sie in Deutschland eher von einigen Schlüsselpersonen vorangetrieben, in Frankreich
finden vergleichbare Auseinandersetzungen verstärkt auf Kommissionsebene statt.

Die ausgewählten Dokumente stellen nur in einigen Fällen Ergebnisse oder Evaluatio-
nen von politischen Prozessen dar; meist handelt es sich vielmehr um Schriftstücke, die im
Verfahren selbst produziert wurden. Daraus erklärt sich auch, dass häufig nur ein bestimmter Anteil der beispielsweise durch Kommissionen entwickelten Vorschläge tatsächlich
umgesetzt wird.[278] Diese Dokumente dessen ungeachtet einzubeziehen, erscheint deshalb
gerechtfertigt, da es nicht das Ziel der Untersuchung ist, politische Entscheidungen nachzu-
zeichnen, sondern die Entscheidungsprozesse selbst zu betrachten.

5.3.1 Dokumentenauswahl für Deutschland

Für die Analyse der deutschen Politik wurden 15 Dokumente ausgewertet:

- zwei von Städten herausgegebene Vereinbarungen oder Erklärungen zur Integrationsförderung (Stadt Wiesbaden 2007; Stadt Marburg 2008);
- eine Rede der ehemaligen Integrationsbeauftragten Rita Süssmuth (Süssmuth 2008);

---

278 So wurde etwa von den 26 Vorschlägen der *Commission de réflexion sur l'application du principe de laïcité
     dans la République* (Commission Stasi 2003) im Laufe der folgenden zwei Jahre lediglich ein Vorschlag
     umgesetzt, nämlich derjenige, der das Tragen ostentativer Symbole in der Schule betrifft (Willaime 2005,
     351).

- die Regierungserklärung zum Thema ‚Deutsche Islam Konferenz' von Bundesinnenminister Wolfgang Schäuble (Schäuble 2006), zwei Interviews mit Schäuble, davon eines abgedruckt in der Süddeutschen Zeitung (SZ) (Schäuble/SZ 2006) und eines in der Frankfurter Allgemeinen Zeitung (FAZ) (Schäuble/FAZ 2008) sowie eine Rede und ein Eingangsstatement desselben auf zwei Konferenzen (Schäuble 2007a; Schäuble 2007b);
- der Bericht der Unabhängigen Kommission ‚Zuwanderung', „Zuwanderung gestalten, Integration fördern", der bereits aus dem Jahr 2001 stammt (Unabhängige Kommission ‚Zuwanderung' 2001) und ein Positionspapier der CDU/CSU-Bundestagsfraktion mit dem Titel „Identität und Weltoffenheit sichern – Integration fordern und fördern" zum Nationalen Integrationsplan (CDU/CSU 2007);
- zwei Schriften der vormaligen Integrationsbeauftragten der Bundesregierung, Marieluise Beck, darunter die Dokumentation einer Tagung „Religion – Migration – Integration in Wissenschaft, Politik und Gesellschaft" (Integrationsbeauftragte 2004) sowie die Dokumentation der Fachtagung „Islam einbürgern – Auf dem Weg zur Anerkennung muslimischer Vertretungen in Deutschland" (Integrationsbeauftragte 2005);
- ein Leitfaden der Polizeilichen Kriminalprävention der Länder und des Bundes sowie der Bundeszentrale für politische Bildung (bpb) wurde in die Analyse aufgenommen, in dem es um die Förderung der Zusammenarbeit zwischen Polizei und Moscheevereinen geht (Polizei/bpb 2005);
- die Antwort der Bundesregierung auf eine Große Anfrage von Abgeordneten der Grünen-Fraktion zum Thema der rechtlichen Gleichstellung des Islam (Bundesregierung 2007a);
- der Bericht einer vom Land Nordrhein-Westfalen berufenen Zukunftskommission zum Thema „Integration und Lebensqualität – Wie wir morgen leben werden" (Zukunftskommission NRW 2009).

Die für Deutschland ausgewählten Dokumente unterscheiden sich in formaler Hinsicht geringfügig; die Darlegungsformen und der jeweilige Textumfang ähneln sich weitgehend. Die Presseinterviews waren in den entsprechenden Zeitungen abgedruckt und dort sowie auf der Homepage des Bundesministeriums des Innern auch zeitweise online zugänglich. Auch alle anderen Dokumente sind oder waren im Internet zugänglich. Die Texte und Textausschnitte, die ausgewählt wurden, weisen eine Gesamtseitenanzahl von 256 Seiten auf, was einer durchschnittlichen Seitenzahl von 17 Seiten pro analysiertes Dokument entspricht. Sie lassen sich datieren auf Zeitpunkte zwischen den Jahren 2001 und 2009, wobei der Median im Jahr 2007 liegt, als mittlerer Herausgabezeitpunkt ergibt sich das Jahr 2006. Adressat der ausgewählten Texte ist in beinahe allen Fällen zum einen die deutsche, in einem Fall auch die französische Öffentlichkeit, zum anderen aber auch unterschiedliche Personen und Gruppen, wie KonferenzteilnehmerInnen, ZeitungsleserInnen, Regierungen oder Oppositionen. Bei einem Dokument handelt es sich um einen Leitfaden, der zur Aus- und Weiterbildung der Polizei im Umgang mit Muslimen gedacht ist, der aber auch im Rahmen einer Fachkonferenz vorgestellt wurde und der Öffentlichkeit im Internet zugänglich ist.

Die inhaltlichen Unterscheidungen hängen ab von den Adressaten, aber auch vom Urheber der Texte. Während es sich bei den Dokumenten der Stadt Wiesbaden und der Stadt Marburg um Vereinbarungen mit einem vertragsähnlichen Charakter handelt, welche

Pflichten und Rechte der beiden Vertragsparteien nach sich ziehen und sich auf zukünftiges Zusammenleben beziehen, erörtert der Leitfaden der Sicherheitsbehörden einseitig Handlungs- und Verhaltensempfehlungen für PolizistInnen, stellt aber auch Chancen der Zusammenarbeit mit Moscheegemeinden heraus. Dagegen wiederum stellen die Reden und Interviews der (Regierungs-) PolitikerInnen zumeist Meinungen und Positionierungen zu bestimmten Themen dar, die oft mit Rechtfertigungen für persönliche Entscheidungen, zum Teil auch für vergangenes, gegenwärtiges oder zukünftiges staatliches Handeln einhergehen. Die Regierungserklärung und das Positionspapier der Bundestagsfraktion leiten staatspolitische Strategien ein, geben Vorgehensweisen vor und benennen Gründe sowie Ziele politischen Handelns. Die Kommissionspapiere stammen von unabhängigen, aber von Regierungen (Bund, Land, Stadt) berufenen Kommissionen. Sie knüpfen deshalb eng an thematische Schwerpunkte der Auftraggeber an, nehmen aber typischerweise auch kritische Positionen zu staatlichen Entscheiungen ein und setzen Impulse, die für zukünftiges staatliches Handeln richtungsweisend sein sollen. Von ihrem Anspruch her versuchen die Kommissionspapiere häufig auch wissenschaftlichen Kriterien gerecht zu werden. Die Veröffentlichungen der Integrationsbeauftragten markieren direkt die politische Linie der Regierung bezüglich Integrationsfragen, weisen bisherige Erfolge aus und beschreiben zukunftsrelevante politische Vorhaben.

5.3.2 Dokumentenauswahl für Frankreich

Der Analyse für Frankreich liegen 12 Dokumente zugrunde:

- Der Bericht der Commission de réflexion sur l'application du principe de laïcité dans la République (Commission Stasi 2003) ;
- der Informationsbericht über die Frage des Tragens religiöser Symbole in der Schule, herausgegeben im Auftrag der Nationalversammlung im Jahr 2003 (Debré 2003);
- vier Reden und Beiträge von führenden Politikern: eine Rede des früheren Präsideten Jacques Chirac (Chirac 2003) zum Thema Laizität, zwei Reden des vormaligen Präsidenten Nicolas Sarkozy (2007 und 2008a) und ein Buchbeitrag desselben (Sarkozy 2008b), welches im Jahr 2005 im französischen Original erstmals erschienen ist, als Sarkozy noch Innenminister unter Chirac war;
- drei Veröffentlichungen des *Haut Conseil à l'Intégration*, eine zum Thema Islam (HCI 2000), ein *Avis* (Bekanntmachung) an den Innenminister zur Einführung einer Charta der Laizität für öffentliche Stellen (HCI 2007) sowie ein *Avis* an den Integrationsminister zur Vermittlung der republikanischen Werte (HCI 2009);
- ein Bericht, der vom mittlerweile so nicht mehr existierenden *Commissariat général du plan* (Generalplanungskommisariat) unter Federführung von Cécile Jolly (Jolly 2005), Vorsitzende einer Arbeitsgruppe des Projekts Sigma zum Thema „Religions et intégration sociale", herausgegeben wurden;
- ein Bericht von Jean-Pierre Machelon (Machelon 2006), der auf eine Anfrage des zu dieser Zeit als Innenminister amtierenden Nicolas Sarkozy anlässlich des 100-jährigen Jubiläums des Trennungsgesetzes von 1905 mit der Intention reagiert, dessen Rolle für die Gegenwart aus einer rechtlichen Perspektive zu erörtern;

- der Abschlussbericht der Arbeitsgruppe unter Leitung von André Rossinot (Rossinot 2006) zum Thema der Laizität in öffentlichen Einrichtungen, der im September 2006 herausgegeben wurde. Im Gegensatz zum Machelon-Bericht legt der Rossinot-Bericht den Fokus weniger auf rechtliche Fragen im Zusammenhang mit der Laizität, sondern eher auf Aspekte der Förderung von Laizität als Leitprinzip der französischen Gesellschaft.

Bis auf den Buchbeitrag von Sarkozy sind alle Texte im Internet zugänglich. Im Falle des Debré-Berichts wurde nur der erste Teil des ersten Bandes gewählt, im Falle des Buches von Sarkozy die Kapitel 1, 2, 3 und die „Schlussworte", ansonsten sind jeweils die vollständigen Texte in die Analyse eingeflossen. Die Seitenzahl aller ausgewählten Dokumente beträgt 753 Seiten; daraus ergibt sich eine Durchschnittszahl von 63 Seiten je Dokument. Die Texte stammen aus den Jahren 2000 bis 2009, der Median liegt im Jahr 2006, der mittlere Herausgeberzeitpunkt im Jahr 2005.

Auch hier verlaufen die inhaltlichen Unterscheidungen neben der inhaltlichen Schwerpunktsetzung entlang der Kriterien Adressat und Urheber. Adressat ist in mehreren Fällen primär die Regierung, insbesondere ist das der Fall bei den zwei Kommissionsberichten (Commission Stasi 2003 und Machelon 2006), die jeweils einen Beratungscharakter im Hinblick auf Gesetzgebungsprozesse oder Gesetzesmodifizierungen haben. Zwei Veröffentlichungen des HCI, bei denen es sich um Bekanntmachungen („avis") handelt, sind primär an den Premierminister (HCI 2007) oder den Integrationsminister gerichtet (HCI 2009). Die Rede von Chirac richtet sich direkt an die Öffentlichkeit, die Reden von Sarkozy werden anlassbezogen vor einem geschlossenen Personenkreis gehalten, aber der Öffentlichkeit in Textform und/oder in Videoform zur Verfügung gestellt. Der Buchbeitrag von Sarkozy legt themenbezogen dessen persönliche Ansichten der Öffentlichkeit dar, hat aber zugleich eine Legitimierungsform für staatspolitische Entscheidungen und Strategien. Der Informationsbericht unter Federführung von Jean-Louis Debré (Debré 2003) richtet sich primär an die französische Öffentlichkeit, der Bericht des HCI über den Islam (HCI 2000) sowie der Bericht des *Commissariat général du plan* richten sich an Politik und Öffentlichkeit. Urheber der Texte sind entweder Kommissionen, durch Regierungsinstitutionen angeordnete Arbeitsgruppen, vom Premierminister etablierte Beratungsgremien (HCI) und regierende Politiker.

Die inhaltliche Schwerpunktsetzung variiert stark: Der Debré-Bericht sowie der Bericht der *Commission Stasi* stehen im Kontext der Kopftuchdiskussion in Frankreich und behandeln damit zusammenhängende juristische Sachverhalte; der ebenfalls juristisch ausgerichtete Bericht der Machelon-Kommission diskutiert das Trennungsgesetz und die französische Laizität. Das Thema ‚Laizität' behandelt auch der Rossinot-Abschlussbericht, allerdings mit dem Ziel, deren Beitrag für das heutige Frankreich für verschiedene öffentliche Einrichtungen zu aktualisieren. In einem ähnlichen Sinn wird mit der Veröffentlichung des HCI aus dem Jahr 2007 die Entwicklung einer Laizitäts-Charta in den öffentlichen Einrichtungen, „Charta de la laïcité dans les services publics", vorgestellt. Beim jüngsten Dokument des HCI sowie bei der Rede von Chirac liegt der Schwerpunkt auf Integrationsfragen, die aber insbesondere in einen Zusammenhang gestellt werden zum Ziel der nationalen Einheit und der Vermittlung nationaler Werte. Die Beiträge von Sarkozy beziehen sich auf Fragen bezüglich des Verhältnisses von Staat und Religion(en) und des Zusammenlebens von Angehörigen verschiedener Religionen, wobei ein Schwerpunkt stets auf der Rolle des Islam liegt. Der Bericht des HCI aus dem Jahr 2000 schließlich geht in einer dokumentarischen Weise auf historische, rechtliche, demographische und sozialpolitische Aspekte rund um den Islam in Frankreich ein. Der Bericht des *Commissariat général du plan* unter Federführung von Jolly nimmt eine Sonderrolle ein. Zwar wurde der Text von einer staatlichen Stelle herausgegeben, bezieht sich aber *nicht* auf eine konkrete Anfrage der Regierung; er behandelt die Frage nach der Rolle von Religion für gesellschaftlichen Zusammenhalt in einem stark akademisch ausgewiesenen Duktus. Der Bericht ist das Ergebnis einer Anhörung verschiedener Experten und Persönlichkeiten aus Glaubensgemeinschaften, Politik und Verwaltung.

5.3.3   Dokumentenauswahl für das Vereinigte Königreich

Der Analyse für das Vereinigte Königreich liegen 21 Dokumente zugrunde:

- zwei Dokumente der *Local Government Association*, darunter ein Leitfaden zum Thema *Community Cohesion* (LGA 2002b) und ein Leitfaden mit dem Ziel, die lokalen Autoritäten darin zu beraten und zu ermutigen, gute Arbeitsbeziehungen mit Glaubensgruppen sowie interreligiösen Strukturen aufzubauen (LGA 2002a);
- eine *Consultation* des Innenministeriums (Home Office 2004) und das darauf folgende Strategiepapier (Home Office 2005a), bei denen es jeweils um *Community Cohesion* und *Race Equality* geht;
- ein Bericht mit Vorschlägen für eine engere Zusammenarbeit zwischen Regierung und Religionsgemeinschaften (Home Office Faith Communities Unit 2004) sowie ein sich darauf beziehender Fortschrittsbericht des Innenministeriums nach einem Jahr (Home Office Faith Communities Unit 2005) und eine entsprechende Presseerklärung (Home Office 29.03.2004);
- der Abschlussbericht des von der Regierung berufenen *Community Cohesion Panels*, welches die Ministerien und Ämter auf lokaler und nationaler Ebene auf dem Weg zu einer Strategie des gemeinschaftlichen Zusammenhalts beraten soll (Community Cohesion Panel 2004);
- der Bericht des *Home Affairs Committee* zum Thema „Terrorism and Community Relations" (Home Affairs Committee 2005) sowie die sich darauf beziehende Antwort der Regierung (Government 2005);
- eine Rede von Tony Blair vom 8. Dezember 2006 (Blair 2006), zu dem Zeitpunkt noch britischer Premier, zum Thema Multikulturalismus und Integration;
- der Abschlussbericht der *Commission on Integration and Cohesion* 2007 mit dem Titel „Our shared future" (Commission on Integration and Cohesion 2007b);
- sieben Dokumente vom *Department for Communities and Local Government*, ein Zusammenschluss der Gemeinden und lokalen Regierungen, darunter: Der erste Teil eines *White Paper*, der die politische Stärkung der Kommunen thematisiert und eine wegbereitende Rolle für nachfolgende *Community Cohesion* Strategien auf lokaler Ebene spielt (DCLG 2006b), die zwei Fortschrittsberichte zur *Community Cohesion* und *Race Equality*-Regierungsstrategie (DCLG 2006a; DCLG 2007c), eine öffentliche *Consultation* (DCLG 2007b) und die daraufhin ausgearbeitete Strategie zur Förderung des interreligiösen Dialogs und der interreligiösen Zusammenarbeit (DCLG 2008b),

die Antwort auf den Kommissionsbericht „Our shared future" (DCLG 2008c) sowie das „Cohesion Delivery Framework", in dem konkrete Empfehlungen für die Herstellung von gemeinschaftlichem Zusammenhalt auf Gemeindeebene vorgestellt werden (DCLG 2009);

▪ zwei Dokumente der *Charity Commission*, darunter ein Entwurf für einen Leitfaden zu den Voraussetzungen für eine Anerkennung der Gemeinnützigkeit von religiösen Organisationen (Charity Commission 2008b) sowie eine Gesetzesanalyse zum selben Thema (Charity Commission 2008a).

Für das Vereinigte Königreich liegt damit ebenfalls in formaler wie inhaltlicher Hinsicht heterogenes Material vor. Die britischen Texte weisen im Vergleich zu den ausgewählten französischen und deutschen Texten nicht nur eine höhere Gesamtanzahl auf, sondern sind auch fast durchgehend umfangreicher mit einer durchschnittlichen Seitenzahl von 70 Seiten. Der Herausgabezeitpunkt der Dokumente changiert zwischen den Jahren 2002 und 2009, der Median liegt zwischen den Jahren 2005 und 2006, ebenso der mittlere Herausgabezeitpunkt. Es werden keine Interviews einbezogen und nur eine regierungspolitische Rede. Die Textgattungen unterscheiden sich: Die meisten der Dokumente sind Regierungsdokumente, wobei vor allem die lokalen Regierungen hier eine herausragende Rolle spielen. Die *Charity Commission*, die *Commission on Integration and Cohesion,* das *Community Cohesion Panel*, das *Home Affairs Committee* und die *Local Government Association* sind zwar keine direkten Regierungsinstitutionen, aber von der Regierung oder den lokalen Regierungen direkt berufene oder beauftragte, von ihr finanzierte und ihr Rechenschaft schuldige Kommissionen, Gremien, Komitees oder Lobbying Vereinigungen. In der Übersicht wurden sie der Kategorie ‚Kommissionen' zugeordnet.[279]

Inhaltlich handelt es sich um öffentliche Anhörungen, die den Prozess einer Ausarbeitung von staatspolitischen Strategien vorbereiten sowie um Strategiepapiere, bei denen es darum geht, aufgrund der Vorstellung bestimmter Ziele oder *Visions* die politischen Maßnahmen für die nächsten Jahre vorzustellen oder zu erläutern, wie an bisherige Maßnahmen angeknüpft wird. Des Weiteren handelt es sich um Dokumente, die einen überwiegend beratenden Charakter haben und entweder primär darauf zielen, Regierungs- oder Verwaltungsinstitutionen zu beraten oder sich beratend an Organisationen des Dritten Sektors, unter anderem auch an Religionsgemeinschaften wenden. Während letztgenannte Textsorte sich primär an bestimmte Zielgruppen richtet, zugleich aber der Öffentlichkeit zugänglich gemacht wird, richten sich die *Consultations*, politischen Strategiepapiere und die Rede von Tony Blair direkt an die Öffentlichkeit.

---

279 Die engen Verflechtungen zwischen Regierungsinstitutionen und Kommissionen zeigen sich prägnant am Verhältnis von *Charity Commission* und Regierung. Sie erstrecken sich von organisatorischen Interdependenzen bis hin zu strategisch aufeinander abgestimmten Maßnahmen und Zielsetzungen, gerade auch im Schnittstellenbereich von Integrations-, Sicherheits- und Religionspolitik. So stellt das DCLG Gelder für die Ausbildung eines *Faith and Social Cohesion Unit* in der *Charity Commission* bereit. Diese *Unit* ist u. a. mit der Aufgabe betraut, gerade auch muslimische Gemeinschaften darin zu unterstützen, auf eine Registrierung als *Charity* hinzuarbeiten. Die Zusammenarbeit mit Glaubensgemeinschaften sei dabei besonders ausgerichtet auf „mosques as a priority, to promote best practice, provide advice, guidance and training on issues such as governance, finance and the role of mosques as community centres" (DCLG 2007d, 10f.). Die dadurch erhoffte Stärkung der muslimischen Religionsgemeinschaften wiederum ist ein zentraler Baustein der britischen Terror-Präventionsstrategie.

5.4 Zusammenfassende typisierende Strukturierung

Bevor im Folgenden für jeden der Nationalstaaten und anschließend vergleichend eine zusammenfassende typisierende Strukturierung unter Rückgriff auf die entwickelten Kategorien durchgeführt wird, soll kurz auf Differenzen der Begriffverwendungen von ‚Religion' und ‚Integration' in den drei Sprachräumen eingegangen werden. Damit werden die einleitend ausgeführten Begriffserläuterungen (s. o. 22f.) um sprachliche Nuancen der Begriffsverwendung ergänzt. Während in den analysierten deutschen Dokumenten der Begriff ‚Religion' fast durchgehend gebraucht wird, überwiegt in den britischen Texten ‚Faith' (häufig synonym gebraucht mit ‚Religious Belief') und in den französischen ‚Culte'. Die semantischen Unterschiede zwischen den drei Begriffen sind nicht eindeutig. Ohne die jeweiligen Sprachfelder im Einzelnen zu beachten, deutet ‚Culte' tendenziell eher auf praktisch-rituelle und ‚Faith' auf psychisch-mentale Kontexte hin. ‚Religion' kann als übergeordneter, konzeptioneller Begriff verstanden werden, der neben der Dimension von „Religion als kollektives Weltdeutungssystem", auch „Religion als momentane individuelle Gemütsfassung" und „Religion als Institution" (von Stietencron 2000, 132) erfasst. Während „‚Glaube' immer bereits einen definierten Inhalt" (von Stietencron 2000, 136) voraussetzt, erfasst Religion auch abstraktere Dimensionen des Religiösen, bleibt aber damit auch offener und unbestimmter. Diese sprachlichen Differenzen in der Begriffsverwendung spiegeln sich auch in rechtlichen Kontexten wider. Insbesondere das deutsche und das französische Rechtssystem tun sich zwar mit einer Definition von Religion gleichermaßen schwer und nehmen eine solche allenfalls kontextbezogen und annäherungsweise vor (s. u. 105 Anm. 132). Dabei gehen sie jedoch analog zur alltagsgebräuchlichen Begriffsverwendung entweder – in Deutschland – von einem umfassenderen Konzept aus, das der „allseitige[n] Erfüllung der durch das gemeinsame Bekenntnis gestellten Aufgaben" (Anschütz 1933, 633) gerecht zu werden sucht oder – in Frankreich – von einem begrenzteren Konzept, welches vor allem auf die rituellen Aktivitäten (den Kultus) beschränkt ist (Stegmann i. E.). Eine stringente Definition von Religion existiert zwar im britischen Recht ebenfalls nicht. Im *Charity Law* beispielsweise wird der Religionsbegriff aber eindeutig vom Glauben her entwickelt (Charity Commission 2008a, 10). Analog zu den sprachlichen Differenzen in Bezug auf den Religionsbegriff lassen sich auch in Bezug auf den Integrationsbegriff Unterschiede festmachen, wobei hier die semantischen Differenzen noch schwieriger zu fassen sind. In den hier analysierten deutschen Dokumenten wird durchgehend von ‚Integration' gesprochen. Damit ist in der Regel die Integration des Migranten oder der Migrantin in die Mehrheitsgesellschaft gemeint ist. In den französischen Dokumenten ist ebenfalls der Begriff ‚Intégration' gebräuchlich. Hiermit wird häufig die Integrationskraft der Republik thematisiert, womit dann stets auch nationaler Zusammenhalt angesprochen ist. In den britischen Texten überwiegt der Ausdruck ‚Community Cohesion', neuerdings wird verstärkt, oft parallel dazu, auch von ‚Integration' gesprochen (s. o. 91 Anm. 110).

5.4.1 Zusammenfassende typisierende Strukturierung für Deutschland

Für Deutschland zeigt sich bei der Auseinandersetzung mit der ersten Fragestellung [F1] eine Verbindung zwischen der Bestärkung des rechtlichen Anspruchs auf Religionsfreiheit mit allen Konsequenzen, die das deutsche Staatskirchenrecht bietet und dem Ziel, durch institutionelle Einbindung der muslimischen Religion eine integrationsrelevante, positive Wirkung zu entfalten. Damit erschließt sich bereits ein zentraler Aspekt, der für die zweite Fragestellung [F2] von Relevanz ist: der durchgehende Verweis auf das deutsche Grundgesetz.

5.4.1.1 Recht, Dialog, Integration und Sicherheit als Eckpfeiler deutscher Religions- und Integrationspolitik [F1]

Kategorie (1a)-(4a): Integrationsbegriff

Die Dokumente rekurrieren auf überwiegend fünf Bereiche, die für die Gestaltung von Integration relevant sind: (1) den Bereich des Rechts, (2) den Bereich der Werte, (3) den Bereich des Zusammenlebens, der Gemeinschaftlichkeit und Interaktion, (4) den Bereich der Sozialstruktur und (5) den Bereich der Sicherheit.

Ad (1): Es wird in allen Dokumenten auf die Geltung der Verfassung und Rechtsordnung hingewiesen und es werden regelmäßig zentrale Rechtsgüter artikuliert, die im Rahmen des Integrationsprozesses zugestanden werden oder als dessen Voraussetzung bezeichnet werden. Insbesondere sind das Prinzipien der Freiheit und Gleichheit, etwa in Gestalt der Chancengleichheit (Stadt Wiesbaden 2007, 1; CDU/CSU 2007, 2), der Geschlechtergleichheit (Stadt Wiesbaden 2007, 3), der Bekämpfung von Diskriminierung (Unabhängige Kommission ‚Zuwanderung' 2001, 235), der Religionsfreiheit (Stadt Wiesbaden 2007, 1; Unabhängige Kommission ‚Zuwanderung' 2001, 235), der Selbstbestimmung (Stadt Marburg 2008, 2) oder des Rechts auf kulturelle Unterschiede oder Eigenarten (Stadt Wiesbaden 2007, 1; Stadt Marburg 2008, 2).

Ad (2): Als notwendig für gelingende Integration werden aber auch außerrechtliche Aspekte genannt, die als Werte oder Übereinkünfte bezeichnet werden können: So bedürfe es eines gemeinsamen Wertefundaments, geltender Normen und Spielregeln (Zukunftskommission NRW 2009, 7; Stadt Wiesbaden 2007, Pressetext; Stadt Marburg 2008, 2) und Antworten auf die Frage „Was hält uns denn zusammen?" (Süssmuth 2008, 5) oder „was uns als Deutsche (...) miteinander verbindet" (Schäuble 2007a, 5). Auch wird die Geltung einer auf der Akzeptanz der Menschenrechte gründenden, demokratischen Leitkultur (Süssmuth 2008, 5) gefordert und „eine soziale und kulturelle Identifikation mit der Aufnahmegesellschaft" (Unabhängige Kommission ‚Zuwanderung' 2001, 235) oder mit dem Gemeinwesen (Schäuble 2007a, 6).

Ad (3): Die analysierten Dokumente sind auffallend geprägt von einem Verständnis, welches Integration als gesamtgesellschaftliche Aufgabe beschreibt. Schlüsselwörter sind dabei Zusammenleben, Miteinander, Gemeinsamkeiten, gesamtgesellschaftliche Aufgabe oder gemeinsame Zukunft (Schäuble 2006; CDU/CSU 2007, 9). Entsprechend ist Integration laut Empfehlungen staatlicher Politik oder der von ihr berufenen Kommissionen mithin abhängig von Zusammenarbeit (Stadt Marburg 2008, 1), Konsultation (Stadt Wiesbaden 2007, 3), Kooperation (Integrationsbeauftragte 2005, 9) und Dialog (Integrationsbeauftragte 2004, 9) zwischen staatlichen Akteuren und Migrantengruppen beziehungsweise Muslimen. Darüber hinaus wird eine Informiertheit der verschiedenen gesellschaftlichen Gruppen und Individuen übereinander gefordert. Zentral sei die Verständigung untereinander, die Auseinandersetzung miteinander, die gegenseitige Anerkennung (Integrationsbeauftragte 2005, 6), das positiv gestaltbare Zusammenleben, die Erfahrungen miteinander, die Kommunikation untereinander und eine gemeinsame Verantwortungsübernahme für den Integrationsprozess (Schäuble 2007a, 5).

Ad (4): Bei Aussagen, die dem Bereich der Sozialstruktur zuzuordnen sind, geht es um (gleiche) Chancen für MigrantInnen im Bereich Bildung und Arbeitsmarkt, aber auch um die Notwendigkeit einer Motivation der MigrantInnen zu Bildung (CDU/CSU 2007, 12f.; Zukunftskommission NRW 2009, 15).

Ad (5): Der Bereich der Sicherheit wird in den integrationspolitischen Inhalten der analysierten Dokumente im Zusammenhang mit der Forderung nach Grenzkontrollen, gesteuerter Migration und Migrationsbegrenzung (CDU/CSU 2007, 2) als Voraussetzung für die Möglichkeit von Integration genannt. Sicherheitsaspekte begleiten aber auch die integrationspolitische Arbeit, etwa wenn Rassismus, Antisemitismus und Islamismus bekämpft werden sollen (Stadt Wiesbaden 2007, 2; Stadt Marburg 2008, 2) und schließlich kann die innere Sicherheit auch erst- oder zweitrangiges *Ziel* der Integrationsarbeit sein, wie es bei der Verbesserung der Kriminalitätsvorbeugung und -bekämpfung oder bei Verkehrssicherheitsmaßnahmen (Polizei/bpb 2005, 46; CDU/CSU 2007, 11f.) der Fall ist. Bei der Frage nach dem Sinn der politischen Bemühung um eine Eingliederung von MigrantInnen wird in den Dokumenten überwiegend[280] mit der Negativfolie einer nicht gelingenden Integration argumentiert: So verhindere Integrationsarbeit die Ausbildung von geschlossenen und sich ausgrenzenden kollektiven Identitäten (CDU/CSU 2007, 3; Süssmuth 2008, 4; Kleiner 2009, 19), sie unterstütze den Abbau von kulturellem und religiösem Konfliktpotential (Süssmuth 2008, 5) und sie diene dazu, Gefahren für die Gesellschaft abzuwenden (CDU/CSU 2007, 2).

Kategorie (5a)-(7a): Religionsbegriff

Die für Deutschland analysierten Dokumente beschreiben Religion in ihrem Verhältnis zu Politik, Recht und Gesellschaft vorwiegend aus einer funktionalen Perspektive. Dabei wird Religion in ihrer Funktion für den einzelnen Menschen und für MigrantInnen im Besonderen, für die Gesellschaft, für Politik, für die freiheitliche Ordnung und für die normativen Grundlagen eines Rechtsstaates diskutiert. An einer Stelle wird Religion auch explizit als mögliche Chance für Integration bezeichnet (Integrationsbeauftragte 2005, 11). Nur in einem Fall wird Religion im Sinne einer anthropologischen Grundkonstante in ihrer fortwährenden Bedeutung gerade auch für den Menschen in der Moderne gedeutet (Schäuble/FAZ 2008, 4).

Eine wechselseitige Abhängigkeit zwischen Religionsausübung, (Rechts-) Staat und Gesellschaft wird in mehreren Bereichen konstatiert. Einerseits seien die Religionsgemeinschaften auf Gewährung und Sicherung ihrer Rechte angewiesen (Stadt Wiesbaden 2007, 1; Stadt Marburg 2008, 2; Integrationsbeauftragte 2004, 10), andererseits seien freiheitliche Ordnung, Staat, Politik, Gesellschaft und Individuum auf die Religion(en) angewiesen.

---

280 Wird unmittelbar auf mögliche positive Effekte von Integration hingewiesen, so geschieht dies in einer zweckorientierten Argumentationsweise: „es gilt vor allem, die Chancen zu nutzen, die sich eröffnen, wenn auch diese Menschen in Deutschland ihre Begabungen ungehindert entfalten können" (CDU/CSU 2007, 2).

Weiter wird die positive Wirkung von Religion für das friedliche Zusammenleben hervorgehoben (Schäuble 2007a, 4; Schäuble/FAZ 2008, 4) sowie die Fähigkeit von Religion betont, individuelles und gemeinschaftliches Engagement zu erwirken (Schäuble 2007a, 1; Integrationsbeauftragte 2005, 7). Für den Einzelnen schließlich könne Religion insbesondere im Rahmen von Migrationsbiographien identitätsprägend oder -stützend sein (Unabhängige Kommission ‚Zuwanderung' 2001, 137; Integrationsbeauftragte 2004, 11; Schäuble 2007a, 7). Regelmäßig wird auf die religiöse Pluralität in Deutschland verwiesen und auf die Notwendigkeit, sich auf diese einzustellen (Süssmuth 2008, 2; Schäuble 2007a, 4).

Kategorie (8a): Religion nützt/schadet der Integration von MigrantInnen/wirkt (des-) integrierend

Entsprechend dem überwiegend funktionalen Religionsverständnis beziehen sich die Texte regelmäßig auf die mögliche positive Wirkung von Religion und Religiosität auf den Integrationsprozess. Dabei wird Religion in zwei Hinsichten positiv betrachtet: zum einen in ihrer orientierungsstiftenden Wirkung für den einzelnen Migranten oder die Migrantin (Unabhängige Kommission ‚Zuwanderung' 2001, 137), zum anderen im Hinblick darauf, dass Religion und religiöse Organisation die Möglichkeit bieten, in einen strukturierten Dialog mit dem Staat oder der Gesellschaft einzutreten (Schäuble 2007a, 6; Integrationsbeauftragte 2004, 9). Außerdem wird erwartet, dass die rechtliche und gesellschaftliche Anerkennung der Religion der MigrantInnen sich positiv auf gelingende Integration auswirke, da sie eine Identifikation mit Deutschland erleichtern könne (Integrationsbeauftragte 2005, 7).

Religion, hier meist die islamische, wird allenfalls in Form einer möglichen Begleiterscheinung eines integrationsresistenten Milieus als Problem für Integration betrachtet, etwa wenn die muslimische Religionsausübung oder -zugehörigkeit korreliert mit weiteren Einstellungsdispositionen wie Demokratieunwilligkeit, Gewaltbereitschaft, kultureller oder ethnischer Geschlossenheit gegenüber der Mehrheitsgesellschaft, sozialer Depriviertheit oder Extremismus (Süssmuth 2008, 3; Zukunftskommission NRW 2009, 8ff.).

Kategorie (9a): Religionsgemeinschaften sollen sich einsetzen/setzen sich für die Integration von MigrantInnen/Mitgliedern ein

Die für Deutschland analysierten Dokumente weisen insbesondere muslimischen Religionsgemeinschaften häufig eine aktive Rolle bei der Integrationsarbeit zu. Inhaltlich ergeben sich dabei zwei Schwerpunkte: Zum einen sollen die Religionsgemeinschaften auf ihre Mitglieder einwirken, indem sie sie etwa zu Integrationsmaßnahmen anhalten oder dafür werben (Stadt Wiesbaden 2007, 5). Das religiöse Personal (insbesondere Imame) sollen aber auch eine Vorbildfunktion einnehmen, der sie durch persönliche gute Integration demonstrativ gerecht werden (Schäuble 2006, 3; Integrationsbeauftragte 2004, 11). Zum anderen werden die muslimischen Religionsgemeinschaften als Ansprechpartner für den Staat und als Mittler zwischen muslimischer Bevölkerung und staatlichen Instanzen gehandelt (Unabhängige Kommission ‚Zuwanderung' 2001, 136), aber auch als Akteure, die dank ihrer Organisiertheit in den interreligiösen Dialog eintreten können (Integrationsbeauftragte 2004, 9; Süssmuth 2008, 3).

Kategorie (10a): Staatspolitische Strategien zum Umgang mit Religion beziehen Integrationszwecke mit ein

Deutsche Strategien zum Umgang mit Religion artikulieren regelmäßig ihr Interesse an einer Integration des Islam und der Muslime. Zwei Aspekte sind hier hervorzuheben: (1) der Dialog, insbesondere der institutionalisierte Dialog zwischen staatlichen Akteuren und Muslimen verfolgt immer auch integrationsspezifische Ziele und (2) Gleichberechtigung und Anerkennung des Islam werden gemeinhin als Voraussetzung und Mittel für Integration betrachtet.

Ad (1): Die Deutsche Islam Konferenz ist innerhalb der aktuellen staatspolitischen Strategien zum Umgang mit Religion das deutlichste Beispiel für die Verbindung von Religions- und Integrationspolitik. Sie wird von ihrem Gründer, dem ehemaligen Innenminister Wolfgang Schäuble, ganz ausdrücklich sowohl als Instrument für eine Eingliederung des Islam in das deutsche Religionsverfassungsrecht als auch als Instrument für eine bessere Integration von Muslimen bezeichnet (Schäuble/SZ 2006, 2f.; Bundesregierung 2007a, 3). Bereits in der Regierungserklärung zur Deutschen Islam Konferenz betont Schäuble die enge Verbindung zwischen der integrationspolitischen und der religionspolitischen Aufgabe der DIK (Schäuble 2006, 1).[281] Dem Dialog wird eine tragende Bedeutung sowohl für Integrations-[282] als auch für Religionspolitik zugewiesen. Folgerichtig bestimmt die Betonung einer Notwendigkeit des Dialogs dann auch die verschiedenen religionspolitischen Maßnahmen, die unter anderem integrationsrelevante Zielsetzungen verfolgen, allen voran die Deutsche Islam Konferenz (Süssmuth 2008, 5f.; Schäuble/SZ 2006, 3; Schäuble 2006; Bundesregierung 2007a, 3).

Ad (2): Aber auch jenseits der DIK werden integrationspolitische Ziele mittels staatspolitischer Strategien zum Umgang mit Religion verfolgt. Dabei liegen zwei Argumentationslinien vor, die eng zusammenhängen. In der einen Argumentationslinie wird davon ausgegangen, dass *Gleichberechtigung* in Bezug auf religiöse Praxis Voraussetzung für Integration sei und daher zuallererst eine gleichberechtigte Religionsausübung ermöglicht werden müsse (Bundesregierung 2007a, Vorbemerkung der Fragesteller; Integrationsbeauftragte 2005, 6). In der zweiten Argumentationslinie wird eine *Anerkennung* von Religion und religiösen Bedürfnissen als notwendig für Integration (Integrationsbeauftragte 2005, 6f.) oder als unterstützend für Identifikation (Unabhängige Kommission ‚Zuwanderung' 2001, 237) erachtet. Da die Anerkennung von Religion aber ihrerseits über die gleichberechtigte Teilhabe an den grundgesetzlich gewährleisteten Handlungsspielräumen erfolgt, verweisen beide Argumentationslinien auf den Bereich des Rechts. Am deutlichsten zeigt sich diese Verbindung an der einhelligen Forderung nach der Einrichtung von musli-

---

281 Eindrücklich wird diese Zielsetzung auch durch den 2010 innerhalb der DIK gestifteten „Integrationspreis für Projekte von und mit Muslimen" dokumentiert (Internetquelle 21).

282 Bezeichnenderweise sind auch die Nationalen Integrationsgipfel und der daraus folgende „Nationale Integrationsplan" stark dialogorientiert: „Mit dem Integrationsgipfel wurde ein fortlaufender Dialogprozess angestoßen" (Internetquelle 22). Im „Nationalen Integrationsplan" wird der Dialog zur zweiten tragenden Säule der Integrationspolitik: „Unsere Integrationspolitik setzt insbesondere auf ein modernes Zuwanderungsrecht und den institutionalisierten Dialog mit Migrantinnen und Migranten gerade auch im Rahmen des Nationalen Integrationsplans und der Deutschen Islamkonferenz" (Bundesregierung 2007a, 14).

mischem Religionsunterricht gemäß dem grundrechtlichen Anspruch (Schäuble 2007b, 2).[283] Dies ist auch eines neben anderen Zielen der Deutschen Islam Konferenz.

Kategorie (11a): Staatspolitische Integrationsstrategien beziehen Religion mit ein

Verschiedene deutsche Integrationsstrategien nehmen deutlich Bezug auf Religionszugehörigkeit und Religionsausübung von ZuwanderInnen. Dabei lassen sich zwei Vorgehensweisen unterscheiden: (1) Zum einen verweisen die Integrationsstrategien auf die Aufgabe des Staates, eine Einlösung grundrechtlicher Ansprüche von Muslimen zu unterstützen und damit auf den Bereich des Rechts und dessen Anwendung. (2) Zum anderen wird eine Zusammenarbeit zwischen staatlichen und muslimischen Akteuren mit dem mittelbaren Ziel einer Vertrauensförderung angestrebt.

Ad (1): „Es ist eine vorrangige integrationspolitische Aufgabe, die Rahmenbedingungen dafür zu schaffen, dass ZuwanderInnen ihr selbst bestimmtes religiöses Leben führen können" (Integrationsbeauftragte 2004, 10), proklamiert etwa die vormalige Integrationsbeauftragte der Bundesregierung, Marieluise Beck. Dabei bleibt unausgesprochen, wie sich die religionspolitischen Maßnahmen zu den verfolgten integrationspolitischen Zielen verhalten. Zwar geht es offensichtlich durchaus darum, grundgesetzliche Vorgaben einzulösen und Muslimen die Ausübung ihrer Religion durch Unterstützung bei der Schaffung von notwendigen Rahmenbedingungen zu ermöglichen. Dieses Vorhaben ist jedoch flankiert von der Erwartung, dadurch integrationspolitische Erfolge zu erleichtern. Das erklärte Ziel einer „Integrationspolitik, die sich mit ‚R' wie Religion buchstabiert"[284] (Integrationsbeauftragte 2005, 6) ist es, eine „religiöse Vertretung für muslimische Bürger und deren innerreligiöse Belange zu schaffen und diese zugleich als Kooperationspartner für staatliche Stellen zu akzeptieren (…). Denn erst eine geregelte Kooperation staatlicher und behördlicher Stellen mit muslimischen Vertretungen kann die Grundlagen für die Integration von Muslimen verbessern" (Integrationsbeauftragte 2005, 8f.). Eine solche, grund- und religionsrechtlich orientierte „Einbürgerung des Islam" (Integrationsbeauftragte 2005, 5) mit dem Ziel, dadurch Voraussetzungen für eine erleichterte Integration der Muslime zu schaffen, prägt die überwiegende Zahl der für diese Kategorie relevanten Textpassagen. Unter dem Überbegriff ‚Religionsfreiheit' werden folglich verschiedene Maßnahmen gefordert: die Ermöglichung muslimischer ‚Seelsorge'[285] und einer muslimischen Bestattungskultur (Stadt Wiesbaden 2007, 5f.), die Einführung eines bekenntnisorientierten islamischen Religionsunterrichts (Unabhängige Kommission ‚Zuwanderung' 2001, 236), die Errichtung von religiösen Zentren (Stadt Marburg 2008, 2), eine Imam-Ausbildung in Deutschland (Schäuble/SZ 2006, 3) und eine offizielle Vertretung der Muslime als Ansprechpartner für den Staat (Integrationsbeauftragte 2005, 8f.). Gerade am Beispiel der Argumentationsstrategien für eine deutsche Imam-Ausbildung wird die Zweck-Mittel-

---

283 Der Wunsch nach einer Herausbildung eines muslimischen Ansprechpartners für den Staat wird dagegen durchweg etwas vorsichtiger geäußert, wohl auch, weil eine solche Forderung immer Gefahr läuft, das Selbstbestimmungsrecht der Religionsgemeinschaften zu berühren (Bundesregierung 2007a, 48).

284 Dieses etwas eigentümliche Wortspiel soll aufzeigen, dass Integrationspolitik auch Religion und Religionszugehörigkeit in ihre Konzepte einbeziehen muss.

285 Die Wiesbadener Vorlage für eine Integrationsvereinbarung verwendet den Begriff der „seelsorgerischen Betreuung" auch für Muslime (Stadt Wiesbaden 2007, 6).

Relation deutlich: Um auf in Deutschland aufgewachsene und in Deutschland integrierte Imame zurückgreifen zu können, denen eine Multiplikatorenfunktion und eine Vorbild-funktion für gelingende Integration zugetraut wird, soll die Imam-Ausbildung in Deutsch-land – und nicht in den Herkunftsländern – stattfinden (Schäuble/SZ 2006, 3). Die Imam-Ausbildung tritt hier als Mittel zum Zweck einer verbesserten Integration der Muslime auf.

Ad (2): Neben einer integrationspolitischen Programmatik, die die grundrechtlichen Ansprüche der Muslime einzulösen sucht, wird in den Dokumenten auch – wenn auch we-niger häufig und weniger deutlich – die Intention ausgedrückt, bei Muslimen Vertrauen aufzubauen. Auch hier geht es erklärtermaßen darum, die Integration zu erleichtern oder zu befördern. So heißt es beispielsweise, „Religion muss als positives Gestaltungselement in der Integrationspolitik berücksichtigt werden", indem unter anderem Kontakte und Ver-trauen zwischen staatlichen Stellen und Muslimen geschaffen werden (Integrations-beauftragte 2004, 10f.). Auch die Zusammenarbeit zwischen Polizei und Muslimen fördere die Integration, da ein gesteigertes Vertrauen aufgebaut werden könne:

> „Dies [gemeint ist die Einbindung von Moscheevereinen in die polizeiliche Präventionsar-beit; C. B.] fördert die vertrauensvolle Zusammenarbeit zwischen Muslimen und den staatlichen Institutionen und damit die Integration muslimischer Mitbürgerinnen und Mitbürger" (Poli-zei/bpb 2005, 2).

In eine ähnliche Richtung zielen auch der Dialog mit den Religionsgemeinschaften und der interreligiöse Dialog, die bereits im Koalitionsvertrag der Regierung von 2005 als zentrale integrationspolitische Instrumente vorgestellt werden (Koalition 2005, 117). Damit steht auch hier die Vertrauensbildung im Dienst einer verbesserten Integration.

Kategorie (12a)-(13a): Politik zielt auf eine Stärkung der Rolle von
Religionsgemeinschaften in der Zivilgesellschaft/Politik zielt auf die rechtliche Gleich-stellung und/oder Institutionalisierung wenig etablierter Religionsgemeinschaften

Die Verweise auf eine zivilgesellschaftliche Bedeutung von Religionsgemeinschaften blei-ben in der Analyse der deutschen Texte schwach. Zwar wird von gesamtgesellschaftlichem Interesse an Religionsgemeinschaften (Integrationsbeauftragte 2005, 7) durchaus gesproch-en: etwa von deren Leistung im Wohlfahrtssektor oder, allgemeiner, von Chancen, „die dem Gemeinwesen (...) entstehen", wenn „Politik sich heute auf die Herausforderung durch Religion einlässt" (Schäuble 2007a, 1). Diese Bezüge bleiben aber in der Ausführung stets der rechtlich-institutionellen Figur des deutschen Staatskirchenrechts verhaftet (s. auch Schäuble 2007b, 1). Entsprechend referieren die Texte häufiger über Institutionalisierungs-bestrebungen rechtlicher Art, als über mögliche Leistungen der religiösen Gruppen als Akteure der Zivilgesellschaft. Dabei wird die Förderung von Religion im Sinne des recht-lich-institutionellen Rahmens deutlich und regelmäßig mit Forderungen verbunden: In den Texten findet sich kaum eine Passage, die die gesellschaftspolitische Bedeutung von muslimischen Gruppen und deren Rechtsanspruch herausstellt, ohne zugleich Erwartungen der Politik an die potentiellen Rechtsträger zu formulieren. So wird eine Öffnung und mehr Transparenz der muslimischen Gruppen gefordert, aber auch eine Akzeptanz oder ein Be-kenntnis zum Grundgesetz. Das Recht und der Anspruch auf Religionsfreiheit wird also prinzipiell zugesprochen (Stadt Wiesbaden 2007, 2; Stadt Marburg 2008, 2; Süssmuth

2008, 6); als Gegenleistung wird regelmäßig formuliert, dass die muslimischen Gruppen auch die Voraussetzungen dafür zu akzeptieren hätten (Schäuble 2007b, 2; Schäuble/FAZ 20.05.08, 4).

Kategorie (14a): Staatspolitische Strategien zum Umgang mit Religion dienen der (Inneren) Sicherheit

Die deutschen Strategien zum Umgang mit Religion, insbesondere mit dem Islam, dienen häufig auch der Sicherheitspolitik oder weisen einen vielfachen und explizit ausgesprochenen Bezug zu Themen der inneren Sicherheit auf. Drei Bereiche mit sicherheitsrelevanter Zielsetzung lassen sich hier ausmachen: (1) Grundgesetz und freiheitliche Ordnung, (2) Zusammenarbeit, Vertrauensbildung und Dialog zwischen staatlichen Akteuren und Muslimen und (3) die Aktivierung von religiösen Botschaften und Glaubensinhalten.

Ad (1): Grundgesetz und freiheitliche Ordnung werden in den analysierten Texten in drei verschiedenen Nuancen als der inneren Sicherheit zuträglich beschrieben: Es wird erstens davon ausgegangen, dass eine unmittelbare, meist präventive Wirkung von Grundgesetz und freiheitlicher Ordnung ausgehe: die „Trennung zwischen geistlicher und politischer Ordnung konstituiert eine Ordnung von Toleranz, Offenheit und vor allem Mäßigung und Friedlichkeit" (Schäuble 2007b, 2). In diesem Sinne fördere das Grundgesetz auch ein friedliches Zusammenleben (Schäuble 2006, 2). Es wird zweitens davon ausgegangen, dass die Einlösung des grundrechtlichen Anspruchs der Muslime dazu führe, dass fundamentalistische Kräfte ausgebremst würden, da ihnen der Nährboden entzogen würde (Bundesregierung 2007a, 2). Ordentlicher islamischer Religionsunterricht könne Koranschulen ersetzen und potentiell fundamentalistische Kräfte binden (Unabhängige Kommission ‚Zuwanderung' 2001, 236). Drittens wird auch ein explizites Bekenntnis zum Grundgesetz als der inneren Sicherheit zuträglich eingeschätzt. So solle eine „verbindliche Beachtung" (Bundesregierung 2007a, 3) oder „eine vollständige Akzeptanz" (Schäuble 2006, 2) des Grundgesetzes und der freiheitlich-demokratischen Ordnung durch Muslime für Sicherheit und Frieden sorgen.

Ad (2): Für ein politisches Vorhaben einer präventiven Befriedung möglicher unkontrollierbarer fundamentalistischer Kräfte ist wiederum die Deutsche Islam Konferenz das deutlichste Beispiel (Schäuble/SZ 2006, 3; Bundesregierung 2007a, 3). Auch die Zusammenarbeit zwischen Moscheegemeinden und Polizeibehörden ist in erster Linie ein Projekt zur Kriminalprävention (CDU/CSU 2007, 11) in unterschiedlichen Bereichen: Es geht um Verkehrssicherheit, um die Vermeidung von Drogendelikten und häusliche Gewalt, aber auch um Terrorprävention (Polizei/bpb 2007, 5, 28, 38; Schäuble 2006, 5). Und schließlich wird der interkulturelle und interreligiöse Dialog als Mittel zur Verhinderung von Rassismus, Antisemitismus und Extremismus genannt (Bundesregierung 2007a, 3).

Ad (3): Nur in einem Fall werden auch religiöse Inhalte als friedensstiftend aufgezeigt:

„Juden, Christen und Muslime wissen sich durch ihre zentralen Glaubensinhalte dazu verpflichtet, Fremdenfeindlichkeit, Rassismus, Diskriminierung und Unrecht in jeder Form entgegenzutreten und sie im Sinn des Grundgesetzes und der Nächstenliebe zu überwinden" (Stadt Marburg 2008, 2).

Kategorie (15a): Staatspolitische Integrationsstrategien dienen der (Inneren) Sicherheit

In den analysierten Dokumenten werden auch staatspolitische Integrationsstrategien mit einem sicherheitspolitischen Bezug versehen: Dabei wird Integration als Voraussetzung für Toleranz und Friedlichkeit (Schäuble/FAZ 2008, 2) und als Mittel für den Abbau von Konflikten beschrieben (Süssmuth 2008, 5), misslingende Integration als Faktor für die Ausbildung von Parallelgesellschaften und Abschottung und damit als sicherheitsgefährdend (Polizei/bpb 2005, 7). Gelingende Integration wird außerdem abhängig gemacht von Migrationssteuerung und -begrenzung (CDU/CSU 2007, 2).

Zusammenfassung

Die Dokumentenanalyse für Deutschland zeigt, wie staatspolitische Strategien zum Umgang mit Religion deutlich integrationsrelevante Zwecke einschließen und wie staatspolitische Integrationsstrategien und -maßnahmen häufig auch religiösen Ansprüchen zu begegnen suchen. Die deutsche Islampolitik ist bemüht, die Kompatibilität des Islam mit der deutschen Gesellschaft auf einer rechtlichen, einer politisch-strukturellen, einer kulturellen und einer sozialen Ebene auszuloten. Sie möchte damit *zugleich* einen Beitrag für eine bessere Integration muslimsicher MigrantInnen leisten. Beide Ziele, die Eingliederung des Islam in vorhandene Rechtsstrukturen und die Eingliederung der MigrantInnen in die Gesellschaft begegnen sich auf gleicher Augenhöhe insofern, als ihnen ein gleichrangiger, ja voneinander abhängiger Status zugewiesen wird. Gelingt das eine Ziel nicht, wird auch das andere als gefährdet betrachtet. Staatspolitische Strategien zum Umgang mit Religion setzen dabei auf Dialog und Kooperation sowie auf die Gewährung einer umfassenden Religionsfreiheit, fordern aber im Gegenzug ein Bekenntnis zur Verfassung und eine explizite Akzeptanz sozialer Konventionen ein.

Für deutsche staatspolitische Integrationsstrategien ist die Einbeziehung religiöser Aspekte der Lebensführung von MigrantInnen zwar auch aus dem Selbstverständnis eines am Recht, insbesondere am Grundrecht und damit auch der Religionsfreiheit orientierten Integrationsverständnisses heraus nachzuvollziehen. Sie erscheint aber häufig gleichzeitig oder sogar in erster Linie als Mittel zum Zweck einer verbesserten Integration. Religion und Religionsausübung wird eine tragende – wenn auch keine unersetzbare – Funktion im Integrationsprozess zugetraut. Insbesondere bei den Maßnahmen zur Vertrauensförderung zwischen Staat und Muslimen zeigt sich, wie muslimische Organisationen zu Multiplikatoren im doppelten Sinn werden: Sie sollen zum einen vermitteln zwischen muslimischen MigrantInnen und Staat, sie sollen zum anderen die integrative Funktion, die Religion für den Einzelnen haben kann, stabilisieren und zugleich deren inhärente Risiken für Integration (und Sicherheit) bannen.

Es wird also deutlich: Das Ziel der staatspolitischen Strategien zum Umgang mit Religion ist immer auch Integration, während die staatspolitischen Integrationsstrategien die Einbindung von genuin religionspolitischen Sachverhalten eher als Mittel zum Zweck begreifen. Aus dieser Zweck-Mittel-Relation und der inhaltlichen und institutionellen Verwobenheit integrations- und religionspolitischer Ziele erklärt sich, dass die staatspolitischen Integrationsstrategien und die in diese Analyse einbezogenen staatspolitischen Strategien zum Umgang mit Religion nicht nur ähnliche, sondern zumeist identische Maßnahmen zugrunde legen und auch eine identische Begründung dieser Maßnahmen vornehmen. In beiden Fällen steht der Dialog mit MigrantInnen respektive Muslimen, die Kooperation und Vertrauensbildung im Zentrum; in beiden Fällen wird durch (rechtliche) Zugeständnisse Entgegenkommen signalisiert. Die deutschen staatspolitischen Strategien zum Umgang mit Religion und die staatspolitischen Integrationsstrategien artikulieren aber auch gleichermaßen Forderungen gegenüber MigrantInnen respektive Muslimen und üben Kontrolle und Druck aus. Dies zeigt sich etwa an den Instrumenten einer Integrationsvereinbarung oder einer gemeinsamen Erklärung, die mehr oder weniger verbindlich gegenseitige Leistungen artikulieren oder aber ‚freiwillige‘[286] Werte- und Rechtsbekenntnisse seitens der MigrantInnen oder Muslime einfordern. Es zeigt sich aber auch an staatlicherseits deutlich vorstrukturierten Dialogformen. Insofern erscheint die Verflechtung von Religions- und Integrationspolitik geradezu als Inbegriff einer ‚konzertierten Aktion‘, um die Effekte vor dem Hintergrund eines gemeinsamen Ziels gegenseitig zu verstärken: Beide Bereiche stehen (auch) im Dienste von Integration und Sicherheit und realisieren diese gemeinsamen Ziele in Form von strategisch aufeinander abgestimmten und sich gegenseitig überlappenden Maßnahmen: Integration soll durch institutionelle Einbindung von Religion und Religionsgemeinschaften in Rechtssystem und Gesellschaft beschleunigt und vertieft werden, die staatliche Islampolitik ist nicht zuletzt vom Interesse geleitet, Sicherheit und Integration zu ermöglichen, indem Respekt vor dem Grundgesetz und eine Identifikation mit der Rechts- und Werteordnung gefördert und gefordert werden.

5.4.1.2   Rechte und Pflichten innerhalb der deutschen Grund- und Werteordnung [F2]

Kategorie (1b): Staatspolitische Strategien zum Umgang mit Religion greifen (nicht) auf verfassungsrechtliche Dimensionen als grundlegende religionsrechtliche Rahmenbedingungen des jeweiligen Nationalstaats zurück

In der Beschreibung aktueller religionspolitischer Strategien wird durchgehend auf einzelne, konkrete Verfassungsrechte oder auf die Geltung der Verfassung oder eines Verfassungsbogens im Allgemeinen verwiesen, dem jedwedes Handeln untergeordnet sein muss. Im Kontext der hier analysierten Textpassagen überwiegt dabei die Betonung der Religionsfreiheit (Stadt Wiesbaden 2007, 1ff.; Stadt Marburg 2008, 2; Schäuble/FAZ 2008, 4; Schäuble 2007a, 7; Schäuble 2007b, 1; Schäuble/SZ 2006, 2; Unabhängige Kommission ‚Zuwanderung‘ 2001, 235), der staatskirchen- respektive religionsverfassungsrechtlichen Ordnung (Schäuble 2006, 1; Integrationsbeauftragte 2005, 8f.) und des grundgesetzlich verbürgten Rechts auf Religionsunterricht. Lediglich ein Text schlägt vor, das Staatskirchenrecht vor dem Hintergrund zunehmender religiöser Pluralität zu überprüfen (Integrationsbeauftragte 2005, 9).

Beim Rekurs auf Rechte und Verfassungsrecht wird einerseits der Anspruch Einzelner und Gruppen, speziell auch der Muslime, auf Grundrechte betont, stets aber auch mit der

---

286 Von ‚freiwillig‘ kann nur mit Einschränkungen gesprochen werden. Aufgrund des großen medialen Interesses am Verhalten von Migrantenvereinigungen und muslimischer Verbände ist davon auszugehen, dass jedes Ausbleiben eines solchen Bekenntnisses sofort registriert und als mögliche Negation der entsprechenden Werte oder Rechte gewertet wird.

Mahnung verbunden, das Grundgesetz müsse respektiert und akzeptiert werden, es sei unverhandelbar und bindend und begründe auch Pflichten (Schäuble/FAZ 2008, 4; Schäuble/SZ 2006, 2; Unabhängige Kommission ‚Zuwanderung' 2001, 236; Süssmuth 2008, 6). Muslimische Organisationsformen müssten den grundgesetzlichen Bestimmungen entgegenkommen und sich in das vorfindbare System eingliedern (Integrationsbeauftragte 2005, 8; Schäuble 2006, 1), die Regierung habe aber gleichwohl die Aufgabe, angemessene Kooperationsformen mit dem Islam auszuloten (Bundesregierung 2007a, 125). Zugleich wird häufig auf die staatliche Pflicht zur Gleichbehandlung der Religionen hingewiesen (Schäuble 2007a, 4; Unabhängige Kommission ‚Zuwanderung' 2001, 236; Integrationsbeauftragte 2005, 6).

Kategorie (2b): Staatspolitische Strategien zum Umgang mit Religion greifen (nicht) auf das Verhältnis von Kirche und Staat als grundlegende religionsrechtliche Rahmenbedingungen des jeweiligen Nationalstaats zurück

Die analysierten Texte berufen sich bei der Beschäftigung mit religionspolitischen Fragen mehrheitlich auf das spezifisch deutsche Verhältnis von Kirche und Staat. Dabei wird einerseits auf die Trennung zwischen Kirche und Staat (Stadt Wiesbaden 2002, 2; Zukunftskommission NRW 2009, 22) hingewiesen, andererseits auf die Partnerschaft, die geregelten Beziehungen, die Mitwirkung der Religionsgemeinschaften an öffentlichen Angelegenheiten und den intensiven Dialog zwischen ihnen (Schäuble 2007b, 1). Letzteres sei, historisch bedingt, in besonderer Weise geprägt vom Verhältnis zwischen *christlichen* Kirchen und Staat (Stadt Marburg 2008, 2). Bei der Frage nach der Positionierung des Islam in diesen Strukturen wird häufig ein Spannungsfeld skizziert zwischen der Vorbildfunktion der christlichen Kirchen und den Besonderheiten eines nicht-kirchlich verfassten Islam (Schäuble/FAZ 2008, 3, 4, 5; Schäuble 2007a, 5; Schäuble/SZ 2006, 1; Schäuble 2006, 2; Integrationsbeauftragte 2005, 7; Integrationsbeauftragte 2004, 9).

Kategorie (3b): Staatspolitische Strategien zum Umgang mit Religion greifen (nicht) auf Rechte für religiöse Minderheiten als grundlegende religionsrechtliche Rahmenbedingungen des jeweiligen Nationalstaats zurück

Die im Grundgesetz vorgesehene, privilegierte Möglichkeit für Religionsgemeinschaften, sich als Körperschaft des öffentlichen Rechts zu konstituieren, steht prinzipiell allen religiösen Vereinigungen offen, ist aber an bestimmte Voraussetzungen gebunden. Auf diese prinzipielle Offenheit, aber auch die Bedingungen für die Verleihung des öffentlich-rechtlichen Status' bezieht sich allerdings nur eine Textpassage. In dieser wird Wert auf die Feststellung gelegt, dass Religionsgemeinschaften auch ohne den Körperschaftsstatus in den Genuss der „tragenden Fundamente des Staatskirchenrechts" (Bundesregierung 2007a, 36) gelangen könnten. Ein anderes Dokument verweist darauf, dass die „Gewährleistung der freien Religionsausübung (...) eine wesentliche Voraussetzung für die Integration von Minderheiten" (Unabhängige Kommission ‚Zuwanderung' 2001, 235) sei.

Kategorie (4b): Staatspolitische Integrationsstrategien greifen (nicht) auf (verfassungs-) rechtliche Grundlagen für Integration zurück

Viele der Texte und Textpassagen mit integrationspolitischem Schwerpunkt greifen deutlich und oft wiederholt auf Grundrechte zurück, die sie explizit oder implizit als Voraussetzungen für Integration und für Integrationspolitik begreifen. Dazu gehören insbesondere das Recht auf Religionsfreiheit, Gleichberechtigung, Gleichstellung (in religiösen Angelegenheiten), Gleichheit oder Egalität und daraus abgeleitet Chancengleichheit, Menschenwürde sowie persönliche Entfaltungsfreiheit, Selbstbestimmung oder das Zugeständnis, die eigene kulturelle Identität nicht aufgeben zu müssen (Stadt Wiesbaden 2007, 1; Stadt Marburg 2008, 2; Süssmuth 2008, 5f.; CDU/CSU 2007, 2, 5, 7; Unabhängige Kommission ,Zuwanderung' 2001, 236; Integrationsbeauftragte 2005, 11; Bundesregierung 2007a, 3).

Kategorie (5b): Staatspolitische Integrationsstrategien greifen (nicht) auf nationale integrationspolitische Diskursmuster als grundlegende integrationspolitische Rahmenbedingungen des jeweiligen Nationalstaats zurück

Die analysierten Dokumente greifen nationale integrationspolitische Diskursmuster auf oder spiegeln solche wider, indem sie einerseits Varianten (1) einer deutschen Rechts- und Werteordnung, (2) einer deutschen Leitkultur und (3) eines christlichen Erbes in Deutschland beschreiben und indem sie andererseits (4) die Notwendigkeit einer Akzeptanz oder den Respekt vor diesen drei Elementen durch Personen und Gruppen mit Zuwanderergeschichte verlangen.

Ad (1): Eine deutsche Werteordnung, die im Integrationsdiskurs relevant sei, wird dabei zum einen als Werteordnung des Grundgesetzes direkt aus der Verfassung hergeleitet, wobei mit ,Werten' dann ,(Grund-) Rechte' gemeint sind, etwa wenn von der „Werteordnung des Grundgesetzes" (Stadt Marburg 2008, 2), den „Werte[n] des Grundgesetzes" (CDU/CSU 2007, 3), den „Wertvorstellungen des Grundgesetzes" (Unabhängige Kommission ,Zuwanderung' 2001, 236) oder der „Rechts- und Werteordnung" (Schäuble 2006, 2) die Rede ist. Zum anderen wird explizit eine Werteordnung postuliert, die über das Grundgesetz hinausgehe (Schäuble/FAZ 2008, 4) oder es werden allgemeine Werte genannt – etwa Solidarität, Gerechtigkeit, Toleranz, Eigenverantwortung oder Nächstenliebe (Stadt Wiesbaden, Pressetext). Daneben wird durchgehend auf die deutsche Rechtsordnung und die Verbindlichkeit der Verfassung und ihrer Rechte hingewiesen (s. o. 201).

Ad (2): Zwar beharrt kein Dokument auf einer Proklamierung einer deutschen Leitkultur, allerdings wird mit alternativen Begriffen hantiert: so sei eine „demokratische Leitkultur" (Süssmuth 2008, 5) notwendig, ein „Gesellschaftsvertrag" (Schäuble/SZ 2006, 2) solle abgeschlossen werden, nach dem Prinzipien und Regeln für alle verbindlich normiert werden, „gültige soziale Konventionen" (Schäuble 2006, 2) sollten eingehalten, „grundlegende Normen und Spielregeln unserer Gesellschaft" – umschrieben auch mit dem Begriff der „kulturellen Integration" (Zukunftskommission NRW 2009, 7) – akzeptiert werden und der „aus Traditionen und den Selbstverständlichkeiten des alltäglichen Zusammenlebens folgende Zusammenhalt der Bevölkerung in Deutschland" (CDU/CSU 2007, 3) sowie „westliche[r] Normen und Wertestandards" (Polizei/bpb 2005, 9) müssten aufrechterhalten werden.

Ad (3): Insbesondere die Reden des ehemaligen Innenministers Wolfgang Schäuble beschreiben und berufen sich auf die besondere Bedeutung und Prägekraft der christlichen Tradition und Ethik für westliche Kultur, Zivilisation und Lebensart, für einzelne Verfassungsgüter und die Verfassungsordnung (Schäuble 2006, 2; Schäuble 2007a, 4f.; Schäuble 2007b, 3).

Ad (4): Die Rechts- und Werteordnung und die Prinzipien, Normen, Konventionen oder Spielregeln seien von Personen mit Zuwanderergeschichte, insbesondere auch von Muslimen zu akzeptieren und zu respektieren (Unabhängige Kommission ‚Zuwanderung' 2001, 236; Schäuble 2006, 2; Schäuble 2007a, 5; Schäuble 2007b, 2; Zukunftskommission NRW 2009, 7; CDU/CSU 2007, 3); der Islam müsse seinen Platz finden in einer von christlicher Ethik geprägten Ordnung (Schäuble 2007a, 2). Regelmäßig wird auch ein Bekenntnis zu solchen Regeln und Konventionen verlangt, etwa in Form von Vereinbarungen mit vertragsähnlichem Charakter wie in Wiesbaden und Marburg (Stadt Wiesbaden 2007; Stadt Marburg 2008; Schäuble 2007b, 2). Schäuble hält darüber hinaus grundlegende Kenntnisse der christlichen Tradition für unverzichtbar (Schäuble 2007a, 5).

Kategorie (6b): Staatspolitische Integrationsstrategien greifen (nicht) auf den nationalen Umgang mit Minderheiten zurück

Die deutsche Integrationspolitik versteht sich nicht als Politik, die Minderheiten gesondert fördern möchte. Im Gegenteil wird regelmäßig auf die Notwendigkeit einer unmittelbaren Förderung von Individuen verwiesen, um segregativ wirkende Merkmale ethnischer Herkunft aufzubrechen, ein multikulturelles Gegeneinander zu verhindern und kulturelle Grenzlinien zu überwinden (CDU/CSU 2007, 6, 7, 10).

Kategorie (7b): Politik stellt aneignenden/abgrenzenden Vergleich zur Politik anderer Nationalstaaten her

Einige der deutschen Dokumente beinhalten thematische Vergleiche mit anderen Nationalstaaten, unter anderem mit Frankreich, Österreich, Spanien, Belgien, Großbritannien und den USA. Diesen Vergleichen liegen drei Intentionen zugrunde: (1) Entweder soll *ex negativo* die Besonderheit der deutschen Konstellation bei Integrations- und Religionsfragen herausgestellt werden. So wird gerne das französische Beispiel einer staatlich forcierten Ausbildung eines nationalen Muslimrates herangezogen und dem, von dem sich das deutsche Neutralitätsgebot und Selbstbestimmungsrecht der Religionsgemeinschaften abhebe (Schäuble 2007b, 2; Bundesregierung 2007a, 125); (2) oder es soll untersucht werden, ob sich positive Erfahrungen und Lösungsstrategien auf die deutschen Verhältnisse übertragen lassen. Dabei werden beispielsweise Überlegungen angestellt, ob das österreichische und spanische Modell repräsentativer islamischer Organisationen Vorbildcharakter haben könnte (Integrationsbeauftragte 2005, 7) oder inwiefern *best practice* Beispiele der Integration und rechtlichen Gleichstellung des Islam in anderen europäischen Staaten vorfindbar sind, wobei die Antwort hierauf wiederum auf die deutschen Spezifika abhebt: „Deutschland muss in den Gegebenheiten der verfassungsrechtlichen Regelungen zum Verhältnis zwischen Staat und Religionsgemeinschaften und der föderalen Struktur einen eigenen Weg für die Kooperation mit der islamischen Gemeinschaft finden" (Bundesregierung 2007a, 125). (3) Vergleiche zu anderen Staaten werden drittens in deskriptiver Absicht zur Verdeutlichung bestimmter Sachverhalte gezogen (Zukunftskommission NRW 2009, 19).

Zusammenfassung

Viele der deutschen Texte beziehen sich bei ihren integrationspolitisch oder religionspolitisch orientierten Ausführungen nachdrücklich und wiederholt auf die Verfassung sowie auf einzelne Grundrechte. Die genannten Grundrechte oder Verfassungsgüter im Zusammenhang mit religionspolitischen Textpassagen sind: Religionsfreiheit, Gleichbehandlung der Religionen durch den Staat, staatskirchenrechtliche respektive religionsverfassungsrechtliche Ordnung einschließlich Staat-Kirche-Verhältnis. Im Zusammenhang mit eher integrationspolitisch orientierten Textpassagen treten folgende verfassungsrelevante Aspekte auf: Chancengleichheit, Menschenwürde sowie persönliche Entfaltungsfreiheit und Selbstbestimmung, verbunden mit dem Zugeständnis, die eigene kulturelle Identität nicht aufgeben zu müssen. Die Nennung dieser Rechte erfolgt häufig nach einem bestimmten Schema: Wird auf einzelne, konkrete Grundrechte verwiesen, geschieht dies vor dem Hintergrund, die Geltung dieser Grundrechte ausdrücklich auch MigrantInnen, Muslimen oder Personen mit Migrationshintergrund zuzugestehen. Wird in allgemeiner Form auf das Grundgesetz oder die Verfassung hingewiesen, geschieht dies häufig, um von Muslimen oder Personen mit Migrationshintergrund die Akzeptanz, die Anerkennung oder den Respekt vor Verfassung und Grundgesetz einzufordern. Wird auf das Staatskirchenrecht verwiesen, ist damit häufig die Aufgabe des Staates sowie muslimischer Organisationen angesprochen, Lösungen für eine Institutionalisierung des Islam gemäß den Vorgaben des bestehenden Systems zu erarbeiten.

Häufig gekoppelt mit den Bezugnahmen auf die deutsche Rechtsgrundlage finden sich in den analysierten Texten auch Verweise auf Werte, Wertestandards, Normen, eine Leitkultur, bestimmte Konventionen und Spielregeln. Auch diesbezüglich wird eine Eingliederung und ein Entgegenkommen seitens der MigrantInnen oder muslimischen Bürger erwartet. Die Grundrechte und Verfassungsgüter – weniger eine spezifische Werteordnung – wird in vielen Texten als Besonderheit Deutschlands vorgestellt. Das spezifisch deutsche Staat-Kirche-Verhältnis mit seiner partnerschaftlichen Komponente wird im Zusammenhang mit einer Eingliederung des Islam als Herausforderung und Chance gleichermaßen ausgezeichnet. Eine direkte Abgrenzung von der Vorgehensweise anderer Nationalstaaten in Religions- und Integrationsfragen findet einzig gegenüber Frankreich statt.

5.4.2   Zusammenfassende typisierende Strukturierung für Frankreich

5.4.2.1   Das Prinzip der Laizität als Brücke zwischen französischer Religions- und Integrationspolitik [F1]

Kategorie (1a)-(4a): Integrationsbegriff

Der Integrationsbegriff, der in den ausgewählten französischen Dokumenten zum Tragen kommt, kreist um das Konzept der Republik und ihre zentralen Werte. Dabei wird die Republik selbst als *die* Integrationsagentur (HCI 2007, 18) gekennzeichnet. Sie wird weiter als Rahmenbedingung für die Möglichkeit von Integration konzipiert, da die Republik eine Grundlage für Chancengleichheit darstelle (HCI 2000, 23) und Chancengleichheit wiederum Voraussetzung für gelingende Integration sei (Chirac 2003, 4). Eine kritische Sicht auf eine republikanische Magie, „magie républicaine" (Jolly 2005, Vorwort), die allein für Integration sorge, wird in einem Dokument ausgedrückt: Vielmehr müssten auch weitere sozialkohäsive Elemente wie unter anderem die Religion im Integrationsprozess berücksichtigt werden.

Wenn von Integration die Rede ist, wird der Begriff überwiegend im Sinne einer Sozialintegration als Eingliederung von Individuen mit Migrationshintergrund in die Republik verstanden (HCI 2000, 76f.), stellenweise wird damit aber zugleich eine Integration im Sinne von nationaler Kohäsion oder gesamtgesellschaftlichem Zusammenhalt angesprochen. Es geht dann um das Zusammenleben (Debré 2003, 7), das gemeinschaftliche Bewusstsein, das Zugehörigkeitsgefühl zur nationalen Kollektivität (Debré 2003, 47) und den nationalen Zusammenhalt selbst (Chirac 2003, 4). Was Integration meint, wird bisweilen auch negativ definiert: Damit sei *nicht* die Aufgabe der eigenen kulturellen Identität (HCI 2009, 10) oder eine Akkulturation (HCI 2000, 76f.) gemeint.

Sind hier bereits Rahmenbedingungen für Integration angesprochen, insbesondere die *Cohésion nationale* als Ausgangspunkt und Ziel, sind die Mittel, durch die Integration vollzogen werden soll, ebenfalls eng an die Idee der Republik geknüpft: Der laizistische Pakt wird als Säule der sozialen Kohäsion und seine Akzeptanz als „condition *sine qua non*" (HCI 2000, 75) der Integration in die französische Gesellschaft bezeichnet. Durch einen Integrationsvertrag einschließlich verordneter Staatsbürgerkunde sollen ZuwanderInnen die Kenntnis, das Verständnis und den Respekt vor den Werten der Republik erlangen (HCI 2009, 8). Als solche werden sowohl Rechtswerte wie Freiheit und Gleichheit oder die Kenntnis der Menschenrechtserklärung in ihrer Bedeutung für die moderne Verfassung als auch der moralische Wert der Brüderlichkeit beziehungsweise Solidarität hervorgehoben. Die Symbole der Nation sollten im alltäglichen Leben eine größere Rolle spielen und dabei helfen, ein Zugehörigkeitsgefühl des Einzelnen zur Republik herzustellen, heißt es etwa von Seiten des HCI (HCI 2009, 9). Durch gegenseitiges Kennenlernen und wachsendes Verständnis für einander könne Respekt und Toleranz geübt werden. Dem Integrationsvertrag wird eine Bedeutung für die konkrete Umsetzung von Integrations zugeschrieben (LeMonde 08.01.2011, 5f.; Rossinot 2006, 51; HCI 2009, 32), die Schule als privilegierter Faktor für Integration und als Schmiede des zukünftigen Bürgers der Republik bezeichnet (HCI 2000, 72ff.; Rossinot 2006, 16ff.).

Kategorie (5a)-(7a): Religionsbegriff

Die Texte entwickeln keinen Religionsbegriff und legen auch keine Definition dessen zugrunde, was Religion in einer substantiellen Hinsicht bedeutet. Hingegen klingt stellenweise durchaus ein funktionaler Religionsbegriff an. So werden Botschaften, Leistungen und Funktionen von Religion für den Einzelnen und die moderne Gesellschaft angesprochen, aber auch Gefahren und Risiken thematisiert: Der Gott der Buchreligionen überbringe eine Botschaft der Großherzigkeit und Liebe, des Friedens und der Brüderlichkeit, der Toleranz und des Respekts (Sarkozy 2008b, 2ff.). Jede Zivilisation beruhe auf religiösen Wurzeln und auf Errungenschaften, die Religion erst hervorgebracht habe, etwa die Trennung zwischen Spirituellem und Weltlichem, der Respekt vor den Rechten der Person (HCI 2007, 45) und die Menschenwürde (Sarkozy 2008b, 2). Insofern müsse der laizistische Staat die Religionen honorieren und respektieren. Für den Einzelnen sei Religion ein natürliches Bedürfnis (ebd.) und ein mögliches Sozialisations- und Identifikationselement neben anderen (HCI 2000, 23; Jolly 2005, 21). Dieses Element könne allerdings dann überhand nehmen und der Integration schaden, wenn Religion ein Fluchtpunkt würde, über den sich das Zugehörigkeitsgefühl zur Republik verliere (Debré 2003, 71) oder durch den Segregationstendenzen entstünden (Rossinot 2006, 3). Die Bedeutung von Religion für das moderne Frankreich wird in einer Aussage des HCI zur wechselseitigen Abhängigkeit zwischen Republik und Religion folgendermaßen formuliert: „Ce qui alimente la soif de liberté, le sens de la dignité des hommes, c'est aussi toutes les spiritualités qui se sont épanouies grâce précisément à la laïcité"[287] (HCI 2007, 45).

Kategorie (8a): Religion nützt/schadet der Integration von MigrantInnen/wirkt (des-) integrierend

Trotz der teilweise zugestandenen positiven Funktion von Religion(en) für das Individuum und das moderne Frankreich, findet sich in wenigen Texten ein Hinweis darauf, dass Religion auch in ihrer Funktion für gelingende Integration unmittelbar zu schätzen sei. Während die Beziehung von Religion und sozialer Integration bei der Publikation des *Commissariat général du Plan* das eigentliche Thema darstellt und in verschiedenen Facetten beleuchtet wird (Jolly 2005), findet sich in den restlichen analysierten Dokumenten nur ein Text, der Religion, hier dem Islam, zutraut, verschiedene *soziale* Funktionen im Integrationsprozess zu übernehmen (HCI 2000, 23). Dies wird aber nur dahingehend konkretisiert, dass religiöse Praktiken und religiöse Zugehörigkeit auch soziale und identitätsstiftende Bedeutung hätten.

Hingegen findet häufiger die mögliche negative Rolle von Religion, religiöser Praxis und religiöser Zugehörigkeit für die Integration von muslimischen MigrantInnen Erwähnung. Diese Kritik bezieht sich auf Probleme oder Rechtsbrüche, die mit Religion in Zusammenhang stehen können, etwa die Beschneidung von Mädchen, Polygamie, Rassismus und Antisemitismus (HCI 2000, 36ff). Aber auch die Verweigerung von medizinischen Untersuchungen in Krankenhäusern aufgrund religiöser Zugehörigkeit wird als

---

287 [Was den Freiheitswillen und den Sinn der Menschenwürde begründet, sind auch die spirituellen Komponenten, die ihrerseits aufgrund der Laizität erst so erblühen konnten.]

konträr zur Laizität, als Faktor für Segregation und damit als Gefahr für gesellschaftliche Kohäsion eingestuft (Rossinot 2006, 24ff.). Die kritische Haltung gegenüber religiöser Praxis kristallisiert sich aber vor allem an der Kopftuchfrage. Das Kopftuchtragen sei oft eine Quelle von Konflikten und Division. Insbesondere in der Schule mit ihrer „mission intégratrice" [integrierenden Botschaft] und ihrem „objectif d'intégration" (HCI 2000, 77) [Ziel der Integration] stehe es in Kontrast zu deren ‚Mission', zur Neutralität und zum kritischen Bewusstsein (Commission Stasi 2003, 57). Die Schule als „sanctuaire républicain" [Heiligtum der Republik] (Chirac 2003, 7), als Instrument par excellence für die Verankerung der republikanischen Idee (ebd.), als Ort, wo Zusammenleben und *Citoyenneté* gelernt werden (Debré 2003, 7), wo sich das gemeinschaftliche Bewusstsein und das Zugehörigkeitsgefühl zur nationalen Kollektivität formen (Debré 2003, 47) und als „premier lieu de socialisation et parfois seul lieu d'intégration et d'ascension sociale"[288] (Commission Stasi 2003, 56) müsse das Prinzip der Laizität in besonderer Weise wahren (HCI 2007, 24; Chirac 2003). Auch hier sind die Argumentationen häufig verschachtelt: Das Kopftuch stünde den Integrationschancen entgegen, insbesondere im Hinblick auf die damit zum Ausdruck gebrachte Ungleichheit der Geschlechter und die daraus folgenden schlechteren Berufschancen (HCI 2000, 76f.). Es verletze außerdem das Prinzip der Laizität (Debré 2003, 11). Die Laizität aber ermögliche erst Integration, sozialen Frieden und nationalen Zusammenhalt (Chirac 2003, 1). Gerade Schule müsse ein Ort sein, wo das Prinzip der Laizität bewahrt und bestätigt werde (Debré 2003, 45; Rossinot 2006, 4).

Neben dem Kopftuch in Schulen wird in einem Text das Engagement von Muslimen in Vereinen im Hinblick auf Integrationsziele als ambivalent gewertet: Zwar könne die Vereinsbildung in einigen Fällen auch ein Zeichen der Anpassung sein, meist überwiegten aber partikulare Interessen und Ziele, die dafür sorgten, dass das Vereinsleben der französischen Gesellschaft nicht in dem Maße zugute komme, wie es möglich wäre (HCI 2000, 32). Orthodoxe, neofundamentale Tendenzen, insbesondere eine Reislamisierung seitens junger Muslime, die damit auf ihre prekäre soziale Situation reagierten, werden durchweg als Gefahr für gelingende Integration eingestuft (HCI 2000, 23f.; Debré 2003, 71).[289]

Kategorie (9a): Religionsgemeinschaften sollen sich einsetzen/setzen sich für die Integration von MigrantInnen/Mitgliedern ein

Aufgrund der sehr spärlichen Aussagen zu einer vermeintlich positiven Rolle von Religion im Integrationsprozess überrascht nicht, dass (muslimischen) Religionsgemeinschaften keine *konkreten* positiven Handlungsmöglichkeiten zugunsten einer gelingenden Integration zugetraut werden. Immerhin zwei Publikationen gehen in einer allgemeinen Art auf mögliche integrative Kräfte von Religiosität und Religionsgemeinschaften ein, die durch ein zugrunde liegendes Normensystem, durch zur Verfügung stehende Ressourcen, durch die solidarische Funktion der religiösen Gemeinschaft gegenüber sozial deprivierten Per-

---

288 [erster Ort der Sozialisation und manchmal einziger Ort für Integration und sozialen Aufstieg]
289 Diesbezüglich wird auch erwähnt, dass die Symptome (Reislamisierung) z. T. nicht auf religiöse Aspekte zurückzuführen seien, sondern auch auf Erfahrungen von Vertrauensverlust, Diskriminierung, sozialer Ungleichheit und auf psychologische Prozesse bei der Suche nach einer neuen Identität im Einwanderungsland (HCI 2000, 78).

sonen und Gruppen und durch gemeinnützige Aktivitäten vieler Religionsgemeinschaften geleistet werden könnten (Jolly 2005, 20ff., 26ff., 29; Machelon 2006, 49). Der Großteil der Texte geht aber nur indirekt von positiven Einflussmöglichkeiten von Religionsgemeinschaften auf Integration aus, insoweit als durch deren Konformität mit laizistischen Prinzipien eine mögliche desintegrative Wirkung kontrolliert oder eingeschränkt werden könne.

Kategorie (10a): Staatspolitische Strategien zum Umgang mit Religion beziehen Integrationszwecke mit ein

Die in den analysierten Dokumenten artikulierten Vorschläge, wie französische Strategien zum Umgang mit Religion zu einer Integration der MigrantInnen beitragen können, lässt sich unter zwei Bereiche[290] subsumieren: (1) die Institutionalisierung des Islam als Konzession an die Laizität und, eng damit verbunden, (2) die integrationsfördernden Potentiale, die die Laizität selbst in sich trägt.

Ad (1): Eine Institutionalisierung des Islam soll insbesondere in Form einer repräsentativen Vertretung der Muslime in Frankreich und einer strukturierten Ausbildung für französische Imame erreicht werden. Nicolas Sarkozy bezeichnet den französischen Muslimrat (CFCM) als „manifestation institutionnelle permettant à l'islam d'accéder à cette juste place que vous [die Muslime der *Grande Mosquée de Paris* werden hier direkt angesprochen] revendiquez (…), le CFCM est un facteur d'intégration et d'apaisement"[291] (Sarkozy 2007, 3). Auch die Ausbildung von Imamen auf französischem Boden wird ausgelegt als wichtiger Schritt in Richtung eines Islam, der mit laizistischen Werten kompatibel sei (HCI 2000, 69f.; Jolly 2005, 31). Imame mit einer laizistischen Zusatzausbildung könnten eine Botschaft des Friedens, der Nächstenliebe und des Respekts vor der Diversität überbringen (Sarkozy 2007, 4f), sie werden damit zu Botschaftern oder Vehikeln der französischen Integrationskultur. Aber auch die Anstellungsverhältnisse für religiöses Personal sollen angepasst werden, um eine bessere institutionelle Einbindung der Muslime in Frankreich zu ermöglichen (Machelon 2006, 37ff., 53ff., 59ff.). Ebenfalls sollen muslimische Geistliche in Gefängnissen, Krankenhäusern oder der Armee vermehrt rekrutiert werden (Commission Stasi 2003, 64). Es wird vorgeschlagen, in Anlehnung an die anderen Religionen und zu gleichen Bedingungen das Amt eines muslimischen Generalgeistlichen („aumônier général") (ebd.) zu schaffen. Die Institutionalisierung des Islam steht jedoch weniger unmittelbar, als vielmehr mittelbar über die dadurch demonstrierte Konformität mit den Regeln der Laizität im Dienste einer gelingenden Integration.[292] Eine unmittelbare Funktion von Religion oder religiösen Trägergruppen hingegen ergibt sich aus der ange-

---

290 Gemäß der Analyse des Textes des Commissariat général du plan (Jolly 2005) allerdings müsste eine weitere Dimension hinzugefügt werden, die sich aber so in keinem anderen Dokument findet: Hier wird eine komplexere Perspektive auf Integration gefordert, die das integrative Potential von Religionsgemeinschaften explizit einschließen solle. Religion sei ein wichtiger Faktor sozialen Zusammenhalts, indem sie zum einen durch die Zugehörigkeit zu einer Gruppe soziale Benachteiligungen abfedere, die andernfalls verstärkt zu sozialen Konflikten führten und indem zum anderen durch das zur Verfügung gestellte Normensystem auch soziale Bindekräfte und gemeinnützige Aktivitäten entfaltet würden.

291 [institutionelle Manifestation, die dem Islam erlaubt, genau den Platz einzunehmen, den Sie verdient haben (…), der CFCM ist ein Faktor der Integration und der Befriedung.]

292 Im Zuge der Herausbildung des CFCM war von allen daran beteiligten muslimischen Organisationen „ein Bekenntnis zum Laizitätsgrundsatz der Französischen Republik zu unterzeichnen" (Bloss 2008, 116).

nommenen Vorbildfunktion von Imamen. So bezeichnet der HCI eine staatliche Unterstützung bei der Schaffung von Ausbildungsmöglichkeiten für Imame als wichtigen Schritt und als Ausweg aus dem Problem, dass die Gläubigen nur die Wahl hätten, zwischen ausgebildeten Imamen, deren Integration in Frankreich nicht unbedingt gut sei oder Imamen aus Frankreich, die aber unzureichend ausgebildet seien (HCI 2000, 70).

Ad (2): Bereits in den Vorschlägen für eine Institutionalisierung des Islam wird deutlich, dass die Laizität ein zentrales Leitmotiv der staatlichen Bemühungen zugunsten einer verbesserten Integration von Muslimen ist. Gerade die Ausbildung eines nationalen repräsentativen Islamrat könne und solle zeigen, dass es keinen Konflikt gebe zwischen den Prinzipien der muslimischen Religion und der laizistischen Struktur mit ihren Anforderungen an eine adäquate rechtliche Organisation von Glaubensgemeinschaften (HCI 2000, 68; Jolly 2005, 12; Sarkozy 2008b, 10). Die Laizität wird darüber hinaus auch direkt als „l'un des moteurs les plus puissants d'intégration"[293] (Rossinot 2006, 6, 46) oder als „le levain de l'intégration de tous dans la société"[294] bezeichnet, indem sie zwischen der Anerkennung der individuellen Identitäten und deren kollektiven Bindungen vermittle (Commission Stasi 2003, 18). Die Laizität rufe dazu auf, gemeinsam über alle Partikularitäten hinauszuwachsen mit dem Ziel, in einem größeren, neutraleren und offenerem Raum zusammenzukommen (HCI 2007, 45; Jolly 2005, 32). Sie sei eine Konzeption des allgemeinen Wohlergehens und sichere das gemeinsame Zusammenleben im Sinne einer toleranten Republik, die den Anspruch hat, mit Pluralität und Diversität zurechtzukommen (Commission Stasi 2003, 7, 36; Jolly 2005, 34). Das Prinzip der Laizität diene der Integration, ja sei *das* essentielle Moment der republikanischen Integration (Debré 2003, 45; ähnlich Machelon 2006, 14).

Kategorie (11a): Staatspolitische Integrationsstrategien beziehen Religion mit ein

Die Auseinandersetzung französischer Integrationspolitik mit Religion ist ambivalent. Sie steht einerseits immer unter dem Vorbehalt, dass der grundlegende französische Integrationsmodus sich eigentlich gar nicht für Religion interessieren dürfte, da Integration nur über die „participation active et volontaire à la communauté nationale de différents individus"[295] (HCI 2000, 60) funktioniere und deren Konfession belanglos für die französische Gesellschaft zu sein habe. Gleichzeitig hält die verordnete strenge Neutralität des Staates gegenüber religiösen Angelegenheiten die staatlichen Stellen dazu an, bei steigender religiöser Pluralität aktiv für die Gleichbehandlung aller Religionen und ihrer Anhänger einzustehen. Andererseits drängt ein historisch bedingtes Unbehagen der Republik gegenüber Religion im Allgemeinen und die Sorge vor einer desintegrativen Wirkung kommunitaristischer Tendenzen[296] und fundamentalistischer Strömungen im Speziellen (Jolly 2005,

---

293 [einer der mächtigsten Motoren der Integration]
294 [Treibmittel der Integration der gesamten Gesellschaft]
295 [aktive und freiwillige Teilnahme der Individuen an der nationalen Gemeinschaft]
296 Der Begriff ,kommunitaristisch' bzw. ,communautariste' wird in Frankreich i. d. R. als Gegenbegriff zu einer aktiven und freiwilligen Partizipation verschiedener Individuen an der nationalen Gemeinschaft benutzt („participation active et volontaire à la communauté nationale de différents individus" HCI 2000, 60) und bezeichnet dann Forderungen von Gruppen nach einer spezifischen Anerkennung ihrer besonderen Rechte oder Lebensformen.

25ff.) zu einer Auseinandersetzung mit Religion, die sich zumeist als Kontrolle von Religion darstellt. Aus allen drei Aspekten, dem Postulat einer unmittelbaren Integration des Individuums in die Republik, der Gleichbehandlungspflicht und dem Bedürfnis des Staates nach Kontrolle von Religion erklärt sich, dass staatspolitische Integrationsstrategien eine Anerkennung oder Institutionalisierung von Religion, religiöser Praxis und Religionsgemeinschaften durchaus voranzutreiben suchen. Diese Einbeziehung von Religion verfolgt aber vor allem zwei Ziele: (1) die nationale Einheit und den Zusammenhalt sowie, damit zusammenhängend, die Verhinderung von Partikularitäten aufgrund kommunitaristischer Tendenzen von religiösen Gruppen und (2) den Respekt vor Diversität und Religionsfreiheit als Tribut an den religiösen *Citoyen* mit seinen Rechten und Pflichten. Aus beidem folgt die Notwendigkeit, neuen Religionen einen Platz zuzuweisen (Commission Stasi 2003, 66) oder sie auf ihren Platz zu verweisen (Jolly 2005, 34) auch als Aufgabe französischer Integrationsstrategien.

Ad (1): Mit dem Ziel der nationalen Einheit verbindet sich die Forderung, dass Religion sich im Einklang mit dem Prinzip der Laizität organisiere und unter Respektierung ihrer Regeln ausgeübt werde. Letzteres verbietet es etwa, dass eine Religion mit partikularistischen Interessen und missionarischen Ambitionen in den öffentlichen Raum ‚eindringt'. Soweit kann hier auf die Ausführungen zu einer geforderten Institutionalisierung des Islam etwa in Gestalt der Gründung eines nationalen Muslimrats (Debré 2003, 43), der Ausbildung von Imamen in Frankreich (Chirac 2003, 6) oder auf das Kopftuchverbot an Schulen verwiesen werden (Debré 2003; Commission Stasi 2003). Wurden diese Maßnahmen in den Ausführungen oben (s. o. 207f.) noch als religionspolitische Strategien beschrieben, so stehen sie gleichsam im Dienste französischer Integrationspolitik (HCI 2000).

Ad (2): Mit dem Ziel des Respekts vor religiöser Diversität und, damit zusammenhängend, der Gleichheit aller Religionen sowie der Beachtung des Rechts auf Religionsfreiheit verbinden sich Forderungen nach Toleranz gegenüber Verschiedenheit und nach einer Gleichstellung der Religionen (Jolly 2005, 34). Um dem Islam einen Platz in der Republik zuzuweisen werden in diesem Sinne verschiedene Gleichstellungsmaßnahmen wie die Rekrutierung von muslimischen Geistlichen in öffentlichen Einrichtungen, die Verbesserung der Rahmenbedingungen für muslimische Beerdigungsriten oder die Erleichterung der Errichtung von Gotteshäusern vorgeschlagen (HCI 2000, 43f., 60ff.; Commission Stasi 2003, 40; Chirac 2003, 6; Jolly 2005, 15). Mit einer bekenntnisübergreifenden religiösen Unterweisung in der Schule soll der Respekt vor religiöser Diversität gefördert werden (Chirac 2003, 5f.; Commission Stasi 2003, 63; Rossinot 2006, 50). Auch eine Förderung des interreligiösen Dialogs wird in einem Text wiederholt befürwortet (Jolly 2005, 22, 29, 30, 32).

Beide integrationspolitischen Ziele, die nationale Einheit und der Respekt vor Diversität sowie Religionsfreiheit verbinden sich im Vorschlag, eine höhere Schule für islamische Studien einschließlich eines Informations- und Dokumentationszentrums aufzubauen. Diese soll die Möglichkeit einer Reinterpretation des Islam im französischen Kontext und einer kritisch-wissenschaftlichen Auseinandersetzung mit dem Islam eröffnen sowie die – auch auf das Prinzip der Laizität hin reflektierte – Lehre des Islam der Öffentlichkeit zugänglich machen (Commission Stasi 2003, 63; ähnlich HCI 2000, 71).

Kategorie (12a)-(13a): Politik zielt auf eine Stärkung der Rolle von
Religionsgemeinschaften in der Zivilgesellschaft/Politik zielt auf die rechtliche
Gleichstellung und/oder Institutionalisierung wenig etablierter Religionsgemeinschaften

Wenige Beiträge diskutieren explizit mögliche positive Beiträge, die religiöse Gemeinschaften für die Gesellschaft leisten können (Jolly 2005, 21ff.; Sarkozy 2008b, 15ff.;
Machelon 2006, 49). Noch seltener werden aus dieser Beobachtung politische Forderungen
abgeleitet, etwa in Richtung einer gezielten Unterstützung dieser positiven Beiträge. Solche
Vorschläge artikulieren dann eher das Ziel, die Rechtsformen für religiöse Gemeinschaften
so zu flexibilisieren, dass sich zusätzliche gemeinnützige Aktivitäten nicht negativ auswir-
ken auf die finanzielle Situation eines Vereins (Machelon 2006, 49; Sarkozy 2008b, 148ff.).
Die Vorschläge zu einer Verbesserung der Position von Religionsgemeinschaften in der
Zivilgesellschaft bleiben also marginal. Beim Großteil der Texte überwiegt der kritische
Blick auf – zumal religiöse – Kollektive, die als potentielle Quelle für einen kommunita-
ristischen Rückzug aus der Gesellschaft und als Störfaktor für die direkte Integration des
Individuums angesehen werden.

Hingegen gibt es weit mehr Empfehlungen zur Institutionalisierung des Islam über die
oben genannten Instrumente: Ausbildung eines muslimischen Repräsentativorgans, Verbesserung und Kontrolle der Imam-Ausbildung oder Einstellung muslimischer ‚Seelsorger‘
in öffentlichen Einrichtungen. Als Grund für die staatlichen Anstrengungen um eine
verstärkte Teilhabe von muslimischen Geistlichen etwa im ‚Seelsorgebereich‘ von Armee
und Krankenhäusern wird nur einmal auch explizit Wertschätzung genannt (Sarkozy 2007,
2), als Ziel der Institutionalisierungsbemühungen werden teilweise die Gleichstellung mit
anderen Religionsgemeinschaften und die freie Religionsausübung formuliert (Commission
Stasi 2003, 39f., 64f.; Chirac 2003, 5), vor allem aber geht es um die Demonstration einer
Kompatibilität des Islam mit der Laizität (Sarkozy 2007, 3).

Kategorie (14a): Staatspolitische Strategien zum Umgang mit Religion dienen der (Inneren)
Sicherheit

Französische Strategien zum Umgang mit Religion verfolgen auch Interessen der inneren
Sicherheit. Dabei finden sich in den analysierten Dokumenten zwei miteinander zusammenhängende Bezugsgrößen für das Verhältnis von Sicherheit und Religionspolitik: (1)
Zum einen werden die religionsrechtlichen Grundlagen selbst als notwendig oder hilfreich
für Sicherheitspolitik herausgestellt, (2) zum anderen werden konkrete Entwicklungen aus
dem Feld der Religionspolitik hervorgehoben.

Ad (1): Auch hier sind es wieder die republikanischen Prinzipien oder Werte, die als
der Sicherheit zuträglich beschrieben werden, allen voraus die Laizität. Sie wird als „élé-
ment crucial de la paix sociale et de la cohésion nationale"[297] bezeichnet (Chirac 2003, 4;
ähnlich bei Rossinot 2006, 12 und HCI 2009, 28). Erst die Trennung von Kirche und Staat
garantiere ein friedvolles Miteinander (Sarkozy 2008b, 22f). Auch Religionsgemeinschaften und deren Tätigkeiten werden, soweit sie sich mit dem laizistischen System als
komptibel erweisen, eine positive Wirkung für sozialen Frieden zugetraut (Jolly 2005, 35).

---

297 [entscheidendes Element des sozialen Friedens und der nationalen Kohäsion]

Aber auch die Anerkennung religiöser Diversität durch den Staat wird als Voraussetzung für Frieden betrachtet (Sarkozy 2008b, 3). Ad (2): Zu den konkreten religionspolitischen Aktivitäten, die der inneren Sicherheit dienen, kann die Bildung des nationalen Muslimrates gezählt werden, der als Faktor für Frieden bewertet wird, indem er die Friedfertigkeit muslimischen Glaubens aufzeige (Sarkozy 2007, 3ff). Ebenso könne sich die behördliche Unterstützung bei der Errichtung von Gebetsräumen (Machelon 2006, 19ff.) oder die Förderung interreligiöser Begegnung positiv auf den sozialen Frieden auswirken (Jolly 2005, 22). Aber auch die Verabschiedung des Gesetzes vom 15. März 2005 zum Verbot von ‚ostentativen' religiösen Zeichen an Schulen wird als der öffentlichen Ordnung zuträglich bewertet, da es den laizistischen Frieden an Schulen wiederherstelle (HCI 2007, 10).

Kategorie (15a): Staatspolitische Integrationsstrategien dienen der (Inneren) Sicherheit

Französische Integrationsstrategien, soweit sie sich aus den analysierten Dokumenten rekonstruieren lassen, artikulieren klar sicherheitspolitische Interessen: So wird auf den empirischen Zusammenhang zwischen erfolgreicher Integration und Kriminalitätssenkung hingewiesen (Sarkozy 2008b, 129) sowie auf den theoretischen Zusammenhang zwischen einer Politik der Gerechtigkeit und der Vermeidung von Hass, der durch Ungerechtigkeit entstehe (Sarkozy 2008a, 4). In ähnlicher Weise wie bei der Verknüpfung von Religions- und Sicherheitspolitik wird auch hier das grundsätzliche Integrationspotential des republikanischen Staates und seiner Werte der Gefahr des Extremismus entgegengestellt (Commission Stasi 2003, 6f.).

Zusammenfassung

Die Dokumentenanalyse für Frankreich ergibt, dass sowohl staatspolitische Strategien zum Umgang mit Religion als auch staatspolitische Integrationsstrategien jeweils für sich und in ihrer Beziehung untereinander in einer zirkulären Weise auf das republikanische Prinzip und dessen Unterprinzipien ausgerichtet sind.

Die Republik und mit ihr zusammenhängende Werte werden regelmäßig als (1) Voraussetzung, (2) Mittel oder Instrument und (3) Ziel von und für *Integration* bestimmt. Ad (1): Demnach müssen staatspolitische Integrationsstrategien die Beachtung und Umsetzung des republikanischen Prinzips vorantreiben, um fruchtbar zu werden. Ad (2): Die Republik und ihre Werte werden zudem als Elemente bestimmt, die den substantiellen Gehalt der französischen Nation selbst ausmachen und bieten sich somit als Instrumentarium für die Entwicklung eines Zusammengehörigkeitsgefühls zwischen Individuen an. Ad (3): Die Republik und ihre Werte werden aber immer auch als ein Ziel angeführt, welches nur dann erreicht werden kann, wenn Sozial- und Systemintegration tatsächlich gelingen. Das wird in der häufig formulierten Warnung deutlich, dass etwa kommunitaristische Tendenzen eine Gefahr für die republikanische Integrität bedeuten.

Auch staatliche Strategien zum Umgang mit Religion rekurrieren deutlich und regelmäßig auf republikanische Prinzipen und auch hier werden die republikanischen Werte – allen voran die Laizität – abwechselnd aus je einer der oben genannten drei Perspektiven indiziert: Ad (1a): Die Republik bietet allen Religionen theoretisch gleiche, aber auch in gleicher Weise begrenzte Möglichkeiten, sich zu entfalten. Eine staatliche Förderung bleibt grundsätzlich allen Religionen versagt und alle religiösen Bekundungen müssen im Privaten verbleiben. Neben der Gleichheit wird auch die Freiheit – ebenfalls zentraler Wert der Republik – in Form der Religionsausübungsfreiheit als durch die Laizität erst ermöglichte Freiheit bestimmt. Damit sind Freiheit, Gleichheit und Laizität ausgesprochene oder unausgesprochene Voraussetzungen jedes religionspolitischen Handelns. Setzen staatspolitische Strategien zum Umgang mit Religion also die Beachtung der republikanischen Grundregeln seitens der Religionsgemeinschaften voraus und bekennen sie sich selbst zu diesen unverhandelbaren Grundlagen, so [ad (2a)] orientieren sich auch ihre Mittel oder Instrumente an der Forderung nach einer Beachtung oder Umsetzung der republikanischen Prinzipien und Werte, insbesondere der Laizität. Entsprechend deutlich sind die religionspolitischen Maßnahmen auch stets darauf ausgerichtet, Institutionalisierungsvorgänge von ‚neuen' Religionsgemeinschaften, insbesondere dem Islam anzuregen, die ihnen beziehungsweise ihm zu einem Platz in der Republik ‚verhelfen': Ein sich nach demokratischen Vorgaben konstituierender nationaler Muslimrat ist nur ein, aber sicherlich das am häufigsten angeführte Beispiel hierfür. Ad (3a): Und letztlich ist auch hier das Ziel der staatspolitischen Strategien zum Umgang mit Religion die Aufrechterhaltung oder Wiederherstellung der republikanischen, insbesondere der laizistischen Ordnung. Dies zeigt sich vor allem anhand der französischen Diskussion um das Kopftuch bei Schülerinnen, welche letztlich mit dem Gesetz von Februar 2004 zu einem ausnahmslosen Kopftuchverbot an staatlichen Schulen führte.

Die spezifische französische Konzeption staatlicher Neutralität, die Laizität, nimmt in den analysierten Texten eine *Brückenfunktion* zwischen Religions- und Integrationspolitik ein. Fungiert sie auf der einen Seite als ein unverzichtbarer Pfeiler französischer Integrationspolitik – in der oben beschriebenen Weise gleichsam als Voraussetzung, Mittel und Ziel sowohl im Sinne von Sozial- als auch Systemintegration – zeigt sich die Laizität im Lichte der analysierten Texte zugleich als zentrale Geltungs- und Gestaltungskomponente französischer Religionspolitik. Die in den Texten teils implizit, teils explizit zum Ausdruck kommende Verflechtung französischer Integrations- und Religionspolitik kristallisiert sich deutlich am Prinzip der Laizität. In ganz ähnlicher Weise wie es bei staatspolitischen Strategien zum Umgang mit Religion unter anderem darum geht, den Islam in das laizistische System einzufügen und muslimische Funktionsträger zu Botschaftern der republikanischen Lehre zu machen, zielen auch staatspolitische Integrationsstrategien darauf ab, dem Islam einen Platz in der Republik zuzuweisen, die Kompatibilität zwischen Islam und Laizität nach außen und nach innen unter Beweis zu stellen und Imame als Vorbilder für gelungene Integration zu präsentieren. Die Verflechtung von Religions- und Integrationspolitik ergibt sich in Frankreich als logische Folge aus dem republikanischen Integrationsmodus. Sie ist nicht das Produkt einer eigens entwickelten staatspolitischen Strategie, um die Effekte beider Politiken gegenseitig zu verstärken, sondern folgt aus dem primär wertorientierten Ansinnen, die republikanischen Prinzipien zu konservieren, das sekundär mit dem Zweck behaftet ist, die nationale Einheit angesichts von aktuellen Risiken gesellschaftlicher Fragmentierung und konkurrierender Regierungsmodelle aufrechtzuerhalten.

5.4.2.2   Verweise auf Rechte, Werte und Prinzipien: Die Reproduktion der Republik [F2]

Kategorie (1b): Staatspolitische Strategien zum Umgang mit Religion greifen (nicht) auf verfassungsrechtliche Dimensionen als grundlegende religionsrechtliche Rahmenbedingungen des jeweiligen Nationalstaats zurück

Die analysierten französischen Dokumente weisen in ihren religionspolitischen Argumentationen Bezüge zu unterschiedlichen (verfassungs-)rechtlichen Dimensionen auf. Diese unterschiedlichen Dimensionen kumulieren in der Betonung der Notwendigkeit der Beibehaltung und Aktualisierung der Laizität als (1) Rechtsgrundsatz und rechtliche Regulationsinstanz und als (2) Trägerin von Werten.

Ad (1): In einem deskriptiven Sinn wird darauf hingewiesen, was Laizität ausmache. Dabei wird argumentiert, dass Laizität in einem Zusammenhang zu anderen Rechten oder Rechtsgrundsätzen der Republik stehe, etwa zur Neutralität des Staates, zur Religionsfreiheit oder zur Meinungsfreiheit (Commission Stasi 2003, 3; Sarkozy 2008b, 203). Laizität wird häufig auch begriffen als Regulationsinstanz zwischen dem Recht des Einzelnen auf (Religions-) Freiheit einerseits und der Pflicht des Staates, Neutralität zu wahren (HCI 2000, 58, 72; HCI 2007, 12) und die öffentliche Ordnung aufrechtzuerhalten (HCI 2000, 59; Commission Stasi 2003, 21, 58) andererseits. Der Respekt des Staates vor allen Religionen wird als verfassungsrechtlicher Grundsatz regelmäßig hervorgehoben (Chirac 2003, 6; Sarkozy 2008a, 2; Commission Stasi 2003, 60; Debré 2003, 63).

Ad (2): Das Prinzip der Laizität wird als eigenständiger Wert (HCI 2009, 63, 79) oder als Träger und Eckpfeiler von Werten (Chirac 2003, 2; Debré 2003, 64) beschrieben. Laizität wird in diesem Sinne in einen direkten Zusammenhang zu anderen Werten wie Brüderlichkeit, Respekt vor Pluralismus, Anerkennung von Diversität, nationale Identität (Commission Stasi 2003, Vorwort, 3), Toleranz oder Dialog (Chirac 2003, 2) gestellt. Häufig wird argumentiert, dass die Laizität – insofern sie Unterschiede, Pluralismus und Diversität respektiere und achte (Commission Stasi 2003, 18) – die Einheit der Republik ermögliche (Commission Stasi 2003, 4), den Zusammenhalt zwischen den Staatsbürgern (Commission Stasi 2003, Vorwort, 3), den sozialen wie nationalen Zusammenhalt sichere oder verstärke (Sarkozy 2008b, 204f.; Chirac 2003, 6; Rossinot 2006, 46ff.) und die nationale Identität mit konstituiere (Commission Stasi 2003, 36; Chirac 2003, 1).

Kategorie (2b): Staatspolitische Strategien zum Umgang mit Religion greifen (nicht) auf das Verhältnis von Kirche und Staat als grundlegende religionsrechtliche Rahmenbedingungen des jeweiligen Nationalstaats zurück

Das Verhältnis von Kirche und Staat im modernen Frankreich ist rechtlich gestaltet durch das Prinzip der Laizität und das Trennungsgesetz von 1905. Auch vor dem Hintergrund der Frage, wie der Islam mit bestehenden Rechtsstrukturen vereinbar sei, wird das Trennungsgesetz als juristische Grundlage herangezogen und dessen fortwährende Geltung weitgehend bestätigt (Sarkozy 2007, 2; HCI 2000, 5; Commission Stasi 2003, 61). Immerhin in drei Dokumenten wird eine Modifizierung des Trennungsgesetzes vorgeschlagen, die es unter anderem erlaube, innerhalb der rechtlichen Organisationsform für religiöse Vereine auch deren gemeinnützige Tätigkeiten zu berücksichtigen und durch den Staat finanziell zu honorieren (Jolly 2005, 23; Machelon 2006, 48ff.; Sarkozy 2008b, 147ff).[298]

Kategorie (3b): Staatspolitische Strategien zum Umgang mit Religion greifen (nicht) auf Rechte für religiöse Minderheiten als grundlegende religionsrechtliche Rahmenbedingungen des jeweiligen Nationalstaats zurück

Der Grundtenor vieler Texte liegt darin, im Rahmen bestehender – allenfalls leicht zu modifizierender – Gesetze und Strukturen die besondere Situation von religiösen Minderheiten zu berücksichtigen (Sarkozy 2007, 2, 4; Sarkozy 2008b, 147ff.; HCI 2000, 5, 23, 61, 76f.; Commission Stasi 2003, 18, 21; Machelon 2006; Jolly 2005, 23). Direkte Sonderrechte für religiöse Gruppen existieren dagegen in Frankreich nicht und werden auch in den Dokumenten entweder nicht diskutiert oder ausdrücklich zurückgewiesen (HCI 2000, 23, 76f.). Sonderrechte, die aufgrund von religiösen Vorschriften zugunsten einer religiösen Gruppe die Mehrheit beeinträchtigen könnten, werden mehrfach als kommunitaristische Risiken oder Tendenzen eingestuft und zurückgewiesen. Solche Risiken seien etwa die Forderung nach gesonderten Schwimmbereichen oder gesonderten Schwimmzeiten nur für Frauen, die (Debré 2003, 44, 78; Machelon 2006, 14; Sarkozy 2008b, 204) oder die Forderung muslimischer Patientinnen nach medizinischen Behandlungen durch weibliches Personal in Krankenhäusern (Rossinot 2006, 24).

Kategorie (4b): Staatspolitische Integrationsstrategien greifen (nicht) auf (verfassungs-) rechtliche Grundlagen für Integration zurück

Die integrationspolitisch orientierten Dokumente oder Passagen greifen auf (verfassungs-) rechtliche Grundlagen für Integration zurück, indem sie ihren Ausführungen regelmäßig bestimmte Werte, Rechte, Rechtsgrundsätze und Pflichten zugrunde legen. Als relevant für das französische Integrationsmodell werden folgende Werte genannt: Brüderlichkeit, „citoyenneté" (HCI 2000, 7), der Respekt vor Differenzen und die Wertschätzung von Diversität (Chirac 2003, 1). Es werden folgende Rechte und Rechtsgrundsätze genannt: Freiheit, Gleichheit, Laizität (Machelon 2006, 14) einschließlich Gewissensfreiheit (HCI 2000, 5, 56; Jolly 2005, 11) und Gleichberechtigung von Mann und Frau (Chirac 2003, 2; HCI 2009, 5). Einige Texte stellen außerdem die Notwendigkeit des Respekts der öffentlichen Ordnung heraus. Die Dokumente bezeichnen zugleich die Einheit der französischen Nation und die Unteilbarkeit der Republik als Ziel und Antrieb integrationspolitischer Bemühungen (HCI 2000, 60; Rossinot 2006, 3).

Beide Dimensionen, die *Werte und Rechte* und die *Einheit der Nation* werden in einigen Texten unter integrationspolitischen Gesichtspunkten nach folgendem Schema miteinander verknüpft: Die französischen Werte und Rechte begründen den republikanischen Pakt, der wiederum die nationale französische Identität ausmache (HCI 2009, 10) und die Einheit der Nation sichere. Die Integration des Individuums in Frankreich erfolge unmittelbar und durch Kenntnis, Verständnis und Akzeptanz oder Respekt vor den Werten und

---

298 Eine solche Reform wurde bis heute nicht eingeleitet (Le Monde 04.04.2011).

Rechten der Republik (HCI 2009, 48, 71) sowie durch die freiwillige und aktive Partizipation des Einzelnen in der französischen Gesellschaft (HCI 2000, 60).

Kategorie (5b): Staatspolitische Integrationsstrategien greifen (nicht) auf nationale integrationspolitische Diskursmuster als grundlegende integrationspolitische Rahmenbedingungen des jeweiligen Nationalstaats zurück

Die in den Texten zu findenden nationalen integrationspolitischen Diskursmuster gruppieren sich um die Vorstellung gemeinsamer republikanischer Werte. Während einerseits die Notwendigkeit einer nationalen Einheit bekräftigt wird, wird andererseits die Diversität als – auch historisches – Faktum und Wert gleichermaßen betont (Commission Stasi 2003, Vorwort, 2, 17; HCI 2007, 21). Die französischen Werte – Brüderlichkeit, Gleichheit, Toleranz, Respekt (Chirac 2003, 4) und Laizität (Commission Stasi 2003, Vorwort v. Chirac, 3) – ermöglichten dabei sowohl Diversität als auch nationale Einheit (Chirac 2003, 3). Diversität wiederum wird als Herzstück französischer Identität (ebd.) vorgestellt und wird damit selbst als konstitutiv für die nationale Einheit bezeichnet. Der primäre Integrationsmodus der Republik kreist um das französische Staatsbürgerschaftskonzept (Commission Stasi 2003, 15), das Staatsbürgerschaftskonzept wiederum korreliere mit dem Konzept der nationalen Identität (HCI 2009, 10) und der Laizität (Rossinot 2006, 12). Entsprechend wird die Republik bezeichnet als Republik aller Staatsbürger; nur durch einen unmittelbaren Integrationsmodus im Sinne der *citoyenneté* und der *laïcité* könne die Integration von Individuen erfolgen, ohne partikularistischen und kommunitaristischen Risiken Raum zu geben (HCI 2000, 7).

Kategorie (6b): Staatspolitische Integrationsstrategien greifen (nicht) auf den nationalen Umgang mit Minderheiten zurück

Die Texte schließen in der Regel die Möglichkeit einer Integration von Individuen in die Republik durch die Vermittlung über Gemeinschaften oder Kollektive kategorisch aus. Die nationale Gemeinschaft definiere sich nicht durch ein Mosaïk von Gemeinschaften, sondern durch das Plebiszit der Staatsbürger, heißt es beispielsweise seitens des HCI bereits im Jahr 2000 (HCI 2000, 7, 23, 76f.).

Kategorie (7b): Politik stellt aneignenden/abgrenzenden Vergleich zur Politik anderer Nationalstaaten her

Viele der Dokumente stellen Vergleiche zu anderen Nationalstaaten her, darunter zu Spanien, Belgien, Großbritannien, Deutschland, Italien, Niederlande, Griechenland, Dänemark, Luxemburg, Österreich, Schweden, Portugal und auch zu den Vereinigten Staaten. Die Vergleiche erfolgen meist mit der Absicht, die Besonderheiten und einmaligen Entwicklungen in Frankreich darzustellen. Häufig soll dadurch auf die tatsächlichen oder theoretischen Vorzüge der französischen Religions- und Integrationspolitik hingewiesen werden. In diesem Sinne wird etwa die historisch einmalige Entwicklung zu einer Republik angesprochen (Debré 2003, 28; HCI 2007, 14), die Laizität als Ausnahme oder Spezifikum

Frankreichs genannt (HCI 2007, 15ff; Commission Stasi 2003, 5; Debré 2003, 4, 28ff.) und das französische Selbstverständnis herausgestellt, ein Integrationsland zu sein, über eine „force de notre identité culturelle française"[299] zu verfügen und lange Erfahrungen mit Migration vorweisen zu können (HCI 2009, 51; Commission Stasi 2003, 35). Vereinzelt werden auch Parallelen zu anderen Nationalstaaten aufgezeigt, insbesondere wenn auf ähnliche Probleme aufgrund von Migration und der Pluralisierung der religiösen Landschaft hingewiesen wird (Commission Stasi 2003, 35).

Zusammenfassung

Die analysierten Dokumente greifen regelmäßig auf Rechte, Rechtsgrundsätze, Prinzipien und Werte zurück, die nationalstaatliche Weichenstellungen markieren. Folgende *Rechte oder Rechtsgrundsätze* werden genannt: Gleichheit – insbesondere Gleichheit und Gleichberechtigung von Mann und Frau, Gleichbehandlung aller Religionen und Weltanschauungen, Chancengleichheit –, Laizität – stellenweise auch als Wert oder Prinzip bezeichnet –, das Trennungsgesetz von 1905, Freiheit – insbesondere persönliche Freiheiten wie Religions- und Gewissensfreiheit und Meinungsfreiheit. Folgende *Werte* werden genannt: Toleranz, Brüderlichkeit, Respekt vor Unterschieden, bisweilen auch Diversität – als Faktum und als Wert. Folgende *Prinzipien* werden hervorgehoben: *citoyenneté*, Einheit der Republik oder der Nation, französische Identität, Republik, republikanischer Pakt, republikanischer Integrationsmodus (im Sinne der *citoyenneté*), öffentliche Ordnung. Erwartet werden vom Einzelnen dessen freiwillige und aktive Partizipation sowie die Akzeptanz oder der Respekt vor den Werten, Rechten und Prinzipien der Republik und die Wahrung der öffentlichen Ordnung.

Die genannten Werte, Rechte, Rechtsgrundsätze und Prinzipien werden in den Texten nach flexiblen, aber aufeinander bezogenen Modi miteinander verknüpft. Diese Verknüpfungen lassen sich typologisch folgendermaßen darstellen: Französische Rechte, Werte und Prinzipien konstituieren nationale Identität. Nationale Identität schafft nationalen und sozialen Zusammenhalt und ist Mittel und Ziel des republikanischen Integrationsmodus. Französische Rechte sichern Chancengleichheit; Chancengleichheit wiederum ist Voraussetzung für Integration. Der republikanische Integrationsmodus per *citoyenneté* ermöglicht nationale Einheit. Die Einheit der Republik basiert auf den Grundlagen der Republik und sichert diese ihrerseits. Die Grundlagen der Republik sind vor allem Gleichheit, Freiheit, Brüderlichkeit und Laizität. Laizität ermöglicht Diversität und Integration. Diversität und Integration sind ‚genuine' Kennzeichen Frankreichs und Teil der französischen Identität. Laizität ermöglicht (und beschränkt) Religions- und Gewissensfreiheit. Diese multiplen Verknüpfungen sind dergestalt, dass sich die einzelnen Elemente in einer mehrfachen Weise aufeinander beziehen, indem sie sich gegenseitig hervorbringen, benötigen und/oder bestätigen.

Neben solchen positiven und affirmativen Aspekten finden sich auch Verweise auf nationalstaatliche Weichenstellungen, mittels derer auf eine negative Weise durch Abgrenzung Position bezogen wird. Insbesondere gehört hierzu die in fast allen Dokumenten oft wiederholt artikulierte Abwehr einer Politik, die kommunitaristische Tendenzen

---

299   [eine Kraft unserer kulturellen französischen Identität]

fördere. Aber auch durch die in den Dokumenten vorgenommenen Vergleiche zur Politik anderer Nationalstaaten werden Abgrenzungen oder Differenzen gegenüber diesen beschrieben und die Vorzüge der französischen Religions- und Integrationspolitik herausgestellt; auch hier sind das insbesondere Republik, Laizität und das Selbstverständnis, dass die Republik eine maximale Integrationskraft in sich trage.

5.4.3 Zusammenfassende typisierende Strukturierung für das Vereinigte Königreich

5.4.3.1 Die Unterstützung zivilgesellschaftlicher Kräfte als Leitprinzip britischer Religions- und Integrationspolitik [F1]

Kategorie (1a)-(4a): Integrationsbegriff

Die analysierten britischen Dokumente operieren meist mit dem Begriff der *Community Cohesion*, der in etwa *dem Gebrauch* – nicht der Bedeutung – des Begriffs ‚Integration' oder ‚intégration' in der deutschen und französischen Innenpolitik entspricht. Mit dem Begriff ‚Community Cohesion' wird die dem Begriff ‚Integration' implizite Richtungsangabe – die Zuführung außenstehender Individuen oder Gruppen *in* eine bereits bestehende größere Einheit – vermieden. Der Begriff ‚Community Cohesion' ist damit offener und niederschwelliger als der Integrationsbegriff. Er ist mehr auf das *Verfahren* ausgerichtet – nämlich die Aktivierung kohäsiver Kräfte –, weniger auf das Ziel, also die Integration im Sinne von Ordnung. In den Dokumenten neueren Datums taucht neben *Community Cohesion* verstärkt der Begriff ‚Integration' auf. Der Name der im Jahr 2006 berufenen *Commission on Integration and Cohesion* verweist auf die Verbundenheit und Gleichrangigkeit beider Begriffe. Auch wird im Jahr 2008 durch eine ‚neue' Definition von *Community Cohesion* deutlich gemacht, dass Integration eine größere Bedeutung zugemessen werde (DCLG 2008c, 10; s. o. 91).

In den Dokumenten werden verschiedene Ansätze und Maßnahmen vertreten, wie kohäsive Kräfte aktiviert und wie erfolgreiche Integration gefördert werden könnte. Diese Ansätze lassen sich in eine *rechtliche*, eine *soziale*, eine *normative* und eine *emotionale* Dimension unterteilen. Die *rechtliche* und, damit eng verbunden, die *soziale* Dimension zielt auf die Herstellung von Chancengleichheit und Gleichbehandlung (auch *Race Equality*), unabhängig vom jeweiligen kulturellen, ethnischen und religiösen Hintergrund der Personen oder Gruppen (LGA 2002b, 6; Home Office 2004, 6; Home Office 2005a, 11). Es sollen mittels Chancengleichheit, der Kenntnis der eigenen Rechte, im Bewusstsein der persönlichen Verantwortung und in gegenseitigem Vertrauen starke und positive Beziehungen zwischen Menschen mit unterschiedlichen Hintergründen entstehen (DCLG 2007c, 68; DCLG 2008c, 10f.). Die *rechtliche* und *soziale* Dimension wird auch häufig mit einer zukunftsorientierten Perspektive vorgetragen, der zufolge nur durch Chancengleichheit die freie Entwicklung jedes Einzelnen möglich sei und eine gemeinsame Zukunft in Richtung einer wohlhabenden und gerechten Gesellschaft gestaltet werden könne (LGA 2002a, Foreword; Home Office 2004, 4; Home Office 2005a, 19). Durch gelingenden Zusammenhalt könne gesellschaftlicher Fortschritt zum Wohle aller bewirkt werden (Government 2005, 10).

Ähnlich häufig wird eine *normative* Dimension von Integration oder gemeinschaftlichem Zusammenhalt artikuliert, insbesondere in Verbindung mit dem Hinweis auf die Notwendigkeit einer positiven Sicht auf Diversität oder die Erfordernis von Toleranz und Fairness (LGA 2002b, 6; Government 2005, 9; DCLG 2007c, 68). Ein *Citizenship*[300]-Konzept wie es eine erfolgreiche, integrierte Gesellschaft benötige, basiere auf gemeinsamen, geteilten Werten[301] (Home Office 2004, 1, 8; Blair 2006, 2; DCLG 2008c, 17ff.). Nachdrücklich und regelmäßig wird auch eine *emotionale* Dimension der *Community Cohesion* angesprochen. Dabei sollen ein „sense of belonging" (LGA 2002b, 6), ein „shared sense of belonging" (DCLG 2006a, 51; DCLG 2007c, 69; DCLG 2006b, 153), ein „sense of inclusion and shared British identity" (Home Office 2005a, 11), ein „inclusive sense of national and local identity" (Government 2005, 3), eine „shared future vision and sense of belonging" (DCLG 2008b, 15), eine „common vision and sense of belonging for all communities" (DCLG 2007c, 68) oder ein „inclusive sense of British identity alongside (…) other cultural identities" (Home Office 2005a, 11) für gelingenden gemeinschaftlichen Zusammenhalt aktiviert werden. Die Stärkung des Zusammengehörigkeitsgefühls der Bürger untereinander und des Zugehörigkeitsgefühls zur Nation wird als Aufgabe der Regierung wahrgenommen: „We need to ensure that all citizens feel a sense of pride in being British and a sense of belonging to this country and to each other" (Home Office 2004, 6).

Mit den genannten vier Dimensionen, die gemeinschaftlichen Zusammenhalt ausmachen, korrelieren verschiedene Maßnahmen. Der *rechtlichen* oder auch *sozialen* Dimension entsprechen Maßnahmen zur Gleichstellung und *Race Equality* unter Einschluss von sozioökonomischen Aspekten (z. B. Home Office 2004, 4; DCLG 2007c, Kap. 2). Der *normativen* Dimension entsprechen Maßnahmen, die den Bürgern ein Konzept von *Active Citizenship* vermitteln möchten. Des Weiteren spielen hier auch solche Programme eine Rolle, die Diversität sichtbar machen und gegenseitiges Verständnis fördern, die Dialog und Zusammenarbeit ermöglichen oder die gegen Extremismus und Fremdenfeindlichkeit vorgehen. Der *emotionalen* Dimension kommen Maßnahmen am Nächsten, die nationale Symbole in den Vordergrund rücken, um entsprechende Zugehörigkeitsgefühle zu aktivieren (Home Office 2004, 6), etwa in Form der Einführung eines *Citizen's Day* (Government 2005, 10), der Einführung von Staatsbürgerkunde in das schulische Curriculum oder von *Citizenship*-Zeremonien für Personen, die die britische Staatsbürgerschaft erhalten (Home Office 2004, 8).

Kategorie (5a)-(7a): Religionsbegriff

In den Dokumenten wird überwiegend der Begriff ‚Faith' und ‚Faith Communities' benutzt, seltener ist von ‚Religion' die Rede (s. o. 190f.). Eine konsistente Definition von Religion wird in den analysierten Dokumenten nicht vorgenommen. Hingegen gibt es un-

---

300 *Citizenship* wird vom DCLG folgendermaßen umschrieben: „Citizenship is about much more than a legal status and a set of legal rights. It is also about what society and the state expect of us as individuals; how each of us can get involved in making Britain better and feel that we can influence our society. And it is about feeling that a sense of belonging both to the UK and the part of the country in which we live. At the individual level, citizenship is about how we behave to one another, how we develop the skills to cope with a rapidly changing world and continue to trust one another" (DCLG 2008c, 17).

301 Als fundamentale Werte bezeichnet Blair u. a. Toleranz, Solidarität und Gleichheit (Blair 2006, 3).

terschiedliche Charakterisierungen dessen, was Religion ausmacht, sowie dessen, was Religion bedeutet. Im ersten Fall wird in Anbetracht einer multireligiösen Gesellschaft das Bemühen erkenntlich, eine möglichst inklusive Formulierung zu finden und Religionen mit einem Glauben an mehrere Götter oder auch an eine nicht-göttliche Instanz nicht auszuschließen (Charity Commission 2008a, 3, 11). Bei der Frage nach der Bedeutung von Religion wird dann zum einen auf eine normstiftende Funktion von Religion hingewiesen, zum anderen auf deren gemeinnützige, wobei beide Funktionen auch regelmäßig miteinander verknüpft werden.

Eine normstiftende Funktion wird Religion dahingehend zugeschrieben, dass sie Lebensführung und Werte vieler Menschen bestimme, ein ethisches Rahmenwerk biete und dem moralischen oder spirituellen Wohl der Gesellschaft dienen könne (Home Office 29.03.2004, 1; Charity Commission 2008b, 3, 30). Eine gemeinnützige Funktion wird Religion insofern attestiert, als sich das Engagement von Religionsgemeinschaften häufig zum Wohle der Gesellschaft oder von Teilen der Gesellschaft sowohl in einem ideellen als auch in einem materiellen Sinn bemerkbar mache. Allerdings beschränkt sich in den analysierten Dokumenten die Anerkennung von Gemeinnützigkeit auf die öffentlich-kollektive Wirkung von Religion (s. o. 124). Dem zugrunde liegt die Vorstellung, dass Religion gemeinhin eine private und eine öffentliche Dimension beinhalte und dass Religion sowohl in einem individuellen wie in einem kollektiven Sinn identitätsprägend sein könne (Charity Commission 2008a, 16; DCLG 2007b, 7). Festzuhalten bleibt der inklusive Religionsbegriff und die spezifisch britische Rhetorik und Rechtskonstellation, die Religion und Religionen allgemein als wichtige normstiftende Quelle anerkennt, insbesondere aber deren gemeinnützige Funktion beschreibt und honoriert. Unabhängig von der funktionalen Perspektive auf Religion wird die Notwendigkeit eines Schutzes vor Diskriminierung von Individuen und Gruppen aufgrund ihrer Religionszugehörigkeit regelmäßig betont (z. B. Home Office Faith Communities Unit 2005, 21ff.; DCLG 2007c, 95).

Kategorie (8a): Religion nützt/schadet der Integration von MigrantInnen/wirkt (des-) integrierend

Religion, Religionsunterricht, interreligiöser Zusammenarbeit, religiösen Einrichtungen und Gebäuden und Religionsgemeinschaften selbst werden Bedeutung für Integration beziehungsweise für *Community Cohesion* zugesprochen. Dabei wird besonders auf die Vermittlungsleistung hingewiesen, die Religion in diesen Erscheinungsformen für eine von Diversität geprägte Gesellschaft leisten könne. So sei Religion selbst Träger fundamentaler Werte wie Gleichheit oder Respekt, die für ein gutes Zusammenleben wichtig seien: „All major faiths promote equality and respect for others as a fundamental value" (LGA 2002b, 21). Religionsunterricht könne das gegenseitige Verständnis, das Wissen übereinander und die Achtung voreinander verbessern (LGA 2002a, 16). Interreligiöser Dialog könne wechselseitiges Vertrauen und Verständnis fördern oder das Bewusstsein für geteilte Werte schärfen und religiöse Begegnungsorte könnten eine Ressource für die Vermittlung von Diversität darstellen (LGA 2002b, 21f.; LGA 2002a, 7). Neben ihrer Vermittlungsleistung wird Religion aber auch durch die ihr inhärente Affinität zu gemeinnützigen Tätigkeiten und Freiwilligenarbeit eine Bedeutung für gemeinschaftlichen Zusammenhalt zugesprochen (Charity Commission 2008b, 19).

Kategorie (9a): Religionsgemeinschaften sollen sich einsetzen/setzen sich für die
Integration von MigrantInnen/Mitgliedern ein

Die britischen Dokumente stellen sehr verschiedene, teils auch sehr konkrete Möglichkeiten
dar, wie sich Religionsgemeinschaften für *Community Cohesion* einsetzen können. Dabei
werden fünf Einsatzbereiche hervorgehoben: (1) der Beitrag zu gutem Zusammenleben in
einer kulturell vielfältigen Gemeinschaft, (2) die Wirkung von gemeinnützigen Dienstleistungen für gemeinschaftlichen Zusammenhalt, (3) die Mitarbeit von Religionsgemeinschaften bei der Gewalt- und Extremismusprävention, (4) die positive Wirkung von religi-
onsinhärenten Werten auf das Zusammenleben und (5) die Nutzbarmachung religiöser
Infrastruktur einschließlich religiöser Führungspersönlichkeiten für die Herstellung von
sozialem Zusammenhalt.

Ad (1): Am häufigsten wird die Aufgabe betont, die Religionsgemeinschaften als
Partner im interreligiösen Dialog zur gegenseitigen Toleranz und zum Verständnis unter-
einander in einer kulturell und religiös heterogenen Gesellschaft leisten können (Home
Affairs Committee 2005, 3; Government 2005, 8; Home Office 2005a, 47; Commission on
Integration and Cohesion 2007b, 113; DCLG 2007b; DCLG 2008c, 31; DCLG 2008b,
92ff.; DCLG 2009, 20). Ad (2): Ein starker Fokus wird in den Dokumenten auch auf die
Rolle von Religionsgemeinschaften im Wohltätigkeitssektor gelegt, von denen eine direkte
positive Wirkung auf den sozialen Zusammenhalt und die zivile Erneuerung („civil
renewal") erwartet wird (Home Office 29.03.2004, 1; Charity Commission 2008b, 24; LGA
2002a, 7). Ad (3): Weiterhin sollen Religionsgemeinschaften in die Prävention von Gewalt,
Extremismus und Rassismus einbezogen werden, wobei im Bereich der Terrorprä-
ventionsarbeit das Potential von muslimischen Religionsgemeinschaften besonders hervorgehoben wird[302] (Government 2005, 8, 14; DCLG 2006a, 58). Ad (4): Zudem sollen
Religionsgemeinschaften durch die von ihnen transportierten Werte die zwischenmensch-
lichen Beziehungen verbessern (LGA 2002a, 3, 7; Commission on Integration and Cohesion 2007b, 86; DCLG 2007c, 89; DCLG 2008c, 31). Genannt werden hier etwa Altru-
ismus, Respekt vor anderen, ethisches Verhalten und gemeinschaftliche Solidarität (DCLG
2007b, 7). Ad (5): Schließlich sollen die Strukturen, die Religionsgemeinschaften insbesondere auf lokaler Ebene bieten, für den Transfer verschiedenster, auch nicht-religiöser
Dienstleistungen genutzt werden (Home Office 2004, 17; LGA 2002b, 21f.; DCLG 2008c,
34). Teilweise wird auch davon ausgegangen, Religionsgemeinschaften könnten direkt Re-
gierungs*policies* und -initiativen mitentwickeln und ausführen (DCLG 2006a, 63; DCLG
2007b, 7; DCLG 2008c, 34). Eine besondere Aufmerksamkeit kommt dabei den *Religious
Leaders* zu. Diese spielten eine wichtige Rolle bei der Vermittlung zwischen religiöser
Minderheit und Regierung, bei der Bekämpfung von Extremismus und beim Einsatz für
gemeinschaftlichen Zusammenhalt:[303]

---

302   Vgl. hierzu auch die folgenden Dokumente zu britischen Terrorpräventionsstrategien, die nicht Teil der
      Analyse sind: Home Office 2005b, Home Office 2005c, Islam et al. 2005, Home Office 2006, DCLG 2007d
      oder DCLG 2008d.

303   Damit zusammenhängend wird sowohl in positiv-verstärkender Hinsicht als auch in negativ-präventiver
      Hinsicht eine staatliche Kontrolle des religiösen Personals aus dem Ausland vorgeschlagen, die über das
      Einwanderungsrecht gesteuert werden soll: Zum einen soll die vermeintliche positive Wirkung speziell ge-
      fördert und verstärkt werden, indem „post-entry qualifications" für Religious Leaders bzw. Ministers of
      Religion angeboten werden. Bei diesen Bildungsmaßnahmen geht es um die Vermittlung von Wissen und

„Ministers of Religion have an important role to play in helping minority communities to engage with British society, in combating extremism and distortion of religion and strengthening community cohesion" (Government 2005, 14).

Kategorie (10a): Staatspolitische Strategien zum Umgang mit Religion beziehen Integrationszwecke mit ein

Britische Strategien zum Umgang mit Religion zielen auch auf gelingende Integration von MigrantInnen, indem (1) das oben geschilderte Engagement der Religionsgemeinschaften zugunsten eines verbesserten gemeinschaftlichen Zusammenhalts durch Zusammenarbeit mit den staatlichen Autoritäten unterstützt werden soll und indem (2) die Kräfte, die im interreligiösen Dialog für positive *Race and Faith Relations* liegen, gezielt durch Zuarbeit der staatlichen Autoritäten aktiviert werden sollen. Der Staat konzentriert sich in beiden Fällen darauf, die den Glaubensgemeinschaften inhärenten sozialen Potentiale zu nutzen und zu fördern.

Ad (1): Die VerfasserInnen der Dokumente benennen vielfältige Möglichkeiten und Vorschläge für die Kooperation und Partnerschaft zwischen Staat oder lokalen staatlichen Autoritäten und Religionsgemeinschaften sowie für die staatliche Unterstützung des Engagements von Religionsgemeinschaften (LGA 2002a, 11, 16; Government 2005, 5; Home Affairs Committee 2005, 48; Commission on Integration and Cohesion 2007, 86f.). Ziel der Zusammenarbeit sei, „to build strong active communities and foster community development and civil renewal" (Home Office 29.03.2004, 1). Dabei sollen Religionsgemeinschaften mittels (a) ihrer Infrastruktur, (b) ihres Personals und (c) ihrer religiösen Inhalte und Werte diese positiven Wirkungen entfalten.

Ad (1a): In den Dokumenten werden Vorschläge vorgebracht, die lokale Infrastruktur von Religionsgemeinschaften für staatliche Anliegen nutzbar zu machen. Den Gottes- oder Gebetshäusern der Religionsgemeinschaften werden dabei unterschiedliche Funktionen zuerkannt. Sie sollen einerseits als Anlaufstellen und Orte für das Zusammenkommen über kulturelle und religiöse Grenzen hinweg dienen (LGA 2002b, 22; DCLG 2006b, 164; DCLG 2008b, 94). Die Gebäude sollen andererseits soziale Ankerpunkte für die Glaubensgemeinschaft oder Gesellschaft werden:

„Places of worship are an important focus for faith communities. As well as providing a place for formal prayers, they also offer opportunities for the members of a particular ‚congregation' of for the wider community to meet for a variety of other purposes, including straightforward socialising" (LGA 2002a, 6; ähnlich LGA 2002b, 21; Community Cohesion Panel 2004, 32).

Kenntnissen über die britische Gesellschaft oder um „management and community leadership course[s] for Muslim faith leaders" (Government 2005, 14; vgl. auch Home Office Faith Communities Unit 2005, 20f.). Zum anderen soll durch die Verschärfung der gesetzlichen Einreisebestimmungen einer möglichen schwachen Wirkung auf sozialen Zusammenhalt vorgebeugt werden. So müssen Ministers of Religion, die ab August 2004 eine Aufenthaltsgenehmigung im Vereinigten Königreich anstreben, ausreichende Englischkenntnisse vorweisen, solche, die ab August 2006 einreisen möchten, müssen gute Englischkenntnisse aufweisen. Eine Ausweitung der gesetzlichen Voraussetzungen für die Einreise einschließlich eines „post-entry civic knowledge test" für religiöses Personal wurde außerdem diskutiert (Government 2005, 15; Home Affairs Committee 2005, 52; s. auch o. 80).

Ad (1b): Den religiösen Funktionsträgern, insbesondere solchen mit Führungsverantwortung, wird eine besondere Rolle zuerkannt: Sie sollen vermitteln zwischen Regierung und Mitgliedern der Glaubensgemeinschaft, den gemeinschaftlichen Zusammenhalt stärken und Vorbild sein für gelingende Integration (DCLG 2006b, 159; s. auch o. 220). Ad (1c): Die VerfasserInnen der Dokumente gehen davon aus, dass Werte und Inhalte, die Religionen transportieren, in positiver Weise auf gemeinschaftlichen Zusammenhalt wirken können. Dabei wird etwa der Zusammenhang zwischen religiösen Werten oder moralischen Codes und dem darauf gründendem Engagement von Religionsgemeinschaften im Wohltätigkeitssektor angesprochen (LGA 2002a, 3; Charity Commission 2008b, 23; s. auch o. 219f.). Hervorgehoben werden aber auch geteilte fundamentale Werte verschiedener Religionsgemeinschaften wie Gleichheit und Respekt, die als Ressourcen bei der Implementierung von *Community Cohesion* Strategien dienen könnten (LGA 2002b, 21; Community Cohesion Panel 2004, 32; DCLG 2007b, 5, 7; DCLG 2008b, 5, 8). Dieses Engagement soll vom Staat – auch finanziell – unterstützt werden (Home Office Faith Communities Unit 2004, Foreword, 3; LGA 2002b, 21; LGA 2002a, 7, 21; Home Office 29.03.2004).

Ad (2): Religionsgemeinschaften sollen zudem im Dialog und in der Zusammenarbeit miteinander, aber auch mit anderen nicht-staatlichen Akteuren auf lokaler Ebene gestärkt werden, um das Verständnis füreinander zu erhöhen und um zu positiven Beziehungen zwischen den verschiedenen gesellschaftlichen Gruppen beizutragen. Damit einher geht auch die Vorstellung, dass sich Glaubensgemeinschaften und andere zivilgesellschaftliche Akteure verstärkt partnerschaftlich für das Wohl aller und für positive *Race and Faith Relations* einsetzen (Home Office Faith Communities Unit 2005, 22; Blair 2006, 5; DCLG 2007b, 5; DCLG 2008b, 8; DCLG 2008c, 8, 13). Religionsgemeinschaften sollen direkt oder qua Mitgliedschaft in interreligiösen und -kulturellen Netzwerken (DCLG 2007b, 9) als Dialogpartner für andere religiöse und kulturelle Gruppen zu einem positiven Zusammenleben beitragen, wobei der Staat solche interreligiösen Initiativen und Programme finanziell sowie durch direkte Einbindung der interreligiösen Thematik in Regierungsstrategien unterstützt (insbesondere: DCLG 2007b und DCLG 2008b; aber auch: LGA 2002a, 16f., 22ff.; DCLG 2006a, 60, 64;). Es wird angenommen, dass lokale interreligiöse Strukturen, in denen Vertreter verschiedener Glaubensgemeinschaften zusammenkommen, einen wertvollen Rahmen bieten für gegenseitiges Verständnis und Respekt voreinander (LGA 2002b, 21; DCLG 2008b, 16). Zugleich soll der Dialog zwischen Glaubensgemeinschaften die Wertschätzung von Diversität symbolisieren: „Religious diversity can be regarded as an element of diversity to be celebrated and with an emphasis on tolerance and respect" (LGA 2002a, 8).

Kategorie (11a): Staatspolitische Integrationsstrategien beziehen Religion mit ein

Aus den Texten werden zwei Vorgehensweisen deutlich, wie und wozu staatspolitische Integrationsstrategien Religion einbinden: (1) Die Ressourcen, die im Rahmen der religiösen Praxis und dem Engagement von Religionsgemeinschaften für den gemeinschaftlichen Zusammenhalt emittiert werden, sollen effektiver genutzt und darum von der Innenpolitik auf lokaler wie nationaler Ebene unterstützt werden. (2) Durch die gezielte Einbeziehung von Religionsgemeinschaften soll ein nationales Bewusstsein oder eine nationale Identität gestärkt werden.

Ad (1): Die Regierung setzt in ihrer Strategie zur Verbesserung der gemein-schaftlichen Beziehungen explizit auf die Einbeziehung von muslimischen und anderen Glaubensgemeinschaften. Durch eine Zusammenarbeit, Stärkung und Lenkung des Engagements von Religionsgemeinschaften sollen deren positiven Einflüsse auf lokale Gemeinschaften und Gesamtgesellschaft honoriert und effektiver genutzt werden. Re-gierungsgelder etwa sollen verstärkt für solche ethnischen oder religiösen Gruppen zur Ver-fügung gestellt werden, die nachweislich gemeinschaftlichen Zusammenhalt und Inte-gration fördern (Blair 2006, 3). Als adäquate Maßnahme hierfür wird wiederum auf eine engere Kooperation zwischen Staat und Religionsgemeinschaften verwiesen (s. o. 221).

Ad (2): Viele der Texte betonen, dass das Vereinigte Königreich von Diversität geprägt sei und nehmen diese Prägung nicht nur als Tatsache hin, sondern anerkennen und schätzen sie als Wesensmerkmal britischer Identität (Blair 2006, 2; Home Office 2004, 1; DCLG 2008b, 15; DCLG 2009, 3). Als angemessene Reaktion auf Diversität wird eine inklusive *Britishness* hervorgehoben, die sich nicht trotz, sondern gerade entlang parti-kularer kultureller und religiöser Identitäten konstituiere (Home Office Faith Communities Unit 2004, 2). Das Wissen übereinander, etwa durch eine religiöse Unterweisung an Schulen, solle dazu beitragen, „to develop an inclusive sense of British identity alongside their other cultural identities" (Home Office 2005a, 11). Auch soll jenseits des schulischen Bereichs auf ein besseres Verständnis für Religion (DCLG 2006a, 51) oder eine verbesserte „religious literacy" (DCLG 2007b, 21) von Politik und Bevölkerung hin gearbeitet werden, um gegenseitigen Respekt sicherzustellen (DCLG 2007c, 12). Diese Wirkung soll durch einschlägige Schulungen von religiösen Akteuren und Führungskräften (DCLG 2006a, 61), durch die staatliche Unterstützung bei Dialogmaßnahmen und durch die Einbindung der Religionsgemeinschaften in Projekte und Initiativen auf lokaler Ebene verstärkt werden (Home Office 2005a, 47; Government 2005, 9; Home Office Faith Communities Unit 2005, 23). Die Herstellung einer „diverse identity of the modern British nation" (Blair 2006, 5) sei dann auch nicht von der Regierung allein zu bewerkstelligen, sondern Aufgabe aller, insbesondere auch der *Leaders* der großen religiösen und ethnischen Gruppen. Die Einbeziehung der verschiedenen Religionsgemeinschaften etwa in nationale Dienst-leistungen oder in Feierlichkeiten soll dabei helfen, die Diversität des Vereinigten Königreichs widerzuspiegeln (Home Office 29.03.2004, 1). Religion und Religionsgemein-schaften wird auch eine Rolle als Generator und Träger von solchen Werten zugemessen, die dem gemeinschaftlichen Zusammenhalt dienlich sein können (s. o. 219ff.):

> „They [faith Communities] help to build integration and cohesion through their community buildings and leaders on the ground, their support for projects and networks, and *the promotion of shared values*, such as neighbourliness and civility among others" (Commission on Integra-tion and Cohesion 2007b, 86; Kursivsetzung C. B.).

Es wird außerdem vorgeschlagen, dass die Beiträge von Religionsgemeinschaften positiv als Quelle von geteilten Werten, gemeinschaftlichem Stolz und Zusammenhalt in öffentli-che Feierlichkeiten einbezogen werden (LGA 2002b, 21).

Kategorie (12a)-(13a): Politik zielt auf eine Stärkung der Rolle von
Religionsgemeinschaften in der Zivilgesellschaft/Politik zielt auf die rechtliche
Gleichstellung und/oder Institutionalisierung wenig etablierter Religionsgemeinschaften

Die meisten Dokumente betonen die positive und förderungswürdige Rolle von religiösen
Gruppen als Akteure der Zivilgesellschaft. Insbesondere ihre Leistungen zugunsten des
Gemeinwohls und des gemeinschaftlichen Zusammenhalts werden positiv hervorgehoben
(DCLG 2008b, 17). Damit wird die grundsätzliche Anerkennung des gesamtgesellschaftlichen Beitrags von religiösen Gemeinschaften verbunden mit einer gestuften Förderung von
ausgesuchten Wirkungsfeldern, die in besonderer Weise gemeinwohldienlich sind (Blair
2006, 4). Dagegen zeigt sich auf rechtlich-institutioneller Seite kein Pendant zur nachdrücklichen Anerkennung und Förderung des zivilgesellschaftlichen Einsatzes der Religionsgemeinschaften. Rechtliche Bezugnahmen sind hier beschränkt auf das *Charity Law* (Charity
Commission 2008a und 2008b) und den Schutz vor Diskriminierung aufgrund von religiösen Gründen (z. B. Home Office 2004, 14; LGA 2002a, 2; LGA 2002b, 13).

Kategorie (14a): Staatspolitische Strategien zum Umgang mit Religion dienen der (Inneren)
Sicherheit

Die gezielte Zusammenarbeit zwischen Muslimen oder anderen Glaubensgemeinschaften
und staatlichen Autoritäten wird auch als Teil britischer Präventionsstrategien gegen Ex-
tremismus und Terrorismus vorgestellt (Government 2005, 9; Home Office 2005a, 13;
DCLG 2006a, 58; DCLG 2008b, 20). Die strategische Unterstützung des interreligiösen
Dialogs und der Zusammenarbeit zwischen verschiedenen Religionsgemeinschaften wird in
Zusammenhang gebracht mit der Ausbildung von „resilience within communities to
extremism in all forms" (DCLG 2007b, 9). Zudem soll durch eine solche intensivierte
Zusammenarbeit und durch die staatliche Unterstützung interreligiöser Strukturen Rassis-
mus, Antisemitismus und Islamophobie bekämpft werden (Home Affairs Committee 2005,
26ff.). In der Kriminalitätsbekämpfung sollen ebenfalls durch die Zusammenarbeit mit
Glaubensgemeinschaften insbesondere auf kommunaler Ebene bessere Fortschritte erreicht
werden (DCLG 2006a, 63).

Kategorie (15a): Staatspolitische Integrationsstrategien dienen der (Inneren) Sicherheit

Britische Integrationsstrategien sind in vier Bereichen deutlich mit sicherheitspolitischen
Zielen verbunden. (1) Die Zusammenarbeit zwischen Regierung, Polizei und *Community
Groups* wird vorgeschlagen, um das Vertrauen der Bevölkerung in die staatlichen Autori-
täten zu stärken und somit die Erfolge von Anti-Terrorismus-Strategien zu verbessern
(Government 2005, 4). (2) Die Verbindung von *Community Cohesion Policies* und Anti-
Terror-Maßnahmen soll auf einer konzeptionellen Ebene verstärkt werden (Home Affairs
Committee 2005, 33). (3) Der erfolgreiche Kampf gegen Rassismus und Diskriminierung
als Teil staatspolitischer Integrationsstrategien wird mit der Verbesserung der Sicherheitslage verbunden (Home Affairs Committee 2005, 61; Government 2005, 3). (4) Durch eine
größere Diversität im Hinblick auf die Zusammensetzung des Polizeipersonals soll die

Kooperation zwischen Polizei und Bevölkerung verbessert sowie das Vertrauen in die Autoritäten gestärkt werden (Government 2005, 9).

Zusammenfassung

Die Übergänge zwischen britischen Integrationsstrategien und britischen Strategien zum Umgang mit Religion sind fließend. Sie beruhen nicht nur auf geteilten Voraussetzungen, sie zeigen sich auch in ihren Gestaltungsmaßnahmen weitgehend identisch, weisen eng miteinander verschränkte Ziele auf und sind institutionell häufig nicht ausdifferenziert.[304] Beide Strategien verweisen – wenn auch mit unterschiedlicher Priorität – auf die Bedeutung von Religion für den Einzelnen und die Zivilgesellschaft und auf das darin enthaltene Potential für gemeinschaftlichen Zusammenhalt. Beide schlussfolgern daraus, dass staatliche Akteure Religion in ihre Strategien und Programme einbeziehen und vor allem den Kontakt zu Religionsgemeinschaften pflegen und intensivieren müssen. Der Fokus sowohl der Texte mit stärker religionspolitischer als auch der Texte mit stärker integrationspolitischer Herangehensweise liegt auf der Verbesserung der Zusammenarbeit der staatlichen Autoritäten mit Religionsgemeinschaften. Beide staatspolitischen Strategien setzen auf die Selbsthilfe, die Religionsgemeinschaften als zentrale zivilgesellschaftliche Akteure für einen verbesserten gemeinschaftlichen Zusammenhalt leisten können.

Die analysierten britischen innenpolitischen Strategiepapiere erachten den Beitrag von Religionsgemeinschaften also nicht nur als positiv für die lokale und nationale Gemeinschaft, sondern setzen in ihren politischen Bemühungen für Integration unmittelbar hier – wenn auch nicht nur hier – an. Sie trauen Religionsgemeinschaften zu, dass sie durch verschiedene Wirkweisen den gemeinschaftlichen Zusammenhalt zu stärken vermögen. Staatspolitische Strategien, die sich schwerpunktmäßig mit Religion und Religionsgemeinschaften befassen, sind insbesondere bestrebt, den interreligiösen Dialog zu fördern. Staatspolitische Integrationsstrategien möchten vor allem die Chancen nutzen, die die Einbindung von Religion für eine gemeinsame britische Identität, für nationalen Zusammenhalt sowie für geteilte Werte bietet. In diesen Punkten – *Community Cohesion*, interreligiöser Dialog, nationaler Zusammenhalt und geteilte Werte – setzen beide Bereiche, schwerpunktmäßig integrations- wie religionspolitisch ausgerichtete Strategien, auf die Selbsthilfekräfte von Religion und Religionsgemeinschaften, die sie aktivieren, unterstützen und lenken möchten. Dabei verlassen sich staatliche Autoritäten überwiegend auf bereits vorhandene Infrastruktur der religiösen Gruppen und Netzwerke und versuchen, an diese anzuknüpfen.

---

304 Dieselbe Behörde oder Agency entwickelt häufig zeitgleich oder zeitnah sowohl Strategien, die stärker in den Kontext von Integrationsmaßnahmen einzuordnen sind, als auch solche, die primär auf den Umgang mit Religion oder Religionsgemeinschaften abheben, wie das Beispiel der Local Government Association zeigt. Diese schlägt in einem Leitfaden an die lokalen Autoritäten Maßnahmen für verbesserten gemeinschaftlichen Zusammenhalt vor, wobei sie einen Abschnitt auch der Zusammenarbeit mit Glaubensgemeinschaften widmet (LGA 2002b). In einem weiteren Leitfaden aus demselben Jahr (LGA 2002a) behandelt sie ausschließlich die Zusammenarbeit und Einbindung von Religionsgemeinschaften in lokale Policies. Im Vereinigten Königreich ist zudem die Verantwortung für Integrationsbelange nicht zentral in einer Institution gebündelt; vielmehr teilt sich die Integrationsarbeit auf ein breites Spektrum sehr unterschiedlicher staatlicher und nicht-staatlicher Akteure auf (DCLG 2008e, 7).

Auch in Bezug auf innere Sicherheit sind schwerpunktmäßig integrations- wie religionspolitisch ausgerichtete Strategien gleichermaßen mit eingebunden und weisen eine Maßnahmen- und Zieleverschränkung auf. Beide setzen auf Zusammenarbeit mit kulturellen, ethnischen, insbesondere aber religiösen Gruppen, wobei hier vor dem Hintergrund von 9/11 und insbesondere der Anschläge vom Juli 2005 in London der Zusammenarbeit mit Muslimen Priorität eingeräumt wird. Auch dem interreligiösen und interkulturellen Dialog wird im Rahmen der Sicherheitspolitik Bedeutung zugemessen. Als Ziele werden die Bekämpfung von Kriminalität, Rassismus, Antisemitismus, Islamophobie und vor allem Terrorismus in den Vordergrund gestellt.

5.4.3.2   Zwischen *Britishness* und *Diversity*: Antidiskriminierung, Toleranz und Multikulturalismus [F2]

Kategorie (1b): Staatspolitische Strategien zum Umgang mit Religion greifen (nicht) auf verfassungsrechtliche Dimensionen als grundlegende religionsrechtliche Rahmenbedingungen des jeweiligen Nationalstaats zurück

Die analysierten britischen Dokumente weisen in dreifacher Weise eine Orientierung an rechtlichen Weichenstellungen auf: (1) Es werden direkte oder indirekte rechtswirksame liberale Prinzipien wie Toleranz (Home Office 2005a, 42), eine positive Berücksichtigung von ethnischer Diversität und religiöser Vielfalt (Home Affairs Committee 2005, 3, 32; LGA 2002a, 16) oder auch staatliche Neutralität (Charity Commission 2008a, 8) genannt. (2) Es wird auf einfachrechtliche Gesetzesbestimmungen eingegangen, etwa auf die *Race Relations Policies* (Home Office 2005a, 24f.) oder den *Charity Act* (Charity Commission 2008b, 3) und (3) die Bedeutung von mittlerweile mit Verfassungsrang ausgestatteten Grundrechten wie insbesondere die Religionsausübungsfreiheit und die Meinungsfreiheit (Home Affairs Committee 2005, 59) oder der Schutz vor Diskriminierung (Home Office Faith Communities Unit 2004, 4; Home Office Faith Communities Unit 2005, 21) werden betont.

Kategorie (2b): Staatspolitische Strategien zum Umgang mit Religion greifen (nicht) auf das Verhältnis von Kirche und Staat als grundlegende religionsrechtliche Rahmenbedingungen des jeweiligen Nationalstaats zurück

Bezüge zu einem spezifisch britischen Staat-Kirche-Verhältnis finden sich kaum in den analysierten Dokumenten. An einer Stelle wird darauf hingewiesen, dass keine rechtlich begründeten ‚Berührungsängste' zwischen Staat und Religionsgemeinschaften bestünden und auch finanzielle Bezuschussung nicht völlig ausgeschlossen sei (LGA 2002a, 18, 25). An einer anderen Stelle wird auf die Vielfalt von Beziehungsformen zwischen Religionsgemeinschaften und Regierung hingewiesen, die von der Rolle der Bischöfe der *Church of England* als Gesetzgeber im *House of Lords* bis zur staatlich unterstützten vom Glauben inspirierten Nachbarschaftshilfe reichte (DCLG 2008b, 13).

Kategorie (3b): Staatspolitische Strategien zum Umgang mit Religion greifen (nicht) auf Rechte für religiöse Minderheiten als grundlegende religionsrechtliche Rahmenbedingungen des jeweiligen Nationalstaats zurück

Die analysierten Texte und Textpassagen mit einem religionspolitischen Schwerpunkt beziehen sich partiell auch auf Rechte für religiöse Minderheiten: Diese ergeben sich entweder (1) aus der jüngeren Einbeziehung des Faktors Religion in die *Race Relations Policy*. Dabei wird ein Hauptaugenmerk gelegt auf die Vermeidung oder Bekämpfung von Diskriminierung und Hass aufgrund der Zugehörigkeit zu einer Religion (Home Office 2005a, 39, 52; LGA 2002a, 1; Home Affairs Committee 2005, 26ff.), häufig gefolgt von bestimmten Sonderrechten, beispielsweise in Bezug auf religiös begründete Beerdigungsrituale (Home Office 2004, 8). (2) Es wird aber auch regelmäßig eine Wertschätzung religiöser Minderheiten artikuliert (Home Affairs Committee 2005, 33, 39; LGA 2002a, 29), aus der ebenfalls rechtsrelevante Konsequenzen erwachsen können, etwa eine bevorzugte Beteiligung von Minderheitenangehörigen in Regierungsinstitutionen und Polizei (Home Affairs Committee 2005, 3), aber auch an Gesetzgebungsprozessen (Home Office Faith Communities Unit 2004, 1).

Kategorie (4b): Staatspolitische Integrationsstrategien greifen (nicht) auf (verfassungs-) rechtliche Grundlagen für Integration zurück

Die britischen Dokumente mit integrationspolitischem Schwerpunkt verweisen insbesondere auf die Tradition der *Race Relations Policy* und der in den letzten Jahren daraus erwachsenden umfassenden Gleichstellungsgesetzgebung und -politik, die einen Fokus auf Chancengleichheit legt (Blair 2006, 1). Daneben spielen vor allem rechtswirksame Prinzipien eine Rolle, unter anderem Toleranz, Respekt, aber auch der Glaube an die Demokratie und die Wertschätzung einer dezentralen Regierung (DCLG 2006b; Blair 2006, 3) sowie die Rechte, die im *Human Rights Act* garantiert werden.

Kategorie (5b): Staatspolitische Integrationsstrategien greifen (nicht) auf nationale integrationspolitische Diskursmuster als grundlegende integrationspolitische Rahmenbedingungen des jeweiligen Nationalstaats zurück

Es lassen sich fünf Bereiche unterscheiden, in denen die britischen Dokumente Bezug nehmen auf nationale integrationspolitische Diskursmuster: (1) *Diversity* und deren Wertschätzung als Leitmotiv der Integrationspolitik, (2) *Britishness* oder eine übergreifende britische Identität als Mittel und Ziel britischer Integrationspolitik, (3) die Betonung bestimmter Werte und Rechtsgrundsätze als grundlegend für Integrationspolitik, (4) die Verankerung der Integrationsarbeit auf lokaler Ebene und (5) die Anerkennung von kulturellen und religiösen Gemeinschaften innerhalb des Staates.

Ad (1): Auf Diversität wird in fast allen Dokumenten hingewiesen; entweder wird sie in eher deskriptiver Hinsicht als Tatsache oder Charakteristikum des Vereinigten Königreiches benannt (Local Government Assocation 2002b, 21; Local Government Assocation 2002a, 1; Home Office 29.03.2004, 1; Home Affairs Committee 2005, 2; Home Office

2005a, 13; Charity Commission 2008a, 3, 11f.) oder in eher normativer Hinsicht als Wert und Wesensmerkmal britischer Identität bezeichnet (Local Government Assocation 2002a, 8; Home Office 2004, 4; Home Affairs Committee 2005, 60; Home Office 2005a, 20, 43; Blair 2006, 2; Commission on integration and cohesion 2007, 40; DCLG 2008b, 15; DCLG 2009, 3).

Ad (2): Die Texte legen regelmäßig einen Fokus auf die Frage einer gemeinsamen britischen Identität, häufig auch *Britishness* genannt. Dabei gehen sie erstens darauf ein, wie eine solche Identität hergestellt werden kann; etwa über eine nationale Debatte (Home Affairs Committee 2005, 44), über die Ausbildung eines Zusammengehörigkeitsgefühls beispielsweise durch Staatsbürgerschaftslehre und -zeremonien (Government 2005, 15; DCLG 2009, 20) oder über das Aufzeigen von geteilten Werten (LGA 2002a, 3) und Pflichten (Blair 2006, 4f.). Zweitens behandeln die Texte die Frage, was eine übergreifende Identität ausmachen kann. Dabei wird überwiegend darauf hingewiesen, dass sie inklusiv sein müsse – indem sie etwa nicht vor kulturellen Differenzen Halt mache und auch kulturelle Gemeinschaften integriere – und dass sie entlang eines *Citizenship*-Konzepts insbesondere Rechte, zentrale Werte wie Respekt und Toleranz aber auch Teilhabe und Pflichten gleichermaßen einschließen müsse (Home Office 2004, 6ff.; Community Cohesion Panel 2004, 13; Home Affairs Committee 2005, 50ff.; Government 2005, 15; Home Office 2005a, 20, 42; Blair 2006, 4).

Ad (3): Die Betonung bestimmter Werte und Rechtsgrundsätze spiegeln nationale integrationspolitische Diskursmuster wider. Zu solchen Werten gehören der Respekt vor dem Gesetz, die Toleranz gegenüber Verschiedenheit insbesondere kultureller und religiöser Art, die Fairness und die Bereitschaft zur Übernahme von Verantwortung (LGA 2002a, 8; Home Office 2004, 8; Home Office 2005a, 42; Blair 2006, 4, 7; Commission on Integration and Cohesion 2007, 14; DCLG 2008b, 12). Als zentrale Rechte und Rechtsgrundsätze werden Menschenrechte, Schutz vor Diskriminierung, Gleichbehandlung und die Chancengleichheit wiederholt genannt (LGA 2002b, 21; LGA 2002a, 8; Home Office 2004, 6; Commission on Integration and Cohesion 2007, 14).

Ad (4): Typisch für die britischen Dokumente ist auch eine bevorzugte Verankerung der Integrationsarbeit auf lokaler Ebene. Dabei werden, verbunden mit der Annahme, dass die lokale Ebene für Integrationsarbeit besser geeignet sei (Home Office 2005a, 43; Commission on integration and cohesion 2007, 4; DCLG 2008b, 8) und der Diagnose, dass die Ziele von Integrationspolitik bislang auf lokaler Ebene am besten erreicht werden könnten (Home Affairs Committee 2005, 60), auch die Maßnahmen stärker an die Arbeit in den Städten und Gemeinden angepasst (LGA 2002a und 2002b; Community Cohesion Panel 2004; Home Affairs Committee 2005, 37; Home Office 2005a, 43ff.; DCLG 2006b). Seit 2007 werden zunehmend die lokalen Verschiedenheiten in Rechnung gestellt (Commission on Integration and Cohesion 2007b, 41; DCLG 2009, 6).

Ad (5): Ein weiterer Aspekt, der die britische Integrationsdebatte prägte und prägt und der auch in den analysierten Dokumenten zu finden ist, ist die Betonung, dass kulturelle oder religiöse Gemeinschaften zu respektieren und als geeignete Partner für Integrationsarbeit zu schätzen seien (Blair 2006, 4). Dabei wird überwiegend davon ausgegangen, dass die Anerkennung und Vitalität von religiösen und ethnischen Gemeinschaften Markenzeichen und Stärke der britischen Gesellschaft sowie Bestandteil von *Britishness* sei (Home Affairs Committee 2005, 60; Home Office 2005a, 20) und dass es Aufgabe britischer Innen- und Lokalpolitik sei, die Integrität der kulturellen und religiösen Identitäten der verschiedenen Gruppen zu wahren (LGA 2002a, 3; Community Cohesion Panel 2004, 8).

Kategorie (6b): Staatspolitische Integrationsstrategien greifen (nicht) auf den nationalen Umgang mit Minderheiten zurück

Die Rolle von „Community groups" wird als sehr bedeutend für den Prozess der Stärkung eines gemeinsamen Zugehörigkeits- und Zusammengehörigkeitsgefühls bezeichnet; entsprechend sollen diese Gruppen eine tragende Rolle in der Umsetzung der Maßnahmen der Regierungsstrategie spielen (Home Office 2005a, 14; ähnlich Home Office 2004, 6; Government 2005, 4).

Kategorie (7b): Politik stellt aneignenden/abgrenzenden Vergleich zur Politik anderer Nationalstaaten her

Die Dokumente stellen sporadische oder systematische Vergleiche mit anderen Nationalstaaten, namentlich mit Frankreich, den Niederlanden, Deutschland, Italien, Kanada und den USA, aber auch in pauschaler Art mit „many societies" her. Bei diesen Vergleichen wird entweder deutlich gemacht, dass die genannten Nationalstaaten in bestimmten Aspekten fortschrittlicher seien und ein lehrreiches Beispiel darstellen könnten (Home Office 2004, 9; Home Affairs Committee 2005, 3, 32) oder dass die britische Herangehensweise in bestimmten Bereichen derjenigen in anderen Nationalstaaten überlegen sei oder sich positiv davon abhebe (Community Cohesion Panel 2004, 8; Home Office 2005a, 20; Government 2005, 15; Home Affairs Committee 2005, 3, 32; Blair 2006, 1, 6).

Zusammenfassung

Die Bezugnahme auf nationale Weichenstellungen findet sich in den ausgewählten britischen religionspolitisch und integrationspolitisch orientierten Dokumenten überwiegend in drei Bereichen: (1) in der Antidiskriminierungsgesetzgebung, (2) in der Betonung der britischen Toleranz und des Respekts vor Differenz und (3) in der Kooperationsbereitschaft staatlicher Autoritäten mit kulturellen wie religiösen Gruppen als bedeutende Akteure der Zivilgesellschaft.

Ad (1): Die Antidiskriminierungsgesetzgebung, die ihren Ursprung in den 1960er Jahren hat, wurde wiederholt deutlich modifiziert, nicht aber revidiert. In den Dokumenten wird ihre Fortgeltung regelmäßig hervorgehoben und von der britischen staatlichen Innenpolitik als zentrale nationale Weichenstellung überaus regelmäßig aufgegriffen. Mit der jüngeren Entwicklung zu einer umfassenden Gleichstellungsgesetzgebung und -politik wird insbesondere auch der Faktor der religiösen Zugehörigkeit unter besonderen Schutz gestellt. Staatliche Strategien im Umgang mit Religion werden entsprechend seit einigen Jahren stets vor dem Gesichtspunkt der Nichtdiskriminierung von Anhängern verschiedener Religionsgemeinschaften entworfen. Aber auch staatspolitische Integrationsstrategien verwiesen regelmäßig auf die grundlegende Funktion der *Race Relations Policy*, mit Hilfe derer

Ungleichheiten, Benachteiligungen und Konflikte überwunden und somit der soziale Zusammenhalt gestärkt werden soll. Die Rechte, die durch die Anpassungen an die Europäische Menschenrechtskonvention heute als Bestandteile des Verfassungsrechts gelten, aber bereits zuvor für *Common Law* relevant waren, insbesondere Meinungsfreiheit und Religionsfreiheit, werden in vielen Texten ebenfalls hervorgehoben.

Ad (2): Als zentrale britische Prinzipien oder Werte werden in den Dokumenten wiederholt die Toleranz und der Respekt vor ‚dem Anderen' genannt. Mit einer traditionell eher offenen Haltung gegenüber ethnischer Vielfalt einher geht die vielfache positive Bezugnahme auf Diversität. Diese Bezugnahme soll nicht nur demographische Realität im Vereinigten Königreich abbilden, sondern zugleich das große Integrationspotential der britischen Gesellschaft ausdrücken. Mit der zunehmenden Öffnung des britischen Integrationsmodus gegenüber *religiöser* Pluralität und mit dem Versuch, eine inklusive *Britishness* zu konstituieren, lassen sich zwar zwei deutliche Neuerungen oder Modifikationen ausmachen, beide Aspekte reihen sich aber in britische Traditionen nahtlos ein, da sie sich aus den Grundprinzipien des Respekts vor Differenz, der Toleranz und eines inklusiv verstandenen Integrationsmodus entwickeln lassen.

Ad (3): Die Bereitschaft staatlicher Autoritäten mit kulturellen, ethnischen oder religiösen Gruppen zu kooperieren und politische Strategien in gegenseitiger Unterstützung durchzuführen, wird in einem Großteil der Texte explizit deutlich. Diese Bereitschaft gründet auf drei Aspekten, die zugleich nationale Weichenstellungen widerspiegeln: auf der besonderen Rolle, die zivilgesellschaftliche Akteure und insbesondere *Charities* traditionell im Vereinigten Königreich innchabcn, auf dcm Konzept des Multikulturalismus mit einer besonderen Anerkennung von Kollektiven und auf dem britischen Staat-Kirche-Verhältnis mit politischen Einflussmöglichkeiten für Kirchen und Religionsgemeinschaften.

5.4.4 Ähnlichkeiten und Unterschiede der Religions- und Integrationspolitik im Nationalstaatenvergleich (Metakategorie)[305]

In Bezug auf interferierende Religions- und Integrationspolitik lassen sich eine Reihe von Ähnlichkeiten mit Blick auf anvisierte Ziele und teilweise auch dafür vorgesehene Maßnahmen feststellen, die aber in der konkreten Durchführung jeweils unterschiedliche Foki aufweisen: In allen drei Nationalstaaten wird für besondere Integrationsmaßnahmen des Führungspersonals religiöser Minderheiten geworben mit der Intention, dass gut integriertes Führungspersonal einen positiven Einfluss ausübe solle und ein gutes Vorbild für religiöse Bürger darstellen könne. In Frankreich soll religiöses Führungspersonal Botschafter für republikanische Werte sein (Sarkozy 2007, 4f.), im Vereinigten Königreich liegt der Fokus auf der Internalisierung des britischen *Way of Life* und dem effektiveren sozialen Engagement vor Ort (DCLG 2007b, 8f.) und in Deutschland wird religiöses Führungspersonal als Mittler zwischen Gemeinde und Umfeld verstanden (Integrationsbeauftragte 2004, 11). Ebenfalls gemeinsam ist allen drei Nationalstaaten der werbende Einsatz für je eigene nationale Prinzipien und Werte oder für eine nationale Identität, die den gesellschaftlichen

---

305 Die Metakategorie greift dem Vergleich der zusammenfassenden typisierenden Strukturierung für die zweite Forschungsfrage [F2] vor, wird aber anders operationalisiert (s. o. 272 Anm. 181).

Zusammenhalt stärken soll. Dabei überwiegt in Frankreich der Verweis auf republikanische Werte (HCI 2009, 8), in Deutschland die Forderung der Kenntnis und Achtung des Grundgesetzes und gewisser Grundwerte (Polizei/bpb 2005, 9; Süssmuth 2008, 6; Zukunftskommission NRW 2009, 7) und im Vereinigten Königreich die Betonung einer an *Citizenship* orientierten *Britishness* (Home Office 2005a, 5, 11; Home Affairs Committee 2005, 50). Alle drei Nationalstaaten haben Maßnahmen gegen Terrorismus und Kriminalität entworfen, die in Deutschland und dem Vereinigten Königreich jeweils vom Versuch einer engen und möglichst vertrauensvollen Zusammenarbeit zwischen Sicherheitsbehörden und religiösen, insbesondere muslimischen Gruppen dominiert werden (Polizei/bpb 2005; Home Office 2005a, 33; Government 2005, 4). In Frankreich soll der republikanische Staat und die Laizität selbst als Befrieder wirken (Chirac 2003, 6; HCI 2007, 18), aber auch die Ausbildung eines muslimischen Repräsentativorgans soll sich positiv auf innere Sicherheit auswirken (Sarkozy 2007, 2). Die Ausbildung verlässlicher organisatorischer Strukturen seitens der Muslime, die als Ansprechpartner des Staates fungieren können, ist auch ein Thema in Deutschland (Bundesregierung 2007a; Schäuble 2007b, 2), kaum aber im Vereinigten Königreich. In Deutschland stellt, wiederum anders als in Frankreich, ein erster Schritt in diese Richtung die Etablierung eines Dialogs zwischen staatlicher und muslimischer Seite dar, der verbunden ist mit der Aufforderung an die Muslime zur Selbstorganisation (Schäuble 2006, 3f.).

In allen drei Nationalstaaten wird Integration als beidseitiger Prozess definiert; um dieses Ziel zu verstärken, haben alle drei Nationalstaaten – jeweils unterschiedliche – Verträge oder Vereinbarungen mit MigrantInnen entwickelt und bieten Integrations-, Sprach- und Gesellschaftskundekurse einschließlich Prüfungsverfahren an (Rossinot 2006, 42; HCI 2009, 32; CDU/CSU 2007, 4f.; Home Office 2005a, 42). Gegenseitiges Vertrauen, Verständnis, Verantwortlichkeit, Toleranz und Respekt sind Schlüsselbegriffe, die insbesondere die deutschen (FAZ/Schäuble 2008, 2; Süssmuth 2008, 2f.; (Polizei/bpb 2005, 2; CDU/CSU 2007, 9) und britischen Dokumente (Home Office 2004, 18; LGA 2002a, 8; Blair 2006, 6) auszeichnen. In diesen beiden Ländern werden auch religiöse Werte und Inhalte bisweilen als bedeutend für partikulare Identitäten, für soziale Integration und für staatliches Handeln herausgestellt (FAZ/Schäuble 2008, 4; Integrationsbeauftragte 2004, 9ff.; Charity Commission 2008a, 3; Home Office Faith Communities Unit 2004, 25). Eine vergleichbare Bewertung fehlt in Frankreich. Hier werden vielmehr Forderungen formuliert, religiöse und kulturelle Partikularismen nicht im öffentlichen Raum zuzulassen (Debré 2003/2003a, 63). In der erhofften Wirkung der jeweiligen politischen Maßnahmen sind sich die Länder wiederum sehr ähnlich. Sie erwarten eine verbesserte Integration, einen besseren sozialen oder nationalen Zusammenhalt, eine verminderte Kriminalitäts- und Terrorrate und eine Bestätigung der jeweiligen nationalen Gangart. Zusammenfassend kann festgestellt werden, dass der jeweilige *Policy-Output* in Deutschland, Frankreich und dem Vereinigten Königreich trotz einiger Ähnlichkeiten im Detail durchaus unterschiedlich ausgestaltet und vor allem verschieden begründet wird, der erwartete *Policy-Outcome* aber deutlichere Ähnlichkeiten zwischen den drei Ländern aufweist.[306]

---

306 *Policy-Output* meint „die konkrete Ausgestaltung einer Politik"; *Policy-Outcome* bezieht sich auf „die Ergebnisse und Wirkungen einer Politik im Hinblick auf die Erreichung bestimmter Ziele" (Holzinger/Knill 2007, 86). Wenn beispielsweise die französische Integrationspolitik zunehmend auch Programme zur Chancengleichheit einbezieht, ebensolche Programme aber im Vereinigten Königreich bereits seit langem

5.4.5   Vergleich der zusammenfassenden typisierenden Strukturierungen

5.4.5.1   Vergleich [F1]: Die unterschiedlich ausgestaltete Verschränkung von Integrations- und Religionspolitik

Ein Vergleich der zusammenfassenden Strukturierungen der verschiedenen Nationalstaaten bringt unter der ersten Fragestellung [F1] folgende Gemeinsamkeiten und Unterschiede zu Tage:

Die Verflechtung von Integrations- und Religionspolitik

Die anfängliche Beobachtung, dass sich integrations- und religionspolitische Strategien in den letzten Jahren enger miteinander verzahnen, kann durchweg bestätigt werden. Dies trifft in besonderer Weise für das Vereinigte Königreich zu, wo die institutionelle Verflechtung zwischen beiden *Policy*-Bereichen so stark ist, dass eine – auch nur zu analytischen Zwecken getroffene – Unterscheidung schwer fällt. Dies trifft ebenfalls auf Deutschland zu, wobei hier bestimmte politische Maßnahmen immerhin danach unterschieden werden können, ob sie einen tendenziell stärker integrationspolitischen oder einen tendenziell eher religionspolitischen Charakter aufweisen. Die Verbindung lässt sich immer noch am Fall Frankreich nachzeichnen, wo sie jedoch vergleichsweise am geringsten ausgeprägt ist. Hier ist eine deutliche institutionelle Differenzierung zwischen Religions- und Integrationspolitik erkennbar; die Zuständigkeiten für Religionspolitik liegen vor allem beim Innenministerium, die für Integrationspolitik beim Premierminister, dem HCI[307] sowie, seit 2007, beim Integrationsministerium. Die Einbeziehung von integrationspolitischen Zielsetzungen im Rahmen französischer Religionspolitik und von religionspolitischen Aspekten im Rahmen französischer Integrationspolitik ist nichtsdestotrotz – wenn auch geringfügiger und weniger systematisch als im britischen und deutschen Fall – durchaus nachzuweisen.

Die zentralen Ziele der Verflechtung von Integrations- und Religionspolitik

Unabhängig davon, wie deutlich die Verbindung staatspolitischer Integrationsstrategien und Strategien zum Umgang mit Religion ausfallen, *ähneln* sich die zentralen Ziele, die die drei Nationalstaaten explizit oder implizit von dieser Verbindung erwarten. Sie betreffen stets unter anderem erfolgreiche Sozial- und Systemintegration, gesellschaftlichen Zusammenhalt, Frieden und Sicherheit. Dabei sind aber verschiedene Schwerpunkte erkennbar.

---

ein wichtiges Standbein integrationspolitischer Strategien sind, so ist der konkrete *Policy-Output* zum gleichen Zeitpunkt zwar unterschiedlich, in der erwarteten Wirkung (*Policy-Outcome*) aber lassen sich Parallelen ausmachen. Die tatsächliche langfristige Wirkung der Maßnahmen zu messen, kann nicht Aufgabe der vorliegenden Untersuchung sein, weshalb hier stets nur Aussagen über den erwarteten *Policy-Outcome* gemacht werden können.

307 In seinem Bericht „L'Islam dans la république" hat der HCI die Probleme zwischen der Vereinbarkeit des Islam mit der Laizität und der Integration von Muslimen als eng mit einander verbunden bezeichnet, jedoch auch eingeschränkt, dass beide Aspekte unterschiedlicher Interventionsweisen seitens der „action publique" [öffentlichen Hand] bedürften (HCI 2000, 56).

Insbesondere in Frankreich wird ein starker Fokus auf nationale Einheit, die Aufrechterhaltung der republikanischen, insbesondere der laizistischen Ordnung und des nationalen Zusammenhalts gelegt, im Vereinigten Königreich auf gemeinschaftlichen Zusammenhalt (wobei die Bezugsgröße für Zusammenhalt häufig die Kommune ist) und auf die Bekämpfung von Rassismus, Antisemitismus, Islamophobie[308] und vor allem Terrorismus. In Deutschland fokussiert die staatliche Politik ebenso auf die Prävention von Terrorismus und die Kriminalitätsbekämpfung und, damit zusammenhängend, auf die Bewahrung der deutschen Rechtsordnung. Ein Spezifikum der deutschen Politik ist die Deutung der Rechtsordnung als gemeinschaftsstiftende Werteordnung.

Legitimierung und Grundlegung der Innenpolitik (Religions- wie Integrationspolitik) mit Bezug auf unterschiedliche zentrale Werte, Rechte oder Prinzipien

In den drei Nationalstaaten sind die Legitimierungsgrundlagen und -narrative der integrations- und religionspolitischen Strategien stark geprägt von bestimmten zentralen Rechten, Werten, Prinzipien oder wiederkehrenden konstanten Handlungs- und Deutungsmustern, die in den Dokumenten selbst als ‚national-typisch' herausgestellt werden. Diese unterscheiden sich jedoch substantiell voneinander (s. dazu vor allem u. 238f.): Während in Deutschland die Bezüge zum Recht auf Religionsfreiheit und dem Staatskirchen- respektive Religionsverfassungsrecht sowie zu Grundgesetz und Verfassung dominieren und mehr oder weniger freiwillige Werte- und Rechtsbekenntnisse der MigrantInnen eingefordert werden, spielen in Frankreich republikanische Werte und Prinzipien, insbesondere Freiheit, Gleichheit und Laizität die tragende Rolle. Im Vereinigten Königreich hingegen sind es eher liberale Prinzipien wie die Zurückhaltung des Staates, die Wertschätzung zivilgesellschaftlicher Akteure, die Anerkennung der Bedeutung von Religion für den Einzelnen und die Gesellschaft, aber auch Werte wie Toleranz und Respekt vor Differenz, die in den Argumentationsweisen der Dokumente zum Tragen kommen.

Die Werte, Rechte oder Prinzipien unterscheiden sich nicht nur inhaltlich, auch der Stellenwert und die Funktion dieser Werte und Prinzipien sind im Nationalstaatenvergleich verschieden: In Frankreich stehen die republikanischen Prinzipien im Mittelpunkt, sind gleichsam Voraussetzung, Antrieb, Mittel und Ziel der einschlägigen Strategien, werden aber auch zur ‚Substanz' nationaler Identität erklärt. In Deutschland sollen die Rechte (insbesondere Religionsfreiheit) und Werte (in Form des geforderten Bekenntnisses zur Rechts- und Werteordnung) eine interessenvermittelnde und integrierende Funktion wahrnehmen. Im Vereinigten Königreich stellen die Prinzipien, Rechte oder Werte Grundlagen für pragmatisch orientiertes staatliches Handeln dar, sind also – anders als in Frankreich – we-

---

308 Ein mit dem Vereinigten Königreich vergleichbarer Institutionalisierungsgrad der Anti-Islamophobie-Strategien, wie sie sich etwa in der Arbeit des *Islamic Human Rights Centre* oder der *Commission on British Muslims and Islamophobia* widerspiegelt (Home Affairs Committee 2005, 26), findet sich in Frankreich und Deutschland nicht. Hier bieten eher die offiziellen Dialoge zwischen muslimischen Repräsentanten und staatlichen Vertretern Raum für die Thematik (Open Society Institute 2002, 128). In Deutschland wurde die Forderung der muslimischen Verbände, den Aspekt ‚Islamophobie' an zentraler Stelle auf die Agenda der Deutschen Islam Konferenz zu setzen, nicht berücksichtigt (Maizière/SZ 12.03.2010). Allerdings wurde das Thema ‚Muslimfeindlichkeit' in der DIK-Arbeitsgruppe ‚Präventionsarbeit mit Jugendlichen' diskutiert (Bielefeldt 06.09.2010).

der zugleich Ziel, noch – anders als in Deutschland – Mittel zum Ausgleich unterschiedlicher Interessen.

Die Einbeziehung von sicherheitspolitischen Aspekten und Zielen in Religions- und Integrationspolitik

Die drei Nationalstaaten verknüpfen nicht nur Religions- und Integrationspolitik miteinander, sie binden zudem sicherheitspolitische Überlegungen und Zielsetzungen in ihre Strategien ein. Dies geschieht zum einen, indem entsprechende Maßnahmen zugleich oder zusätzlich unter der Zielsetzung einer Verbesserung der Sicherheitslage durchgeführt werden. Dabei werden in Deutschland und dem Vereinigten Königreich ein Schwerpunkt auf Zusammenarbeit, Vertrauensbildung und Dialog mit religiösen, insbesondere muslimischen Gruppen gelegt, in Frankreich dagegen auf Kontrolle durch staatlich gelenkte Institutionalisierungsprozesse. Zum zweiten wird die Einbindung sicherheitspolitischer Aspekte über rechtliche und kulturelle Grundlegungen von Integrations- und/oder Religionspolitik vorgenommen. So wird etwa die Anwendung von Religionsrecht oder die Beachtung integrationspolitischer Prinzipien als zielführend auch für sicherheitspolitische Interessen gewertet. Zum dritten wird eine erfolgreiche Integrationspolitik in allen drei Nationalstaaten als der Sicherheitslage zuträglich beschrieben.

Die Übereinstimmung von religions- und integrationspolitischen Maßnahmen in Deutschland und dem Vereinigten Königreich

In Deutschland und dem Vereinigten Königreich ähneln sich integrations- wie religionspolitische Maßnahmen teilweise deutlich. Jeweils ist der Staat bestrebt, den interreligiösen und interkulturellen Dialog und die interreligiöse und interkulturelle Kooperation zu fördern. Es werden jeweils Formen der Zusammenarbeit staatlicher Autoritäten mit Religionsgemeinschaften und ethnischen und kulturellen Gruppen oder – in Deutschland – Migrantenverbänden ausgelotet. Vertrauensbildende Maßnahmen zwischen Behörden und religiösen, insbesondere muslimischen Akteuren werden in beiden Nationalstaaten entworfen und durchgeführt, aber auch die ausdrückliche Zuerkennung eines Rechtsanspruchs von Personen und Gruppen mit Migrationshintergrund und die nachdrückliche Gewährung von Rechten sind sowohl in den deutschen als auch in den britischen Dokumenten wiederkehrende Elemente der Maßnahmen. Die Herstellung von Chancengleichheit erscheint als wichtiger Schritt sowohl der britischen als auch der deutschen und französischen Integrationspolitik. Dabei wird Chancengleichheit abwechselnd als Voraussetzung für gelingende Integration, als Ergebnis gelingender Integration oder gar, im britischen Fall, als Kriterium der Definition von *Community Cohesion* aufgeführt. Abgesehen von den jüngeren Bemühungen um Chancengleichheit fehlen in Frankreich vergleichbare Maßnahmen, wiesen eine geringere Priorität auf oder sind anders gelagert: Die Ansätze zu einer staatlichen Förderung des interreligiösen Dialogs sind marginal, ebenso finden sich kaum Vorschläge, die Zusammenarbeit zwischen muslimischen Religionsgemeinschaften und staatlichen Behörden zu verbessern; ähnlich schwach ausgeprägt sind vertrauensbildende Maßnahmen. Zwar werden auch in Frankreich individuelle Rechte, unter anderem auch das

Recht auf Religionsfreiheit regelmäßig zugestanden, dies ist aber weniger mit der Intention verbunden, die Bereitschaft zur Integration des Einzelnen zu steigern, als vielmehr – im Zuge der Selbstverortung Frankreichs – mit der Absicht, die Basis für französische Einheit und nationale Identität zu sichern.

Der Versuch oder Wunsch der französischen und deutschen Regierung, einen repräsentativen Islam auszubilden

Sowohl die deutsche als auch die französische Regierung bemühten und bemühen sich um die Ausbildung eines repräsentativen Organs für die im Land lebenden Muslime. Während die französische Regierung, insbesondere das Innenministerium dabei stärker intervenierend vorgeht und mit den Institutionalisierungsbemühungen auch die symbolische Absicht besteht, dem Islam einen Platz in der Republik zuzuweisen, werden die Institutionalisierungsschübe gegenüber einem Islam in Deutschland zwar auch maßgeblich vom Staat unterstützt, jedoch bleibt der deutsche Staat gemäß dem Selbstbestimmungsrecht der Religionsgemeinschaften zurückhaltender. Ziel ist im deutschen Fall weniger die symbolische Botschaft, als vielmehr ein Gegenüber zu finden, das unter anderem als Ansprechpartner für die konkrete Einlösung grundrechtlicher Ansprüche fungiert. Im Vereinigten Königreich bemüht sich die Regierung nicht in derart aktiver Weise um repräsentative islamische Organisationen; der Staat verlässt sich hier überwiegend auf bereits vorhandene Infrastruktur der bestehenden religiösen Vereinigungen, ohne in deren interne Organisationsstrukturen eingreifen zu wollen. Die vorhandene Infrastruktur soll aber durchaus nachhaltig für staatliche Programme und Zielsetzungen genutzt werden.

Die französischen und deutschen Institutionalisierungsbemühungen einerseits und die britische Zurückhaltung bei diesem Thema andererseits finden ein Pendant in der Problematisierung einer prinzipiellen Kompatibilität des Islam mit dem jeweiligen (Rechts-) System in Frankreich und Deutschland und dem Fehlen einer vergleichbaren Debatte im Vereinigten Königreich. Zwar wird eine solche Kompatibilität von Regierungsseite in Frankreich und Deutschland jeweils grundsätzlich bejaht, allein die Diskussion darüber indiziert aber Zweifel.

Muslimische Organisationen und Imame mit ähnlichen und unterschiedlichen Rollenzuschreibungen

Unabhängig vom Interventionsgrad des Staates in die Institutionalisierungsprozesse von muslimischen Organisationen schreiben alle drei Nationalstaaten muslimischen Organisationen oder Vereinigungen und dem religiösen Führungspersonal eine besondere Rolle im Integrationsprozess zu. Im Einzelnen gestaltet sich diese Zuschreibung sowohl im Hinblick auf den Grad als auch auf die Art und Weise der Einbeziehung von Religionsgemeinschaften in staatliche Integrationskonzepte unterschiedlich. Im Vereinigten Königreich nimmt die Berücksichtigung und aktive Einplanung von Religionsgemeinschaften und religiösem Führungspersonal in staatliche Strategien und Programme einen ungleich zentraleren Platz ein als in Deutschland und erst recht als in Frankreich. In Bezug auf die Art der Einbeziehung finden sich in den drei Staaten durchaus Parallelen, wobei sich allerdings nationalstaatenspezifische Tendenzen abzeichnen. In Deutschland sollen muslimische Organisationen vor allem Multiplikatoren sein, indem sie zwischen muslimischen MigrantInnen und Staat vermitteln und indem sie die vermeintlich integrative Funktion von Religion zu entfalten helfen sollen. Muslimische Organisationen in Frankreich sollen sich primär in das System einfügen und somit dieses stabilisieren und zugleich Symbole für gelingende Laizität sein. Muslimische Organisationen im Vereinigten Königreich sollen – wie auch in Deutschland – eine Multiplikatoren-Rolle einnehmen, werden aber vor allem als wichtige zivilgesellschaftliche Akteure in einer von Diversität geprägten Gesellschaft wahrgenommen, innerhalb derer sie mit Unterstützung der staatlichen Autoritäten positive Kräfte zugunsten der lokalen *Communities* entfalten sollen. Diese drei, hier als unterschiedlich gelagerte Arten der Einbeziehung von Religionsgemeinschaften geschildert, finden sich *im Ansatz* aber für alle drei Nationalstaaten gleichermaßen: Die Multiplikatorenfunktion kann stellenweise auch in Frankreich gezeigt, die symbolische Funktion und der Beitrag einer erfolgreichen Einbindung von ,Migrantenreligionen' zur Systemerhaltung auch in Deutschland und dem Vereinigten Königreich, die Wertschätzung der zivilgesellschaftlichen und gemeinnützigen Funktion von Religionsgemeinschaften wird ebenso, wenn auch ungleich schwächer, in Frankreich und Deutschland thematisiert.

Die Funktionen und Aufgaben, die Imamen (im britischen Fall auch anderen *Faith Leaders*) in den drei Nationalstaaten zugeschrieben werden, weisen im Vergleich sowohl Parallelen als auch Unterschiede auf. Der Nationalstaatenvergleich verdeutlicht, dass in allen drei Fällen den Imamen oder allgemeiner, den *Faith Leaders*, eine Vorbildrolle innerhalb der jeweiligen religiösen Gemeinschaft zugeschrieben wird, weswegen ihre Integration als wünschenswert betrachtet wird (HCI 2000, 70; Schäuble/SZ 2006, 3; Home Office 2005a, 52). In allen drei Nationalstaaten werden ihnen zudem die Funktion von Mittlern, Brückenbauern oder Botschaftern zugesprochen (Home Affairs Committee 2005, 3; Integrationsbeauftragte 2004, 11; Sarkozy 2007, 4f.). Dagegen wird die staatlich geförderte Ausbildung des religiösen Personals unterschiedlich konzipiert: Während in Frankreich Wert gelegt wird auf eine Imam-Ausbildung, deren weltlicher Teil eine laizistische Zusatzausbildung einschließt und republikanische Werte vermitteln soll, steht im Vereinigten Königreich ein *Leadership*-Training im Vordergrund, mittels dessen der Beitrag von *Faith Leaders* zum gemeinschaftlichen Zusammenhalt gestärkt werden soll. In Deutschland wiederum steht die Einlösung des grundrechtlichen Anspruchs auf muslimischen Religionsunterricht im Zentrum der Bemühungen um eine theologische Ausbildung von Imamen.[309]

Unterschiedliche Verbindungsglieder zwischen staatspolitischen Integrationsstrategien und staatspolitischen Strategien zum Umgang mit Religion

Wie beschrieben (s. o. 232) weisen alle drei untersuchten Nationalstaaten eine, wenn auch verschieden stark ausgeprägte Verflechtung von Religions- und Integrationspolitik auf. Dabei wurden in den Einzeldarstellungen jeweils *Brücken* oder Verbindungsglieder identi-

---

309 Letzteres geht aus den hier analysierten Dokumenten allerdings nur peripher hervor, da der Auswahlzeitraum bis 2009 reichte. Eine breite Diskussion darüber wurde erst 2010 angestoßen, als Bundesbildungsministerin Annette Schavan die staatliche Förderung einer Einrichtung von Islam-Zentren zur Ausbildung von muslimischen Religionslehrkräften an deutschen Hochschulstandorten angekündigt hatte (Schavan 13.07.2010, 3).

fiziert, die in einer indizierenden oder verursachenden Weise für die Verknüpfungen beider Politikbereiche stehen. Diese Verbindungsglieder unterscheiden sich jedoch zwischen den Nationalstaaten stark.

Im Vereinigten Königreich weist die Zusammenarbeit der staatlichen Autoritäten mit Religionsgemeinschaften auf eine eher *maßnahmen*orientierte Verbindungs*brücke* zwischen den beiden *Policy*-Bereichen hin. Die Verbindung von Religions- und Integrationspolitik ist hier zudem stark institutionell bedingt und folgt aus der lokalen Verankerung der pragmatischen Politikstrategien, bei denen es stets darum geht, eine Vielzahl von einflussreichen Akteuren innerhalb eines lokalen *Settings* einzubinden.

Dagegen finden sich bei den deutschen integrations- und religionspolitischen Strategien sowohl *maßnahmenorientierte* als auch *an Zielen orientierte* Verbindungsglieder. Diese finden sich in den ähnlichen, sich gegenseitig ergänzenden oder identischen Maßnahmen beider Politikbereiche und in der gemeinsamen Zielsetzung (Integration und Sicherheit), die ich in der Einzelanalyse auch als Inbegriff einer ‚konzertierten Aktion‘ bezeichnet habe (s. o. 199). Während ein Ziel deutscher Religionspolitik immer auch Integration ist, begreifen die deutschen Integrationsstrategien die Einbindung von genuinen Problemen der Religionspolitik eher als Mittel zum Zweck. Die Verschränkung von Religions- und Integrationspolitik wurde vor diesem Hintergrund oben als strategisches Element des Regierens gewertet, mit dessen Hilfe Integrationspolitik erfolgreicher und Religionspolitik unter einer Orientierung an extrinsischen Zielen effektiver wird.

Im französischen Fall dagegen nehmen weder die Maßnahmen noch die Ziele eine Brückenfunktion ein, sondern das Prinzip der Laizität, welches Integrations- wie Religionspolitik maßgeblich steuert. Man kann für Frankreich demnach von einer *prinzipien*orientierten *Brücke* sprechen: Die Überschneidungen zwischen Integrations- und Religionspolitik entwickeln sich auf einer werteorientierten Grundlage, deren Intention die Aufrechterhaltung der nationalen Einheit ist.

Wie noch näher zu zeigen sein wird (s. u. 254ff.), können die hier skizzierten unterschiedlichen Arten des ‚Zusammenspiels‘ von Religions- und Integrationspolitik mit den Stichworten einer *struktur*vermittelten Interferenz in Deutschland, einer *akteurs*zentrierten Interferenz im Vereinigten Königreich und einer *symbol*basierten Interferenz in Frankreich umschrieben werden.

5.4.5.2 Vergleich [F2]: Ähnliche Ziele; verschiedene Begründungsstrategien

Ein Vergleich der zusammenfassenden Strukturierungen der verschiedenen Nationalstaaten bringt unter der zweiten Fragestellung [F2] Gemeinsamkeiten und Unterschiede zu Tage, die nachfolgend beschrieben werden.

Ähnliche Zielsetzungen von Integrations- und Religionspolitik

Wie bereits zum größten Teil in Abschnitt 5.4.5.1 gezeigt und ausgeführt, stellen sich eine Reihe von neueren Entwicklungen in den drei Nationalstaaten sehr ähnlich dar. Zu den Gemeinsamkeiten, die alle drei Nationalstaaten verbinden, gehört (1) die Verschränkung von integrationspolitischen mit religionspolitischen Strategien, wiewohl diese im Detail unterschiedlich geartet ist und jeweils unterschiedlichen Logiken folgt. (2) Gemeinsam ist den drei Nationalstaaten auch die weitgehende Übereinstimmung der integrationspolitischen Ziele und des jeweils erwartete *Policy-Outcome*, wobei hier zugleich auch unterschiedliche Schwerpunkte gesetzt werden. (3) Alle drei Länder rekurrieren zudem auf bestimmte, aber inhaltlich verschiedene zentrale Werte, Rechte oder Prinzipien, die einen jeweils spezifischen nationalen Impetus vorweisen und als Legitimierungsgrundlage für politische Entscheidungen dienen oder als Voraussetzung für einschlägige staatspolitische Strategien herangezogen werden. (4) Sowohl in Deutschland, Frankreich als auch dem Vereinigten Königreich zeigt sich außerdem eine Verbindung von Integrations- und Religionspolitik mit sicherheits-politischen Motiven, wobei hier in allen drei Ländern die Einbindung des Islam und muslimischer Akteure besonders augenfällig wird. Weitere Gemeinsamkeiten oder Parallelen ergeben sich nur für jeweils zwei der drei Nationalstaaten und betreffen vor allem *Policy-Outputs*. Dazu gehören (5) die Ähnlichkeit der integrations- wie religionspolitischen *Maßnahmen* im Vereinigten Königreich und in Deutschland sowie (6) die Versuche in Deutschland und Frankreich, einen repräsentativen institutionalisierten Islam herauszubilden, wobei in diesem Punkt in Deutschland stärker darauf hingearbeitet wird, die bestehenden islamischen Verantwortlichen etwa durch institutionalisierten Dialog und Rechtsberatung selbst zu einer entsprechenden Organisationsleistung zu bringen, während in Frankreich die staatliche Intervention deutlicher ausgeprägt ist. (7) In den drei Nationalstaaten werden in den letzen Jahren Integrationsmaßnahmen und -ziele zunehmend auch mit Forderungen an MigrantInnen verbunden, teilweise werden sie auch durch Sanktionsinstrumente abgesichert. In Frankreich geschieht dies einerseits durch die häufig artikulierte Forderung, MigrantInnen müssten die Regeln und Codes der Republik kennen und achten, andererseits durch das Instrument der Integrationsverträge. In Deutschland werden die aktive Mitwirkung von MigrantInnen an ihrer Integration, Selbstverpflichtungen der Verbände sowie ein wechselseitiger Integrationsprozess, bei dem sowohl ZuwanderInnen als auch Aufnahmegesellschaft sich aufeinander zu bewegen, regelmäßig gefordert. Im Vereinigten Königreich liegt ein starker Fokus auf der Eigenverantwortung aller am Integrationsprozess beteiligten Personen und Gruppen. Auch hier wird regelmäßig Respekt vor dem Gesetz gefordert. Einreisebeschränkungen in Abhängigkeit von Englischkenntnissen etwa sowie Staatsbürgerschaftstests dienen als Selektionsmechanismen im Vorfeld des Integrationsprozesses.

Unterschiedliche Grundlegungen und Legitimierungsmuster der jeweiligen Innenpolitik

In den religions- wie integrationspolitisch orientierten Dokumenten aller drei Nationalstaaten finden sich regelmäßige Bezüge zu rechtlichen oder verfassungsrechtlichen Dimensionen und zum Staat-Kirche-Verhältnis des jeweiligen Nationalstaates. Religions- und integrationspolitische Positionen werden entweder unter Rückgriff auf solche Bezugnahmen beschrieben, begründet oder gerechtfertigt und/oder Recht, Verfassungsrecht oder Staat-Kirche-Verhältnis werden selbst zu einem wichtigen *inhaltlichen* Bestandteil religions- wie integrationspolitischer Maßnahmen oder werden in die inhaltliche Gestaltung einbezogen.

Bei diesen Begründungsstrategien und inhaltlichen Ausrichtungen von Religions- und Integrationspolitik verweisen die *deutschen* Dokumente vor allem auf Verfassung und Grundgesetz sowie auf einzelne Grundrechte. Zu den Grundrechten gehören individuelle

Grundrechte und Persönlichkeitsrechte wie Chancengleichheit, Menschenwürde sowie persönliche Entfaltungsfreiheit. Die Religionsfreiheit, die mit Blick auf die staatskirchenrechtlichen Bestimmungen auch eine kollektive Dimension beinhaltet, ist eine wiederkehrende zentrale Dimension insbesondere der religionspolitisch ausgerichteten Texte oder Textpassagen. Die grundrechtlich garantierte Religionsfreiheit und das Verhältnis von Kirche und Staat werden in vielen Texten als einschlägig *deutsche* Konstanten dargestellt, die entsprechend auch die politischen Vorgehensweisen in Deutschland in besonderer Wiese bestimmten.

Die rechtlichen und verfassungsrechtlichen Dimensionen und das Staat-Kirche-Verhältnis, auf die die *französischen* Dokumente verweisen, konzentrieren sich auf Rechte oder Rechtsgrundsätze wie Gleichheit, Laizität einschließlich des Trennungsgesetzes von 1905 sowie auf individuelle Freiheitsrechte wie Religions- und Gewissensfreiheit. Bei der Grundlegung (staats-)politischer Entscheidungen und der inhaltlichen Schwerpunktsetzungen der Politik selbst wird aber auch auf Werte und Prinzipien verwiesen, insbesondere auf Brüderlichkeit, Achtung oder Respekt vor Verschiedenheit, auf die Idee der französischen *citoyenneté*, auf die Einheit der Republik oder der Nation, auf die französische nationale Identität, auf die dem republikanischen Pakt zugrunde liegenden Werte und auf die Wahrung der öffentlichen Ordnung.

Die Legitimierungsgrundlagen und inhaltlichen Bausteine *britischer* Politik gehen von der Antidiskriminierungsgesetzgebung über die Betonung der britischen Toleranz, des Respekts vor Differenz und der Wertschätzung von Diversität bis hin zur Achtung und Förderung des *Empowerment* von Kollektiven oder Gruppen insbesondere auf lokaler Ebene.

Zusammenfassend lässt sich festhalten: für Deutschland überwiegen die Verweise auf das Grundgesetz und das spezifische Staat-Kirche-Verhältnis,[310] für Frankreich überwiegt der Rekurs auf die republikanischen Prinzipien und die nationale Einheit und für das Vereinigte Königreich überwiegt die Bezugnahme auf Diversität als Wert und die Achtung und Förderung zivilgesellschaftlicher Akteure in lokalen *Settings*.

Typische nationale Integrationsdiskurse und Annäherungen

Bei der Analyse der Kategorie ,Integrationspolitik greift auf nationale integrationspolitische Diskursmuster als grundlegende integrationspolitische Rahmenbedingungen des jeweiligen Nationalstaats zurück' treten im Vergleich ebenfalls primär unterschiedliche Muster zutage, einzelne Annäherungen zeichnen sich aber durchaus ab. Die in den Dokumenten gefundene durchgehende Bezugnahme französischer Politik auf die Republik und ihre Werte und auf den republikanische Integrationsmodus sowie die Beschreibung einer nationalen Identität[311] reihen sich in institutionalisierte und ,typische' französische integra-

---

310 In einem Text wird unter integrationspolitischen Gesichtspunkten angeregt, das Staat-Kirche-Verhältnis hinsichtlich der Möglichkeiten einer Weiterentwicklung der traditionellen staatskirchenrechtlichen Formen zu überprüfen (Integrationsbeauftragte 2005, 9).

311 Die vom vormaligen Präsidenten Nicolas Sarkozy und Premierminister Eric Besson am 2. November 2009 angestoßene ,Grand débat sur l'identité nationale' verdeutlicht die jüngsten Bemühungen der Regierung, die Frage nach der nationalen Identität ins öffentliche Bewusstsein zu rücken. Die Debatte soll mittels zahlreicher Einzelaktionen an verschiedenen Orten, öffentlicher Kampagnen und Stellungnahmen von Prominen-

tionspolitische Diskursmuster ein (s. o. 172). Die Relevanz dieser Aspekte wird in der aktuellen Religions- und Integrationspolitik sogar noch verstärkt, so dass zunehmend versucht wird, französische Symbole, Werte, Rechtsgrundsätze und eine französische Identität insbesondere Personen mit Migrationshintergrund nahe zu bringen. Als neuere Entwicklung zeichnet sich in Frankreich die regelmäßige wertschätzende Bezugnahme auf Diversität ab.[312]

Auch im Vereinigten Königreich stimmt der Verweis auf die positive Wertung von Diversität sowie auf die liberale Antidiskriminierungsgesetzgebung mit typischen nationalen integrationspolitischen Diskursmustern überein. Neueren Datums hingegen ist die Einbeziehung des Kriteriums ‚Religionszugehörigkeit' in die britische Antidiskriminierungspolitik sowie die zunehmende Rede von einer *Britishness*, die sich allerdings durch einen betont *inklusiven* Grundtenor auszeichnet. Gefordert wird ausdrücklich keine geteilte Kultur fordert, durchaus aber geteilte, britische Werte (insbesondere Toleranz, Respekt vor Differenz und Wertschätzung von Diversität) sowie Respekt vor dem Gesetz.

In Deutschland fehlt eine mit Frankreich und dem Vereinigten Königreich vergleichbare Bezugnahme auf eine nationale Identität, stattdessen wird die Pflicht der ZuwanderInnen angesprochen, sich einzugliedern und die deutschen Normen, Werte oder Spielregeln sowie vor allem die deutsche Rechtsordnung zu akzeptieren. Zwar sind hier deutliche Anleihen an einen kulturalistischen Integrationsmodus erkennbar, der Begriff ‚Leitkultur', ja generell der Begriff ‚Kultur', werden aber in den hier untersuchten Texten weitgehend gemieden und ersetzt durch Termini wie etwa die ‚Werteordnung des Grundgesetzes' oder ‚grundlegende Normen und Spielregeln unserer Gesellschaft' (Zukunftskommission NRW 2009, 7). Auch in Deutschland wird verstärkt betont, kulturelle und religiöse Vielfalt sei als Bereicherung zu schätzen.[313]

Daraus kann geschlussfolgert werden: Es lassen sich neben Persistenzen graduelle oder deutliche Abweichungen von nationalen Integrationsdiskursen beobachten, die zugleich Annäherungen zwischen den drei Nationalstaaten oder zwischen zwei der Nationalstaaten darstellen. Knotenpunkte dieser Annäherungen können in der *Wertschätzung von Diversität* gesehen werden und in der *Bezugnahme auf eine nationale Identität*, zu der bestimmte ‚nationale' Werte gehören, wobei Deutschland vom letzten Punkt abweicht, indem es an Stelle des Instruments der Zugehörigkeit zu einer nationalen Identität das Bekenntnis zur Rechts- und Werteordnung des Grundgesetzes einfordert.

---

ten und einer interaktiv aufgebauten Homepage mit Informationsmaterialien einschlägige Beiträge zum Thema liefern (Internetquelle 23).

312 Zwar bezeichnet sich Frankreich als Land mit einer Tradition der Vielfalt und des Respekts vor Verschiedenheit, dieses Bekenntnis blieb jedoch lange auf einer rein formalen Ebene und hatte – gemäß eines dominierenden Gleichheits-Gedankens – keine politisch-rechtlichen Auswirkungen in Richtung einer gezielten Förderung bestimmter Personen oder Gruppen entlang ihres jeweiligen kulturellen oder ethnischen Hintergrunds. Eine solche schlägt sich erst neuerdings stellenweise in der französischen Städtepolitik durch (s. o. 176f.). Entsprechend markiert die jüngere französische Einbeziehung von Chancengleichheit neben formeller Gleichheit eine Annäherung insbesondere an die britische Programmatik, wenn auch die Wege im Detail völlig unterschiedlich eingeschlagen werden.

313 Die Anerkennung kultureller Vielfalt ist aber in Deutschland in der staatlichen Verwaltung noch kaum institutionalisiert. Ausnahme bleibt die Gründung des Amts für Multikulturelle Angelegenheiten in Frankfurt am Main (Noormann 1994).

Vergleiche zu anderen nationalstaatlichen Politiken, explizite nationale Besonderheiten und Abgrenzungen

In vielen der analysierten Dokumente werden Vergleiche zu anderen Nationalstaaten gezogen. Aus keinem dieser Vergleiche gehen aber Nachahmungen einer politischen Strategie eines anderen Nationalstaates hervor. Stattdessen dienen die Vergleiche illustrativen Zwecken, um die Besonderheit der eigenen nationalen Entwicklung hervorzuheben oder sie stellen in einer abgrenzenden Form Gegenbeispiele von politischen Vorgehensweisen dar, die in den jeweils eigenen Nationalstaaten so nicht durchgeführt werden. Letzteres zeigt sich vor allem in Bezug auf Religionspolitik, indem sich einige der französischen Texte von Staatskirchensystemen und Kooperationsmodellen absetzen (Commission Stasi 2003, 32; HCI 2007, 14) und mehrere deutsche Dokumente die Unterscheidung zur französischen Vorgehensweise bei der Gründung eines nationalen Islamrats betonen (Schäuble/SZ 2006, 1; Bundesregierung 2007a, 125; Schäuble 2007b, 2). Im Vereinigten Königreich fehlen ähnliche Vergleiche mit abgrenzendem Charakter. Auch hier werden aber wiederholt britische Besonderheiten stark gemacht: die britische Akzeptanz von religiösen und ethnischen Gemeinschaften, die britischen Erfahrungen mit Integration und Diversität und der Erfolg bei der Ausbildung einer inklusiven, gemeinsamen Identität (Government 2005, 15; Home Office 2005a, 20).

Dritter Teil: Ergebnisse und Schlussbetrachtungen

6 Religion im Fokus der Integrationspolitik – eine institutionenanalytische Synthese

In diesem Kapitel werden unter Rückgriff auf die Auswertungen der Dokumente (Kap. 5) zunächst die eingangs entwickelten Hypothesen ([H1] und [H2]) überprüft und bewertet und die so erhaltenen Zwischenergebnisse in beschreibender und erklärender Absicht zusammengeführt. Daraufhin wird ein Fazit gezogen. Dem folgen Reflexionen zu den theoretischen Ausgangspunkten der Hypothesengenerierung und Anmerkungen zu institutionellen Konflikten und normativen Problemen. Die Darstellung schließt mit einer Zusammenfassung der Gesamtuntersuchung.

6.1 Hypothesenbewertung [H1]: Anerkennung *und* Instrumentalisierung von Religion – zwischen ambivalenter und kohärenter Verhältnisbestimmung

Im Rahmen der Hypothesengenerierung wurde die Annahme entwickelt, dass die zunehmenden Interferenzen zwischen Religions- und Integrationspolitik, wie sie sich auf unterschiedliche Art und Weise in den drei Nationalstaaten nachzeichnen lassen, dazu führen, dass sich das Verhältnis von Innenpolitik und Religion ändert. Auf der Grundlage einer Auseinandersetzung mit Habermas' Vorstellung einer ‚postsäkularen Gesellschaft' wurde diese Annahme zu einer Hypothese zugespitzt, der zufolge die aktuellen politischen Vorgänge auf eine *gesteigerte Anerkennung von Religion* hindeuten. Dahinter steht die Vorstellung, dass Religionsgemeinschaften, die noch wenig im jeweiligen Land etabliert sind, durch die staatlichen Interventionen dabei unterstützt werden, sich besser in der politischen Öffentlichkeit beteiligen zu können. Auf der Grundlage einer kritischen Rezeption Luhmanns wurde eine zweite, alternative Hypothese formuliert: Dieser folgend wird Religion durch die einschlägigen staatlichen Interventionen nicht *als* Religion anerkannt, sondern *in ihrer Funktion für andere gesellschaftliche Subsysteme* herangezogen und somit *instrumentalisiert*. Das Ergebnis der Hypothesenprüfungen wird zeigen, dass sich der Bedeutungswandel von Religion für jeden Nationalstaat – in deutlicher Abhängigkeit von institutionellen Bedingungen – sehr verschieden gestaltet und dass, damit zusammenhängend, die beiden hypothetischen Ausprägungen entweder in der Praxis zusammenfallen (in Deutschland und dem Vereinigten Königreich) oder sich nicht bewähren können (in Frankreich).

6.1.1 Hegemonial geprägter Dialog und die ‚Platzierung' von Muslimen in Deutschland: Strategische Instrumente für Integration

Die verstärkten Bemühungen des deutschen Staates um einen Dialog und eine Zusammenarbeit mit muslimischen Religionsgemeinschaften erweisen sich häufig (auch) als strategisches Instrument zugunsten von sozialer Integration: Ziel ist eine Verbesserung der

Integration betroffener Personen und Gruppen und eine Vorbeugung von sozialer Segregation oder Kriminalität. Imame werden als Integrationslotsen verstanden, von muslimischen Gemeinschaften werden integrationsstützende Wirkungen erhofft und vom Staat Maßnahmen angestoßen, den religiösen Organisations- und Führungsstrukturen Mittler- und Multiplikatoren-Funktionen zuzusprechen. Es zeigt sich aber auch regelmäßig, dass die staatlichen Interventionen verbunden sind mit einem am Grundrecht orientierten Zuspruch, dem zufolge Muslimen zu ihren religiösen Rechten verholfen werden soll. Mit den Bestrebungen des Staates nach einer Einlösung der Rechtsansprüche von Muslimen gehen Versuche einer ‚Platzierung' des Islam im staatskirchenrechtlichen respektive religionsverfassungsrechtlichen System einher. Diese ‚Platzierungsversuche' machen aber bislang noch Halt vor der Gleichberechtigung mit den christlichen Kirchen und den jüdischen Gemeinden in ihrem rechtlich abgesicherten spezifischen Öffentlichkeitsauftrag (s. o. 114; vgl. auch Köktaş/Kurt 2010, 451ff.; Bodenstein 2010, 350ff.). Der in den analysierten Dokumenten wiederholt und deutlich zum Ausdruck kommende Rekurs auf rechtliche Grundlagen, insbesondere auf das Recht auf Religionsfreiheit, erscheint zudem gelegentlich als *nicht* vorbehaltloses Zugeständnis des Staates an Muslime: Es werden verschiedene Gegenleistungen erwartet, unter anderem ein explizites Bekenntnis zu einem Wertekonsens und die Bereitschaft zur Einfügung in Dialog- und Kooperationsformen, deren Ausgestaltung der Staat häufig einseitig vorgibt. Diese Maßnahmen verfolgen regelmäßig eine integrations- oder sicherheitspolitische Zielsetzung, sind aber zugleich so konzipiert, dass sie ausschließlich (praktizierende) Muslime erreichen sollen oder können. In solchen Fällen wird Religionszugehörigkeit zur Voraussetzung von Teilnahme an diesen Maßnahmen und damit auch Voraussetzung für die Erlangung von durch sie vermittelten Kompetenzen.

Die Dokumentenanalyse hat gezeigt, dass an muslimische Religionsgemeinschaften und deren ‚Führungspersonal' von staatlicher Seite zwei Erwartungen herangetragen werden: Zum einen sind sie in religionsrechtliche und -politische Aushandlungsprozesse eingebunden, die, im Erfolgsfall, den Anspruch von Muslimen und Staat auf rechtliche und gesellschaftliche Anerkennung erfüllen können *und* die zugleich als der Integration zuträglich dargestellt und verstanden werden. Diese doppelte Erwartung zeigt sich bei aktuellen Themen wie der Entwicklung und Organisation von muslimischem, bekenntnisorientiertem Religionsunterricht, der Religionslehrerausbildung oder der Einrichtung von islamisch-‚theologischen' Lehrstühlen an Universitäten. Zum anderen wird den organisierten Muslimen im Rahmen der Integrationsstrategien auch eine Vermittler- und Multiplikatorenfunktion zugewiesen. Sie sollen zum Beispiel ethische Werte (etwa Nächstenliebe, Solidarität, Eigenverantwortung, Freiheit) vermitteln, aber auch staatliche und gesellschaftliche Interessen (z. B. Kriminalitäts- und Terrorprävention, Gesundheit, Erziehung, Bildung) unterstützen, die keinen spezifisch religiösen Charakter haben. Insofern kann durchaus auch eine instrumentalisierende Bezugnahme auf muslimische Religionsgemeinschaften durch staatliche Integrationspolitik behauptet werden. Zugleich geht in der Konsequenz – unbeachtet der Intention oder Motivstruktur der staatlichen Initiative – damit aber auch eine Aufwertung der (organisierten) Muslime einher. Muslimische Religionsgemeinschaften und deren Führungspersonal können durch ihre Rolle als Ansprechpartner des Staates eine ‚Plattform' erhalten oder einen Gestaltungsspielraum wahrnehmen, um sowohl im genuin religiösen Bereich als auch in anderen gesellschaftlichen Bereichen eigene Anliegen und Forderungen artikulieren oder Einfluss ausüben zu können (dazu mehr s. u. 279).

In der deutschen Religions- und Integrationspolitik zeigen sich also einerseits Tendenzen, die auf eine Anerkennung der Muslime in Bezug auf ihre individuellen und kollektiven religiösen Bedürfnisse hindeuten. So wird der Anspruch auf Religionsfreiheit in seinen verschiedensten Facetten von staatlicher Seite durchaus betont und auch einzulösen versucht. Es lassen sich aber andererseits gleichzeitig Tendenzen nachweisen, die auf Instrumentalisierungen der Muslime und muslimischen Gruppierungen durch den Staat zu integrations- und sicherheitsspezifischen Zwecken hindeuten. Das ist etwa der Fall, wenn Muslime Kriminalitätsvorbeugung in den Moscheegemeinden leisten sollen, aber auch wenn ihnen – wie etwa vom vormaligen Bundesinnenminister Thomas de Maizière artikuliert – „eine große Verantwortung als Vermittler zwischen Moscheen und Öffentlichkeit, als Multiplikatoren im Integrationsprozess und bei der Verhinderung von Extremismus" (BMI 08.12.2010) zugewiesen wird.

Mit Blick auf die institutionellen Arrangements des deutschen Religionsrechts erweist sich das Verhältnis zwischen der deutschen ,Anerkennungsfigur' und den Instrumentalisierungsversuchen als *ambivalent*. Die beiden Aspekte bewegen sich auf inkohärenten Ebenen: Eine gesellschaftliche und rechtliche Anerkennung von Religion im Sinne des Grundgesetzes ist ein Anspruch, der Individuen und Gruppen unabhängig von der Einlösung staatlicher und gesellschaftlicher Interessen zusteht. Dennoch wird regelmäßig im politischen Diskurs der Rechtsanspruch davon abhängig gemacht, ob vermeintlich integrationsrelevante Leistungen erbracht werden (dazu mehr s. u. 260).

Als eine dominierende, typische Maßnahme der deutschen Religions- und Integrationspolitik kann ein Dialog mit starken inhaltlichen und prozedualen Vorgaben genannt werden, den ich auch als hegemonial geprägter Dialog bezeichnen möchte. Er ist in Deutschland, wie an der DIK besonders augenfällig wird, deutlich von staatlicher Seite vorstrukturiert. Sowohl die inhaltlichen Themen, die verhandelt werden, als auch das Prozedere, die erwarteten Ergebnisse und vor allem die Auswahl der Teilnehmenden sind vorgegeben. Allerdings finden sich auch Dialoginitiativen, insbesondere auf Länder- und Kommunenebene, die eine ergebnisoffenere Struktur vorweisen.[314] Neben dem hegemonial geprägten Dialog sind Formen der lokalen Kooperation zwischen staatlichen Autoritäten und muslimischen Gruppen und der Unterweisung insbesondere des muslimischen Führungspersonals in bestimmten gesellschaftlichen Themen für die deutsche Herangehensweise von Bedeutung.

---

314 Das seit Juni 2002 existierende Deutsche Islamforum auf Bundesebene mit seinen Islamforen in den Ländern und den kommunalen Islamforen beispielsweise versteht sich explizit als Forum für offene und kritische Gespräche. Die enge Verbindung zwischen religionspolitischen Themen und Integration zeigt sich bei diesem Forum beispielsweise daran, wie es sich auf seiner Homepage präsentiert: „Die Islamforen sind Dialogforen für Vertretungen von verschiedenen muslimischen Einrichtungen, der nichtmuslimischen Zivilgesellschaft und staatlicher Stellen. In vertrauensvollen und kritischen Gesprächen werden integrationsrelevante Themen erörtert. Ziel ist es, das Miteinander von Menschen muslimischer Prägung mit Nichtmuslimen zu verbessern" (Internetquelle 24). Trotz der programmatischen Offenheit, mit der die Dialoge geführt werden sollen, ist auffällig, dass die Strukturen auch hier zunächst auf Bundesebene ausgebildet und erst dann auf Länder- und Kommunenebene übertragen werden. Auch Initiativen wie die Einführung von Religionsunterricht oder die Frage der Zuerkennung eines öffentlich-rechtlichen Status für muslimische Gemeinschaften sind Ländersache, werden aber häufig zuerst auf Bundesebene angesprochen, ehe sie in den verschiedenen Bundesländern aufgenommen werden. Obwohl die DIK sicherlich ein Eckbeispiel für einen hegemonial geprägten Dialog ist, bleibt für Deutschland festzuhalten, dass eine top-down-Institutionalisierung von Dialogen bevorzugt zu finden ist.

Die Hypothesenprüfung für den deutschen Fall ergibt, dass die staatspolitische Erwartung an eine, muslimischen Religionsgemeinschaften unmittelbar eignende (sozial-) integrative Wirkkraft *wenig* ausgeprägt ist. Vielmehr wird auf eine ‚Platzierung des Islam' auf einer *strukturellen* Ebene hingearbeitet, von der aus zum einen *ein strategischer Effekt zugunsten von erfolgreicher Integration erreicht werden soll*: Ziel ist es, mit Hilfe von muslimischen Ansprechpartnern für den Staat, die Bereitschaft der Muslime zu aktivieren, sich mit dem Gemeinwesen und dem Rechtsstaat zu identifizieren und sich zudem zu Integrationsbereitschaft und Integrationsbeförderung verpflichtet zu sehen. Die *struktur*bezogene ‚Platzierung des Islam' kann aber *auch als Anerkennung interpretiert werden*, insofern sie die Möglichkeit eröffnet, dass muslimische Vertreter mit dem Staat über konkrete religionsrechtliche Forderungen verhandeln können. Allerdings ist diese Anerkennung bedingt von und eng verwoben mit den institutionell-rechtlichen Rahmenbedingungen. Nur wenn es gelingt, die muslimischen Religionsgemeinschaften gemäß diesen Bedingungen zu etablieren, ist damit auch langfristig die Option nach einer verbesserten finanziellen Lage, mehr Einfluss in der Zivilgesellschaft, rechtlicher Anerkennung und politischer Mitsprache eröffnet.

6.1.2 Ein Islam von Frankreich: die französische, nationale Einheit im Fokus

Die Förderung einer Institutionalisierung von Religion ist in Frankreich *nicht* von sich aus verbunden mit einer Anerkennung oder steigenden Bedeutung von Religion und religiösen Institutionen für staatliche Politik und für die Gesellschaft. Vielmehr entspringt der politische Wille nach einer Institutionalisierung des Islam dem Wunsch nach der Integrität der Republik und der sie konstituierenden Prinzipien, insbesondere sind das Freiheit, Gleichheit und Laizität. Es finden sich in den Dokumenten kaum Hinweise darauf, dass muslimischen Religionsgemeinschaften seitens des Staates eine Integrationskraft zugetraut wird. Eher das Gegenteil ist der Fall; die Gefahren, dass Religion und religiös begründete Rechte für andere, nicht-religiöse Zwecke missbraucht werden könnten und dass die staatliche Förderung von religiösen Aktivitäten zu kommunitaristischem Agieren führen könnte, werden in den analysierten Dokumenten immer wieder angesprochen. Diesen Gefahren soll durch die Einbindung in das laizistische System zuvorgekommen werden. Einzige Integrationsagentur bleibt dabei die Republik, wobei die Religionsgemeinschaften, soweit sie sich als mit dem laizitären Prinzip vereinbar erweisen, aufgefordert werden, die republikanische Integrationskraft zu bejahen. Die unmittelbare Beziehung zwischen Individuum und Republik sollen sie hingegen nicht stören. Religionsgemeinschaften wird also im Rahmen der integrations- und religionspolitischen Strategien des Staates die Funktion zugeschrieben, die republikanische Botschaft nach innen und außen weiter zu tragen und das französische religionsrechtliche und -politische Regime somit zu stabilisieren.

Die Analyse der Dokumente zeigt aber auch, dass die staatlichen Versuche einer Institutionalisierung zwar von einer starken „top-down corporatist inclusion" (Modood 2009, 183) gekennzeichnet sind, dass diese aber nicht gleichbedeutend mit einer Instrumentalisierung von Religionsgemeinschaften durch den Staat ist. Nicht die Religionen selbst oder ihre Organisationen sollen Integration ermöglichen oder befördern, sondern ihre Bereitschaft zum Aufbau einer kritisch-reflexiven ‚Theologie' und zur Information der französischen Bevölkerung sowie ihre Bereitschaft, die äußere Organisationsform im Einklang mit den

Regeln der Laizität auszugestalten, insbesondere aber ihre Bejahung der zentralen französischen Symbole soll das republikanische Integrationsprinzip bestärken. Als dominierende, typische Maßnahmen erweisen sich in Frankreich die Information der Muslime über ‚Republik' und ‚nationale Identität' sowie die Information der Bevölkerung über den Islam als eine Religion, die sich als potentiell vereinbar mit republikanischen Prinzipien darstellt. Die Vermittlung zwischen Religion und Integration findet damit in Frankreich auf einer reflexiv-symbolischen Ebene statt.

Die Hypothesenprüfung für Frankreich zeigt im Ergebnis, dass auch hier eine – wenn auch insbesondere im Vergleich mit dem Vereinigten Königreich institutionell und inhaltlich weniger ausgeprägte – Interferenz von religions- und integrationspolitischen Aspekten zu verzeichnen ist. Diese Interferenz manifestiert sich aber weder in dominanter Weise auf der Ebene von *Akteuren*, denen Integrationspotential zugesprochen wird, noch auf der Ebene von ‚inkorporationsfähigen' *Strukturen*, sondern auf einer *Symbol*ebene. Es lässt sich im Rahmen dieser Interferenz keine explizite Anerkennung, aber auch keine Instrumentalisierung von Religion erkennen. Die Versuche, den Islam zu ‚französisieren' verbleiben auf einer symbolischen Dimension, bei der es vorwiegend darum geht, den Integrationsmodus der Republik zu (be-)stärken, die nationale Einheit zu sichern und die grundsätzliche Vereinbarkeit der Laizität mit dem Islam aufzuzeigen. Die Bedingungen für diese Vereinbarkeit werden in den analysierten Dokumenten regelmäßig kommuniziert.

6.1.3 Zusammenarbeit mit Muslimen im Vereinigten Königreich: aus Anerkennung und für gemeinschaftlichen Zusammenhalt

Im Vereinigten Königreich trifft sich ein seit einigen Jahren gesteigertes Interesse staatlicher Politik an Religion mit einer zunehmenden Zusammenarbeit zwischen Staat und Religionsgemeinschaften *und* einer instrumentalisierenden Bezugnahme staatlicher Integrationspolitik auf Religion und religiöse Organisationen. Zwar spielt ein spezifisches Selbstbestimmungsrecht von Religionsgemeinschaften im Rahmen der britischen Rechtsordnung keine Rolle, allerdings greift der Staat auch nicht in die Organisationsstrukturen der Religionsgemeinschaften ein, da diese rechtlich weitgehend anderen, nicht-religiösen Vereinen gleichgestellt sind. Der Staat überlässt die interne Organisation damit gleichsam ‚kommentarlos' den Religionsgemeinschaften, ‚dockt' aber bewusst an bestehende Infrastruktur ‚an', um integrationspolitische Maßnahmen zu streuen und integrationspolitische Ziele effektiver zu realisieren. Dominierende Maßnahmen der britischen Politik sind der insbesondere auf kommunaler Ebene stattfindende, relativ offen gestaltete Dialog sowie die Zusammenarbeit zwischen Behörden und anderen staatlichen Stellen und religiösen Gruppen im Rahmen konkreter Programme oder Projekte. Die Einbindung von Religion zugunsten von Integration weist somit einen deutlichen *akteurszentrierten* Charakter auf.

Die Zusammenarbeit zwischen staatlichen Autoritäten und verschiedenen – nicht nur muslimischen[315] – Religionsgemeinschaften basiert auf einer in der britischen politischen Kultur verankerten Anerkennung einer sozialintegrativen und gemeinwohlorientierten Kraft von Religion und Religionsgemeinschaften. Diese wird verständlich auf der Grundlage

---

315 Zahlenmäßig relevante religiöse Minderheiten sind in Großbritannien nach den Muslimen Hindus, Sikhs, Juden und Buddhisten (National Statistics 2006, 9).

eines Religionskonzepts, welches gekoppelt ist an die Erwartung, dass Religionsausübung auf individueller wie kollektiver Ebene identitätsprägend und -stabilisierend wirke und dass eine Religionsgemeinschaft einen über die religiöse Gruppe hinausweisenden Nutzen für Teile der Gesellschaft oder die Gesamtgesellschaft entfalten könne. In diesem doppelten Sinn wird gerade auch Religionsgemeinschaften eine Wirkkraft für *Community Cohesion* zugesprochen, die seit einigen Jahren gezielt von der britischen Integrationspolitik genutzt wird.[316] Diese traditionell vergleichsweise hohen Erwartungen an Religionsgemeinschaften werden dadurch verstärkt, dass Religion als wichtige Komponente der persönlichen Lebensführung und des gemeinschaftlichen Zusammenlebens nach der Jahrtausendwende auch in der britischen Rechtsentwicklung eine größere Relevanz zukommt (s. o. 120 und 122).

Die Versuche staatlicher Integrationspolitik, religiöse Infrastruktur nutzbar zu machen, stellen sich in den analysierten Dokumenten meist als Konsequenz aus der Anerkennung des Beitrags von Religion und Religionsgemeinschaften für die Gesellschaft dar. Damit wird erkennbar, dass im Vereinigten Königreich eine Anerkennung von Religion und Religionsgemeinschaften nicht im Widerspruch zu deren Funktionalisierung oder Instrumentalisierung durch den Staat steht. Die Bedeutung, die Religion und Religionsgemeinschaften von Seiten staatlicher Politik gezollt wird, *begründet* vielmehr unmittelbar die strategische Zusammenarbeit zwischen Staat und Religionsgemeinschaften im Bereich der Integrations- und Sicherheitspolitik. Dabei greift der Staat auf die existierende Infrastruktur und die Ressourcen der Religionsgemeinschaften zurück, regt aber auch nachdrücklich – etwa durch finanzielle Förderung – zu interreligiösen Begegnungen und zur Bildung von Netzwerken, Gremien und Foren[317] an. Religionsgemeinschaften und ihrer Infrastruktur kommt dadurch eine konkrete Vermittlungsfunktion zwischen Bevölkerungsgruppen und staatlichen Autoritäten zu. Zugleich werden die Voraussetzungen dafür geschaffen, Religionsgemeinschaften am politischen *Decision Making* teilhaben zu lassen.

Die Hypothesenprüfung für das Vereinigte Königreich zeigt, dass die Anerkennung einer sozialintegrativen Kraft von Religion direkt verbunden wird mit deren Funktionalis-

---

316   Die britische Diskussion zeichnet sich auch dadurch aus, dass die Einbeziehung von Religionsgemeinschaften nicht auf die Bereiche Integration und *Community Cohesion* beschränkt ist. Auch in anderen Bereichen kann ein verstärkter Zugriff des Staates auf religiöse Akteure ausgemacht werden. Es wird erwartet, dass Glaubensgemeinschaften Ressourcen wie Personal, Gebäude und Netzwerke „in a mixed economy of welfare" (Dinham/Lowndes 2009, 5) zur Verfügung stellen und damit den Prozess der *Regeneration* (gemeint ist damit die wirtschaftliche, soziale, aber vor allem physisch-bauliche Erholung marginalisierter, städtischer Gegenden; vgl. Jones/Evans 2008) und *Neighbourhood Renewal* (Farnell et al. 2003, 11ff.; Furbey et al. 2006, 1f.) sowie *Community Renewal* (Farnell 2009, 183) unterstützen. Religionsgemeinschaften sollen sich zudem im Rahmen von neueren Formen der „participative governance" beteiligen, indem sie sich z. B. durch Teilnahme in *Local Strategic Partnerships* (LSP) engagieren (Dinham/Lowndes 2009, 6; Commission on Integration and Cohesion 2007b, 87). Von Neighbourhood Renewal oder Community Renewal ist meist im Zuge von kommunalpolitischen Strategien die Rede, die stärker auf soziale Belange durch Aktivierung nachbarschaftlicher Selbsthilfe und durch eine stärkere Partizipation der Bevölkerung in sozialschwachen Gegenden zielen (LGA 2002a, 13). *Civil Renewal* meint dagegen die Aktivierung staatsbürgerschaftlichen Engagements (Home Office 2003, 12).

317   Bis zum Jahr 2011 soll jede englische Region über ein unabhängiges *Regional Faith Forum* verfügen. Diese Foren sollen den interreligiösen Dialog und gemeinsame interreligiöse Aktivitäten auf regionaler und lokaler Ebene vorantreiben und mit regionalen Entscheidungsträgern aus Politik und Verwaltung im Hinblick auf religiöse Themen zusammenarbeiten. Die Foren sollen somit auch eine vermittelnde Rolle zwischen staatlichen Autoritäten und interreligiösen Initiativen einnehmen (DCLG 2008b, 112).

ierung unter anderem für Maßnahmen, die Integration und gemeinschaftlichen Zusammenhalt fördern sollen. Instrumentalisierung schließt also Anerkennung nicht aus, sondern beide Aspekte verstärken sich gegenseitig. Im Idealfall gilt dann: Je größer der erwartete Nutzen einer religiösen Gruppierung zugunsten von gemeinschaftlichem Zusammenhalt ausfällt, desto höher sind die Chancen, dass sie von staatlichen Fördermitteln profitiert und gesellschaftlichen Einfluss ausüben kann. Ein entscheidender Grund für die explizit nutzenorientierte Perspektive auf Religion ist, dass sich im Vereinigten Königreich das Religionsverständnis, wie es im britischen *Charity*-System Geltung erfährt, stark am *Public Benefit* von Religion orientiert. An genau dieses Nutzenkalkül wird in der Integrationspolitik angeknüpft.

6.1.4 Zusammenfassung [H1]: Religion und Staat – zwischen Kooperation, Dialog und Patriotisierung

Die Interferenz von Religions- und Integrationspolitik ist im Vereinigten Königreich deutlich ausgeprägt. Typisches Moment dieser Interferenz ist eine *Akteurs*bezogenheit insoweit die Erwartung besteht, dass religiöse Akteure unmittelbar und erfolgreich am Integrationsprozess mitwirken können. Die politische Vorgehensweise im Vereinigten Königreich beruht auf der ausdrücklichen Anerkennung einer sozialintegrativen Kraft von Religion und Religionsgemeinschaften. Aus dieser Anerkennung erwächst direkt eine instrumentalisierende Bezugnahme auf Religionsgemeinschaften, da diese in die Ausführung politischer Maßnahmen zugunsten einer verbesserten Integration und stärkerem gesellschaftlichen Zusammenhalt einbezogen werden. Je besser betroffene Religionsgemeinschaften wiederum diese Rolle zu übernehmen bereit und auszufüllen in der Lage sind, desto mehr können sie politische und gesellschaftliche Einflussmöglichkeiten ausbauen, etwa indem sie finanzielle Förderung erhalten, indem sie in einschlägige kommunalpolitische Programme eingebunden werden oder indem sie im Rahmen von Anhörungen zu Gesetzgebungsprozessen Mitsprachemöglichkeiten erhalten. Es zeigt sich somit für den britischen Fall, dass staatspolitischen Strategien eine Anerkennung von religiösen Gruppen als relevante Akteure der Zivilgesellschaft zugrunde liegt, die in einer gestuften Form zunimmt, je größer der erwartete positive Beitrag der jeweiligen religiösen Gruppen für die Verwirklichung gesellschafspolitischer Ziele ist.

In Deutschland hat sich in den letzten Jahren ebenfalls eine zunehmende Interferenz von Religions- und Integrationspolitik herauskristallisiert, die aber, verglichen mit dem britischen Fall, noch deutlicher institutionell ausdifferenziert ist und sich *struktur*vermittelt darstellt. Hier weist zum einen die Multiplikatorenrolle, die muslimischen Religionsgemeinschaften und deren Führungspersonal häufig im Hinblick auf nicht-religiöse Angelegenheiten zugeschrieben wird, auf eine instrumentalisierende Perspektive neuerer staatlicher Integrationspolitik auf Religion hin. Zum anderen sollen die staatlichen Institutionalisierungsanschübe des Islam dabei unterstützen, muslimische Organisationen und Akteure zu Integrationslotsen ‚auszubilden'. Damit einher gehen zwar mitunter auch rechtliche Zugeständnisse,[318] die durchaus als Anerkennung begriffen werden können; dies umso mehr, als die Vorstellung präsent ist, dass Religionsgemeinschaften, sofern sie in das rechtlich-institutionelle System eingebunden werden, auch integrative Wirkungen entfalten können. Mögliche rechtliche Zugeständnisse werden aber bisweilen implizit davon abhängig gemacht, ob die betroffenen Religionsgemeinschaften die ihnen zugeschriebene Rolle als Integrationsagenturen auch annehmen. Die Ergebnisse der Analyse für Deutschland weisen mittelfristig auf ein – verglichen mit der britischen Situation – geringeres Potential zur Einflussnahme betroffener Religionsgemeinschaften (im Sinne von *Governance*[319]) hin. Hier scheinen sich eher Möglichkeiten der Etablierung von Sprecherpositionen für prominente Persönlichkeiten oder gut aufgestellte Organisationen zu ergeben und es wird auf einer strukturellen Ebene ein langfristiger Möglichkeitsraum für betroffene Religionsgemeinschaften aufgezeigt, sich gesellschaftliche Anerkennung und Mitsprache zu erarbeiten.

In Frankreich haben sich in den letzten Jahren ebenfalls Überschneidungsbereiche zwischen Integrations- und Religionspolitik ergeben, es bleibt aber eine deutliche institutionelle Ausdifferenzierung zwischen beiden Bereichen bestehen. Die Interferenz gestaltet sich in einer *symbol*basierten Art und Weise. Eine instrumentalisierende Bezugnahme auf Religion kann in Frankreich anhand der analysierten Daten nicht nachgewiesen werden. Es fällt ungleich schwerer, eine zugeschriebene Vermittlungsrolle von Religion und Religionsgemeinschaften für den Staat zu erkennen. Die Vorstellung, dass Religionsgemeinschaften selbst sozialintegrative Funktionen übernehmen könnten, fehlt weitestgehend.[320] Die Initiativen zur Ausbildung von Imamen und zur Errichtung von islamischen Hochschulen und Informationszentren über den Islam zielen unter anderem darauf ab, den muslimischen Protagonisten Kenntnisse über den laizistischen Staat zu vermitteln und der nicht muslimischen Bevölkerung Informationen über einen Islam *von* Frankreich bereitzustellen. Allenfalls in diesem sehr weiten Sinn kann behauptet werden, der französische Staat weise muslimischen Religionsgemeinschaften eine Vermittlerfunktion zu – in diesen Fällen geht es aber stets ‚nur' um die Außendarstellung eines laizitätskompatiblen und kritisch-reflektierenden Islam einerseits und um die Vermittlung, Bestätigung und Erhaltung zentraler

---

318 Das ist beispielsweise dann der Fall, wenn die Voraussetzungen verbessert werden, um die Ausbildung von Imamen und ReligionslehrerInnen in Deutschland zu gewährleisten, wie das durch die Einrichtung von staatlich geförderten Islam-Studiengängen an drei Hochschulstandorten im Oktober 2010 beschlossen wurde.

319 Der politikwissenschaftliche Begriff ‚Governance' soll hier weniger im Sinne eines Analysebegriffs – als „Oberbegriff für sämtliche vorkommenden Muster der Interdependenzbewältigung zwischen Staaten sowie zwischen staatlichen und gesellschaftlichen Akteuren" (Benz et al. 2007, 13) – verstanden werden. Vielmehr interessiert Governance in der vorliegenden Untersuchung als deskriptiver Begriff und meint dann die Tatsache, „dass kollektive Entscheidungen in modernen Gesellschaften zunehmend in nicht-hierarchischen Formen der Zusammenarbeit zwischen staatlichen und privaten Akteuren zustande kommen, Gesetzgebung und autoritative Gesetzesdurchsetzung des Staates demgegenüber an Bedeutung verlieren" (Benz et al. 2007, 14). Der Begriff verweist im Übrigen „auf die Besonderheit des ‚kooperativen Staats', d.h. der politischen Steuerung unter Mitwirkung zivilgesellschaftlicher Akteure. In beiden Bereichen lassen sich Steuerungssubjekt und Steuerungsobjekt nicht mehr eindeutig unterscheiden, weil die Regelungsadressaten selber am Entwerfen der Regeln und ihrer Durchsetzung mitwirken. Auf den einzelnen Nationalstaat angewandt meint Governance dann ‚das Gesamt aller nebeneinander bestehenden Formen der kollektiven Regelung gesellschaftlicher Sachverhalte: von der institutionalisierten zivilgesellschaftlichen Selbstregelung über verschiedene Formen des Zusammenwirkens staatlicher und privater Akteure bis hin zu hoheitlichem Handeln staatlicher Akteure'" (Mayntz 2005, 15).

320 Eine Ausnahme stellt wiederum der Bericht „Religions et intégration sociale" (Jolly 2005) dar.

Prinzipien der Republik andererseits. Die muslimischen Gemeinschaften werden jedoch nicht als direkte Integrationslotsen oder -agenturen behandelt. Das heißt aber auch, dass Muslime in Frankreich die Verknüpfung mit integrationspolitischen Themen weniger für eine Verbesserung ihrer Rechte oder ihrer gesellschaftlichen Anerkennung nutzen können. Mit der britischen Situation vergleichbare politische Einflussmöglichkeiten für Religionsgemeinschaften lassen sich aus der neueren Entwicklung nicht absehen.

Für die Bewertung der Hypothesen [H1] zeigt sich anhand aller drei Länderbeispiele, dass sich eine *kategorische* Unterscheidung von zwei Ausprägungen, nämlich eine Anerkennung noch wenig etablierter Religionsgemeinschaften *versus* eine Instrumentalisierung derselben, in der empirischen Überprüfung nicht halten lässt. Vielmehr müssen die beiden Aspekte graduell verstanden werden und sind dann – wenn auch in fallspezifisch unterschiedlicher Art und Weise – miteinander kombinierbar.

6.2 Hypothesenbewertung [H2]: Deutliche Pfadabhängigkeiten mit graduellen Konvergenzen

Neben der Anerkennungs- und Instrumentalisierungshypothese stützt sich die Untersuchung auf eine theoretisch plausible Gruppierung der drei Nationalstaaten in unterschiedliche Staat-Kirche-Modelle und unterschiedliche Integrationskulturen. Hypothetisch wurde zum einen angenommen, dass das offensichtliche Interesse der Integratiosnspolitiken der drei Länder an Religion auf Konvergenzen zwischen den drei Nationalstaaten hindeuten; zum anderen wurde die alternative Hypothese formuliert, dass diese Entwicklungen keine hinreichenden Indizien für Konvergenzen darstellen, sondern sich weiterhin nationale Pfadabhängigkeiten als dominierend erweisen.

Die vergleichende Analyse der einschlägigen Dokumente für die drei Nationalstaaten ergibt, dass sich die Grundlegungen und Legitimierungsmuster der hier im Fokus stehenden staatlichen Politiken inhaltlich unterscheiden, obwohl einige ihrer Gestaltungsmaßnahmen und langfristige Zielvorgaben teilweise deutliche Übereinstimmungen und Parallelen vorweisen. Dieses Verhältnis gilt es im Folgenden näher zu betrachten. Dabei wird sich zeigen, dass von Konvergenzen nur sehr eingeschränkt gesprochen werden kann, nationale Pfadabhängigkeiten dagegen in den untersuchten Texten eine deutliche Relevanz erfahren.

6.2.1 *Verschränkungen der Politiksphären und Rekurs auf nationale Werte*

Wie dargelegt wurde, gestalten sich einige Entwicklungen in den drei Nationalstaaten ähnlich. Dazu gehören die Verschränkung von integrations- mit religionspolitischen Strategien, wobei hier in allen drei Ländern auch sicherheitsstrategische Aspekte eine Rolle spielen. Dazu gehören außerdem die weitgehende Übereinstimmung der integrationspolitischen Zielvorgaben der drei Nationalstaaten sowie der Rekurs auf bestimmte, aber inhaltlich verschiedene zentrale Werte, Rechte oder Prinzipien bei der Legitimierung von politischen Entscheidungen im Rahmen jener Verschränkung. Zudem ähneln sich einige der deutschen und britischen integrations- wie religionspolitischen Maßnahmen sowie die Versuche, in Deutschland und Frankreich einen möglichst repräsentativen und institutionalisierten Islam herauszubilden.

Daneben fallen Entwicklungen auf, die für Annäherungen zwischen den National-staaten in Bezug auf einzelne relevante Aspekte sprechen, die aber über den Bereich der Interferenz von Religions- und Integrationspolitik hinausweisen. Dazu gehört die Öffnung Frankreichs und Deutschlands gegenüber Diversität, die zunehmend als Wert an sich betrachtet wird und deren institutioneller Niederschlag in verschiedenen Programmen.[321] Damit nähern sich beide Staaten dem Vereinigten Königreich an, wo die Wertschätzung von Diversität und die rechtliche Anerkennung kultureller und ethnischer Unterschiede seit Jahrzehnten Staatsprogramm ist und heute sogar als Teil britischer Identität gekennzeichnet wird.

Während Deutschland und Frankreich die Wertschätzung kultureller Vielfalt als Postulat in ihre politische Programmatik mit aufnehmen, unternimmt seinerseits das Verei-nigte Königreich zur Jahrtausendwende einen Richtungswechsel, indem es eine Debatte um eine nationale Identität, gemeinhin als *Britishness* bezeichnet, initiiert. Obwohl *l'Identité nationale* im Jahr 2009 verstärkt thematisiert wird, ist diese Debatte in Frankreich keines-falls neu und findet ein – wenn auch sehr unterschiedliches – Pendant in der Vorstellung einer deutschen Leitkultur oder Werteordnung. Während also die Öffnung gegenüber Di-versität Frankreich und Deutschland dem Vereinigten Königreich annährt, ist der Eingang der Frage der nationalen Identität in die britische Diskussion ein Faktor, der das Vereinigte Königreich insbesondere Frankreich annähert. Im Vereinigten Königreich zeigt sich durch die rechtliche Aufwertung von Religionsfreiheit aufgrund der Implementierung der Eu-ropäischen Menschenrechtskonvention zudem eine Annäherung gegenüber Frankreich und Deutschland.

6.2.2   Verschiedene Verschränkungslogiken *und inhaltlich unterschiedliche* Begründungsmuster

Unterschiedlich gestaltet sich dagegen vor allem die Logik, nach der Integrations- mit Religionspolitik verschränkt wird. Die deutsche Verbindung von Religions- und Integra-tionspolitik erweist sich als strategisches Element eines an gemeinsamen Maßnahmen und Zielen orientierten Regierens, welches insbesondere die grundrechtlichen *Strukturen* in den Mittelpunkt stellt und daher als *struktur*vermittelt beschrieben werden kann. Die franzö-sischen Interferenzen zwischen beiden politischen Bereichen basieren auf einer an gemein-samen *Leitprinzipien* oder auch *Symbolen* orientierten, wertekonservativen Grundlage. Insbesondere der Laizität werden herausragende Integrationspotentiale zugesprochen, wes-wegen darauf gedrängt wird, die Laizität in besonderer Weise zu ‚inszenieren'. Um diese spezifische Verschränkungslogik zu bezeichnen, spreche ich von einer *symbol*basierten Interferenz von Religions- und Integrationspolitik. Die britische Verbindung von Religions-und Integrationspolitik schließlich ist gekennzeichnet durch pragmatisch konzipierte und

---

321 In Frankreich wurde 2004 z. B die „Charte de la diversité en entreprise" [Charta der Diversität in Unter-nehmen] durch private Unternehmen eingeführt, die mit dem Ziel verbunden ist, Diskriminierung in Unter-nehmen zu verhindern und für Diversität zu werben; die Charte wird von der staatlichen Einrichtung l'ACSÉ finanziert, die sich ihrerseits die Bekämpfung von Diskriminierung und die Werbung für Diversität zum Ziel macht. Analog kann in Deutschland als Beispiel für die Institutionalisierung von Diversität als Leitidee „Die Charta der Vielfalt der Unternehmen in Deutschland" genannt werden, die von der Integrationsbeauftragten der Bundesregierung, Staatsministerin Maria Böhmer, koordiniert wird.

lokal orientierte Programme, bei denen auf dem Integrationspotential kollektiver religiöser *Akteure* aufgebaut und dieses staatlicherseits gesteuert und verstärkt werden soll; dafür verwende ich den Ausdruck der *akteurs*zentrierten Interferenz.[322]

Unterschiedlich gestalten sich auch die Grundlegungen und Legitimierungsmuster der jeweiligen einschlägigen Innenpolitik einschließlich der Bezugnahme auf inhaltlich unterschiedliche Werte, Prinzipien und Rechte (s. o. 238): In Deutschland sind das insbesondere die Religionsfreiheit und das Grundgesetz als Rechts- und Wertebasis, in Frankreich dominieren republikanische und laizistische Prinzipien und im Vereinigten Königreich liberale Werte und die Antidiskriminierungsgesetzgebung. Unterschiedlich zeigt sich weiterhin die Art und Weise, in der die aktuelle religionspolitisch versierte Integrationspolitik – explizit oder implizit – unter Rückbezug auf ,traditionelle' Integrationsdiskurse entfaltet wird. Die in den Dokumenten selbst vorgenommenen Nationalstaatenvergleiche verweisen überwiegend auf die jeweiligen nationalen Besonderheiten und artikulieren verstärkt Abgrenzungen statt Annäherungen.

6.2.3 Zusammenfassung [H2]: Parallelen im Phänomen, Unterschiede in den Legitimierungsnarrativen und der Ausgestaltung

Bereits bei der Bewertung der ersten Doppelhypothese [H1] hat sich gezeigt, dass trotz der offensichtlichen Parallelen in der Einbindung von Religion und Religionsgemeinschaften als zentrale Pfeiler neuerer Integrationspolitik in Deutschland, Frankreich und dem Vereinigten Königreich *die jeweilige Ausgestaltung dieser Einbindung von Religion höchst unterschiedlich ausfällt.* In der deutschen Diskussion werden die verfassungsrechtlich verfügbaren Optionen als Chancen für den Islam begriffen, sich zu etablieren und mittelbar als Chance für Muslime, sich in die Gesellschaft zu integrieren. Die grundrechtlichen Bestimmungen werden aber auch als Schranken verstanden, innerhalb derer sich jede Religionsgemeinschaft und deren Anhänger bewegen müssen. Das Grundgesetz wird dabei als Wertesystem reformuliert, welches ein verbindendes, normativ-kulturelles Gerüst für das Zusammenleben vorgibt. In der französischen Diskussion werden die relevanten religionsrechtlichen Institutionen als Symbole dargestellt, die sich vor dem Hintergrund der rechtlichen Einbindung des Islam bewähren sollen und können, an denen sich aber auch die prinzipielle Kompatibilität des Islam mit den institutionell-rechtlichen Grundlagen und normativen Prinzipien Frankreichs messen lassen muss. Eine gelungene Kompatibilität wiederum kann die Integrationskraft der Republik anzeigen und die nationale Identität bestätigen und bestärken. Im britischen Fallbeispiel zeichnet es sich – trotz der deutlichen Modifizierungen durch die Implementierung der EHRC – als ein typisches Moment der Innenpolitik ab, staatlich initiierte Strategien und Programme durch pragmatische und lokal orientierte Zusammenarbeit mit geeigneten religiösen Gruppen durchzuführen oder vorhandene zivilgesellschaftlich verankerte Initiativen staatlicherseits zu lenken und zu unterstützen.

Mit Bezug auf das zweite Hypothesenpaar [H2] lässt sich daher schlussfolgern: Die sich teilweise stark unterscheidenden rechtlich-institutionellen und kulturellen Ausgangs-

---

322 Diese drei Begriffe sind nicht als soziologisch gehaltvolle und theoretisch voraussetzungsreiche Begriffe zu verstehen, sondern sind lediglich dem Versuch geschuldet, sich den in der Praxis vorfindbaren Besonderheiten der jeweiligen Verschränkungslogiken anzunähern.

bedingungen für den staatlichen Umgang mit Religion und Integration von ZuwanderInnen schlagen in aller Deutlichkeit auch in der aktuellen, in den drei Nationalstaaten auffällig gleichzeitig auftretenden, aber nur graduell gleichförmig ausgestalteten Verbindung von Integrations- und Religionspolitik durch. Mit großer Regelmäßigkeit und sehr nachdrücklich verweisen die deutschen, britischen und französischen Dokumente selbst auf jeweilige nationalstaatliche Besonderheiten und bestätigen fast durchgehend, diese weiterhin berücksichtigt wissen zu wollen. Trotz der Annäherungen und parallelen Entwicklungen in den drei Ländern im Hinblick auf die Relevanz von Religion für Integration sowie auf einzelne Aspekte der Religions- und Integrationspolitik ist eine fortwährende Prägekraft, vor allem aber ein fortwährender Rekurs auf nationale Weichenstellungen zu verzeichnen. Es lässt sich zusammenfassen: Die jeweiligen Politikstile stützen sich in ihren Legitimierungsgrundlagen auf nationale Werte und bewährte institutionelle *Settings* und bleiben diesbezüglich weiterhin unterschieden oder persistent, während sich bestimmte Maßnahmen, Instrumente, Politikergebnisse oder -ziele (Heichel/Sommerer 2007, 107) durchaus einander angleichen.

6.3 Zusammenführung der Hypothesenbewertungen [H1 und H2] und Fazit

Im Folgenden sollen die Ergebnisse der Hypothesenbewertungen zusammengeführt und diskutiert werden. Es wird zunächst beschrieben, wie Religions- und Integrationspolitik jeweils in den drei Nationalstaaten auf unterschiedliche Art und Weise aufeinander bezogen ist und wie sich die daraus ergebende Varianz jeweils auf den Bedeutungswandel von Religion in politischen Kontexten und auf das Verhältnis der drei Nationalstaaten zueinander auswirkt. Daraufhin werden die so zusammengetragenen Ergebnisse in erklärender Absicht diskutiert und schließlich ein Fazit gezogen, welches die Ergebnisse unter Rückbezug auf eine weberianische Institutionenanalyse kommentiert.

6.3.1 Zusammenführung der Hypothesenbewertungen in beschreibender Absicht

In der vergleichenden Zusammenschau zeigt sich, dass die deutsche Vorgehensweise beim Zugriff auf Religion und Religionsgemeinschaften für integrationspolitische Ziele als *struktur*vermittelt bezeichnet werden kann. Bei der Analyse der Dokumente erwiesen sich bestimmte Strukturen, allen voran das Grundgesetz mit einzelnen Grundrechten und die rechtlich-institutionelle Ausgestaltung des Staat-Kirche-Verhältnisses als dominant. Die Versuche einer Institutionalisierung des Islam (z. B. in Form einer Herausbildung eines ‚verlässlichen' Ansprechpartners für den Staat, der Einrichtung von Religionsunterricht, der staatlich geförderten Imam-Ausbildung etc.) orientieren sich stark an diesen Strukturen. Die Institutionalisierungsversuche können gleichzeitig als strategischer Zugriff des Staates auf Religion zu integrationspolitischen Zwecken wie auch als Schritte auf dem Weg einer rechtlichen und damit auch gesellschaftlichen Anerkennung des Islam begriffen werden. Die uneingeschränkte Einbindung in die einschlägigen Rechtsstrukturen und damit die volle Anerkennung, die der Staat Kirchen und Religionsgemeinschaften als Garanten der staatlichen Bestandssicherung (s. u. 262) gewähren kann, wird aber solange nicht eingelöst, wie die rechtlichen Voraussetzungen (öffentlich-rechtlicher Status) nicht auf die potentiellen Trägergruppen dieses Rechtsanspruches passen oder *vice versa*. Der Befund einer ‚*Struktur*vermitteltheit' deutscher Innenpolitik bleibt auch dann plausibel, wenn typische Aspekte der Grundlagen deutscher Integrationskultur einbezogen werden. Diese zeichnen sich durch eine paradox erscheinende Kombination einer Zuerkennung grundgesetzlicher Entfaltungsfreiheit und eines kulturalistischen Einschlags der Integrationsdebatte aus. Die Kombination findet ein Echo in der ‚Verwertlichung' des Grundgesetzes, also der Vorstellung, dass das Grundgesetz eine Grund- und Werteordnung sei, zu der sich gerade Personen aus dem islamischen Kulturkreis explizit bekennen müssten. Dahinter verbirgt sich die implizite Position, dass Muslime, denen in Deutschland regelmäßig Integrationsdefizite zugeschrieben werden, sich demonstrativ kurz- oder mittelfristig auf die Inhalts- und Zielvorgaben des Staates in Form eines hegemonial geprägten Dialogs unter integrationspolitischen Vorgaben einlassen müssen, um langfristig – möglicherweise – volle rechtliche und damit auch gesellschaftliche und politische Anerkennung zu erlangen. ‚Sich darauf einlassen' heißt praktisch auch, dass sie die politisch offensichtlich gewollte Verbindung von Religions- und Integrationspolitik akzeptieren und in der Folge ihren Status als Multiplikatoren der Integrationsarbeit und zum Teil auch als Agitatoren der inneren Sicherheit bis auf weiteres festschreiben müssen.

Die französische Integrationspolitik erweist sich in ihrem Bezug zu Religion insofern als *symbol*basiert, als die republikanischen Werte, allen voran die Laizität, als symbolische Grundlage für nationale Identität und als Voraussetzung, Mittel und Ziel gelingender Integration konstruiert werden: Von Muslimen wird erwartet, dass sie die nationalen Symbole bestätigen und sich als französische Muslime erweisen. Prägende Maßnahmen sind dabei die Information über die Republik und ihre Prinzipien sowie die Versuche einer ‚Französisierung' des Islam. Auch hier bleibt der Befund einer ‚*Symbol*basierung' französischer Islampolitik plausibel in Anbetracht der Grundlagen französischer Integrationspolitik, die sich durch den republikanischen Integrationsmodus mit seiner Betonung der Notwendigkeit einer unmittelbaren Verbindung von Individuum und Republik und der sich selbst perpetuierenden, integrativen Wirkung von Staatsbürgerschaft auszeichnen. Der hohe Stellenwert, den die Information von MigrantInnen über die Republik und die Vermittlung ihrer Prinzipien einnimmt, lässt es naheliegend erscheinen, dass auch religiöse Organisationen sich hier moderierend beteiligen sollen, ohne die Unmittelbarkeit zwischen Individuum und Republik zu stören.

Die britische Vorgehensweise bei der Einbindung von Religion und Religionsgemeinschaften für integrationspolitische Ziele schließlich erweist sich als *akteurs*basiert. Hier stehen im Mittelpunkt die Handlungen der religiösen Akteure selbst, denen von Seiten der Regierung zugetraut wird, erfolgreich Integration zu befördern. Kennzeichen der Maßnahmen der akteursbasierten britischen Vorgehensweise sind der offen geführte Dialog und die Zusammenarbeit zwischen staatlichen Akteuren und religiösen Gruppen auf kommunaler Ebene, aber auch die Ermutigung zu und Unterstützung bei den gemeinnützigen Aufgaben der Religionsgemeinschaften zugunsten einer verbesserten *Community Cohesion*. Aufs Neue zeigt sich der Befund einer ‚*Akteurs*basierung' britischer Religionspolitik gültig für die pragmatische, an *Civil Rights* und Diskriminierungsschutz orientierte und lokal verankerte britische Integrationspolitik, die einen starken Fokus setzt auf die Zusammenarbeit mit ethnischen und religiösen Gruppen. Ein besonderes Merkmal des britischen Ansatzes ist dabei die ohnehin starke thematische und institutionelle Verzahnung von religions- und integrationspolitischen Aspekten häufig im Rahmen von sozialpolitischen Strategien in lokalen *Settings*.

Es wird im Ergebnis deutlich, dass in allen drei Nationalstaaten Religion auf die eine oder andere Weise als Integrationsagentur für den Staat eine Rolle spielt. In Frankreich auf einer *symbol*bezogenen Ebene, insofern von Religionsgemeinschaften erwartet wird, dass sie die Idee der republikanischen Integration stützen, indem sie ihre zentralen Prinzipien bestätigen und nach innen und außen weiter tragen; im Vereinigten Königreich auf einer *akteurs*bezogenen Ebene, insofern den religiösen Gruppen als Mitgestalter der Zivilgesellschaft unmittelbare Integrationsleistungen zugetraut werden und in Deutschland auf einer *struktur*vermittelten Ebene, insofern durch die Einbindung des Islam in rechtlich-institutionelle Strukturen auch die Integration insbesondere muslimischer MigrantInnen erleichtert werden soll.

6.3.2 Zusammenführung der Hypothesenbewertungen in erklärender Absicht

Die Hypothesenüberprüfung für jedes der Länder hat gezeigt, dass die beiden Varianten des ersten Hypothesenpaars [H1], eine Anerkennung von Religion *als* Religion und eine Funktionalisierung oder Instrumentalisierung von Religion zu anderen Zwecken entweder in der Praxis zusammenfallen – so der Fall ganz besonders im Vereinigten Königreich und, wenn auch in ambivalenter Ausprägung, in Deutschland – oder sich beide nicht schlüssig nachweisen lassen – so der Fall in Frankreich. Mit diesen Ergebnissen zusammenhängend hat die Prüfung der zweiten Doppelhypothese [H2] ergeben, dass sich, trotz einiger Parallelen, die nationalen Pfadabhängigkeiten in den aktuellen Entwicklungen einer Interferenz von Religions- und Integrationspolitik überdeutlich niederschlagen. Nun sollen die Ergebnisse der beiden Doppelhypothesen ([H1] und [H2]) zusammengeführt werden, um darlegen zu können, wie sich der jeweils unterschiedlich ausfallende Bedeutungswandel von Religion in den hier interessierenden politischen Zusammenhängen *erklären* lässt. Dabei werden – entsprechend dem institutionenanalytischen Vorgehen – die bislang erzielten Ergebnisse insbesondere vor dem Hintergrund der im Untersuchungsmodell als Moderatorvariablen gekennzeichneten Aspekte (institutionelle Grundlagen für Religions- und Integrationspolitik), die laut Ergebnis der Hypothesenprüfung [H2] durchaus eine Wirkkraft auf das Handeln der politischen Akteure ausüben, diskutiert.

Vereinigtes Königreich: Gründe für die Kohärenz von Anerkennung und Instrumentalisierung von Religionsgemeinschaften

Die Analyseergebnisse der britischen Dokumente haben in besonderer Weise gezeigt, dass eine Funktionalisierung oder Verzwecklichung von Religion nicht im Widerspruch zu einer Anerkennung von Religion als wichtige zivilgesellschaftliche Kraft steht. Das Gegenteil ist der Fall: Zwar sind die Motive des Staates, Religion und Religionsgemeinschaften zu fördern, stark an einem Nutzenkalkül orientiert. Ein solches staatliches Handeln knüpft aber im Vereinigten Königreich an eine in Politik und Gesellschaft historisch verankerte Anerkennung von Religion als wichtige zivilgesellschaftliche Kraft an. Diese Anerkennung ist ihrerseits nicht zu trennen von der Vorstellung, dass Religion in der Regel dem Gemeinwohl mehr nutzen als schaden könne und sie daher in ihrem Gestaltungsspielraum gestärkt und in ihren Aktivitäten bis zu einem bestimmten Grad staatlich gefördert werden solle. Ein solches Religionsverständnis, welches die Religionsgemeinschaften als *gesellschaftsanaloge*[323] Größen fasst und als wichtige „Gemeinwohlakteure" (Schuppert 2004, 37) konstituiert, wird unterstützt durch ein britisches Staatsverständnis, das im Sinne eines ‚aktivierenden Staates' die Gemeinwohlverantwortung zuerst bei der Zivilgesellschaft sieht, um dann eher in lenkender und koordinierender Weise zur Verfügung zu stehen (Schuppert 2004, 49ff.).

In den analysierten britischen Strategien stellt sich das rechtliche Rahmenwerk des Gemeinnützigkeitssektors (*Charity Law*) sowie die im Gewohnheitsrecht praktizierte Toleranz gegenüber Religion und die Wertschätzung religiöser Diversität mithin als entscheidend für den staatlich unterstützen Kompetenzzuwachs von Religionsgemeinschaften in der Zivilgesellschaft heraus. Letzterer wird durch das insgesamt gestiegene Interesse der Politik an Religion – welches sich durch die Inkorporierung der Europäischen Menschenrechtskonvention auch auf (verfassungs-)rechtlicher Ebene niederschlägt (s. o. 120) – noch verstärkt. Vor allem aber verknüpft sich diese nutzenorientierte Anerkennung von Religion und die Aufgeschlossenheit gegenüber Religionsgemeinschaften mit der pragmatisch ausgerichteten britischen Integrationskultur, die auf die Gestaltungskraft interkulturellen Zusammenlebens setzt, einen Fokus auf die Partizipation und Eigenleistung religiöser und ethnischer *Communities* legt und in der Kommunalpolitik eine Aktivierung und Stärkung der gemeinwohlorientierten Tätigkeiten dieser *Communities* vorsieht. Die jüngst intensivierten Bestrebungen der britischen Kommunalpolitik, Begegnungsräume zwischen Menschen mit „different backgrounds" (DCLG 2007b, 9) anzuregen, um gegenseitiges Verständnis und Zusammenarbeit zu erhöhen, zielen ausdrücklich auch auf die Mitwirkung religiöser Akteure und die Einbeziehung religiöser Infrastruktur.

Die *Kohärenz von Anerkennung* einerseits und *Nutzenorientierung* andererseits, die durch das britische Staatsverständnis und das britische Religionskonzept unterstützt wird, verbindet sich also mit einem ausgeprägten *Pragmatismus in integrationspolitischer Hinsicht* und einer *Wertschätzung von kulturellen und religiösen Gruppen* in ihrem Beitrag für die Gesamtgesellschaft. Diese Aspekte spiegeln sich deutlich in den einschlägigen politischen Strategien wider. Britische staatliche Stellen versuchen, die angenommenen zivilgesellschaftlichen Einflussmöglichkeiten von Religion und Religionsgemeinschaften zwar nicht nur, aber auch für integrationspolitische (und sicherheitspolitische) Ziele einzusetzen. Insbesondere sollen Religionsgemeinschaften zwischen verschiedenen kulturellen Gruppen moderieren und somit Konflikte schlichten, gegenseitiges Verständnis und Respekt voreinander fördern, geteilte Werte vermitteln sowie durch die Affinität zu gemeinnützigen Handlungen und den Zugang auch zu den schwächeren Gliedern der Gesellschaft den sozialen Zusammenhalt stärken.

---

323 Der Begriff ist angelehnt an Anhelm, der Nationalstaaten danach unterscheidet, ob sie den Kirchen und Religionsgemeinschaften einen öffentlich-rechtlichen Status zuschreiben oder ob sie – in gesellschaftsanaloger Weise – privatrechtliche Organisationsformen zur Verfügung stellen (Anhelm 2001, 353).

Deutschland: Gründe für die Ambivalenz von Anerkennung und Instrumentalisierung von Religionsgemeinschaften

Die Analyseergebnisse der deutschen Dokumente ergeben ein anderes Bild als im Vereinigten Königreich: Von einer Kohärenz zwischen Anerkennung und Instrumentalisierung von Religion kann hier nicht gesprochen werden, wiewohl die Untersuchung der deutschen Dokumente erwiesen hat, dass auch hier beide Aspekte – Anerkennung und Instrumentalisierung – eine Rolle spielen. Der strategische Rückgriff der deutschen Integrationspolitik auf religiöse Akteure lässt sich aber nicht gleichermaßen geradlinig aus einem Anerkennungsprinzip von Religion als bedeutender Faktor der Zivilgesellschaft ableiten. Das hängt damit zusammen, dass sich die deutsche Anerkennungsfigur von der britischen deutlich unterscheidet, denn sie gründet zuvorderst auf einer Anerkennung im Sinne einer *am Grundgesetz orientierten* individuellen und kollektiven Religionsfreiheit, „die auf religiöse Selbstverwirklichung" (Heinig 2003, 255) hinzielt. Im Vordergrund stehen also nicht staatliche oder gesellschaftliche Interessen, sondern der Schutz und das „Effektivwerdenlassen" (ebd.) individueller und kollektiver Handlungssphären.[324] Der Anspruch auf Religionsfreiheit, der die zentrale Anerkennungsfigur des deutschen Rechts darstellt und auf den in den von mir analysierten politischen Äußerungen in dominanter Weise zurückgegriffen wird, kommt also den Rechtssubjekten *per se* zu, ohne an die Voraussetzung gebunden zu sein, staatliche und gesellschaftliche Interessen zu verwirklichen. Daraus folgt, dass die Rechtsansprüche unabhängig davon bestehen, ob bei den Berechtigten die Bereitschaft zur Übernahme einer besonderen Integrationsverantwortung gezeigt wird.

Ist somit der Zusammenhang zwischen der Zuerkennung von grundgesetzlicher Religionsfreiheit (in der Hypothesenkonstruktion als eine Facette von *Anerkennung* operationalisiert [H1a]) und der Erwartung von Integration als Gegenleistung (in der Hypothesenkonstruktion der Ausprägung *Instrumentalisierung* zuzurechnen [H1b]) als *ambivalent* zu kennzeichnen, so wird diese Charakterisierung noch durch eine weitere Besonderheit im deutschen Fall untermauert, die zwar der Logik der grundrechtlichen Religionsfreiheit folgt, aber eine darüber hinausgehende besondere Beziehung zwischen Staat und Kirche respektive Religionsgemeinschaft veranschaulicht: Die *maximale* rechtliche, gesellschaftliche und politische Anerkennung entfaltet sich erst ganz, wenn sie begleitet wird vom öffentlich-rechtlichen Status der betroffenen Religionsgemeinschaft, wie er im Art. 140 GG i.V.m. Art. 137 WRV vorgesehen ist. Mit diesem Status verbunden war und ist zum Teil bis heute die Praxis, dass die Kirchen oft „auf die Partnerschaft zum Staat fixiert" (Huber 2006, 38)[325] sind, andererseits dem Staat die Partnerschaft zu den Kirchen der eigenen Existenzsicherung dient. Dies stellt einen deutlichen Unterschied zum

---

324 Zur Problem, ob das Staatskirchenrecht auch Leistungen der Kirchen und Religionsgemeinschaften einfordert oder ob es in erster Linie – dann jedoch im Sinne eines Religionsverfassungsrechts – einer Verwirklichung der grundrechtlich gebotenen Religionsfreiheit zuarbeitet, gibt es in der Rechtswissenschaft divergierende Meinungen (vgl. Huster 2002, 207f. Anm. 298).

325 Im Wortlaut formuliert der ehemalige Ratsvorsitzenden der Evangelischen Kirche in Deutschland (EKD), Wolfgang Huber: „Die großen Kirchen in Deutschland, die evangelischen zumal, waren – und sind in erheblichem Umfang bis zum heutigen Tag – als staatsanaloge Größen konstruiert und auf die Partnerschaft zum Staat fixiert. Das erschwert es ihnen, ihren Ort in der Zivilgesellschaft zu akzeptieren" (Huber 2006, 38).

britischen Fall dar. Während sich dort das Agieren der Religionsgemeinschaften in der Tendenz *als dem Staat äußerlich* darstellt, insofern sich nicht der Staat selbst auf Religion angewiesen sieht, sondern Religion als nützliche Kraft der Zivilgesellschaft neben anderen gefördert wird, erweist sich die Religionsförderung für den deutschen Staat *als Pflicht gegen sich selbst*, welche eingebettet ist in ein staats- und rechtstheoretisches Paradoxon. Dieses wird insbesondere durch das vielfach aufgegriffene und weithin akzeptierte (Huster 2002, 202) Böckenförde-Diktum verdeutlicht, welches mit dem vorsichtig-fragenden Fazit schließt, „ob nicht auch der säkularisierte weltliche Staat letztlich aus jenen inneren Antrieben und Bindungskräften leben muss, die der religiöse Glaube seinen Bürgern vermittelt" (Böckenförde 1976, 61). Religion und religiöser Glaube erscheinen hier insbesondere als unverzichtbares – wenn auch nicht als einziges[326] – moralisches Fundament, auf welches der Staat unmittelbar angewiesen ist und aus dem heraus er seinen freiheitlichen Auftrag erst garantieren kann, welches ihn aber zugleich gerade nicht von seiner Pflicht zur weltanschaulichen Neutralität entbindet.

In dieser Konstruktion wird zwar auch hier, ähnlich wie im britischen Fall, die vordergründige Gegenüberstellung von einem staatlichen Nutzenkalkül in Bezug auf Religion, mit dem eine Instrumentalisierung von Religion einhergehen kann, und einer staatlich transportierten Anerkennung von Religion *als* Religion ‚aufgehoben'; es bleibt allerdings die anspruchsvolle Aufgabe, die Fundamente des Staates selbst durch Religionsförderung bei gleichzeitiger Wahrung der weltanschaulichen Neutralität zu garantieren. Die existentielle Bezogenheit auf die staatskirchenrechtlichen Konstellationen macht deutlich, dass auch in Deutschland der Staat zwar im Grunde einen gemeinwohlorientierten[327] Zug von

---

326 Böckenfördes berühmtes Zitat „Der freiheitliche, säkularisierte Staat lebt von Voraussetzungen, die er selbst nicht garantieren kann. Das ist das große Wagnis, das er, um der Freiheit willen, eingegangen ist", muss natürlich, ebenso wie der hier zitierte Satzteil, im historischen Kontext betrachtet werden. Er war 1964 an die Katholische Kirche gerichtet mit der Absicht, ihnen „die Entstehung des säkularisierten, das heißt weltlichen, also nicht mehr religiösen Staates zu erklären und ihre Skepsis ihm gegenüber abzubauen" (Böckenförde in taz 23.09.2009). Neben religiösen erachtet Böckenförde auch andere weltanschauliche, politische oder soziale Bewegungen als wichtig, um „den weltanschaulich-ethischen Bedarf der politischen Ordnung" (Huster 2002, 201) herzustellen.

327 Das Adjektiv ‚gemeinwohlorientiert' beziehe ich hier nicht nur auf den Wohlfahrtssektor, sondern auf die Gesellschaft als Ganze. Betrachtet man aber den Wohlfahrtssektor gesondert als Wirkungsfeld von religiösen Gruppen, so fallen auch dann vor allem Unterschiede zum britischen Fall auf. Mit dem sozialstaatlichen Subsidiaritätsprinzip, welches in Deutschland von der Weimarer Reichzeit bis heute das Verhältnis von öffentlichen und freien (konfessionellen und nicht-konfessionellen) Trägern im Hinblick auf deren Zuständigkeit für soziale Dienstleistungen regelt, finden sich in der politischen Praxis zwar durchaus äußerst ausgeprägte und wirksame Mechanismen, wie Staat und Gesellschaft auf die gemeinwohlorientierten Leistungen der Religion zurückgreifen. Deshalb könnte man verleitet sein, hier eine gewisse Analogie zum britischen Fall zu ziehen. Dagegen sprechen aber mindestens zwei Aspekte, die die deutsche Entwicklung als spezifische kennzeichnen: (1) Der Ursprung des Subsidiaritätspinzips aus der katholischen Soziallehre und (2) die korporatistischen Effekte, die das Subsidiaritätsprinzip mit sich brachte und bringt. Ad (1): In der katholischen Soziallehre wird das Subsidiaritätsprinzip, wie es in der päpstlichen Enzyklika Quadragesimo anno (1931) formuliert war, „eindeutig gegen die moderne Übermacht des Staates gerichtet" (Palaver 2009, 72). Es kann also unter Bezugnahme auf die katholische Soziallehre gerade nicht als Instrument des Staates verstanden werden, um öffentliche Aufgaben abzudelegieren, sondern als Aufforderung der katholischen Kirche, gesellschaftliche Freiräume zu achten und die Intervention des bürokratischen Staats auf solche Bereiche zu beschränken, die die „Glieder des Sozialkörpers" (Pius XI. 1931, 79) [das sind, nach heutigem Verständnis, die freien Träger der Wohlfahrtsstaates; C. B.] nicht selbst angehen können. Ad (2): Das Subsidiaritätsprinzip hat bereits in der Weimarer Republik eine institutionelle Umgestaltung erfahren, indem der Staat die großen Spitzenverbände der Wohlfahrtspflege unter besonderen Schutz stellte „und in ihrer

Religion und religiösen Organisationen *erwartet* und *honoriert*, dieser sich aber *nicht* in erster Linie zweckoptimiert und flexibel in der Zivilgesellschaft einsetzen lässt, sondern vielmehr im Dienste der eigenen Bestandssicherung des Staates steht. Gleichzeitig bleibt er rechtstechnisch dem spezifischen Öffentlichkeitsauftrag verhaftet, wie er im grundgesetzlich verfassten öffentlich-rechtlichen Status der Kirchen und Religionsgemeinschaften vorgesehen ist. Aus rechtsdogmatischer Sicht[328] sind im Übrigen eine Gemeinwohlorientierung, „Gemeinwohldienlichkeit" oder „Gemeinwohlgenerierung" – anders als das für die Anerkennung als *Charity* im britischen Fall gilt – keine notwendigen Verleihungsvoraussetzungen[329] für den öffentlich-rechtlichen Status von Religionsgemeinschaften (Heinig 2003, 350ff.). Religionsfreiheit weist einen Selbstzweckcharakter auf.

Aus diesen Ausführungen folgt, dass die deutschen rechtlich-institutionellen Voraussetzungen in Bezug auf Religionspolitik aus sich heraus keine Anschlussfähigkeit für eine *Pflicht* gegen Religionsgemeinschaften zur Übernahme von gesellschaftlicher Verantwortung in Integrationsangelegenheiten vorweisen. Der öffentlich-rechtliche Körperschaftsstatus ist eben nicht notwendigerweise an die Voraussetzung gebunden, dass Statusträger staatlichen Interessen genüge tun müssen. Aber selbst wenn dafür argumentiert wird, dass der Staat zur eigenen Bestandssicherung Religion gezielt fördern muss und er deshalb differenzieren darf, ist diese Forderung obsolet für (noch) nicht öffentlich-rechtlich verfasste Religionsgemeinschaften wie etwa muslimische Gruppierungen – die ja in Deutschland hauptsächliches Ziel der einschlägigen integrationsstrategischen Interventionen auf religionspolitischem Gebiet sind.

Stattdessen erklärt sich die instrumentalisierende Bezugnahme vieler integrationspolitischer Strategien auf muslimische Religionsgemeinschaften primär aus der öffentlichen und politischen Wahrnehmung des Islam unter dem Gesichtspunkt eines generellen Integrations*defizits* seiner Anhänger (s. o. 158). Diese Wahrnehmung nährt sich insbesondere aus einem fortwährend im politischen und öffentlichen Diskurs konstruierten Gegensatz

---

Selbständigkeit beließ und zugleich korporatistisch in staatliches Handeln einband" (Pfadenhauer 2009, 125). Die sozialpolitische Zielsetzung änderte sich im Verlauf der folgenden Jahrzehnte nach der Gründung des Bundesrepublik bis in die 1990er Jahre derart, dass das Ziel weniger im Erhalt „eines korporatistischen Geflechts" (Pfadenhauer 2009, 128) zugunsten der großen Wohlfahrtsverbände lag, sondern in der Öffnung des Wohlfahrtssektors für eine Pluralität von Anbietern auch außerhalb der großen Verbände, die den individuellen Interessen der Anspruchsberechtigten stärker gerecht wurde. Die freien Verbände selbst, allen voran die großen konfessionellen, Caritas und Diakonie, haben auf die gewachsene gesellschaftliche Pluralität ihrerseits mit einer Öffnung reagiert und wenden sich mit ihren Dienstleistungen zunehmend offensiv an einen potentiellen konfessionsunabhängigen oder -übergreifenden Nutzerkreis. Um für diese inklusive Vorgehensweise nur ein aktuelles Beispiel aus der Region zu nennen: Die Stadtwerke Heidelberg überlassen das Hallenband in Heidelberg-Hasenleiser seit Januar 2011 samstagvormittags dem Caritasverband Heidelberg, der wiederum in diesem Zeitraum einen Badebetrieb samt Integrationsprojekten für muslimische Frauen organisiert (Wochenkurier Ausgabe Heidelberg 09.02.2011). Im Vergleich zu den dominierenden christlich-konfessionellen Verbänden spielen muslimische Vereine und Verbände im Rahmen der klassischen Aufgaben der freien Wohlfahrtspflege noch keine nennenswerte Rolle. Auch unter den amtlich anerkannten Verbänden der freien Wohlfahrtspflege finden sich keine muslimischen.

328 Aus ethischer Sicht mag man in diesem Punkt allerdings anders argumentieren (vgl. z. B. Polke 2009).

329 Zu den Verleihungsvoraussetzungen gehört aus grundrechtsdogmatischer Sicht lediglich das Vorhandensein einer Religionsgemeinschaft in einer „hinreichenden Organisiertheit" und die „Gewähr der Dauerhaftigkeit durch die Verfassung und die Zahl der Mitglieder" (Heinig 2003, 320ff.). Zu den „nicht ausdrücklich ‚benannten' Voraussetzungen" wird gemeinhin auch die „Rechtstreue" hinzugezählt (Heinig 2003, 327). Detaillierter zu dieser Debatte s. o. 114.

zwischen muslimischer und christlich-abendländischer Kultur[330] und wird durch den kulturalistischen Einschlag der deutschen Integrationskultur verstärkt. Gekoppelt mit der Sicherheitsproblematik im Anschluss an 9/11 bewirkt diese Wahrnehmung, dass Muslime insbesondere Zielgruppe von solchen Integrationsansätzen sind, die die Information über die deutsche Rechts- und Werteordnung beinhalten und sicherheitspolitische und/oder kriminalpräventive Ziele haben. Diese Ansätze können aber, wie dargelegt wurde (s. o. 245), dann einen *instrumentalisierenden* Charakter haben, wenn Religion als Vehikel oder Eintrittspforte für solche integrationspolitische Strategien dient, die ihrerseits nicht notwendigerweise einen Bezug zu Religion aufweisen. Davon unbenommen lassen sich die häufig mit diesen Ansätzen einhergehenden Versuche einer sukzessiven Einbindung des Islam in die religionsrechtlichen Strukturen Deutschlands durchaus auch als Tendenzen hin zu einer *Anerkennung* von Religion verstehen. Obwohl es sich hier zunächst um die Einlösung von einzelnen Rechtsansprüchen mit geringer oder mittlerer Reichweite (individuelle Religionsfreiheit in Einzelfällen, erste Ansätze für muslimischen Religionsunterricht) handelt, können diese Schritte langfristig – insbesondere im Fall der Erlangung des öffentlich-rechtlichen Status – zu einer rechtlichen und politischen Gleichstellung mit den christlichen Kirchen verhelfen. Zugleich erscheinen sie als strategisches Angebot, um den Kooperationswillen der Muslime mit staatlichen Stellen und die Identifikationsbereitschaft mit dem deutschen Rechtsstaat zu stärken.

Während also der britische Staat die Kooperation mit Kirchen und Religionsgemeinschaften als ihm äußerliche Kräfte der Zivilgesellschaft im Lichte einer geteilten Gemeinwohlverantwortung sucht und die Förderung von Religion und religiösem Handeln zugunsten von Integration und sozialem Zusammenhalt in diesem Kontext in pragmatischer Weise vorantreibt, sieht sich die, zwar durchaus gleichermaßen erwünschte, ja sogar existentiell notwendige Religionsförderung des deutschen Staates, in einer Fixierung auf die staatskirchenrechtlichen Strukturen verhaftet. Das erklärt, zusammen mit der Eigenart der deutschen Integrationskultur, warum das Interesse an (muslimischer) Religion in Deutschland nicht primär geleitet ist von der Achtung von Religionsgemeinschaften als gemeinwohlorientierte Akteure der Zivilgesellschaft, sondern ein ambivalentes Ergebnis eines insbesondere mit Muslimen in Zusammenhang gebrachten Defizitdiskurses ist, der gleichsam gestützt wie auch herausgefordert wird von den staatskirchenrechtlichen Strukturen und den damit einhergehenden Chancen (und auch Bürden) für Religion. Die Fixierung auf die staatskirchenrechtlichen Strukturen mag zwar zunächst beim Umgang mit religiösem Pluralismus als – wenn auch nicht unlösbares – Problem erscheinen, sie könnte aber, recht verstanden, zugleich einen Schutz vor einer Instrumentalisierung von Religion durch den Staat bedeuten. Dass es dennoch Instrumentalisierungstendenzen gibt, lässt sich in den hier betrachteten Zusammenhängen also nicht durch das Grundgesetz, sondern anhand tagespolitischer Diskurse mit, oft implizit vorgenommenen, Bezugnahmen zur spezifisch deutschen Integrationskultur erklären. Die hier diagnostizierte Ambivalenz von Anerkennung und Instrumentalisierung wird dadurch virulent, dass die Verweise auf das Grundgesetz und auf institutionelle Grundlagen in den analysierten Dokumenten häufig sind und äußerst deutlich ausfallen.

---

330   Als tagespolitisches Beispiel sei nur die Aussage des seit 3. März 2011 amtierenden Innenministers Hans-Peter Friedrich genannt, der am Tag seines Amtsantritts bestritt, dass der Islam zu Deutschland gehöre (ZEIT ONLINE 04.03.2011).

Frankreich: Gründe für die fehlende Anerkennung und ausbleibende Instrumentalisierung von Religionsgemeinschaften

Am Fall Frankreich ist dagegen erkennbar, dass entsprechende Möglichkeitsräume für Religionsgemeinschaften sich einerseits dort überhaupt nicht darbieten, wo eine förderliche Wirkung von Religion auf die Allgemeinheit kein tragender Aspekt der politischen Kultur ist, dass aber dort andererseits auch keine direkte Instrumentalisierung von Religion zu verzeichnen ist. In Frankreich wird Religion weder als sozialintegrative oder gemeinwohlstiftende Kraft der Zivilgesellschaft konzipiert und schon gar nicht als schlechterdings notwendiges Fundament für die Wahrung der Freiheitlichkeit des Staates. Allerdings ist Religion in den französischen Beiträgen sehr wohl ein Thema bei der Konstitution des nationalen Selbstverständnisses – jedoch eher als Negationsmoment: Der Staat muss sich seiner selbst als neutral gegenüber partikularen Religionen und als unabhängig von Religionsgemeinschaften vergegenwärtigen; der zentrale Integrationsmodus auch für MigrantInnen wird durch die Wahrung und das Fortbestehen der republikanischen Werte, insbesondere auch der Laizität aufrechterhalten. So verbleibt als Aufgabe der Religionsgemeinschaften allenfalls, diese französischen Werte anzuerkennen und nach innen und außen weiterzutragen; eine Aufgabe, die staatlicherseits durchaus gewürdigt und unterstützt wird. Der genuine Part des Staates ist es, das Prinzip der Laizität insbesondere auch angesichts eines scheinbar problematisch einzubindenden Islam zu wahren. Diese Aufgabe erscheint umso drängender, je stärker das Prinzip selbst einem Wandel von empirischer und juridischer Qualität unterworfen ist, zugleich aber als bewahrenswert vorgestellt und als genuiner Part der nationalen Identität erinnert wird. Die Versuche einer Inkorporation des Islam in Form von geeigneten Repräsentativorganen haben sich als Schritte in diese Richtung herausgestellt. Freilich sind sie zudem verbunden mit dem politischen Wunsch nach einer besseren staatlichen Kontrolle des Islam und einer stärkeren Unabhängigkeit der MigrantInnen von islamischen Herkunftsstaaten.

Die Zurückhaltung bei der Förderung von religiösen Gruppen als aktive Integrationslotsen erklärt sich nicht zuletzt durch die Betonung des formalen Anspruchs einer unmittelbaren Integration des Individuums in die Republik und, damit verbunden, der Abwehr kommunitaristischer Tendenzen. Das ist, zusammen mit dem Aspekt, dass Muslime dennoch eine gewisse Sonderrolle im französischen Integrationsdiskurs spielen (s. o. 173), ein Grund für die Einbindung eines möglichst institutionalisierten und kontrollierten Islam als kooptierter Botschafter der republikanischen Integrationsprinzipien.

Anstelle eines umfassenden Vergleichs: Das Beispiel unterschiedlicher Rechtsformen für Religionsgemeinschaften

Am deutlichsten lässt sich die Wirkung der drei unterschiedlichen institutionellen Ausgangssituationen für einen vermeintlichen Bedeutungswandel von Religion in politischen Zusammenhängen illustrieren, wenn die jeweils zur Verfügung stehenden idealen[331]

---

331 Ich spreche hier stets von idealen Rechtsformen. Das soll nicht den Blick dafür verstellen, dass faktisch eine größere Varietät an möglichen Rechtsformen für religiöse Gruppen vorliegt und diese Varietät auch i. d. R. voll ausgenutzt wird. Die meisten muslimischen Vereine in Frankreich etwa sind nicht als Associations

Rechtsformen für Religionsgemeinschaften einander gegenübergestellt werden: Während sich Religionsgemeinschaften im Vereinigten Königreich in der Regel und idealerweise als gemeinnützige Vereine organisieren und im Zuge des Verfahrens zur Erlangung dieser Rechtsform auch ihren spezifischen Nutzen für die Gesellschaft unter Beweis stellen müssen,[332] ist die ideale Organisationsform in Deutschland die öffentlich-rechtliche Körperschaft, weil diese mit weitestgehenden finanziellen, ideellen, gesellschaftlichen und politischen Möglichkeiten einhergeht. Betrachtet man demgegenüber die rechtlich-institutionellen Bedingungen in Frankreich, fällt auf, dass es für religiöse Gruppen weder die Option gibt, als gemeinnütziger Verein anerkannt zu werden, noch einen öffentlichen Status zu erlangen. Stattdessen ist die Formierung als *Association cultuelle* vorgesehen, die strikt auf kultische Angelegenheiten beschränkt ist und eine geringe Unterstützung seitens des Staates erwarten darf.

Diese drei divergierenden Rechtsformen verdeutlichen die institutionell geprägten unterschiedlichen Erwartungen von Staat und Gesellschaft gegenüber Religion und machen – im Falle der hier gestellten Forschungsfrage – plausibel, warum sich im britischen Fall eine Kohärenz von Anerkennung und Instrumentalisierung von Religion, im deutschen Fall eine Ambivalenz von Anerkennung und Instrumentalisierung und im französischen Fall beide Deutungsweisen durch fehlende Evidenz auszeichnen: Die britische Rechtsform der *Charity* sieht eine nutzenorientierte Inklusion von Religion vor, die sich natürlicherweise – aber nicht ausschließlich – auf die Themen der Integration und des gesellschaftlichen Zusammenhalts erstreckt. Der deutsche öffentlich-rechtliche Status für Kirchen und Religionsgemeinschaften changiert zwischen staatlich zugesprochener öffentlicher Anerkennung, der faktischen Übertragung von staatlichen Aufgaben (z. B. durch das Subsidiaritätsprinzip) und dem Anspruch auf weltanschauliche Neutralität des Staates. Die Erbringung von integrationsspezifischen Leistungen durch religiöse Akteure kann weder Voraussetzung für noch unabdingbare Konsequenz aus der Statuszuerkennung sein. Instrumentalisierungen von Religion für integrationspolitische Zwecke lassen sich vielmehr unter Rückgriff auf andere institutionelle Konstellationen erklären (s. o. 262). Die französische Rechtsform der *Asso-*

---

cultuelles organisiert, sondern als einfache Vereine nach dem Gesetz von 1901 (Bloss 2008, 120f.), womit ihnen dann auch die Möglichkeit offen steht, als gemeinnützig anerkannt und gefördert zu werden. Dasselbe gilt für Deutschland, wo bislang keine muslimische Gruppe einen öffentlich-rechtlichen Status vorweist, sondern diese zumeist ebenfalls als einfache Vereine organisiert sind und dann auch als gemeinnützig eingestuft werden können. Wird diese Diskrepanz zwischen idealen Rechtsformen und faktischen Organisationsformen in Rechnung gestellt, so scheinen die Unterschiede zwischen Deutschland, Frankreich und dem Vereinigten Königreich gar nicht mehr so sehr ins Gewicht zu fallen: Stets überwiegt die Rechtsform des (gemeinnützigen) Vereins. Der Verweis auf faktische Gegebenheiten vermag jedoch nicht als Erklärung für den hier beobachteten Bedeutungswandel von Religion herzuhalten. Denn dieser vollzieht sich ja, wie gezeigt werden konnte, durchaus unterschiedlich in den drei Nationalstaaten. Eine Erklärung hierfür konnte plausibel in der Art und Weise der Interferenz von Religions- und Integrationspolitik und in den Ausprägungen der beiden Moderatorvariablen gefunden werden. Bei der Betrachtung dieser Faktoren haben sich trotz faktischer Parallelen in Bezug auf die Rechtsform deutliche Unterscheide gezeigt.

332   Der Unterschied zwischen der britischen und der französischen Logik wird auch deutlich, wenn man sich vor Augen führt, dass „Proselytising" (Bekehrungseifer) im britischen Fall als eine Art des „'Advancing' a religion" (Charity Commission 2008b, 16) anerkannt wird und damit – unter bestimmten Voraussetzungen – auch das Kriterium der Gemeinnützigkeit erfüllt und somit (finanziell) förderungswürdig ist, während die Anhänger einer Religionsgemeinschaft in Frankreich von missionierenden Handlungen in öffentlichen Einrichtungen Abstand nehmen müssen.

ciation cultuelle schließt die Anerkennung und finanzielle Unterstützung gemeinnütziger Tätigkeiten von Religionsgemeinschaften im Idealfall *in toto* und qua Gesetz aus.

6.3.3   Fazit: Die Ergebnisse im Spiegel einer weberianischen Institutionenanalyse

Auf eine weberianische Institutionenanalyse Bezug nehmend kann festgehalten werden: Das jeweilige Handeln der Repräsentanten der hier betrachteten institutionellen Trägergruppen der deutschen, französischen und britischen staatlichen Politik bewegt sich in komplexen institutionell geprägten Bahnen, die neben und durch deren reglementierende Funktionen mehr oder weniger große Handlungsfreiräume ermöglichen. Diese institutionell geprägten Bahnen vermitteln auf der Ebene der Handlungsorientierungen zwischen den ideellen Interessen der Handelnden auf der einen Seite – als solche wurden all diejenigen wertrationalen Beweggründe des Handelns verstanden, die in ihrem subjektiv gemeinten Sinn auf einer Anerkennung von Religion *als* Religion beruhen und/oder auf eine solche zielen – und den materiellen Interessen der Handelnden auf der anderen Seite – also denjenigen zweckrationalen Handlungsgründen, die eine Instrumentalisierung von Religion für spezifische politische Zwecke im Sinn haben. Entscheidend dabei ist, dass die Vermittlung zwischen ideellen und materiellen Interessen je nach nationalstaatlich verschieden gearteten institutionellen Handlungskontexten unterschiedlich gut gelingt. Das wird erst dann richtig deutlich, wenn man im Anschluss an Weber analytisch einen Wechsel der Handlungsebenen vollzieht, indem man den UrheberInnen der untersuchten Dokumente aufgrund ihrer verbandsmäßigen Einbettung eine über Maximen garantierte „indirekte wechselseitige Sinnbezogenheit" (Schluchter 2009b, 270) unterstellt und die untersuchten politischen Äußerungen vereinfachend als politisches Handeln behandelt (s. o. 30f.). Dann steht nicht mehr die Rationalität der Interessen der Handelnden im Fokus, sondern es geht um „die Rationalität der *Systeme* der Handlungsregeln, also um die Frage ob unterschiedliche Regeln *untereinander* systematisierbar und generalisierbar im Lichte der Organisationsprinzipien sind" (Stachura 2009a, 33). Im Folgenden sollen in dreifacher Ausführung – für das Vereinigte Königreich, Deutschland und Frankreich – und auf beide Handlungsebenen Bezug nehmend – die der Handlungsorientierung und die der Handlungskoordination – die spezifischen thematisch relevanten Ideen-Interessen-Konstellationen im Verhältnis zu den institutionellen Arrangements beleuchtet werden.

Für das Vereinigte Königreich zeigt sich auf der Ebene des individuellen Handelns, dass die Handlungsorientierungen der hier betrachteten (staats-)politischen Akteure in einer Weise durch zweck- und wertrationale Handlungsgründe geleitet sind, dass beide Aspekte, „Erfolgs- und Eigenwertorientierung" (Schluchter 2005, 27), dank der Vermittlung durch passfähige Institutionen in einem weitgehend komplementären und spannungsfreien Verhältnis zueinander stehen und sich ungestört entfalten können. Für die Ebene der Handlungskoordination bedeutet das, dass im britischen Fall die institutionellen Arrangements sowohl auf der religionsrechtlichen als auch auf der integrationskulturellen Ebene eine kohärente Vermittlung zwischen einer Anerkennung und einer Instrumentalisierung von Religion ermöglichen, da die Anerkennungsthematik stets gekoppelt ist mit dem gesellschaftlichen Nutzen, den religiöse Gemeinschaften stiften können.

In Deutschland dagegen zeigt sich, dass die Handlungsorientierungen der betrachteten politischen Akteure weitgehend unvermittelt changieren zwischen einer überwiegend wertrationalen Bezugnahme insbesondere auf grundrechtliche Bestimmungen einerseits und einer Ausrichtung auf zweckrationale Beweggründe andererseits, etwa indem von religiösen Gruppen einschlägige Integrationsleistungen zugunsten ihrer angeblich defizitär integrierten Anhänger erwartet werden. Die institutionellen religionsrechtlichen Arrangements sind auf der Ebene der Handlungskoordination so gestaltet, dass eine mit dem britischen Fall vergleichbare reibungslose Vermittlung zwischen einer Anerkennung von Religion und deren Instrumentalisierung nicht möglich ist. Das Grundgesetz sieht zwar faktische Anerkennungsprozedere für Religionsgemeinschaften vor, aber die Rechte, die im besten Fall mit dieser Anerkennung verbunden sind, sind nicht abhängig vom gemeinwohlrelevanten Engagement der Anspruchsberechtigten. Das Zusammenspiel von Anerkennung und Instrumentalisierung von Religion erscheint deshalb vor dem Hintergrund der institutionellen Voraussetzungen für Religionspolitik in Deutschland als ambivalent und im Übrigen auch labil. Erklärbar wird die einstweilige Kopplung von Anerkennung und Instrumentalisierung aber dadurch, dass sich die staatlichen Interessen von vergleichsweise weniger „ordnungsfähigen" (Schwinn 2009, 50; vgl. auch Schluchter 2009b, 308) Werten und Ideen aus einem Bereich außerhalb religionsrechtlicher Weichenstellungen leiten lassen: Auf der Grundlage einer kulturalistisch ausgerichteten Integrationskultur wird die muslimische Religionszugehörigkeit zunächst als Attribut eines potentiellen Integrationsdefizits veranschlagt. Als ‚Gegenleistung' wird von muslimischen MigrantInnen demonstrative Integrationsbereitschaft verlangt. Diese spezifische, zwar schwach, aber im weitesten Sinn doch institutionell abgesicherte Konstellation von Zuschreibungen und Erwartungen gegenüber muslimischen MigrantInnen eröffnet einem funktionalistischen Zugriff staatlicher Politik auf Religion *den* Anknüpfungspunkt, der allein durch die Bezugnahme auf religionsrechtlich verankerte und institutionalisierte Ideen nicht dargeboten wird, ja, der durch eine solche sogar konterkariert werden müsste.

In Frankreich schließlich zeigen sich bei den politisch Verantwortlichen weder entsprechende zweck- noch wertrationale Handlungsorientierungen in Bezug auf die Positionierung staatlicher Integrationspolitik gegenüber Religion und Religionsgemeinschaften. Weder der Bereich des Religionsrechts noch die französische Integrationskultur bieten auf der Ebene der Handlungskoordination eine *institutionell* abgesicherte Legitimationsbasis für eine Instrumentalisierung oder Anerkennung von religiösen Kollektiven. In den französischen institutionellen Arrangements ist zwar der Respekt vor Religion verfassungsrechtlich garantiert und sind basale Rechte auf – auch positive – Religionsfreiheit verankert, die Idee einer Anerkennung von Religion fehlt jedoch vollständig. Entsprechend gibt es auch keine Legitimierungsgrundlage, auf der sich ein Interesse an Religion für politische Zwecke unmittelbar artikulieren könnte. Ebenso wenig bieten die institutionellen Voraussetzungen für Integrationspolitik eine hinreichende ideelle Basis, um religiösen Gruppen weitgehende öffentliche Gestaltungsspielräume und die selbstbestimmte Mitwirkung an Integrationsstrategien zu überantworten. Das ist der Grund dafür, dass sich beide Aspekte – Anerkennung und Instrumentalisierung von Religion – in der aktuellen französischen Islam- und Integrationspolitik nicht plausibel nachweisen lassen. Die Aufmerksamkeit gegenüber Religion, die sich in den integrationsthematischen Kontexten der analysierten französischen Dokumente dennoch artikuliert, etwa im deutlichen Wunsch, Religionsgemeinschaften bei der Stärkung republikanischer Prinzipien eine affirmative Rolle zuzuweisen, ist weniger als Ausfluss institutioneller religionsrechtlicher Kontexte verstehbar, sondern vielmehr als konsequente Verabsolutierung des universalen Integrationsmodus der Republik, der gerade potentielle Störfaktoren für Integration wie religiöses Personal und religiöse Organisationen gezielt einzubinden sucht.

6.4 Reflexionen und Anmerkungen

Der Schwerpunkt der vorliegenden Untersuchung lag auf der empirisch versierten Analyse der Art und Weise, wie sich staatliche Politik jeweils im Rahmen von integrationspolitischen Strategien auf Religion und Religionsgemeinschaften bezieht, wobei durchgehend eine nationalstaatenvergleichende Darstellung bemüht wurde. Damit konnte ein bislang in der Forschung nicht näher behandeltes, gesellschaftspolitisch aktuelles Phänomen empirisch erfasst werden. Nachfolgend sollen die Forschungsergebnisse im Sinne einer kritischen Reflexion auf die beiden Ausgangsüberlegungen zur Hypothesengenerierung (Kap. 2) rückbezogen werden. Dem werden sich einige Überlegungen zu institutionellen Konflikten und normativen Implikationen der Befunde anschließen.

6.4.1 Reflexion der Ergebnisse mit Bezug zur Hypothesengenerierung

Was bedeuten die empirisch gewonnenen Ergebnisse für die beiden primären theoretischen Ausgangspunkte, die in der vorliegenden Untersuchung zur Hypothesengenerierung gewählt wurden? Sowohl die Bezugnahme auf das Säkularisierungstheorem als auch auf die prototypische Gruppierung in unterschiedliche Staat-Kirche-Modelle und unterschiedliche Integrationsmodelle sollen nachfolgend reflektiert werden. Dabei kann es weder Aufgabe sein, die Angemessenheit der beleuchteten Perspektiven auf Säkularisierung, noch die einer theoretischen Gruppierung nach Staatsmodellen und daran anschließende Konvergenzuntersuchungen grundsätzlich zu beurteilen. Vielmehr kann es hier nur darum gehen, angesichts der gefundenen Ergebnisse verbleibende Probleme zu benennen.

6.4.1.1   Ein Rückblick auf die Säkularisierungsthese

> „Richtig bleibt die Aussage, dass sich Kirchen und Religionsgemeinschaften im Zuge der Ausdifferenzierung gesellschaftlicher Funktionssysteme zunehmend auf die Kernfunktion der seelsorgerischen Praxis beschränkt haben und ihre umfassenden Kompetenzen in anderen gesellschaftlichen Bereichen aufgeben mussten. Gleichzeitig hat sich die Religionsausübung in individuellere Formen zurückgezogen. Der funktionalen Spezifizierung des Religionssystems entspricht eine Individualisierung der Religionspraxis" (Habermas 2008, 36).

In diesem Befund sind sich Habermas und Luhmann einig. Herausgefordert wird er jedoch durch das hier untersuchte Phänomen. Staatliche Politik erwartet offensichtlich mehr von Kirchen und Religionsgemeinschaften als eine Beschränkung auf die Kernfunktion seelsorgerischer Praxis. Und der Individualisierung der Religionspraxis steht ein latenter politischer Druck zur Institutionalisierung der Religion gegenüber. Kann also mit den beiden theoretischen Ansätzen keine Prognose für den Trend zur integrationspolitischen Durchdringung der Religionspolitik beschrieben werden, so lassen sich mit ihnen immerhin begriffliche Kategorien herleiten, die je eine alternative Deutungsmöglichkeit dieses Phänomens erlauben. Zu diesem Zweck wurde das primäre Forschungsinteresse der vorliegenden Untersuchung von zwei Alternativhypothesen ([H1a] und [H1b]) geleitet, die ihren theoretischen Ausgangspunkt in zwei Interpretationen oder Kommentaren zum Säkularisierungstheorem haben: Im Anschluss an Habermas wurde postuliert, dass die staatlichen Bemühungen um eine Institutionalisierung und Etablierung von Minderheitenreligionen (insbesondere des Islam) als Anerkennung von Religion verstanden werden können, da diesen somit Möglichkeiten eröffnet werden, sich als ernstzunehmende Stimmen auf dem Weg hin zu einem gesellschaftlichen *Commonsense* einzubringen [H1a]. Im Anschluss an eine kritische Luhmann-Rezeption wurde dessen Ausdifferenzierungsthese so ausgedeutet, dass dieselben staatlichen Bemühungen als Instrumentalisierung von Religion und somit als Beleg für deren fortschreitende Marginalisierung zu werten sind [H1b].

Perspektiven auf Habermas' Konzept der ‚postsäkularen Gesellschaft' [H1a]

Akzeptiert man die Prämissen von Habermas' Diskustheorie und -ethik ohne einen rigorosen Säkularismus zu vertreten, der jegliche religiöse Äußerungen als Residuen des metaphysischen Denkens auszuschließen sucht, so ist es nur konsequent, aus der Beobachtung, dass es auch in weitgehend säkularisierten Weltteilen religiös denkende und argumentierende Bürger gibt, zu schlussfolgern, dass diese in ihren religiösen Argumentationen als ernst zu nehmende DiskursteilnehmerInnen betrachtet werden müssten. Das Problem dieses Anspruchs liegt aber in den Schwierigkeiten einer Übersetzung der dezidiert religiösen Sprache auf eine säkulare und allgemein zugängliche Verständigungsebene. Als Herausforderung erscheint dann die Frage nach den Bedingungen, unter denen sich religiöse Bürger überhaupt am Diskurs beteiligen (können). Wenn Übersetzung als kooperatives Projekt zwischen religiösen und nicht-religiösen Bürgern verstanden wird, bedarf es in jedem Fall auch eines aktiven Zutuns der religiösen Seite. Dann aber fallen auch Ungleichheiten zwischen verschiedenen religiösen Akteuren voll ins Gewicht und muss in der Konsequenz mitbedacht werden, welche Chancenungleichheiten für eine Partizipation zwischen gut organisierten und etablierten Religionsgemeinschaften und schwach organisierten religiösen *Newcomern* bestehen. Dabei können verschiedene institutionelle Voraussetzungen oder äußere Rahmenbedingungen[333] identifiziert werden, die eine solche Beteiligung möglicherweise fördern oder hemmen. Die vorliegende Untersuchung hat gezeigt, dass die Realisierbarkeit der normativen Implikationen einer postsäkularen Gesellschaft, in der sich auch religiöse Bürger mit religiösen Argumenten zu Wort melden können und dürfen, entscheidend von den institutionellen Voraussetzungen des jeweiligen Staat-Kirche-Regimes, vom Adaptionspotential wenig etablierter Religionsgemeinschaften an diese Voraussetzungen und von der aktuellen Religionspolitik anhängt.

Die durchgeführte empirische Analyse hat in unterschiedlichem Grad eine Relevanz der Anerkennungsthematik herausgestellt. Im Vorfeld der Analyse wurde Anerkennung über zwei Kategorien operationalisiert: ‚Politik zielt auf die Stärkung der Rolle von Reli-

---

333 Habermas formuliert seine Vorschläge offensichtlich vor dem Hintergrund des deutschen Regimes, welches eine starke Religionsfreiheit mit einer nachdrücklichen weltanschaulichen Neutralität kombiniert: „Die weltanschauliche Neutralität der Herrschaftsausübung ist die institutionelle Voraussetzung für eine gleichmäßige Gewährleistung der Religionsfreiheit" (Habermas 2005, 134).

gionsgemeinschaften in der Zivilgesellschaft' und ‚Politik zielt auf die rechtliche Gleichstellung und/oder Institutionalisierung wenig etablierter Religionsgemeinschaften'. Für Deutschland und das Vereinigte Königreich hat sich gezeigt, dass schwach etablierte religiöse Gruppen dann bessere Chancen haben, ihren Anspruch auf Partizipation in der Zivilgesellschaft und/oder auf religionsfreiheitliche Rechte und rechtliche Integration zu artikulieren und durchzusetzen, wenn sie einen Beitrag zu Integration leisten können und wollen. Die Ausprägung dieses Zusammenhangs unterscheidet sich aber in beiden Ländern deutlich. In Deutschland ist die *volle* zivilgesellschaftliche Partizipation davon abhängig, ob die betroffene religiöse Gruppe adäquate Organisationsformen auszubilden in der Lage ist und ob es ihr langfristig gelingt, auch wohlfahrtsstaatlich orientierte Korporationen im Sinne des sozialstaatlichen Subsidiaritätspinzips zu etablieren. Solange diese Schritte nicht erfolgreich sind, lassen sich entsprechende Defizite bis zu einem bestimmten Grad kompensieren, wenn betroffene religiöse Gruppen den Integrationserwartungen staatlicher Politik entgegenkommen. Dann können sie darauf hoffen, dass der politische Wille zu einer gezielten Unterstützung, die in der Folge zu Partizipationschancen in der Zivilgesellschaft führt, auch ohne volle rechtliche Integration vorhanden ist, allerdings um den Preis von vergleichsweise stärkeren staatlichen Vorgaben an die Institutionalisierungsprozedere. Im Vereinigten Königreich stellt sich der Sachverhalt umgekehrt dar: Hier spielen rechtlich-institutionelle Aspekte für Anerkennung eine untergeordnete Rolle während auf zivilgesellschaftlicher Ebene für alle relevanten religiösen Gruppen durchaus gute, annährend gleiche und vergleichsweise niederschwellige Partizipationsmöglichkeiten vorhanden sind. Doch auch hier wird das Agieren von Religionsgemeinschaften dann umso mehr geschätzt und gefördert, je stärker diese sich bereit und in der Lage zeigen, Integration und gesellschaftlichen Zusammenhalt zu unterstützen. In beiden nationalstaatlichen *Settings* können religiöse Gruppen also ihre rechtliche Position und/oder ihre Rolle in der Zivilgesellschaft dann stärken, wenn sie sich in integrationspolitische Strategien einfügen oder diese aktiv unterstützen. Damit kann es ihnen gelingen, den „institutionellen Übersetzungsvorbehalt" (Habermas 2005, 136) zu überwinden und sich somit in die Lage zu bringen, die religiösen Argumente ihrer Anhänger in säkulare Sprache zu übersetzen und zum gesamtgesellschaftlichen *Commonsense* beizutragen. Es erweist sich also eine Isolierung der Komponente ‚Anerkennung' von der Komponente ‚Instrumentalisierung', wie sie in der vorliegenden Untersuchung vorläufig zum Zwecke der Hypothesenkonstruktion versucht wurde, in der Praxis als nicht sinnvoll. Dennoch: die Beschreibungs- und Begründungszusammenhänge für diese Beobachtung sind in den drei Ländern unterschiedlich vorzunehmen: Im Vereinigten Königreich ist Anerkennung in einer kohärenten Weise mit Instrumentalisierung verbunden, während das in Deutschland in einer eher ambivalenten Weise der Fall ist. In Frankreich ist diese Verbindung dagegen kaum nachzuweisen, ein vergleichbarer Zusammenhang zwischen integrationspolitischen Leistungen und religionspolitischer Förderung konnte nicht eindeutig gezeigt werden. Es zeigt sich also, dass nicht nur die Beteiligung von religiösen Bürgern an der Herstellung eines gesamtgesellschaftlichen Konsenses abhängig ist von den institutionellen Voraussetzungen für Religions-, aber auch für Integrationspolitik, sondern auch, dass die erfolgreiche Anerkennung von Religion und religiösen Organisationen mitunter angewiesen ist auf deren funktionalen Beitrag für Politik und Gesellschaft.

Perspektiven auf Luhmanns Konzept der ‚ausdifferenzierten Religion' [H1b]

Hat die Hypothesenprüfung [H1a] gezeigt, dass es unzureichend ist, die Anerkennungs-
komponente zu isolieren, so kann dieselbe Erkenntnis in umgekehrter Reihenfolge auch für
die zweite Teilhypothese [H1b] erwartet werden. Ausgehend von der funktionalen Un-
terspezifierung der Religion in der Moderne schließt Pollack mit Luhmann darauf, dass
Religion nur dann weiter bestehen kann und sich gleichzeitig auf ihren stetigen Niedergang
gefasst machen muss, wenn sie sich anlagert an andere, nicht-religiöse Subsysteme und
deren Funktionen bedient. Die vorliegende Untersuchung ist hypothetisch davon ausgegangen, dass der instrumentalisierende Zugriff der Integrationspolitik auf Religion ein Beispiel für eine solche Funktionalisierung von Religion ist. Damit wäre der Prozess, trotz
oder gerade aufgrund von kurz- und mittelfristigen Entdifferenzierungstendenzen, zu inter-
pretieren als ein Indiz für die fortschreitende Ausdifferenzierung und Marginalisierung von
Religion.
    Nun hat es sich im Laufe der Untersuchung zwar als richtig erwiesen, dass im hier
betrachteten Fallbeispiel ein funktionaler Zugriff staatlicher Politik auf religiöse Organisationen von ZuwanderInnen in unterschiedlicher Art und Weise stattfindet; diese Entdeckung von Religion und religiösen Organisationen als Integrationsvehikel muss jedoch
noch nicht unbedingt bedeuten, dass Religion auf solche integrationsfunktionalen Momente
auch *reduziert* wird. Wenn ganz bestimmte Züge von Religiosität und religiöser Verfasstheit von Seiten der Politik wertgeschätzt oder besonders gefördert werden, heißt das noch
nicht, dass alle anderen unterdrückt werden. Es hat sich im Zuge der Analyse vielmehr
gezeigt, dass zum einen staatlicherseits die Erwartung an die gesellschaftliche Nützlichkeit
religiöser Vereinigungen dort vermehrt artikuliert wird, wo institutionell gefestigte Mechanismen einer Anerkennung von Religion vorhanden sind und dass die staatlichen Akteure
dort zum anderen häufig *zugleich* darauf hin arbeiten, dass religiöse Vereinigungen im
öffentlichen Bereich sichtbarer und vernehmbarer werden. Es ist zwar keinesfalls sicher,
aber durchaus möglich, dass sich aus dem Vertrauensvorschuss des Staates gegenüber
Religion eine Dynamik entwickelt, die dazu beiträgt, dass religiöse Gruppen sich ‚ihren
Platz' in einer funktional ausdifferenzierten Gesellschaft auch dauerhaft sichern oder diesen
gar ausbauen können. Dann aber muss eine Instrumentalisierung oder Funktionalisierung
von Religionsgemeinschaften keineswegs eindeutig auf deren Marginalisierung hinweisen,
sondern kann durchaus Hand in Hand gehen mit einer Anerkennung und Aufwertung von
Religion *als* Religion. Zudem ist es notwendig, die Qualität einer vermeintlichen Instrumentalisierung zu betrachten. So fällt auf, dass nicht in erster Linie religiöse Inhalte,
moralische Dimensionen oder die Beiträge der Religionsgemeinschaften zu einem zivilreligiösen Konsens instrumentalisiert werden, sondern das organisatorische Substrat, die
Infrastruktur, der Einfluss auf die Religionsanhänger oder die vorhandenen oder zu erwar-
tenden sozialen Dienstleistungen. Aber auch durch einen solchen Zugriff von Politik auf
religiöse Gemeinschaften erhalten diese – so ist zu erwarten – die Chance, für ihren Wahr-
heitsanspruch einzutreten und religiöse Inhalte zu vermitteln.
    Es trifft also nicht uneingeschränkt zu, dass die empirisch vorfindbaren Tendenzen
einer Instrumentalisierung von Religion zwangsläufig Indizien für deren langfristige Marginalisierung bedeuten müssen. Vielmehr zeigt sich eine fallspezifisch je neu zu bewertende
Kopplung von funktionalen Perspektiven auf Religion und der Anerkennung von Religion
mit einer *möglichen*, damit einhergehenden Option von Beteiligung, neuen gesellschaftlich-

politischen Betätigungsfeldern, rechtlicher Besserstellung und gesellschaftlicher Akzeptanz der Religionsgemeinschaften. Das heißt: Der Fall einer einseitigen Funktionalisierung von Religion in einer sich tendenziell weiter säkularisierenden Umwelt, den Pollack in Anlehnung an Luhmann konstruiert, findet sich auf der Grundlage des hier analysierten Materials nicht unbedingt bestätigt. Vielmehr haben die Ergebnisse gezeigt, dass die beiden zu Beginn der vorliegenden Untersuchung formulierten, alternativen Hypothesen ([H1a] und [H1b]) ineinander überführt werden müssen. Möglichkeiten zur rechtlichen und gesellschaftlichen Anerkennung werden dann umso wahrscheinlicher, je stärker Religion zugunsten von politischen und gesellschaftlichen Interessen funktionalisiert werden kann und sich funktionalisieren lässt. Andererseits sind Funktionalisierungen von Religion überall dort wahrscheinlicher, wo die rechtlich-institutionellen Ausgangsbedingungen eine Anerkennung von Religion prinzipiell zulassen. Dieser Zusammenhang wirft allerdings Fragen normativer Art auf, die vor allem, wie noch zu zeigen sein wird (s. u. Kap. 6.4.2), mit Blick auf die Neutralität, das Gleichbehandlungsgebot des Staates und die Freiheitlichkeit der einzelnen Religionsgemeinschaften prekär werden.

6.4.1.2 Ein Rückblick auf nationalstaatliche Modelle und die Konvergenzfrage

Bei der Reflexion des hier ausgewählten zweiten theoretischen Bezugspunkts ergeben sich zunächst zwei mögliche Ansatzpunkte: Zum einen kann die zugrunde gelegte typisierende Modellbildung in Staat-Kirche-Regime und Integrationsmodi, zum anderen kann die Leistungsfähigkeit der im Untersuchungsmodell angewandten Konvergenz- und Divergenzthematik anhand der gefundenen Ergebnisse rückblickend kritisch überprüft werden. Beide Aspekte sind aufeinander bezogen, denn wenn nach Konvergenzen gefragt wird, muss vorausgesetzt werden, dass die jeweiligen Einheiten, die möglicherweise miteinander konvergieren, sich zuvor hinreichend voneinander unterschieden haben. Die Modellbildung und die Frage nach Konvergenzen war im Rahmen der Untersuchung erstens von einem intuitiven Forschungszugang geprägt, zweitens ergab sie sich methodisch aus einem konsequent durchgeführten Nationalstaatenvergleich und drittens hatte sie die heuristische Funktion, das primäre Forschungsinteresse zu kontrollieren und zu präzisieren (s. o. 65f.). Im Hinblick auf diese drei Aspekte haben Modellbildung und Konvergenzhypothese ihren Zweck erfüllt. Es ist aber auch klar, dass Modelle, wie die hier verwendeten, immer nur im direkten Bezug auf konkrete Forschungsunternehmen vorübergehende Gültigkeit beanspruchen können. Sie bedürfen einer empirischen, analytischen und komparativen Explikation (Minkenberg/Willems 2002, 11), die es bis zu einem gewissen Punkt ermöglicht, die im Modell nur vorgegebene Eindeutigkeit und Trennschärfe zwischen den verschiedenen Typen durch die Komplexität der ‚wirklichen' Gegenstände zu relativieren.

Eine solche Explikation fand im Zuge der Überprüfung des zweiten Hypothesenpaars ([H2a] und [H2b]) statt. Sie hat ergeben, dass die Zielvorgaben der hier betrachteten Politiken identisch (Integration und Sicherheit), die Wege oder Mittel zwar grob ähnlich (Verschränkung von Religions- und Integrationspolitik), in der Verschränkungslogik und inhaltlichen Ausgestaltung aber verschieden, und die Legitimierungsnarrative durch die deutliche

Anknüpfung an distinkte institutionelle Grundlagen[334] sogar konträr sind. Ähnlich wie bei der Bewertung der beiden hypothetisch formulierten Ausprägungen des Bedeutungswandels von Religion im Lichte von zwei konträren Perspektiven auf Säkularisierung (Anerkennung und Instrumentalisierung), müssen also auch die beiden alternativen Hypothesen ([H2a] und [H2b]) ineinander überführt werden: Weder lässt sich allein mit dem Diagnosebegriff ‚Konvergenz' hantieren, noch sind die Entwicklungen ausschließlich von Pfadabhängigkeiten geprägt.

Dieses Ergebnis aber lässt eine Frage offen: Wieso lassen solche konträren institutionellen Grundlagen doch zumindest im Groben und annährend eine ähnliche Mittel- und Zielewahl zu? Hierauf soll ein knapper Antwortversuch erfolgen, der abermals auf eine weberianische Institutionentheorie zurückgreift, der zufolge Institutionen als „Handlungsermöglichungsräume in einem doppelten Sinn zu verstehen sind: Sie ermöglichen erstens sozial integrierte oder regelgeleitete Handlungen. Für den Handelnden liegt aber zweitens das Charakteristikum von Institutionen gerade darin, dass sie als vorgegebene Einverständnisstrukturen Raum geben für eigene subjektive Zwecksetzungen" (Gimmler 2009, 240f.). Und – es lässt sich ergänzen – institutionelle Normregeln und handlungsleitende Wertregeln sind auch abhängig von der subjektiven Anerkennung ihrer Geltung und von ihrer jeweiligen situativen Gültigkeit, die wiederum bestimmt ist von einer „Konfrontation mit individuellen Zielen, Präferenzen und dem Zweckwissen, welche Kosten, Risiken und Konsequenzen eines normativen Handelns ins Bewusstsein und eine Abwägung konkurrierender Geltungsansprüche in Gang bringen" (Stachura 2008, 159). Handeln, das sich an Institutionen orientiert, ist demnach nicht als deterministische Reaktion von „objektiver Geltung" (Stachura 2008, 155) zu deuten, sondern angewiesen auf die subjektiven Abwägungs- und Bewertungsprozesse durch die Handelnden und bewegt sich in situativ variablen Konstellationen. Vor einem solchen Hintergrund ist es theoretisch nicht problematisch, wenn identische oder ähnliche politische Zielvorgaben in unterschiedlichen institutionellen *Settings* mit unterschiedlichen Legitimierungsnarrativen begründet oder, wenn umgekehrt, unterschiedliche Politikergebnisse mit Verweis auf identische nationalstaatliche Traditionen erzielt werden.[335] Institutionelle Weichenstellungen können in beiden Fällen als prägend angenommen werden, ohne dass eine nur äußerliche, lineare Logik zwischen solchen institutionellen Bezugspunkten, politischen Handlungszielen und der Wahl der adäquaten Mittel bestehen muss, aber auch ohne dass angenommen werden muss, dass Institutionen keinerlei Effekte oder Wirkungen auf Handeln haben. Gerade die vorliegende Untersuchung hat ja gezeigt, dass die Art und Weise, wie Religions- und Integrationspolitik verschränkt wird und wie der konkrete Bedeutungswandel von Religion in den hier besehenen politischen Kontexten sich gestaltet, in Abhängigkeit von den institutionellen Wie-

---

334 Es hat sich gezeigt, dass in den Begründungen von politischen Strategien entweder explizit auf nationale Besonderheiten rekurriert und an diese angeknüpft wird (dies vor allem in Frankreich und in Deutschland) und/oder dass politische Probleme implizit bevorzugt durch eingeübte und bewährte nationale Lösungswege angegangen werden (dies vor allem im Vereinigten Königreich).

335 Feldblum zeigt in ihrer Studie zur Staatsbürgerschaftsreform im Frankreich der 1990er Jahre, wie dieselben republikanischen Ideologien von unterschiedlichen Regierungen in ganz unterschiedlicher Art und Weise und für teilweise sogar widersprüchliche Ziele genutzt wurden. Sie spricht in diesem Zusammenhang von der „malleability of nationhood traditions" (Feldblum 1999, 160), also von der Biegsamkeit oder Formbarkeit nationalstaatlicher Traditionen. Die hier vorliegende Untersuchung hat hingegen gezeigt, wie unterschiedliche Ideen für ähnliche Ziele fruchtbar gemacht werden sollen.

chenstellungen unterschiedlich ausfällt. Gleichzeitig können ein vergleichbarer Problemdruck, übereinstimmende Zielsetzungen sowie gemeinsame externe, institutionell wirksame Kräfte (z. B. durch die Europäische Integration) dazu führen, dass Zielvorgaben und bestimmte politische Maßnahmen sich durchaus ähneln und annähern.

Ob es sich bei den Konvergenztendenzen im Zusammenhang mit dem offensichtlich allen drei Ländern gemeinsamen Phänomen einer Interferenz von Religions- und Integrationspolitik nur um relativ kurzfristig und institutionell schwach wirksame geteilte Interessen und Interessenlagen handelt oder ob das politische Vorgehen längerfristig auf Resonanz stößt und in allen drei Ländern womöglich in ähnlicher Weise institutionalisiert wird, können erst zukünftige politische Entwicklungen zeigen. Die Prognose für eine Konvergenz zwischen den drei Ländern im Sinne einer zukünftigen gleichartigen und gleichförmigen Institutionalisierung dieses Phänomens ist auf der Grundlage der hier gefundenen Ergebnisse aber denkbar schlecht; zu heterogen sind die ideellen Bezugspunkte und institutionellen Grundlagen in den drei Nationalstaaten im Vergleich untereinander, zu spannungsreich und teilweise normativ problematisch sind aber auch die ordnungsspezifischen Konstellationen von Ideen, Institutionen und Interessen innerhalb einzelner Nationalstaaten, wie die nachfolgenden Betrachtungen veranschaulichen sollen.

6.4.2 Institutionelle Konflikte – Anmerkungen zu normativen Problemen

Die Untersuchung hat drei empirisch vorfindbare Varianten einer Interferenz von Religions- und Integrationspolitik aufzeigen können und deren Wirkung auf Anerkennungs- oder Instrumentalisierungszusammenhänge ausgelotet. Die normative Frage, ob und unter welchen Umständen diese in allen drei Nationalstaaten auf die eine oder andere Weise feststellbare Verbindung auch wünschenswert ist oder nicht, wurde bislang ausgespart. Dabei ist deutlich, dass die einzelnen Themen, die in der vorliegenden Untersuchung verhandelt werden, sich einer normativen Perspektive geradezu aufdrängen: Der Integrationsbegriff selbst ist normativ geprägt (Sellmann 2007, 77, 87f), aber auch Fragen nach dem Verhältnis von Staat und Religion sind schwerlich nur deskriptiv zu beantworten. Im Folgenden soll kursorisch und ohne Anspruch auf Vollständigkeit auf einzelne normative Aspekte eingegangen werden.

Dabei ist im Vorfeld zu konstatieren, dass eine weberianische Institutionenanalyse permanent mit ‚institutionellen Spannungen und Konflikten' (Schwinn 2009, 55) zwischen und innerhalb von Ordnungen oder Organisationen rechnen muss. Sie können zum Beispiel dann auftreten, wenn verschiedene Ordnungen, meist vermittelt durch Organisationen, miteinander arbeitsteilig „über interinstitutionelle Leistungsbezüge" (ebd.) interagieren und in der Folge unterschiedliche Leitideen einander gegenübertreten. Jene begründen je eigene, partikulare „Leistungsanforderungen" (Schwinn 2009, 54) und sind in der Regel nicht ohne Verlust ineinander überführbar. Für die erfolgreiche Leistungserbringung bedarf es gegebenenfalls jeweils unterschiedlicher institutioneller Bedingungen und der Ausbildung unterschiedlicher Organisationen. Dass Ordnungen oder Organisationen in sich und miteinander konfligieren – letzteres trifft auch auf Institutionen und Wertsphären[336] und grund-

---

336 Für das hier behandelte Thema erscheint der Begriff der Wertsphäre jedoch zu abstrakt; die Konflikte zwischen Politik und Religion finden stets auf der Organisations- und Ordnungsebene statt und tangieren

sätzlich auch auf Werte und natürlich auf Interessen zu – ist nach Weber unvermeidbar und Motor jeder gesellschaftlichen Entwicklung. M. Rainer Lepsius formuliert diesen Zusammenhang folgendermaßen:

> „Interessen sind ideenbezogen, sie bedürfen eines Wertbezuges für die Formulierung ihrer Ziele und für die Rechtfertigung der Mittel, mit denen diese Ziele verfolgt werden. Ideen sind interessenbezogen, sie konkretisieren sich an Interessenlagen und erhalten durch diese Deutungsmacht. Institutionen formen Interessen und bieten Verfahrensweisen für ihre Durchsetzung, Institutionen geben Interessen Geltung in bestimmten Handlungskontexten. *Der Kampf der Interessen, der Streit über Ideen, der Konflikt zwischen Institutionen lassen stets neue soziale Konstellationen entstehen, die die historische Entwicklung offen halten.* Aus Interessen, Ideen und Institutionen entstehen soziale Ordnungen, die die Lebensverhältnisse, die Personalität und die Wertorientierung der Menschen bestimmen" (Lepsius 2009, 7; Kursivsetzung C. B.).

Institutionelle Konflikte wurden im Zuge der Untersuchung regelmäßig sichtbar, im deutschen Fallbeispiel etwa, wenn eine kulturalistische Integrationskultur auf die grundrechtlich abgesicherte freie Persönlichkeitsentfaltung stößt (s. o. Kap. 4.2.1). *Ethisch* problematisch können solche institutionellen Konflikte dann werden, wenn Prozesse angestoßen werden, die dazu führen, dass (Leit-) Idee, Institution und Interessen in ihrer Kompatibilität empfindlich gestört werden und wenn zugleich von diesen Störungen Individuen in ihren Rechten tangiert werden. Dies kann – auf der Ebene der Organisationen und in Anwendung auf das hier behandelte Thema – dann der Fall sein, (1) wenn eine Organisation (oder Anstalt, hier der Staat) Interessen formuliert und Institutionalisierungsprozesse anstößt, mittels derer sie „die institutionelle Leitidee" (Schwinn 2009, 50) und/oder damit zusammenhängende Werte und Regeln und mithin Individualrechte verletzt (*Verletzung des Gleichbehandlungsgebots*) und (2) wenn eine Organisation dazu gezwungen oder gedrängt wird, Leistungen zu erbringen, die sich nicht aus der eigenen institutionellen Leitidee heraus ergeben (*Überforderung, Entfremdung*) oder wenn eine Organisation die eigenen Leistungsanforderungen nur dann erfüllen kann, wenn sie den Leistungserwartungen, die sich aus den institutionellen Leitideen anderer Ordnungen ergeben, gerecht wird (*Verlust an Unabhängigkeit und Freiheit*). In Anwendung auf den Gegenstand der vorliegenden Untersuchung erweisen sich unter anderem diese zwei Konfliktszenarien als Rahmen, innerhalb dessen mögliche ethische Probleme benannt werden können. Letzteres soll im Folgenden versucht werden:

Ad (1): Zunächst erscheint es nicht verwunderlich, dass der Staat ein Interesse daran hat, diejenigen Aspekte von Religion und Religiosität bevorzugt zu fördern, die einen Beitrag zum Gemeinwohl und zur Stabilität des Staates leisten. Damit können – insbesondere in einer Situation zunehmender religiöser und kultureller Pluralität – auch Integrationsleistungen angesprochen und honoriert werden, die die Religionsgemeinschaften übernehmen, etwa wenn sie – intendiert oder nicht – einzelne Mitglieder bei der Integration in die Gesamtgesellschaft unterstützen oder wenn sie den sozialen Zusammenhalt durch einschlägige Glaubensinhalte und -aktivitäten festigen. Um Religionsgemeinschaften und reli-

---

institutionelle Arrangements und damit die mittlere Ebene der Handlungskoordination, weniger die Makro-Ebene ‚überindividueller Sinnzusammenhänge' (Schluchter 2009a, 29). Hinweise zum Weber'schen Verständnis von Wertsphären finden sich in Webers „Zwischenbetrachtung" (Weber 1986, 541ff.) sowie in der Weber-Rezeption z. B. bei Schwinn 2009, 44ff., Schluchter 2009b, 307ff. und kritisch bei Oakes 2007.

giöse Aktivitäten gezielt und unter bestimmten Bedingungen zu fördern, muss der Staat jedoch unterscheiden, auswählen, werten: Welche Religionen haben in welchem Organisationsformat ein besonderes Potential zur Unterstützung der erfolgreichen Integration von Individuen, welche religiösen Strukturen, Inhalte und Handlungen sind besonders geeignet und welche Aspekte sind direkt förderungswürdig? Und vor allem, welche religiösen Gruppen können Individuen mit spezifischen Integrationsdefiziten überhaupt erreichen? Abgesehen von der Schwierigkeit, die staatliche Akteure haben dürften, um hier zu stimmigen Beurteilungen zu kommen, ist damit notwendigerweise die Ungleichbehandlung von religiösen Traditionen und Organisationen durch den Staat, aber auch die differenzierende Bewertung von verschiedenen Betätigungsfeldern einer Religionsgemeinschaft unvermeidbar. Indem religiöse Inhalte und religiöse Handlungen anhand deren Nutzens für das Gemeinwohl und damit für staatliche Ziele beurteilt werden und indem Religion und Religionsgemeinschaften in Abhängigkeit von deren Beitrag zu sozialer Integration vom Staat unterschiedlich gefördert werden, ist zumindest zu diskutieren, ob damit nicht die Gebote der weltanschaulichen Neutralität (Staat muss werten) und der Gleichbehandlung (Staat muss unterschiedlich behandeln) tangiert sind.

Ad (2) und (3): Eine normative Betrachtung drängt sich auch mit Blick auf das Selbstverständnis betroffener Religionsgemeinschaften und Individuen auf. Für MigrantInnen mit entsprechendem religiösem Hintergrund scheint sich Religion zwar durch die geschilderten Entwicklungen als neue Möglichkeit anzubieten, Sprecherpositionen zu etablieren und sich öffentlich Gehör zu verschaffen. Das staatliche Interesse an der Religion von ZuwanderInnen kann für betroffene Individuen und Gruppen, die aufgrund komplexer sozialstruktureller Zusammenhänge häufig mit Problemen der Unterschichtung und der eingeschränkten politischen Partizipationsfähigkeit konfrontiert sind (Geißler 2006, 231 ff.), eine neue Artikulationsfähigkeit jenseits von Nationalität, ethnischer Zugehörigkeit oder sozialer Schicht mit sich bringen; eine mögliche performative Zuschreibung (Tezcan 2007, 70) und Festnagelung auf eine kollektiv verstandene religiöse Identität und das Risiko eines neuen ‚Kulturenzwangs' (Ezli et al. 2009; vgl. auch Shooman 2010, 250f. und Tezcan 2012) können als andere Seite in den Blick genommen werden. Das Selbstverständnis der Religionsgemeinschaften wird möglicherweise beeinträchtigt, wenn der Staat auf religiöse Gruppierungen und Religion als alternative Integrationsagenturen zugreift oder auch vormals politische Aufgaben an Religionsgemeinschaften abzugeben sucht. Zwar kann man es durchaus als angemessen betrachten, dass sich Staat und Religionsgemeinschaften „sowohl gegenseitig stützen als auch unter Umständen entlasten" (Polke 2009, 225) und dies gerade auch in Fragen der sozialen Integration. Jedoch kann die mögliche, damit einhergehende Funktionalisierung von Religion dann zum Problem werden, wenn die betroffene Religionsgemeinschaft – explizit oder implizit – dazu gedrängt wird, ihr Selbstverständnis und ihr Handeln anhand von einseitig nutzenorientierten Erwartungen des Staates oder der Öffentlichkeit derart zu modifizieren, dass es zu Veränderungen religiöser Inhalte, Interpretationen und Praktiken und zur Entfremdung der Mitglieder von ‚ihren' Organisationen kommt. Die Vereinnahmung von Religion durch die öffentliche Hand birgt außerdem das Risiko, dass Religionsgemeinschaften ihre Spezifika verlieren, die gerade darin bestehen, dass die religiöse Erfahrung ins Zentrum gestellt wird und eine religiöse Sprache verwendet wird, die sich einer einseitigen Nutzenlogik entzieht.[337]

Nicht nur die Spezifität der religiösen Erfahrung, sondern auch die Komplexität und Eigendynamik von Religion könnte durch die aktuell zu verzeichnenden politischen Initiativen zu einer dezidierten Einbindung von Religionsgemeinschaften bei staatlichen Aufgaben unterschätzt werden. Gerade wenn man den Rückgriff staatlicher Integrationspolitik auf Religionsgemeinschaften im Sinne von *Governance* als Weg versteht, ursprünglich staatliche Aufgabenbereiche durch die Aktivierung des Integrationspotentials von religiösen Gemeinschaften auszulagern, tendiert der Staat dazu, nicht nur die Eigenlogik, den Eigensinn (Graf 2004, 105) und die Orientierung von Religionsgemeinschaften an spezifisch religiösen Inhalten und Zielen zu unterschätzen, sondern diese auch einseitig als gemeinwohlorientierte Akteure zu betrachten und sie damit zu überfrachten und zu überfordern. Die Differenzierung zwischen den Aufgaben und Kompetenzen der religiösen und denen der staatlichen Akteure wird unter Umständen erschwert. In der gestuften Förderung von Religion in Abhängigkeit von deren Beitrag zu sozialer Integration und innerer Sicherheit artikuliert sich also auch das Problem der fehlenden oder zumindest gefährdeten Freiheitlichkeit im Sinne eines Verlusts an Unabhängigkeit, Autonomie und Selbstbestimmung der religiösen Akteure. Dieser Aspekt kann in seiner ethischen Problematik möglicherweise dann entschärft werden, wenn sich die betroffenen religiösen Gruppen über die Ambivalenz zwischen ihrem Akteurscharakter ‚sui generis' und einer parallel dazu möglichen Funktion als Organisation, die an der Verwirklichung von staatlichen Integrationszielen teilnimmt, bewusst sind und in der Lage sind, adäquate Entscheidungen zu treffen, die sich mit ihrem Selbstbild und den Erwartungen ihrer Anhänger vereinbaren lassen.[338]

---

337 In der neueren britischen Diskussion wird etwa auf die Diskrepanz zwischen der Erfahrungsbasiertheit religiöser Organisationen und der Wettbewerbsorientiertheit anderer zivilgesellschaftlicher Organisationen hingewiesen: „Like other civil society organisations, faith groups may on occasion be susceptible to a vain and competitive entrepreneurialism in their efforts to expand their public profile and projects. But, in general, faith communities tend to focus their public activity not on the targets and outputs that have been critizised for commodifying human experience, but in the experience itself. Faiths can remind the public realm – the Weberian bureaucracy that makes it work – can in turn commodify faiths. In emphasising the ‚value' of ‚things', most frequently in terms of ‚capitals' (…) – economic, physical, cultural, social and moral – faiths could lose their distinctiveness to these overarching logics. Commodification may compromise the prophetic role (and vision of a better future) that sustains the critical voice of faith in the public realm" (Dinham et al. 2009, 226).

338 Eine solche Zweispaltung scheint der zumindest für die Teilnahme an Prozessen der politischen Willensbildung zu gelingen. Eine bewusste Differenzierung zwischen ihrem religiösen ‚sui generis'-Charakter und ihrem öffentlich-politischen Auftreten formuliert die EKD in Bezug auf ihre Beteiligung an der politischen Willensbildung in Europa. In einer Stellungnahme zum Weißbuch der Europäischen Kommission „Europäisches Regieren" heißt es u. a.: „Gegenüber anderen gesellschaftlichen Gruppen besitzen die Kirchen und Religionsgemeinschaften jedoch die Besonderheit, dass sie nicht aus dem gesellschaftlichen Produktions- und Reproduktionsprozess legitimiert sind, sondern die transzendente Dimension des menschlichen Lebens sichtbar machen; anders als andere gesellschaftlichen Verbände vertreten die Kirchen und Religionsgemeinschaften nicht Partikularinteressen. Deshalb dürfen die Kirchen nicht pauschal mit anderen gesellschaftlichen Kräften gleichgestellt werden, sondern besitzen einen „sui generis"-Charakter. Sobald die Kirchen jedoch am Prozess der politischen Willensbildung teilnehmen, erfüllen sie eine ähnliche Funktion wie andere gesellschaftliche [sic] Gruppen und können in Bezug auf die Methoden der Partizipation anderen gesellschaftlichen Verbänden gleichgestellt werden. (…) Eine Gleichstellung mit anderen gesellschaftlichen Verbänden im Rahmen der politischen Partizipation beeinträchtigt (…) nach Ansicht der EKD nicht die Eigentümlichkeit der Kirchen und ist mit dem protestantischen Selbstverständnis vereinbar. Die EKD hat sich deshalb entschieden, mögliche Bedenken bezüglich der Spezifität des kirchlichen Anliegens zurück-

An die politischen Vorgehensweisen können damit zumindest zwei Anfragen normativ-rechtlicher Art gestellt werden: Welche Probleme ergeben sich aus der mehr oder weniger starken Verknüpfung von integrationspolitischen Zielen mit religionspolitischen Mitteln für das Gebot der weltanschaulichen Neutralität und Gleichbehandlung der Religionsgemeinschaften, welche Probleme ergeben sich für das Selbstverständnis und die Freiheitlichkeit einzelner Religionsgemeinschaften? Dabei kann eine Ungleichbehandlung zugunsten einer religiösen Gruppe zunächst deren Selbstverständnis tangieren und mit einem Verlust an Unabhängigkeit einhergehen. Diese Effekte können aber aus der Perspektive der betroffenen religiösen Gruppe möglicherweise dadurch kompensiert werden, dass andere, neue Handlungsoptionen entstehen oder sich gar neue rechtliche Freiheiten darbieten. Das bedeutet, dass die religiöse Gruppe dann gegenüber ‚konkurrierenden' Religionsgemeinschaften vom Staat umso besser behandelt wird – und mithin mehr Aufmerksamkeit, mehr Förderung, mehr Anerkennung, mehr Mitsprache und mehr Rechte erhält –, je stärker sie den staatlichen Interessen entgegen kommt, damit aber unter Umständen auf bestimmte Freiheitsdimensionen verzichtet.

Die grob skizzierten normativen Anfragen variieren in Abhängigkeit davon, ob die bei der vorliegenden Untersuchung im Fokus stehenden staatlichen Initiativen eher eine Anerkennung oder eher eine Instrumentalisierung von Religion vornehmen, wie beide Aspekte im Verhältnis zueinander stehen und welche institutionellen Arrangements zwischen beiden Aspekten gegebenenfalls vermitteln können. Normative Probleme lassen sich erst weiter konkretisieren, wenn die nationalen Ausgangskonstellationen im Sinne der institutionellen Grundlagen mit einbezogen werden. Deshalb sollen abschließend in typisierender Absicht die Situationen in den drei Nationalstaaten unter besonderer Berücksichtigung normativer Gesichtspunkte skizziert werden.

Stellt der deutsche Staat die eigenen Rechtsgrundsätze zur Disposition?

Die deutsche Konstellation ist dadurch gekennzeichnet, dass der Staat Kirchen und Religionsgemeinschaften achtet, da er sie zur eigenen Bestandserhaltung benötigt. Er stattet sie im günstigsten Fall mit dem öffentlich-rechtlichen Körperschaftsstatus aus. Dieser begründet die maximal mögliche gesellschaftspolitische Einflussnahme und gesellschaftliche Anerkennung. Die Zuerkennung dieses Rechtsstatus' erscheint im Falle der muslimischen Gemeinschaften zwar theoretisch nicht ausgeschlossen, jedoch kurz- und mittelfristig nicht

zustellen und ähnlich wie andere gesellschaftliche Gruppierungen an der politischen Willensbildung auf europäischer Ebene teilzunehmen" (Internetquelle 26). Einer solchen bewusst in Kauf genommenen ‚Identitätsspaltung' liefert auch Habermas Argumente, der die pragmatische Ansicht formuliert, dass Kirchen und Glaubensgemeinschaften, sobald sie in den gesamtgesellschaftlichen Diskurs eintreten, sich „auf die Verbreitung von allgemeinverständlichen und einleuchtenden Argumenten beschränken, statt Argrumente dogmatischer Art zu verwenden. Sie werden es also vorziehen, solche Argumente vorzubringen, die gleichermaßen an die moralischen Intuitionen der eigenen Anhänger wie an die der Nicht- und Andersgläubigen appellieren" (Habermas 2007, 1445). Voraussetzung dafür ist aber, neben anderen theologischen Voraussetzungen, wie sie etwa mit der Zwei-Regimente-Lehre in der protestantischen Theologie gegeben sind, eine gründliche Organisiertheit, Erfahrung in politischen Prozessen und die Fähigkeit verschiedene Zielgruppen adäquat anzusprechen. Dass weniger etablierte, schwächer organisierte und politisch unerfahrenere Religionsgemeinschaften größere Schwierigkeiten beim ‚Spagat' zwischen religiöser Integrität und politisch-öffentlichem Auftreten haben dürften, liegt auf der Hand.

zu erreichen. Es fehlen unter anderem weitgehende organisatorische Veränderungen auf Seiten der Muslime. Der Staat hat zunächst seinerseits andere Interessen: Er möchte das Potential von muslimischen Gemeinschaften zur verbesserten Integration von MigrantInnen nutzen. Imame etwa werden als ‚Integrationslotsen' verstanden, von muslimischen Gemeinschaften werden integrationsstützende Wirkungen erhofft und vom Staat Maßnahmen angestoßen, den religiösen Organisations- und Führungsstrukturen Mittler- und Multiplikatoren-Funktionen zuzusprechen. Diese Erwartungen und Maßnahmen tragen durchaus funktionalisierende Züge, da Religion und religiöse Strukturen für gesellschaftliche und staatliche Ziele einstehen sollen, die über die Kernaufgaben und -kompetenzen der Religionsgemeinschaften hinausgehen. Damit einher geht die oben geschilderte normative Problematik mit Blick auf das Gleichbehandlungsgebot des Staates und auf die Freiheitlichkeit der Religionsausübung (s. o. 278f.). Zugleich bietet der Staat rechtliche Besserstellungen an oder Möglichkeiten eines verstärkten gesellschaftlichen Einflusses vergleichsweise schwach etablierter Religionsgemeinschaften. Es besteht also ein diffuser Zusammenhang zwischen Anerkennung und Instrumentalisierung derart, dass gilt: Wenn die muslimischen Gemeinschaften sich als Integrationsagenturen erweisen, verbessern sich unter Umständen auch ihre Ausgangsbedingungen zur Aussicht auf eine sukzessive rechtliche Gleichstellung mit den Kirchen, allerdings um den Preis, dass sie sich auf den politischen Diskurs und dessen Zuschreibungen sowie auf die Erwartungen des Staates in Bezug auf die organisatorische Gestalt[339] einlassen müssen. Dabei kann zwar die „öffentliche Anerkennung" und externe Legitimität gesteigert, aber auch das Selbstverständnis und die „interne Legitimität" (Koenig 2005d, 30) der muslimischen Gruppierungen nachhaltig tangiert werden. Daneben kann die selektive Vorgehensweise der Politik, die als Chance und Aufwertung derjenigen Personen und Gruppen begriffen werden kann, die sich dem religiösen Zuschreibungskriterium zugerechnet wissen, auch einen stigmatisierenden Zug tragen.[340]

Auch wenn die staatlichen Integrationsstrategien einen instrumentalisierenden Charakter vorweisen, generieren sie zusätzliche Möglichkeiten und Plattformen für die Artikulation von rechtlichen und politischen Anerkennungsforderungen, (religiös begründeten) Positionierungen in gesellschaftlichen Diskursen oder Selbstdarstellungen in der Öffentlichkeit, die gerade auch muslimische Religionsgemeinschaften einstweilen nutzen können. Ungeachtet der ambivalenten Beziehung zwischen Anerkennung und Instrumentalisierung von Religion eröffnen sich also in Deutschland den betroffenen Religionsgemeinschaften durch einschlägige staatliche Angebote oder Maßnahmen mit integrationspolitischen Ziel-

---

339 Zwar sind die rechtlichen Vorgaben in Bezug auf die Rechtsform einer Religionsgemeinschaft in Deutschland insoweit noch vergleichsweise zurückhaltend, da das Selbstbestimmungsrecht ausdrücklich geachtet wird. Jedoch kann man dennoch von „zentralstaatlich forcierten Repräsentanzmodelle[n]" für Deutschland sprechen, die Koenig in ihrer Ambivalenz problematisiert: „Auf der einen Seite haben sie zu einer symbolischen Anerkennung des Islam im öffentlichen Raum beigetragen, wie man sie sich in Deutschland bislang kaum vorzustellen vermag. Auf der anderen Seite haben sie eine Eigendynamik der Institutionalisierung in das religiöse Feld eingetragen, die sowohl Konflikte innerhalb der muslimischen Bevölkerung akzentuiert als auch zivilgesellschaftliche Formen von Religion zugunsten formal-bürokratischer Organisationsbildung zu schwächen droht" (Koenig 2005b, 30).
340 Projekte, die besonders auf Gesundheit, Drogenprävention, häusliche Gewalt etc. abheben (s. o. 73f.), weisen auf entsprechende Zusammenhänge mit muslimischer Religionszugehörigkeit hin, die sich in der öffentlichen Wahrnehmung als Defizite ausmachen lassen.

setzungen vorher nicht gekannte Möglichkeitsräume.[341] Allerdings sind diese Optionen in Deutschland durch die hegemonialisierenden Dialogformen oder die *top-down*-Institutionalisierungen von Dialogen (s. o. 247) insoweit begrenzt – und auch hierdurch unterscheiden sie sich deutlich von den britischen Maßnahmen –, als die betroffenen Religionsgemeinschaften auf die relativ engen staatlichen Vorgaben verwiesen bleiben und sich dabei entweder einzufügen oder sich gegen diese zu stellen haben und dann riskieren, die ihnen entgegengebrachte staatliche und öffentliche Anerkennung zu verspielen und mit ihr die verbesserte Chance auf Gleichberechtigung im religionsrechtlichen Bereich zu gefährden. Seinerseits muss sich der Staat die kritische Anfrage gefallen lassen, ob er die eigenen rechtlichen Grundlagen nicht ‚zu tief hängt', wenn er Zugeständnisse im rechtlichen Bereich abhängig macht von der Kooperation im Bereich Integration, Gesundheit, Terror- und Kriminalitätsbekämpfung oder wenn er ein Bekenntnis zu bestimmten Grundwerten einfordert.[342] Das umgekehrte Verhältnis hingegen – die Erwartung also, dass eine rechtliche Anerkennung dazu führt, dass sich Betroffene stärker mit dem deutschen Rechtsstaat und gegebenenfalls der Gesellschaft identifizieren, ist aus einer normativen Perspektive unproblematisch.

Überfordert der britische Staat Religionsgemeinschaften?

Im Rahmen der strategischen Zusammenarbeit zwischen Staat und Religionsgemeinschaften, durch die Bereitstellung finanzieller Ressourcen und vor allem durch die Partizipation in politischen Entscheidungsprozessen, eröffnen sich auch im Vereinigten Königreich für Religionsgemeinschaften, gerade für solche, die viele MigrantInnen zu ihren Mitgliedern zählen, neue, zusätzliche Einflussmöglichkeiten in politischen, rechtlichen und gesellschaftlichen Bereichen. Die Sicherheitspolitik, die stark auf die Kooperation mit muslimischen Gemeinschaften ausgerichtet ist, bietet speziell den Repräsentanten britischer Muslime eine Plattform, eigene Forderungen etwa nach Freiheiten bezüglich ihrer Religionsausübung zu artikulieren sowie in Gesetzgebungsverfahren effektiv angehört zu werden. Sie bringt jedoch auch Stigmatisierungspotential mit sich, da Sicherheitsdefizite stärker mit Muslimen in Verbindung gebracht werden.[343]

Diese staatliche Perspektive auf Religion als moderierende und gemeinwohlorientierte Kraft und die damit verbundene Förderung von Religionsgemeinschaften sorgt dann einerseits auch dafür, dass betroffene Religionsgemeinschaften, zumindest solange sich einschlägige soziale und integrationsspezifische Probleme ergeben, *aufgewertet* werden.

---

341 Von einer solchen Aufwertung können auch Religionsgemeinschaften profitieren, die nicht unmittelbar im Zentrum der staatlichen Integrationsbemühungen stehen. Gerade die etablierten religiösen Organisationen können an Bedeutung gewinnen, zeigen sie doch prototypisch die Strukturen auf, in die sich auch Migrantenreligionen einfügen können oder an denen sich die Bemühungen um deren Institutionalisierung zumindest messen lassen. Im staatlich-politischen Dialog mit islamischen Gemeinschaften kommt in Deutschland gerade den christlichen Kirchen eine Vermittlerrolle zu, gleichzeitig dienen sie als Vorbilder für den Institutionalisierungsprozess.

342 Der Staatsrechtler Heimann argumentiert aus grundrechtlicher Perspektive dagegen, de Einführung des schulischen Religionsunterrichts für Muslime mit Integrationsabsichten zu begründen (Heimann 2011, 94).

343 Diese Problematik wird in zwei der analysierten britischen Dokumente auch thematisiert und zum Anlass genommen, entsprechende Gegenmaßnahmen zu ergreifen (Home Affairs Committee 2005, 3, 40f.; Government 2005, 10f.).

Den religiösen Vereinigungen kommen unter Umständen nicht nur finanzielle und andere materielle Vorteile zu, sondern sie können auch effektive Sprecherpositionen etablieren und einen Gestaltungsspielraum ausfüllen, mittels dessen sie in der politischen Öffentlichkeit eigene, auch genuin religiöse Positionen vertreten und gegebenenfalls erfolgreich bewerben können. Konkret bieten sich hierfür verschiedene Gelegenheitsstrukturen an, wie die lokale Zusammenarbeit zwischen religiösen Gruppen und staatlichen Stellen sowie anderen Akteuren des dritten Sektors, der staatlich geförderte interreligiöse Dialog oder die Mitwirkung an Curricula und an spirituellen ‚Ritualen' der staatlichen Schulen. Da die Förderung von Religionsgemeinschaften im Vereinigten Königreich keineswegs auf integrationspolitische Zusammenhänge beschränkt ist – und auch hierin unterscheidet sie sich momentan von der deutschen Situation –, sondern fließend übergeht insbesondere in die Bereiche *Local Governance* oder *Civil Renewal*, scheint es für betroffene Religionsgemeinschaften durchaus längerfristige Möglichkeiten gesellschaftlichen Engagements und politischer Einflussnahmen zu geben.

Die britischen lokalen Strategien aus dem Bereich Integration und gemeinschaftlicher Zusammenhalt sind prinzipiell offen angelegt, das heißt, sie beziehen sich nicht auf bestimmte Religionsgemeinschaften, sondern sehen vor, dass alle lokal ansässigen religiösen Gruppen einbezogen werden können. Zudem zeigt das britische Beispiel, dass anders als in Frankreich und Deutschland, keine aktiven staatlichen Institutionalisierungsanschübe oder Eingriffe in die Organisationsformen der Religionsgemeinschaften unternommen werden. Aufgrund der fehlenden spezifischen rechtlich-institutionellen Vorgaben für religiöse Organisationen sind auch schwach institutionalisierte Religionsgemeinschaften nicht zu Modifikationen in Bezug auf ihre Organisationsform angehalten.

Anders als in Deutschland haben die muslimischen Gemeinschaften im Vereinigten Königreich bereits die letzten rechtlichen und politischen Hürden genommen,[344] die sie zumindest formal mit anderen kulturellen Gruppen und Religionsgemeinschaften gleichstellt – ausgenommen ist hier freilich die Sonderstellung der Anglikanischen Kirche und die Dominanz des christlichen Charakters des *Act of Worship* und der Religionslehre an staatlichen Schulen.[345] Über die Antidiskriminierungs- oder Gleichstellungsprogrammatik und zunehmend über die inkorporierten Menschenrechtskonventionen können sie religiöse Rechte einfordern, über lokal und regional verankerte Gremienarbeit und Kooperationen mit Behörden können sie Mitsprache beispielsweise im Bereich des schulischen Religionsunterrichtes (s. o. 128) oder bei der Regelungen des Bestattungswesens (Bloss 2008, 86) erlangen.[346] Weil der Staat die Religionen und religiösen Gruppen als Akteure der

---

344 Im Vergleich zum deutschen Staatskirchen- bzw. Religionsverfassungsrecht sind diese Hürden freilich auch wesentlich niedriger. Bedeutsame Erfolge für nicht-christliche Religionsgemeinschaften dürften durch die Inkorporation der EMRK in die britische Rechtsordnung, durch die Erweiterung der Antidiskriminierungsrichtlinien auf religiöse Zugehörigkeit, durch die Verabschiedung des *Racial and Religious Hatred Act* 2006 sowie durch die Abschaffung des Blasphemie-Verbots mit Inkrafttreten des *Criminal Justice and Immigration Act* im Jahr 2008 erzielt worden sein. Das Blasphemie-Verbot sah nur einen Schutz der christlichen Religion vor.

345 Kritisch zur einseitigen Orientierung des Staates an christlichen Vorstellungen äußert sich Bloss. Sie weist auch auf weiterhin bestehende faktische Diskriminierungen von Personen nicht-christlicher Religionszugehörigkeit „im Bildungswesen, auf dem Arbeitsmarkt und in den Medien, aber auch bei der Behandlung durch öffentliche Behörden" (Bloss 2008, 95f.) hin.

346 Damit bieten sich aber, anders als in Deutschland (s. o. 260 und 279), rechtliche Zugeständnisse nicht unbedingt als Druckmittel der Politik an.

Zivilgesellschaft anerkennt und insbesondere ihren Beitrag für Gesellschaft und gemein-schaftlichen Zusammenhalt wertschätzt, möchte er diesen auch für nicht-religiöse, gesell-schaftliche und staatliche Ziele nutzen. In diesem Sinne gehen Anerkennung und Instrumentalisierung ‚Hand in Hand', zeichnen sich also durch Kohärenz aus. Die Art und Weise, wie staatliche Stellen das Integrationspotential von Religionsgemeinschaften för-dern, ist im Vergleich zu Deutschland offener, dezentrierter und orientiert sich stärker an lokalen Bedingungen. Es wird ein starker Fokus auf das Prinzip „Choice" (DCLG 2008b, 22) gelegt und an die bereits bestehenden zivilgesellschaftlichen Aktivitäten und in der Zivilgesellschaft verankerten Strukturen von Religionsgemeinschaften angeknüpft. Als wichtiges zivilgesellschaftliches Potential wird etwa das Vorhandensein von lokalen Netz-werken, das Wissen über die Bedürfnisse auf lokaler Ebene oder die Erfahrung in lokal erprobter „management capacity" und Führung bezeichnet (DCLG 2008b, 28).

Die normativen Anfragen an das Gleichbehandlungsgebot und das Gebot staatlicher Neutralität – das unter anderem aufgrund des Fehlens entsprechender verfassungsrecht-licher Bestimmungen, des Bestehens einer Staatskirche und der stärkeren Tradition des Toleranzgedankens ohnehin eine geringere Gewichtung als in Deutschland und Frankreich vorweist – fallen hier weniger kritisch aus als in Deutschland. Den Sicherheitsdiskurs aus-genommen wird eine Sonderstellung von Muslimen vermieden. Die vielfältigen lokal ver-ankerten Strategien oder *Good-Practice*-Beispiele sind zum einen offen für alle ansässigen religiösen Gruppen und fördern zum anderen nicht nur integrationsspezifische Tätigkeiten, sondern sind breiter angelegt. Der Dialog und die Zusammenarbeit zwischen staatlichen Stellen und religiösen Akteuren beinhalten insgesamt weniger Vorgaben und betonen ganz explizit die Freiwilligkeit der Kooperation. Hingegen werden durchaus Erwartungen des Staates an die Religionsgemeinschaften herangetragen, denen zufolge diese Integration und gemeinschaftlichen Zusammenhalt befördern sollen. Dabei wird deutlich mit Nutzenkal-külen argumentiert und mit einer funktionalistischen Sprache operiert. Solche Interaktions-formen können für das Selbstverständnis der religiösen Gruppen als problematisch einge-schätzt werden, insoweit sie deren Komplexität unterschätzen und deren Mitwirkungs-potentiale im öffentlichen Leben überschätzen könnten sowie Diskrepanzen zwischen den Interessen und dem Selbstverständnis religiöser Akteure und den Interessen staatlicher Ak-teure verdecken könnten.[347] Anders als im deutschen Fall hingegen bringen die britischen einschlägigen Strategien nicht das Problem mit sich, dass eine Diskrepanz zwischen zivilgesellschaftlichen Formen von Religion und staatlich angestoßener formal-bürokra-

---

347 Zu diesen Kritikpunkten liegen bereits wissenschaftliche Beiträge vor. Baker bezeichnet die „blurred encounters" zwischen Glaubensgemeinschafen und Regierung (sowie anderen Akteuren des dritten Sektors) als anfällig für Missverständnisse aufgrund der unterschiedlichen Interpretation von „key motifs used within government policy" (Baker 2009, 105) und führt als Beispiel den Begriff ‚regeneration' an, der, aus einer transzendenten Perspektive heraus, eine andere Bedeutung hat als aus einer immanenten. Zudem verweist er auf die Problematik des Begriffs des ‚sozialen Kapitals', welches häufig Glaubensgemeinschaften zuge-schrieben wird (Baker 2009, 177ff.). Kritik an der funktionalistischen Sprache, in der staatliche Stellen auf Religion zurückgreifen, äußern auch Dinham/Lowndes 2009, 6f. Furbey wirft eine kritische Sicht der von politischen Akteuren grundsätzlich verschiedenen Konstitutions- und Interaktionsarten sowie Interes-senslagen von religiösen Gemeinschaften. Die britische Integrationspolitik, die zunehmend auf die Unter-stützung durch Glaubengemeinschaften bei der Stärkung des gemeinschaftlichen Zusammenhalts auf kommunaler Ebene setzt, übersehe die Komplexität und Unabhängigkeit von Religionsgemeinschaften so-wie die Eigendynamik von religiösen Sinnsystemen (Furbey 2008, 122).

tischer Organisationsbildung (Koenig 2005b, 30) entstünde, da gerade die zivilgesellschaftlichen Formen vom britischen System gefördert werden.

Überhöht der französische Staat die republikanische Integrationskraft?

Die kritisch-normativen Anfragen an Frankreich können und brauchen schon allein wegen der Falsifizierung der aufgestellten Hypothesen weniger ins Detail gehen. Hier ist eher in grundsätzlicher Absicht zu fragen, ob die selbst auferlegte Zurückhaltung des Staates bei der Förderung religiöser Gemeinschaften und deren Aktivitäten und die damit verbundene Überhöhung des Grundsatzes der Laizität nicht ihrerseits ideologisch[348] ist und somit die eigenen Ansprüche an einen weltanschaulich neutralen Staat torpediert (s. o. 140 Anm. 215). Insbesondere die rechtlichen Regelungen in Bezug auf die Organisationsform von Religionsgemeinschaften, die gemeinwohlorientiertes Handeln von Religionsgemeinschaften und Kultusausübung akribisch voneinander zu trennen suchen, sowie, damit verbunden, der restriktive Religionsbegriff (s. o. 137) exponieren sich einer kritischen Betrachtung geradezu. Die deutlichen staatlichen Interventionen bei der Ausbildung eines französischen Muslimrates widersprechen der weltanschaulichen Neutralität des Staates insofern (Caeiro 2005, 81), als sie stark regulierend in die Organisation von Religion eingreifen. Das muss nicht ausschließen, dass es manchen Religionsgemeinschaften durch die Institutionalisierung gelingt, sich ins Gespräch zu bringen, ihren Einfluss in Politik und Öffentlichkeit zu verstärken und unter Umständen auch für den einzelnen Gläubigen an Bedeutung zu gewinnen. Andererseits kann das Vorgehen bei betroffenen Religionsanhängern oder Vereinen auch auf Befremden oder Ablehnung stoßen. Die starke Betonung des Laizitätsprinzips geht bisweilen (etwa bei der Frage des Kopftuchtragens muslimischer Schülerinnen in öffentlichen Schulen) zu Lasten der individuellen Religionsfreiheit (s. o. 142). In Bezug auf französische Integrationspolitik kann angefragt werden, ob das der Republik und deren Werten und Prinzipien zugeschriebene Integrationspotential nicht überstrapaziert wird und in konkreten Lebenszusammenhängen nicht ausreicht oder gar kontraproduktiv ist (Freedman 2004), um integrationsspezifische Defizite zu überwinden.
    Es bleibt festzuhalten, dass die normativen Probleme, die sich durch eine enge Verknüpfung von Religions- und Integrationspolitik für Deutschland und das Vereinigte Königreich ergeben, nicht gleichermaßen für Frankreich zu thematisieren sind. Doch auch die vergleichsweise schwachen Interferenzen zwischen Religions- und Integrationspolitik werfen aus normativer Sicht immerhin die Frage auf, ob der Staat von Religionsgemeinschaften erwarten kann, dass sie nationale Symbole stärken und transportieren. Zwar

---

348 Hingegen erweist sich die symbolische Überladung der Republik aus der Perspektive eines Zivilreligions-Konzepts, wie es Bellah formuliert, durchaus als adäquate Antwort auf die Gefahr einer Beliebigkeit der Werte: „Gerade vom Standpunkt des Republikanismus ist die Zivilreligion unentbehrlich. Eine Republik als eine aktive politische Gemeinschaft von Bürgern, die am öffentlichen Leben teilhaben, muß ein Ziel und ein Wertsystem haben. In der republikanischen Tradition ist die Freiheit ein unumstößlicher Wert, der Bedeutung und Würde der politischen Gleichheit und der Regierung durch das Volk geltend macht. Eine Republik muß danach streben, in einem positiven Sinn ethisch zu sein und bei ihren Bürgern eine ethische Verpflichtung hervorzurufen. Aus diesem Grund ist es unvermeidlich, dass sie darauf tendiert, eine letzte Ordnung der Existenz, welche republikanischen Werten und Tugenden Sinn gibt, in Symbole zu fassen" (Bellah 2004, 51f.).

erscheint es unproblematisch und nachvollziehbar, dass auch in Frankreich der Staat ein Interesse daran hat, dass religiöse Gemeinschaften diejenigen Prinzipien, die für die Aufrechterhaltung oder Stiftung von sozialem und nationalem Zusammenhalt als zentral erachtet werden, nicht unterwandern. Jedoch ergibt sich daraus umgekehrt noch keine Pflicht für religiöse Gemeinschaften, sie zu bewerben.

6.5 Zusammenfassung und Ausblick

Die Untersuchung wurde mit dem Ziel vorgenommen, zwei inhaltlich und methodisch zusammenhängende, aber gegeneinander abgestufte Forschungsfragen zu klären: erstens die Frage nach der Richtung und Qualität einer gewandelten Bedeutung von Religion und religiösen Gemeinschaften im Zuge aktueller, interferierender Integrations- und Religionspolitik im Nationalstaatenvergleich zwischen Deutschland, Frankreich und dem Vereinigten Königreich und zweitens die Frage, ob und gegebenenfalls inwiefern diese Entwicklungen auch auf Annäherungen zwischen den drei Nationalstaaten hindeuten. Beide Forschungsfragen wurden durch die theoretische und methodologische Einbettung in eine vergleichende Institutionenanalyse in Anknüpfung an Max Weber miteinander verbunden (*erstes Kapitel*).

Die beiden Forschungsinteressen wurden anhand von zwei Hypothesenpaaren ([H1a] und [H1b], [H2a] und [H2b]) formuliert, die von unterschiedlichen theoretischen Ausgangsüberlegungen angeregt wurden: zum einen von der Debatte um eine Veränderung des Stellenwertes von Religion für gesellschaftliche und politische Zusammenhänge unter den Bedingungen der Moderne und zum anderen von der ‚klassischen' Einteilung von nationalstaatlichen Arrangements entlang typologisierter Staat-Kirche-Verhältnisse und typologisierter Integrationskulturen (*zweites Kapitel*).

Der empirische Teil wurde mit einer Darstellung des interessierenden Phänomens entlang einer Beschreibung aktueller Religions- und Integrationspolitik eingeleitet (*drittes Kapitel*). Anschließend wurden die jeweiligen nationalstaatlichen Weichenstellungen im Hinblick auf institutionelle Grundlagen für Religions- und Integrationspolitik aufgearbeitet (*viertes Kapitel*). Darauf folgte das Kernstück der empirischen Analyse, im Rahmen dessen für jedes der Länder jüngere, thematisch einschlägige Dokumente aus dem Schnittstellenbereich von Religions- und Integrationspolitik unter qualitativ-inhaltsanalytischen Gesichtspunkten aufgearbeitet und verglichen wurden (*fünftes Kapitel*).

Im Ergebnisteil (*sechstes Kapitel*) konnten die Befunde der empirischen Untersuchung auf die theoretische Ausgangsbasis rückbezogen werden. Dabei hat sich gezeigt, dass die jeweilige Ausprägung der unabhängigen Variable (Verbindung von Religions- und Integrationspolitik) für jedes Land derart variiert, dass in Deutschland eine *struktur*vermittelte, in Frankreich eine *symbol*bezogene und im Vereinigten Königreich eine *akteurs*bezogene Zugriffsweise staatlicher Integrationspolitik auf Religion deutlich wird. Für das primäre Forschungsinteresse [F1] und die erste Doppelhypothese [H1] konnte dargelegt werden, dass sich – in Bezug auf das hier interessierende Phänomen – eine Neuausrichtung des Verhältnisses von Religion und staatlicher Politik vollzieht, die aber nicht einseitig als gesteigerte Wertschätzung oder Anerkennung von Religion *als* Religion durch den Staat, aber auch nicht als reine Verzwecklichung der Religion für staatliche Ziele begriffen werden kann. Vielmehr fallen beide Ausprägungen je nach institutionellen Weichenstellungen entweder in der Praxis zusammen – so der Fall in Deutschland, besonders aber im Vereinigten Königreich, wo Religionsgemeinschaften als gemeinwohlorientierte Akteure der Zivilgesellschaft anerkannt *und* funktionalisiert werden – oder sie lassen sich nicht schlüssig nachweisen – so der Fall in Frankreich.

Auch in Bezug auf das sekundäre Forschungsinteresse [F2] und damit das zweite Hypothesenpaar [H2] zeigte sich, dass mit Blick auf interferierende Integrations- und Religionspolitik allenfalls von graduellen Konvergenzen zwischen Deutschland, Frankreich und dem Vereinigten Königreich gesprochen werden kann. Vor allem aber konnte nachgewiesen werden, dass die jeweiligen Dokumente einen starken Bezug zu nationalen Weichenstellungen aufweisen, was daran deutlich wurde, wie die drei untersuchten Nationalstaaten jeweils spezifische nationalstaatliche *Settings* in den Mittelpunkt stellen und von hier aus aktuelle Politikstile und -ziele zu entwickeln und zu legitimieren suchen. Dass sie sich trotz solchermaßen pointiert formulierter, pfadabhängiger Akzente auf nationaler Ebene einander in manchen Punkten, insbesondere in Bezug auf bestimmte Maßnahmen, Instrumente, erwartete Politikergebnisse und -ziele annäherten und annähern, sollte ebenfalls deutlich geworden sein und zeigt im Übrigen auch die möglichen und faktischen Diskontinuitäten zwischen Legitimierungsbasis, *Policy-Outputs* und erwarteten *Policy-Outcomes*.

Die Ergebnisse dieses zweiten Hypothesenblocks [H2] haben es – in heuristischer Absicht – nahe gelegt, noch einmal einen präzisen Blick auf die erste Forschungsfrage zu werfen mit dem Ziel, zu *erklären*, warum der Bedeutungswandel von Religion so unterschiedlich ausfällt. Richtungsweisend ist dabei die durch eine weberianische Institutionenanalyse inspirierte Annahme, dass für die unterschiedlichen Ausprägungen eines vermeintlichen Bedeutungswandels von Religion in politischen Kontexten unterschiedliche Ideen-Interessen-Konstellationen verantwortlich sind, die vermittelt in institutionellen Arrangements rechtlicher, politischer und/oder kultureller Art ihren Resonanzboden finden. In diesem Sinne wurden für die drei Nationalstaaten die nachfolgend skizzierten Typologien herausgearbeitet:

Im Vereinigten Königreich ist ein Staatsregiment, welches den Handlungsraum von religiösen Akteuren in einem möglichst effizienten und autonomen zivilgesellschaftlichen Bereich stärken möchte, besonders gekennzeichnet durch seine *pragmatisch-liberale* Haltung gegenüber Religion. Damit verbunden ist einerseits die Erwartung, dass Religionsgemeinschaften politische und gesellschaftliche Funktionen übernehmen sollen. Somit wird auf Religionsgemeinschaften durchaus in instrumentalisierender Weise zurückgegriffen. Damit verbunden ist aber andererseits auch der Anspruch, dass religiös orientierte Individuen und Gruppen sich in der Öffentlichkeit frei entfalten und ihre Gestaltungskraft einbringen dürfen und sollen. Aus beiden Aspekten ergibt sich eine multireligiös agierende und zivilgesellschaftlich orientierte Inklusionspolitik, die versucht, religiöse Minderheiten über weit gestreute lokale und überregionale Organisations- und Kooperationsformen in verschiedenste öffentlich-gesellschaftliche Bereiche einzubinden (Modood 2009, 182f.). Diese Einbindung kann neue Möglichkeiten der politischen Artikulation für Religionsgemeinschaften eröffnen, die damit zugleich eine weitgehende faktische Aufwertung erfahren können (Furbey 2008, 133). Die Anerkennung von religiösen Gruppen als Akteure der Zivilgesellschaft steht somit im britischen Fall in einem *kohärenten* Verhältnis zu deren Instrumentalisierung zugunsten von gemeinschaftlichem Zusammenhalt und Integration.

Anders hat sich das Verhältnis von Funktionalisierung und Anerkennung für das *grundrechtsbasiert-korporatistisch* ausgerichtete deutsche Staatsregiment erwiesen. Dieses sucht religiöse Akteure im Idealfall staatsnah zu inkorporieren und zugleich die weltanschauliche Neutralität des Staates und die grundgesetzlich gewährleistete Religionsfreiheit in all ihren Facetten einschließlich des Selbstbestimmungsrechts der Religionsgemeinschaften zu wahren. Deren gesellschaftliche und politische Funktionen sind demnach durch eine Doppelfigur gekennzeichnet: Die Idee ist, dass Kirchen und Religionsgemeinschaften, soweit sie öffentlich-rechtlich verfasst sind, den Staat in seinem Freiheitsauftrag unterstützen können, dies aber nur dadurch, dass sie sich unabhängig und frei entfalten, ihre eigenen Standpunkte artikulieren und ihre Interessen öffentlich vertreten dürfen. Das vergleichsweise starke Grundrecht auf Religionsfreiheit schließt auch ein, dass keine Erwartung an eine gesellschaftliche Nützlichkeit einseitig von staatlicher Seite vorgeben werden darf. Am empirischen Material wurde dagegen deutlich, dass viele der hier besehenen staatlichen Initiativen durchaus eine rechtliche Anerkennung bestimmter religiöser Gruppen zumindest implizit von deren gesellschaftlichen Nützlichkeit und Kooperationsbereitschaft auch in nicht genuin religiösen Bereichen abhängig machen. Aus solchen Initiativen können allerdings auch hier unter Umständen neue Artikulationschancen für betroffene Religionsgemeinschaften – und dabei handelt es sich in Deutschland in der Regel um muslimische – erwachsen, die diese aber nur dann erhalten, wenn sie sich auf den ‚Defizitdiskurs' der deutschen Integrationskultur einlassen. Die maximale gesellschaftlich-politische Anerkennung bleibt zudem den schwach etablierten religiösen Gruppierungen solange verwehrt, wie sie bestimmte Standards in Bezug auf ihre Institutionalisierung und, damit verbunden, einen öffentlich-rechtlichen Status nicht erreichen. In Deutschland zeigt sich also ein *ambivalentes* Verhältnis zwischen Anerkennungschancen für (muslimische) Religion einerseits und Instrumentalisierungsversuchen durch den strategischen Zugriff des Staates auf Religion, Religionsgemeinschaften und religiöse Einrichtungen zur Unterstützung von Integrationszwecken andererseits.

Im *laizistisch-republikanischen* Frankreich schließlich kann – wenn auch schwächer als in Deutschland und dem Vereinigten Königreich – zwar durchaus eine Interferenz von Religions- und Integrationspolitik festgestellt werden; diese ist aber weder *struktur*vermittelt oder gar *akteurs*bezogen, sondern auf einer *symbolischen* Ebene in einem doppelten Sinn angesiedelt: Einerseits sollen insbesondere muslimische Gruppen republikanische Prinzipien bestätigen und mittragen, indem sie sich in das religionsrechtliche und -politische System einpassen. Andererseits sollen sie bei den eigenen Anhängern für den republikanischen Integrationsmodus werben. Es fehlen dagegen Hinweise darauf, dass es sich bei dieser Erwartung staatlicherseits zugleich um eine Instrumentalisierung von Religion handelt. Ebenso wenig birgt die *Französisierung* des Islam, im Zuge derer zwar durchaus rechtliche Zugeständnisse gemacht werden, eindeutige Anerkennungschancen im Sinne der ersten Hypothese [H1a]: Weder führt sie also zu einer umfassenden Partizipation an der Zivilgesellschaft – die im französischen Staat-Kirche-Verhältnis so ohnehin nicht vorgesehen ist –, noch zu einer Etablierung muslimischer Glaubensgruppen in der Form, dass diese öffentliche und politische Belange nachhaltig mitbestimmen können.

Die Ergebnisse des Ländervergleichs haben die Vermittlungsleistung von Institutionen gegenüber Ideen und Interessen, wie sie im Anschluss an Weber konstatiert wurde, in drei verschiedenen Varianten veranschaulicht. Es hat sich gezeigt, dass das offensichtlich in allen drei Ländern neu erweckte Interesse staatlicher Akteure an Religion und Religionsgemeinschaften dann zu einer Anerkennung und/oder Instrumentalisierung von Religion führt, wenn es flankiert wird von passfähigen Institutionen, die „legitimierte Handlungsräume schaffen, in die Interessen einströmen können" (Schluchter 2009a, 18). Die Legitimität der Handlungsräume ihrerseits ist angewiesen auf adäquate Ideen und mithin von diesen – von ihrem Inhalt, ihren „Ordnungsleistungen" (Schwinn 2009, 44) und von ihrem Verhältnis zu anderen Ideen und Institutionen – hängt es ab, wie sich die Beziehung von Anerkennung und Instrumentalisierung von Religion in den hier besehenen politischen Kontexten im Einzelfall darstellt.

Am britischen Beispiel hat sich dieser Zusammenhang folgendermaßen gezeigt: Die Ideen der Toleranz und der Wertschätzung von Religion und religiöser Pluralität – um nur zwei zu nennen – verbinden sich mit dem staatlichen Interesse an Religionsgemeinschaften als gemeinwohlnützige Akteure der Zivilgesellschaft. Beide Aspekte spiegeln sich in den Legitimierungsweisen und der Mittel- und Zielewahl aktueller politischer Integrationsstrategien und religionspolitischer Initiativen deutlich wider. Sie können im Rahmen einer institutionell eingehegten multikulturalistischen Integrationskultur auf der einen Seite und durch das Vorhandensein von niederschwelligen und doch profitablen Organisationsformen für religiöse Gruppen auf der anderen Seite voll zur Geltung kommen. Die deutsche religions- und integrationspolitische Herangehensweise, die einerseits ebenfalls ein materielles Interesse an religiösen Akteuren als Multiplikatoren für Integration artikuliert, weist andererseits einen dazu nicht ohne weiteres kompatiblen Ideenbezug auf, der vor allem auf die Verwirklichung von Religionsfreiheit fokussiert und sich auf der institutionellen Ebene des Staatskirchen- respektive Religionsverfassungsrechts bewegt. Die Vermittlung zwischen Idee und Interesse ist nur über Umwege zu leisten; es bedarf institutioneller Grundlagen außerhalb des Religionsrechts, nämlich auf der Ebene der Integrationskultur, um die Nützlichkeitserwägungen des Staates gegenüber Religionsgemeinschaften ideell zu verankern. Die französische Herangehensweise schließlich zeichnet sich durch einen kontinuierlichen und nachdrücklichen Rekurs auf republikanische Prinzipien als internalisierte Werte und zugleich institutionalisierte Ideen aus, woran sich auch ihr Interesse an einer Bewahrung und Aktivierung der Wirkkraft derselben orientiert, worauf es sich aber auch wietestgehend beschränkt.

In der vorliegenden Untersuchung wurde die in Deutschland, Frankreich und dem Vereinigten Königreich zu beobachtende Interferenz von Religions- und Integrationspolitik als aktuelles und bislang schwach institutionalisiertes Phänomen beschrieben. Die zwischenzeitlich erbrachten Befunde lassen nun die Prognose zu, dass sich dieses Phänomen dort mit größerer Wahrscheinlichkeit institutionalisiert, wo es sich, wie im Vereinigten Königreich, auf einer möglichst widerspruchsfreien ideellen Basis entwickeln kann und wo es auf anschlussfähige Institutionen zurückgreifen kann. Auf der Grundlage von institutionellen Arrangements, die schwer kompatible und spannungsreiche Ideenbezüge aufwiesen, wie es für Deutschland der Fall ist, sind dagegen institutionelle Konflikte vorprogrammiert, normative Probleme möglicherweise schwieriger zu lösen und ist die dauerhafte Institutionalisierung einer Interferenz von Religions- und Integrationspolitik unwahrscheinlicher. Dort schließlich, wo passende Ideen und institutionelle Grundlagen weitestgehend fehlen, wie in Frankreich, wird der Versuch, Integrationserfolge über die Einbindung von Religion in politische Strategien zu erzielen, wohl auch in näherer Zukunft kaum über erste Ansätze hinausgehen.

Anhang

Kategorien

Kategorien für den ersten Hypothesenblock [H1]:

Religion und Integration:

(1a)	Integration ist ... [Def.]
(2a)	Integration braucht ... [Voraussetzungen]
(3a)	Integration dient ... [Zweck]
(4a)	Integration wird erreicht durch ... [Mittel]
(5a)	Religion ist ... [Def.]
(6a)	Religion braucht ... [Voraussetzungen]
(7a)	Religion dient ... [Zweck]

Religion in Verbindung mit Integration:

(8a)   Religion nützt/schadet der Integration von MigrantInnen/wirkt (des-) integrierend – versch. Ausprägungen

(9a)   Religionsgemeinschaften sollen sich einsetzen/setzen sich für die Integration von MigrantInnen/Mitgliedern ein

(10a) Staatspolitische Strategien zum Umgang mit Religion beziehen Integrationszwecke mit ein – versch. Ausprägungen

(11a) Staatspolitische Integrationsstrategien beziehen Religion mit ein – versch. Ausprägungen

(12a) Politik zielt auf eine Stärkung der Rolle von Religionsgemeinschaften in der Zivilgesellschaft – versch. Ausprägungen

(13a) Politik zielt auf die rechtliche Gleichstellung und/oder Institutionalisierung wenig etablierter Religionsgemeinschaften – versch. Ausprägungen

Religion/Integration in Verbindung mit Innerer Sicherheit:

(14a) Staatspolitische Strategien zum Umgang mit Religion dienen der (Inneren) Sicherheit – versch. Ausprägungen

(15a) Staatspolitische Integrationsstrategien dienen der (Inneren) Sicherheit – versch. Ausprägungen.

Kategorien für den zweiten Hypothesenblock [H2]:

Pfadabhängigkeiten oder Konvergenzen der Religionspolitik?

(1b)   Staatspolitische Strategien zum Umgang mit Religion greifen (nicht) auf verfassungsrechtliche Dimension als grundlegende religionsrechtliche Rahmenbedingungen des jeweiligen Nationalstaats zurück – versch. Ausprägungen

(2b)   Staatspolitische Strategien zum Umgang mit Religion greifen (nicht) auf das Verhältnis von Kirche und Staat als grundlegende religionsrechtliche Rahmenbedingungen des jeweiligen Nationalstaats zurück – versch. Ausprägungen

(3b)   Staatspolitische Strategien zum Umgang mit Religion greifen (nicht) auf Rechte für religiöse Minderheiten als grundlegende religionsrechtliche Rahmenbedingungen des jeweiligen Nationalstaats zurück – versch. Ausprägungen

Pfadabhängigkeiten oder Konvergenzen der Integrationspolitik?

(4b)   Staatspolitische Integrationsstrategien greifen (nicht) auf (verfassungs-)rechtliche Grundlagen für Integration zurück – versch. Ausprägungen

(5b)   Staatspolitische Integrationsstrategien greifen (nicht) auf nationale integrationspolitische Diskursmuster zurück – versch. Ausprägungen

(6b)   Staatspolitische Integrationsstrategien greifen (nicht) auf den nationalen Umgang mit Minderheiten zurück – versch. Ausprägungen

Vergleich

(7b)   Politik stellt aneignende/abgrenzende Vergleiche zu anderen Nationalstaaten her – versch. Ausprägungen

Metakategorie

(8b)   Ähnlichkeiten und Unterschiede der Religions- und Integrationspolitik im Nationalstaatenvergleich.

Überblick und Informationen über die analysierten Dokumente

Dokument[349]	Seitenzahlen	Dokumenttyp[350]
DEUTSCHLAND		
Stadt Wiesbaden 2007	7+1	(a)
Stadt Marburg 2008	3	(a)
Süssmuth 2008	6	(b)
Schäuble 2006	5	(b)
Schäuble/SZ 2006	5	(b)
Schäuble/FAZ 2008	5	(b)
Schäuble 2007a	7	(b)
Schäuble 2007b	3	(b)
Unabhängige Kommission ‚Zuwanderung' 2001	3 (Auszug)	(c)
CDU/CSU 2007	14	(a)
Integrationsbeauftragte 2004	3	(b)
Integrationsbeauftragte 2005	4	(b)
Polizei/bpb 2005	48	(c)
Bundesregierung 2007a	125	(a)
Zukunftskommission NRW 2009	17 (Auszug)	(c)
Gesamtseitenanzahl Deutschland	256	
FRANKREICH		
Commission Stasi 2003	78	(c)
Debré 2003	85	(c)
Chirac 2003	8	(b)
Sarkozy 2007	5	(b)
Sarkozy 2008a	7	(b)
Sarkozy 2008b	161 (Auszug)	(b)
HCI 2000	86	(a)
HCI 2007	51	(a)
HCI 2009	96	(a)
Jolly 2005	42	(c)
Machelon 2006	83	(c)
Rossinot 2006	51	(c)
Gesamtseitenanzahl Frankreich	753	
VEREINIGTES KÖNIGREICH		
LGA 2002a	48	(c)
LGA 2002b	52	(c)
Home Office 2004	28	(a)
Home Office 2005	54	(a)
Home Office Faith Communities Unit 2004	116	(a)

---

349 Für die kompletten Titel der Dokumente s. u. 293ff.
350 Ich beziehe mich hier auf die oben vorgenommene Unterscheidung zwischen drei Dokumenttypen (s. o. 182f.).

Home Office Faith Communities Unit 2005	55	(a)
Home Office 29.03.2004	2	(a)
Community Cohesion Panel 2004	64	(c)
Home Affairs Committee 2005	78	(c)
Government 2005	20	(a)
Blair 2006	7	(b)
Commission on Integration and Cohesion 2007	175	(c)
DCLG 2006a	176	(a)
DCLG 2006b	152	(a)
DCLG 2007b	111	(a)
DCLG 2007c	34	(a)
DCLG 2008a	54	(a)
DCLG 2008b	132	(a)
DCLG 2009	50	(a)
Charity Commission 2008a	27	(c)
Charity Commission 2008b	38	(c)
Gesamtseitenanzahl Vereinigtes Königreich	1473	
Gesamtseitenanzahl	2482	

Tabelle 2:   Liste der ausgewählten Dokumente

D.-typ	gesamt	in %	dt.	in %	frz.	in %	brit.	in %
(a)	20	42	4	27	3	25	13	62
(b)	13	27	8	53	4	33	1	5
(c)	15	31	3	20	5	42	7	33
Gesamt	48	100	15	100	12	100	21	100
in %	100	100	100	100	100	100	100	100

Tabelle 3:   Dokumente nach Dokumenttyp

Jahr	gesamt	in %	dt.	in %	frz.	in %	brit.	in %
2000	1	2	0	0	1	8	0	0
2001	1	2	1	7	0	0	0	0
2002	2	4	0	0	0	0	2	10
2003	3	6	0	0	3	25	0	0
2004	5	10	1	7	0	0	4	19
2005	6	13	1	7	1	8	4	19
2006	7	15	2	13	2	17	3	14
2007	10	21	5	33	2	17	3	14
2008	9	19	3	20	2	17	4	19
2009	4	8	2	13	1	8	1	5
Gesamt	48	100	15	31	12	25	21	44
in %	-	100	-	100		100	-	100

Tabelle 4:   Dokumente nach Jahr

Literatur und Quellen

Primärliteratur

Blair, Tony 2006: Speech on Multiculturalism and Integration (8 Dec 06) (Internetquelle 28).
Bundesregierung 2007a: Antwort der Bundesregierung auf die Große Anfrage der Abgeordneten Josef Philip Winkler u.a. und der Fraktion BÜNDNIS 90/Die Grünen - BT-Drucksache Nr.16/2085 vom 29. Juni 2006 „Stand der rechtlichen Gleichstellung des Islam in Deutschland" (Internetquelle 29).
CDU/CSU 2007: Identität und Weltoffenheit sichern – Integration fordern und fördern. Positionspapier zum Nationalen Integrationsplan. Beschluss der CDU/CSU-Bundestagsfraktion vom 24. April 2007 (Internetquelle 30).
Charity Commission 2008a: Analysis of the law underpinning Public Benefit and the Advancement of Religion (Internetquelle 31).
Charity Commission 2008b: Public Benefit and the Advancement of Religion Draft supplementary guidance for consultation (Internetquelle 32).
Chirac, Jacques 2003: Discours prononcé par M. Jacques Chirac, Président de la République, relatif au respect du principe de laïcité dans la République (Internetquelle 33).
Commission on Integration and Cohesion 2007b: Our shared future (Internetquelle 34).
Commission Stasi 2003: Commission de réflexion sur l'application du principe de laïcité dans la République: Rapport au Président de la République (Internetquelle 35).
Community Cohesion Panel 2004: The End of Parallel Lives? The Report of the Community Cohesion Panel (Internetquelle 36).
DCLG 2006a: Improving Opportunity, Strengthening Society. One year on – A progress report on the Government's strategy for race equality and community cohesion (Internetquelle 37).
DCLG 2006b: Strong and prosperous communities. The Local Government White Paper (Internetquelle 38).
DCLG 2007b: „Face-to-Face and Side-by-Side": A framework for inter faith dialogue and social action. Consultation (Internetquelle 39).
DCLG 2007c: Improving Opportunity, Strengthening Society: Two years on – A progress report (Internetquelle 40).
DCLG 2008b: Face to Face and Side by Side. A framework for partnership in our multi faith society (Internetquelle 41).
DCLG 2008c: The Government's Response to the Commission on Integration and Cohesion (Internetquelle 42).
DCLG 2009: Cohesion Delivery Framework: Overview (Internetquelle 43).
Debré, Jean-Louis 2003: Rapport fait au nom de la mission d'information sur la question du port des signes religieux a l'école. N° 1275 - tome I - 1ère partie. Assemblée nationale (Internetquelle 44).
Government 2005: The Government Reply to the sixth report from the Home Affairs Committee Session 2004-05 HC 165 Terrorism and Community Relations (Internetquelle 45).
HCI 2000: L'Islam dans la république (Internetquelle 46).
HCI 2007: Projet de charte de la laïcité dans les services publics. Avis à Monsieur le Premier ministre (Internetquelle 47).
HCI 2009: Faire connaître les valeurs de la République. Faire connaître, comprendre et respecter les valeurs et symboles de la République et organiser les modalités d'évaluation de leur connaissance. Avis à Monsieur le ministre de l'immigration, de l'intégration, de l'identité nationale et du développement solidaire (Internetquelle 48).
Home Affairs Committee 2005: Terrorism and Community Relations. Sixth Report of Session 2004-05. Volume I. Report, together with formal minutes and appendix. Ordered by The House of Commons to be printed 22 March 2005 (Internetquelle 49).
Home Office 29.03.2004: Faith Communities Matter. Press Release (Internetquelle 50).
Home Office 2004: Strength in Diversity. Towards a Community Cohesion and Race Equality Strategy (Internetquelle 51).

Home Office 2005a: Improving opportunity, Strengthening Society: The Government's strategy to increase race equality and community cohesion (Internetquelle 52).

Home Office Faith Communities Unit 2004: Working Together: Recommendations of the Steering Group reviewing patterns of engagement between Government and Faith Communities in England. Co-operation between Government and Faith Communities (Internetquelle 53).

Home Office Faith Communities Unit 2005: „Working Together": Co-operation between Government and Faith Communities. Progress Report (Internetquelle 54).

Integrationsbeauftragte 2004: Religion – Migration – Integration in Wissenschaft, Politik und Gesellschaft. Begrüßung und Einführung auf der Fachtagung Religion – Migration – Integration in Wissenschaft, Politik und Gesellschaft am 22. April 2004 in Berlin (Internetquelle 55).

Integrationsbeauftragte 2005: Islam einbürgern – Auf dem Weg zur Anerkennung muslimischer Vertretungen in Deutschland. In: Beauftragte der Bundesregierung für Migration, Flüchtlinge und Integration (Hg.), Islam einbürgern – Auf dem Weg zur Anerkennung muslimischer Vertretungen in Deutschland. Dokumentation der Fachtagung vom 25. April 2005 in Berlin, S. 6-9 (Internetquelle 56).

Jolly, Cécile 2005: Religions et intégration sociale. Hg. vom Commissariat général du plan (Internetquelle 57).

LGA 2002a: Faith and Community (Internetquelle 58).

LGA 2002b: Guidance on Community Cohesion (Internetquelle 59).

Machelon, Jean-Pierre 2006: Les relations des cultes avec les pouvoirs publics. Rapport au Ministre d'État, Ministre de l'intérieur et de l'aménagement du territoire (Internetquelle 60).

Polizei/bpb 2005: Polizei und Moscheevereine. Ein Leitfaden zur Förderung der Zusammenarbeit. Hg. von der Polizeilichen Kriminalprävention der Länder und des Bundes und der Bundeszentrale für politische Bildung (Internetquelle 61).

Rossinot, André 2006: La laïcité dans les services publics. Rapport du groupe de travail (Internetquelle 62).

Sarkozy, Nicolas 2007: Allocution du Président de la République lors de la rupture du jeûne à la Grande Mosquée de Paris (Internetquelle 63).

Sarkozy, Nicolas 2008a: Allocution du Président de la République devant le Conseil Consultatif de Riyad (Internetquelle 64).

Sarkozy, Nicolas 2008b: Der Staat und die Religionen. Hannover: Lutherisches Verlagshaus.

Schäuble, Wolfgang 2006: Deutsche Islam Konferenz – Perspektiven für eine gemeinsame Zukunft. Regierungserklärung (Internetquelle 65).

Schäuble, Wolfgang 2007a: Gehört Religionspolitik zur europäischen „Staatsräson?" – ihr Nutzen und ihre Gefahren. Rede von Bundesminister Dr. Wolfgang Schäuble bei der Tagung „Der Weg Europas und die öffentliche Aufgabe der Theologien" der Europäischen Gesellschaft für katholische Theologie am 8. März 2007 in Berlin (Internetquelle 66).

Schäuble, Wolfgang 2007b: Religion und Staat. Eingangsstatement von Bundesminister Dr. Wolfgang Schäuble beim Hanns-Lilje-Forum 2007 am 27. März 2007 in Hannover (Internetquelle 67).

Schäuble/FAZ 2008: „Wir müssen den Muslimen Zeit geben". Bundesinnenminister Dr. Wolfgang Schäuble im Interview mit der F.A.Z. am 20.05.2008 (Internetquelle 68).

Schäuble/SZ 2006: „Der Islam ist Teil Deutschlands". Bundesinnenminister Schäuble im Interview auf sueddeutsche.de am 25.09.2006 (Internetquelle 69).

Stadt Marburg 2008: Gemeinsame Erklärung der Stadt Marburg und Vertretern der in der Universitätsstadt Marburg lebenden Migrantinnen und Migranten und Religionsgemeinschaften zur Förderung der Integration durch Zusammenarbeit (Internetquelle 70).

Stadt Wiesbaden 2007: Vereinbarung zur gemeinsamen Förderung der Integration durch Zusammenarbeit (Integrationsvereinbarung) und Pressetext auf der Homepage (Internetquelle 71).

Süssmuth, Rita 2008: Rede im Rahmen des Colloque „Religion et intégration, le débat en France et en Allemagne". Maison Heinrich Heine, en coopération avec l'Ambassade d'Allemagne, 5 juin 2008 (Internetquelle 72).

Unabhängige Kommission ‚Zuwanderung' 2001: Zuwanderung gestalten, Integration fördern. Bericht der Unabhängigen Kommission ‚Zuwanderung' (Internetquelle 73).

Zukunftskommission NRW 2009: Nordrhein-Westfalen: Integration und Lebensqualität – Wie wir morgen leben werden. Bericht der Arbeitsgruppe 3 der Zukunftskommission NRW. Hg. von Hubert Kleinert et al. (Internetquelle 74).

Sekundärliteratur

Abromeit, Heidrun / Stoiber, Michael 2006: Demokratien im Vergleich. Einführung in die vergleichende Analyse politischer Systeme. Lehrbuch. Wiesbaden: VS Verlag für Sozialwissenschaften.

Addison, Neil 2007: *Religious Discrimination and Hatred Law*. New York: Routledge.

Agence France Presse 17.06.2008: Signature du premier contrat d'association entre l'État et un lycée musulman.

Alcock, Pete 2003: *Social Policy in Britain*. 2. Auflage. Houndmills: Palgrave Macmillan.

Aldridge, Alan 2007: *Religion in the Contemporary World. A Sociological Introduction*. 2. Auflage. Cambridge: Polity Press.

Alemann, Ulrich von 1994: *Grundlagen der Politikwissenschaft. Ein Wegweiser*. Grundwissen Politik 9. Opladen: Leske + Budrich.

Altiner, Avni 2005: Erfahrungen in der Kooperation am Beispiel des islamischen Religionsunterrichts aus Sicht des Landesverbandes der Muslime in Niedersachsen. In: Beauftragte der Bundesregierung für Migration, Flüchtlinge und Integration (Hg.), *Islam einbürgern – Auf dem Weg zur Anerkennung muslimischer Vertretungen in Deutschland*. Dokumentation der Fachtagung vom 25. April 2005 in Berlin, S. 42-47 (Internetquelle 56).

Amer, Fatma 2004: Die britische Erfahrung mit kopftuchtragenden muslimischen Lehrerinnen – soziale und rechtliche Aspekte. *Religion Staat Gesellschaft* 5(2), S. 329-341.

Amir-Moazami, Schirin 2007: *Politisierte Religion. Der Kopftuchstreit in Deutschland und Frankreich*. Global local Islam = Globaler lokaler Islam. Bielefeld: transcript.

Amiraux, Valérie 2007: Religious Discrimination: Muslims Claiming Equality in the EU. In: Christophe Bertossi (Hg.), *European Anti-Discrimination and the Politics of Citizenship. Britain and France*. Houndsmill: Palgrave Macmillan, S. 143-167.

ANAEM 2008: Livret d'accueil. Vivre en France (Internetquelle 75).

Anhelm, Fritz Erich 2001: Die Zivilgesellschaft und die Kirche in Europa. Vortrag auf der Sitzung der Kommission „Kirche und Gesellschaft" der Konferenz Europäischer Kirchen Anfang Mai 2001 auf Kreta (Internetquelle 76).

Anschütz, Gerhard 1933: *Die Verfassung des Deutschen Reichs vom 11. August 1919. Ein Kommentar für Wissenschaft und Praxis in 4. Bearbeitung*. 14. Auflage. Aalen: Scientia-Verlag.

Ardant, Phillippe 2004: Conclusions générales. In: Thierry Massis und Christophe Pettiti (Hg.), *La liberté religieuse et la Convention européenne des droits de l'homme. Actes du colloque du 11 décembre 2003 organisé à l'auditorium de la maison du Barreau par l'Institut de Formation en Droits de l'Homme du Barreau de Paris*. Droit et justice 58. Bruxelles: Bruylant, S. 147-152.

Arden, Hon 2004: The interpretation of UK domestic legislation in the light of European convention on human rights jurisprudence. *Statute law review* 25(3), S. 165-179.

ARI 2006: Selbstverständnis der Arbeitsgemeinschaft Religion und Integration (ARI) (Internetquelle 77).

Asad, Talal 2005: Reflections on Laïcité and the Public Sphere. *Social Science Research Council. Items and Issues* 5(3), S. 1-5.

Auduc, Arlette 2006: L'héritage des croyants devient patrimoine national. *Hommes et Migrations. Laïcité 1905-2005. Les 100 ans d'une idée neuve*. Culture(s), religion(s) et politique N°1259 II. Hg. von Alain Seksig. Paris, S. 70-76.

Auer, Karl Heinz 2005: *Das Menschenbild als rechtsethische Dimension der Jurisprudenz*. Recht: Forschung und Wissenschaft 2. Wien: LIT.

Bade, Klaus 2007: Nationaler Integrationsplan und Aktionsplan Integration NRW: Aus Erfahrung klug geworden? *Zeitschrift für Ausländerrecht und Ausländerpolitik* 9, S. 307-315.

Baker, Christopher 2009: Blurred encounters? Religious literacy, sipiritual capital and language. In: Adam Dinham et al. (Hg.), *Faith in the Public Realm. Controversies, Policies and Practices*. Bristol: Policy Press, S. 105-122.

BAMF 2006: *Integration und Islam. Fachtagung*. Migration, Flüchtlinge und Integration. Schriftenreihe Band 14. Nürnburg: BMBF.

BAMF 10.12.2009: „Imame für Integration": Bundesweites Fortbildungsangebot für Imame gestartet. Presseerklärung 0026/2009 (Internetquelle 78).

Baringhorst, Sigrid 1994: Einwanderungs- und Minderheitenpolitik in Großbritannien. In: M. Mechtild Jansen und Sigrid Baringhort (Hg.), *Politik der Multikultur. Vergleichende Perspektiven zu Einwanderung und Integration*. Baden-Baden: Nomos, S. 131-143.

Baringhorst, Sigrid / Schönwälder, Karen 1992: Helfen Gesetze gegen Rassismus und Diskriminierung? *Blätter für deutsche und internationale Politik* 37, S. 587-597.

Barker, Eileen 1993: Neue religiöse Bewegungen. Religiöser Pluralismus in der westlichen Welt. *„Religion und Kultur". Kölner Zeitschrift für Soziologie und Sozialpsychologie* Sonderheft 33. Hg. von Alois Hahn, Jörg Bergmann und Thomas Luckmann. Opladen: Westdeutscher Verlag, S. 231-248.

Barker, Eileen 1998: New Religions and New Religiosity. In: Eileen Barker und Margit Warburg (Hg.), *New Religions and New Religiosity*. Aarhus: Aarhus University Press, S. 10-27.

Barth, Ulrich 1998: „Säkularisierung I". In: Gerhard Müller et al. (Hg.), *Theologische Realenzyklopädie*. Band 29. Berlin/New York: Walter de Gruyter, S. 603-634.

Basdevant-Gaudemet, Brigitte 2005: Staat und Kirche in Frankreich. In: Gerhard Robbers (Hg.), *Staat und Kirche in der Europäischen Union*. Baden-Baden: Nomos, S. 171-203.

Bastenier, Albert 1991: La régulation étatique de la religion: le cas de l'Islam transplanté par l'immigration dans les pays européens. In: Jean Baubérot (Hg.), *Pluralisme et minorités religieuses*. Louvain-Paris: Peters, S. 133-141.

Baubérot, Jean 1990: *Vers un nouveau pacte laïque?* Paris: Éditions du Seuil.

Bauböck, Rainer 2001: Förderalismus und Integration: Fragen an die komparative Forschung. In: Lale Akgün und Dietrich Thränhardt (Hg.), *Integrationspolitik in föderalistischen Systemen. Jahrbuch Migration*. Münster: LIT, S. 249-272.

Baumann, Gerd 1996: *Contesting Culture. Discourses of identity in multi-ethnic London*. Cambridge studies in social and cultural anthropology 100. Cambridge: Cambridge University Press.

Baumann, Martin 2000: *Migration – Religion – Integration. Buddhistische Vietnamesen und hinduistische Tamilen in Deutschland*. Marburg: Diagonal-Verlag.

Bayer, Klaus Dieter 1997: Das Grundrecht der Religions- und Gewissensfreiheit. Unter besonderer Berücksichtigung des Minderheitenschutzes. Baden-Baden: Nomos.

Bayerisches Staatsministerium für Arbeit und Sozialordnung, Familie und Frauen 2008: Aktion Integration. Zehn-Punkte-Programm. Integrationsleitlinien. Integrationskonzept der Bayerischen Staatsregierung zur Integration von Menschen mit Migrationshintergrund (Internetquelle 79).

BCC 01.11.2005: „New UK citizenship testing starts" (Internetquelle 80).

Belhadj, Marnia 2004: Das republikanische Integrationsmodell auf dem Prüfstand. In: Yves Bizeul (Hg.), *Integration von Migranten. Französische und deutsche Konzepte im Vergleich*. Wiesbaden: Deutscher Universitäts-Verlag, S. 33-44.

Bellah, Robert 1967: Civil religion in America. *Daedalus* 96(1), S. 40-55.

Bellah, Robert 2004: Religion und die Legitimation der amerikanischen Republik. In: Heinz Kleger und Alois Müller (Hg.), *Religion des Bürgers. Zivilreligion in Amerika und Europa*. Soziologie: Forschung und Wissenschaft 14. 2., ergänzte Auflage mit einem neuen Vorwort: Von der atlantischen Zivilreligion zur Krise des Westens. Münster: LIT, S. 42-63.

Bencheikh, Ghaleb 2006: L'islam dans la laïcité. *Hommes et Migrations. Laïcité 1905-2005. Les 100 ans d'une idée neuve*. Culture(s), religion(s) et politique N°1259 II. Hg. von Alain Seksig. Paris, S. 55-63.

Benedikt XVI 12.09.2008: Ansprache im Pariser Elisée-Palast im Rahmen einer apostolischen Reise nach Frankreich anlässlich des 150. Jahretages der Erscheinung von Lourdes (12. - 15. September 2008) (Internetquelle 81).

Benz, Arthur / Lütz, Susanne / Schimank, Uwe / Simonis, Georg 2007: Einleitung. In: Arthur Benz et al. (Hg.), *Handbuch Governance. Theoretische Grundlagen und empirische Anwendungsfelder*. Wiesbaden: VS Verlag für Sozialwissenschaften, S. 9-25.

Berg-Schlosser, Dirk 2005: Makro-qualitative vergleichende Methode. In: Sabine Kropp und Michael Minkenberg (Hg.), *Vergleichen in der Politikwissenschaft*. Wiesbaden: VS Verlag für Sozialwissenschaften, S. 170-179.

Berger, Peter L. 1973: *Zur Dialektik von Religion und Gesellschaft. Elemente einer soziologischen Theorie*. Frankfurt am Main: S. Fischer.

Berger, Peter L. 1980: *Der Zwang zur Häresie. Religion in der pluralistischen Gesellschaft*. Frankfurt am Main: S. Fischer.

Bertossi, Christophe 2003: Negotiating the Boundaries of Equality in Europe. *The Good Society* 12(2), S. 33-39.

Bertossi, Christophe 2007a: Ethnicity, Islam, and Allegiances in the French Military. In: Christophe Bertossi (Hg.), *European Anti-Discrminiation and the Politics of Citizenship. Britain and France*. Houndmills: Palgrave Macmillan, S. 193-216.

Bertossi, Christophe 2007b: French and British models of integration. Public philosophies, policies and state institutions. Working Paper No 46, University of Oxford, ESRC Centre on Migration, Policy and Society (Compas) (Internetquelle 82).

Bertossi, Christophe 2007c: Introduction. In: Christophe Bertossi (Hg.), *European Anti-Discrimination and the Politics of Citizenship. Britain and France*. Houndmills: Palgrave Macmillan, S. 1-14.

Bertossi, Christophe 2007d: Les Musulmans, la France, l'Europe: contre quelques faux-semblants en matière d'intégration. Fondation Friedrich-Ebert (FES) et l'Institut français des relations internationales (Ifri). Migrations et citoyenneté en Europe (Internetquelle 83).

BfV 2007: Integration als Extremismus- und Terrorismusprävention. Zur Typologie islamistischer Radikalisierung und Rekrutierung (Internetquelle 84).

Bielefeldt, Heiner 06.09.2010: Facetten von Muslimfeindlichkeit. Differenzierung als Fairnessgebot. Überarbeitete Fassung eines Vortrags, der am 6. September 2010 in der Arbeitsgruppe „Präventionsarbeit mit Jugendlichen" der Deutschen Islam Konferenz gehalten wurde (Internetquelle 85).

Bielefeldt, Heiner 1998: *Philosophie der Menschenrechte. Grundlagen eines weltweiten Freiheitsethos.* Darmstadt: Wissenschaftliche Buchgesellschaft.

Bienfait, Agathe 2006: *Im Gehäuse der Zugehörigkeit. Eine kritische Bestandsaufnahme des Mainstream-Multikulturalismus.* Studien zum Weber-Paradigma. Wiesbaden: VS Verlag für Sozialwissenschaften.

BILD 29.09.2010: Bouffier fordert Islam-Unterricht an deutschen Schulen! Hessens Ministerpräsident im BILD-Interview (Internetquelle 86).

Birner, Johann M. 1981: Werte und Grundwerte in Frankreich. Eine vergleichende Analyse französischer Parteiprogramme und der Verfassung der V. Republik. Universität Konstanz (Dissertation).

Birt, Jonathan 2005a: Locating the British *Imam:* The Deobandi *'Warna* between Contested Authority and Public Policy Post-9/11. In: Jocelyne Cesari (Hg.), *European Muslims and the Secular State.* The Network of comparative research on Islam and Muslims in Europe. Aldershot, Hampshire: Ashgate, S. 183-196.

Birt, Yahya 2005b: Review Article: Muslims and the Politics of Race and Faith in Britain and Europe. *The Muslim World Book Review* 26(1), S. 6-19.

Bizeul, Yves 2004: Kulturalistische, republikanische und zivilgesellschaftliche Konzepte für die Integration von Immigranten. In: Yves Bizeul (Hg.), *Integration von Migranten. Französische und deutsche Konzepte im Vergleich.* Wiesbaden: Deutscher Universitäts-Verlag, S. 137-175.

Blair, Tony 05.08.2005: PM's Press Conference - 5 August 2005 (Internetquelle 87).

Blanc, François-Paul / Moneger, Françoise 1992: *Islam et / en Laïcité.* Perpignan: Presses Universitaires de Perpignan.

Bloss, Lasia 2008: *Cuius religio – EU ius regio? Komparative Betrachtung europäischer staatskirchenrechtlicher Systeme, status quo und Perspektiven eines europäischen Religionsverfassungsrechts.* Jus ecclesiasticum. Beiträge zum evangelischen Kirchenrecht und zum Staatskirchenrecht 87. Tübingen: Mohr Siebeck.

Bloul, Rachel 2008: Anti-discrimination Laws, Islamophobia, and Ethnicization of Muslim Identities in Europe and Australia. *Journal of Muslim Minority Affairs* 28(1), S. 7-25.

BMI 08.12.2010: Bundesinnenminister de Maizière trifft erstmals Imame zum Dialog. Pressemitteilung (Internetquelle 88).

BMI 2008: Deutsche Islam Konferenz (DIK): Zwischen-Resümee der Arbeitsgruppen und des Gesprächskreises. Vorlage für die 3. Plenarsitzung der DIK. 13. März 2008. Berlin (Internetquelle 89).

Böckenförde, Ernst-Wolfgang 1976: *Staat, Gesellschaft, Freiheit. Studien zur Staatstheorie und zum Verfassungsrecht.* Suhrkamp-Taschenbuch Wissenschaft 163. Frankfurt am Main: Suhrkamp.

Bodenstein, Mark Chalîl 2010: Institutionalisierung des Islam zur Integration der Muslime. In: Bülent Ucar (Hg.), *Die Rolle der Religion im Integrationsprozess. Die deutsche Islamdebatte.* Reihe für Osnabrücker Islamstudien. Frankfurt am Main: Lang, S. 349-364.

Böhmer, Maria 29.02.2008: *„Plenardebatte zur Integrationspolitik der Bundesregierung".* Pressebericht zur Rede von Staatsministerin Maria Böhmer im Plenum des Deutschen Bundestags (Internetquelle 90).

Bommes, Michael 2006: Integration durch Sprache als politisches Konzept. In: Ulrike Davy und Albrecht Weber (Hg.), *Paradigmenwechsel in Einwanderungsfragen? Überlegungen zum neuen Zuwanderungsgesetz.* Interdisziplinäre Studien zu Recht und Staat 41. Baden-Baden: Nomos, S. 59-86.

Bonney, Norman 2010: The monarchy, the state and religion: Modernising the relationships. *Political quarterly* 81(2), S. 199-204.

Bortz, Jürgen 2010: *Statistik für Human- und Sozialwissenschaftler.* Springer-Lehrbuch. Hg. von Christof Schuster. 7., vollständig überarbeitete und erweiterte Auflage. Berlin/Heidelberg: Springer.

Brems, Eva 2003: The approach of the European Courts of Human Rights to Religion. In: Thilo Marahun (Hg.), *Die Rechtsstellung des Menschen im Völkerrecht.* Tübingen: Mohr Siebeck, S. 1-19.

Brettfeld, Katrin / Wetzels, Peter 2007: Muslime in Deutschland – Integration, Integrationsbarrieren, Religion sowie Einstellungen zu Demokratie, Rechtsstaat und politisch-religiös motivierter Gewalt. Ergebnisse von Befragungen im Rahmen einer multizentrischen Studie in städtischen Lebensräumen. Texte zur Inneren Sicherheit. Hg. vom Bundesministerium des Innern (Internetquelle 91).

Breuillard, Michèle 2005: La religion à l'école en Angleterre, entre enseignement obligatoire et liberté d'expression. *Cahiers de la Recherche sur les Droits Fondamentaux* 4, S. 129-138.

Brubaker, Rogers 2000: Staatsbürgerschaft als soziale Schließung. In: Klaus Holz (Hg.), *Staatsbürgerschaft. Soziale Differenzierung und politische Inklusion.* Wiesbaden: Westdeutscher Verlag, S. 73-91.

Bruce, Steve 1992: Pluralism and Religious Vitality. In: Steve Bruce (Hg.), *Religion and Modernization. Sociologists and Historians Debate the Secularization Thesis.* Oxford: Calderon Press, S. 170-194.

Brunn, Christine 2006: *Moscheebau-Konflikte in Deutschland. Eine räumlich-semantische Analyse auf der Grundlage der Theorie der Produktion des Raumes von Henri Lefebvre.* Berlin: Wissenschaftlicher Verlag Berlin.

Büchner, Hans-Joachim 2000: Die marokkanische Moschee in Dietzenbach im kommunalpolitischen Streit. Ein Beitrag zur geographischen Konfliktforschung. In: Anton Escher (Hg.), *Ausländer in Deutschland. Probleme einer transkulturellen Gesellschaft aus geographischer Sicht.* Mainzer Kontaktstudium Geographie. Mainz: Geographisches Institut, Johannes-Gutenberg-Universität Mainz, S. 53-67.

Bundesregierung 2007b: Der Nationale Integrationsplan. Neue Wege – Neue Chancen (Internetquelle 92).

Busch, Reinhard / Goltz, Gabriel 2011: Die Deutsche Islam Konferenz – Ein Übergangsformat für die Kommunikation zwischen Staat und Muslimen in Deutschland. In: Hendrik Meyer und Klaus Schubert (Hg.), *Politik und Islam.* Wiesbaden: VS Verlag für Sozialwissenschaften, S. 29-46.

BVerfG 2000: Verfassungsbeschwerde der Zeugen Jehovas erfolgreich – Urteil aufgrund der mündlichen Verhandlung vom 20. September 2000. Pressemitteilung Nr. 159/2000 vom 19. Dezember 2000 (Internetquelle 93).

Caeiro, Alexandre 2005: Religious Authorities or Political Actors? The Muslim Leaders of the French Representative Body of Islam. In: Seán McLoughlin und Jocelyne Cesari (Hg.), *European Muslims and the Secular State.* The Network of comparative research on Islam and Muslims in Europe. Aldershot, Hampshire: Ashgate, S. 71-84.

Canas, Vitalino 2005: Staat und Kirche in Portugal. In: Gerhard Robbers (Hg.), *Staat und Kirche in der Europäischen Union.* Baden-Baden: Nomos, S. 477-507.

Caplow, Theodore 1985: Contrasting Trends in European and American Religion. *Sociological Analysis* 46, S. 101-108.

Casanova, José 1994: *Public Religions in the Modern World.* Chicago: University of Chicago Press.

Casanova, José 2004: Religion, European secular identities, and European integration. *www.eurozine.com* (contribution by Transit 27 2004-07-29), S. 1-13.

Casanova, José 2006: Einwanderung und der neue religiöse Pluralismus. *Leviathan* 34, S. 182-207.

Casanova, José 2009: *Europas Angst vor der Religion.* Berliner Reden zur Religionspolitik. Berlin: Berlin University Press.

Casey, James 2005: Staat und Kirche in Irland. In: Gerhard Robbers (Hg.), *Staat und Kirche in der Europäischen Union.* 2. Auflage. Baden-Baden: Nomos, S. 205-228.

Castel, Robert 2006: La discrimination négative. Le déficit de citoyenneté des jeunes de banlieue. *Annales* 61(4), S. 777-808.

CDU 2001: Abschlussbericht der Kommission „Zuwanderung und Integration" der CDU Deutschlands (Internetquelle 94).

Cesari, Jocelyne 2005: Mosques in French Cities: Towards the End of a Conflict? *Journal of Ethnic & Migration Studies* 31(6), S. 1025-1043.

Charity Commission 2009: Faith in Good Governance (Internetquelle 95).

Chbib, Rayida 2011: Einheitliche Repräsentation und muslimische Binnenvielfalt. Eine datengestützte Analyse der Institutionalisierung des Islam in Deutschland. In: Hendrik Meyer und Klaus Schubert (Hg.), *Politik und Islam.* Wiesbaden: VS Verlag für Sozialwissenschaften, S. 87-112.

Churches' Joint Education Policy Committee 2006: *The Churches and Collective Worship in Schools* (Internetquelle 96).

Cohen, Martine 1991: Identités et minorités religieuses. Propositions pour un débat. In: Jean Baubérot und CNRS (Hg.), *Pluralism et minorités religieuses.* Louvain-Paris: Peeters, S. 51-62.

Commission on Integration and Cohesion 2007a: Integration and cohesion. Case studies (Internetquelle 97).

Commission on Integration and Cohesion 2007c: Themes, Messages and Challenges. A Summary of Key Themes from the Commission for Cohesion and Integration Consultation (Internetquelle 98).

Communities and Neighbourhoods 2005: Ministers of Religion from abroad: second stage consultation, 3rd March 2005 (Internetquelle 99).

Coq, Guy 2006: Faut-il changer la loi de 1905? *Hommes et Migrations. Laïcité 1905-2005. Les 100 ans d'une idée neuve.* Culture(s), religion(s) et politique N°1259 II. Hg. von Alain Seksig. Paris, S. 31-43.

Cour des comptes 2004: L'accueil des immigrants et l'intégration des populations issues de l'immigration: Rapport au Président de la République suivi des réponses des administrations et des organismes intéressés (Internetquelle 100).

Danz, Christian 2007: Religion zwischen Aneignung und Kritik. Überlegungen zur Religionstheorie von Jürgen Habermas. In: Rudolf Langthaler (Hg.), *Glauben und Wissen. Ein Symposium mit Jürgen Habermas.* Wiener Reihe. Berlin: Oldenbourg Verlag, S. 9-31.

Davie, Grace 1994: *Religion in Britain since 1945. Believing without belonging.* Oxford/Cambridge, MA: Blackwell Publishing.

Davy, Ulrike 2001a: Ausgewählte europäische Rechtsordnungen: Frankreich. In: Ulrike Davy (Hg.), *Die Integration von Einwanderern. Rechtliche Regelungen im europäischen Vergleich.* Wohlfahrtspolitik und Sozialforschung 9.1. Frankfurt am Main: Campus Verlag, S. 425-518.

Davy, Ulrike 2001b: Integration von Einwanderern: Instrumente – Entwicklungen – Perspektiven. In: Ulrike Davy (Hg.), *Die Integration von Einwanderern. Rechtliche Regelungen im europäischen Vergleich.* Wohlfahrtspolitik und Sozialforschung 9.1. Frankfurt am Main: Campus Verlag, S. 925-988.

Davy, Ulrike / Çınar, Dilek 2001: Ausgewählte europäische Rechtsordnungen: Vereinigtes Königreich. In: Ulrike Davy (Hg.), *Die Integration von Einwanderern. Rechtliche Regelungen im europäischen Vergleich.* Wohlfahrtspolitik und Sozialforschung 9.1. Frankfurt am Main: Campus Verlag, S. 795-924.

DCLG 2007a: Discrimination Law Review. A Framework for Fairness: Proposals for a Single Equality Bill for Great Britain. A consultation paper (Internetquelle 101).

DCLG 2007d: Preventing Violent Extremism: Winning Hearts and Minds (Internetquelle 102).

DCLG 2008a: Creating Strong, Safe and Prosperous Communities. Statutory Guidance (Internetquelle 103).

DCLG 2008d: Preventing Violent Extremism Pathfinder Fund: Mapping of project activities 2007/2008 (Internetquelle 104).

DCLG 2008e: Review of Migrant Integration Policy in the UK (including a feasibility study of the proposal for an Integration Agency) (Internetquelle 105).

DCLG 06.01.2010: Denham: Appointment of New Faith Advisers. Press Release.

de Galembert, Claire 2003: Die öffentliche Islampolitik in Frankreich und Deutschland: Divergenzen und Konvergenzen. In: Alexandre Escudier (Hg.), *Der Islam in Europa. Der Umgang mit dem Islam in Frankreich und Deutschland.* Genshagener Gespräche 5. Göttingen: Wallstein Verlag, S. 46-66.

de Galembert, Claire 2005: The city's ,nod of approval' for the Mantes-la-Jolie mosque project. Mistaken traces of recognition. *Journal of Ethnic and Migration Studies* 31(6), S. 1141-1159.

Department for Education and Skills 2005: Higher Standards, Better Schools for All. More Choice for Parents and Pupils (Internetquelle 106).

Der Westen 14.09.2010: Erste-Hilfe-Kurse für Imame in der Moschee (Internetquelle 107).

Die ZEIT 11.07.2007: Gipfel-Boykott (Internetquelle 108).

DIK/BAMF 2011: Islamischer Religionsunterricht in Deutschland. Perspektiven und Herausforderungen. Dokumentation der Tagung der Deutschen Islam Konferenz vom 13.-14. Februar 2011, Nürnberg. Geschäftsstelle der Deutschen Islam Konferenz beim Bundesamt für Migration und Flüchtlinge: Nürnberg.

Dinham, Adam / Furbey, Robert / Lowndes, Vivien 2009: Conclusions. In: Adam Dinham et al. (Hg.), *Faith in the Public Realm. Controversies, Policies and Practices.* Bristol: Policy Press, S. 223-236.

Dinham, Adam / Lowndes, Vivien 2009: Faith in the public realm. In: Adam Dinham et al. (Hg.), *Faith in the Public Realm. Controversies, Policies and Practices.* Bristol: Policy Press, S. 1-19.

Doe, Norman / Nicholson, Joanna 2002: Das Verhältnis von Gesellschaft, Staat und Kirche in Großbritannien. In: Michael Schlagheck und Burkhard Kämper (Hg.), *Zwischen nationaler Identität und europäischer Harmonisierung. Zur Grundspannung des zukünftigen Verhältnisses von Gesellschaft, Staat und Kirchen in Europa.* Staatskirchenrechtliche Abhandlungen 36. Berlin: Duncker & Humblot, S. 59-84.

Drago, Roland 1993: Laïcité, neutralité, liberté? *Archives de Philosophie du Droit* 38 „droit et religion", S. 221-230.

Droege, Michael 2008: Der Religionsbegriff im deutschen Religionsverfassungsrecht. In: Mathias Hildebrandt und Manfred Brocker (Hg.), *Der Begriff der Religion. Interdisziplinäre Perspektiven.* Politik und Religion. Wiesbaden: VS Verlag für Sozialwissenschaften, S. 159-176.

Duclert, Vincent 1994: *Die Dreyfus-Affäre. Militärwahn, Republikfeindschaft, Judenhaß.* Wagenbachs Taschenbücherei 239. Berlin: Wagenbach.

Durkheim, Émile 1977: *Über die Teilung der sozialen Arbeit.* (Französische Erstausgabe 1893). Frankfurt am Main: Suhrkamp.

Durkheim, Émile 1981: *Die elementaren Formen des religiösen Lebens.* (Französische Erstausgabe 1912). Frankfurt am Main: Suhrkamp.

Eder, Klaus 2006: Europäische Säkularisierung. Ein Sonderweg in die postsäkulare Gesellschaft? Eine theoretische Anmerkung. *www.eurozine.com* (first published in Berliner Journal für Soziologie, 2002, Vol. 12, S. 331-344 2006/07/07), S. 1-15.

Edge, Peter W. 2002: *Legal Responses to Religious Difference.* The Hague: Kluwer Law International.

Ernenwein, François 2004: Le principe de la laïcité à l'épreuve de l'évolution de la société. In: Massis Thierry und Christophe Pettiti (Hg.), *La liberté religieuse et la Convention européenne des droits de l'homme. Actes du colloque du 11 décembre 2003 organisé à l'auditorium de la maison du Barreau par l'Institut de Formation en Droits de l'Homme du Barreau de Paris.* Droit et justice 58. Bruxelles: Bruylant, S. 17-24.

Esser, Hartmut 2000: *Soziologie. Spezielle Grundlagen.* Band 2: Die Konstruktion der Gesellschaft. Frankfurt am Main: Campus.

Esser, Hartmut 2009: Wertekonsens und die Integration offener Gesellschaften. Vortrag im Rahmen der Arbeitsgruppe 1 der DIK. In: Deutsche Islam Konferenz und BMI (Hg.), *Drei Jahre Deutsche Islam Konferenz.
2006-2009. Muslime in Deutschland – deutsche Muslime.* Berlin, S. 82-105.

Esterbauer, Reinhold 2007: Der „Stachel eines religiösen Erbes". Jürgen Habermas' Rede über die Sprache der
Religion. In: Rudolf Langthaler (Hg.), *Glauben und Wissen. Ein Symposium mit Jürgen Habermas.* Wiener Reihe 13. Berlin: Oldenbourg-Verlag, S. 299-321.

European Union Agency for Fundamental Rights 2006: Muslime in der Europäischen Union. Diskriminierung und
Islamophobie (Internetquelle 109).

European Union Agency for Fundamental Rights 2008: European Union Agency for Fundamental Rights. Annual
Report (Internetquelle 110).

Ezli, Özkan / Kimmich, Dorothee / Werberger, Annette 2009 (Hg.): *Wider den Kulturenzwang. Migration, Kulturalisierung und Weltliteratur.* Bielefeld: transcript.

Faist, Thomas 2004: Staatsbürgerschaft und Integration in Deutschland: Assimilation, kultureller Pluralismus und
Transstaatlichkeit. In: Yves Bizeul (Hg.), *Integration von Migranten. Französische und deutsche Konzepte im Vergleich.* Wiesbaden: Deutscher Universitäts-Verlag, S. 77-104.

Faller, Hermann / Lang, Hermann 2006: *Medizinische Psychologie und Soziologie.* Springer-Lehrbuch. 2., vollständig neu bearbeitete Auflage. Heidelberg: Springer Medizin.

Farnell, Richard 2009: Faith, government and regeneration: a contested discours. In: Adam Dinham et al. (Hg.),
Faith in the Public Realm. Controversies, Policies and Practices. Bristol: Policy Press, S. 183-202.

Farnell, Richard / Furbey, Robert / Hills, Stephen Shams Al-Haqq / Macey, Marie / Smith, Greg 2003: *‚Faith' in
urban regeneration? Engaging faith communities in urban regeneration.* Bristol: Policy Press.

Favell, Adrian 2001: Philosophies of integration. Immigration and the idea of citizenship in France and Britain. 2.
Auflage. Basingstoke: Palgrave.

Feil, Ernst 2000: Zur Bestimmungs- und Abgrenzungsproblematik von ‚Religion'. In: Ernst Feil (Hg.), *Streitfall
‚Religion'. Diskussionen zur Bestimmung und Abgrenzung des Religionsbegriffs.* Studien zur systematischen Theologie und Ethik 21. Münster: LIT, S. 5-35.

Feldblum, Miriam 1999: *Reconstructing Citizenship. The Politics of Nationality Reform and Immigration in
Contemporary France.* Albany, NY: State University of New York Press.

Feldman, David 2009 (Hg.): *English public law.* Oxford principles of English law. 2. Auflage. Oxford: Oxford
University Press.

Fernando, Mayanthi 2005: The Republic's „Second Religion": Recognizing Islam in France. *Middle East Report*
235, S. 1-12.

Ferrari, Silvio 2005: Staat und Kirche in Italien. In: Gerhard Robbers (Hg.), *Staat und Kirche in der Europäischen
Union.* Baden-Baden: Nomos, S. 229-253.

Fetzer, Joel S. / Soper, J. Christopher 2005: *Muslims and the State in Britain, France, and Germany.* Cambridge:
Cambridge University Press.

Fetzer, Joel S. / Soper, J. Christopher 2007: Religious institutions, church-state history and Muslim mobilisation in
Britain, France and Germany. *Journal of Ethnic and Migration Studies* 33(6), S. 933-944.

Finke, Roger 1992: An Unsecular America. In: Steve Bruce (Hg.), *Religion and Modernization. Sociologists and
Historians Debate the Secularization Thesis.* Oxford: Calderon Press, S. 145-169.

Finke, Roger 1997: The Consequences of Religious Competition: Supply-side Explanations for Religious Change.
In: Lawrence A. Young (Hg.), *Rational Choice Theory and Religion: Summary and Assessment.* New
York: Routledge, S. 45-64.

Fischer, Erwin 1984: *Trennung von Staat und Kirche. Die Gefährdung der Religions- und Weltanschauungs-
freiheit in der Bundesrepublik.* 3., neu bearbeitete Auflage. Frankfurt am Main: Europäische Verlagsanstalt.

Flauss, Jean-François 2004: Les signes religieux. In: Thierry Massis und Christophe Pettiti (Hg.), *La liberté religieuse et la Convention européenne des droits de l'homme. Actes du colloque du 11 décembre 2003 organisé à l'auditorium de la maison du Barreau par l'Institut de Formation en Droits de l'Homme du Barreau de Paris.* Droit et justice 58. Bruxelles: Bruylant, S. 99-114.

Flick, Uwe 2002: *Qualitative Sozialforschung. Eine Einführung.* Rowohlts Enzyklopädie 55654. 6., vollständig
überarbeitete und erweiterte Neuausgabe. Reinbek bei Hamburg: Rowohlt.

Forndran, Erhard 1991: Religion und Politik – eine einführende Problemanzeige. In: Erhard Forndran (Hg.), *Religion und Politik in einer säkularisierten Welt.* Veröffentlichungen der Deutschen Gesellschaft für Politik-
wissenschaften. Baden-Baden: Nomos, S. 9-63.

FR 28.09.2007: Rechte und Pflichten für Muslime.

Frankenberg, Günter 2003: *Autorität und Integration. Zur Grammatik von Recht und Verfassung.* Suhrkamp-Taschenbuch Wissenschaft 1622. Frankfurt am Main: Suhrkamp.

Franzmann, Manuel / Gärtner, Christel / Köck, Nicole 2006: Einleitung. In: Manuel Franzmann et al. (Hg.), *Religiosität in der modernen Welt. Theoretische und empirische Beiträge zur Säkularisierungsdebatte in der Religionssoziologie.* Wiesbaden: VS Verlag für Sozialwissenschaften, S. 11-35.

Freedman, Jane 2004: Secularism as a Barrier to Integration? The French Dilemma. *International Migration* 42(3), S. 5-27.

Frégosi, Franck 1996: Les problèmes liés à l'organisation de la religion musulmane en France. *Revue du Droit Canonique* 46(2), S. 215-238.

Friedrichs, Jürgen 1990: *Methoden empirischer Sozialforschung.* WV-Studium 28. 14. Auflage. Opladen: Westdeutscher Verlag.

Friedrichs, Jürgen / Jagodzinski, Wolfgang 1999 (Hg.): *Soziale Integration. Kölner Zeitschrift für Soziologie und Sozialpsychologie* Sonderheft 39. Opladen: Westdeutscher Verlag.

Früh, Werner 2007: *Inhaltsanalyse: Theorie und Praxis.* 6. Auflage. Konstanz: UVK Verlags-Gesellschaft.

Furbey, Robert 2008: Beyond ‚social glue'? Faith and community cohesion. In: John Flint und David Robinson (Hg.), *Community Cohesion in Crisis? New Dimensions of Diversity and Difference.* Bristol: Policy Press, S. 119-137.

Furbey, Robert / Dinham, Adam / Farnell, Richard / Finneron, Doreen / Wilkinson, Guy 2006 (Hg.): *Faith as social capital. Connecting or dividing?* Bristol: Policy Press.

Gadille, Jacques 1973: Die Kirche in der Gegenwart. Defensive Kräftekonzentration. Die Trennung von Kirche und Staat in Frankreich. *Handbuch der Kirchengeschichte* 6(2), S. 527-538.

Gale, Richard 2005: Representing the City: Mosques and the Planning Process in Birmingham. *Journal of Ethnic and Migration Studies* 31(6), S. 1161-1179.

Garay, Alain 2005: Laïcité, école et appartenance religieuse: pour un bilan exigeant de la loi n° 2004-228 du 15 mars 2004. *Cahiers de la Recherche sur les Droits Fondamentaux* 4, S. 33-48.

Geddes, Andrew / Guiraudon, Virginie 2007: The Europeanization of Anti-Discrimination. In: Christophe Bertossi (Hg.), *European Anti-Discrminiation and the Politics of Citizenship. Britain and France.* Houndsmill: Palgrave Macmillan, S. 125-142.

Geißler, Rainer 2006: *Die Sozialstruktur Deutschlands. Zur gesellschaftlichen Entwicklung mit einer Bilanz zur Vereinigung.* Mit einem Beitrag von Thomas Meyer. 4., überarbeitete und aktualisierte Auflage. Wiesbaden: VS Verlag für Sozialwissenschaften.

Gestring, Norbert 2011: Parallelgesellschaft, Ghettoisierung und Segregation – Muslime in deutschen Städten. In: In: Hendrik Meyer und Klaus Schubert (Hg.), *Politik und Islam.* Wiesbaden: VS Verlag für Sozialwissenschaften, S.168-190.

Giegerich, Thomas 2001: Religionsfreiheit als Gleichheitsanspruch und Gleichheitsproblem. In: Rainer Grote und Thilo Marauhn (Hg.), *Religionsfreiheit zwischen individueller Selbstbestimmung, Minderheitenschutz und Staatskirchenrecht. Völker- und verfassungsrechtliche Perspektiven.* Beiträge zum ausländischen öffentlichen Recht und Völkerrecht 146. Berlin/Heidelberg: Springer, S. 241-309.

Gießener Zeitung 05.03.2009: Präventionsrat berät in DITIB Moschee über Projektarbeit (Internetquelle 111).

Gimmler, Antje 1998: *Institution und Individuum. Zur Institutionentheorie von Max Weber und Jürgen Habermas.* Campus-Forschung 769. Frankfurt am Main: Campus.

Gimmler, Antje 2009: Max Weber und der Wohlfahrtsstaat. In: Mateusz Stachura et al. (Hg.), *Der Sinn der Institutionen. Mehr-Ebenen- und Mehr-Seiten-Analyse.* Studien zum Weber-Paradigma. Wiesbaden: VS Verlag für Sozialwissenschaften, S. 236-252.

Giry, Stéphanie 2006: France and its Muslims. *Foreign Affairs* 85(5), S. 87-104.

Goldberg, Andreas 2002: Islam in Germany. In: Shireen T. Hunter (Hg.), *Der Islam in Europa. Der Umgang mit dem Islam in Frankreich und Deutschland.* Westport, CT: Praeger, S. 29-50.

Gosewinkel, Dieter 2007: Wir wird man Deutscher? Staatsangehörigkeit als Zugehörigkeit während des 19. und 20. Jahrhunderts. In: Rudolf von Thadden et al. (Hg.), *Europa der Zugehörigkeiten.* Göttingen: Wallstein Verlag, S. 93-112.

Gouttes, Régis de 2004: Les discriminations religieuses et la Convention européenne des Droits de l'Homme. In: Thierry Massis und Christophe Pettiti (Hg.), *La liberté religieuse et la Convention européenne des droits de l'homme. Actes du colloque du 11 décembre 2003 organisé à l'auditorium de la maison du Barreau par l'Institut de Formation en Droits de l'Homme du Barreau de Paris.* Droit et justice 58. Bruxelles: Bruylant, S. 81-97.

Goy, Raymond 1993: La garantie européenne de la liberté de religion. L'article 9 de la Convention de Rome. *Archives de Philosophie du Droit* 38, S. 163-210.

Graf, Friedrich Wilhelm 2004: *Die Wiederkehr der Götter. Religion in der modernen Kultur.* München: C.H. Beck.

Grigat, Felix 2010: Die funktionalisierte Religion – über die Empfehlungen des Wissenschaftsrates zu Theologien an Universitäten. *Forschung & Lehre* 3, S. 160-162.

Groenendijk, Kees 2007: Europäische Entwicklungen im Ausländer- und Asylrecht im Jahr 2006. *Zeitschrift für Ausländerrecht und Ausländerpolitik* 9, S. 320-326.

Groß, Thomas 2007: Das deutsche Integrationskonzept – vom Fördern zum Fordern. *Zeitschrift für Ausländerrecht und Ausländerpolitik* 9, S. 315-319.

Ha, Kien Nghi 2010: Aufklärung, Bildungszwang oder Kolonialpädagogik? Eine Fundamentalkritik der verpflichtenden Integrationskurse für muslimische und postkoloniale Migranten/-innen. In: Bülent Ucar (Hg.), *Die Rolle der Religion im Integrationsprozess. Die deutsche Islamdebatte.* Reihe für Osnabrücker Islamstudien 2. Frankfurt am Main: Lang, S. 403-423.

Habermas, Jürgen 1992: *Nachmetaphysisches Denken. Philosophische Aufsätze.* Suhrkamp-Taschenbuch Wissenschaft 1004. Frankfurt am Main: Suhrkamp.

Habermas, Jürgen 1998: *Faktizität und Geltung. Beiträge zur Diskurstheorie des Rechts und des demokratischen Rechtsstaats.* Suhrkamp-Taschenbuch Wissenschaft 1361. Frankfurt am Main: Suhrkamp.

Habermas, Jürgen 2001: Dankesrede des Friedenspreisträgers. Glaube und Wissen (Internetquelle 112).

Habermas, Jürgen 2005: *Zwischen Naturalismus und Religion. Philosophische Aufsätze.* Frankfurt am Main: Suhrkamp.

Habermas, Jürgen 2007: Die öffentliche Stimme der Religion. Säkularer Staat und Glaubenspluralismus. *Blätter für deutsche und internationale Politik* 12, S. 1441-1446.

Habermas, Jürgen 2008: Die Dialektik der Säkularisierung. *Blätter für deutsche und internationale Politik* 4, S. 33-46.

Habermas, Jürgen / Ratzinger, Joseph (Benedikt XVI.) 2006: *Dialektik der Säkularisierung. Über Vernunft und Religion.* Hg. von Florian Schuller. 4. Auflage. Freiburg: Herder.

Hahn, Alois / Bergmann, Jörg / Luckmann, Thomas 1993: Die Kulturbedeutung der Religion in der Gegenwart der westlichen Gesellschaften. *„Religion und Kultur".* Kölner Zeitschrift für Soziologie und Sozialpsychologie Sonderheft 33. Hg. von Alois Hahn, Jörg Bergmann und Thomas Luckmann. Opladen: Westdeutscher Verlag, S. 7-15.

Hailbronner, Kai 2001: Die Antidiskriminierungsrichtlinien der EU. *Zeitschrift für Ausländerrecht und Ausländerpolitik* 6, S. 254-259.

Haring, Sabine A. 2008: Der Begriff der Religion in der Religionssoziologie. In: Mathias Hildebrandt und Manfred Brocker (Hg.), *Der Begriff der Religion. Interdisziplinäre Perspektiven.* Politik und Religion. Wiesbaden: VS Verlag für Sozialwissenschaften, S. 113-142.

Harrison, Victoria S. 2006: The Pragmatics of Defining Religion in a Multi-Cultural World. *International Journal for Philosophy of Religion* 59(3), S. 133-152.

Häußler, Ulf 2004: Leitkultur oder Laizismus? *Zeitschrift für Ausländerrecht und Ausländerpolitik* 24(1), S. 6-14.

HCI 1998: Lutte contre les discriminations: faire respecter le principe d'égalité. Rapport au Premier ministre (Internetquelle 113).

HCI 2003: Le contrat et l'intégration. Rapport à Monsieur le Premier ministre (Internetquelle 114).

HCI 2005: Le bilan de la politique d'intégration 2002-2005 (Internetquelle 115).

HCI 2006: Charte de la laïcité dans les services publics et autres avis (Internetquelle 116).

Heichel, Stephan / Sommerer, Thomas 2007: Unterschiedliche Pfade, ein Ziel? Spezifikation im Forschungsdesign und Vergleichbarkeit der Ergebnisse bei der Suche nach der Konvergenz nationalstaatlicher Politiken. *Transfer, Diffusion und Konvergenz von Politiken. Politische Vierteljahresschrift*, Sonderheft 38. Hg. von Katharina Holzinger et al. Wiesbaden: VS Verlag für Sozialwissenschaften, S. 107-130.

Heimann, Hans Markus 2011: *Islamischer Religionsunterricht und Integration.* Berlin: LIT.

Heinig, Hans Michael 2003: *Öffentlich-rechtliche Religionsgesellschaften.* Schriften zum öffentlichen Recht 921. Berlin: Duncker & Humblot.

Heinig, Hans Michael / Walter, Christian 2007 (Hg.): *Staatskirchenrecht oder Religionsverfassungsrecht? Ein begriffspolitischer Grundsatzstreit.* Tübingen: Mohr Siebeck.

Heinrich, Christian 2000: *Formale Freiheit und materiale Gerechtigkeit. Die Grundlagen der Vertragsfreiheit und Vertragskontrolle am Beispiel ausgewählter Probleme des Arbeitsrechts.* Jus privatum 47. Tübingen: Mohr Siebeck.

Hense, Ansgar 2007: Zwischen Kollektivität und Individualität. In: Hans Michael Heinig und Christian Walter (Hg.), *Staatskirchenrecht oder Religionsverfassungsrecht? Ein begriffspolitischer Grundsatzstreit.* Tübingen: Mohr Siebeck, S. 7-38.

Hepple, Bob / Choudhury, Tufyal 2001: *Tackling religious discrimination: practical implications for policymakers and legislators.* Home Office Research Study 221 (Internetquelle 117).

Hervieu-Léger, Danièle 1997: Die Vergangenheit in der Gegenwart: Die Neudefinition des ‚laizistischen Paktes' im multikulturellen Frankreich. In: Peter L. Berger (Hg.), *Die Grenzen der Gemeinschaft. Konflikt und Vermittlung in pluralistischen Gesellschaften.* Ein Bericht der Bertelsmann Stiftung an den Club of Rome. Gütersloh: Verlag Bertelsmann Stiftung, S. 85-153.

Hervieu-Léger, Danièle 2003: Der Wandel der religiösen Landschaft Europas im Spiegel des Islam. In: Alexandre Escudier (Hg.), *Der Islam in Europa. Der Umgang mit dem Islam in Frankreich und Deutschland.* Genshagener Gespräche 5. Göttingen: Wallstein Verlag, S. 26-45.

Heun, Werner 2004: Die Religionsfreiheit in Frankreich. *Zeitschrift für evangelisches Kirchenrecht* 49(1), S. 273-284.

Heun, Werner 2007: Integration des Islam. In: Hans Michael Heinig und Christian Walter (Hg.), *Staatskirchenrecht oder Religionsverfassungsrecht? Ein begriffspolitischer Grundsatzstreit.* Tübingen: Mohr Siebeck, S. 339-353.

Hill, Mark / Sandberg, Russell / Doe, Norman 2011: *Religion and law in the United Kingdom.* Alphen aan den Rijn: Kluwer Law international.

Hillgruber, Christian 2007: Der öffentlich-rechtliche Körperschaftsstatus. In: Hans Michael Heinig und Christian Walter (Hg.), *Staatskirchenrecht oder Religionsverfassungsrecht? Ein begriffspolitischer Grundsatzstreit.* Tübingen: Mohr Siebeck, S. 213-227.

Hodge, David R. 2006: Advocating for the forgotten human right. Article 18 of the Universal Declaration of Human Rights – religious freedom. *International Social Work* 49(4), S. 431-443.

Höhn, Hans-Joachim 2007: *Postsäkular. Gesellschaft im Umbruch – Religion im Wandel.* Paderborn: Schöningh.

Höhn, Hans-Joachim 2008: Krise der Säkularität? Perspektiven einer Theorie religiöser Dispersion. In: Karl Gabriel und Hans-Joachim Höhn (Hg.), *Religion heute – öffentlich und politisch. Provokationen, Kontroversen, Perspektiven.* Paderborn: Schöningh, S. 37-57.

Hollerbach, Alexander 1998: *Religion und Kirche im freiheitlichen Verfassungsstaat. Bemerkungen zur Situation des deutschen Staatskirchenrechts im europäischen Kontext.* Berlin/New York: Walter de Gruyter.

Holzinger, Katharina / Jörgens, Helge / Knill, Christoph 2007a (Hg.): *Transfer, Diffusion und Konvergenz von Politiken. Politische Vierteljahresschrift* Sonderheft 38. Hg. von Michael Minkenberg und Ulrich Willems. Wiesbaden: VS Verlag für Sozialwissenschaften.

Holzinger, Katharina / Jörgens, Helge / Knill, Christoph 2007b: Transfer, Diffusion und Konvergenz: Konzepte und Kausalmechanismen. *Transfer, Diffusion und Konvergenz von Politiken. Politische Vierteljahresschrift* Sonderheft 38. Hg. von Katharina Holzinger et al. Wiesbaden: VS Verlag für Sozialwissenschaften, S. 11-38.

Holzinger, Katharina / Knill, Christoph 2007: Ursachen und Bedingungen internationaler Politikkonvergenz. *Transfer, Diffusion und Konvergenz von Politiken. Politische Vierteljahresschrift* Sonderheft 38. Hg. von Katharina Holzinger et al. Wiesbaden: VS Verlag für Sozialwissenschaften, S. 85-106.

Home Office 22.07.2004: New Immigration Rules on Switching and Ministers of Religion. Press Release (Internetquelle 118).

Home Office 2001a: Building Cohesive Communities: A Report of the Ministerial Group on Public Order and Community Cohesion (Internetquelle 119).

Home Office 2001b: Community Cohesion: A Report of the Independent Review Team. Chaired by Ted Cantle (Internetquelle 120).

Home Office 2001c: Secure Borders, Safe Haven: Integration with Diversity in Modern Britain. Presented to Parliament by the Secretary of State for the Home Department by Command of Her Majesty February 2002 (Internetquelle 121).

Home Office 2003: The Home Office Strategic Framework Summary.

Home Office 2005b: Preventing Extremism Together. Places of Worship. 6 October 2005. Consultation (Internetquelle 122).

Home Office 2005c: Preventing Extremism Together: Places of Worship. Collected Responses (Internetquelle 123).

Home Office 2006: Preventing Extremism Together: Response to Working Group reports (Internetquelle 124).

Home Secretary 2004: Statement of changes in Immigration Rules. Presented to Parliament by the Secretary of State for the Home Department by Command of Her Majesty September 2004 (Internetquelle 125).

House, Jim 1996: Muslim communities in France. In: Gerd Nonneman et al. (Hg.), *Muslim Communities in the New Europe.* Berkshire: Ithaca Press, S. 219-240.

hr-online 09.02.2007: „Hinein in die Moschee".

Huber, Peter M. 2007: Die korporative Religionsfreiheit und das Selbstbestimmungsrecht nach Art. 137 Abs. 3 WRV einschließlich ihrer Schranken. In: Hans Michael Heinig und Christian Walter (Hg.), *Staatskirchenrecht oder Religionsverfassungsrecht?Ein begriffspolitischer Grundsatzstreit.* Tübingen: Mohr Siebeck, S. 155-184.

Huber, Wolfgang 2006: Die Religionen und der Staat. In: Theodor Baums et al. (Hg.), *Festschrift für Ulrich Huber zum siebzigsten Geburtstag.* Tübingen: Mohr Siebeck, S. 27-40.

Hunter, Shireen T. / Remy, Leveau 2002: Islam in France. In: Shireen T. Hunter (Hg.), *Islam, Europe's Second Religion. The New Social, Cultural, and Political Landscape.* Westport, CT: Praeger, S. 3-28.

Husband, Charles 1994: The Political Context of Muslim Communities' Participation in British Society. In: Dominique Schnapper und Bernard Lewis (Hg.), *Muslims in Europe. Social change in Western Europe*. London/New York: Pinter Publishers, S. 79-97.

Huster, Stefan 2002: *Die ethische Neutralität des Staates. Eine liberale Interpretation der Verfassung*. Jus publicum 90. Tübingen: Mohr Siebeck.

Hüttermann, Jörg 2006: *Das Minarett. Zur politischen Kultur des Konflikts um islamische Symbole*. Konflikt- und Gewaltforschung. Weinheim: Juventa.

Iannaccone, Laurence R. 1997: Rational Choice: Framework for the scientific study of religion. In: Lawrence A. Young (Hg.), *Rational Choice Theory and Religion. Summary and Assessment*. New York: Routledge, S. 25-44.

Ibán, Iván C. 2005: Staat und Kirche in Spanien. In: Gerhard Robbers (Hg.), *Staat und Kirche in der Europäischen Union*. 2. Auflage. Baden-Baden: Nomos, S. 151-170.

Innenministerium Baden-Württemberg 2004: Integration in Baden-Württemberg. Stuttgart.

Integrationsbeauftragte 2006a: *Fordern, Fördern, Chancen eröffnen*. Jahresbilanz der Beauftragten der Bundesregierung für Migration, Flüchtlinge und Integration, Staatsministerin Prof. Dr. Maria Böhmer (Internetquelle 126).

Integrationsbeauftragte 2006b: Gutes Zusammenleben – klare Regeln (Internetquelle 127).

Integrationsbeauftragte 13.01.2011: Böhmer: „Unser Dialogprinzip hat sich bewährt". Pressemitteilung 05.

Integrationsbeauftragter NRW 2008: Handreichung: Herausforderung und Chancen in Bildungseinrichtungen. Grundinformationen zum Islam und Anregungen zum Umgang mit muslimischen Kinder, Jugendlichen und ihren Eltern (Internetquelle 128).

Integrationsministerium NRW 2008: Nordrhein-Westfalen. Land der neuen Integrationschancen. Erster Integrationsbericht der Landesregierung (Internetquelle 129).

International Crisis Group 2006: La France face à ses musulmans: Émeutes, jihadisme et dépolitisation (Internetquelle 130).

Islam, Yusuf / Ahmed, Lord Nazir / Uddin, Baroness Pola Manzila / Bunglawala, Inayat / Aziz, Mohammed Abdul / Majid, Nahid / Ullah, Abdal 2005: Preventing Extremism Together, Working Groups, August – October 2005. Summary of Recommendations. Working together to prevent extremism. Submission to the Home Office (Internetquelle 131).

islam.de 08.09.2008: Polizei unterstützt mit Selbstverteidigungskurs muslimische Frauen (Internetquelle 132).

Jahn, Detlef 2005: Fälle, Fallstricke und die komparative Methode in der vergleichenden Politikwissenschaft. In: Sabine Kropp und Michael Minkenberg (Hg.), *Vergleichen in der Politikwissenschaft*. Wiesbaden: VS Verlag für Sozialwissenschaften, S. 55-75.

Jayaweera, Hiranthi / Choudhury, Tufyal 2008: *Immigration, faith and cohesion. Evidence from local areas with significant Muslim populations*. York: Joseph Rowntree Foundation, University of Oxford (Internetquelle 133).

Jenkins, John 1880: The laws relating to religious liberty and public worship. London: Hodder and Stoughton.

Jetzkowitz, Jens 2002: Religion in der verrechtlichten Gesellschaft. Die deutsche Situation im Spiegel von Bundesverfassungsgerichtsentscheidungen. In: Tobias Frick und Gritt Klinkhammer (Hg.), *Wandel und Integration. Religionswissenschaftliche Perspektiven auf aktuelle Entwicklungen bei den Zeugen Jehovas Religionen und Recht. Eine interdisziplinäre Diskussion um die Integration von Religionen in demokratischen Gesellschaften*. Marburg: Diagonal-Verlag, S. 49-69.

John, Barbara 2001: Deutschland – ein Integrationsland? *Zeitschrift für Ausländerrecht und Ausländerpolitik* 5, S. 211-214.

Jones, Phil / Evans, James 2008: *Urban Regeneration in the UK: Theory and Practice*. London: SAGE Publications.

Jurina, Josef 2003: Kirchen und Religionsgemeinschaften als Körperschaft des öffentlichen Rechts. In: Stefan Muckel (Hg.), *Kirche und Religion im sozialen Rechtsstaat. Festschrift für Wolfgang Rüfner zum 70. Geburtstag*. Berlin: Duncker & Humblot, S. 381-399.

Kalb, Herbert / Potz, Richard / Schinkele, Brigitte 2003: *Religionsrecht*. Wien: WUV-Universitäts-Verlag.

Kastoryano, Riva 2002: Der Islam auf der Suche nach ‚seinem Platz' in Frankreich und Deutschland: Identitäten, Anerkennung und Demokratie. „*Politik und Religion". Politische Vierteljahresschrift* Sonderheft 33. Hg. von Michael Minkenberg und Ulrich Willems. Wiesbaden: VS Verlag für Sozialwissenschaften, S. 184-206.

Kaufmann, Franz-Xaver 1989: *Religion und Modernität. Sozialwissenschaftliche Perspektiven*. Tübingen: Mohr.

Khan, Omar 2006: Identity and Community Cohesion: How Race Equality Fits. In: Margaret Wetherell et al. (Hg.), *Identity, Ethnic Diversity and Community Cohesion*. Los Angeles: Sage, S. 40-57.

Khan, Zafar 2000: Muslim presence in Europe: the British dimension – identity, integration and community activism. *Current sociology* 48(4), S. 29-44.

Kippenberg, Hans 1998: „Religionssoziologie". In: Gerhard Müller et al. (Hg.), *Theologische Realenzyklopädie*. Band 29. Berlin/New York: Walter de Gruyter, S. 18-34.

Kirchhof, Paul 2001: Die Wertgebundenheit des Rechts, ihr Fundament und die Rationalität der Rechtsfortbildung. In: Eilert Herms (Hg.), *Menschenwürde und Menschenbild. Zehnter Europäischer Theologenkongreß vom 26. bis 30. September 1999 in Wien*. Veröffentlichungen der Wissenschaftlichen Gesellschaft für Theologie 17. Gütersloh: Gühtersloher Verlagshaus, S. 156-172.

Kirchhof, Paul 2005: Die Freiheit der Religionen und ihr unterschiedlicher Beitrag zu einem freien Gemeinwesen. In: Paul Kirchhof et al. (Hg.), *Religionen in Deutschland und das Staatskirchenrecht. Essener Gespräche zum Thema Staat und Kirche 39*. Münster: Aschendorff, S. 105-122.

Kleger, Heinz / Müller, Alois 2004 (Hg.): *Religion des Bürgers. Zivilreligion in Amerika und Europa*. Soziologie: Forschung und Wissenschaft 14. 2., ergänzte Auflage. Münster: LIT.

Klinker, Sonja 2010: *Maghrebiner in Frankreich, Türken in Deutschland. Eine vergleichende Untersuchung zu Identität und Integration muslimischer Einwanderergruppen in europäische Mehrheitsgesellschaften*. Frankfurt am Main: Lang.

Klinkhammer, Gritt 2002: Auf dem Werg zur Körperschaft des öffentlichen Rechts? Die Integration des Islam in Deutschland im Spannungsfeld von säkularer politischer Ordnung, Religionsfreiheit und christlicher Kultur. In: Tobias Frick und Gritt Klinkhammer (Hg.), *Religionen und Recht. Eine interdisziplinäre Diskussion um die Integration von Religionen in demokratischen Gesellschaften*. Marburg: Diagonal-Verlag, S. 181-202.

Koalition 11.11.2005: Koalitionsvertrag CDU, CSU, SPD (Internetquelle 134).

Kockel, Ullrich 2004: Von der Schwierigkeit, ‚British' zu sein. Monokulturelle Politik auf dem Weg zur polykulturellen Gesellschaft. In: Christoph Köck et al. (Hg.), *Zuwanderung und Integration. Kulturwissenschaftliche Zugänge und soziale Praxis*. Münchner Beiträge zur Interkulturellen Kommunikation 16. Münster: Waxmann, S. 65-82.

Koenig, Matthias 2003: Staatsbürgerschaft und religiöse Pluralität in post-nationalen Konstellationen. Zum institutionellen Wandel europäischer Religionspolitik am Beispiel der Inkorporation muslimischer Immigranten in Großbritannien, Frankreich und Deutschland. Universität Marburg (Dissertation) (Internetquelle 135).

Koenig, Matthias 2004: Öffentliche Konflikte um die Inkorporation muslimischer Minderheiten in Westeuropa – analytische und komparative Perspektive. *Journal für Konflikt- und Gewaltforschung* 6(2), S. 85-100.

Koenig, Matthias 2005a: Islamische Minderheiten in Westeuropa. In: Thorsten Gerald Schneiders und Lamya Kaddor (Hg.), *Muslime im Rechtsstaat*. Veröffentlichungen des Centrums für Religiöse Studien Münster 3. Münster: LIT, S. 33-46.

Koenig, Matthias 2005b: Repräsentanzmodelle des Islam in europäischen Staaten. In: Beauftragte der Bundesregierung für Migration, Flüchtlinge und Integration (Hg.), *Islam einbürgern – Auf dem Weg zur Anerkennung muslimischer Vertretungen in Deutschland*. Dokumentation der Fachtagung vom 25. April 2005 in Berlin, S. 19-32 (Internetquelle 56).

Koenig, Matthias 2007: Europäisierung von Religionspolitik. Zur institutionellen Umwelt der Anerkennungskämpfe muslimischer Migranten. *Konfliktfeld Islam in Europa. Soziale Welt* Sonderband 17. Hg. von Monika Wohlrab-Sahr und Levent Tezcan, Baden-Baden: Nomos, S. 347-368.

Koenig, Matthias 2008a: Kampf der Götter. Religiöse Pluralität und gesellschaftliche Integration. In: Christine Langenfeld und Irene Schneider (Hg.), *Recht und Religion in Europa. Zeitgenössische Konflikte und historische Perspektiven*. Göttingen: Göttinger Universitätsverlag, S. 102-118.

Koenig, Matthias 2008b: Pfadabhängigkeit und institutioneller Wandel von Religionspolitik. Ein deutsch-französischer Vergleich. In: Karl Gabiel und Hans-Joachim Höhn (Hg.), *Religion heute – öffentlich und politisch. Provokationen, Kontroversen, Perspektiven*. Paderborn: Schöningh, S. 149-160.

Köktaş, M. Emin / Kurt, Hüseyin 2010: Integration ohne Anerkennung? – Die Zukunft der Muslime in Deutschland. In: Bülent Ucar (Hg.), *Die Rolle der Religion im Integrationsprozess. Die deutsche Islamdebatte*. Reihe für Osnabrücker Islamstudien 2. Frankfurt am Main: Peter Lang, S. 437-457.

Krippendorff, Klaus 2004: *Content analysis. An introduction to its methodology*. 2. Auflage. Thousand Oaks, Calif.: Sage.

Krüger, Herbert 1966: *Allgemeine Staatslehre*. Stuttgart: Kohlhammer.

Krugmann, Michael 2004: *Das Recht der Minderheiten. Legitimation und Grenzen des Minderheitenschutzes*. Schriften zum öffentlichen Recht 955. Berlin: Duncker & Humblot.

Kruip, Gerhard 2006: Katholische Kirche und Religionsfreiheit. In: Hubert Mahlmann und Matthias Rottleuthner (Hg.), *Ein neuer Kampf der Religionen? Staat, Recht und religiöse Toleranz*. Wissenschaftliche Abhandlungen und Reden zur Philosophie, Politik und Geistesgeschichte 39. Berlin: Duncker & Humblot, S. 101-125.

Kunig, Philip 2006: Staat und Religion in Deutschland und Europa. In: Hubert Mahlmann und Matthias Rottleuthner (Hg.), *Ein neuer Kampf der Religionen? Staat, Recht und religiöse Toleranz*. Wissenschaftliche Abhandlungen und Reden zur Philosophie, Politik und Geistesgeschichte 39. Berlin: Duncker& Humblot, S. 161-184.

Kuru, Ahmet T. 2008: Secularism, State Policies, and Muslims in Europe: Analyzing French Exceptionalism. *Comparative Politics* 41(1), 1-20.

Lamchichi, Abderrahim 1999: *Islam et musulmans de France. Pluralisme, laïcité et citoyenneté.* Paris: L'Harmattan.

Lamine, Anne Sophie 2004: Die Republik, die Schule und die Kopftücher. *Religion Staat Gesellschaft* 5(2), S. 229-251.

Landesregierung NRW 2006: Nordrhein-Westfalen wird das Land der neuen Integrationschancen: Landesregierung beschließt 20-Punkte-Aktionsplan Integration. Information der Landesregierung - 698/6/2006 - Düsseldorf, 27. Juni 2006.

Langenfeld, Christine 2001: *Integration und kulturelle Identität zugewanderter Minderheiten. Eine Untersuchung am Beispiel des allgemeinbildenden Schulwesens in der Bundesrepublik Deutschland.* Jus publicum 80. Tübingen: Mohr Siebeck.

Laubenthal, Barbara 2007: *Der Kampf um Legalisierung. Soziale Bewegungen illegaler Migranten in Frankreich, Spanien und der Schweiz.* Campus Forschung 920. Frankfurt am Main: Campus.

leJdd.fr 18.01.2009: „Besson: ,Il faut pouvoir évaluer la diversité'" (Internetquelle 136).

Le Monde 17.11.2010: La fin du ministère de l'immigration, tout un symbole.

Le Monde 08.01.2011: Secrétariat d'État ou commission ad hoc, des pistes pour garantir la laïcité.

Le Monde 04.04.2011: „Pour la majorité des musulmans, la séparation du religieux et du politique est acquise" (Internetquelle 137).

Lepsius, M. Rainer 2009: *Interessen, Ideen und Institutionen.* 2. Auflage. Wiesbaden: VS Verlag für Sozialwissenschaften.

Lepsius, Oliver 2006: Die Religionsfreiheit als Minderheitenrecht in Deutschland, Frankreich und den USA. *Leviathan* 34(3), S. 321-349.

Leveau, Rémy 2003: Der Islam in Frankreich. In: Alexandre Escudier (Hg.), *Der Islam in Europa. Der Umgang mit dem Islam in Frankreich und Deutschland.* Genshagener Gespräche 5. Göttingen: Wallstein Verlag, S. 12-25.

Lewicki, Aleksandra i. E.: Neujustierung der europäischen Säkularität. Gleichstellung der Religionsgemeinschaften durch Diskriminierungsschutz? In: Aleksandra Lewicki et al. (Hg.), *Religiöse Gegenwartskultur. Zwischen Integration und Abgrenzung.* Villigst Profile 14. Berlin: LIT.

Liederman, Lina Molokotos 2000: Religious diversity in schools: the Muslim headscarf controversy and beyond. *Social Compass* 47(3), S. 367-382.

Liedhegener, Antonius 2005: Streit um das Kopftuch. Staat, Religion und Religionspolitik in der Bundesrepublik Deutschland. *Zeitschrift für Politikwissenschaft* 15(4), S. 1181-1202.

Liedhegener, Antonius / Werkner, Ines-Jacqueline 2011: Religion, Zivilgesellschaft und politisches System – ein offenes Forschungsfeld. In: Antonius Liedhegener und Ines-Jacqueline Werkner (Hg.), *Religion zwischen Zivilgesellschaft und politischem System. Befunde – Positionen – Perspektiven.* Politik und Religion. Wiesbaden: VS Verlag für Sozialwissenschaften, S. 9-36.

Link, Christoph 2002: Der staatskirchenrechtliche Rahmen für Religionsausübung und Religionspolitik in Deutschland im 20. Jahrhundert. Historische Einschnitte und aktuelle Situation. In: Tobias Frick und Gritt Klinkhammer (Hg.), *Religionen und Recht. Eine interdisziplinäre Diskussion um die Integration von Religionen in demokratischen Gesellschaften.* Marburg: Diagonal-Verlag, S. 33-47.

Link, Christoph 2004: Das deutsche Staatskirchenrecht als freiheitliche Ordnung. Eine Erwiderung auf Willems. In: Manfred Walther (Hg.), *Religion und Politik. Zur Theorie und Praxis des theologisch-politischen Komplexes.* Schriftenreihe der Sektion Politische Theorien und Ideengeschichte in der Deutschen Vereinigung für Politische Wissenschaft 5. Baden-Baden: Nomos, S. 329-336.

Lippl, Bodo 2003: Sozialer Wandel, wohlfahrtsstaatliche Arrangements und Gerechtigkeitsäußerungen im internationalen Vergleich. Analysen in postkommunistischen und westlich-kapitalistischen Ländern. Humboldt-Universität Berlin (Dissertation) (Internetquelle 138).

Listl, Joseph 1983: Grundmodelle einer möglichen Zuordnung von Kirche und Staat. In: Joseph Listl et al. (Hg.), *Handbuch des katholischen Kirchenrechts.* Regensburg: Pustet, S. 1037-1049.

Loch, Dietmar 1994: Kommunale Minderheitenpolitik in Frankreich. In: M. Mechtild Jansen und Sigrid Baringhorst (Hg.), *Politik der Multikultur. Vergleichende Perspektiven zu Einwanderung und Integration.* Baden-Baden: Nomos, S. 155-167.

Loch, Dietmar 1996: Politische Partizipation der Maghrebiner in Frankreich. Zur Interaktion zwischen Minderheiten und Staat. In: Rainer Dollase und Wilhelm Heitmeyer (Hg.), *Die bedrängte Toleranz. Ethnisch-kulturelle Konflikte, religiöse Differenzen und die Gefahren politisierter Gewalt.* Edition Suhrkamp 1979 = N.F., 979. Frankfurt am Main: Suhrkamp, S. 179-199.

Lockwood, David 1979: Soziale Integration und Systemintegration. In: Wolfgang Zapf (Hg.), *Theorien des sozialen Wandels*. Neue wissenschaftliche Bibliothek 31. 4. Auflage. Königstein, Taunus: Athenaeum, S. 125-137.

Lockwood, David 2000: Staatsbürgerliche Integration und Klassenbildung. In: Jürgen Mackert und Hans-Peter Müller (Hg.), *Citizenship. Soziologie der Staatsbürgerschaft*. Wiesbaden: Westdeutscher Verlag, S. 157-180.

Losansky, Sylvia 2010: *Öffentliche Kirche für Europa. Eine Studie zum Beitrag der christlichen Kirchen zum gesellschaftlichen Zusammenhalt in Europa*. Öffentliche Theologie 25. Leipzig: Evangelische Verlagsanstalt.

Lübbe, Hermann 1986: *Religion nach der Aufklärung*. Graz: Verlag Styria.

Lübbe, Hermann 2004: Staat und Zivilreligion. Ein Aspekt politische Legitimität. In: Heinz Kleger und Alois Müller (Hg.), *Religion des Bürgers. Zivilreligion in Amerika und Europa*. Soziologie: Forschung und Wissenschaft 14. 2., ergänzte Auflage. Münster: LIT, S. 195-220.

Luckmann, Thomas 1967: *The invisible religion. The problem of religion in modern society*. London: Macmillan.

Luckmann, Thomas 1991: *Die unsichtbare Religion*. Mit einem Vorwort von Hubert Knoblauch. Suhrkamp-Taschenbuch Wissenschaft 947. Frankfurt am Main: Suhrkamp.

Luhmann, Niklas 1977: *Funktion der Religion*. Theorie. Frankfurt am Main: Suhrkamp.

Luhmann, Niklas 2000a: Das Medium der Religion. Eine soziologische Betrachtung über Gott und die Seelen. *Soziale Systeme* 6(1), S. 39-53.

Luhmann, Niklas 2000b: *Die Religion der Gesellschaft*. Hg. von André Kieserling. Frankfurt am Main: Suhrkamp.

Lütz, Susanne 2007: Policy Transfer und Policy-Diffusion. In: Arthur Benz et al. (Hg.), *Handbuch Governance. Theoretische Grundlagen und empirische Anwendungsfelder*. Wiesbaden: VS Verlag für Sozialwissenschaften, S. 132-143.

Lynch, James P. / Simon, Rita J. 2003: *Immigration the world over. Statues, Policies, and Practices*. Lanham: Rowman & Littlefield.

Mackert, Jürgen / Müller, Hans-Peter 2000: Der soziologische Gehalt moderner Staatsbürgerschaft. Probleme und Perspektiven eines umkämpften Konzepts. In: Jürgen Mackert und Hans-Peter Müller (Hg.), *Citizenship. Soziologie der Staatsbürgerschaft*. Wiesbaden: Westdeutscher Verlag, S. 9-42.

Mahlmann, Matthias 2002: Gesetzgebung über Antidiskriminierung in den Mitgliedstaaten der EU. Ein Vergleich einzelstaatlicher Rechtsvorschriften gegen Diskriminierungen aus Gründen der Rasse oder der ethnischen Herkunft, der Religion oder der Weltanschauung mit den Richtlinien des Rates. Deutschland. Hg. von der Europäischen Stelle zur Beobachtung von Rassismus und Fremdenfeindlichkeit (EUMC), Migration Policy Group (Internetquelle 139).

Maizière/SZ 12.03.2010: „Die anderen Muslim-Verbände sind herzlich willkommen". Innenminister de Maizière verteidigt die Ausladung von Milli Görüs und wirbt um die übrigen Islam-Vertreter (Internetquelle 140).

Malik, Maleiha 2006: A Mirror for Liberalism: Europe's New Wars of Religion. In: Hubert Mahlmann und Matthias Rottleuthner (Hg.), *Ein neuer Kampf der Religionen? Staat, Recht und religiöse Toleranz*. Wissenschaftliche Abhandlungen und Reden zur Philosophie, Politik und Geistesgeschichte 39. Berlin: Duncker & Humblot, S. 241-269.

March, James G. / Olsen, Johan P. 1984: The New Institutionalism: Organizational Factors in Political Life. *American Political Science Review* 78(3), S. 734-749.

Martikainen, Tuomas 2005: Religion, Immigrants and Integration. *AMID Working Paper* 43, S. 1-13.

Maschler, Nicole 2004: Die Heucheleien der Laizität. Die Debatte um das Kopftuch in Frankreich. *Die Neue Gesellschaft. Frankfurter Hefte 6. „Staat und Religion"*, S. 36-39.

Massignon, Bérengère 2010: French laïcité, between national conflict and local compromises. For an interactionist approach to the concept of political culture. In: Erik Sengers und Thilj Sunier (Hg.), *Religious newcomers and the nation state. Political culture and organized religion in France and the Netherlands*. Delft: Eburon, S. 47-58

Matthes, Joachim 1992: Auf der Suche nach dem ‚Religiösen'. Reflexionen zu Theorie und Empirie religionssoziologischer Forschung. Sociologia Inter*nationalis. Internationale Zeitschrift für Soziologie, Kommunikations- und Kulturforschung* 30, S. 129-142.

Maussen, Marcel 2010: The governance of Islam in France. Church-State traditions and colonial legacies. In: Erik Sengers und Thilj Sunier (Hg.), *Religious newcomers and the nation state. Political culture and organized religion in France and the Netherlands*. Delft: Eburon, S. 131-154.

Mayntz, Renate 2005: Governance Theory als fortentwickelte Steuerungstheorie? In: Gunnar Folke Schuppert (Hg.), *Governance-Forschung: Vergewisserung über Stand und Entwicklungslinien*. Schriften zur Governance-Forschung 1. Baden-Baden: Nomos, S. 11-20.

Mayring, Philipp 2000: Qualitative Inhaltsanalyse. *Forum Qualitative Sozialforschung* 1(2), S. 1-10.

Mayring, Philipp 2007: *Qualitative Inhaltsanalyse. Grundlagen und Techniken*. 9. Auflage. Weinheim und Basel: Beltz.

McClean, David 2005: Staat und Kirche im Vereinigten Königreich. In: Gerhard Robbers (Hg.), *Staat und Kirche in der Europäischen Union*. 2. Auflage. Baden-Baden: Nomos, S. 603-628.

McLoughlin, Seán 2005a: Mosques and the Public Space: Conflict and Cooperation in Bradford. *Journal of Ethnic and Migration Studies* 31(6), S. 1045-1066.

McLoughlin, Seán 2005b: The State, New Muslim Leaderships and Islam as a Resource for Public Engagement in Britain. In: Jocelyne Cesari und Seán McLoughlin (Hg.), *European Muslims and the Secular State*. The Network of comparative research on Islam and Muslims in Europe. Aldershot, Hampshire: Ashgate, S. 55-69.

McLoughlin, Seán 2010: From Race to Faith Relations, the Local to the National Level: The State and Muslim Organisations in Britain. In: Axel Kreienbrink und Mark Bodenstein (Hg.), *Muslim Organisations and the State -European Perspectives*. Beiträge zu Migration und Integration 1. Nürnburg: BAMF, S. 123-149.

Messner, Francis 1996: Le status des cultes non reconnus et les procédures de reconnaissance en droit local alsacien-mosellan. *Revue du droit canonique* 46(2), S. 271-289.

Metz, René 1983: Das Verhältnis von Kirche und Staat in Frankreich. In: Joseph Listl et al. (Hg.), *Handbuch des katholischen Kirchenrechts*. Regensburg: Pustet, S. 1109-1127.

Meyer, Thomas 2006: Die Ironie Gottes. Die politische Kultur der Moderne zwischen Resakralisierung und Religiotainment. In: Mörschel Tobias (Hg.), *Macht Glaube Politik? Religion und Politik in Europa und Amerika*. Göttingen: Vandenhoeck & Ruprecht, S. 61-83.

Michalowski, Ines 2007: *Integration als Staatsprogramm. Deutschland, Frankreich und die Niederlande im Vergleich*. Studien zu Migration und Minderheiten 17. Berlin: LIT.

Ministère de l'Immigration 05.02.2009: „Eric Besson à la Préfecture de Police: Renforcer la lutte contre l'immigration irrégulière et ceux qui l'exploitent". Pressemitteilung (Internetquelle 141).

Minkenberg, Michael 2002: Staat und Kirche in westlichen Demokratien. *„Politik und Religion". Politische Vierteljahresschrift* Sonderheft 33. Hg. von Michael Minkenberg und Ulrich Willems. Wiesbaden: VS Verlag für Sozialwissenschaften, S. 115-138.

Minkenberg, Michael / Willems, Ulrich 2002: Neuere Entwicklungen im Verhältnis von Politik und Religion im Spiegel politikwissenschaftlicher Debatten. *APuZ. Aus Politik und Zeitgeschichte* 42-43, S. 6-14.

Minnerath, Roland 2002: Das Verhältnis von Gesellschaft, Staat und Kirche in Frankreich. In: Burkhard Kämper und Michael Schlagheck (Hg.), *Zwischen nationaler Identität und europäischer Harmonisierung. Zur Grundspannung des zukünftigen Verhältnisses von Gesellschaft, Staat und Kirchen in Europa*. Staatskirchenrechtliche Abhandlungen 36. Berlin: Duncker & Humblot, S. 47-57.

Modood, Tariq 1998: Anti-Essentialism, Multiculturalism and the ‚Recognition' of Religious Groups. *The Journal of Political Philosophy* 6(4), S. 378-399.

Modood, Tariq 2000: La place des musulmans dans le multiculturalisme laïc en Grande-Bretagne. *Social Compass* 47(1), S. 41-55.

Modood, Tariq 2005: *Multicultural Politics, Racism, Ethnicity and Muslims in Britain*. Edinburgh: Edinburgh University Press.

Modood, Tariq 2009: Muslims, religious equality and secularism. In: Geoffrey Brahm Levey und Modood Tariq (Hg.), *Secularism, Religion and Multicultural Citizenship*. Cambridge: Cambridge University Press, S. 164-185.

Mongin, Olivier / Schlegel, Jean-Louis 2006: Für eine Erneuerung des Laizismus in Frankreich. *www.eurozine.com* (first published in Esprit 6/2005), S. 1-7.

Monsma, Stephen V. / Soper, J. Christopher 1997: *The Challenge of Pluralism: Church and State in Five Democracies*. Lanham: Rowman & Littlefield.

Morlok, Martin 2007: Die korporative Religionsfreiheit und das Selbstbestimmungsrecht nach Art. 140 FGG/ Art. 137 Abs. 3 WRV einschließlich ihrer Schranken. In: Christian Heinig und Hans Michael Walter (Hg.), *Staatskirchenrecht oder Religionsverfassungsrecht? Ein begriffspolitischer Grundsatzstreit*. Tübingen: Mohr Siebeck, S. 185-212.

Mörschel, Tobias 2006 (Hg.): *Macht Glaube Politik? Religion und Politik in Europa und Amerika*. Göttingen: Vandenhoeck & Ruprecht.

MSF 2007: The Muslim Safety Forum (MSF's) response to the ‚Home Office Consultation on Possible Measures for Inclusion in a Future Counter Terrorism Bill – 25 July 2007' paper (Internetquelle 142).

Muckel, Stefan 1997: *Religiöse Freiheit und staatliche Letztentscheidung. Die verfassungsrechtlichen Garantien religiöser Freiheit unter veränderten gesellschaftlichen Verhältnissen*. Staatskirchenrechtliche Abhandlungen 29. Berlin: Dunker & Humblot.

Mückl, Stefan 2005: *Europäisierung des Staatskirchenrechts*. Neue Schriften zum Staatsrecht 1. Baden-Baden: Nomos.

Müller, Alois 2003: Allmähliche Entspannung statt Neuauflage des ‚Krieges der beiden Frankreich' – Über den Platz der Religionen im öffentlichen Raum in Frankreich. *Jahrbuch für christliche Sozialwissenschaften* 44: „Religionen im öffentlichen Raum. Perspektiven in Europa", S. 73-83.

Murswieck, Axel 1995: „Regieren/Regierbarkeit/Unregierbarkeit". In: Dieter Nohlen und Rainer-Olaf Schultze (Hg.), *Lexikon der Politik*. Band 1, Politische Theorien. München: Beck, S. 533-539.

Nagel, Alexander-Kenneth 2007: Sozialintegration durch Religion. *Zeitschrift für junge Religionswissenschaft* 2, S. 82-116.

Neumann, Wolfgang 2006: Gesellschaftliche Integration gescheitert? Stadtpolitik in Frankreich vor Herausforderungen in einer neuen Dimension. *dfi - Aktuelle Frankreich-Analysen* 21, S. 1-6.

Neureither, Georg 2002: *Recht und Freiheit im Staatskirchenrecht. Das Selbstbestimmungsrecht der Religionsgemeinschaften als Grundlage des staatskirchenrechtlichen Systems der Bundesrepublik Deutschland*. Staatskirchenrechtliche Abhandlungen 37. Berlin: Duncker & Humblot.

Niedersächsisches Ministerium für Inneres, Sport und Integration 2008: *Handlungsprogramm Integration* (Internetquelle 143).

Nielsen, Jørgen S. 1999: *Towards a European Islam*. Migration, minorities, and citizenship. London: Macmillan.

Noormann, Jörg 1994: Städtische Minderheitenpolitik in Frankfurt a.M. Lösungsansätze für institutionell bedingte Kooperations- und Leistungsdefizite. In: M. Mechtild Jansen und Baringhort Sigrid (Hg.), *Politik der Multikultur. Vergleichende Perspektiven zu Einwanderung und Integration*. Baden-Baden: Nomos, S. 75-85.

Nye, Malory 2001: *Multiculturalism and minority religions in Britain: Krishna consciousness, religious freedom and the politics of location*. Richmond: Curzon.

NZZ 04.02.2008: Eine ökumenische Initiative in Frankreich (Internetquelle 144).

Oakes, Guy 2007: Wertrationalität und Wertsphären – kritische Bemerkungen. In: Peter Gostmann et al. (Hg.), *Macht und Herrschaft. Zur Revision zweier soziologischer Grundbegriffe*. Wiesbaden: VS Verlag für Sozialwissenschaften, S. 27-47.

O'Beirne, Maria 2004: Religion in England and Wales: findings from the 2001. Home Office Citizenship Survey. Home Office Research Study 274 (Internetquelle 145).

Oberndörfer, Dieter 2004: Integration der Ausländer in den demokratischen Verfassungsstaat. In: Yves Bizeul (Hg.), *Integration von Migranten*. Wiesbaden: Deutscher Universitäts-Verlag, S. 13-31.

Open Society Institute 2002: The Situation of Muslims in France (Internetquelle 146).

Open Society Institute 2004: Muslims in the UK (Internetquelle 147).

Öztürk, Halit 2007: *Wege zur Integration. Lebenswelten muslimischer Jugendlicher in Deutschland*. Bielefeld: transcript.

Ouseley, Herman 2001: *Community pride not prejudice – making diversity work in Bradford. The Ouseley Report*. Ordered by Bradford Vision, formed by Bradford Council (Internetquelle 148).

Page, Alan 2004: EU Membership in the Constitution. In: Philip Giddings und Gavin Drewry (Hg.), *Britain in the European Union*. Houndsmill: Palgrave Macmillan, S. 37-59.

Page, Edward C. 2003: The civil servant as legislator: law making in British administration. *Public administration* 81(4), S. 651-679.

Palaver, Wolfgang 2009: Zwischen nach-konstantinischer Antipolitik und eine Zivilisation der Liebe: Die katholische Soziallehre zur Zivilgesellschaft. In: Bauerkämper Arnd (Hg.), *Zwischen Fürsorge und Seelsorge. Christliche Kirchen in den europäischen Zivilgesellschaften seit dem 18. Jahrhundert*. Frankfurt am Main: Campus, S. 63-77.

Papi, Stéphane 2004: L'insertion des mosquées dans le tissu religieux local en France: approche juridique et politique. *Revue du droit public de la science politique en France et à l'étranger* 5, S. 1339-1353.

Parker-Jenkins, Marie 2002: Equal access to state funding: the case of Muslim schools in Britain. *Race ethnicity and education* 5(3), S. 273-289.

Patzelt, Werner J. 2005: Wissenschaftstheoretische Grundlagen sozialwissenschaftlichen Vergleichens. In: Sabine Kropp und Michael Minkenberg (Hg.), *Vergleichen in der Politikwissenschaft*. Wiesbaden: VS Verlag für Sozialwissenschaften, S. 16-54.

Pautz, Hartwig 2005: The politics of identity in Germany: the Leitkultur debate. *Race & Class* 46(4), S. 39-52.

Pena-Ruiz, Henri 2006: Culture, cultures, et laïcité. *Hommes et Migrations. Laïcité 1905-2005. Les 100 ans d'une idée neuve.* Culture(s), religion(s) et politique N°1259 II. Hg. von Alain Seksig. Paris, S. 6-16.

Pesch, Andreas 2008: „Gallikanisierung" oder Gleichbehandlung? Die Integration des Islam und das religionspolitische Erbe in Frankreich. In: Felix Heidenreich et al. (Hg.), *Staat und Religion in Frankreich und Deutschland. L'État et la religion en France et en Allemagne*. Berlin: LIT, S. 140-157.

Peter, Frank 2003: Training Imams and the Future of Islam in France. *ISIM Newsletter* 13, S. 20-21.

Pfadenhauer, Björn 2009: *Entwicklungslinien öffentlicher und freier Wohlfahrtspflege. Eine Vorstudie zum Wunsch- und Wahlrecht des Kinder- und Jugendhilferechts im Kontext des deutschen Sozialleistungssystems.* Schriften und Werkstattpapiere aus dem Institut für Soziale Arbeit und Sozialpolitik 1. Norderstedt: Books on Demand GmbH.

Pfau-Effinger, Birgit / Magdalenić, Slađana Sakač / Wolf, Christof 2009: Zentrale Fragen der international vergleichenden Sozialforschung unter dem Aspekt der Globalisierung. In: Birgit Pfau-Effinger et al. (Hg.), *International vergleichende Sozialforschung. Ansätze und Messkonzepte unter den Bedingungen der Globalisierung.* Wiesbaden: VS Verlag für Sozialwissenschaften, S. 7-17.

Pius XI. 1931: *Enzyklika 'Quadragesimo anno'* (Internetquelle 149).

Polke, Christian 2009: *Öffentliche Religion in der Demokratie. Eine Untersuchung zur weltanschaulichen Neutralität des Staates.* Öffentliche Theologie 24. Leipzig: Evangelische Verlagsanstalt.

Pollack, Detlef 2003: *Säkularisierung – ein moderner Mythos? Studien zum religiösen Wandel in Deutschland.* Tübingen: Mohr Siebeck.

Pollack, Detlef 2006: Religion und Moderne: Religionssoziologische Erklärungsmodelle. In: Mörschel Tobias (Hg.), *Macht Glaube Politik? Religion und Politik in Europa und Amerika.* Göttingen: Vandenhoeck & Ruprecht, S. 17-48.

Pollack, Detlef 2007: Religion und Moderne. Zur Gegenwart der Säkularisierung in Europa. In: Friedrich Wilhelm Graf und Klaus Große Kracht (Hg.), *Religion und Gesellschaft. Europa im 20. Jahrhundert.* Industrielle Welt 73. Köln: Böhlau Verlag, S. 73-103.

Pornschlegel, Clemens 2008: „Les princes sont des dieux". Zum Religionsbegriff des französischen Staates. In: Mathias Hildebrandt und Manfred Brocker (Hg.), *Der Begriff der Religion. Interdisziplinäre Perspektiven.* Politik und Religion. Wiesbaden: VS Verlag für Sozialwissenschaften, S. 81-98.

Poulat, Émile 2003: *Notre laïcité publique, „la France est une république laïque" (constitutions de 1946 et 1958).* Paris: Editeurs Berg International.

Poulter, Sebastian 1998: Ethnicity, Law, and Human Rights: The English Experience. Oxford: Clarendon Press.

Premier Ministre 17.12.2008: „Diversité: Nicolas Sarkozy prône un volontarisme républicain". Pressebericht des Premierministers (Internetquelle 150).

Prior, Lindsay 2003: *Using Documents in Social Research.* London: SAGE Publications.

Quaritsch, Helmut 1962: Kirchen und Staat, verfassungs- und staatstheoretische Probleme der staatskirchenrechtlichen Lehre der Gegenwart. *Der Staat. Zeitschrift für Staatslehre und Verfassungsgeschichte, deutsches und europäisches öffentliches Recht* 1, S. 289-320

Rädler, Peter 1996: Religionsfreiheit und staatliche Neutralität an französischen Schulen. Zur neueren Rechtsprechung des Conseil d'État. *Zeitschrift für ausländisches öffentliches Recht und Völkerrecht* 56, S. 353-388.

Redor-Fichot, Marie-Joëlle 2005: Laïcité et principe de non-discrimination. *Cahiers de la Recherche sur les Droits Fondamentaux* 4, S. 87-98.

Reeber, Michel 1996: Sociologie de l'Islam en Alsace. *Revue de Droit Canonique* 46(2), S. 239-252.

Regierung online 29.10.2010: Integrationsgipfel am 3. November (Internetquelle 151).

Reißlandt, Carolin 2004: Von der „Gastarbeiter"-Anwerbung zum Zuwanderungsgesetz. Migrationsgeschehen und Zuwanderungspolitik in der Bundesrepublik. In: Klaus J. Bade und Jochen Oltmer (Hg.), *Normalfall Migration.* ZeitBilder 15. Lizenzausgabe für die Bundeszentrale für politische Bildung. Bonn: bpb, S. 127-132.

Renner, Günter 2002: Prüfung der Deutschkenntnisse von Einbürgerungsbewerbern. *Zeitschrift für Ausländerrecht und Ausländerpolitik.* ZAR-Dokumentation 11/12, S. 426.

Reuter, Astrid 2007: Religionskulturen ,mit Migrationshintergrund'. Zum Institutionalisierungsprozess des Islam in Deutschland und Frankreich in der *longue durée* nationaler Religionspolitiken. In: Friedrich Wilhelm Graf und Klaus Große Kracht (Hg.), *Religion und Gesellschaft. Europa im 20. Jahrhundert.* Industrielle Welt 73. Köln: Böhlau Verlag, S. 375-399.

Rink, Seffen 2005: Mit Religion zur Integration? Über Empowerment, Integration und staatliche Religionspolitik. *MIZ - Materialien und Informationen zur Zeit* 4, S. 1-5.

Ritchie, David 2001: Oldham Independent Review Report (Internetquelle 152).

Robbers, Gerhard 2002a: Das Verhältnis der Europäischen Union zu Religion und Religionsgemeinschaften. In: Kämper Burkhard und Michael Schlagheck (Hg.), *Zwischen nationaler Identität und europäischer Harmonisierung. Zur Grundspannung des zukünftigen Verhältnisses von Gesellschaft, Staat und Kirchen in Europa.* Staatskirchenrechtliche Abhandlungen 36. Berlin: Duncker & Humblot, S. 11-21.

Robbers, Gerhard 2002b: Status und Stellung von Religionsgemeinschaften in der Europäischen Union. *„Politik und Religion".* Politische Vierteljahresschrift Sonderheft 33. Hg. von Michael Minkenberg und Ulrich Willems. Wiesbaden: VS Verlag für Sozialwissenschaften, S. 139-163.

Robbers, Gerhard 2005a (Hg.): *Staat und Kirche in der europäischen Union.* 2. Auflage. Baden-Baden: Nomos.

Robbers, Gerhard 2005b: Staat und Kirche in der europäischen Union In: Gerhard Robbers (Hg.), *Staat und Kirche in der europäischen Union*. 2. Auflage. Baden-Baden: Nomos, S. 629-641.

Robbers, Gerhard 2007: Religion und Staat in Großbritannien. *POLICY Politische Akademie* 20: „Religion und säkularer Staat. Perspektiven eines modernen Religionsgemeinschaftsrechts", S. 9-11.

Robert, Jacques 2004: Les relations des églises et de l'état en Europe. In: Thierry Massis und Christophe Pettiti (Hg.), *La liberté religieuse et la Convention européenne des droits de l'homme. Actes du colloque du 11 décembre 2003 organisé à l'auditorium de la maison du Barreau par l'Institut de Formation en Droits de l'Homme du Barreau de Paris*. Droit et justice 58. Bruxelles: Bruylant, S. 25-40.

Rohe, Karl 1994: *Politik. Begriffe und Wirklichkeiten*. 2., völlig überarbeitete und erweiterte Auflage. Stuttgart: Kohlhammer.

Rommelspacher, Birgit 2002: *Anerkennung und Ausgrenzung. Deutschland als multikulturelle Gesellschaft*. Frankfurt am Main: Campus.

Rosenow, Kerstin / Kortmann, Matthias 2011: Die muslimischen Dachverbände und der politische Islamdiskurs in Deutschland im 21. Jahrhundert: Selbstverständnis und Strategien. In Hendrik Meyer und Klaus Schubert (Hg.), *Politik und Islam*. Wiesbaden: VS Verlag für Sozialwissenschaften, S. 47-86.

Rosenow, Kerstin 2007: *Die Europäisierung der Integrationspolitik*. Politik, Gemeinschaft und Gesellschaft in einer globalisierten Welt 5. Berlin: LIT.

Rottleuthner, Hubert 2006: Wie säkular ist die Bundesrepublik? In: Matthias Mahlmann und Hubert Rottleuthner (Hg.), *Ein neuer Kampf der Religionen? Staat, Recht und religiöse Toleranz*. Wissenschaftliche Abhandlungen und Reden zur Philosophie, Politik und Geistesgeschichte 39. Berlin: Duncker & Humblot, S. 13-42.

Roy, Olivier 2006: *Der islamische Weg nach Westen*. München: Pantheon.

Runnymede Trust 2002 (Hg.): *Cohesion, Community and Citizenship*. Proceedings of a Runnymede Conference. London: Runnymede Trust.

Runnymede Trust 2003 (Hg.): *Developing Community Cohesion. Understanding the Issues, Delivering Solutions*. London: Runnymede Trust.

Saas, Claire 2006: Das Integrationskonzept in Frankreich: Die Unsicherheit des Aufenthaltsrechts im Namen der Integration. In: Ulrike Davy und Albrecht Weber (Hg.), *Paradigmenwechsel in Einwanderungsfragen? Überlegungen zum neuen Zuwanderungsgesetz*. Interdisziplinäre Studien zu Recht und Staat 41. Baden-Baden: Nomos, S. 142-151.

Sackmann, Rosemarie 2004: *Zuwanderung und Integration. Theorien und empirische Befunde aus Frankreich, den Niederlanden und Deutschland*. Wiesbaden: VS Verlag für Sozialwissenschaften.

SACRE 2008: Religious Education. Guidance for Bradford Schools. Education Bradford Diversity and Cohesion (Internetquelle 153).

Samad, Yunas 2010: *Muslims and community cohesion in Bradford*. York: Joseph Rowntree Foundation.

Samers, Michael E. 2003: Diaspora Unbound: Muslim Identity and the Erratic Regulation of Islam in France. *International Journal of Population Geography* 9, S. 351-364.

Sarkozy, Nicolas 2004: *La République, les religions, l'espérance. Entretiens avec Thibaud Collin et Philippe Verdin*. Paris: Editions du Cerf.

Saunders, David 2009: France's on the knife-edge of religion: commemorating the centenary of the law of 9 December 1905 on the separation of church and state. In: Tariq Modood und Geoffrey Brahm Levey (Hg.), *Secularism, religion and multicultural citizenship*. Cambridge: Cambridge University Press, S. 56-81.

Schavan, Annette 13.07.2010: Grußwort der Bundesministerin für Bildung und Forschung, Prof. Dr. Annette Schavan, MdB, anlässlich der Tagung „Islamische Studien in Deutschland" am 13. Juli 2010 in Köln (Internetquelle 154).

Scheffler, Gerhard 1973: *Staat und Kirche. Die Stellung der Kirche im Staat nach dem Grundgesetz*. Varia iuris publici 42a. 2., völlig neu bearbeitete Auflage. Frankfurt am Main: Metzner.

Schieder, Rolf 1987: *Civil religion. Die religiöse Dimension der politischen Kultur*. Gütersloh: Gütersloher Verlagshaus.

Schierup, Carl-Ulrik 2006: Britain's ‚Neo-American' Trajectory. In: Carl-Ulrik Schierup et al. (Hg.), *Migration, Citizenship, and the European Welfare State*. Oxford: Oxford University Press, S. 111-136.

Schiffauer, Werner 2007: Der unheimliche Muslim – Staatsbürgerschaft und zivilgesellschaftliche Ängste. *Konfliktfeld Islam in Europa. Soziale Welt* Sonderband 17. Hg. von Monika Wohlrab-Sahr und Levent Tezcan. Baden-Baden: Nomos, S. 111-133.

Schleiermacher, Friedrich 1821: *Über die Religion. Reden an die Gebildeten und ihren Verächtern*. 3. Auflage (Erstauflage 1799). Berlin: G. Reimer.

Schleithoff, Christian 1992: Innerkirchliche Gruppen als Träger der verfassungsmäßigen Rechte der Kirchen. Universität München (Dissertation).

Schluchter, Wolfgang 1998: *Die Entstehung des modernen Rationalismus. Eine Analyse von Max Webers Entwicklungsgeschichte des Okzidents*. Suhrkamp-Taschenbuch Wissenschaft 1347. (Überarbeitete Fassung der Ausgabe von 1979 unter dem Titel: Die Entwicklung des okzidentalen Rationalismus). Frankfurt am Main: Suhrkamp.

Schluchter, Wolfgang 2003: Kampf der Kulturen? In: Wolfgang Schluchter (Hg.), *Fundamentalismus, Terrorismus, Krieg*. Weilerswist: Velbrück Wissenschaft, S. 25-43.

Schluchter, Wolfgang 2005: *Handlung, Ordnung und Kultur. Studien zu einem Forschungsprogramm im Anschluss an Max Weber*. Tübingen: Mohr Siebeck.

Schluchter, Wolfgang 2009a: *Die Entzauberung der Welt. Sechs Studien zu Max Weber*. Tübingen: Mohr Siebeck.

Schluchter, Wolfgang 2009b: *Grundlegungen der Soziologie. Eine Theoriegeschichte in systematischer Absicht*. Band I. Studienausgabe (unverändert). Tübingen: Mohr Siebeck.

Schmitt, Thomas 2003: *Moscheen in Deutschland. Konflikte um ihre Errichtung und Nutzung*. Forschungen zur deutschen Landeskunde 252. Flensburg: Deutsche Akademie für Landeskunde, Selbstverlag.

Schnapper, Dominique / Krief, Pascale / Peignard, Emmanuel 2003: French Immigration and Integration Policy. A Complex Combination. In: Friedrich Heckmann und Dominique Schnapper (Hg.), *The Integration of Immigrants in European Societies. National Differences and Trends of Convergence*. Stuttgart: Lucius & Lucius, S. 15-44.

Schneider, Heinrich 2007: Säkularismus als Ersatzreligion? In: Friedrich Gleißner et al. (Hg.), *Religion im öffentlichen Raum. Religiöse Freiheit im neuen Europa*. Dokumentation Iustitia et Pax. Österreichische Kommission 5. Wien: Böhlau, S. 93-114.

Schnell, Rainer / Hill, Paul B. / Esser, Elke 2005: *Methoden der empirischen Sozialforschung*. 7., vollständig überarbeitete und erweiterte Auflage. München: Oldenbourg.

Schöfthaler, Traugott 1983: Religion paradox: Der systemtheoretische Ansatz in der deutschsprachigen Religionssoziologie. In: Karl-Fritz Daiber und Thomas Luckmann (Hg.), *Religion in den Gegenwartsströmungen der deutschen Soziologie*. Religion, Wissen, Kultur 1. München: Kaiser, S. 136-156.

Scholl, Bruno 2006: *Europas symbolische Verfassung. Nationale Verfassungstraditionen und die Konstitutionalisierung der EU*. Studien zur Europäischen Union 5. Wiesbaden: VS Verlag für Sozialwissenschaften.

Schönwälder, Karen 2004: Religion, Öffentlichkeit und Politik in der multiethnischen britischen Gesellschaft. In: Heinz-Gerhard Haupt und Dieter Langewiesche (Hg.), *Nation und Religion in Europa. Mehrkonfessionelle Gesellschaften im 19. und 20. Jahrhundert*. Frankfurt am Main: Campus, S. 343-361.

Schönwälder, Karen 2007: Gesellschaftlicher Zusammenhalt und kulturelle Differenz: Muslime und Debatten über Muslime in Großbritannien. *Konfliktfeld Islam in Europa*. Soziale Welt Sonderband 17. Hg. von Monika Wohlrab-Sahr und Levent Tezcan. Baden-Baden: Nomos, S. 241-260.

Schultze, Rainer-Olaf 1994: „Staatszentrierte Ansätze". In: Jürgen Kriz et al. (Hg.), *Lexikon der Politik*. Band 2, Politikwissenschaftliche Methoden. München: Beck, S. 437-448.

Schuppert, Gunnar Folke 2004: Gemeinwohl und Staatsverständnis. In: Helmut K. Anheier und Volker Then (Hg.), *Zwischen Eigennutz und Gemeinwohl. Neue Formen und Wege der Gemeinnützigkeit*. Gütersloh: Verlag Bertelsmann-Stiftung, S. 25-59.

Schwab, Christa 1997: *Integration von Moslems in Grossbritannien und Frankreich*. Dissertationen der Universität Wien 38. Wien: WUV-Universitäts-Verlag.

Schwinn, Thomas 2009: Institutionenanalyse und Makrosoziologie nach Max Weber. In: Mateusz Stachura et al. (Hg.), *Der Sinn der Institutionen. Mehr-Ebenen- und Mehr-Seiten-Analyse*. Studien zum Weber-Paradigma. Wiesbaden: VS Verlag für Sozialwissenschaften, S. 43-69.

Scot, Jean-Paul 2006: Protestants et juifs face à la séparation des Églises et d l'État. *Hommes et Migrations. Laïcité 1905-2005. Les 100 ans d'une idée neuve*. Culture(s), religion(s) et politique N°1259 II. Hg. von Alain Seksig. Paris, S. 17-30.

Sellmann, Matthias 2007: *Religion und soziale Ordnung. Gesellschaftstheoretische Analysen*. Campus Forschung 917. Frankfurt am Main: Campus.

Shapiro, Martin 2002: Judicial delegation doctrines: the US, Britain, and France. *West European Politics* 25(1), S. 173-199.

Shooman, Yasemin 2010: Die mediale Rezeption der Deutschen Islam Konferenz. In: Bülent Ucar (Hg.), *Die Rolle der Religion im Integrationsprozess. Die deutsche Islamdebatte*. Reihe für Osnabrücker Islamstudien. Frankfurt am Main: Lang, S. 247-260.

Sigmund, Steffen 2008: Ist Gemeinwohl institutionalisierbar? Prolegomena zu einer Soziologie des Stiftungswesens. In: Steffen Sigmund et al. (Hg.), *Soziale Konstellation und historische Perspektive. Festschrift für M. Rainer Lepsius*. Studien zum Weber-Paradigma. Wiesbaden: VS Verlag für Sozialwissenschaften, S. 81-103.

Simmel, Georg 1922: *Die Religion*. Frankfurt am Main: Rütten & Loening.

Social Exclusion Unit 2004: Tackling Social Exclusion: Taking stock and looking to the future. Emerging Findings. Hg. vom Social Exclusion Unit, Office of the Deputy Prime Minister.

Spalek, Basia 2008: *Police-Muslim Engagement and Partnerships for the Purposes of Counter-Terrorism: an examination Summary Report*. University of Birmingham, Religion & Society, Arts and Humanities Research Council (Internetquelle 155).

SPD-Bundestagsfraktion 2001: Die neue Politik der Zuwanderung. Steuerung, Integration, innerer Friede. Die Eckpunkte der SPD-Bundestagsfraktion. Beschlussfassung. Querschnittsarbeitsgruppe Integration und Zuwanderung (Internetquelle 156).

Squire, Vicki 2005: ‚Integration with diversity in modern Britain': New Labour on nationality, immigration and asylum. *Journal of Political Ideologies* 10(1), S. 51-74.

Stachura, Mateusz 2008: Situationsgerechtigkeit und die ‚Herrschaft' der Institutionen. In: Jens Greve et al. (Hg.), *Das Mikro-Makro-Modell der soziologischen Erklärung. Zur Ontologie, Methodologie und Metatheorie eines Forschungsprogramms*. Wiesbaden: VS Verlag für Sozialwissenschaften, S. 144-163.

Stachura, Mateusz 2009a: Einleitung. Der Standort weberianischer Institutionentheorie im Raum konkurrierender Forschungsprogramme. In: Mateusz Stachura et al. (Hg.), *Der Sinn der Institutionen. Mehr-Ebenen- und Mehr-Seiten-Analyse*. Studien zum Weber-Paradigma. Wiesbaden: VS Verlag für Sozialwissenschaften, S. 8-39.

Stachura, Mateusz 2009b: Kreativität und Anpassung – Wandel religiöser Institutionen in Max Webers Studie über das antike Judentum. In: Mateusz Stachura et al. (Hg.), *Der Sinn der Institutionen. Mehr-Ebenen- und Mehr-Seiten-Analyse*. Studien zum Weber-Paradigma. Wiesbaden: VS Verlag für Sozialwissenschaften, S. 179-208.

Stachura, Mateusz / Albert, Gert / Bienfait, Agathe / Sigmund, Steffen 2009 (Hg.): *Der Sinn der Institutionen. Mehr-Ebenen- und Mehr-Seiten-Analyse*. Studien zum Weber-Paradigma. Wiesbaden: VS Verlag für Sozialwissenschaften.

Staps, Rose 1990: *Bekenntnisfreiheit – ein Unterfall der Meinungsfreiheit? Rechtsvergleichende Untersuchung in Frankreich, den Niederlanden und Deutschland. Politische Entwicklung und geistesgeschichtliche Einflüsse bei der Entstehung der beiden Grundrechte*. Schriftenreihe des Instituts für Europäisches Recht der Universität des Saarlandes 22. Kehl: Engel.

Stark, Rodney 1997: Bringing theory back in. In: Lawrence A. Young (Hg.), *Rational Choice Theory and Religion. Summary and Assessment*. New York: Routledge, S. 3-23.

Stark, Rodney / Bainbridge, William Sims 1985: *The future of religion. Secularization, revival and cult formation*. Berkeley, Calif.: University of California Press.

Statistisches Bundesamt 2007: *Bevölkerung und Erwerbstätigkeit. Wanderungen* (Internetquelle 157).

Steffani, Winfried 1992: „Parlamentarisches und präsidentielles Regierungssystem". In: Dieter Nohlen und Manfred G. Schmidt (Hg.), *Lexikon der Politik*. Band 3, Die westlichen Länder. München: Beck, S. 288-295.

Stegmann, Ricarda i. E.: Der partikulare Universalismus der Laizität. Ein französischer Universalitätsanspruch im Umgang mit dem Islam in Frankreich. In: Aleksandra Lewicki et al. (Hg.), *Religiöse Gegenwartskultur. Zwischen Integration und Abgrenzung*. Villigst Profile 14. Berlin: LIT.

Stein, Tine 2008: Gibt es eine multikulturelle Leitkultur als Verfassungspatriotismus? Zur Integrationsdebatte in Deutschland. *Leviathan* 36(1), S. 33-53.

Stempel, Martin 1986: Zwischen Koran und Grundgesetz. Religiöse Betätigung muslimischer Ausländer in der Bundesrepublik Deutschland. Universität Hamburg (Dissertation).

Stern 08.02.2006: *Islam – Jeder dritte Deutsche hat Angst* (Internetquelle 158).

Stoodt, Dieter 1998: „Religionsunterricht". In: Gerhard Müller et al. (Hg.), *Theologische Realenzyklopädie*. Band 29. Berlin/New York: Walter de Gruyter, S. 33-49.

Sturm-Martin, Imke 2001: *Zuwanderungspolitik in Großbritannien und Frankreich*. Campus-Forschung 825. Frankfurt am Main: Campus.

Sydow, Gernot 2005: *Parlamentssuprematie und Rule of Law. Britische Verfassungsreformen im Spannungsfeld von Westminster Parliament, Common-Law-Gerichten und europäischen Einflüssen*. Tübingen: Mohr Siebeck.

SZ 23.01.2008: „Mit Gott fürs Vaterland": Imame werden Seelsorger in westlichen Armeen.

SZ 29.03.2011: Die Islamkonferenz und das Denunziantentum (Internetquelle 159).

Tam, Henry 2006: The Case for Progressive Solidarity. In: Margaret Wetherell et al. (Hg.), *Identity, Ethnic Diversity and Community Cohesion*. Los Angeles: Sage, S. 17-23.

taz 05.01.2006: Opposition gegen den Muslim-Test.

taz 23.09.2009: „Freiheit ist ansteckend". Verfassungsrechtler Ernst-Wolfgang Böckenförde über den moralischen Zusammenhalt im modernen Staat (Internetquelle 160).

Tezcan, Levent 2006: Interreligiöser Dialog und politische Religionen. *APuZ. Aus Politik und Zeitgeschichte. Beilage zur Wochenzeitung Das Parlament* 28-29/2006. 10 Juli 2006, S. 26-32.

Tezcan, Levent 2007: Kultur, Gouvernementalität der Religion und der Integrationsdiskurs. *Konfliktfeld Islam in Europa. Soziale Welt* Sonderband 17. Hg. von Monika Wohlrab-Sahr und Levent Tezcan. Baden-Baden: Nomos, S. 51-74.

Tezcan, Levent 2008: Governmentality: Pastoral care and integration. In Ala Al-Hamarneh und Jorn Thielmann (Hg.), *Islam and Muslims in Germany.* Islam minorities 7. Leiden: Brill, S. 119-132.

Tezcan, Levent 2009: Operative Kultur und die Subjektivierungsstrategien der Integrationspolitik. In: Özkan Ezli et al. (Hg.), *Wider den Kulturenzwang. Migration, Kulturalisierung und Weltliteratur.* Kultur- und Medientheorie. Bielefeld: transcript, S. 47-80.

Tezcan, Levent 2011: Repräsentationsprobleme und Loyalitätskonflikte bei der Deutschen Islam Konferenz. In: In: Hendrik Meyer und Klaus Schubert (Hg.), *Politik und Islam.* Wiesbaden: VS Verlag für Sozialwissenschaften, S. 113-132.

Tezcan, Levent 2012: *Das muslimische Subjekt. Verfangen im Dialog der Deutschen Islam Konferenz.* Konstanz: Konstanz University Press.

The Archbishop of Canterbury 01.12.2007: „The Conflict between Religion and Modernity" (Internetquelle 161).

The Archbishop of Canterbury 07.02.2008: „Archbishop's Lecture – Civil and Religious Law in England: a Religious Perspective" (Internetquelle 162).

The Archbishop of Canterbury 29.01.2008: „Archbishop's lecture – Religious Hatred and Religious Offence" (Internetquelle 163).

The Equalities Review 2007: Fairness and Freedom: The Final Report of the Equalities Review (Internetquelle 164).

Tomasson, Richard F. / Crosby, Faye J. / Herzberger, Sharon D. 1996: *Affirmative action. The pros and cons of policy and practice.* Public Policy Series. Washington, DC: The American University Press.

Towfigh, Emanuel Vahid 2006a: Der lange Weg zur Gleichbehandlung: Islamischer Religionsunterricht an öffentlichen Schulen. In: Till Müller-Heidelberg et al. (Hg.), *Grundrechte-Report 2006: Zur Lage der Bürger- und Menschenrechte in Deutschland.* Frankfurt am Main: Fischer-Taschenbuchverlag, S. 89-92.

Towfigh, Emanuel Vahid 2006b: *Die rechtliche Verfassung von Religionsgemeinschaften. Eine Untersuchung am Beispiel der Bahai.* Jus ecclesiasticum 80. Frankfurt am Main: Mohr Siebeck.

Towfigh, Emanuel Vahid 2010: Vom Kopftucherbot bis zum Ruf des Muezzin: Rechtliche Möglichkeiten und Grenzen freier Religionsausübung in Deutschland und ihre Praxis. In: Bülent Ucar (Hg.), *Die Rolle der Religion im Integrationsprozess. Die deutsche Islamdebatte.* Reihe für Osnabrücker Islamstudien 2. Frankfurt am Main: Lang, S. 459-484.

Traunmüller, Richard 2009: Religion und Sozialintegration. Eine empirische Analyse der religiösen Grundlagen sozialen Kapitals. *Berliner Journal für Soziologie* 19(3), S. 435-468.

Traunmüller, Richart 2011: Segen oder Fluch? Zum Einfluss von Staat-Kirche-Beziehungen auf die Vitalität religiöser Zivilgesellschaften im europäischen Vergleich. In: Antonius Liedhegener und Ines-Jacqueline Werkner 2011 (Hg.), *Religion zwischen Zivilgesellschaft und politischem System. Befunde – Positionen – Perspektiven.* Politik und Religion. Wiesbaden: VS Verlag für Sozialwissenschaften, S. 138-161.

Ucar, Bülent 2010 (Hg.): *Die Rolle der Religion im Integrationsprozess. Die deutsche Islamdebatte.* Reihe für Osnabrücker Islamstudien 2. Frankfurt am Main: Lang.

Uhle, Arnd 2007: Die Integration des Islam in das Staatskirchenrecht der Gegenwart. In: Hans Michael Heinig und Christian Walter (Hg.), *Staatskirchenrecht oder Religionsverfassungsrecht? Ein begriffspolitischer Grundsatzstreit.* Tübingen: Mohr Siebeck, S. 299-337.

UK Border Agency 23.12.2008: What is British Citizenship (Internetquelle 165).

Uslucan, Haci-Halil 2011: Integration durch Islamischen Religionsunterricht? In: Hendrik Meyer und Klaus Schubert (Hg.), *Politik und Islam.* Wiesbaden: VS Verlag für Sozialwissenschaften, S. 145-167.

Van Evera, Stephen 1997: *Guide to methods for students of political science.* Cornell paperbacks. Ithaca, NY: Cornell University Press.

Vertovec, Steven 1996: Muslims, the state and the public sphere in Britain. In: Gerd Nonneman et al. (Hg.), *Muslim Communities in the New Europe.* London: Ithaca Press, S. 167-186

Vertovec, Steven 2002: Islamophobia and Muslim Recognition in Britain. In: Yvonne Yazbeck Haddad (Hg.), *Muslims in the West. From Sojourners to citizens.* New York: Oxford University Press, S. 19-35.

Voas, David / Crockett, Alasdair 2005: Religion in Britain: Neither believing nor belonging. *Sociology* 39(1), S. 11-28.

Vogenauer, Stefan 2001: *Die Auslegung von Gesetzen in England und auf dem Kontinent. Eine vergleichende Untersuchung der Rechtsprechung und ihrer historischen Grundlagen.* Beiträge zum ausländischen und internationalen Privatrecht 72. Tübingen: Mohr Siebeck.

von Campenhausen, Axel Freiherr 1962: *Staat und Kirche in Frankreich.* Göttinger rechtswissenschaftliche Studien 41. Göttingen: Otto Schwarz & Co.

von Campenhausen, Axel Freiherr 1973: *Staatskirchenrecht. Ein Leitfaden durch die Rechtsbeziehungen zwischen Staat und den Religionsgemeinschaften*. Das wissenschaftliche Taschenbuch: Abteilung Rechts- und Staatswissenschaften 39. München: Goldmann.

von Krosigk, Constanze 2000: *Der Islam in Frankreich. Laizistische Religionspolitik von 1974 bis 1999*. Hamburg: Dr. Kovac.

von Stietencron, Ernst 2000: Religion: Vom Begriff zum Phänomen oder vom Phänomen zum Begriff. In: Ernst Feil (Hg.), *Streitfall ,Religion'. Diskussionen zur Bestimmung und Abgrenzung des Religionsbegriffs*. Studien zur systematischen Theologie und Ethik 21. Münster: LIT, S. 131-136.

von Ungern-Sternberg, Antje 2007: Individuelle Religionsfreiheit in Großbritannien und Frankreich unter dem Einfluss der Europäischen Menschenrechtskonvention. In: Stefan Kadelbach und Parinas Parhisi (Hg.), *Die Freiheit der Religion im europäischen Verfassungsrecht*. Schriften zur europäischen Integration und internationalen Wirtschaftsordnung 9. Baden-Baden: Nomos, S. 143-159.

Wallis, Roy 1984: *The elementary forms of the new religious life*. International library of sociology. London: Routledge & Kegan Paul.

Walter, Christian 2001: Staatskirchenrecht oder Religionsverfassungsrecht? In: Rainer Grote und Thilo Marahun (Hg.), *Religionsfreiheit zwischen individueller Selbstbestimmung, Minderheitenschutz und Staatskirchenrecht. Völker- und verfassungsrechtliche Perspektiven*. Beiträge zum ausländischen öffentlichen Recht und Völkerrecht 146. Berlin: Springer, S. 215-240.

Walter, Christian 2006: *Religionsverfassungsrecht in vergleichender und internationaler Perspektive*. Jus publicum 150. Tübingen: Mohr Siebeck.

Weber, Hermann 2003: Die ,Anerkennung' von Religionsgemeinschaften durch Verleihung von Körperschaftsrechten in Deutschland. In: Stefan Muckel (Hg.), *Kirche und Religion im sozialen Rechtsstaat. Festschrift für Wolfgang Rüfner zum 70. Geburtstag*. Berlin: Duncker & Humblot, S. 959-973.

Weber, Hermann 2005: Das deutsche ,Kooperationsmodell' von Staat und Amtskirchen. In: Gerhard Besier und Lübbe Hermann (Hg.), *Politische Religion und Religionspolitik. Zwischen Totalitarismus und Bürgerfreiheit*. Schriften des Hannah-Arendt-Instituts für Totalitarismusforschung 28. Göttingen: Vandenhoeck & Ruprecht, S. 325-342.

Weber, Hermann 2007: Der öffentlich-rechtliche Körperschaftsstatus. In: Hans Michael Heinig und Christian Walter (Hg.), *Staatskirchenrecht oder Religionsverfassungsrecht? Ein begriffspolitischer Grundsatzstreit*. Tübingen: Mohr Siebeck, S. 229-247.

Weber, Max 1980: *Wirtschaft und Gesellschaft. Grundriß der verstehenden Soziologie*. 5., revidierte Auflage. Besorgt von Johannes Winckelmann. Studienausgabe (Erstauflage 1921-1922). Tübingen: J. C. B. Mohr (Paul Siebeck).

Weber, Max 1985: *Gesammelte Aufsätze zur Wissenschaftslehre*. Hg. von Johannes Winckelmann. 6., erneut durchgesehene Auflage (Erstauflage 1922). Tübingen: J. C. B. Mohr (Paul Siebeck).

Weber, Max 1986: *Gesammelte Aufsätze zur Religionssoziologie*. Band 1. Hg. von Max Weber und Marianne Weber. 8. Auflage (Photomechanischer Nachdruck der 1920 erschienenen Erstauflage). Tübingen: J. C. B. Mohr (Paul Siebeck).

Weber, Max 1988: *Gesammelte politische Schriften*. Hg. von Johannes Winckelmann. 5. Auflage (Erstauflage 1921). Tübingen: J. C. B. Mohr (Paul Siebeck).

Weil, Patrick 2007: *Politiques de la laïcité au XXe siècle*. Paris: PUF.

Werbner, Pnina 1994: Islamic radicalism and the Gulf War: lay preachers and political dissent among British Pakistanis. In: Bernard Lewis und Dominique Schnapper (Hg.), *Muslims in Europe. Social change in Western Europe*. London: Pinter Publishers, S. 98-115.

Werle, Raymund 2007: Pfadabhängigkeit. In: Arthur Benz et al. (Hg.), *Handbuch Governance. Theoretische Grundlagen und empirische Anwendungsfelder*. Wiesbaden: VS Verlag für Sozialwissenschaften, S. 119-131.

Wetherell, Margaret 2007: Community Cohesion and Identity Dynamics: Dilemmas and Challenges. In: Margaret Wetherell et al. (Hg.), *Identity, Ethnic Diversity and Community Cohesion*. Los Angeles: Sage, S. 1-14.

Wick, Volker 2007: *Die Trennung von Staat und Kirche. Jüngere Entwicklungen in Frankreich im Vergleich zum deutschen Kooperationsmodell*. Jus Ecclesiasticum 81. Tübingen: Mohr Siebeck.

Wieviorka, Michel 2004: Zur Überwindung des Konzeptes der Integration. In: Yves Bizeul (Hg.), *Integration von Migranten. Französische und deutsche Konzepte im Vergleich*. Wiesbaden: Deutscher Universitäts-Verlag, S. 1-11.

Wihtol de Wenden, Catherine 2004: Das Modell der *citoyennete* und seine Grenzen im Prozess der Integration *à la française*. In: Yves Bizeul (Hg.), *Integration von Migranten. Französische und deutsche Konzepte im Vergleich*. Wiesbaden: Deutscher Universitäts-Verlag, S. 105-112.

Willaime, Jean-Paul 1991: État, pluralism et religion en France. Du monopole à la gestion des différences. In: Jean Baubérot und CNRS (Hg.), *Pluralism et minorités religieuses*. Louvain-Paris: Peeters, S. 33-42.

Willaime, Jean-Paul 2005: Frankreich: Laizität und Privatisierung der Religion – gesellschaftliche Befriedung oder agnostische Gegenkultur? In: Gerhard Besier und Hermann Lübbe (Hg.), *Politische Religion und Religionspolitik. Zwischen Totalitarismus und Bürgerfreiheit.* Göttingen: Vandenhoeck & Ruprecht, S. 343-358.

Willems, Ulrich 2004: Weltanschaulich neutraler Staat, christlich-abendländische Kultur und Laizismus. Zu Struktur und Konsequenzen aktueller religionspolitischer Konflikte in der Bundesrepublik. In: Manfred Walther (Hg.), *Religion und Politik. Zur Theorie und Praxis des theologisch-politischen Komplexes.* Schriftenreihe der Sektion Politische Theorien und Ideengeschichte in der Deutschen Vereinigung für Politische Wissenschaft 5. Baden-Baden: Nomos, S. 303-328.

Willms, Johannes 2005: *Napoleon.* München: Beck.

Wismann, Heinz 2007: Begriffe der Zugehörigkeit im europäischen Vergleich. In: Rudolf von Thadden et al. (Hg.), *Europa der Zugehörigkeiten. Integrationswege zwischen Ein- und Auswanderung.* Genshagener Gespräche 10. Göttingen: Wallstein Verlag, S. 11-13.

Wissenschaftsrat 2010: Empfehlungen zur Weiterentwicklung von Theologien und religionsbezogenen Wissenschaften an deutschen Hochschulen (Internetquelle 166).

Wochenkurier Ausgabe Heidelberg 09.02.2011: Drei Stunden – nur für Frauen.

Wohlrab-Sahr, Monika 2003: Politik und Religion. ,Diskretes' Kulturchristentum als Fluchtpunkt europäischer Gegenbewegungen gegen einen ,ostentativen' Islam. In: *Der Begriff des Politischen. Soziale Welt* Sonderband 14. Hg. von Armin Nassehi und Markus Schroer. Baden-Baden: Nomos, S. 273-297.

Wohlrab-Sahr, Monika / Tezcan, Levent 2007 (Hg.): *Konfliktfeld Islam in Europa. Soziale Welt* Sonderband 17. Baden-Baden: Nomos.

Wolf, Christoph 1999: Religiöse Pluralisierung in der Bundesrepublik Deutschland. *„Soziale Integration". Kölner Zeitschrift für Soziologie und Sozialpsychologie* Sonderheft 39. Hg. von Jürgen Friedrichs und Wolfgang Jagodzinski. Opladen: Westdeutscher Verlag, S. 320-349.

Zachhuber, Johannes 2007: Die Diskussion über Säkularisierung am Beginn des 21. Jahrhunderts. In: Christina von Braun (Hg.), *Säkularisierung. Bilanz und Perspektiven einer umstrittenen These.* Religion – Staat – Kultur 5. Berlin: LIT, S. 11-42.

ZEIT ONLINE 04.03.2011: Friedrichs Islam-Äußerungen sorgen für Ärger in der Koalition (Internetquelle 167).

Rechtsquellen

Verfassungstexte

Constitution du 4 octobre 1958 (Ve République).

Déclaration des droits de l'homme et du citoyen du 26 août 1789.

Europäische Menschenrechtskonvention (EMRK) vom 4. November 1950 (Inkrafttreten: 3. September 1953).

Grundgesetz für die Bundesrepublik Deutschland (GG) vom 23. Mai 1949.

Préambule de la Constitution du 27 octobre 1946 (IVe République).

Gesetze

Allgemeines Gleichbehandlungsgesetz vom 14. August 2006 (BGBl. I S. 1897).

Charities Act 2006 c. 50.

Commonwealth Immigration Acts von 1962 c. 21 und 1968 c. 9.

Criminal Justice Act 1988 c. 33.

Criminal Justice and Immigration Act 2008 c. 4.

Education Act 1944 c. 31 (aufgehoben 1.11.1996).

Education Reform Act 1988 c. 40.

Employment Act 1989 c. 38.

Employment Equality (Religion or Belief) Regulations 2003 No. 1660.

Equality Act 2006 c. 3.

Gesetz über den Aufenthalt, die Erwerbstätigkeit und die Integration von Ausländern im Bundesgebiet (Aufenthaltsgesetz - AufenthG) vom 30. Juli 2004 in der Fassung der Bekanntmachung vom 25. Februar 2008 (BGBl. I S. 162) (weit reichende Änderungen zum 28. August 2007 durch das Gesetz zur Umsetzung aufenthalts- und asylrechtlicher Richtlinien der Europäischen Union).

Gesetz zur Änderung des Schulgesetzes vom 1. April 2004 (GBl. S. 178, Nr. 6).
Gesetz zur Regelung des öffentlichen Vereinsrechts (Vereinsgesetz – VereinsG) vom 5. August 1964 (BGBl. I S. 593).
Gesetz zur Steuerung und Begrenzung der Zuwanderung und zur Regelung des Aufenthalts und der Integration von Unionsbürgern und Ausländern (Zuwanderungsgesetz) vom 30. Juli 2004 (BGBl. 2004 I S. 1950).
Gesetz zur Umsetzung aufenthalts- und asylrechtlicher Richtlinien der Europäischen Union vom 19. August 2007, verkündet in BGBl I 2007 Nr. 42 vom 27. August 2007.
Human Rights Act (HRA) 1998 c. 42.
Immigration Act 1971 c. 77.
Jewish Disabilities Removal Act 1858 und 1860.
Loi du 9 décembre 1905 concernant la séparation des Eglises et de l'État.
Loi n° 2003-1119 du 26 novembre 2003 relative à la maîtrise de l'immigration, au séjour des étrangers en France et à la nationalité, NOR: INTX0300040L.
Loi n° 2004-228 du 15 mars 2004 encadrant, en application du principe de laïcité, le port de signes ou de tenues manifestant une appartenance religieuse dans les écoles, collèges et lycées publics, NOR: MENX 0400001L, Version consolidée au 01 septembre 2004.
Loi n° 2006-64 du 23 janvier 2006 relative à la lutte contre le terrorisme et portant dispositions diverses relatives à la sécurité et aux contrôles frontaliers, NOR: INTX0500242L, Version consolidée au 16 mars 2011.
Loi n°2001-1066 du 16 novembre 2001 relative à la lutte contre les discriminations, NOR: MESX0004437L, Version consolidée au 31 décembre 2004.
Loi n°2006-911 du 24 juillet 2006 relative à l'immigration et l'intégration, NOR: INTX0600037L, Version consolidée au 01 décembre 2010.
Loi n°93-933 du 22 juillet 1993 réformant le droit de la nationalité, NOR: JUSX9300479L.
Loi n°98-170 du 16 mars 1998 relative à la nationalité, NOR: JUSX9700113L.
Motor-Cycle Crash-Helmets (Religious Exemption) Act 1976 c. 62.
Nationality, Immigration and Asylum Act 2002 c. 41.
Race Relations (Amendment) Act 2000 c. 34.
Race Relations Act 1965 c 73, 1968 c. 71 und 1976 c. 74.
Racial and Religious Hatred Act 2006 c. 1.
School Standards and Framework Act 1998 c. 31.
Staatsangehörigkeitsgesetz (StAG) (ausgefertigt unter dem Namen Reichs- und Staatsangehörigkeitsgesetz am 22. Juli 1913) in der im Bundesgesetzblatt Teil III, Gliederungsnummer 102-1, veröffentlichten bereinigten Fassung (umfassende Änderungen zum 1. Januar 2000 und zum 1. Januar 2005).
Test and Corporation Acts 1672 und 1661.

Gerichtsbeschlüsse

BVerwG, 26.06.1997 - 7 C 11.96.
BVerfG, 2 BvR 1500/97 vom 19.12.2000, Absatz-Nr. (1 - 109).
BVerfG, 1 BvR 1783/99 vom 15.1.2002, Absatz-Nr. (1 - 61).
BVerfG, 2 BvR 1436/02 vom 3.6.2003, Absatz-Nr. (1 - 140).
BVerwG, 23.02.2005 - 6 C 2.04.
Conseil d'État: Avis Assemblée, du 24 octobre 1997, N° 187122, Résumé, 10-02, 21-005.
EGMR N 7992/77; X vs. The United Kingdom, 12.07.1978.
OVG Berlin, Urteil vom 24. März 2005 (OVG 5 B 12.01) zu Zeugen Jehovas.

Internetquellen

1. http://www.demokratie-statt-integration.kritnet.org/; Abrufdatum: 02.02.2011.
2. http://www.deutsche-islam-konferenz.de/cln_117/nn_1916950/SubSites/DIK/DE/BisherigeErgebnisse/Integrationspreis/Preisverleihung/preisverleihung-node.html?__nnn=true; Abrufdatum: 30.07.2010.
3. http://www.integration-in-deutschland.de/cln_117/nn_284062/SubSites/Integration/DE/01__Ueberblick/ThemenUndPerspektiven/Islam/islam-node.html?__nnn=true; Abrufdatum: 06.06.11.

4.   http://www.bamf.de/SharedDocs/Anlagen/DE/Downloads/Infothek/Sonstige/organigramm.pdf?__blob=pub
     licationFile; Abrufdatum: 01.03.2011.
5.   http://www.berlin.de/lb/intmig/islamforum/index.html; Abrufdatum: 12.02.2009.
6.   http://www.goethe.de/lhr/prj/daz/deindex.htm, Abrufdatum: 30.06.2010.
7.   http://www.polizei-beratung.de/startseite-und-aktionen/polizei-und-muslime.html; Abrufdatum:
     15.04.2011.
8.   http://www.bamf.de/nn_442016/DE/DasBAMF/Home-Teaser/clearingstelle-
     sicherheitsdialog.html?__nnn=true; Abrufdatum: 13.02.2009.
9.   http://www.communities.gov.uk/corporate/about/; Abrufdatum: 13.05.2011.
10. http://www.communities.gov.uk/news/corporate/newcommission; Abrufdatum: 27.02.2009.
11. http://www.communities.gov.uk/communities/racecohesionfaith/; Abrufdatum: 26.02.2009.
12. http://www.communities.gov.uk/communities/racecohesionfaith/faith/; Abrufdatum: 02.03.2009.
13. http://www.communities.gov.uk/communities/racecohesionfaith/faith/faithcommunities/faithcommunitiesc
     onsultative/; Abrufdatum: 20.02.2009.
14. http://muslimsafetyforum.org/about-us/history.html; Abrufdatum: 18.02.2009.
15. http://www.icp.fr/fr/Organismes/Faculte-de-Sciences-Sociales-et-Economiques-FASSE/Formations-et-
     diplomes2/DU-Interculturalite-Laicite-Religions; Abrufdatum: 25.02.2009.
16. http://www.bundesregierung.de/Webs/Breg/DE/Bundesregierung/BeauftragtefuerIntegration/AmtundPerso
     n/amt-und-person.html; Abrufdatum: 25.02.2009.
17. http://www.lga.gov.uk/lga/core/page.do?pageId=13896; Abrufdatum: 01.04.2011.
18. http://www.communities.gov.uk/communities/racecohesionfaith/; Abrufdatum: 27.01.2009.
19. http://www.cnam.fr/kp/france/profs/doc/loi/platefor/garde.htm; Abrufdatum: 16.02.09.
20. http://www.lacse.fr/dispatch.do?sid=site/politique_de_la_ville; Abrufdatum: 03.02.2009.
21. http://www.bmi.de/SharedDocs/Pressemitteilungen/DE/2010/mitMarginalspalte/07/integrationspreis.h
     tml; Abrufdatum: 07.05.2011.
22. http://www.bmj.bund.de/enid/Nationaler_Integrationsplan/Erster_Nationaler_Integrationsgipfel_1f0.html;
     Abrufdatum: 13.11.2009.
23. http://www.debatidentitenationale.fr/; Abrufdatum: 02.11.2010.
24. http://www.zuwanderung.de/ZUW/DE/Zuwanderung_geschieht_jetzt/Zuwanderungsgesetz/Zuwanderungsg
     esetz_node.html; Abrufdatum: 18.04.2011.
25. http://www.interkultureller-rat.de/projekte/deutsches-islamforum-und-islamforen-in-den-laendern/;
     Abrufdatum: 21.07.2010.
26. http://www.ekd.de/EKD-Texte/europaeisches_regieren.html; Abrufdatum: 24.02.2011.
27. http://www.kooperation-
     international.de/frankreich/themes/info/detail/data/21070/backpid/13/?PHPSESSID=99a59eb590c9b88b60
     87cc57cbcc3df8; Abrufdatum: 06.04.2011.
28. http://www.number10.gov.uk/Page10563; Abrufdatum: 29.04.2011.
29. http://www.bmi.bund.de/SharedDocs/Downloads/DE/Veroeffentlichungen/Parlamentarisches/Gro_Anfrage
     _Islam.pdf?__blob=publicationFile; Abrufdatum: 29.04.2011.
30. http://www.cdu.de/doc/pdfc/070424-beschluss-fraktion-integration.pdf; Abrufdatum: 29.04.2011.
31. http://www.charitycommission.gov.uk/Library/guidance/lawrel1208.pdf; Abrufdatum: 29.04.2011.
32. http://www.charity-
     commission.gov.uk/Charity_requirements_guidance/Charity_essentials/Public_benefit/pbar.aspx;
     Abrufdatum: 29.04.2011.
33. http://lacitoyennete.com/magazine/societe/jchiraclaicite.php; Abrufdatum: 29.04.2011.
34. http://image.guardian.co.uk/sys-files/Education/documents/2007/06/14/oursharedfuture.pdf; Abrufdatum:
     29.04.2011.
35. http://www.ladocumentationfrancaise.fr/rapports-publics/034000725/index.shtml; Abrufdatum: 29.04.2011.
36. http://www.communities.gov.uk/documents/communities/pdf/153866.pdf; Abrufdatum: 29.04.2011.
37. http://www.communities.gov.uk/documents/communities/pdf/160560.pdf; Abrufdatum: 29.04.2011.
38. http://www.communities.gov.uk/documents/localgovernment/pdf/152456.pdf; Abrufdatum: 29.04.2011.
39. http://www.communities.gov.uk/documents/communities/pdf/613367.pdf; Abrufdatum: 29.04.2011.
40. http://www.communities.gov.uk/documents/communities/pdf/improving-opportunity.pdf; Abrufdatum:
     29.04.2011.
41. http://www.communities.gov.uk/documents/communities/pdf/898668.pdf; Abrufdatum: 29.04.2011.
42. http://www.communities.gov.uk/documents/communities/pdf/681624.pdf; Abrufdatum: 29.04.2011.
43. http://www.communities.gov.uk/documents/communities/pdf/898656.pdf; Abrufdatum: 29.04.2011.
44. http://www.assemblee-nationale.fr/12/rapports/r1275-t1.asp; Abrufdatum: 29.04.2011.
45. http://www.official-documents.gov.uk/document/cm65/6593/6593.pdf; Abrufdatum: 29.04.2011.

46. http://lesrapports.ladocumentationfrancaise.fr/BRP/014000017/0000.pdf; Abrufdatum: 29.04.2011.
47. http://www.hci.gouv.fr/IMG/pdf/AVIS_Charte_Laicite.pdf; Abrufdatum: 29.04.2011.
48. http://www.immigration.gouv.fr/IMG/pdf/RapportHCIvaleursRepq210409.pdf; Abrufdatum: 29.04.2011.
49. http://www.publications.parliament.uk/pa/cm200405/cmselect/cmhaff/165/165.pdf; Abrufdatum: 29.04.2011.
50. http://press.homeoffice.gov.uk/press-releases/Faith_Communities_Matter?version=1; Abrufdatum: 18.02.2009.
51. http://www.rossendale.gov.uk/teamlancashire/downloads/Strength_in_Diversity.pdf; Abrufdatum: 29.04.2011.
52. http://www.communities.gov.uk/documents/communities/pdf/152393.pdf; Abrufdatum: 29.04.2011.
53. http://www.communities.gov.uk/documents/communities/pdf/151393.pdf (Abrufdatum: 29.04.2011.
54. http://www.edf.org.uk/news/working_together_followup_a1.pdf; Abrufdatum: 29.04.2011.
55. http://www.remid.de/pdf/religion-migration-integration-2004.pdf, Abrufdatum: 29.04.2011.
56. http://www.bundesregierung.de/nsc_true/Content/DE/Publikation/IB/Anlagen/islam-einbuergern,property=publicationFile.pdf/islam-einbuergern; Abrufdatum: 29.04.2011.
57. http://lesrapports.ladocumentationfrancaise.fr/BRP/054000492/0000.pdf; Abrufdatum: 29.04.2011.
58. http://www.wlga.gov.uk/download.php?id=262&l=1; Abrufdatum: 29.04.2011.
59. http://www.communities.gov.uk/documents/communities/pdf/151411.pdf; Abrufdatum: 29.04.2011.
60. http://www.laprocure.com/editeurs/documentation-francaise-0-75748.aspx; Abrufdatum: 29.04.2011.
61. http://www.polizei-beratung.de/file_service/download/documents/Broschuere+TIK+72dpi.pdf; Abrufdatum: 29.04.2011.
62. http://www.grandesvilles.org/sites/default/files/thematiques/La%C3%AFcit%C3%A9/rapport_la_cit_rossin ot_16380.pdf; Abrufdatum: 29.04.2011.
63. http://www.elysee.fr/president/root/bank/pdf/president-7924.pdf; Abrufdatum: 02.05.2011.
64. http://ambafrance-dz.org/spip.php?article1840; Abrufdatum: 30.05.2011.
65. http://www.deutsche-islam-konferenz.de/nn_1866426/SubSites/DIK/DE/PresseService/RedenInterviews/Reden/20060928-regerkl-dik-perspektiven.html; Abrufdatum: 29.04.2011.
66. http://www.wolfgang-schaeuble.de/fileadmin/user_upload/PDF/070308religionspolitik.pdf; Abrufdatum: 29.04.2011.
67. http://www.wolfgang-schaeuble.de/fileadmin/user_upload/PDF/070327lilje.pdf; Abrufdatum: 29.04.2011.
68. http://www.faz.net/s/Rub9B4326FE2669456BAC0CF17E0C7E9105/Doc~E765B48BC49E445A292B0C8 14D9247DFB~ATpl~Ecommon~Scontent.html; Abrufdatum: 29.04.2011.
69. http://www.sueddeutsche.de/politik/interview-der-islam-ist-teil-deutschlands-1.298355; Abrufdatum: 29.04.2011.
70. http://www.marburg.de/detail/76677; Abrufdatum: 29.04.2011.
71. http://www.agah-hessen.de/Themen/Islam/IntegrationsvereinbarungWiesbaden.pdf; http://www.wiesbaden.de/leben-in-wiesbaden/gesellschaft/auslaendische-buerger/auslaendische-buerger/integrationsvereinbarung.php (Pressetext.; Abrufdatum: 29.04.2011.
72. http://www.paris.diplo.de/contentblob/1906466/Daten/171769/Discussion_HH_datei_suessmuth.pdf; Abrufdatum: 02.05.2011.
73. http://www.bmi.bund.de/cae/servlet/contentblob/150408/publicationFile/9074/Zuwanderung_gestalten_-_Integration_Id_7670_de.pdf; Abrufdatum: 02.05.2011.
74. http://www.demografie.nrw.de/publikationen/03_Zukunftskommission-Materialsammlung.pdf; Abrufdatum: 27.03.2009.
75. http://www.immigration.gouv.fr/IMG/pdf/livretaccueil.pdf; Abrufdatum: 28.04.2011.
76. http://www.loccum.de/material/kirche/kirche-europa.pdf; Abrufdatum: 27.04.2011.
77. http://islam.de/files/misc/ari_selbstverstaendnis.pdf; Abrufdatum: 16.05.2011.
78. http://www.deutsche-islam-konferenz.de/nn_1758512/SharedDocs/Pressemitteilungen/DE/DasBAMF/2009/091209-0026-pressemitteilung.html; Abrufdatum: 16.05.2011.
79. http://www.verwaltung.bayern.de/Anlage3813542/AktionIntegration-Langfassung.pdf; Abrufdatum: 28.04.2011.
80. http://news.bbc.co.uk/2/hi/uk_news/politics/4391710.stm; Abrufdatum: 26.04.2011.
81. http://www.vatican.va/holy_father/benedict_xvi/speeches/2008/september/documents/hf_ben-xvi_spe_20080912_parigi-elysee_ge.html; Abrufdatum: 28.04.2011.
82. http://www.compas.ox.ac.uk/fileadmin/files/pdfs/WP0746-Bertossi.pdf; Abrufdatum: 06.05.2011.
83. http://www.humansecuritygateway.com/documents/IFRI_MusulmansFranceEurope.pdf; Abrufdatum: 29.04.2011.

84. http://www.verfassungsschutz.de/download/de/publikationen/Islamismus/broschuere_6_0701_integration/t
     hema_0702_Integration.pdf; Abrufdatum: 29.04.2011.
85. http://www.deutsche-islam-
     konferenz.de/cln_117/SharedDocs/Anlagen/DE/DIK/Downloads/Sonstiges/vortrag-
     bielefeldt,templateId=raw,property=publicationFile.pdf/vortrag-bielefeldt.pdf; Abrufdatum: 29.04.2011.
86. http://www.bild.de/BILD/politik/2010/09/28/hessen-ministerpraesident-volker-bouffier-im-bild-
     interview/islam-unterricht-an-deutschen-schulen.html##; Abrufdatum: 29.04.2011.
87. http://www.number10.gov.uk/Page8041; Abrufdatum: 26.04.2011.
88. http://www.bmi.bund.de/SharedDocs/Pressemitteilungen/DE/2010/mitMarginalspalte/12/imame.html;
     Abrufdatum: 27.04.2011.
89. http://www.deutsche-islam-
     konferenz.de/SharedDocs/Anlagen/DE/DIK/Downloads/DokumentePlenum/zwischenresuemee-
     dik,templateId=raw,property=publicationFile.pdf/zwischenresuemee-dik.pdf; Abrufdatum: 26.04.2011.
90. http://www.maria-boehmer.de/start.oscms/0,85,26.html?Article=455; Abrufdatum: 26.04.2011.
91. http://www.deutsche-islam-
     konferenz.de/SharedDocs/Anlagen/DE/DIK/Downloads/WissenschaftPublikationen/muslime-in-
     deutschland-lang-dik,templateId=raw,property=publicationFile.pdf/muslime-in-deutschland-lang-dik.pdf;
     Abrufdatum: 10.05.2011.
92. http://www.bundesregierung.de/Content/DE/Publikation/IB/Anlagen/nationaler-
     integrationsplan,property=publicationFile.pdf; Abrufdatum: 29.04.2011.
93. http://www.bundesverfassungsgericht.de/pressemitteilungen/bvg159-00.html; Abrufdatum: 29.04.2011.
94. http://www.landgericht-
     mannheim.de/servlet/PB/show/1142470/m_ller_kommission__abschlu_bericht_28.4.01_.doc.pdf;
     Abrufdatum: 29.04.2011.
95. http://www.charitycommission.gov.uk/Library/about_us/faithgov.pdf; Abrufdatum: 26.05.2011.
96. http://www.cesew.org.uk/standard.asp?id=4464; Abrufdatum: 29.04.2011.
97. http://collections.europarchive.org/tna/20080726153624/http://www.integrationandcohesion.org.uk/~/media
     /assets/www.integrationandcohesion.org.uk/integration_and_cohesion_case_studies%20pdf.ashx;
     Abrufdatum: 29.04.2011.
98. http://collections.europarchive.org/tna/20080726153624/http://www.integrationandcohesion.org.uk/~/media
     /assets/www.integrationandcohesion.org.uk/themes%20_messages_and_challenges%20pdf.ashx;
     Abrufdatum: 29.04.2011.
99. http://www.communities.gov.uk/publications/communities/ministersreligion; Abrufdatum: 26.04.2011.
100. http://lesrapports.ladocumentationfrancaise.fr/BRP/044000576/0000.pdf; Abrufdatum: 29.04.2011.
101. http://www.communities.gov.uk/documents/corporate/pdf/325332.pdf; Abrufdatum: 29.04.2011.
102. http://www.communities.gov.uk/documents/communities/pdf/320752.pdf; Abrufdatum: 29.04.2011.
103. http://www.communities.gov.uk/documents/localgovernment/pdf/885397.pdf; Abrufdatum: 29.04.2011.
104. http://www.communities.gov.uk/documents/communities/pdf/1092863.pdf; Abrufdatum: 29.04.2011.
105. http://www.communities.gov.uk/documents/communities/pdf/838994.pdf; Abrufdatum: 29.04.2011.
106. http://www.education.gov.uk/publications/eOrderingDownload/Cm%206677.pdf.pdf; Abrufdatum:
     29.04.2011.
107. http://www.derwesten.de/staedte/hattingen/Erste-Hilfe-Kurse-fuer-Imame-in-der-Moschee-id3713693.html;
     Abrufdatum: 16.05.2011.
108. http://www.zeit.de/online/2007/28/integrationsgipfel-boykott; Abrufdatum: 26.04.2011.
109. http://fra.europa.eu/fraWebsite/attachments/Manifestations_DE.pdf; Abrufdatum: 29.04.2011.
110. http://fra.europa.eu/fraWebsite/research/publications/publications_per_year/2008/pub-ar08_en.htm;
     Abrufdatum: 29.04.2011.
111. http://www.giessener-zeitung.de/giessen/beitrag/8798/praeventionsrat-beraet-in-ditib-moschee-ueber-
     projektarbeit/; Abrufdatum: 26.04.2011.
112. http://www.glasnost.de/docs01/011014habermas.html; Abrufdatum: 20.04.2011.
113. http://lesrapports.ladocumentationfrancaise.fr/BRP/994000073/0000.pdf; Abrufdatum: 29.04.2011.
114. http://lesrapports.ladocumentationfrancaise.fr/BRP/044000033/0000.pdf; Abrufdatum: 29.04.2011.
115. http://lesrapports.ladocumentationfrancaise.fr/BRP/064000272/0000.pdf; Abrufdatum: 29.04.2011.
116. http://lesrapports.ladocumentationfrancaise.fr/BRP/074000341/0000.pdf; Abrufdatum: 29.04.2011.
117. http://www.communities.gov.uk/documents/communities/pdf/452641.pdf; Abrufdatum: 29.04.2011.
118. http://www.gov-news.org/gov/uk/news/new_immigration_rules_on_switching_and_ministers/76703.html;
     Abrufdatum: 29.04.2011.
119. http://www.communities.gov.uk/documents/communities/pdf/buildingcohesivecommunities.pdf;
     Abrufdatum: 29.04.2011.

120. http://image.guardian.co.uk/sys-files/Guardian/documents/2001/12/11/communitycohesionreport.pdf; Abrufdatum: 29.04.2011.
121. http://www.archive2.official-documents.co.uk/document/cm53/5387/cm5387.pdf; Abrufdatum: 29.04.2011.
122. http://www.statewatch.org/news/2005/oct/cons-prev-extreme-view-HO.pdf ; Abrufdatum: 30.05.2011.
123. http://www.homeoffice.gov.uk/documents/cons-prev-extreme/responses-doc?view=Binary; Abrufdatum: 29.04.2011.
124. http://www.communities.gov.uk/documents/communities/pdf/151978.pdf; Abrufdatum: 29.04.2011.
125. http://213.225.136.89/sitecontent/documents/policyandlaw/statementsofchanges/2004/cm6339.pdf?view=Bi nary; Abrufdatum: 29.04.2011.
126. http://www.bundesregierung.de/Content/DE/Publikation/IB/Anlagen/jahresbilanz-foerdern-fordern,property=publicationFile.pdf; Abrufdatum: 29.04.2011.
127. http://www.bundesregierung.de/Content/DE/Publikation/IB/Anlagen/gutes-zusammenleben-klare-regeln,property=publicationFile.pdf; Abrufdatum: 29.04.2011.
128. http://www.schulamt-borken.de/images/file/muslimische-schueler-web%281%29.pdf; Abrufdatum: 29.04.2011.
129. http://www.mags.nrw.de/08_PDF/003_Integration/001_aktuelles/aktuelles_1_Integrationsbericht_25_09_2 008.pdf; Abrufdatum: 29.04.2011.
130. http://se2.isn.ch/serviceengine/Files/ESDP/16113/ipublicationdocument_singledocument/AD816D74-13D3-4F0E-977D-EFBDCCA70959/fr/172_la_france_face_a_ses_musulmans_emeutes__jihadisme....pdf; Abrufdatum: 29.04.2011.
131. http://webarchive.nationalarchives.gov.uk/+/http://www.communities.gov.uk/documents/communities/pdf/1 52164; Abrufdatum: 15.05.2011.
132. http://islam.de/10825.php; Abrufdatum: 26.04.2011.
133. http://www.euromedalex.org/ar/node/10160; Abrufdatum: 29.04.2011.
134. http://www.cdu.de/doc/pdf/05_11_11_Koalitionsvertrag.pdf; Abrufdatum: 29.04.2011.
135. http://migransintegracio.hu/uploads/pdf/150.pdf; Abrufdatum: 29.04.2011.
136. http://www.lejdd.fr/Politique/Actualite/Besson-Il-faut-pouvoir-evaluer-la-diversite-81485/; Abrufdatum: 26.04.2011.
137. http://www.lemonde.fr/societe/chat/2011/04/04/l-islam-est-il-soluble-dans-la-laicite_1502963_3224.html; Abrufdatum: 20.05.2011.
138. http://edoc.hu-berlin.de/dissertationen/lippl-bodo-2003-09-23/HTML/; Abrufdatum: 29.04.2011.
139. http://fra.europa.eu/fra/material/pub/Art13/ART13_DE-translation.pdf; Abrufdatum: 16.12.2008.
140. http://www.bundesregierung.de/Content/DE/Interview/2010/03/2010-03-12-de-maiziere-sz.html; Abrufdatum: 02.05.2011.
141. http://www.immigration.gouv.fr/spip.php?page=dossiers_det_res&numrubrique=411&numarticle=1413; Abrufdatum: 26.04.2011.
142. http://www.muslimsafetyforum.org.uk/downloads/Response%20to%20home%20office%20counter%20terr orism%20proposals.pdf; Abrufdatum: 29.04.2011.
143. http://www.luechow-dannenberg.de/Portaldata/2/Resources/kld_dateien/landkreis/landkreis_dokumente/Handlungsprogramm_In tegration.pdf; Abrufdatum: 29.04.2011.
144. http://www.nzz.ch/nachrichten/politik/international/eine_oekumenische_initiative_in_frankreich_1.665153. html; Abrufdatum: 26.04.2011.
145. http://www.mssl.ucl.ac.uk/~rs1/hors274.pdf; Abrufdatum: 29.04.2011.
146. http://miris.eurac.edu/mugs2/do/blob.pdf?type=pdf&serial=1038309362248; Abrufdatum: 09.05.2011.
147. http://www.fairuk.org/docs/OSI2004%20complete%20report.pdf; Abrufdatum: 29.04.2011.
148. http://resources.cohesioninstitute.org.uk/Publications/Documents/Document/DownloadDocumentsFile.aspx ?recordId=98&file=PDFversion; Abrufdatum: 29.04.2011.
149. http://www.uibk.ac.at/theol/leseraum/texte/319.html; Abrufdatum: 27.04.2011.
150. http://www.gouvernement.fr/gouvernement/diversite-nicolas-sarkozy-prone-un-volontarisme-republicain; Abrufdatum: 26.04.2011.
151. http://www.bundesregierung.de/Content/DE/Artikel/IB/Artikel/Nationaler_20Integrationsplan/2010-10-29-einladung-integrationsgipfel,layoutVariant=Druckansicht.html; Abrufdatum: 26.04.2011.
152. http://image.guardian.co.uk/sys-files/Guardian/documents/2001/12/11/Oldhamindependentreview.pdf; Abrufdatum: 29.04.2011.
153. http://schools.educationbradford.com/userfiles/file/Interfaith%20Education%20Centre/Janet/RE%20Guidan ce%20revised%202008.pdf; Abrufdatum: 02.05.2011.
154. http://www.wissenschaftsrat.de/download/archiv/Islamische_Studien_MinSchavan.pdf; Abrufdatum: 29.04.2011.

155. http://www.ahrc.ac.uk/News/Latest/Documents/Rad%20Islam%20Summary%20Report.pdf; Abrufdatum: 29.04.2011.
156. http://www.spd-landtag.de/downl/ZuwaEckp.pdf; Abrufdatum: 29.04.2011.
157. http://www.vielfalt-als-chance.de/data/downloads/webseiten/BevoelkerungundErwerbstaetigkeit.pdf; Abrufdatum: 02.05.2011.
158. http://www.stern.de/politik/deutschland/:Islam-Jeder-Deutsche-Angst/555227.html; Abrufdatum: 02.05.2011.
159. http://www.sueddeutsche.de/politik/kritik-an-islamkonferenz-muslime-friedrich-foerdert-denunziantentum-1.1078890; Abrufdatum: 26.04.2011.
160. http://www.taz.de/1/archiv/print-archiv/printressorts/digi-artikel/?ressort=sw&dig=2009/09/23/a0090&cHash=21e4e4c527; Abrufdatum: 27.04.2011.
161. http://www.archbishopofcanterbury.org/articles.php/718/the-conflict-between-religion-and-modernity; Abrufdatum: 26.04.2011.
162. http://www.archbishopofcanterbury.org/articles.php/1137/archbishops-lecture-civil-and-religious-law-in-england-a-religious-perspective; Abrufdatum: 26.04.2011.
163. http://www.archbishopofcanterbury.org/articles.php/1328/archbishops-lecture-religious-hatred-and-religious-offence; Abrufdatum: 26.04.2011.
164. http://webarchive.nationalarchives.gov.uk/20100807034701/http://archive.cabinetoffice.gov.uk/equalitiesreview/upload/assets/www.theequalitiesreview.org.uk/equality_review.pdf; Abrufdatum: 02.05.2011.
165. http://www.ukba.homeoffice.gov.uk/britishcitizenship/aboutcitizenship/; Abrufdatum: 02.05.2011.
166. http://www.wissenschaftsrat.de/download/archiv/9678-10.pdf; Abrufdatum: 02.05.2011.
167. http://www.zeit.de/politik/deutschland/2011-03/friedrich-islam-kritik; Abrufdatum: 27.04.2011.

VS Forschung | VS Research

Neu im Programm Soziologie